高等学校教材·材料科学与工程

材料物理性能

主　编　张建军

副主编　梁炳亮

主　审　艾云龙　陈卫华

西北工业大学出版社

西　安

【内容简介】 本书系统地介绍了材料物理性能的基本概念及其物理本质、影响材料物理性能的因素、提高材料物理性能的措施以及物理性能测试方法及应用等。本书具体内容包括绪论、材料物理基础知识、材料的电学性能、材料的热学性能、材料的磁学性能、材料的光学性能以及材料的弹性与内耗。

本书可作为高等学校金属材料工程、材料物理、材料化学、材料科学与工程等专业的本科生或硕士生的教材,也可供相关学科的科研人员和工程技术人员参考、使用。

图书在版编目(CIP)数据

材料物理性能 / 张建军主编. —西安:西北工业大学出版社,2024.2

ISBN 978-7-5612-9234-1

Ⅰ.①材… Ⅱ.①张… Ⅲ.①工程材料-物理性能 Ⅳ.①TB303

中国国家版本馆 CIP 数据核字(2024)第 061837 号

CAILIAO WULI XINGNENG

材 料 物 理 性 能

张建军 主编

责任编辑:王玉玲 杨 兰 **策划编辑**:杨 军

责任校对:张 潼 **装帧设计**:李 飞

出版发行:西北工业大学出版社

通信地址:西安市友谊西路 127 号 邮编:710072

电 话:(029)88493844,88491757

网 址:www.nwpup.com

印 刷 者:陕西向阳印务有限公司

开 本:787 mm×1 092 mm 1/16

印 张:23

字 数:560 千字

版 次:2024 年 2 月第 1 版 2024 年 2 月第 1 次印刷

书 号:ISBN 978-7-5612-9234-1

定 价:79.00 元

前　言

材料是国民经济发展、国防基础建设和人类赖以生存的重要物质基础。材料科学和技术的发展与人类文明的进步息息相关。随着人们对材料性能的要求越来越高，材料研究也越来越重要。

材料物理性能是材料研究、材料性能改善和应用中非常重要的研究内容，是构成现代材料研究领域不可缺少的基础组成之一，在新型材料研究及各类材料生产领域发挥着越来越重要的作用，其先进性是现代文明程度的重要标志之一。在材料研究中，材料在不同物理环境下的宏观性能及其规律，实际上都体现了材料的微观结构特征，是材料研究中建立宏观性能与微观结构特征之间关系的重要手段和研究内容。在材料应用中，材料的各种物理性能参数是衡量材料性能的重要参考，相关物理性能分析方法和技巧也有助于专业人员高效开展相关学术研究。因此，材料物理性能在材料研究、生产和应用中起到非常重要的作用。

材料物理性能的相关知识是材料科学与工程一级学科相关专业必须掌握的核心内容之一，在整个专业体系中起着承上启下的作用。从内容上讲，材料物理性能的内容涉及面广、专业交叉点多，涉及多个学科（如晶体学、物理学、统计物理学、化学、传热学、材料科学基础、量子力学等）的相关基础知识，并且"材料物理性能"课程具有理论与实践相结合的特征，综合性较强，有些知识内容较为复杂、抽象，这些都为该课程的学习带来较大挑战。

本书从材料的物理基础知识出发，系统介绍材料的电学性能、热学性能、磁学性能、光学性能以及弹性和内耗等几种物理性能的物理学基础、微观机理、影响规律和必要的分析测试方法，重点讨论材料在不同物理环境下的宏观性能及其规律与材料微观结构特征间的关系。同时，结合相关科研成果，分析总结材料相关物理性能在材料研究中的作用和应用，使读者对材料物理性能规律的普遍性和特殊性有更加清楚的认识。

本书除绪论外，共包括 6 章内容。第 1 章介绍材料物理基础知识，重点介绍用于描述固体中电子能量结构和状态的相关物理概念，包括量子力学基础、经典自由电子理论、量子自由电子理论和晶体能带理论的基本观点。这些基本概念和内容是后续讨论材料某一具体物理性能特征的基础。第 2 章介绍材料的电学性能，主要讨论导体、半导体和超导体等材料的导电机理、影响材料导电性能的因素，以及材料导电性能的测量及应用等。第3章介绍材料的热学性能，包括材料热学性能的物理基础、材料的热容、影响材料热容的因素、材料的热膨胀、材料的导热性、材料的热电性等内容，同时介绍热分析方法在材料研究中的应用。第4章介绍材料的磁学性能，包括各种磁学性能参数及其物理学和材料学本质、材料的成分分析、微观组织结构对各种磁学性能参数的影响规律，以及磁性材料的应用。第5章介绍材料的光学性能，包括光传播的基本理论、光的反射和折射、材料对光的吸收和色散、晶体的双折射和二向色性、介质的光散射和材料的光发射，以及材料的受激辐射和激光等。第6章介绍引起材料弹性现象的物理本质和影响弹性模量的因素，分析讨论有关滞弹性与内耗的概念和产生机制，以及内耗的测量方法。本书除第1章作为材料物理性能分析的基础知识以外，其他章节中对材料每种物理性能的介绍，基本涵盖物理性能参数的概念、物理原理和机制、材料成分和微观组织结构对物理性能参数的影响规律，物理性能分析在材料研究和生产中的应用，以及各种物理性能测试和分析方法等内容。

本书是笔者根据多年的一线教学经验编写的。在编写本书的过程中，笔者在内容上尽量注意突出以下特色。

(1)坚持面向一级学科、加强基础、拓宽专业面、更新教材内容的基本原则。

(2)注重优化课程体系，探索教材新结构，即兼顾材料工程类学科中金属材料、无机非金属材料、复合材料共性与个性的结合，实现多学科知识的交叉与渗透。

(3)反映当代科学技术的新概念、新知识、新理论、新技术和新工艺，突出教材内容的现代化。

(4)注重协调材料科学与材料工程的关系，既加强材料科学基础理论，又强调材料工程技术应用，以满足培养宽口径材料学人才的需要。

(5)坚持教材内容深广度适中、够用的原则，增强教材的适用性和针对性。

(6)对比研究国内外同类图书，汲取国内外同类图书的精华，重点反映新教材体系结构特色，突出教材的科学性和系统性。

此外，本书还具有内容丰富、叙述深入浅出、简明扼要、重点突出等特色，能充分满足少学时教学的要求。

本书由张建军担任主编，由梁炳亮担任副主编。本书第2章的2.5节和2.6节由梁炳亮编写，其余章节由张建军编写。全书由张建军统稿，由艾云龙和陈卫华主审。

在编写本书的过程中，笔者参考了大量国内外前辈和同行编撰的书籍和发表的学术论文资料，在此向有关作者表示衷心的感谢。

由于水平有限，书中难免存在一些疏漏和不足之处，敬请广大读者批评指正。

编　者

2023年9月

目　　录

第0章　绪　　论

0.1　材料性能概述

0.1.1　材料性能的定义

所谓材料性能，是指在给定的外界环境中，材料受到某种作用时，其状态所发生的变化。作用于材料上的因素通常可以分为应力、温度、磁场、电场、化学介质、辐照等。当材料受到这些因素的作用时，材料内部会发生一系列的变化，随之产生一些外在表现，也就是所谓的状态的变化。有多少行为，就对应地有多少性能。例如：在外力作用下的拉伸行为的载荷-位移曲线或应力-应变曲线，采用屈服、缩颈、断裂等的行为判据，便对应有屈服强度、抗拉强度、断裂强度等力学性能；用表征材料在外磁场作用下磁化及退磁行为的磁滞回线，采用不同的行为判据，便对应有矫顽力、剩余磁感应强度、贮藏的磁能等磁学性能。外界条件不同，相同的材料也会表现出不同的性能。例如，断裂强度的临界条件是断裂，不少外界条件可以影响断裂行为：温度升高到熔点的 40％～50％以上——蠕变断裂强度；反复的交变载荷——疲劳断裂强度；特定的化学介质——腐蚀断裂强度。

0.1.2　材料性能的分类

对材料性能进行分类只是为了便于学习和研究。材料的各种性能间既有区别，又有联系。材料性能的一般分类方法见表0.1。复杂性能就是不同简单性能的组合：消振性对于高振动的器件（如汽轮机的叶片）是一个重要的力学性能，但对于琴丝、大钟等器件，除力学性能外，还涉及声学性能；材料的高温蠕变强度既是力学性能，又是热学性能；材料的应力腐蚀既是化学问题，又是力学问题；反射率既与材料的光学性能有关，又与材料表面的化学稳定性有关。

同一材料的不同性能，只是以相同的内部结构在不同的外界条件下所表现出的不同行为。在研究材料性能时，既要总结个别性能的特殊规律，又要通过研究材料的内部结构来理解材料具有这些性能的原因。例如，在研究材料机械性能时，既要研究材料的各种强度、弹性、塑性、韧性等的特殊规律，即建立与性能对应的各种表象规律，又要运用晶体缺陷理论去研究材料从形变到断裂的普遍规律，去探寻形成这些现象的机理。又如，材料的电、磁、光、热等物理性能，人们可以在电子论的指导下证明其物理本质的统一性。因此，必须要运用固体物理和固体化学的研究方法，从本质上理解固体材料的各种性能所对应的表象规律。材料的绝大多数性能是与材料整体内部的原子特性和交互作用有关的，但是，有些性能则只与材料的表面层原子有关，如腐蚀和氧化、摩擦和磨损、晶体外延生长与离子注入、催化和表面反应等。

表 0.1 材料性能的一般分类方法

<table>
<tr><th>分 类</th><th>物理性能</th><th>化学性能</th><th>力学性能</th><th>复杂性能</th></tr>
<tr><td rowspan="6">具体性能</td><td>热学性能</td><td>抗氧化性</td><td>强度</td><td rowspan="6">复合性能：不同简单性能的组合，如耐高温、疲劳强度等
工艺性能：铸造性、可锻性、可焊性、切削性等
使用性能：抗弹穿入性、耐磨性、乐器悦耳性、刀刃锋锐性等</td></tr>
<tr><td>电学性能</td><td>耐腐蚀性</td><td>延性</td></tr>
<tr><td>磁学性能</td><td>抗渗入性</td><td>韧性</td></tr>
<tr><td>光学性能</td><td></td><td>刚性</td></tr>
<tr><td>声学性能</td><td></td><td></td></tr>
<tr><td>辐照性能</td><td></td><td></td></tr>
</table>

人们一般用“工艺—结构—性能”这条路线去控制或改造性能，即工艺决定结构，结构决定性能。当结构改变时，应考虑它的可变性以及这种改变对性能改变的敏感性。有些结构是很难改变的，如原子结构；有些结构虽然可以通过工艺来改变，但性能对结构却有着不同的敏感性。一些性能主要取决于成分，成分固定，性能也就随之固定，这些性能称为非结构敏感性性能；另一些性能则随着晶体的缺陷、畸变、第二相的数量、大小和分布等的改变可能发生很大的变化，这些性能称为结构敏感性性能，如电导率、屈服强度、矫顽力等。

0.1.3 材料性能的研究目的

材料性能的研究，既是材料开发的出发点，也是材料应用的落脚点。陶瓷材料之所以能被广泛地应用，归根结底是因为其某一方面的性能可以满足人们的需要，例如：可制成各种形状、坚硬、表面光洁度高的容器；同时具有一定的电气绝缘强度及机械强度，可作为重要的绝缘材料。近几年开发出来的一些具有新性能的陶瓷材料，还可满足一些特殊环境的要求，用来制备重要的功能元件：利用其磁学性能制备计算机记忆元件；利用其光学性能制备光学元件，如透明陶瓷可用作钠光灯的灯罩，从而提高钠光灯的发光效率且节能，但若用普通玻璃作灯罩，则灯罩会因钠蒸气的腐蚀作用而损坏；利用其较高机械强度与化学惰性制备仿生陶瓷（如人造骨骼、牙齿等）和耐高温陶瓷等。

集成电路绝缘基板材料应具备的性能：必须要有一定的强度，以便能够承载起安装在其上的集成电路元件及分布在其上的电路线；要有均匀而平滑的表面，以便在其上进行穿孔、开槽等精密加工，从而构成细微而精密的图形；应有优良的绝缘性能，尤其是在高频下；还要有良好的导热性，以便迅速散发电路上因电流产生的热量；电路元件与基片的热膨胀系数之差应尽可能地小，从而保证基片与电路元件间良好的匹配性，这样电路元件与基片就不会剥离。总之，材料的强度、表面光洁度、绝缘性能、导热性、热膨胀系数等，是衡量集成电路的绝缘基板材料性能的重要指标。环氧树脂等塑料可用作基片材料，但它们的导热性能不好。氧化铝的导热系数约为环氧树脂的 30 倍，因而氧化铝是较好的基片材料。比氧化铝导热性能更好的材料,更有望作基片材料。氧化铝单晶(亦称蓝宝石),其导热系数比氧化铝烧结体的大4倍,但难于获得其合适的薄片材料。碳化硅的导热性能较好,其导热系数约为氧化铝的10倍;硬度高,可精密加工;热膨胀系数接近于硅,而且是半导体;缺点是致密烧结非常困难。现采用添加百分之几的氧化铍的热压烧结方法,获得了兼具导热性能与绝缘性能的致密材料。金刚石的导热系数较高,绝缘性能也很好,是理想的绝缘基片材料,但是要制造高纯度且具有一定尺寸的片状金刚石晶体,目前还有很大困难,要将其投入实际应用,还需要作出很多的努力。以上仅从导热系数指标来衡量材料的导热性能,而在实际应用中还要考虑其他指标。例如,对于大型计算机,还要考虑基片材料的介电常数,如果基片材料的介电常数过大,电路元件的响应时间就会变长,从而影响计算机的运算速度。总之,使用材料,主要是使用材料某一方面的性能。在选用材料时,针对实际实用需求,应先考察其主要性能满足与否,再考察其其他性能满足与否。

对材料性能的研究有助于研究材料的内部结构。材料性能就是材料内部结构的体现,结构敏感性性能更是如此。例如,根据布拉格方程 $n\lambda=2d\sin\theta$,利用晶体对X射线的衍射图像,通过X射线的波长 λ、入射X射线与相应晶面的夹角 θ 和衍射级数 n,就可以推算晶体中的晶面间距 d,进而可以分析晶体的结构。

0.1.4 材料生产工艺

任何一种新材料从发现到实际应用,必须经过适宜的制备工艺才能成为工程材料。高温超导材料自1986年发现到2023年,已有近40年的发展历史,但其仍不能得到普遍应用,主要原因是没有找到价廉且稳定的生产工艺。C_{60} 也是如此,尽管在发现之初,人们就认为它的用途会十分广泛,但直到近几年,人们对它的研究仍处于科研阶段。传统材料也需要不断改进生产工艺或流程,以提高产品质量、降低成本和减少污染,从而提高市场竞争力。通过分子束外延技术,可以控制薄膜的生长,甚至可以精确到几个原子的厚度,从而实现了“原子工程”或“能带工程”,这为原子、分子设计提供了有效手段。快冷技术(即冷却速度达 $1\times10^4\sim1\times10^8$ K/s)的采用,为金属材料的研发开辟了一条新途径:首先是金属玻璃的形成,这提高了金属材料的强度、耐磨性能、耐蚀性能和磁学性能;其次是通过快冷技术得到了超细晶粒,成为改进金属材料性能的有效方法;最后是通过快冷技术发现了准晶,由此改变了晶体学的传统观念。因此,材料制备方法的研究与开发成为材料科学技术发展的重点。

材料的广泛应用是材料科学技术发展的主要动力,实验研究出来的具有优异性能的材料还不能直接投入实际应用,必须通过大量的应用研究,才能发挥其应有的作用。材料的应用要考虑以下几个因素:一是材料的使用性能;二是材料的使用寿命及可靠性;三是材料的环境适应性,包括生产过程与使用时间;四是材料的价格。当然,不同材料及其使用的对象不同,考虑的重点也就不同:对于用量大、使用面广的材料,其价格是首先要考虑的,因而,这些材料的生产成本要低,检验流程要相对简单,如建材与包装材料等;相反,对于精密设备所用的材料(如航空、航天材料等),必须采用高质量、安全可靠的专用材料,还要加强检验,有时其检验费用比材料本身的花费还多。以航空发动机所用的高温合金为例,用作涡轮叶片及涡轮盘的材料，一旦在飞行过程中发生断裂，很可能造成机毁人亡的严重事故，因此，在要求其长寿命（几万小时）的同时，对其可靠性的要求更加严格。为了保证这类材料的质量，需通过三次熔炼：先用真空感应炉熔炼，以严格控制成分（去气、去有害杂质）；再用电渣重熔，以去除非金属杂质；最后真空自耗电弧重熔，得到无宏观缺陷的合金锭。如此，才能保证材料质量的均一性和完整性，再经锻造或重熔铸造加工成零件，最后，经过高灵敏度的检验合格后，再装机使用。另外，对医用生物材料来说，其质量要求更为严格，因为一旦因质量问题造成医疗事故，就会产生严重后果。

人类开发和利用材料是从其性能入手的：根据对材料性能上的需求来探索合适的生产工艺路线。同时，在整个开发过程中又不断研究材料结构与性能的关系，为开发新的材料奠定基础。因此，材料性能在近代材料科学研究中占有重要地位。

0.2 材料物理性能

材料物理性能的相关知识是材料科学与工程一级学科相关专业必须掌握的核心内容之一，在整个专业体系中起着承上启下的作用。在学习材料物理性能相关知识之前，需要具备“大学物理”“材料科学基础”或“材料科学导论”等基础课程的知识，需要对与材料科学相关的基本概念有一定的了解。在学习本书内容之后，可以继续学习材料分析测试方法以及其他各种与具体功能材料相关的专业知识，从而构建较为完整的与材料科学相关的知识体系。一般认为材料物理性能是与材料力学性能并列的，与材料性能相关的知识，前者侧重于描述与材料热学性能、光学性能、电学性能、磁学性能等相关的内容，后者则倾向于描述弹性、塑性、韧性、断裂、强度等与材料力学性能相关的内容。有的文献中则将这两者统称为“材料性能学”。

0.2.1 本书内容及学习方法

在学习本书内容时，需要了解本书涉及的材料物理性能的内容特点，同时在学习过程中采用一些实用的学习方法，从而达到事半功倍的效果。

从内容特点上讲，本书的内容设置和知识脉络明确、清晰。除第1章介绍与材料物理性能相关的基本概念和理论以外，其余各章分别系统介绍材料的某一具体性能。按照章节顺序，主要包括材料的电学性能、热学性能、磁学性能、光学性能以及材料的弹性与内耗。各章节内容相互独立，但每章的知识脉络分布具有共同点。第1章是为后续材料具体物理性能学习的知识准备，主要介绍与材料物理相关的量子力学基本概念和理论。从第2章开始介绍材料具体的物理性能，每章都大体按照这样的顺序，即描述材料物理性能的基本参数、物理性能的微观机理、环境与材料因素对该物理性能参数的影响规律及分析、物理性能测试与分析方法，以及相关知识点在材料研究领域中的应用。从学习内容的侧重上来看，基本参数、微观机理和影响因素是学习的重点和难点。

从学习方法上来讲，需要明确以下两个方面。

1. 材料物理性能是连接材料宏观特性与微观结构特征的桥梁

在材料研究中，材料在不同物理环境下的宏观性能参数及其规律，实际上都是对材料微观结构特征的体现。例如，我们在日常生活中经常可以看到材料在宏观上的受热膨胀现象，实际上，这种现象反映了材料在微观上原子间距随温度的升高而增大的微观特征。通过建立材料受热膨胀的基本概念，可以从理论上对受热膨胀进行定性描述，同时，还需要从理论上解释出现这一现象的原因。因此，在阅读本书时要积极思考：材料在宏观上表现出的各种物理性能现象，在微观上反映了材料怎样的内部组织结构变化；建立相关理论时，如何实现宏观现象与微观机理间的统一。

2. 及时总结材料物理性能差异化表述方式的共性特征

材料物理性能知识体系本身涉及多种物理性能，如导电性、导热性、磁性等。虽然描述各种物理性能的形式和方法不同，但实际上，在物理性能表述方式上存在许多共通点。例如，在电导率、热导率、热容、弹性模量等物理性能参数概念的基本表达上，这些参数都是"在材料上施加的物理作用"和"材料自身对这些物理作用的响应"这两项间的比例系数。通过建立这种统一的学习思维来达到事半功倍的效果。

0.2.2 本书内容的作用

为了更进一步体现学习材料物理性能知识的重要性，可从以下两个方面说明本书内容在科研和生产过程中的作用。

(1)材料物理性能的某些理论知识可成为特殊条件下材料特性的主要或唯一的测试和评定方法。例如，通过学习可知，如果要实现高纯度金属的纯度表征，就需要测定金属在极低温度下的电阻率，并以相对电阻率的数据作为衡量金属纯度的重要指标。因此，只有掌握与材料导电性相关的知识，才能理解该方法的理论依据。

(2)在更一般的情况下，材料物理性能及其分析是材料研究和应用过程中非常重要的一类研究内容和手段，在新材料研发及各类材料生产领域发挥着越来越重要的作用，是现代材料研究领域不可缺少的基础组成之一。材料物理性能参数的好坏，在一定程度上是新材料研究或产品水平高低的标志。因此，在各类材料研究的科技文献中，可以看到材料的各种不同物理性能的测试数据。根据这些物理性能测试数据随某一条件的变化规律，可间接表示材料微观组织结构的变化规律，并可利用相关理论对这一规律的出现进行解释和说明。本书在每章中都列举了一些材料物理性能在材料研究中的应用实例。这些实用实例对分析材料研究中的某些具体问题具有一定的指导意义。

0.2.3 学习目标

通过本书内容的学习，可以达到如下的学习目标。

(1)掌握与材料物理性能相关的基本概念、基础理论和物理本质，掌握材料成分与微观组织结构等内部因素和不同外部因素对材料物理性能的影响规律及原因。

(2)能够建立材料宏观性能与微观结构特征之间的理论联系，具备对材料基本物理规律的普遍性、特殊性的认知和分析能力，并能够对结论的有效性和正确性进行分析和判断。

(3)对常规材料物理性能的测试方法有一定的了解，同时，使学术视野得以扩展。

第1章 材料物理基础知识

材料在宏观上所表现出来的诸如电、光、磁、热等各种物理性能，与材料微观上原子间的键合形式、晶体结构以及电子的能量状态有关。人们通过各种实验手段获得材料的物理性能参数，借助微观的分析方法，可将宏观的现象与微观的机理联系起来，从而明确材料各种物理性能产生的原因和机理。因此，了解与材料微观机理方面有关的基础知识是进行材料物理性能分析的基础。

本章将围绕与材料相关的量子理论基础知识展开论述，重点介绍用于描述固体中电子能量结构和状态的相关物理概念。这些基本概念是后续研究材料某一具体物理性能的基础，对理解和解释材料的宏观物理性能是必不可少的。

1.1 量子力学基础

量子力学是基于对微观粒子行为的描述而建立起来的。经典力学是用于处理宏观物体运动的理论。若用经典力学的相关方法描述微观粒子，则往往会得出错误的结论。因此，微观粒子运动的特殊性使其运动规律与宏观物体的有着本质的区别。

为了清楚地介绍与本书关联的微观粒子相关基础知识，本节将按照量子力学的建立过程，针对每个关键理论节点，循序渐进地引入相关量子力学基础理论，从而为后续材料物理性能理论知识的学习做准备。

1.1.1 微观粒子的运动特征

微观粒子运动特征的研究是以光学研究为起点的。以英国物理学家牛顿(Isaac Newton，1643—1727)为代表的微粒学说认为光是微粒流：从光源发生，在均匀介质中遵守力学规律做匀速运动，对于光的反射用弹性球的反跳来解释，对于光的折射则用介质的吸引来解释。另外，牛顿还给出了光的色散、衍射等现象的解释，其中有些解释十分牵强，尤其是对光的衍射、色散和干涉现象的解释。荷兰物理学家惠更斯(Christiaan Huygeas，1629—1695)则是光学波动学说的代表。他从波阵面的观点出发，将光振动看作是在一种特殊介质——“以太”(ether)中传播的弹性脉动，而“以太”这种介质充满了宇宙的全部空间，这便是著名的惠更斯原理。在惠更斯原理中，他未提出波长的概念，因而对光直线传播的解释十分勉强，而且无法解释光的偏振现象和色散现象。

牛顿为经典力学的建立作出了空前绝后的贡献，这就很容易使人们用经典力学中机械论的观点去理解光的本性。尽管惠更斯的波动学说对光的干涉、衍射解释的比较完美，但其理论构架本身还很粗糙，在许多方面还不够完善。基于牛顿在物理学界的泰斗级地位，在之后长达100多年的时间里，微粒学说一直占据主导地位。值得一提的是，牛顿并未从根本上否定波动学说，他曾多次提到光可能是一种振动，并与声音相似。他认为，当光投射到一个物体上时，可能会引起物体中"以太"粒子的振动，就好像投入水中的石块在水面激起波纹一样，并设想可能正是由于这种波引起了干涉现象。但总体来看，他仍对波动学说持否定态度。

19世纪以后，随着英国物理学家托马斯·杨(Thomas Young，1773—1829)的双缝干涉实验和法国物理学家菲涅尔(Augustin-Jean Fresnel，1788—1827)的衍射实验等现象的发现，以及英国物理学家麦克斯韦(James Clerk Maxwell，1831—1879)电磁学说的提出，光的波动学说渐成真理。有意思的是，德国物理学家赫兹(Heinrich Rudolf Hertz，1857—1894)先于1887年发现了反映光粒子性特征的光电效应，又于1888年证实了反映光波动性特征的电磁波的存在。这一有关光学的矛盾现象，使是利用微粒学说还是利用波动学说来解释光的原理陷入了困境。

1. 光的波粒二象性

量子力学是在众多物理学家的共同努力下建立起来的，其理论的建立是从与光相关的研究开始的。19世纪末之前，光的干涉和衍射现象以及光的电磁理论，从实验和理论上都肯定了光的波动性，但黑体辐射(black-body radiation)和光电效应(photoelectric effect)等现象都揭示了光波动性的局限性。

针对黑体辐射这一问题，1900年，德国物理学家普朗克(Max Karl Ernst Ludwig Planck，1858—1947)首次引入了量子(quantum)的概念。普朗克认为，黑体是以能量为单位不连续地发射和吸收一定频率的辐射，而不是经典理论所认为的可以连续地发射和吸收辐射能量。这一结果严重背离了经典物理学中包括能量在内的物理量都是连续的的原则。普朗克的量子概念完全脱离了经典物理，是一场自然科学的革命。鉴于普朗克在量子理论方面的贡献，他于1918年获得诺贝尔物理学奖。

光电效应是物理学中另一个重要而奇妙的现象。在高于某特定频率的电磁波照射下，某些物质内部的电子(electron)会因光的照射被激发出来形成电流。这种光照射引起物质电性质发生变化的光致电现象统称为光电效应，如图1.1所示。针对光电效应这一问题，1905年，美籍德裔物理学家爱因斯坦(Albert Einstein，1879—1955)引入了光子(photon)的概念，并给出了光子的能量、动量与辐射的频率和波长的关系，成功地解释了光电效应。正是由于爱因斯坦在光电效应方面的贡献，他于1921年获得诺贝尔物理学奖。其后，他又提出固体的振动能量也是量子化的，从而解释了低温下固体比热问题。这一研究使物理学家对光的量子性质有了更加深入的了解，并对光的波粒二象性概念的提出产生了重大影响。

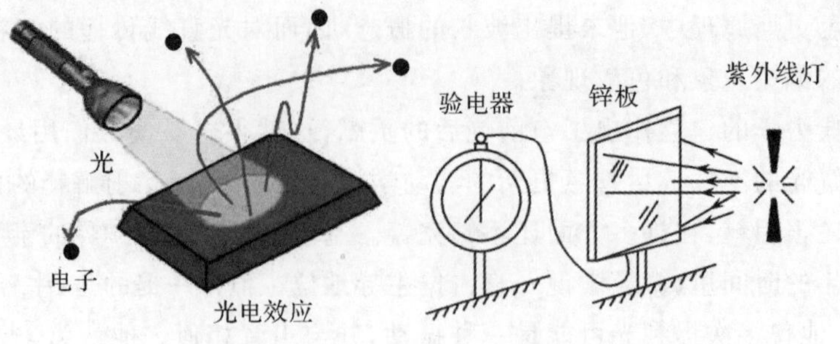

图 1.1　光电效应示意图

爱因斯坦关于光电效应的解释，首次肯定了光具有波粒二象性，同时建立了光子的能量与频率、动量与波长之间的关系，表示如下：

$$E=h\nu \tag{1.1}$$

式中：E 为能量；h 为普朗克常数，$h=6.626\times10^{-34}$ J·s；ν 为线频率。

$$p=\frac{h}{\lambda} \tag{1.2}$$

式中：p 为动量；λ 为波长。

这里需要说明的是，式(1.1)和式(1.2)等号左边的物理量 E 和 p 表示了光所具有的粒子性，而右边的物理量 ν 和 λ 则表示了光所具有的波动性。光的粒子性和波动性通过这个微小的普朗克常数联系起来，体现出光同时具有粒子性和波动性两种性质，因而是波粒二象性(wave-particle duality)的统一。

2. 德布罗意关系

在光的波粒二象性的启示下，1924 年，法国物理学家德布罗意(Louis Victor de Broglie，1892—1987)大胆提出一个假设，认为"二象性"并不只限于光，而具有普遍意义，即一切微观粒子都具有波粒二象性。这一假设认为，具有确定能量 E 和确定动量 p 的自由粒子，相当于频率为 ν 和波长为 λ 的平面波，二者之间的关系如同光子与光波的关系一样，也满足式(1.1)和式(1.2)的关系。德布罗意把实物粒子的波动性和粒子性联系起来，称为德布罗意波或物质波，其波长 λ 称为德布罗意波长。德布罗意也凭借"物质波理论"于 1929 年获得诺贝尔物理学奖。

在量子力学中，德布罗意关系还常以如下形式出现：

$$E=h\nu=\hbar\omega \tag{1.3}$$

$$p=\frac{h}{\lambda}=\hbar k \tag{1.4}$$

式中：$\hbar$ 为约化普朗克常数(reduced planck constant)，又称合理化普朗克常数，满足 $\hbar=\frac{h}{2\pi}$，其数值为 $1.054\ 5\times10^{-34}$ J·s，是量子力学中常用的符号。为纪念英国理论物理学家狄拉克(Paul Adrien Maurice Dirac，1902—1984)，有时也称 $\hbar$ 为狄拉克常数。狄拉克因其在量子力学基本方程方面的贡献，于 1933 年获得诺贝尔物理学奖。

对于质量为 m、运动速度为 v 的粒子，其动量满足 $p=mv$。将该动量关系代入式(1.4)

后，德布罗意波长 λ 可表示为

$$\lambda=\frac{h}{p}=\frac{h}{mv} \tag{1.5}$$

由式(1.5)可计算出目标粒子的德布罗意波长。

下面通过一个例子，分别计算宏观物体与微观物体的德布罗意波长，进而比较经典理论和量子理论的差别。

对宏观物体而言，例如一个质量 m 为 0.02 kg、运动速度 v 为 500 m/s 的子弹，根据式(1.5)，其德布罗意波长 λ 为

$$\lambda=\frac{h}{p}=\frac{h}{mv}=\frac{6.626\times10^{-34}\ \mathrm{J\cdot s}}{0.02\ \mathrm{kg}\times500\ \mathrm{m\cdot s^{-1}}}=6.626\times10^{-35}\ \mathrm{m}$$

上述结果说明，宏观物体的物质波波长的数量级只有 10^{-35} m，通常观察不到波动性，因而波动性可以忽略不计。因此，宏观物体的运动特征用经典力学来处理是合适的。

对微观物体而言，例如一个质量 m 为 9.1×10^{-31} kg 的电子，在电压为 U 的电场中运动，其动能 E 为 eU(单位为电子伏特)。其中，动能 E 满足 $E=\frac{1}{2}mv^2$，e 为电子的带电量，其数值为 1.602×10^{-19} C。若该电子经 100 V 电压加速后，则其德布罗意波长 λ 可按下式计算得到：

$$\lambda=\frac{h}{p}=\frac{h}{mv}=\frac{h}{\sqrt{2mE}}=\frac{h}{\sqrt{2meU}}=\frac{6.626\times10^{-34}\ \mathrm{J\cdot s}}{\sqrt{2\times9.1\times10^{-31}\ \mathrm{kg}\times1.602\times10^{-19}\ \mathrm{C}\times100\ \mathrm{V}}}\approx1.22\times10^{-10}\ \mathrm{m}$$

虽然这一计算所得的波长仍很短，但其 10^{-10} m 的数量级已经与 X 射线波长相当。对微观粒子而言，这一数量级的波长足以使微小粒子的波动性在一定条件下体现出来。因此，像电子这样的微观粒子的运动状态，通常不能用经典力学处理，而要用量子力学处理。

3. 德布罗意关系的典型验证实验——电子衍射实验

德布罗意的物质波虽然以假设的形式提出，但这一假设随后被实验所证实。其中，最著名的就是 1927 年美国物理学家戴维森(Clinton Joseph Davission，1881—1958)和革末(Laster Halbert Germer，1896—1977)合作完成的电子束在镍单晶上的散射实验，以及英国物理学家汤姆孙(George Paget Thomson，1892—1975)在多晶体上完成的电子衍射实验。衍射(diffraction)是当波遇到障碍物时偏离原来直线传播的现象。戴维森-革末实验是将样品从晶体生长的单晶镍切割下来，经过研磨并腐蚀后，取晶体点阵最为密集的方向(111)面正对电子束，记录不同加速电压下，电子束最大值所在的散射角数值，从而发现了散射束强度随空间分布的不连续性，即晶体对电子的衍射现象。这一结果与德布罗意公式计算的结果基本相符。图 1.2 是戴维森-革末电子衍射实验中低能电子束以不同方向射向镍晶体(111)面造成电子散射示意图。几乎与此同时，汤姆孙采用高能电子束透过以金、铝、铂等金属多晶体薄膜为光栅的电子衍射实验，在底片上也获得了透射电子衍射图样。图1.3为汤姆孙电子衍射实验示意图，图 1.4 为电子在某多晶体上的衍射图样。由该实验所得的电子波

波长与德布罗意关系计算结果相合。这些电子衍射现象的发现，证实了德布罗意提出的电子具有波动性这种设想的正确性，并奠定了现代量子物理学的实验基础。随后，人们发现质子、中子、原子和分子等微观粒子都有衍射现象，并且都符合德布罗意关系式，这说明波粒二象性是微观世界的普遍现象。1937 年，诺贝尔物理学奖授予戴维森和汤姆孙，以表彰他们的实验发现。

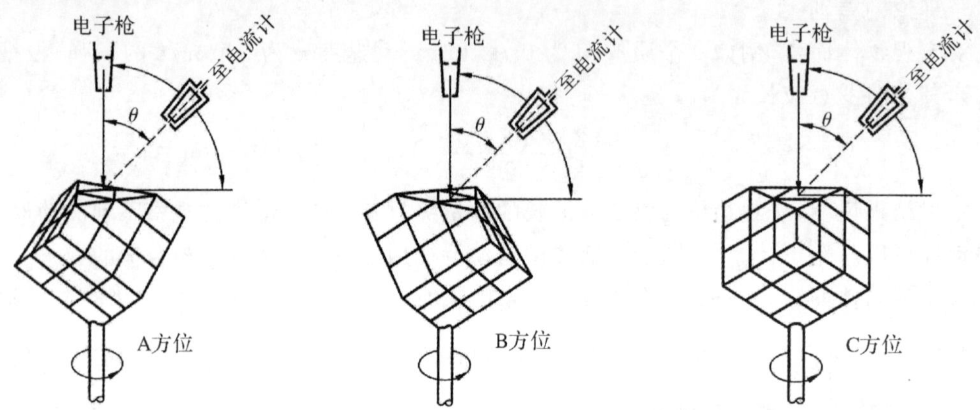

图 1.2　戴维森-革末电子衍射实验中低能电子束以不同方向射向镍晶体(111)面造成电子散射示意图

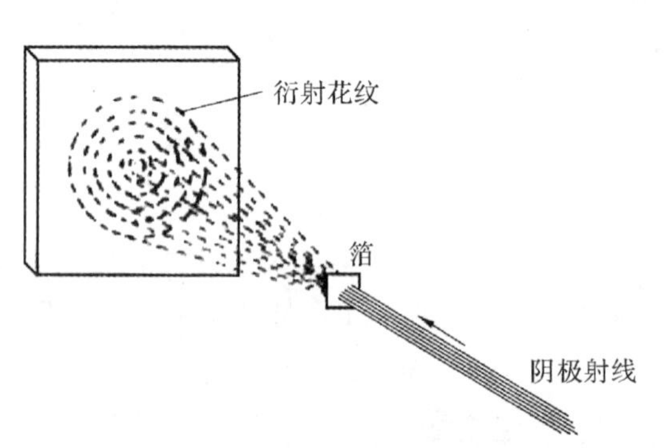

图 1.3　汤姆孙电子衍射实验示意图

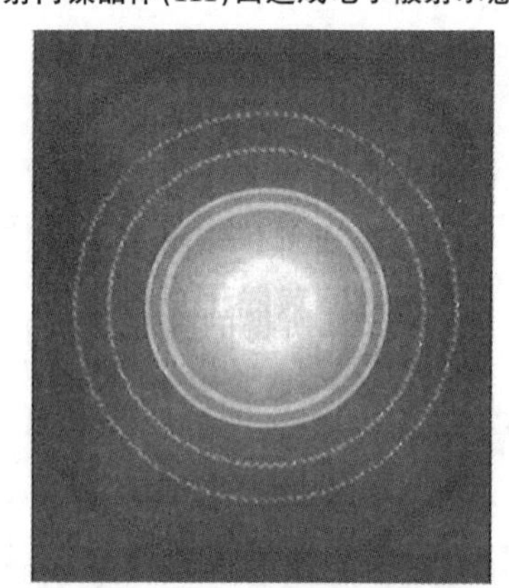

图 1.4　电子在某多晶体上的衍射图样

4. 海森堡测不准原理

波粒二象性是微观粒子的重要特性，是区别于宏观物体运动规律的根本原因。也就是说，当描述微观粒子处于运动状态时，波粒二象性在微观粒子上同时起作用，造成微观粒子与宏观物体遵循不同的运动规律。

对宏观物体而言，基于经典力学的概念，一个物体或质点在任意时刻 t，其坐标和速度将同时具有确定值。为简化描述，这里只考虑一维 x 方向上的某一质量为 m 的质点。在任意时刻 t，该质点的坐标 x 和速度 v 同时具有确定值。其动量 p 满足 $p=mv$，因此在 t 时刻，该质点的坐标 x 和动量 p 同时具有确定值。在此基础上，可以认为经间隔 $\mathrm{d}x$ 后，质点的位置可以表示为

$$x+\mathrm{d}x=x+\frac{\mathrm{d}x}{\mathrm{d}t}\mathrm{d}t=x+\frac{p}{m}\mathrm{d}t \tag{1.6}$$

式(1.6)说明,质点在某一时刻后的位置是可以确定的,这样可以得到质点的运动轨迹。

与宏观物体不同,由于电子等微观粒子具有波粒二象性,其坐标和动量则不能同时具有确定值。针对这一难以理解的问题,下面以电子束通过狭缝的衍射实验进行形象的说明。图1.5为通过狭缝的电子衍射实验示意图。该实验是将一条带有狭缝的隔板平行于 x 轴放置,狭缝的宽度为 d,在距隔板一段距离处放置一感光板。一束电子以动量 p 沿 y 轴方向运动。电子束通过狭缝后,将在感光板上产生衍射花样。感光板上的衍射强度分布如图1.5所示。峰值越高,代表衍射强度越大,电子越多地落在峰值范围内。从实验结果来看,衍射强度的主峰位于感光板正对着狭缝方向不大的范围内。图中的衍射角 α 为衍射强度主峰偏离入射 y 方向的角度,表示电子通过狭缝后的偏离程度。这是由于衍射使电子的运动方向发生了变化,也就是电子的动量发生了变化。正是因为存在电子衍射,电子衍射后运动方向发生变化,才造成感光板在不同位置具有不同的衍射强度。电子衍射实验结果表明,电子束通过狭缝的宽度 d 越小,衍射角 α 越大,产生的衍射主峰范围越大,即电子运动方向的变化范围 p(动量)越大。其中,电子位置的不确定范围 Δx 就是狭缝宽度 d,动量的不确定范围 Δp 就是电子运动方向的变化范围。也就是说,狭缝 d 越小,电子通过狭缝时的位置确定性越高,但随后该电子落在感光板上可能的位置范围越大,即电子运动方向偏离入射方向的可能性越大。这一实验结果说明,电子位置测得越精确,电子的动量就测得越不精确。

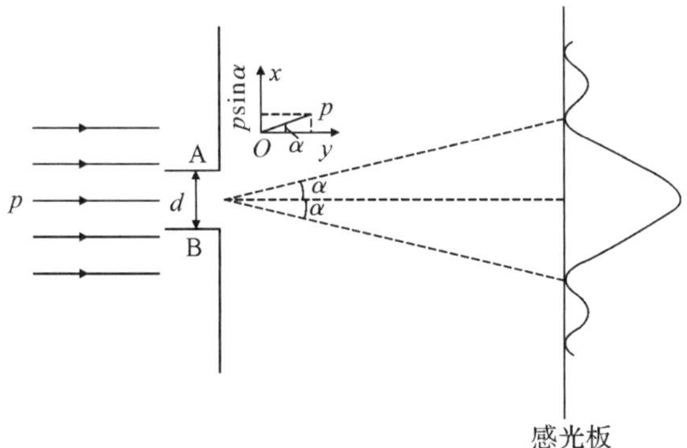

图1.5　通过狭缝的电子衍射实验示意图

针对这个问题,德国物理学家海森堡(Werner Karl Heisenberg,1901—1976)在1927年提出了极具影响力的"测不准原理"(uncertainty principle),奠定了从物理学上解释量子力学的基础。海森堡也因在量子力学方面的贡献,于1932年获得诺贝尔物理学奖。海森堡测不准原理表明:一个微观粒子的位置和动量不可能同时具有确定的数值,其中一个量的确定程度越大,另一个量的不确定程度就越大。也就是说,如果测得的一个粒子的位置不确定范围是 $\Delta\delta$,那么同时测得的动量也有一个不确定范围 Δp,并且 $\Delta\delta$ 和 Δp 的乘积总是大于一定的数值,即满足

$$\Delta\delta \cdot \Delta p \geqslant \frac{h}{2} \tag{1.7}$$

测不准关系表明:具有波动性的粒子,位置和动量不能同时具有精确值。类似的不确定性关系式也存在于能量和时间、角动量和角度等物理量之间。

值得注意的是,测不准原理不仅适用于微观粒子,同样也适用于宏观物体。下面通过一

个例子对此进行说明。

例如，一个质量为0.02 kg、运动速度为500 m/s 的子弹，若其速度测量准确到运动速度的$1/10^5$，则其位置的不确定程度$\Delta\delta$为

$$\Delta\delta=\frac{\hbar}{2m\cdot\Delta v}=\frac{1.05\times10^{-34}\ \mathrm{J\cdot s}}{2\times0.02\ \mathrm{kg}\times500\ \mathrm{m\cdot s^{-1}}\times10^{-5}}=5.3\times10^{-31}\ \mathrm{m}$$

对电子（质量为9.1×10^{-31} kg）来说，以相同的速度和相同的速度测量精度引起的位置不确定程度$\Delta\delta$为

$$\Delta\delta=\frac{\hbar}{2m\cdot\Delta v}=\frac{1.05\times10^{-34}\ \mathrm{J\cdot s}}{2\times9.1\times10^{-31}\ \mathrm{kg}\times500\ \mathrm{m\cdot s^{-1}}\times10^{-5}}=1.2\times10^{-2}\ \mathrm{m}$$

上述计算结果说明，对宏观物体来说，在子弹的速度具有高的精确度的同时，其位置测量同样具有高的精确度，其数量级达到10^{-31} m。这一不确定性对宏观物体而言可以忽略不计。但对微观粒子而言，以相同的速度测量精度则引起很高的位置不确定程度。数量级为10^{-2} m的位置测量精度，远大于微观粒子（如电子、原子或分子）的自身尺寸，即不可能同时精确测量其位置和动量。这一不确定性对微观粒子而言是不可忽略的。

测不准原理限制了经典力学的适用范围。当不确定关系施加的限制可以忽略时，可以用经典理论来研究粒子的运动规律；当不确定关系施加的限制不可以忽略时，只能用量子理论来处理问题。

1.1.2　波函数

在经典力学中，宏观运动粒子在某时刻的状态可用此时刻粒子的坐标和动量精确确定。但对微观粒子而言，具有波粒二象性的微观粒子的坐标和动量不能同时具有确定值，因此，微观体系运动状态的描述需要引入新的描述方式。量子力学认为，微观体系的状态可用波函数ψ来描述。

1. 波函数概念的引入

以图1.5所示的电子衍射实验为例，讨论波函数概念的引入。

在电子衍射实验中，当以一束强度较大的电子束射向光栅时，单位时间内大量电子通过狭缝，感光板上很快出现了衍射花纹图样。降低入射电子流的强度，使电子一个一个通过狭缝，最初感光板上只能出现一个个无规则的电子撞击的孤立斑点，如图1.6(a)所示，这显示了电子的粒子性。随着实验时间的延长，感光板上的斑点增多，并逐渐显示出规律性。最后得到的衍射图样和用强电子束衍射的结果一样，如图1.6(b)所示。衍射现象是波动性的特征，这显示了电子的波动性。逐个通过狭缝的电子在感光板上形成的衍射图样与大量电子同时通过狭缝形成的衍射图样相同，这说明电子衍射不是大量电子相互作用的结果。这两个实验证明，电子的波动性是许多电子在同一实验中的统计结果，或者是一个电子在许多相同实验中的统计结果。

由电子衍射实验的结果分析可知：感光板上衍射强度大，则该处的电子出现数目多，衍射强度小，则该处的电子出现数目少；而某处电子出现数目多，则电子在该处出现的概率大，电子出现数少，则电子在该处出现的概率小。因此，电子的波动性是和微观粒子在某处出现

的统计规律性(即电子在该处出现的概率)联系在一起的。如果统一电子的波动性和粒子性的概念,那么电子的波动性是许多电子在同一实验中的统计结果,或一个电子在许多相同实验中的统计结果。因此,某一时刻、某一位置电子的衍射强度和电子在该处出现的概率具有一定的联系。

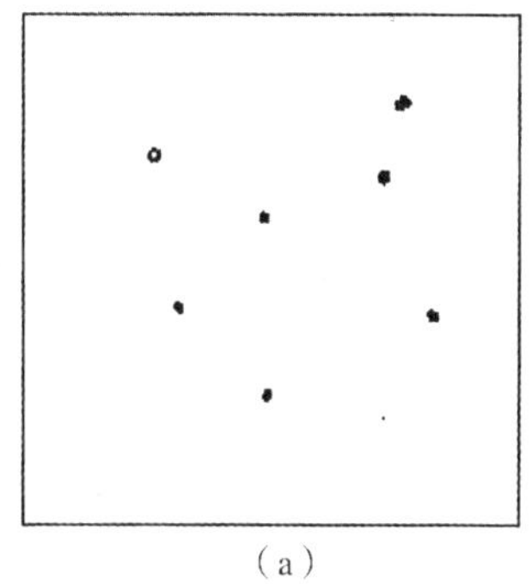
(a)

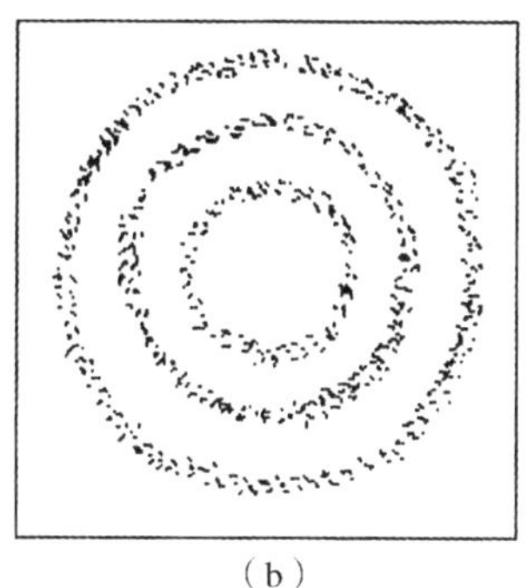
(b)

图1.6　慢速电子衍射实验结果

(a)开始时;(b)经过足够长的时间后

微观粒子(如电子)的波粒二象性决定不可能用经典力学的方式描述其运动特征。从上述分析中可以隐约感觉到,微观粒子在某处出现的概率与其在该处的衍射强度间存在一定的联系。如果用描述微观粒子衍射强度的方式描述其在某处出现的概率,那么可采用一种新的方式,建立微观粒子运动特征的描述方法。这种描述方法与经典力学关注某一质点在某一时刻具有什么样的运动状态的描述方法不同,该方法关注的是大量相同粒子在某一时刻、某一位置出现的概率,且出现概率的大小可从该位置处粒子衍射强度的大小得知。也就是说:衍射强度大,粒子出现概率大;衍射强度小,粒子出现概率小。因此,可用微观粒子衍射强度的数学表达方式描述粒子在该处出现的概率大小。这种用衍射强度描述概率大小的方法,将微观粒子的波动性和粒子性统一起来,从而对微观粒子的波粒二象性形成了清晰的物理图像。微观粒子在空间各处出现的概率反映了大量电子的运动服从一种统计规律。这种由大量单个微观粒子集中反映出的规律,并没有确认每个微观粒子在某时刻必定在何处出现,而是反映出微观粒子可能在何处出现。

接下来的问题就是,如何用衍射强度的数学表达方式来描述微观粒子出现的概率。事实证明,微观粒子某一时刻在某处德布罗意波(也就是物质波)的强度与粒子在该处出现的概率成正比,这就是德布罗意波的统计解释。在量子力学中,用来描述微观粒子的德布罗意波的函数就是波函数(wave function)。

2.波函数的数学表述

波函数的概念最早由德布罗意于1924年提出。他对德布罗意波进行了统计解释:在某处德布罗意波的强度与粒子在该处出现的概率成正比。因此,波函数又称为德布罗意函数。但此时,波函数并没有明确的物理意义,也没有实验根据。1926年,德国犹太裔理论物理学家、量子力学奠基人之一——玻恩(Max Born,1882—1970)给出了波函数的统计解释,即把德布罗意提出的电子波认为是电子出现的概率波,也就是认为波函数在空间中某一点的强度和在该点找到粒子的概率成比例。这为波函数的具体数学表述奠定了基础。同年,奥地利物理学家薛定谔(Erwin Schrödinger,1887—1961)提出了波函数遵循的运动方程,即薛定谔方程。1927年,戴维森和革末用电子在晶体中的散射实验证实了德布罗意波的正确性。至此,波函数有了完整的物理理论和数学表述。玻恩也因对量子力学的基础性研究,尤其是对波函数的统计学诠释,于1954年获得诺贝尔物理学奖。

根据波动学,波函数 $\psi(x,y,z,t)$ 是描写微观粒子状态的时间 t 与坐标 (x,y,z) 的函数。衍射花样的强度分布可用波函数绝对值的二次方 $|\varphi(x,y,z,t)|^2$ 表示。在此基础上,玻恩提出了波函数的统计解释:t 时刻在空间 (x,y,z) 位置处找到粒子的概率与 t 时刻波函数在 (x,y,z) 位置处的绝对值的二次方 $|\varphi(x,y,z,t)|^2$ 成正比。这一解释将微观粒子在某处出现的概率用衍射强度的数学表达式表现出来,从而为波函数赋予了明确的物理意义。

空间某点 (x,y,z) 附近小体积单元为 $\mathrm{d}\tau=\mathrm{d}x\mathrm{d}y\mathrm{d}z$,$t$ 时刻在该体积单元中找到粒子的概率为

$$\mathrm{d}W(x,y,x,t)=|(x,y,z,t)|^2\mathrm{d}\tau \tag{1.8}$$

单位体积中的概率称为概率密度(probability density),即

$$w(x,y,z,t)=\frac{\mathrm{d}W(x,y,z,t)}{\mathrm{d}\tau}=|\psi(x,y,z,t)|^2=\psi(x,y,z,t)\cdot\psi^*(x,y,z,t) \tag{1.9}$$

式中:$\psi^*(x,y,z,t)$ 为 $\psi(x,y,z,t)$ 的共轭复数(conjugate complex number);$|\psi(x,y,z,t)|^2$ 为概率密度,代表粒子在时空中的概率密度分布。

下面用一个最简单的自由粒子的例子来建立波函数的直观表达。自由粒子是不受外力作用的粒子,其能量 E 和动量 p 是不随时间 t 变化的常量。根据德布罗意关系,如式(1.3)和式(1.4)所示,相应的自由粒子波的角频率 $\omega=\dfrac{E}{\hbar}$ 和波矢 $\boldsymbol{k}$ 的大小 $k=\dfrac{p}{\hbar}$ 均是常量。为简便起见,将空间坐标 (x,y,z) 用矢量 $\boldsymbol{r}$ 代表。由波动学可知,这样的波是单色平面波,这一平面波的波函数可表示为

$$\psi(\boldsymbol{r},t)=A\mathrm{e}^{\mathrm{i}(kr-\omega t)}=A\mathrm{e}^{\frac{\mathrm{i}}{\hbar}(pr-Et)} \tag{1.10}$$

式中:A 为波函数 $\psi(\boldsymbol{r},t)$ 的振幅;i 为虚数单位,$\mathrm{i}=\sqrt{-1}$。

式(1.10)是描述自由粒子状态的波函数,它是时间 t 和坐标 $\boldsymbol{r}$ 的复函数。

由上述概率密度的表述可知,波函数绝对值的二次方 $|\psi(x,y,z,t)|^2$ 即为概率密度,表示粒子出现的概率,式(1.10)波函数绝对值的二次方 $|\psi(x,y,z,t)|^2$ 由于共轭复数的关系,实际等于波函数振幅 A 的二次方。在量子力学中,物质波不代表任何实际物质的波动,它是借助于物理学有关波动学中波的描述方式表达粒子出现的概率,即用概率密度 $|\psi(x,y,z,t)|^2$ 表示粒子在 t 时刻在 (x,y,z) 处的单位体积中出现的概率。因此,物质波就是概率波。

波函数用于描述微观粒子状态时,由于 $|\psi(x,y,z,t)|^2$ 表示粒子在 t 时刻在 (x,y,z) 处的单位体积中出现的概率,所以,波函数应该满足一定的条件。第一,波函数必须满足"单值、有限、连续"的条件,该条件称为波函数的标准条件。这是由于粒子在某一时刻 t、在空间某点 (x,y,z) 上出现的概率应该是唯一的、有限的,所以波函数必须是单值的、有限的;又因为粒子在空间的概率分布不会发生突变,所以波函数还必须是连续的。也就是说,波函数

必须连续可微，且一阶导数也连续可微。第二，由于粒子必定要在空间中的某一点出现，所以，任意时刻在整个空间发现粒子的总概率应为 1，这称为波函数的归一化条件，即

$$\int_{-\infty}^{+\infty} |\psi(x,y,z,t)|^2 \mathrm{d}\tau = 1 \tag{1.11}$$

量子力学中的波函数还具有一个独特的性质，即波函数 ψ 与波函数 $\psi' = c \cdot \psi$（c 为任意常数）所描写的是粒子的同一状态。这是因为粒子在空间各点出现的概率只由波函数在空间各点的相对强度决定，而不由强度的绝对大小决定。如果把波函数在空间各点的振幅同时增大一倍，那么并不影响粒子在空间各点出现的概率。因此，将波函数乘以一个常数后，所描写的粒子状态并不改变。

量子力学中描述微观粒子状态的方式与经典力学中同时用坐标和动量的确定值来描述质点的状态完全不同，这种差别来源于微观粒子的波粒二象性。波函数概念的形成是量子力学完全摆脱经典观念、走向成熟的标志。波函数和概率密度是构成量子力学理论最基本的概念。

1.1.3　薛定谔方程

量子力学中最核心的就是要解决以下两个问题：①在各种情况下，找出描述系统各种可能的波函数；②波函数如何随时间演化。微观粒子某一时刻所具有的量子状态可用波函数完全描述，若要知道波函数随时间和空间的变化规律，则需要用薛定谔方程（Schrödinger equation）进行描述。薛定谔方程是由薛定谔在 1926 年提出的有关量子力学中的一个基本方程，是量子力学的基本假设之一，其正确性只能靠实验来检验。该方程反映了描述微观粒子的状态随时间变化的规律，它在量子力学中的地位相当于牛顿运动定律对于经典力学一样。薛定谔因其在量子力学基本方程方面所作的贡献，和狄拉克一起获得了 1933 年的诺贝尔物理学奖。图 1.7 形象地给出了经典力学和量子力学关于研究对象的状态和运动方程所采用的描述方式。

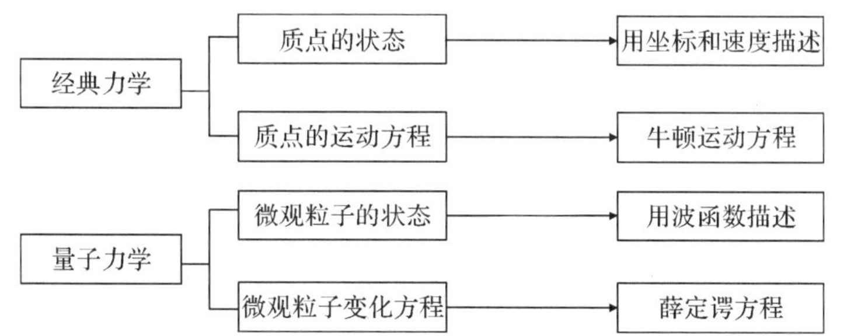

图 1.7　经典力学和量子力学研究对象的状态和运动方程采用的描述方式

1. 薛定谔方程的引入

经典力学和量子力学都可描述研究对象的状态和运动方程，这两者间的对应关系，说明薛定谔方程在量子力学中的地位与牛顿运动方程在经典力学中的地位相仿。在引入薛定谔方程之前，先来回顾经典粒子运动方程，以从中获得启发。

对经典力学而言，经典粒子在 $t = t_0$ 时刻，初态是 $\boldsymbol{r}_0$ 时的运动状态为

$$\boldsymbol{p}_0=m\left.\frac{\mathrm{d}\boldsymbol{r}}{\mathrm{d}t}\right|_{t=t_0} \tag{1.12}$$

粒子满足牛顿运动方程，即

$$\boldsymbol{F}=m\frac{\mathrm{d}^2\boldsymbol{r}}{\mathrm{d}t^2} \tag{1.13}$$

从式(1.12)和式(1.13)可以看出，经典粒子某一时刻的运动状态是坐标 $\boldsymbol{r}$ 及其对时间 t 的一阶导数，而牛顿运动方程是坐标 $\boldsymbol{r}$ 对时间 t 的二阶微分方程。也就是说，如果已知经典粒子的初始条件 t_0 和 $\boldsymbol{r}_0$，求解牛顿运动方程后所得的解，即为粒子在以后任何时刻 t 时的状态 $\boldsymbol{r}$ 和 $\boldsymbol{p}$。

对量子力学而言，以自由粒子的波函数为例，介绍薛定谔方程建立的思路，然后再推广到普遍的薛定谔方程。

如前所述，对自由粒子(不受外力作用的粒子)来说，E 和 p 是不随时间 t 变化的常量，由波动学可知，这样的波是平面波，其波函数满足式(1.10)。此处只考虑一维方向(如 x 方向)传播的平面波，则其波函数可简化为

$$\psi(x,t)=A\mathrm{e}^{\mathrm{i}(kx-\omega t)}=A\mathrm{e}^{\frac{\mathrm{i}}{\hbar}(px-Et)} \tag{1.14}$$

式(1.14)表示一个动量为 p、能量为 E 的自由粒子沿 x 方向运动的波函数。

波函数是薛定谔方程的解。现已知自由粒子的波函数为式(1.14)，下面对该式作相应变换，从而建立自由粒子的薛定谔方程。

首先，对式(1.14)的时间分量求偏导，有

$$\frac{\partial\psi}{\partial t}=-\frac{\mathrm{i}}{\hbar}E\psi \tag{1.15}$$

其次，对坐标 x 求二次偏导，有

$$\frac{\partial^2\psi}{\partial x^2}=-\frac{p^2}{\hbar^2}\psi \tag{1.16}$$

自由粒子的动量 p 和能量 E(仅为动能)之间满足

$$E=\frac{p^2}{2m} \tag{1.17}$$

结合式(1.15)～式(1.17)，可得到一维条件下自由粒子的薛定谔方程为

$$\mathrm{i}\hbar\frac{\partial\psi}{\partial t}=-\frac{\hbar^2}{2m}\cdot\frac{\partial^2\psi}{\partial x^2} \tag{1.18}$$

如果考虑自由粒子在力场中势能 $U(x)$ 的作用，粒子的总能量 E 应是势能 $U(x)$ 和动能 $\frac{1}{2}mv^2$ 之和，那么动量 p 和能量 E 之间满足

$$E=\frac{p^2}{2m}+U(x) \tag{1.19}$$

此时，一维条件下自由粒子的薛定谔方程为

$$\mathrm{i}\hbar\frac{\partial\psi}{\partial t}=-\frac{\hbar^2}{2m}\cdot\frac{\partial^2\psi}{\partial x^2}+U(x)\psi \tag{1.20}$$

因此，很容易将式(1.20)推广为三维条件下自由粒子的薛定谔方程，即

$$\mathrm{i}\hbar\frac{\partial\psi(x,y,z,t)}{\partial t}=-\frac{\hbar^2}{2m}\left(\frac{\partial^2\psi}{\partial x^2}+\frac{\partial^2\psi}{\partial y^2}+\frac{\partial^2\psi}{\partial z^2}\right)+U(x,y,z)\cdot\psi(x,y,z,t)\qquad(1.21)$$

若采用拉普拉斯(Laplace)算符，即$\nabla^2=\frac{\partial^2}{\partial x^2}+\frac{\partial^2}{\partial y^2}+\frac{\partial^2}{\partial z^2}$，则式(1.21)可写为

$$\mathrm{i}\hbar\frac{\partial\psi}{\partial t}=-\frac{\hbar^2}{2m}\nabla^2+U\psi\qquad(1.22)$$

式(1.22)便是薛定谔方程的一般式。薛定谔方程也称波动方程，该方程的解即为波函数。式(1.22)中的拉普拉斯算符是用法国物理学家、天文学家拉普拉斯(Pierre-Simon Marquis.de Laplace，1749—1827)的名字命名的。

薛定谔方程是将物质波的概念和波动方程相结合建立的二阶偏微分方程，可描述微观粒子的运动，每个微观系统都有一个相应的薛定谔方程，通过解方程可得到波函数的具体形式以及对应的能量，从而了解微观系统的性质。薛定谔方程是作为一个基本假设提出来的，它的正确性已被大量实验证明，可正确描述微观粒子的运动规律。薛定谔方程在非相对论量子力学中的地位与牛顿方程在经典力学中的地位相仿。也就是说，只要给出粒子在初始时刻的波函数，由薛定谔方程即可求得粒子在以后任一时刻的波函数。薛定谔方程描述在势场中粒子状态随时间的变化，反映了微观粒子的运动规律。

2. 定态波函数和定态薛定谔方程

所谓的定态(stationary state)是微观粒子所处状态中的一种类型。此时微观粒子运动所在势场的势能不随时间变化，粒子在其中的运动状态总会达到一个稳定值。由于势能与时间 t 无关，所以薛定谔方程可用分离变量法进行简化。

定态下自由粒子的波函数如式(1.14)所示，可分离时间 t 与坐标 $\boldsymbol{r}$ 的分量，则有

$$\psi(\boldsymbol{r},t)=A\mathrm{e}^{\frac{\mathrm{i}}{\hbar}(p\boldsymbol{r}-Et)}=\varphi(\boldsymbol{r})f(t)=\varphi(\boldsymbol{r})\cdot\mathrm{e}^{-\frac{\mathrm{i}}{\hbar}Et}\qquad(1.23)$$

其中，位置的分量部分为

$$\varphi(\boldsymbol{r})=A\mathrm{e}^{\frac{\mathrm{i}}{\hbar}p\boldsymbol{r}}\qquad(1.24)$$

式中：$\varphi(\boldsymbol{r})$是波函数中只与坐标有关、而与时间无关的部分。如果粒子处于定态，那么求出波函数的位置部分 $\varphi(\boldsymbol{r})$即可，而不必再去考虑时间因素。因此，通常把 $\varphi(\boldsymbol{r})$称为振幅(amplitude)波函数或振幅函数，甚至直接称为定态波函数。

凡是可以写成式(1.23)形式的波函数称为定态波函数。这种波函数所描述的状态称为定态。如果粒子运动所在势场的势能只是坐标的函数 $U=U(\boldsymbol{r})$，那么粒子在其中的运动状态总会达到一个稳定态。

对定态波函数而言，概率密度$|\psi(\boldsymbol{r},t)|^2$ 满足

$$|\psi(\boldsymbol{r},t)|^2=\psi(\boldsymbol{r},t)\cdot\psi(\boldsymbol{r},t)^*=\varphi(\boldsymbol{r})\mathrm{e}^{-\frac{\mathrm{i}}{\hbar}Et}\cdot\varphi(\boldsymbol{r})\mathrm{e}^{\frac{\mathrm{i}}{\hbar}Et}=|\varphi(\boldsymbol{r})|^2\qquad(1.25)$$

该结果表明：空间各处单位体积中找到粒子的概率与时间无关，因此，定态是一种力学性质稳定的状态。

将式(1.23)代入式(1.22)，则有

$$\nabla^2\varphi+\frac{2m}{\hbar^2}(E-U)\varphi=0\qquad(1.26)$$

式(1.26)即为定态薛定谔方程的一般式。其中,E 是与时间 t、坐标 r 都无关的常数。有时为了研究方便,也可将式(1.26)写成

$$\left(-\frac{\hbar^2}{2m}\nabla^2+U\right)\varphi=E\varphi \tag{1.27}$$

根据量子力学原理,借助于哈密顿(Hamilton)算符 $\hat{H}$,可将定态薛定谔方程式(1.27)写成

$$\hat{H}\varphi=E\varphi \tag{1.28}$$

式中:$\hat{H}=-\frac{\hbar^2}{2m}\nabla^2+U$。

哈密顿算符是用爱尔兰数学家、物理学家哈密顿(William Rowan Hamilton, 1805—1865)的名字命名的。哈密顿为经典场理论以及后来量子力学的发展作出了贡献。

这种不含时间分量的定态薛定谔方程就是哈密顿算符的本征方程(eigen equation)。由于本征值 E 是能量,所以式(1.28)也称为能量本征方程,哈密顿算符也称为能量算符。

若考虑时间的分量,则根据式(1.22),薛定谔方程可写成

$$\hat{H}\psi=\mathrm{i}\hbar\frac{\partial\psi}{\partial t} \tag{1.29}$$

根据上述讨论,可将定态薛定谔方程的物理意义概括如下:对于一个质量为 m、在势能为 U 的外场中运动的粒子,有一个与这个粒子的稳定态相联系的波函数 $\varphi(\boldsymbol{r})$,这个波函数是满足式(1.26)的定态薛定谔方程。该方程的每个有物理意义的解 $\varphi(\boldsymbol{r})$,分别表示粒子运动的某个稳定状态,与这个解对应的常数 E,就是粒子在该稳定态的能量。

3. 薛定谔方程的应用——势阱模型

薛定谔方程在量子力学中占有重要位置。现以一个简单的势阱(potential well)模型为例,讨论如何运用薛定谔方程。

一维势阱模型如图 1.8 所示。假设质量为 m 的粒子只能在 $0<x<L$ 的区域内自由运动,粒子的势能函数:当 $0<x<L$ 时,势能 $U(x)=0$;当 $x=0$ 或 $x=L$ 时,$U(x)\to\infty$。$U(x)=0$ 这一假设相当于在 $x=0$ 和 $x=L$ 处存在不可跨越的"势垒",粒子只能在 $0<x<L$ 范围的"势阱"内移动。接下来,利用定态薛定谔方程[式(1.26)],求得被限制在势阱中粒子的波函数及其能量。

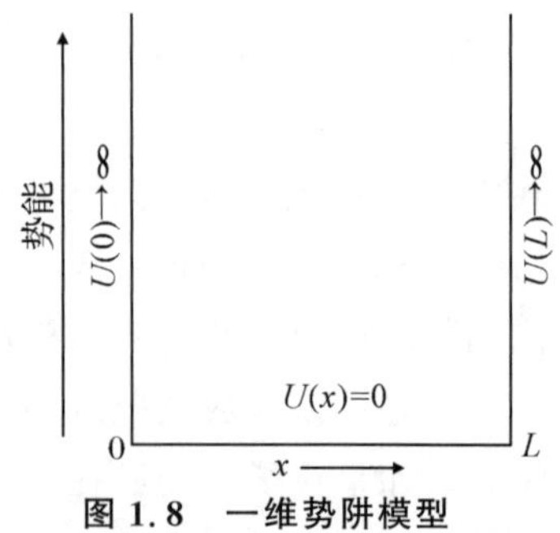

图 1.8 一维势阱模型

根据式(1.26),一维自由粒子定态薛定谔方程可写成

$$\frac{\mathrm{d}^2\varphi}{\mathrm{d}x^2}+\frac{2m}{\hbar^2}(E-U)\varphi=0 \tag{1.30}$$

当 $x=0$ 或 $x=L$ 时,因为 $U(x)\to\infty$,所以此处发现粒子的概率为零,即 $\varphi(x)=0$。

当 $0<x<L$ 时,因为 $U(x)=0$,所以此时的薛定谔方程可以写成

$$\frac{\mathrm{d}^2\varphi}{\mathrm{d}x^2}+\frac{2m}{\hbar^2}E\varphi=0 \tag{1.31}$$

粒子的能量 E 满足

$$E=\frac{p^2}{2m}=\frac{h^2}{2m\lambda^2}=\frac{\hbar^2}{2m}k^2 \tag{1.32}$$

将式(1.32)代入式(1.31),经化简得

$$\frac{\mathrm{d}^2\varphi}{\mathrm{d}x^2}+k^2\varphi=0 \tag{1.33}$$

式(1.33)就是自由粒子在一维势阱中的定态薛定谔方程。这是一个简单的微分方程,其通解为

$$\varphi(x)=A\cos kx+B\sin kx \tag{1.34}$$

式中:A 和 B 为常数。

若将边界条件 $x=0,\varphi(0)=0$ 代入式(1.34),则 $A=0$,此时,$\varphi(x)=B\sin kx$。

由波函数的归一化条件$\int_0^L |\varphi(x)|^2\mathrm{d}x=1$,可求得系数 $B=\sqrt{\frac{2}{L}}$。

又由边界条件 $x=L,\varphi(L)=0$,得 $\varphi(L)=\sqrt{\frac{2}{L}}\sin kL=0$。若此关系成立,必须满足 $kL=n\pi$,则 k 取值仅限于 $k=\frac{\pi}{L},\frac{2\pi}{L},\cdots,\frac{n\pi}{L}$。其中,$n$ 取 1,2 等正整数,称为自由粒子能级的量子数(注意:由于势阱模型中 x 取值为 $0<x<L$,所以 n 只取正整数)。由此可得自由粒子一维势阱模型下的定态波函数(实际为振幅波函数):

$$\varphi(x)=\sqrt{\frac{2}{L}}\sin\frac{\pi n}{L}x \tag{1.35}$$

如果考虑时间 t 的分量,那么自由粒子的定态波函数为

$$\psi(x,t)=\varphi(x)\cdot f(t)=\sqrt{\frac{2}{L}}\sin\frac{\pi n}{L}x\cdot \mathrm{e}^{-\frac{\mathrm{i}}{\hbar}Et} \tag{1.36}$$

势阱模型中自由粒子的能量 E 为

$$E=\frac{\hbar^2}{2m}k^2=\frac{\hbar^2}{2m}\left(\frac{n\pi}{L}\right)^2=\frac{h^2}{8mL^2}n^2 \tag{1.37}$$

若将一维势阱中粒子的前三个能级和波函数绘制成图 1.9,则可看出势阱中粒子的能量是量子化的,它只能取一系列不连续分布的值。一维势阱中粒子能量为最低态,即基态($n=1$)时,其能量 $E=\frac{\hbar^2}{2m}k^2=\frac{h^2}{8mL^2}n^2\neq0$,称为零点能(zero-point energy)。当 $n>1$ 时,使波函数$\varphi(x)=0$ 的点(节点)的数目为 $n-1$。在节点处发现粒子的概率为 0。随着节点数目的增多,粒子的能量值增大。

另外,相邻能级的能级差 ΔE 为

$$\Delta E=E_{n+1}-E_n=(2n+1)\frac{h^2}{8mL^2} \tag{1.38}$$

式(1.38)表明,能级差 ΔE 与量子数 n 成正比,与粒子的质量 m、势阱宽度 L 成反比。能级越高,相邻能级之间的差异越大;势阱宽度 L 越小,能级差越大。如果 L 小到原子的线度,能级差就很大,因而电子在原子内运动时,能量的量子化就特别显著;如果 L 大到宏观

的线度，能级差就很小，能量的量子化不显著，此时可以把粒子的能量视为连续变化。

对于如图1.10所示的边长为L的立方三维势阱模型，可导出三维势阱内粒子的波函数，即

$$\varphi(x,y,z)=\frac{1}{\sqrt{L^3}}\sin\frac{\pi n_x}{L}x\cdot\sin\frac{\pi n_y}{L}y\cdot\sin\frac{\pi n_z}{L}z \tag{1.39}$$

式中：n_x、n_y、n_z分别为粒子在x、y、z方向上的量子数。

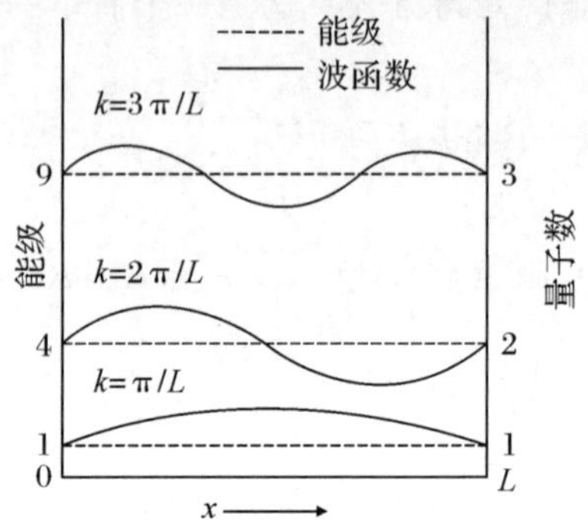

图1.9 一维势阱中粒子的前三个能级和波函数

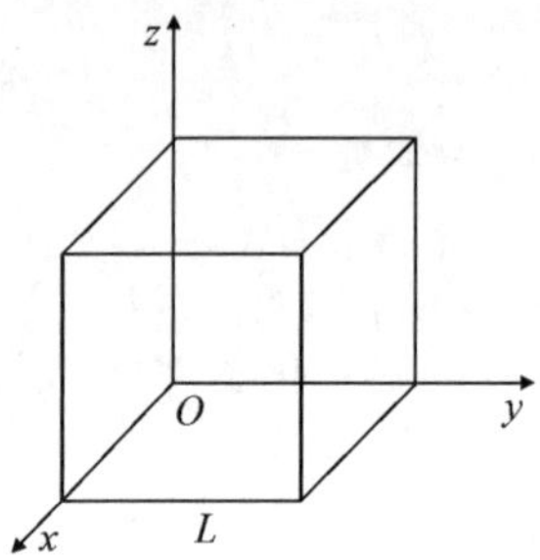

图1.10 边长为L的立方体三维势阱模型

粒子在x、y、z方向上的能量E分别为$E_x=\frac{h^2}{8mL^2}{n_x}^2$、$E_y=\frac{h^2}{8mL^2}{n_y}^2$、$E_z=\frac{h^2}{8mL^2}{n_z}^2$，则有

$$E_n=\frac{h^2}{8mL^2}({n_x}^2+{n_y}^2+{n_z}^2) \tag{1.40}$$

由式(1.40)可以发现，对三维情况下粒子的能量来说，不同的量子数n_x、n_y、n_z将构成不同的波函数，却有可能对应同一能级。例如，当$n_x=n_y=1$、$n_z=2$，$n_x=n_z=1$、$n_y=2$，$n_y=n_z=1$、$n_x=2$时，能量E均相等。这种不同量子数对应同一能级的现象称为能级的简并(degeneracy)。若g个不同的状态对应同一能级，则称该能级为g重简并。能级的简并现象是系统对称性的必然结果。若系统对称性遭到破坏，则能级的简并性将部分或全部消失。例如，在$a\neq b\neq c$的三维势阱中，每个能级均为非简并的，此时对所有的能级来说，都有$g=1$。

综上所述，对于微观粒子状态的描述，通常的做法如下：①根据粒子的相互作用关系列出薛定谔方程；②根据微观粒子所处的势能状态，把薛定谔方程进行简化，写成所需的形式，此时，由于势能的存在，往往给薛定谔方程的求解带来困难，所以，通常会根据情况，对粒子的存在环境或描述方式进行一系列的假设，在不破坏研究粒子运动范围的前提下，降低薛定谔方程求解的难度；③求解薛定谔方程，并获得方程的通解，即波函数；④通过归一化条件确定波函数系数；⑤根据边界条件，实现波函数的量子化；⑥根据所得波函数具有的量子特性，分析微观粒子的能量。

1.2 经典自由电子理论

电子理论最初源自金属，然后才发展到其他材料。金属的电子理论是为了解释金属的良好导电性而建立起来的。后来的进展对认识和开发金属材料起了很大作用，现在已经成为研究材料的液态和固态等凝聚态性质的理论基础。

德鲁德-洛伦兹(Drude-Lorentz)的经典电子理论认为,金属是由原子点阵构成的,价电子是完全自由的,可以在整个金属中自由运动,就好像气体分子能在一个容器内自由运动一样,因此可以把价电子看成"电子气"。自由电子的运动遵循经典力学的运动规律,遵循气体分子运动论。这些电子在一般情况下可沿所有方向运动,但在电场作用下,它们将逆着电场方向运动,从而使金属中产生电流。电子与原子的碰撞阻碍了电子的无限加速,从而形成电阻。经典自由电子理论把价电子看作是共有化的,价电子不属于某个原子,而且可以在整个金属中运动。经典自由电子理论忽略了电子间的排斥作用和正离子点阵周期场的作用。

经典自由电子理论的主要贡献之一是导出了欧姆定律。根据经典电子理论模型,当金属导体中施加电场 $\boldsymbol{E}$ 时,自由电子所受的力 $\boldsymbol{f}$ 为

$$\boldsymbol{f}=e\boldsymbol{E}$$

式中:e 为电子的电荷。

此力使电子产生一加速度,根据牛顿定律:

$$\boldsymbol{f}=e\boldsymbol{E}=m\boldsymbol{a},\quad \boldsymbol{a}=\frac{e}{m}\boldsymbol{E}$$

式中:m 为电子质量;$\boldsymbol{a}$ 为加速度。

对做无规则热运动的自由电子而言,外加电场给予的加速度 $\boldsymbol{a}$ 是附加的。按照电子与离子机械碰撞模型,电子在金属中运动,会与正离子碰撞,碰撞后被弹开,再沿其他方向运动,因此,只有在两次碰撞之间的电子飞行时间里,定向速度才会累积下来。在每次碰撞后的一瞬间,电子的定向速度可以看作零,而在下一次碰撞前的速度为

$$\boldsymbol{v}=\frac{e\boldsymbol{E}}{m}\cdot\bar{\tau}$$

式中:$\bar{\tau}$ 为电子平均自由飞行时间。

因此在两次碰撞间,电子定向速度的平均值为

$$\bar{\boldsymbol{v}}=\frac{1}{2}\cdot\frac{e\boldsymbol{E}}{m}\cdot\bar{\tau} \tag{1.41}$$

实验表明,施加电场后,电子的定向速度比电子的热运动速度 $\bar{V}$ 小许多,电子两次碰撞的平均自由程 $\bar{l}\approx\bar{V}\cdot\bar{\tau}$,代入式(1.41)得

$$\bar{\boldsymbol{v}}=\frac{1}{2}\cdot\frac{e\boldsymbol{E}}{m}\cdot\frac{\bar{l}}{\bar{V}} \tag{1.42}$$

式(1.42)表明,$\bar{\boldsymbol{v}}$与 $\boldsymbol{E}$ 成正比。若单位体积 dV 内的电子数(即电子密度)为 n,则在 1 s 内通过与 $\boldsymbol{E}$ 垂直的单位面积 dS 内的电子数(即电流密度)为 $j=ne\bar{\boldsymbol{v}}$,如图 1.11 所示。

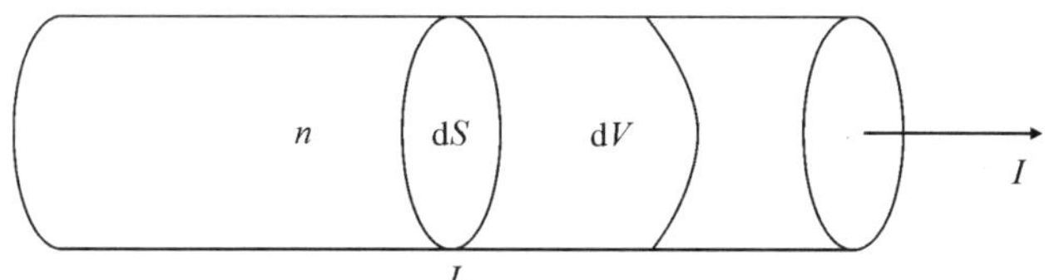

图 1.11　电流密度示意图

将 $j=ne\bar{\boldsymbol{v}}$代入式(1.42),得

$$j=\frac{1}{2}\cdot\frac{ne^2}{m}\cdot\frac{\bar{l}}{\bar{V}}\cdot\boldsymbol{E} \tag{1.43}$$

对于一定的导体，在一定温度下，$\frac{ne^2}{m}\cdot\frac{\bar{l}}{\bar{V}}$是常数，因此式(1.43)表示电流密度与电场强度成正比，这就是欧姆定律。式(1.43)还包含另一条定律，即导电定律，其表达式为

$$\sigma=\frac{ne^2}{2m}\cdot\frac{\bar{l}}{\bar{V}}=\frac{ne^2}{2m}\cdot\bar{\tau} \tag{1.44}$$

式中：σ为电导率。

自由电子理论的另一贡献是导出了焦耳-楞次(Jonule-Lenz)定律。从经典理论可知，做热运动的自由电子在外电场的加速下动能增大，直到与带正电荷的离子实发生碰撞，将定向运动的那部分动能传递给离子点阵，使其热振动加剧，导体温度升高。当离子点阵所获得的能量与环境散失的热量相平衡时，导体的温度不再上升。电子加速到碰撞前的定向运动速度$v=\frac{eE}{m}\cdot\bar{\tau}$，其定向运动动能在碰撞后将全部转化为热能。

$$\Delta W=\frac{1}{2}mv^2=\frac{1}{2}\cdot\frac{e^2E^2}{m}\cdot\bar{\tau}^2 \tag{1.45}$$

若单位时间内电子与离子实碰撞$\frac{1}{\bar{\tau}}$次，则单位时间电子总共传给单位体积金属的热能为

$$W=\Delta W\cdot\frac{n}{\bar{\tau}}=\frac{ne^2}{2m}\cdot\bar{\tau}\cdot E^2=\sigma E^2 \tag{1.46}$$

式(1.46)即为焦耳-楞次定律。

此外，经典电子理论还可以导出维德曼-弗兰兹(Wiedemann-Franz)定律，证明在一定温度下各种金属的导热率与电导率的比值为一常数，称为洛伦兹常数L，即导热性越好的金属，其导电性也越好。

但是，经典电子理论在解释电子热容和电阻率随温度变化等问题上遇到了不可克服的困难。例如，按经典电子理论模型，自由电子如同理想气体一样遵循“分子运动论”。在平衡态下，电子做无规则热运动，任何运动形式都应是机会均等的，即动能和势能所占机会均等，这就是能量均分定律。一般在平衡态下，每个电子的平均动能都应等于$\frac{1}{2}k_BT$。简言之，当气体处于平衡态时，电子的任何一个自由度的平均动能都相等，均为$\frac{1}{2}k_BT$，这就是能量按自由度均分定理。按照这个定理，电子有3个自由度，在温度T下，每个电子的平均动能为$\frac{3}{2}k_BT$，如图1.12所示。

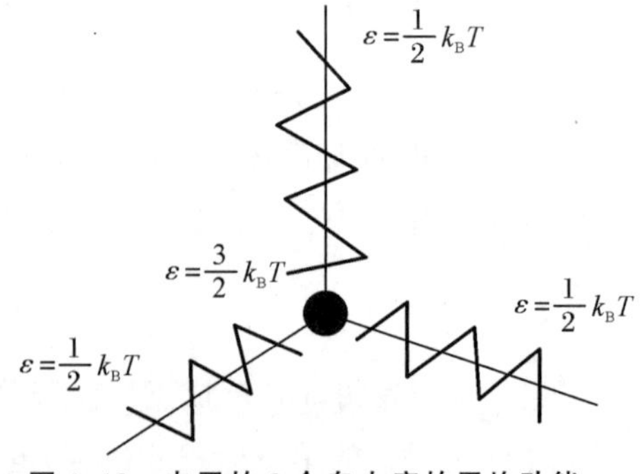

图1.12　电子的3个自由度的平均动能

每摩尔一价金属电子气的动能为

$$E_e=N_A\frac{3}{2}k_BT=\frac{3}{2}RT$$

式中：N_A 为阿伏加德罗常数，$N_A=6.022\times10^{23}$；R 为普适气体常数，$R=8.314\ \mathrm{J\cdot mol^{-1}\cdot K^{-1}}$。

摩尔热容为

$$C_m^e=\frac{dE_e}{dT}=\frac{3}{2}R\approx12.47\ \mathrm{J\cdot mol^{-1}\cdot K^{-1}} \tag{1.47}$$

然而，实验测得相应的电子热容仅为该值的 1%。

同样，可以根据经典电子理论导出电阻率 ρ 与温度 T 的关系。按分子热运动定律，将 $\frac{1}{2}m\overline{V}^2=\frac{3}{2}k_BT$ 代入式(1.44)得

$$\rho=\frac{1}{\sigma}=\frac{2\sqrt{3mk_BT}}{ne^2\overline{l}} \tag{1.48}$$

由式(1.48)可以看到，似乎金属的电阻率应当与$\sqrt{T}$成正比，与价电子数 n 成反比。但实验表明，金属的电阻率 ρ 与温度 T 的一次方成正比，二价金属($n=2$)的导电性反而比一价金属($n=1$)的更差。

总之，经典自由电子理论作出了重要贡献，这是因为它的一些假设基本上是正确的，如价电子能够在整个金属中运动，但这一理论基于牛顿力学，因此，它在另一些方面遇到了困难，这主要是因为微观粒子的运动问题不能用宏观领域的牛顿力学理论来解决，而应该用量子力学理论来解决。

1.3　量子自由电子理论

经典自由电子理论的成功在于抓住了金属中存在大量自由电子这个关键点，因此成功地说明了欧姆定律、导电与导热的正比关系等问题。但是，这一理论在解释许多问题时遇到了困难。例如：实际测量的电子平均自由程比经典理论估计的大许多；金属电子比热容测量值只有经典自由电子理论估计值的 1/100；金属导体、绝缘体、半导体的导电性存在巨大差异；霍尔系数按经典自由电子理论只能为负，但在某些金属中发现有正值；等等。造成这些问题的主要原因在于自由电子模型过于简单化，并且其理论根源在于牛顿力学。因此，用经典力学处理微观质点的运动，并不能正确反映微观质点的运动规律。根据 1.1 节所讨论的结果，需要用量子力学的概念来解释微观粒子的运动规律。

把量子力学理论引入对金属电子状态的认识，称之为量子自由电子理论。具体来说就是，金属的费米-索末菲(Fermi-Sommerfeld)自由电子理论。该理论认同经典自由电子学说认为的价电子完全自由，但不同的是，量子自由电子学说认为，自由电子的状态不服从麦克斯韦-玻耳兹曼统计规律，而是服从费米-狄拉克(Fermi-Dirac)的量子统计规律。本节主要对费米-索末菲自由电子理论进行论述。

1.3.1　晶体中电子的薛定谔方程

如 1.1 节所述，若讨论由大量原子构成的金属晶体结构的状态，则要基于量子力学基础，从求解薛定谔方程开始。

在列出薛定谔方程之前，先来分析金属晶体内大量微观粒子间的相互作用关系。晶体由大量原子构成，每个原子都包含原子核和核外电子。由于原子构成晶体时，内层电子的状态基本不变，而外层电子(也就是价电子)是影响晶体性质的主要因素，所以，可将晶体看成由价电子和离子实构成的体系。这个体系内存在电子的运动、离子的振动、电子与电子间作用、电子与离子间作用、离子与离子间作用，因此，该体系是一个复杂的多粒子体系。基于上述分析，如果用薛定谔方程表述由大量原子构成的金属晶体结构的状态，那么方程中应该含有体系中不同粒子间的相互关系。下面借助于复杂的多粒子体系薛定谔方程讨论量子自由电子理论的相关知识。

设该多粒子体系中含有 N 个价电子，根据量子力学原理，并由式(1.28)可知，该体系的哈密顿算符可写为

$$\hat{H} = \sum_{i}^{N}(-\frac{\hbar^2}{2m}\nabla_i^{\,2}) + \sum_{i}^{N}u\,(\boldsymbol{r})_i + \frac{1}{2}\sum_{i}\sum_{j\neq i}v\,(\boldsymbol{r})_{ij} + \hat{H}_{离子} \tag{1.49}$$

式中：$\sum_{i}^{N}\left(-\frac{\hbar^2}{2m}\nabla_i^{\,2}\right)$ 为 N 个电子的动能总和；$-\frac{\hbar^2}{2m}\nabla_i^{\,2}$ 为第 i 个电子的动能；$\sum_{i}^{N}u\,(\boldsymbol{r})_i$ 为电子和离子间的相互作用势能；$\frac{1}{2}\sum_{i}\sum_{j\neq i}v\,(\boldsymbol{r})_{ij}$ 为电子和电子间的相互作用势能；$\hat{H}_{离子}$ 为离子的能量。

对于式(1.49)，并不用关注每项所代表的严格的具体数学表达式。这一模糊的函数关系式不影响下面进行有关量子自由电子理论的讨论。其实，式(1.49)所表示的这一多体系问题，用薛定谔方程无法进行严格求解。也就是说，如果要基于薛定谔方程获得金属晶体内大量微观粒子的运动状态，必须使薛定谔方程这一复杂的微分方程可解。因此，如果想进一步分析这一复杂的多体系问题，必须将式(1.49)进行化简。

首先，由于电子的质量远远小于离子的质量，所以离子的运动速度远小于电子的运动速度。在分析电子的问题时，可将离子近似看成是静止于其平衡位置上的。这样，可将电子运动和离子运动分开考虑，即在式(1.49)中，第四项可以消去。这时的多粒子体系问题简化为多电子问题。这一近似称之为绝热近似(adiabatic approximation)，它是由美籍犹太裔理论物理学家奥本海默(Julius Robert Oppenheimer，1904—1967)和他的导师德国理论物理学家玻恩(Max Born)在1927年共同提出的，因此也称为玻恩-奥本海默近似(Born-Oppenheimer approximation)或定核近似。这一近似的核心：分子系统中原子核的运动与电子的运动可以分离，由于电子和原子核运动的速度具有高度的差别，所以在研究电子运动时可以近似地认为原子核是静止不动的，而在研究原子核的运动时则不需要考虑空间中电子的分布。

其次，可忽略电子间瞬时的相互作用，认为任何一个电子是在其他 $N-1$ 个电子的平均势场中独立运动的。这就把相互作用的系统转化为无相互作用的系统。经此步简化后，式(1.49)中的第三项可以用电子间相互作用势能 $\sum_{i}^{N}\overline{v}_i$ 表示。经分离变量法处理后，式(1.49)中的前三项的下角标 i 可去掉，这就实现了多电子问题向单电子问题的简化。这样，晶体中任意一个电子的薛定谔方程的哈密顿算符可以写为

$$\hat{H}=-\frac{\hbar^2}{2m}\nabla^2+u(\boldsymbol{r})+\bar{v} \tag{1.50}$$

式(1.50)表明，晶体中的电子都是在所有离子的势场 $u(\boldsymbol{r})$ 和其他电子的平均势场 $\bar{v}$ 中运动的，总的势能为 $U=u(\boldsymbol{r})+\bar{v}$。这一简化过程又称为自洽场近似(self-consistent field approximation)。该近似是一种求解全同多粒子系统的定态薛定谔方程的近似方法。它近似地用一个平均场来代替其他粒子对任一个粒子的相互作用，这个平均场又能用单粒子波函数表示，从而将多粒子系统的薛定谔方程简化成单粒子波函数所满足的非线性方程组来求解。

最后，可认为晶体中电子的势场 U 具有晶格的周期性。由于离子在空间中是规则周期性排列的，它们所产生的势场应该是周期场，即 $u(\boldsymbol{r})$ 具有晶格周期性，而 $\bar{v}$ 表示电子的平均势能，所以，认为在晶体中运动的电子势能 U 仍具有周期性是合理的。

经上述三步近似处理后，可得到周期性势场中运动的单电子薛定谔方程为

$$\left(-\frac{\hbar^2}{2m}\nabla^2+U\right)\varphi=E\varphi \tag{1.51}$$

由式(1.51)可以获得晶体中电子的能量 E 和波函数 $\varphi(\boldsymbol{r})$，进而可进一步讨论晶体中电子的相关特征。这里需要注意的是，经第三步简化后讨论的晶体中电子运动的相关内容属于能带理论的范畴，相关内容将在后续章节进行讨论。

如果假定晶体中的势场 U 处处相等，此时电子将在均匀恒定的势场内运动，那么可将薛定谔方程进一步简化。这种近似称为自由电子近似(free electron approximation)。此时，可选择势能零点，使 $U=0$，则薛定谔方程可写为

$$-\frac{\hbar^2}{2m}\nabla^2\varphi=E\varphi \tag{1.52}$$

式(1.52)就是接下来要论述的量子自由电子理论的基础。

1.3.2　自由电子的波函数和能量

经上述讨论及若干近似后，已经获得了自由电子的薛定谔方程，如式(1.52)所示。随后可求解薛定谔方程，获得自由电子的波函数，进而分析自由电子的能量。这里必须明确，式(1.52)是经过两个近似后获得的。经过近似，薛定谔方程变得可解。但是，所谓的近似，其实就是忽略了研究中的一些其他具体问题，因此严格来说，近似必然会降低结果的准确性。

德国物理学家索末菲(Arnold Sommerfeld，1868—1951)在讨论自由电子气模型时，认为金属中的价电子好像理想气体的分子一样，彼此间无相互作用，各自独立地在恒定势场中运动。由于价电子之间没有相互作用，所以可采用单电子近似，这样就把多电子问题变成了单电子问题。另外，把晶体势场用一个势能处处相等的恒定势场来代替，通常选择势能零点，使恒定势场为零。索末菲所做的这两个假设，其实与 1.3.1 小节讨论的近似相同。除此以外，索末菲还假设电子只能在金属内运动而不可逸出金属外，依此给出了边界条件的概念。

为了满足索末菲假设中关于电子不逸出金属的要求，通常采用玻恩-卡曼边界条件(Born-von Karman boundary condition)，也称为周期性边界条件。该条件是由德国理论物理学家玻恩和美籍匈牙利裔航天工程学家卡曼(Theodore von Kármán，1881—1963)提出

的，常在固体物理学中用于描述理想晶体的性质。在固体物理学中，以一维晶体为例，玻恩-卡曼边界条件假设一维晶体首尾晶格处原胞(即晶体内晶格的最小重复单元)上的原子振动情况相同。图 1.13 为固体物理学中一维链的玻恩-卡曼边界条件示意图。

图 1.13　固体物理学中一维链的玻恩-卡曼边界条件示意图

借助玻恩-卡曼边界条件的数学表达和物理意义，可将此关系用于描述电子的运动状态。

设想长度为 L 的一维有限晶体，在每个晶体内相对应的位置上，电子的运动状态都相同，即

$$\cdots=\varphi(x-L)=\varphi(x)=\varphi(x+L)=\varphi(x+2L)=\cdots$$

于是，边界条件可以表示为

$$\varphi(x)=\varphi(x+L) \tag{1.53}$$

若 $x=0$，则有 $\varphi(0)=\varphi(L)$，这表明边界两端的电子运动状态相同。这一关系确保满足电子没有逸出晶体的要求。

对于三维晶体，假设晶体是由边长为 L 的立方体组成的，如图 1.14 所示，此时电子运动的玻恩-卡曼周期性边界条件可表示为

$$\varphi(x,y,z)=\varphi(x+L,y,z)=\varphi(x,y+L,z)=\varphi(x,y,z+L) \tag{1.54}$$

这样的波函数边界条件，其图像是电子先从一个小立方体的边界进入，然后从另一侧进入另一个小立方体，对应点的情况完全相同。这样便可以满足在体积 V 内的金属自由电子数 N 不变。因此，这一周期性边界条件符合索末菲假设的要求。

基于索末菲假设，可对自由电子的薛定谔方程，即式(1.51)进行求解。

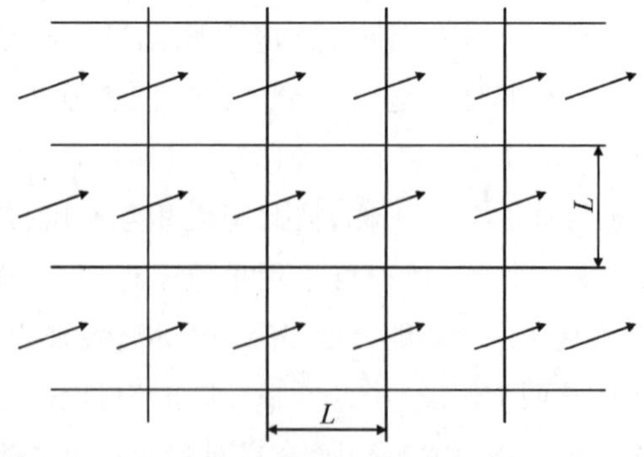

图 1.14　玻恩-卡曼周期性边界条件示意图

先考虑一维情况，此时式(1.51)变为

$$\frac{\mathrm{d}^2\varphi}{\mathrm{d}x^2}+\frac{2m}{\hbar^2}E\varphi=0 \tag{1.55}$$

根据自由电子的能量关系 $E=\frac{p^2}{2m}=\frac{\hbar^2}{2m}k^2$，式(1.55)可写为

$$\frac{\mathrm{d}^2\varphi}{\mathrm{d}x^2}+k^2\varphi=0 \tag{1.56}$$

该方程的通解形式为 $\varphi(x)=A\mathrm{e}^{\mathrm{i}kx}+B\mathrm{e}^{-\mathrm{i}kx}$。此处考虑边界条件 $\varphi(0)=\varphi(L)$，即$B=0$，因此该方程的通解形式可以写为

$$\varphi(x)=A\mathrm{e}^{\mathrm{i}kx} \tag{1.57}$$

由波函数归一化条件

$$1=\int_0^L |\varphi(x)|^2\mathrm{d}x=\int_0^L \varphi^*(x)\varphi(x)\mathrm{d}x=A^2L \tag{1.58}$$

可求得系数：

$$A=\frac{1}{\sqrt{L}} \tag{1.59}$$

此时，自由电子的波函数为

$$\varphi(x)=\frac{1}{\sqrt{L}}\mathrm{e}^{\mathrm{i}kx} \tag{1.60}$$

根据边界条件式(1.53)，有

$$\frac{1}{\sqrt{L}}\mathrm{e}^{\mathrm{i}kx}=\frac{1}{\sqrt{L}}\mathrm{e}^{\mathrm{i}k(x+L)}=\frac{1}{\sqrt{L}}\mathrm{e}^{\mathrm{i}kx}\cdot\mathrm{e}^{\mathrm{i}kL} \tag{1.61}$$

将式(1.61)首尾化简后，得

$$1=\mathrm{e}^{\mathrm{i}kL}=\cos kL+\mathrm{i}\sin kL \tag{1.62}$$

通过分析发现，只有当 $kL=2n\pi$ 时，即满足 $k=\frac{2\pi}{L}n$ 时，式(1.62)才可成立。其中，n 为量子数，其取值范围是整数。因此，自由电子的波函数可以表示为

$$\varphi(x)=\frac{1}{\sqrt{L}}\mathrm{e}^{\mathrm{i}kx}=\frac{1}{\sqrt{L}}\mathrm{e}^{\mathrm{i}\frac{2\pi}{L}nx} \tag{1.63}$$

对于获得的自由电子的波函数式(1.63)，若考虑时间 t 的分量关系，则自由电子的定态波函数为

$$\psi(x,t)=\varphi(x)f(t)=\frac{1}{\sqrt{L}}\mathrm{e}^{\mathrm{i}kx}\cdot\mathrm{e}^{-\frac{\mathrm{i}}{\hbar}Et}=\frac{1}{\sqrt{L}}\mathrm{e}^{\mathrm{i}kx}\cdot\mathrm{e}^{-\mathrm{i}\omega t}=\frac{1}{\sqrt{L}}\mathrm{e}^{\mathrm{i}(kx-\omega t)} \tag{1.64}$$

根据上述讨论，在周期性边界条件下，自由电子的能量 E 满足

$$E=\frac{\hbar^2k^2}{2m}=\frac{h^2}{2mL^2}n^2 \tag{1.65}$$

对式(1.63)～式(1.65)而言，这些关系式表明，金属中自由电子的波函数 φ(或 ψ)和能量 E 只能取分立值，k 是量子化的，其量子数为整数 n。由于每个量子数 n 对应一个波矢 k，所以每个确定的波矢 k，都对应一个波函数和能量。因此，波矢 k 的大小实际也可以看成一个量子数。如果对式(1.65)以 k 为横坐标、以 E 为纵坐标建立 $E-k$ 之间的函数关系，那么可获得图1.15(a)所示的自由电子的 $E-k$ 关系曲线。该曲线关系中，由于 k 是量子化的，所以 E 也是量子化的。但相邻能量 E 之间的能级间隔非常小，通常可以认为 k 和 E 都是准连

续变化的，也就是说，自由电子的能级是在 0～∞范围内准连续分布的，如图 1.15(b)所示。

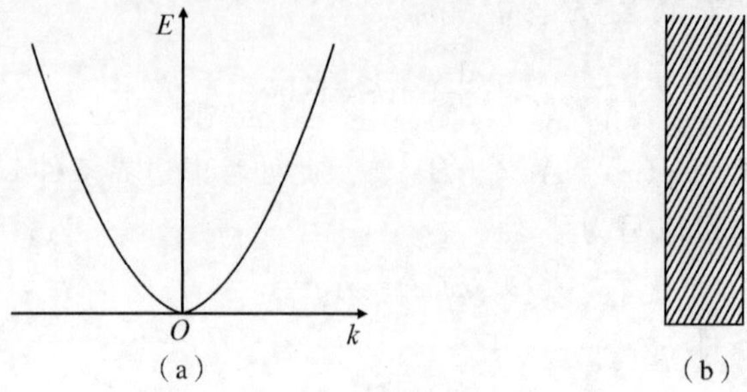

图 1.15 自由电子的 $E-k$ 关系

(a)$E-k$ 关系曲线；(b)能量准连续分布

当电子处于式(1.63)表示的状态时，金属内电子的概率密度是常数，即

$$|\varphi(x)|^2=\frac{1}{\sqrt{L}}\mathrm{e}^{-\mathrm{i}kx}\cdot\frac{1}{\sqrt{L}}\mathrm{e}^{\mathrm{i}kx}=\frac{1}{L} \tag{1.66}$$

这表明自由电子在金属内的分布是均匀的。

对三维情况，设金属是边长为 L 的立方体，根据式(1.55)，可将三维情况下的薛定谔方程写为

$$\left(\frac{\partial^2}{\partial x^2}+\frac{\partial^2}{\partial y^2}+\frac{\partial^2}{\partial z^2}\right)\varphi(x,y,z)+\frac{2m}{\hbar^2}E\varphi(x,y,z)=0 \tag{1.67}$$

令能量 E 满足

$$E=\frac{\hbar^2\boldsymbol{k}^2}{2m}=\frac{\hbar^2}{2m}(k_x^2+k_y^2+k_z^2) \tag{1.68}$$

这里的波矢是矢量，表示为 $\boldsymbol{k}=k_x\boldsymbol{i}+k_y\boldsymbol{j}+k_z\boldsymbol{l}$，其数值大小为 $\sqrt{k_x^2+k_y^2+k_z^2}$。

经分离变量法可计算得到三维情况下自由电子的波函数为

$$\varphi(x,y,z)=A\mathrm{e}^{\mathrm{i}(k_xx+k_yy+k_zz)}=A\mathrm{e}^{\mathrm{i}\boldsymbol{kr}} \tag{1.69}$$

归一化条件为

$$\int_0^L\varphi(\boldsymbol{r})\varphi^*(r)\mathrm{d}\tau=A^2\cdot L^3=1 \tag{1.70}$$

式(1.70)中的积分元 $\mathrm{d}\tau=\mathrm{d}x\mathrm{d}y\mathrm{d}z$，由此得到归一化常数 $A=\frac{1}{\sqrt{L^3}}$。

因此，自由电子的波函数为

$$\varphi(x,y,z)=\frac{1}{\sqrt{L^3}}\mathrm{e}^{\mathrm{i}(k_xx+k_yy+k_zz)}=\frac{1}{\sqrt{L^3}}\mathrm{e}^{\mathrm{i}\boldsymbol{kr}} \tag{1.71}$$

再由周期性边界条件，如式(1.60)，可得

$$\mathrm{e}^{\mathrm{i}k_xL}=\mathrm{e}^{\mathrm{i}k_yL}=\mathrm{e}^{\mathrm{i}k_zL}=1 \tag{1.72}$$

因此，式(1.72)成立的条件是波矢 $\boldsymbol{k}$ 的大小满足

$$k_x=\frac{2\pi}{L}n_x \tag{1.73}$$

$$k_y=\frac{2\pi}{L}n_y \tag{1.74}$$

$$k_z=\frac{2\pi}{L}n_z \tag{1.75}$$

式中：n_x、n_y、n_z 可以取 0、±1、±2 等整数。

因此，自由电子的波函数也可以写成

$$\varphi(x,y,z)=\frac{1}{\sqrt{L^3}}\mathrm{e}^{\mathrm{i}\boldsymbol{kr}}=\frac{1}{\sqrt{L^3}}\mathrm{e}^{\mathrm{i}(k_x x+k_y y+k_z z)}=\frac{1}{\sqrt{L^3}}\mathrm{e}^{\mathrm{i}\frac{2\pi}{L}(n_x x+n_y y+n_z z)} \tag{1.76}$$

而自由电子的能量满足

$$E=\frac{\hbar^2\boldsymbol{k}^2}{2m}=\frac{\hbar^2}{2m}(k_x^2+k_y^2+k_z^2)=\frac{h^2}{2mL^2}(n_x^2+n_y^2+n_z^2) \tag{1.77}$$

上述计算结果表明，金属中自由电子的波函数 $\varphi(x,y,z)$ 和能量 E 都是量子化的，其量子数 n_x、n_y、n_z 只取整数。每组量子数(n_x，n_y，n_z)表示电子的一种运动状态，同时也对应一种能量。同样，由于量子数(n_x，n_y，n_z)对应着相应的波数关系(k_x，k_y，k_z)，两者相差$\frac{2\pi}{L}$倍，因此，也可直接用波数(k_x，k_y，k_z)表示电子的状态，或者把波数(k_x，k_y，k_z)直接当成量子数。

这里需要说明的是，本节所采用的周期性边界条件与介绍的以势阱模型为边界条件计算所得的自由电子的波函数，两者结果存在差别。以势阱模型为边界条件[如一维势阱模型的边界条件为 $\varphi(0)=\varphi(L)=0$]求解薛定谔方程，获得的解是驻波(standing wave)形式，如式(1.35)和式(1.39)所示。以势阱模型为边界条件的物理意义表明：电子不能逸出金属表面，可看作电子波在其内部来回反射。但这一处理方式没有考虑金属表面状态对其内部电子运动状态的影响，也没有充分考虑晶体结构的周期性。玻恩-卡曼周期性边界条件既考虑了避免电子逸出，又保持电子总数不变，同时还兼顾到晶体结构的周期性。以这一方式求解薛定谔方程，获得的解是行波(travelling wave)形式。

1.3.3　*k* 空间和能级密度

如前所述，以索末菲假设为基础计算得到的自由电子的波函数和能量都是量子化的，其中，量子数(n_x，n_y，n_z)或(k_x，k_y，k_z)的不同取值均对应着一种电子的状态(也就是波函数)和能量。因此，可以只借助于量子数来表示电子的状态或能量。通常，这种描述状态的方式可用“k 空间”形象地表示出来。

k 空间是以波数 k_x、k_y 和 k_z 为坐标轴构成的空间，也称为波矢空间(wave-vector space)。由波数 k_x、k_y 和 k_z 构成的 k 空间中的状态分布如图 1.16(a)所示。在 k 空间上，每个由量子数(n_x，n_y，n_z)确定的点(k_x，k_y，k_z)均表示电子所允许的一种能量与状态，称为代表点。由量子数 n 与 k 之间的关系，如式(1.65)所示，k 空间中沿三个坐标轴方向相邻的两个代表点之间的距离均为$\frac{2\pi}{L}$，因此，每个代表点都均匀分布在 k 空间中。如果把每个代表点都想象为边长是$\frac{2\pi}{L}$的正方体的中心，如图 1.16(b)所示，那么每个代表点在 k 空间中的体积满足

$$\left(\frac{2\pi}{L}\right)^3=\frac{(2\pi)^3}{L^3}=\frac{(2\pi)^3}{V} \tag{1.78}$$

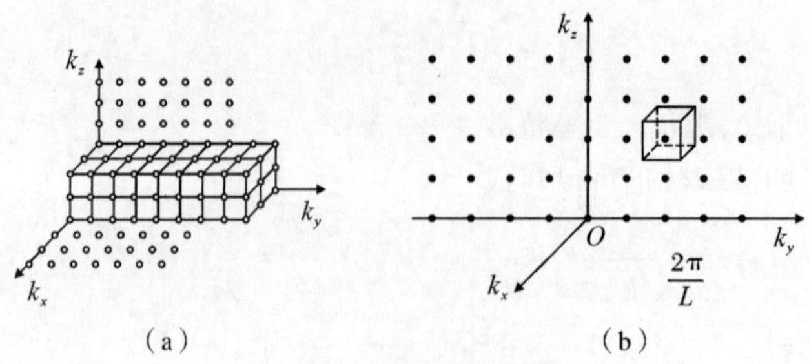

图 1.16　k 空间示意图

(a)k 空间中的状态分布；(b)每个状态点占据的体积

因此，k 空间中单位体积内(假定单位体积为 1)代表点的数目(也就是状态的数目)为

$$\frac{1}{(2\pi)^3/V}=\frac{V}{(2\pi)^3}=\left(\frac{L}{2\pi}\right)^3 \tag{1.79}$$

由前可知，波矢 $\boldsymbol{k}$ 的数值大小 $|\boldsymbol{k}|=\sqrt{k_x^2+k_y^2+k_z^2}$。根据自由电子能量 E 与 $\boldsymbol{k}$ 的关系如式(1.77)所示，可以发现，具有相同波矢大小 $|\boldsymbol{k}|=\sqrt{k_x^2+k_y^2+k_z^2}$ 的电子状态，不论波矢方向如何，都具有相同的能量 E。在 k 空间中，$|\boldsymbol{k}|=\sqrt{k_x^2+k_y^2+k_z^2}$ 表示从代表点(k_x,k_y,k_z)到原点的距离。因此，原点到代表点之间，距离相等的所有代表点都具有相同的能量。此时，如果以某一长度 $k=\frac{\sqrt{2mE}}{\hbar}$ 为半径，以原点为球心作一球面，那么所有落在此球面上的代表点，均具有相同的能量 E。这一球面称为自由电子的等能面。图 1.17 为在 k 空间中，以 k 为半径所作的等能面示意图。

下面讨论 k 空间中图 1.18 所示的阴影区域内包含的电子的状态数。

如图 1.18 所示，假设该阴影区域是半径为 k 到 $k+\mathrm{d}k$ 的两个等能面之间的球壳层，对应的能量为 E 到 $E+\mathrm{d}E$。该阴影区域的体积为 $4\pi^2\mathrm{d}k$。根据式(1.71)可知，该阴影区域体积内包含的代表点的数量为$\frac{V}{(2\pi)^3}\cdot 4\pi k^2\mathrm{d}k$。如果每个代表点可以容纳自旋相反的两个电子，那么该壳层内可容纳的电子状态数目为

$$\mathrm{d}N=2\cdot\frac{V}{(2\pi)^3}\cdot 4\pi k^2\mathrm{d}k \tag{1.80}$$

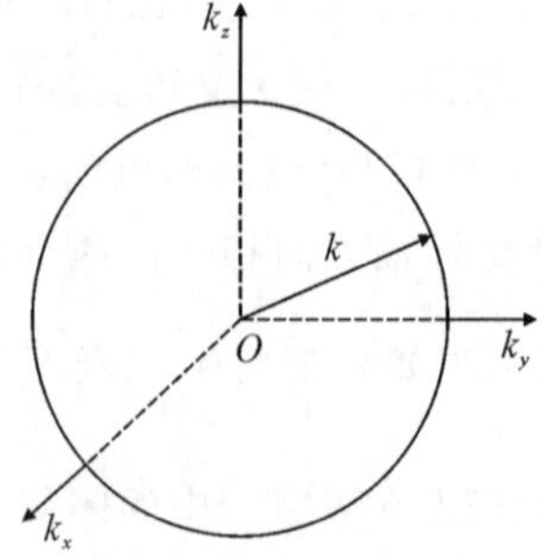

图 1-17　在 k 空间中，以 k 为半径所作的等能面示意图

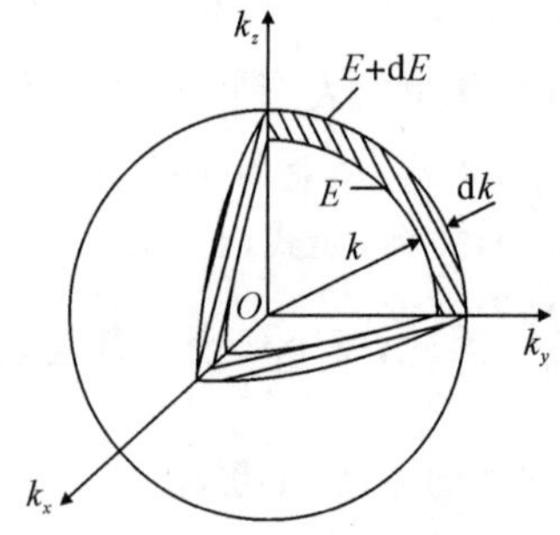

图 1.18　k 空间能量 $E\sim(E+\mathrm{d}E)$ 的球壳层

对波矢 $\boldsymbol{k}$ 与能量 E 之间的大小关系 $k=\frac{\sqrt{2mE}}{\hbar}$ 两侧求导，则

$$\mathrm{d}k=\frac{\sqrt{2m}}{\hbar}\cdot\frac{\mathrm{d}E}{2\sqrt{E}} \tag{1.81}$$

将式(1.81)代入式(1.80)，结合 $h=2\pi\hbar$ 并经整理可得

$$\mathrm{d}N=\frac{V}{2\pi^2}\left(\frac{2m}{\hbar^2}\right)^{\frac{3}{2}}\sqrt{E}\,\mathrm{d}E=4\pi V\left(\frac{2m}{h^2}\right)^{\frac{3}{2}}\sqrt{E}\,\mathrm{d}E=C\sqrt{E}\,\mathrm{d}E \tag{1.82}$$

式中：$C=\frac{V}{2\pi^2}\left(\frac{2m}{\hbar^2}\right)^{\frac{3}{2}}=4\pi V\left(\frac{2m}{h^2}\right)^{\frac{3}{2}}$。

将式(1.82)右侧的 $\mathrm{d}E$ 移至左侧，并令 $\frac{\mathrm{d}N}{\mathrm{d}E}=Z(E)$，则

$$Z(E)=\frac{\mathrm{d}N}{\mathrm{d}E}=C\sqrt{E} \tag{1.83}$$

$Z(E)=\frac{\mathrm{d}N}{\mathrm{d}E}$ 具有明确的物理意义，表示单位能量间隔范围内所能容纳的电子状态数，称为状态密度(density of states)，也称能级密度(level density)。

按照式(1.83)作能级密度 $Z(E)$ 随能量 E 变化的关系曲线，可得到图 1.19(a)所示的关系，说明 $Z(E)$ 与能量 E 的关系呈抛物线，能量 E 越大，能级密度 $Z(E)$ 越高，单位能量间隔范围内所能容纳的电子状态数越多。

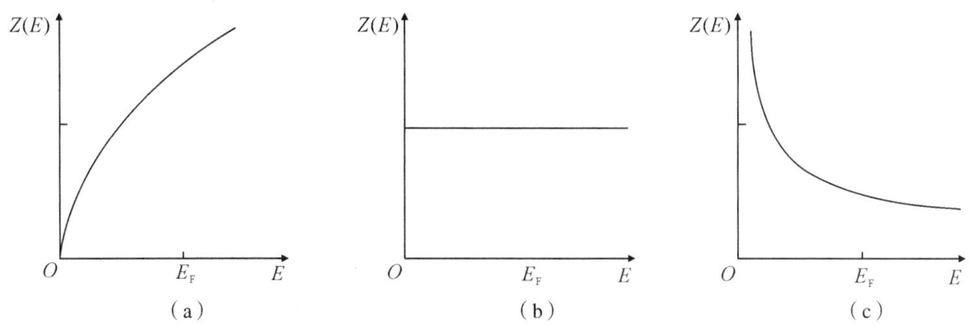

图 1.19　能级密度随能量的变化曲线

(a)三维空间；(b)二维空间；(c)一维空间

仿照上述推导过程，针对二维情况，在二维 k 空间中，半径为 k 到 $k+\mathrm{d}k$ 的两个等能线之间围成的圆环形面积为 $2\pi k\mathrm{d}k$。这一圆环面积内包含的代表点的数量为 $\left(\frac{L}{2\pi}\right)^2\cdot 2\pi k\mathrm{d}k$；同样每个代表点可以容纳自旋相反的两个电子，则该面积内可容纳的电子状态数目 $\mathrm{d}N=2\cdot\left(\frac{L}{2\pi}\right)^2\cdot 2\pi k\mathrm{d}k$；将上述 k 与 E 之间的关系代入并化简可得

$$\mathrm{d}N=2\cdot\left(\frac{L}{2\pi}\right)^2\cdot 2\pi k\mathrm{d}k=\frac{mL^2}{\pi^2}\mathrm{d}E=C\mathrm{d}E \tag{1.84}$$

式中：$C=\frac{mL^2}{\pi\hbar^2}$。

因此,二维空间下自由电子的能级密度是常数,即 $Z(E)=\frac{dN}{dE}=C$。这表明二维空间下,单位能量间隔范围内所能容纳的电子状态数不随能量的变化而变化,如图 1.19(b)所示。

在一维 k 空间中,k 到 $k+dk$ 的两个等能点之间的长度为 dk。这个长度内包含的代表点的数量为$\frac{L}{2\pi}dk$;每个代表点可以容纳自旋相反的两个电子,则该长度下可容纳的电子状态数目为 $dN=2\cdot\frac{L}{2\pi}dk$。同样将上述 k 与 E 之间的关系代入并化简可得

$$dN=2\cdot\frac{L}{2\pi}dk=\frac{L}{\pi}\cdot\frac{\sqrt{2m}}{2\hbar}\cdot\frac{1}{\sqrt{E}}dE=\frac{C}{\sqrt{E}}dE \tag{1.85}$$

式中:$C=\frac{L}{\pi}\cdot\frac{\sqrt{2m}}{2\hbar}$。

由此可知,一维空间下自由电子的能级密度 $Z(E)=\frac{dN}{dE}=\frac{C}{\sqrt{E}}$,$Z(E)$与能量$\frac{1}{\sqrt{E}}$成正比。也就是说,一维空间下,单位能量间隔范围内所能容纳的电子状态数随能量的增加而减少,如图 1.19(c)所示。

另外,值得注意的是,上述讨论都是在自由电子体系中进行的,在真实晶体中,情况就变得复杂了。

1.3.4 费米分布和费米能

1. 费米分布函数

金属中自由电子的能量是量子化的,构成准连续谱。量子自由电子学说,即费米-索末菲电子理论认为,自由电子的状态不服从麦克斯韦-玻耳兹曼统计规律,而服从费米-狄拉克(Fermi-Dirac)量子统计规律。这一规律表明,在热平衡时,电子处在能量为 E 状态的概率可用费米-狄拉克分布函数描述,简称费米分布(Fermi distribution),即

$$f(E)=\frac{1}{\exp\left(\frac{E-E_F}{k_B T}\right)+1} \tag{1.86}$$

式中:$f(E)$为费米分布函数,表征在热平衡状态下,一个费米子(fermion)系统(如电子系统)中属于能量 E 的一个量子态被一个电子占据的概率;k_B 为玻耳兹曼常数,$k_B=1.38\times 10^{-23}$ J/K;T 为温度;E_F 为费米能级(Fermi level),具有能量的量纲,表示电子占据率为50%的量子态所对应的能级。

这里需要解释的是,所谓的费米子,得名于美籍意大利裔物理学家费米(Enrico Fermi,1901—1954),是依随费米-狄拉克统计、角动量的自旋量子数为半奇数整数倍的粒子,遵从泡利不相容原理(Pauli exclusion principle)。另外,费米因其发现第 93 号元素(实际是第 56 号元素钡的新现象)而获得 1938 年的诺贝尔物理学奖。之后,费米领导的小组建立了人类第一台可控核反应堆,为第一颗原子弹的成功爆炸奠定基础,因此也被誉为“原子能之父”。

下面对费米分布函数与温度的关系进行讨论。图1.20给出了费米分布函数随温度的变化关系。

(1)在 $T=0$ K状态下，如图1.20(a)所示，对应的费米能级 E_F 记为 E_F^0。当 $E>E_F^0$ 时，$\exp\left(\frac{E-E_F^0}{k_B T}\right)=e^{\infty}\to\infty$，则 $f(E)\to 0$；当 $E<E_F^0$ 时，$\exp\left(\frac{E-E_F^0}{k_B T}\right)=e^{-\infty}\to 0$，则 $f(E)=1$。

这一结果表明：当 $T=0$ K时，凡是能量高于 E_F^0 的状态全空，此时电子出现的概率为0，也就是没有电子占据高于 E_F^0 的能级；凡是能量低于 E_F^0 的状态全满，此时电子出现的概率为1，即电子全部占据低于 E_F^0 的能级。由图1.20(a)中 $T=0$ K所对应线段可以清楚地看到这一结果。因此，E_F^0 是热力学温度为0 K时电子所能具有的最高能级。把在该能级下对应的能量称为费米能(Fermi energy)，表示温度为0 K时金属基态系统中电子所占有的能级最高的能量。

(2)在 $T>0$ K状态下，如图1.20(b)所示，当 $E=E_F$ 时，$f(E)=\frac{1}{2}$，即在能量等于 E_F 的状态下，电子出现的概率和不出现的概率相等；当 $E>E_F$ 时，$f(E)<\frac{1}{2}$，即在能量高于 E_F 的状态下，少部分能级被电子占据；当 $E<E_F$ 时，$f(E)>\frac{1}{2}$，即在能量低于 E_F 的状态下，大部分能级被电子占据。

图1.20(b)中温度 T_1 和 T_2 所对应的曲线给出了费米分布函数的图像。该图像具有重要意义。从图1.20(b)可以看到，$f(E)$ 只有在 $E=E_F$ 附近发生很大变化，并且变化范围随温度的升高而变宽，变化范围为 $E_F\pm k_B T$。具体而言，当 $T>0$ K时，自由电子受到热激发将具有高于 E_F 的能量，但只有在 E_F 附近 $k_B T$ 范围内的电子，才能吸收能量，从 E_F 以下能级跃迁到 E_F 以上能级，也就是只有少量高于 E_F 能量的电子存在。随着温度的升高，如温度从 T_1 升至 T_2，此时将有更多电子具有高于 E_F 的能量，并且高于 E_F 能量的电子的能级范围将从 $k_B T_1$ 扩大至 $k_B T_2$。这一结果也说明，金属在其熔点以下，虽然自由电子都受到热激发，但只有能量在 E_F 附近 $k_B T$ 范围内的一小部分电子能受到温度的影响，获得更高的能量，而大部分电子仍保持较低的能量水平。

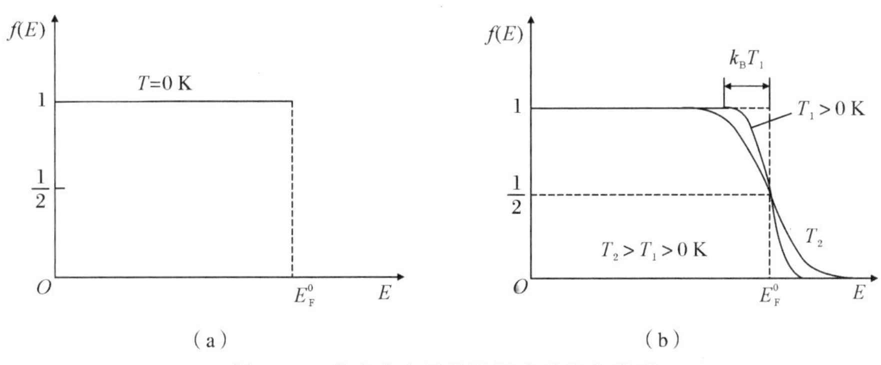

图1.20　费米分布函数随温度的变化关系

(a) $T=0$ K；(b) $T>0$ K

这里需要说明的是，实际上，E_F 会随着温度的升高而降低。因此，严格来说，图1.20(b)

中 E_F 的位置应该随着温度的升高而向坐标轴左侧移动。但是，由于 E_F 随温度变化的数值改变很小，所以图 1.20(b)中通常忽略 E_F 随着温度变化而发生的改变。

费米分布函数随温度发生变化是电子受热激发的结果。根据泡利不相容原理，在费米子组成的系统中，不能有两个或两个以上的粒子处于完全相同的状态。也就是说，每个能级只能容纳自旋相反的两个电子，并且从最低能级逐渐向高能级填充，直到把所有电子填满。根据对费米分布函数的分析可知，0 K 时电子最后填充的最高能级就是 E_F^0，图 1.21(a)示意性地标出了这一结果。图 1.21(a)右侧对应着该温度下费米分布的 $f(E)$-E 曲线。0 K 时的电子不可能全部填充到最低能级，说明即使在绝对零度下，自由电子仍具有相当大的能量。温度升高，电子受热激发，将会得到 $k_B T$ 数量级的能量。此时，对于远低于 E_F 能级的电子，即使其获得能量有可能发生跃迁，但如果相应高能级处已经被其他电子所占据，那么该电子也不会发生跃迁，也就是说，低能级上的电子其实不能获得热能而激发。对于稍低于 E_F 能级的电子，则有可能获得 $k_B T$ 数量级的能量跃迁至 E_F 能级之上的空能级，同时将空出其低于 E_F 的能级，如图 1.21(b)所示。这也说明，金属中虽然有大量的自由电子，但只有能量在 E_F 附近约 $k_B T$ 范围内的少数电子受热激发，才能跃迁到更高的能级。

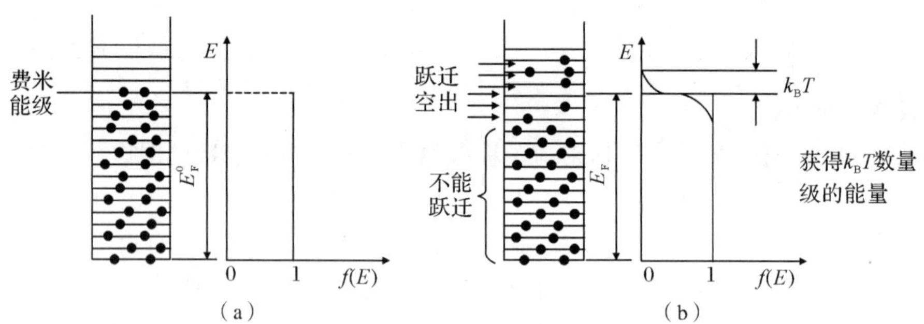

图 1.21　能级被电子占据的情况

(a) $T=0$ K；(b) $T>0$ K

2. 费米能的确定

下面对费米能的表达式进行推导。

(1) $T=0$ K 时 E_F^0 的计算

如前所述，自由电子系统中，三维 k 空间内的能量 E 和 $E+\mathrm{d}E$ 之间可能的电子状态数可用式(1.82)表示，即

$$\mathrm{d}N=Z(E)\mathrm{d}E=C\sqrt{E}\,\mathrm{d}E$$

而能量为 E 的状态被电子占有的概率满足费米分布函数 $f(E)$，因此，E 和 $E+\mathrm{d}E$ 之间的电子数为

$$\mathrm{d}N=f(E)\cdot C\sqrt{E}\,\mathrm{d}E \tag{1.87}$$

当 $T=0$ K 时，电子全部填充 E_F^0 以下的能级，且这些能级上电子的占有概率 $f(E)=1$，则系统中总的电子数为

$$N=\int_0^{E_F^0} f(E)\cdot C\sqrt{E}\,\mathrm{d}E=\int_0^{E_F^0} C\sqrt{E}\,\mathrm{d}E=\frac{2}{3}C\,(E_F^0)^{\frac{3}{2}}=\frac{8\pi V}{3h^3}\,(2mE_F^0)^{\frac{3}{2}} \tag{1.88}$$

如果用 $n=\frac{N}{V}$ 代表单位体积中的自由电子数(也就是电子浓度)，那么 E_F^0 的表达式可写为

$$E_F^0=\frac{h^2}{2m}\left(\frac{3n}{8\pi}\right)^{\frac{2}{3}} \tag{1.89}$$

已知能量 $E\sim(E+\mathrm{d}E)$之间的状态数为 $\mathrm{d}N$，此时具有的能量为 $E\mathrm{d}N$，那么在 $0\sim E_F^0$ 之间的能量之和为 $\int_0^{E_F^0}E\mathrm{d}N$。因此，0 K 时，自由电子系统内每个电子的平均能量为

$$\overline{E}_0=\frac{\int_0^{E_F^0}E\mathrm{d}N}{N}=\frac{\int_0^{E_F^0}CE^{\frac{3}{2}}\mathrm{d}E}{N}=\frac{3}{5}E_F^0 \tag{1.90}$$

式(1.90)的计算结果表明，0 K 时，自由电子仍具有较大的平均动能，这是电子满足泡利不相容原理的缘故。

(2)$T>0$ K 时 E_F 的计算

当 $T>0$ K 时，能量高于 E_F 的能级可能被电子占据，能量低于 E_F 的能级可能未被电子占满，$f(E)$不再是常数。系统总的电子数 N 等于能量从 0 到无穷大范围内各个能级上电子的总和，即

$$N=\int_0^{\infty}\mathrm{d}N=\int_0^{\infty}f(E)\cdot C\sqrt{E}\,\mathrm{d}E \tag{1.91}$$

在固体物理学中，从式(1.91)出发，经计算，可以获得 $T>0$ K 时的费米能 E_F 的表达式，即

$$E_F=E_F^0\left[1-\frac{\pi^2}{12}\left(\frac{k_BT}{E_F^0}\right)^2\right] \tag{1.92}$$

该式表明，费米能 E_F 是温度 T 和电子浓度 n 的函数(因为 E_F 是 n 的函数)。当温度升高时，E_F 比 E_F^0 略有下降，但这一影响很小，通常可认为 E_F 不随温度的变化而变化。

另外，还可以计算得到 $T>0$ K 时电子的平均能量为

$$\overline{E}_0=\frac{\int_0^{\infty}E\mathrm{d}N}{N}=\frac{\int_0^{E_F^0}f(E)\cdot CE^{\frac{3}{2}}\mathrm{d}E}{N}=\frac{3}{5}E_F^0\left[1+\frac{5\pi^2}{12}\left(\frac{k_BT}{E_F^0}\right)^2\right]=$$
$$\bar{E}_0\left[1+\frac{5\pi^2}{12}\left(\frac{k_BT}{E_F^0}\right)^2\right] \tag{1.93}$$

3. 费米面

对自由电子来说，等能面是球面，其中特别有意义的是$E=E_F$的等能面，称为费米面(Fermi surface)。费米面是 k 空间的球面，其半径为 $k_F=\frac{\sqrt{2mE_F}}{\hbar}$，称为费米半径或费米波矢(见图 1.22)的大小。

在 0 K 时，费米面以内的状态都被电子占据，面外没有电子，因此，此时费米面是电子占据态和未占据态的分界面。在 $T>0$ K 时，费米半径 k_F 比 0 K 时的费米半径略小(见图 1.23)，此时，费米面以内离 E_F 约 k_BT 范围的能级上的电子被激发跃迁到E_F 之上 k_BT 范围

的能级上。

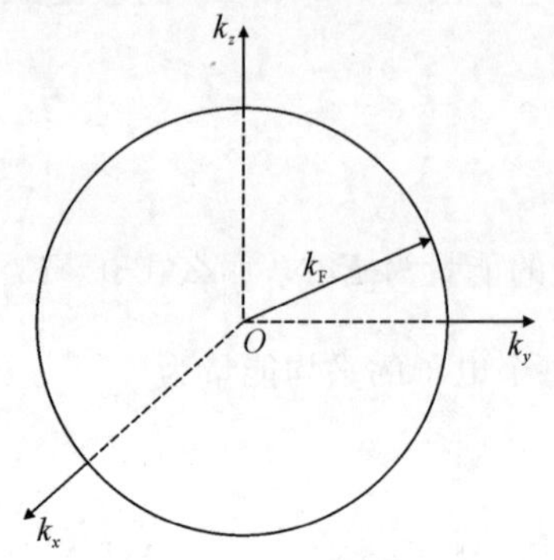

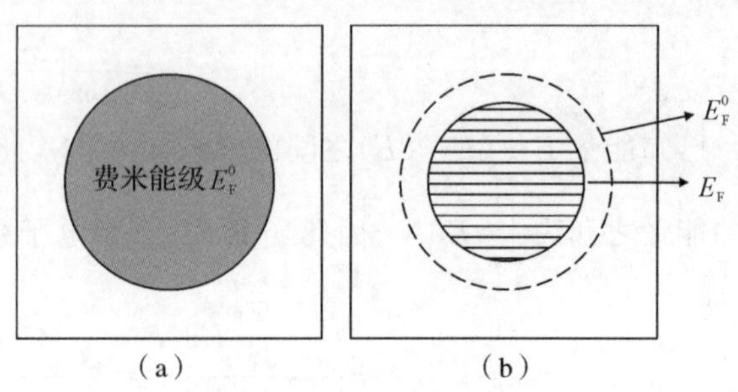

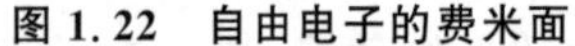

图 1.22　自由电子的费米面

图 1.23　费米面随温度的变化示意图

(a)$T=0$ K；(b)$T>0$ K

表 1.1 中列出了几种金属在绝对零度时的费米能。

表 1.1　金属的费米能

金属元素	Li	Na	K	Rb	Cs	Cu	Ag	Au	Zn	Cd	Al	Ga
费米能 E_F^0/eV	4.7	3.1	2.1	1.8	1.5	7.0	5.5	5.5	9.45	7.5	11.6	10.3

如表 1.1 所示，金属的费米能一般为几个电子伏(eV)，在 1 mol 金属中能跃迁到费米能级以上的电子数不到 1%。换言之，按照量子电子理论参与热激活过程的自由电子只有 1%，而不是经典电子理论中的 100%。因此，量子理论解决了经典电子理论在解释热容问题时遇到的困难。

费米面是近代金属理论的基本概念之一，这是因为金属的很多物理性质主要取决于费米面附近的电子，所以研究费米面附近电子的状况有重要意义。

1.4　晶体能带理论

索末菲在讨论自由电子气模型时，假设价电子之间没有相互作用，将晶体势场用一个处处相等的恒定势场来代替，并认为电子只能在金属内运动而不可逸出金属外。这些假设抓住了讨论自由电子作为金属宏观性质表现的关键，使薛定谔方程简化并可解。因此，量子自由电子理论较经典电子理论有巨大的进步。但这一理论在解释一些实际问题时仍然存在困难，比如，镁是二价金属，为什么导电性比一价金属铜还差？如何解释导体、半导体、绝缘体的差别？量子自由电子理论产生这些问题的原因：①电子并不自由，它的运动要受到组成晶体的离子和电子产生的势场的影响；②将正离子电场看成是均匀场与实际情况相比过于简化，即没有准确地给出固体中电子运动状态。严格来说，要了解固态晶体内的电子状态，必须首先写出晶体中所有相互作用着的离子和电子系统的薛定谔方程，然后求解。然而，这是一个极其复杂的多系统问题，很难得到精确解，因此只能采用近似处理的方法来研究电子状态。

能带理论是讨论晶体(包括金属、绝缘体和半导体)中的电子状态及其运动的一种重要的近似理论,其出发点包括以下两个方面:①固体中的电子不再束缚于个别原子,而是在整个固体内运动,称为共有化电子;②电子在运动过程中并不像自由电子那样完全不受任何力的作用,电子在运动过程中受到晶格中原子周期势场的作用。

要准确得到固体中电子的状态,需要写出晶体所有相互作用的离子和电子系统的薛定谔方程,并求出它们的解。但是对这样一个多粒子体系的薛定谔方程严格求解,显然是不可能的,必须对方程式进行简化。能带理论就利用了以下三个近似假设,将多粒子的问题简化为单电子在周期场中运动的问题。

1)绝热近似:原子核或者离子实的质量比电子大得多,离子的运动速度慢,在讨论电子问题时可以认为离子固定在瞬时位置上,这样多种粒子的多体问题就简化为多电子问题。

2)哈特里-福克(Hatree-Fock)平均场近似:原子实势场中的 n 个电子之间存在相互作用,晶体中的任一电子都可视为是处在原子实周期势场和其他 $n-1$ 个电子所产生的平均势场中的电子,这样把多电子问题就简化为单电子问题。

3)周期势场近似:晶体结构的周期性,使我们有理由认为,晶体中的每个价电子都处于一个完全相同的严格周期性势场之内。这样问题转化为单个电子在周期性势场中的运动问题。

用单电子近似法处理晶体中电子能谱的理论,称为能带理论。它是半导体材料和器件发展的理论基础,在金属领域中可半定量地解决问题。能带理论虽然取得相当的成功,但也有它的局限性。例如,过渡金属化合物的价电子迁移率较小,相应的自由程和晶格常数相当,这时不能把价电子看成共有化电子,周期场的描述失去意义,能带理论不再适用。此外,在离子晶体中电子的运动会引起周围晶格畸变,电子是带着这种畸变一起前进的,这些情况都不能简单看成周期场中的单电子运动。

能带理论的内容十分丰富,要深入地理解和掌握它,需要具备固体物理、量子力学和群论知识。本节只介绍一些能带理论的基本知识,以便为更好地学习材料物理性能知识打下基础。

1.4.1　周期势场中的电子状态和布洛赫定理

晶体是由原子(或离子、分子)在空间周期性规则排列组成的。在构成晶体之前,孤立原子中的电子只受原子核的束缚绕核运动,称为原子束缚态(atom bound state)电子。通过求解薛定谔方程可知,孤立原子中电子的能量是一系列分立的能级。当孤立原子彼此靠近构成晶体时,一个原子的电子会受到相邻原子核的作用,可以从一个原子转移到相邻原子中,从而在整个晶体中运动,这称为电子共有化运动(electron common movement)。做共有化运动的电子,并不再束缚于某一个原子核,而可以在整个晶体中运动,称为共有化电子。共有化电子的波函数有一定的交叠,相邻原子外层电子的波函数交叠多,内壳层交叠较少,因此最外层电子的共有化显著。图 1.24 为原子结合成晶体时晶体中电子的共有化运动示意图。

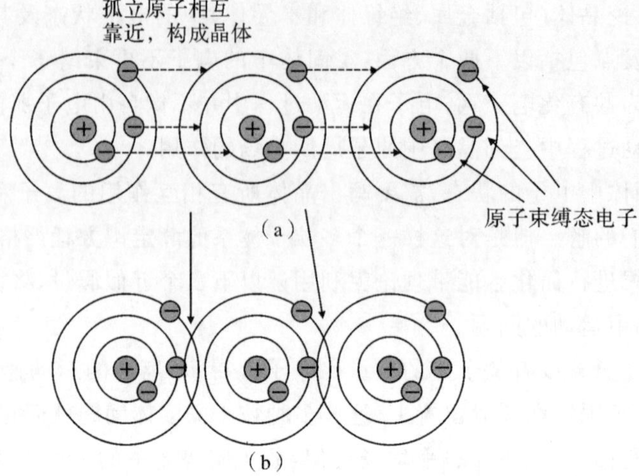

图 1.24 原子结合成晶体时晶体中电子的共有化运动

(a)原子束缚态电子；(b)电子共有化运动

晶体内电子的运动与原子束缚态电子和自由电子不同，它既具有从一个原子过渡到另一个原子的共有化运动的特点，也具有在一个原子附近运动的特点。因此，晶体内电子的运动状态必然会同时反映这两个特点。这里，可以把在晶体内运动的电子称为准自由电子(quasi-free electron)。接下来分析晶体中电子的运动状态。

以一维晶体为例，晶体中的周期势场可表示为

$$U(x)=U(x+na) \tag{1.94}$$

式中：n 为整数，对应着与当前位置相差 n 个晶格的位置；a 为离子间距或晶格常数。

周期势场在一维晶格中的分布曲线如图 1.25 所示。

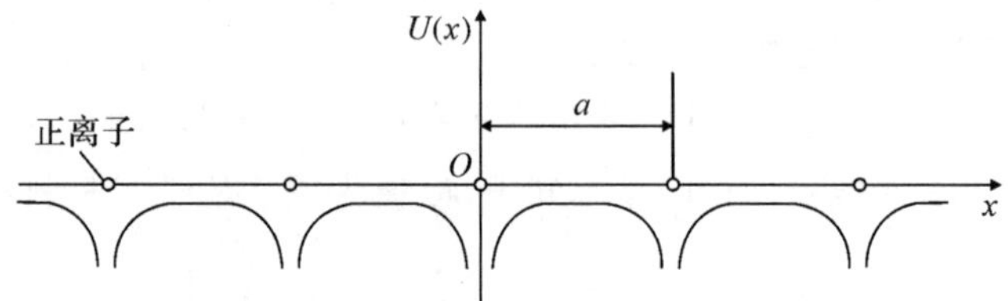

图 1.25 周期势场在一维晶格中的分布

一维条件下晶体中电子的薛定谔方程为

$$-\frac{\hbar^2}{2m}\cdot\frac{\mathrm{d}^2\varphi(x)}{\mathrm{d}x^2}+U(x)\varphi(x)=E\varphi(x) \tag{1.95}$$

其中：势场 $U(x)$ 满足如式(1.94)所示的周期性关系 $U(x)=U(x+na)$。

求解式(1.95)所示的薛定谔方程，需要找出 $U(x)$ 的表达式，而 $U(x)$ 的存在给方程的求解带来了困难。针对此问题，瑞士物理学家布洛赫(Felix Bloch，1905—1983)曾证明，在周期势场中运动的电子，其波函数必定是按晶格周期函数调幅的平面波，这就是布洛赫定理。布洛赫因其在核磁精密测量新方法上的贡献，于 1952 年获得诺贝尔物理学奖。

根据布洛赫定理，具有周期势场的方程[式(1.95)]的解必定有如下形式，即

$$\varphi_k(x)=u_k(x)\mathrm{e}^{\mathrm{i}kx} \tag{1.96}$$

式中：$u_k(x)$是一个具有晶格周期性的函数，满足 $u_k(x)=u_k(x+na)$。

由布洛赫定理获得的周期势场中描述电子状态的波函数，即式(1.96)，是由平面波 e^{ikx} 和周期性函数 $u_k(x)$相乘的调幅平面波，称为布洛赫波，而形如式(1.96)的函数称为布洛赫函数。布洛赫函数中的 $u_k(x)$是布洛赫波的振幅，并做周期性变化，因此晶体中的电子是以一个具有周期性调制振幅的平面波在晶体中传播的。如果布洛赫函数中的振幅 $u_k(x)$为常数，那么过渡到自由电子的平面波形式。周期性振幅使得晶体中各点找到电子的概率密度也具有周期性，即

$$|\varphi_k(x)|^2=|u_k(x)|^2=|u_k(x+na)|^2=|\varphi_k(x+na)|^2 \tag{1.97}$$

对自由电子而言，其概率密度为常数，如式(1.66)所示，说明自由电子在金属中等概率地做自由运动，这与自由电子理论没有考虑晶体周期性势场有关。另外，布洛赫波函数中的波矢 $\boldsymbol{k}$ 也是一个量子数，不同的 $\boldsymbol{k}$ 表示了不同的共有化运动状态。

1.4.2　潘纳-克龙尼克模型

潘纳-克龙尼克模型是把周期势场简化为如图 1.26 所示的周期性方势阱，假设电子在这样的周期势场中运动。

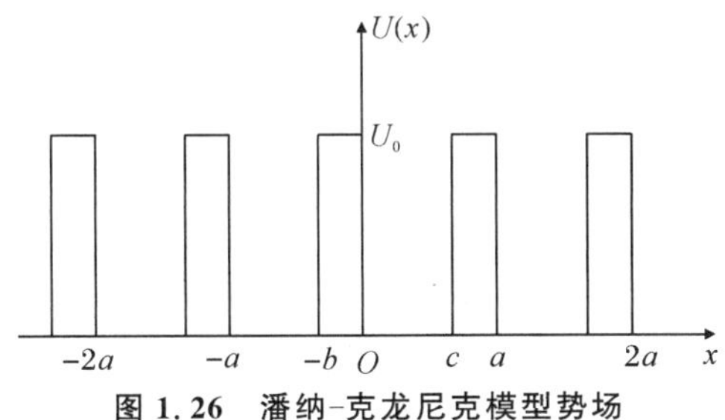

图 1.26　潘纳-克龙尼克模型势场

该周期性方势垒由势垒区和势阱区构成，势能分别为 U_0 和 0，在 $0<x<a$ 一个周期的区域中，电子的势能为

$$U(x)=\begin{cases}0 & (0<x<c)\\ U_0 & (c<x<a)\end{cases}$$

它的周期 a 就是晶格中原子排列的周期，也就是相邻原子的间距。按照布洛赫定理，波函数应有如下形式：

$$\varphi(x)=e^{ikx}u(x) \tag{1.98}$$

式中：$u(x)=u(x+na)$。

将波函数 $\varphi(x)$代入定态薛定谔方程，有

$$\frac{d^2\varphi}{dx^2}+\frac{2m}{\hbar^2}[E-U(x)]\varphi=0$$

可得到 $u(x)$满足的方程：

$$\frac{d^2u}{dx^2}+2i\boldsymbol{k}\frac{du}{dx}+\left\{\frac{2m}{\hbar^2}[E-U(x)-\boldsymbol{k}^2]\right\}u=0 \tag{1.99}$$

利用波函数应满足的有限、单值、连续等物理条件，进行一些必要的推导和简化，得

$$P\frac{\sin(\beta a)}{\beta a}+\cos(\beta a)=\cos(\boldsymbol{k}a) \tag{1.100}$$

式中：P 为包含势垒强度和宽度的参数，恒为正值，$P=\frac{maU_0b}{\hbar^2}$，而 $\boldsymbol{k}$ 为电子波矢，$k=\frac{2\pi}{\lambda}$。

$$\beta=\frac{\sqrt{2mE}}{\hbar} \tag{1.101}$$

式(1.100)是电子的能量 E 应满足的方程，也是电子能量 E 与波矢 $\boldsymbol{k}$ 之间的关系式。式(1.100)左边的函数记为 $f(E)$，由于式右边的函数 $\cos(\boldsymbol{k}a)$ 的值域为$[-1,1]$，显然，$f(E)$ 的数值也要在$[-1,1]$范围内。图 1.27 是 $f(E)$ 函数的示意图曲线。图 1.27 表明，E 只能取一些特定的值来满足 $f(E)$ 的数值在$[-1,1]$范围内，能量轴被分割成交替出现的允带和禁带。

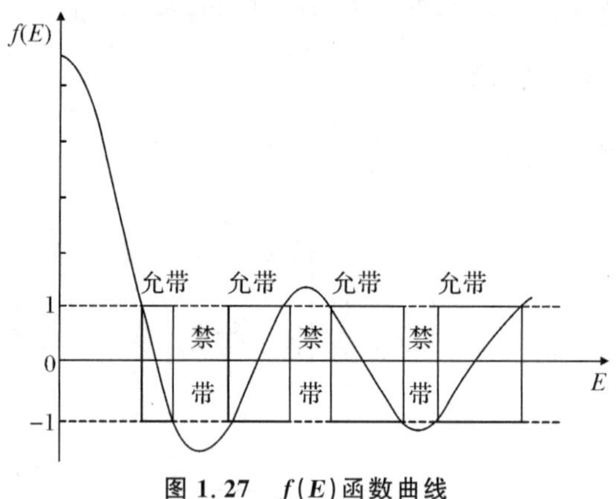

图 1.27　$f(E)$ 函数曲线

在允许取值范围内，由式(1.100)和式(1.101)可以计算出能带中电子能量 E 与波矢 $\boldsymbol{k}$ 之间的对应关系，如图 1.28(b)所示，作为对比，同时给出了自由电子的能量 E 与波矢 $\boldsymbol{k}$ 的关系[见图 1.28(a)]。依据能带理论，固体中电子态的最主要特征之一是电子的能带被禁带分割，也就是能量 E 与波矢 $\boldsymbol{k}$ 的关系曲线发生了突变，在相邻原子间距为 a 的一维晶体中，$E(k)$突变处的电子波矢 $\boldsymbol{k}$ 是$\frac{\pi}{a}$的整数倍，即当 $k=\frac{n\pi}{a}$时，在准连续的能谱上出现能隙。可以证明，能隙宽度的大小为$|2U_n|$ $(n=1,2,3,\cdots)$与周期势场 $U(x)$的变化幅度有关。

这种的突变性与晶体的衍射特征相对应：能量的突变点对应于所有满足布拉格衍射条件的电子波矢 $\boldsymbol{k}$，原因是这些电子波在晶体中被散射而无法传播。不满足布拉格衍射条件时，电子的能量 $E(k)$随波矢的变化而连续变化。

在图 1.28(b)中，k 值在$\left(-\frac{\pi}{a},\frac{\pi}{a}\right)$的区间称为第一布里渊(Brillouin)区，在第一布里渊区分布的是准连续谱。k 值在$\left(-\frac{\pi}{a},-\frac{2\pi}{a}\right)$和$\left(\frac{\pi}{a},\frac{2\pi}{a}\right)$的区间称为第二布里渊区，包含第一和第二间断点的所有能级。以此类推，余下为第三、第四布里渊区等。布里渊区是一个重要概念，后面还将对它的性质作简单介绍。

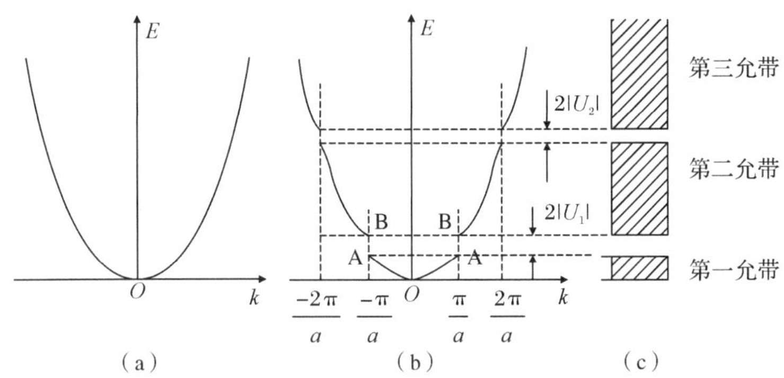

图 1.28　晶体中电子能量 E 与波矢 k 的关系

(a)自由电子模型的 $E-k$ 曲线；(b)准自由电子模型的 $E-k$ 曲线；(c)与图(b)对应的能带

1.4.3　周期势场中电子的能量——近自由电子近似

布洛赫定理决定了周期性势场中电子波函数的形式,但要知道波函数具体的表达式,必须知晓晶体势场 $U(x)$的具体函数形式,这是非常困难的。为了克服这一困难,在能带理论中,常常对晶体势场进行近似。常见的近似方法主要有近自由电子近似(nearly free electron approximation)和紧束缚近似(tight binding approximation)两种方法。

根据能带理论,可以认为固体内部电子不再束缚在单个原子周围,而是在整个固体内部运动,仅仅受到离子实势场的微扰(pertur bation),这就是近自由电子近似的理论基础。接下来,根据近自由电子近似的要求,对周期势场中的自由电子进行讨论,简单起见,这里只讨论一维情况。

1. 近自由电子近似的数学关系描述

设一维晶体长度为 L,有 N 个原胞,a 是原胞长度,则晶体线度为 $L=Na$。需要说明的是,根据玻恩-卡曼周期性边界条件的假设,一维晶体首尾相接,因此,该晶体内的原子数实际和原胞数 N 是相同的。如前所述,在这样的一维晶格周期势场中运动的自由电子的薛定谔方程为

$$-\frac{\hbar^2}{2m}\cdot\frac{\mathrm{d}^2\varphi(x)}{\mathrm{d}x^2}+U(x)\varphi(x)=E\varphi(x)$$

其中:势场 $U(x)$满足周期性关系 $U(x)=U(x+na)$。

接下来的分析,不直接给出具体的函数表达式,仅用模糊的符号,将关键问题进行说明。将势场 $U(x)$傅里叶级数展开,该函数可分为两部分,即

$$U(x)=U_0+U' \tag{1.102}$$

式中:U_0 为势能的平均值;U'为势能随坐标周期性变化的部分。

近自由电子模型认为,晶体内的电子基本上在一个恒定势场 U_0 内运动,势场的周期性变化 U'相对于恒定势场 U_0 很小,可以视为微扰。

在这样一种近似下,对式(1.95)所示的薛定谔方程而言,电子处于恒定势场 U_0 中的运动状态即为自由电子的运动,其波函数和能量的表达如 1.3.2 小节所示。而晶体中的电子受微扰的影响,根据微扰理论(perturbation theory),其波函数和能量分别为

$$\varphi_k=\varphi_k^{(0)}+\Delta\varphi_k \tag{1.103}$$

$$E_k = E_k^{(0)} + \Delta E_k \tag{1.104}$$

式中：$\varphi_k^{(0)}$、$E_k^{(0)}$ 分别为零级近似后得到的波函数和能量；$\Delta\varphi_k$、ΔE_k 分别为考虑微扰后，晶体的波函数和能量的修正值；下角标 k 表示波矢，是指由量子数 n 决定的波矢 k 所对应的相应表达式。

需要说明的是，零级近似（zeroth order approximation）就是在周期势场中，仅考虑恒定势场 U_0 部分的作用，选取势能零点使 $U_0=0$，求解后获得的近似值。对 $\varphi_k^{(0)}$ 和 $E_k^{(0)}$ 而言，其函数表达式就是自由电子的波函数和能量。

经过计算可知，当 k 与 $\frac{n\pi}{a}$ 相差较大时，晶体中电子的状态 φ_k 类似自由电子，电子的能量修正值 $\Delta E_k \approx 0$，此时的电子能量 E_k 与自由电子的能量几乎无差别。因此，能量 E_k 与 k 的关系基本上与自由电子的 $E-k$ 抛物线关系相同。

当 $k=\frac{n\pi}{a}$ 时，波长 λ 满足

$$\lambda = \frac{2\pi}{k} = \frac{2a}{n} \tag{1.105}$$

式(1.105)正好满足入射角为 $\theta=90°$ 时的布拉格反射条件，即

$$2a\sin\theta = n\lambda \tag{1.106}$$

此时，周期势场对 $k=\frac{n\pi}{a}$ 的电子影响很大，ΔE_k 不能忽略。经计算，$k=\frac{n\pi}{a}$ 时的晶体电子能量满足

$$E_k = E_k^{(0)} \pm |U_n| \tag{1.107}$$

式中：$E_k^{(0)} = \frac{\hbar^2 k^2}{2m} = \frac{\hbar^2}{2m}\left(\frac{n\pi}{a}\right)^2$，该数值与自由电子的波矢 $k=\frac{n\pi}{a}$ 时的能量相等。

由于周期势场的作用，准自由电子的能级在 $k=\frac{n\pi}{a}$ 时分裂成两个能级，即 $E_k^+ = E_k^{(0)} + |U_n|$ 和 $E_k^- = E_k^{(0)} - |U_n|$。此时，晶体中的电子不能具有 E_k^- 到 E_k^+ 之间的能量，这个范围称为禁带（forbidden band）。该范围的宽度称为禁带宽度（band gap）或能隙（energy gap），其大小为

$$E_g = E_k^+ - E_k^- = 2|U_n| \tag{1.108}$$

图 1.29 绘出了上述 $k=\frac{n\pi}{a}$ 附近的 $E(k)-k$ 的关系曲线。从图 1.29 中可以看到，在 $k=\frac{n\pi}{a}$ 时，对应两个能级 E_k^- 和 E_k^+，在 E_k^- 到 E_k^+ 之间产生了禁带，禁带宽度为 $2|U_n|$。也就是说，当 $k=\frac{n\pi}{a}$ 时，晶体中的准自由电子将出现从能量 E_k^- 到 E_k^+ 的跳跃，因此不可能存在 E_k^- 到 E_k^+ 之间能量的电子。

另外，与 $E_k^+ = E_k^{(0)} + |U_n|$ 对应的波函数为

$$\varphi(x)_+ = \sqrt{\frac{2}{L}}\,\mathrm{i}\,\sin\frac{n\pi}{a}x \tag{1.109}$$

与 $E_k^- = E_k^{(0)} - |U_n|$ 对应的波函数为

$$\varphi(x)_{-}=\sqrt{\frac{2}{L}}\cos\frac{n\pi}{a}x \tag{1.110}$$

对于 $k\approx\frac{n\pi}{a}$ 附近的能量，经计算，此时的 $E-k$ 曲线将偏离自由电子的抛物线关系曲线。在能量 E_k^+ 对应的能带底部，E_k^+ 对应的波矢 k 右侧小范围内，$E-k$ 曲线的变化关系呈向上开口的抛物线；而在能量 E_k^- 对应的能带顶部，E_k^- 对应的波矢 k 左侧小范围内，$E-k$ 曲线的变化关系呈向下开口的抛物线(见图 1.29)。

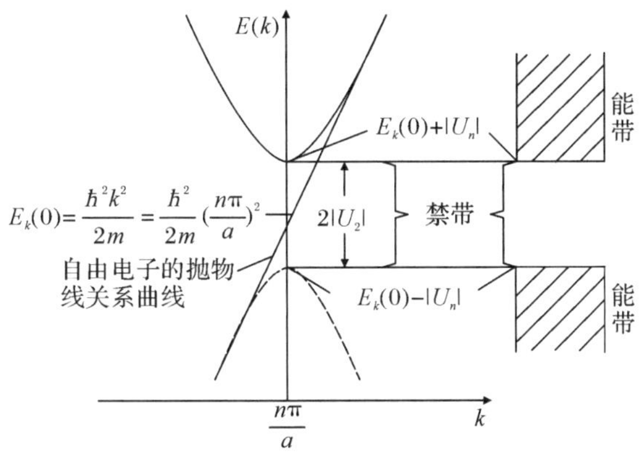

图 1.29　$k=\frac{n\pi}{a}$ 附近的 $E(k)-k$ 的关系曲线

综上所述，晶体中电子的能量取值，既不像原子束缚态电子那样形成分立的能级，也不像自由电子的能量在 0～∞范围内准连续分布[见图 1.28(a)]，而是由一定能量范围内准连续分布的能级组成能带，两个相邻能带之间存在禁带[见图 1.28(b)]。受晶体周期势场的影响，晶体中的电子在波矢 $k=\frac{n\pi}{a}(n=\pm1,\pm2,\pm3,\cdots)$ 处，能量发生跳跃，产生大小为 $2|U_n|$ 的禁带。波矢 k 越接近 $\frac{n\pi}{a}$，$E-k$ 关系越偏离自由电子的抛物线关系。而对于远离 $\frac{n\pi}{a}$ 的电子，$E-k$ 关系则与自由电子的抛物线关系相似。因此，将研究周期势场中电子运动状态的理论称为能带理论。

2. 禁带出现的原因

如前文所述，周期势场中电子的能量取值在 $k=\frac{n\pi}{a}$ 处出现禁带，如果从物理方法的角度解释，是由于其满足布拉格定律(Bragg's law)。该定律是英国物理学家威廉·享利·布拉格(William Henry Bragg，1862—1942)与其子威廉·劳伦斯·布拉格(William Lawrence Bragg，1890—1972)通过对 X 射线谱的研究共同建立的。这两人也因在对晶体结构 X 射线衍射分析中的贡献共同获得了 1915 年的诺贝尔物理学奖。

假设一入射电子波 A_0e^{ikx} 沿着 x 方向且垂直于一组晶面传播，如图 1.30 所示。当这个电子波通过原子点阵时，每个点阵上的原子都可以成为新的次波源，向周围发射同相位的子波。这些子波的波速与频率等于初级波的波速和频率，满足惠更斯原理(Huygens principle)。点阵中，同一列原子传播出去的所有子波相位相同，结果这些子波因相互干涉而形成两个与入射波同类型的波。这两个合成波中一个向前传播，与入射波不能区分；另一个合成波向后传播，相当于反射波。一般来说，对于任意 k 值，不同列原子的反射波相位不同，由于干涉而相互抵消，即反射波为0。这个结果表明，具有这样波矢 k 值的电子波，在晶体中的传播不受影响，好像整齐排列的点阵，对电子完全是“透明”的，这种状态的电子在点阵中是完全自由的。

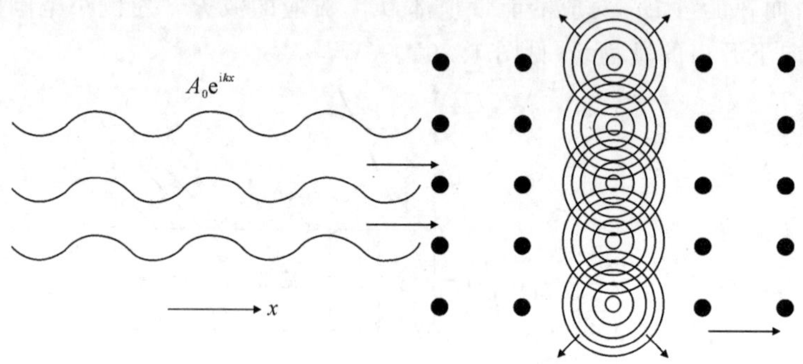

图 1.30　点阵对电子波的散射

入射电子波 A_0e^{ikx} 的波矢 $\boldsymbol{k}$ 满足布拉格定律，即

$$2d\cdot\sin\theta=n\lambda \tag{1.111}$$

式中：n 为整数；λ 为入射波的波长；d 为原子晶格内的面间距；θ 为入射波与晶间的夹角。

此时，将产生另一加强的放射波源 A_1e^{ikx}。由于 $\lambda=\frac{2\pi}{k}$，则当 $d=a$，$\theta=90°$时，可得到 $k=\pm\frac{n\pi}{a}$，其中 $n=1,2,3,\cdots$。在此条件下，大量反射波叠加起来，总的反射波强度将接近入射波强度，即 $A_1\approx A_0$。此时，无论入射波进入点阵多远，它基本上都被反射掉。也就是说，满足 $k=\pm\frac{n\pi}{a}$条件的电子波将被完全反射，入射波不能在晶体内传播，也不存在相应波长的能量，所以形成能隙，产生禁带。

3. 晶体的布里渊区

对一维情况而言，由图 1.28 可以看到，当 $k=\frac{n\pi}{a}(n=\pm1,\pm2,\pm3,\cdots)$时，能量出现不连续。这里，能量不连续的点把一维 k 空间（一维 k 空间就是 k 轴）分成许多区域，这些区域称为布里渊区(Brillouin zone)，这些能量不连续的点构成布里渊区的边界。布里渊区边界位于 $k=\pm\frac{\pi}{a},\pm\frac{2\pi}{a},\pm\frac{3\pi}{a},\cdots$。其中，波矢 $\boldsymbol{k}$ 介于$\pm\frac{\pi}{a}$之间的区城称为第一布里渊区；波矢 $\boldsymbol{k}$ 介于$\left(-\frac{2\pi}{a},-\frac{\pi}{a}\right)$以及$\left(\frac{\pi}{a},\frac{2\pi}{a}\right)$的区域称为第二布里渊区；其余类推。在同一个布里渊区内，电子的能级 $E(k)$随 k 准连续变化，在边界处发生突变。因此，属于同一个布里渊区内的电子能级构成一个能带。不同的布里渊区对应于不同的能带。图 1.31 给出了准自由电子的 $E(k)$-k 关系曲线图和能带。

仍以一维 k 空间为例，设 L 为晶体的长度，a 为点阵常数，N 为晶体内原胞数量(与原子个数相等)，则 $L=Na$。根据前面关于 k 空间的介绍可知，每个波矢在 k 空间占有的线度为 $\frac{2\pi}{L}$，则 $\frac{2\pi}{L}=\frac{2\pi}{Na}$。由图 1.31 可以看出，每个布里渊区的宽度为 $\frac{2\pi}{a}$。因此，每一能带中包含的状态数(或能级数)为 $\frac{2\pi}{a}/\frac{2\pi}{Na}=N$，也就是每个布里渊区所能容纳的波矢 $\boldsymbol{k}$ 的点数正好等于晶格点阵原子数 N，并且每个能带中有 N 个能级。如果考虑电子自旋，每个能带可以容纳 $2N$ 个电子。

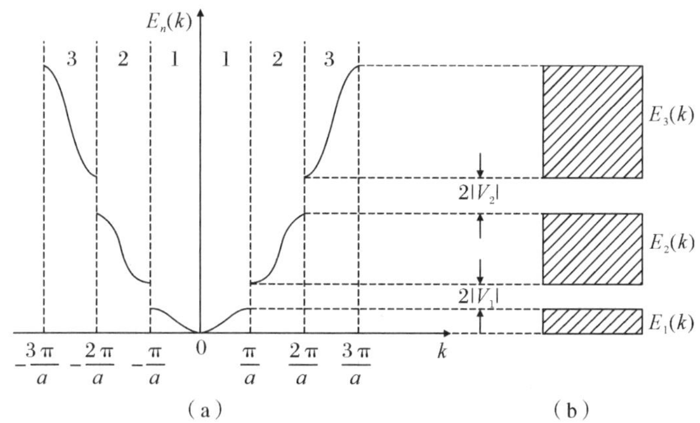

图 1.31　准自由电子波的 $E(k)$-k 关系曲线图和能带

(a)自由电子的 $E_n(k)$-k 关系曲线图；(b)能带

需要说明的是，布里渊区的概念是由法国物理学家布里渊(Léon Nicolas Brillouin，1889—1969)提出的，他用倒易点阵(reciprocal lattice)矢量的垂直中分平面来划分波矢空间的区域，因此称为布里渊区。倒易点阵就是呈周期性关系的晶体点阵经傅里叶变换(Fourier transform)后形成的点阵，是晶体结构周期性的数学抽象。原来空间点阵中用垂直于晶面的法线方向作为晶面方向，经过倒易变换，法线方向则可以用一个新的坐标表示，这样就完成了由面到点的转变，得到倒易点阵。倒易点阵的外形也很像点阵，其上的倒易点对应着真实空间点阵中一组晶面间距相等的点格平面，由此可以分析晶体的 X 射线衍射图样。倒易点阵的空间称为倒易空间(reciprocal space)。在倒易空间中，作出由原点出发的各个倒易点阵矢量的垂直中分平面，这些平面所完全封闭的最小体积就是第一布里渊区。

按照上述方法，对于二维情况，由于布里渊区边界垂直平分倒格矢，所以通常在倒格子中取一个倒格点作为原点，从原点向其他倒格点引一个个倒格矢，再作各倒格矢的垂直平分线，这样便围绕原点构成了一层层多边形。其中，最里面一个面积最小的多边形就称为第一布里渊区，第二层与第一布里渊区间的区域为第二布里渊区，依此类推。图 1.32 中给出了二维正方晶格的布里渊区及其绘制步骤。具体而言，在倒易点阵中选择一点作为原点，从原点向最近的四个点作倒格矢，并作这个四个倒格矢的垂直平分线，由这些垂直平分线围成的多边形就是第一布里渊区。随后，再从原点出发向第二近的点作倒格矢，并作这些倒格矢的垂直平分线，这些垂直平分线与构成第一布里渊区的垂直平分线之间的区域就是第二布里渊区，依此类推。图 1.32 绘出了二维正方晶格的第一、第二和第三等布里渊区，图中每个圆点代表一个倒格点。尽管每个布里渊区的形状各不相同，但可以证明，每个布里渊区的面积都是相同的。

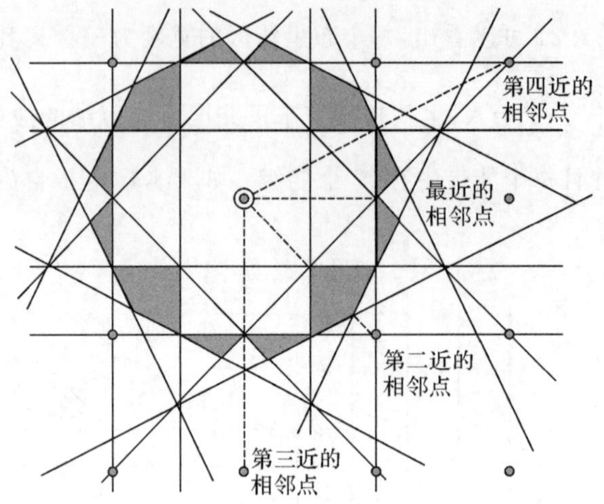

图 1.32　二维正方晶格的布里渊区及其绘制步骤

在二维 k 空间内,按能量最低原理(minimum energy principle)的要求,电子将从能量低的能级逐渐向能量高的能级填充。在由二维 k 空间构成的二维布里渊区内,如果将能量相等的波矢 $\boldsymbol{k}$ 连接起来,则能绘成一条线,称为等能线。从图 1.33(a)的曲线 1 和曲线 2 可以看出,远离布里渊区边界时,一维布里渊区内的等能线为一组以原点为中心的圆,这是由于远离布里渊区时,这些电子的状态与自由电子相同,周期势场对它们的运动没有影响,所以在不同方向的运动都有同样的 $E-\boldsymbol{k}$ 关系。当接近布里渊区时,等能线逐渐向外凸,如图1.33(a)中的曲线 3 所示。这是因为接近布里渊区边界时,周期势场的影响加强,能量 E 的增加率降低,也就是只有提高 k 的值才能满足等能增量的要求。这一关系也能从图 1.33(b)中的 $E-\boldsymbol{k}$ 曲线看出,当靠近布里渊区边界时,$E-\boldsymbol{k}$ 曲线逐渐呈向下开口的抛物线,此时该曲线的 $\mathrm{d}E/\mathrm{d}\boldsymbol{k}$(即斜率)降低,相等的能量增量 ΔE 将对应更大的 $\boldsymbol{k}$ 增量。位于布里渊区顶角的能级,在该区中能量最高,如图 1.33(a)中的位置 Q。等能线到达布里渊区边界时,不能穿过该边界,将出现能量跳跃,即能隙。如图 1.33(a)中的 P 点到 R 点,实现了能量跳跃。

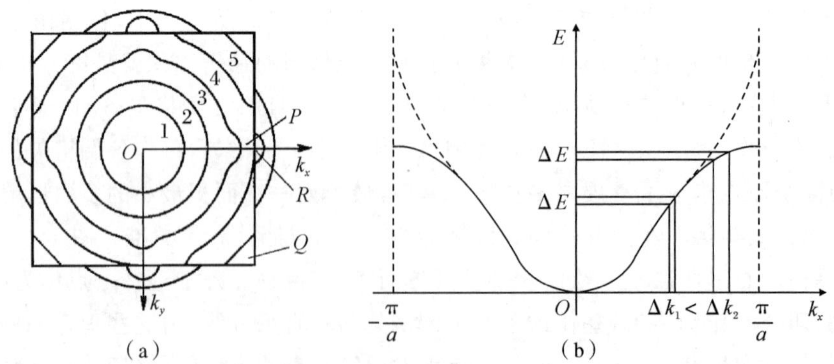

图 1.33　二维正方晶格 k 空间内第一布里渊区的等能线分布情况

另外,值得注意的是,并不是二维晶体所有方向上都一定存在能隙,这是因为有可能发生能带之间的交叠,此时不一定存在禁带。如图 1.34(a)中 OA 和 OC 两个方向,$\boldsymbol{k}$ 沿这两个方向趋向于布里渊区边界时，相应的 $E-\boldsymbol{k}$ 曲线如图 1.34(b)(c)所示。此时的布里渊区边界虽然存在能隙，但不同方向上的能隙间断范围不同，可能出现能带交叠，如图 1.34(d)所示。

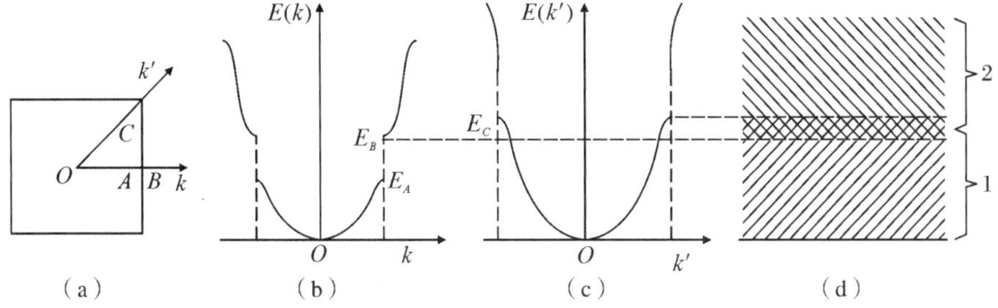

图 1.34　二维正方晶格 $\boldsymbol{k}$ 空间内第一布里渊区的等能线分布情况

(a) OA 和 OC 的两个方向；(b)与 OA 方向对应的 $E-k$ 曲线；

(c)与 OC 方向对应的 $E-k$ 曲线；(d)能带交叠

三维晶体布里渊区为多面体，几何形状复杂。晶体结构不同，布里渊区的形状也不同。图 1.35 为不同晶体结构第一布里渊区的形状。其中，简单立方晶格第一布里渊区边界由 6 个(100)晶面围成；体心立方晶格第一布里渊区边界由 12 个(110)晶面围成；面心立方晶格第一布里渊区边界由 8 个(111)面和 6 个(100)面围成。与一维和二维情况类似，三维布里渊区内能量准连续分布，边界上能量出现突变；同一晶格内尽管各布里渊区形状不同，但体积都相同；每个布里渊区对应一个能带，每个波矢 $\boldsymbol{k}$ 对应一个能级。另外，三维晶体的布里渊区也会出现能带交叠。

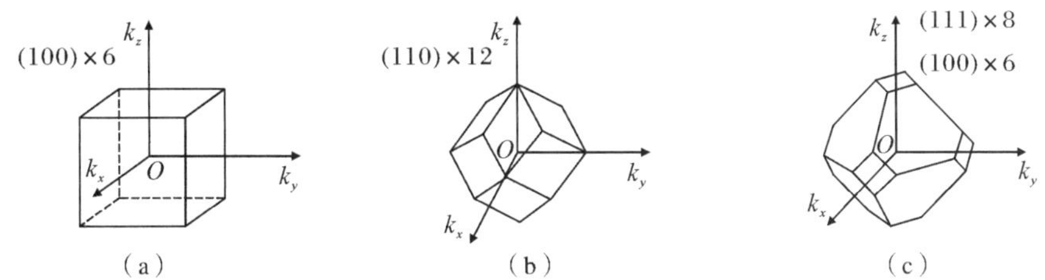

图 1.35　不同晶体结构第一布里渊区的形状

(a)简单立方晶格第一布里渊区；(b)体心立方晶格第一布里渊区；(c)面心立方晶格第一布里渊区

如果按与二维 k 空间相似的方式，将三维 k 空间内能量相等的波矢 $\boldsymbol{k}$ 连接起来，那么构成一个面，这个面称为等能面(constant energy surface)。同样，在三维 k 空间内的布里渊区内，远离布里渊区边界，等能面呈球面；接近布里渊区边界，等能面向边界凸出；若在布里渊区边界两侧，则出现能量跳跃。图 1.36 给出了铜的第一布里渊区以及其内部的一个等能面，此时的等能面已经逐渐接近布里渊区边界，出现等能面外凸的情况。

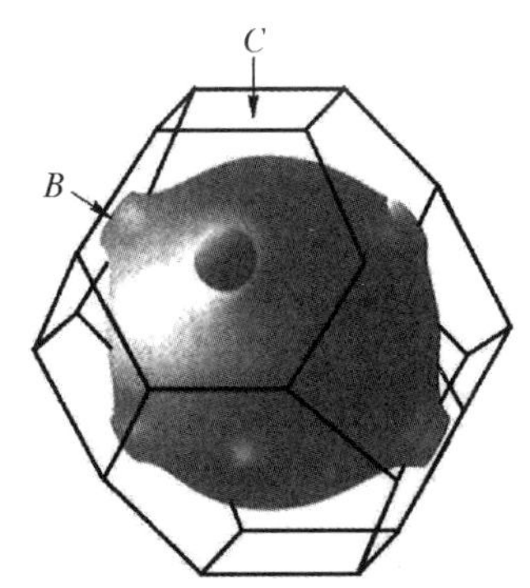

图 1.36　铜的第一布里渊区及其内部的一个等能面

接下来，再从能级密度的角度，分析布里渊区的存在对准自由电子的能级密度 $Z(E)$ 造成怎样的影响。如

图 1.37(a)所示,图中的虚线显示出在三维空间下,自由电子的能级密度 $Z(E)$ 随能量 E 的变化呈抛物线关系,能量 E 越大,能级密度 $Z(E)$ 越高,单位能量间隔范围内所能容纳的电子状态数越多。而对于三维空间下准自由电子来说,能量 E 较低时,离布里渊区边界较远,$Z(E)$ 遵循与自由电子类似的抛物线,如图 1.37(a)与虚线重合的实线部分所示。当接近边界时,等能面向布里渊区边界凸出。此时,相同能量间隔范围内,存在凸出的等能面之间的体积要大于同位置处球面之间的体积,因此单位能量间隔范围内所能容纳的电子状态数较多,包含的状态代表点也就较多,使得晶体内准自由电子的能级密度 $Z(E)$ 在接近边界时要比自由电子的大。因此,$Z(E)-E$ 曲线将偏离抛物线关系,如图 1.37(a)中偏离虚线的实线部分所示。越接近边界,等能面外凸得越厉害,$Z(E)$ 增加得越多。当等能面到达布里渊区边界时,$Z(E)$ 达到最大值,即图 1.37(a)中的 B 点。为了对此进行更加形象的说明,此处的 B 点可与图 1.36 中的 B 点相对应,由此可以直观看到,铜的等能面到达第一布里渊区边界 B 点时,其体积增量达到最大。此后,能量再继续增加,由于布里渊区边界的限制,在第一布里渊区内的等能面出现残缺,只有布里渊区角落部分的能级可以填充。此时,相同能量间隔范围内,等能面之间的体积迅速下降,$Z(E)-E$ 曲线也迅速下降。当等能面布满全部布里渊区时,已经不存在可以填充的能级,$Z(E)$ 为 0,即图1.37(a)中的 C 点。因此,准自由电子受布里渊区的影响,将出现与自由电子不同的能级密度分布。

如果出现能带交叠,那么总的 $Z(E)$ 曲线是各区 $Z(E)$ 曲线的叠加,如图 1.37(b)所示。其中虚线是第一、第二布里渊区的能级密度,实线是叠加的能级密度,阴影部分是已填充的能级。

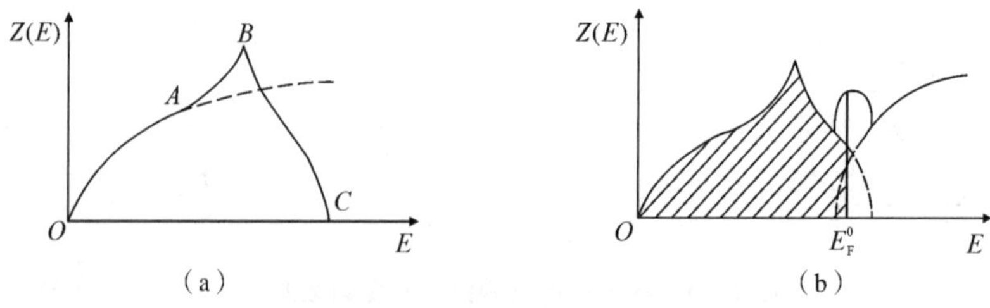

图 1.37　能级密度曲线

(a)无交叠能带;(b)交叠能带

1.4.4　原子能级的分裂——紧束缚近似

1.4.3 小节讨论的近自由电子近似认为晶格内的势场起伏小,电子近似在一个恒定的势场内运动,仅仅由于受到离子实势场的微扰,就能引起在布里渊区边界处的能级跳跃。这一近似适合于价电子比较自由的金属,如碱金属、Au、Ag、Cu 等的最外层电子。对于绝缘体及过渡金属的原子间距较大或电子处于原子内层,晶格周期势场变化剧烈的情况,则采用紧束缚近似更合适。紧束缚近似认为,电子运动到某个离子实附近,受到这个离子实势场的强烈束缚,其他离子实对该电子的作用很小,可以看成微扰。这样,在离子实附近,晶体内电子的行为与孤立原子中的电子相似。

这里,考虑由 N 个相同原子构成简单晶格的晶体。

如果不考虑晶体内原子的相互作用,在晶体某格点位置 $\boldsymbol{R}_m$ 的原子对 $\boldsymbol{r}$ 处电子产生的势

场可表示为 $U(\boldsymbol{r}-\boldsymbol{R}_m)$。这里的 $\boldsymbol{R}_m$ 和 $\boldsymbol{r}$ 分别为位置矢量，其矢量关系如图 1.38 所示。由于不考虑原子间相互作用，所以可将该原子看成一个孤立原子，在此势场中运动的电子的薛定谔方程可写成

$$\left[-\frac{\hbar^2}{2m}\nabla^2+U(\boldsymbol{r}-\boldsymbol{R}_m)\right]\varphi_i(r-R_m)=E_i\varphi_i(\boldsymbol{r}-\boldsymbol{R}_m) \tag{1.112}$$

式中：$\varphi_i(\boldsymbol{r}-\boldsymbol{R}_m)$ 为在此势场内运动的电子的波函数，即 $\boldsymbol{R}_m$ 格点附近电子以电子束缚态的形式绕 $\boldsymbol{R}_m$ 点运动的波函数；i 为原子中的某一量子态，如 1s、2s、2p 等量子态；E_i 为 $\varphi_i(\boldsymbol{r}-\boldsymbol{R}_m)$ 状态下对应的能量。

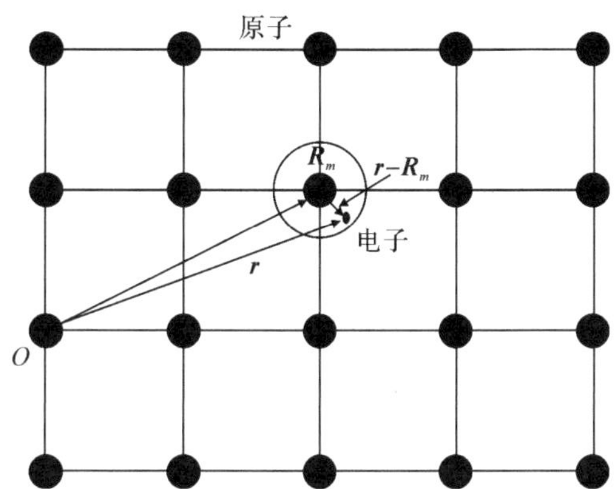

图 1.38　晶体内某格点位置 $\boldsymbol{R}_m$ 的原子与位于 $\boldsymbol{r}$ 处电子间的矢量关系

若考虑 N 个原子之间的相互作用，则在晶体内对 $\boldsymbol{r}$ 处电子产生的势场应为晶格周期势场内各原子势场之和，即

$$U(\boldsymbol{r})=\sum_{m=1}^{N}U(\boldsymbol{r}-\boldsymbol{R}_m) \tag{1.113}$$

这一势场之和 $U(\boldsymbol{r})$ 可分为两部分，即位于 $\boldsymbol{R}_m$ 处原子对 $\boldsymbol{r}$ 处电子产生的势场 $U(\boldsymbol{r}-\boldsymbol{R}_m)$ 以及其他原子对 $\boldsymbol{r}$ 处电子产生的势场 $\Delta U(\boldsymbol{r}-\boldsymbol{R}_m)$，则 $\Delta U(\boldsymbol{r}-\boldsymbol{R}_m)=U(\boldsymbol{r})-U(\boldsymbol{r}-\boldsymbol{R}_m)$。根据紧束缚近似的要求，$\boldsymbol{r}$ 处电子主要受 $U(\boldsymbol{r}-\boldsymbol{R}_m)$ 势场的影响，而 $\Delta U(\boldsymbol{r}-\boldsymbol{R}_m)$ 的影响则可看成微扰。在这种情况下，电子的薛定谔方程可写成

$$\left[-\frac{\hbar^2}{2m}\nabla^2+U(\boldsymbol{r}-\boldsymbol{R}_m)\right]\varphi(\boldsymbol{r})+\Delta U(\boldsymbol{r}-\boldsymbol{R}_m)\varphi(\boldsymbol{r})=E\varphi(\boldsymbol{r}) \tag{1.114}$$

在紧束缚近似中，孤立原子的薛定谔方程式(1.112)看作式(1.114)的零级近似方程。此时，对由 N 个原子组成的晶格而言，环绕每个原子运动的电子都有类似的波函数 $\varphi_i(\boldsymbol{r}-\boldsymbol{R}_m)$，这样的波函数共有 N 个，并且都对应同一个能级 E_i，因而是 N 重简并的。构成晶体后，原子相互靠近，原子间有了相互作用，简并解除，晶体中的电子做共有化运动。共有化轨道由 $\varphi_i(\boldsymbol{r}-\boldsymbol{R}_m)$ 的线性组合构成。考虑到微扰后，晶体中电子运动波函数为 N 个原子轨道波函数的线性组合，也就是用孤立原子的电子波函数 $\varphi_i(\boldsymbol{r}-\boldsymbol{R}_m)$ 的线性组合来构成晶体中电子共有化运动的波函数，即

$$\varphi(\boldsymbol{r})=\sum_{m=1}^{N}a_m\varphi_i(\boldsymbol{r}-\boldsymbol{R}_m) \tag{1.115}$$

式(1.115)相当于在每个原子格点附近,将 $\varphi(\boldsymbol{r})$ 近似为该处原子的波函数。因此,紧束缚近似也称原子轨道线性组合法(Linear Combination of Atomic Orbitals,LCAO),即晶体中共有化的轨道是由原子轨道 $\varphi_i(\boldsymbol{r}-\boldsymbol{R}_m)$ 的线性组合构成的。

对于式(1.115),可以证明其满足布洛赫定理,具有布洛赫波的形式,并满足归一化条件。根据紧束缚近似理论分析的结果,对于在周期势场运动的单电子的波函数 $\varphi(\boldsymbol{r})$,可写成

$$\varphi(\boldsymbol{r}) = \frac{1}{\sqrt{N}}\sum_{m=1}^{N} e^{i\boldsymbol{k}\cdot\boldsymbol{R}_m}\varphi_i(\boldsymbol{r}-\boldsymbol{R}_m) \tag{1.116}$$

将式(1.116)代入式(1.114)中,经推算,可以获得相应的能量 E 的关系:

$$E(\boldsymbol{k}) = E_i - \sum_{s}\left[e^{-i\boldsymbol{k}\cdot\boldsymbol{R}_s}\cdot J(\boldsymbol{R}_s)\right] \approx E_i - J_0 - \sum_{\boldsymbol{R}_s\neq\boldsymbol{0}}^{\text{最邻近}}\left[e^{-i\boldsymbol{k}\cdot\boldsymbol{R}_s}\cdot J(\boldsymbol{R}_s)\right] \tag{1.117}$$

式中:J_0 为常数且大于 0;$\boldsymbol{R}_s$ 为从参考格点 $\boldsymbol{R}_m$ 到邻近格点的矢量差。

当 $\boldsymbol{R}_s\neq\boldsymbol{0}$ 时,$J(\boldsymbol{R}_s)$称为重叠积分(或相互作用积分),$J(\boldsymbol{R}_s)$的大小决定了能带的宽度。式(1.117)等号最右端的求和符号表示只对与参考格点 $\boldsymbol{R}_m$ 最邻近的原子求和,这是一个简化处理。

经过上述的数学关系推导,可以看出,晶体内电子的能量 E 是波矢 $\boldsymbol{k}$ 的函数。对单个原子而言,在 i 一定的情况下,每个 $\boldsymbol{k}$ 对应一个能级 E_i。N 个原子则具有 N 个相同的能级 E_i。当这 N 个原子相互靠近,形成由 N 个格点构成的晶格时,由式(1.117)可以看出,波矢 $\boldsymbol{k}$ 共有 N 种取值,相应地具有 N 个能级 $E(\boldsymbol{k})$,这些能级 $E(\boldsymbol{k})$可以取 N 个不同的值,并且这 N 个非常接近的能级可形成一个准连续的能带。图 1.39 为孤立原子中电子与晶体中电子的能带的能级关系图。从图 1.39 中可以看到,形成晶体后,孤立原子中相同的 N 个能级 E_i 将按照式(1.117)计算得到新的数值,形成 N 个非常接近的值 $E(\boldsymbol{k})$。这一变化的实质是发生了原子能级的分裂。造成这一结果的根本原因在于,形成晶体后,原子间出现相互作用,此时电子的波函数会发生交叠。分裂后,能级的数目与晶格的数目相等。能级间数值差异不大,可看成准连续的能带。波函数交叠越多,能级分裂越厉害,形成的能带越宽。

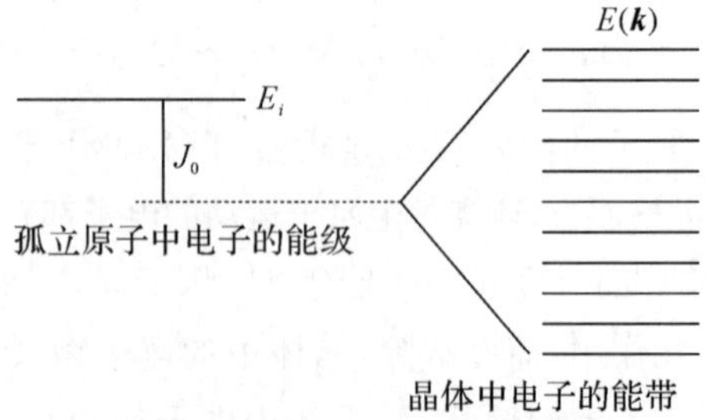

图 1.39　孤立原子中电子与晶体中电子的能带的能级关系

下面,按照紧束缚近似的结果,以 Li 为例,简要说明能级的分裂和能带的形成及其特点。

根据分子轨道理论(molecular orbital theory),Li 的原子轨道为 $1s^2 2s^1 2p^0$。这里的 1s

轨道充满 2 个电子，2s 轨道只有 1 个电子，2p 轨道中无电子。假设两个 Li 原子相互靠近，每个原子中的电子除受本身原子的势场作用外，还受到另一原子的势场作用。此时，根据紧束缚近似式(1.117)的计算结果，以 2s 轨道为例，将发生能级的分裂，形成具有一定能量差的两个能级。原本每个孤立原子中 2s 轨道上具有能量相等的一个电子，将按照电子能级排布三原则，即泡利不相容原理(Pauli exclusion principle)、能量最低原理和洪特定则(Hunds rule)，填充至分裂的低能级上，每个能级填充两个自旋方向相反的电子。泡利不相容原理是由美籍奥地利裔物理学家泡利(Wolfgang Pauli，1900—1958)在 1925 年发现的，他也因此获得了 1945 年的诺贝尔物理学奖。洪特定则是由德国理论物理学家洪特(Friedrich Hund，1896—1997)根据大量的光谱实验所提出的，即电子在能量相同的轨道(即等价轨道)上排布时，总是尽可能分占不同的轨道且自旋方向同向，因为这样的排布方式的总能量最低。图 1.40 示意性地绘出了两个 Li 原子的 2s 轨道发生能级分裂以及电子填充的情况。当 N 个 Li 原子构成晶体时，将形成 N 个 Li 金属的分子轨道，构成 2s 能带。

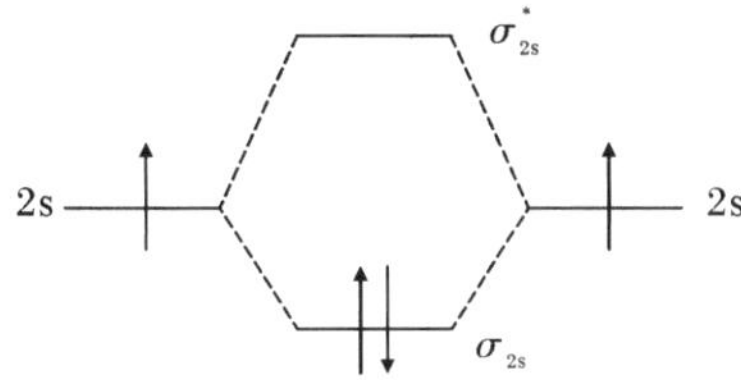

图 1.40　两个 Li 原子的 2s 轨道发生能级分裂以及电子填充示意图

按照上述说法，由 N 个 Li 原子构成的 Li 金属，不同能级上均会出现能级的分裂，形成能带。电子仍将按照能级排布三原则填充能级，具体的能带结构及电子填充结果如图 1.41 所示。从图中可以看到，Li 金属的 1s 轨道构成 N 个 1s 能级，而 Li 原子 1s 轨道上存在两个电子，每个能级上均可填充两个电子，所以组成的能带充满电子。这种由已充满电子的原子轨道所形成的低能量能带称为满带(filled band)。Li 原子的 2s 轨道同样构成 N 个 2s 能级，但由于 Li 原子 2s 轨道上只有一个电子，而每个能级上可填充两个电子，分裂后的 2s 能级上只有一半的能级可被电子充满，所以组成的能带上电子为半充满。这种由未充满电子的原子轨道所形成的能带称为导带(conduction band)。处于导带上的电子可在电场作用下定向移动而形成电流。对只有三个核外电子的 Li 原子而言，此时的电子已经全部填满能级。对更高的能级，如 2p 轨道，由分子轨道理论可知，其实际由 $3N$ 个 2p 能级组成，只是在该能级上没有电子存在，这种未填充电子的能带称为空带(vacant band)。晶体中的电子不具有由不同轨道构成的能带之间的能级，这种相邻两能带间的能带称为禁带(forbidden band)。另外，从图 1.41 中可以看出，2s 能级和 2p 能级之间实际存在着能带的交叠，这称为叠带(overlap band)。能量最低的带对应于最内层电子，它们的轨道很小，在不同原子间很少有相互重叠，因而能带较窄。能量较高的外层电子轨道在不同原子间将有较多重叠，从而形成较宽的能带。

在构成晶体的过程中，随着原子间距离的接近，由于外层电子(或价电子)的波函数先发生交叠，因此能级的分裂首先从外层电子开始。内层电子的能级只有在原子非常接近时，才开始分裂。图 1.42 为原子构成晶体时原子能级分裂示意图。

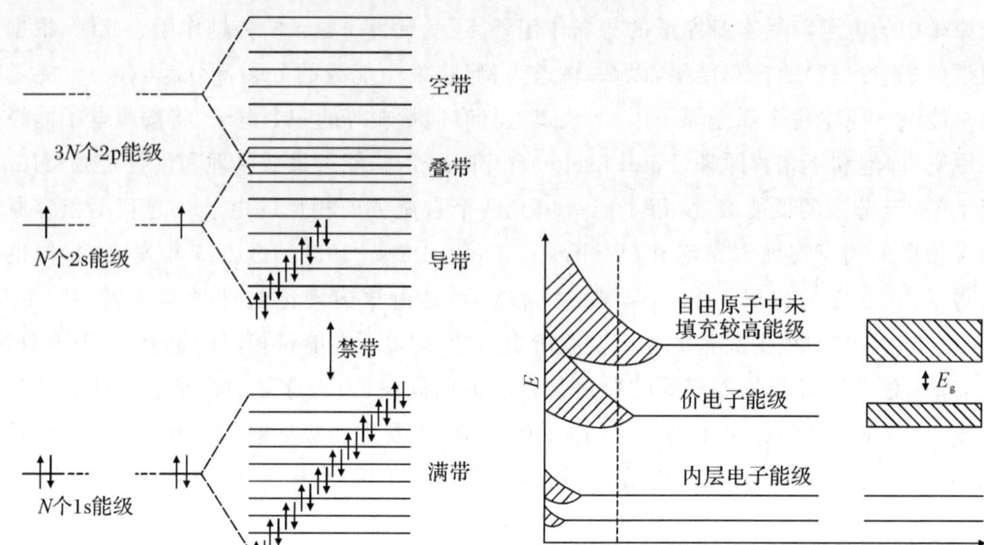

图 1.41　N 个原子构成的 Li 金属能带结构及电子填充示意图

图 1.42　原子构成晶体时原子能级的分裂

采用紧束缚近似方法,利用解薛定谔方程的数学方法可以得出和近自由电子近似一致的结果,两种方法相互补充。对于碱金属和 Cu、Ag、Au,由于其价电子更接近自由电子的情况,所以用近自由电子近似方法处理较为合适。当元素的电子比较紧密地束缚于原来所属的原子时,应用紧束缚近似方法更合适,紧束缚近似法对原子的内层电子是相当好的近似,它还可用来近似地描述过渡金属的 d 带,类金刚石晶体以及惰性元素晶体的价带,是定量计算绝缘体、化合物及半导体特性的有效工具。

1.4.5　晶体能带理论应用——导体、绝缘体和半导体的能带

尽管所有的固体都包含大量的电子,但有些固体具有很好的电子导电性能,而有些固体却观察不到任何电子导电性。利用上述能带理论的结果,就可以解释固体的多种物理性质的差别。下面基于能带理论的结果,利用导体、绝缘体、半导体的能带结构来讨论其差别。

在电场中,各种物体对电流的通过有不同的阻碍能力。依据物体在电场中的导电能力可将其分为导体、绝缘体和半导体。能带理论建立后,成功地解释了各种物体导电性差异的原因。为简便起见,以一维 k 空间第一布里渊区为例,讨论电子在填满能带和不填满能带两种情况下对导电性的贡献。

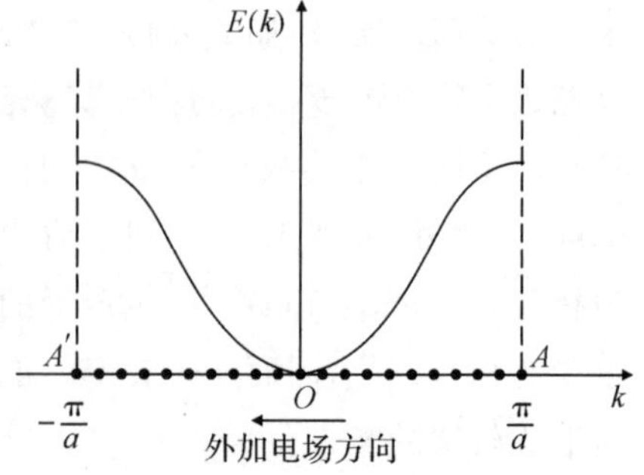

图 1.43　满带中电子的运动

对于一个能带中所有能级都被电子填满的满带,电子波矢 $\boldsymbol{k}$ 在布里渊区内是均匀对称分布的,如图 1.43所示。外加电场后,所有电子将向电场反方向运

动。满带内电子占据全部能级，如果外电场不足以破坏电子结构，即满带中的电子不能跨过禁带被激发到更高能级，那么实际该满带内电子均匀对称填充情况不变，也就是不能发生定向移动。因此，满带内的电子不参与导电。

若一个能带中只有部分能级被电子填充，则根据电子填充能级的原则，从最低能级向高能级填充，并且每个能级上填充两个自旋方向相反的电子，这两个电子能量相等，状态在 k 空间内对称分布。未外加电场时，所有成对出现的电子速度大小相等、方向相反，因此，对电流的贡献相互抵消，总电流为 0，如图 1.44(a)所示。在外加电场后，在此电场的驱动下，电子开始向更高的、没有被填充的能级运动，并最终达到稳定的不对称分布，如图 1.44(b)所示。此时，除部分电子相互抵消以外，未抵消部分电子实际已经实现了定向的迁移，也就是实现了导电。因此，这种部分填充的能带在外加电场下对导电有贡献，称为导带。

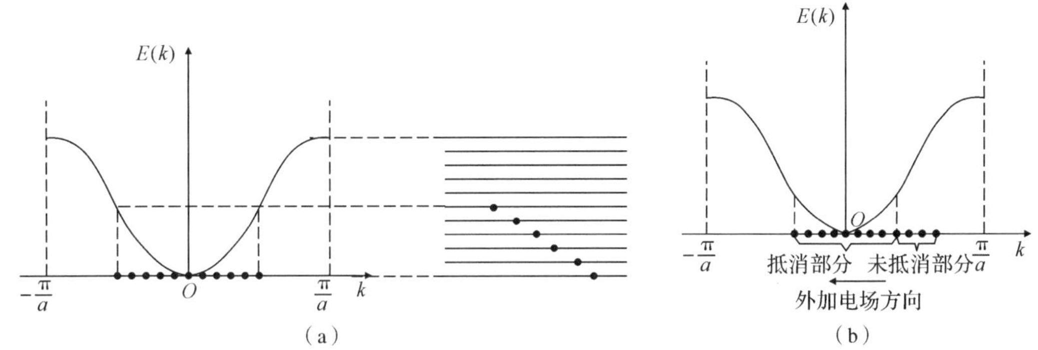

图 1.44　部分填充能带中电子状态随外加电场的变化

(a)未外加电场时部分填充能带中电子的分布情况；(b)外加电场改变电子对称分布

根据能带理论的结果，导体、绝缘体、半导体分别具有图 1.45 所示的经典能带模型。下面，借助于这一模型，对导体、绝缘体和半导体的导电性进行解释。

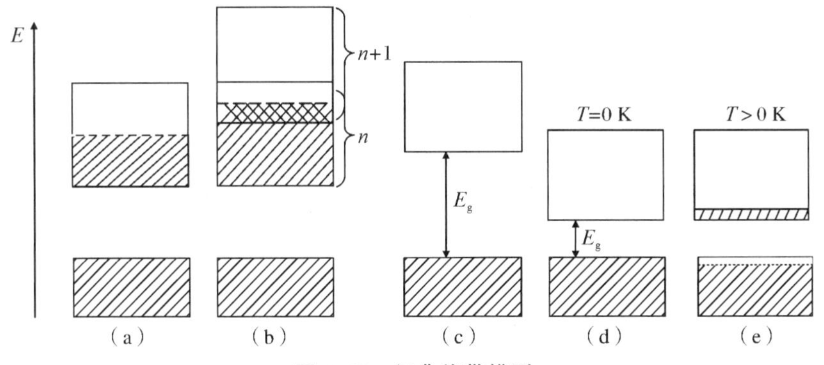

图 1.45　经典能带模型

(a) Ⅰ族金属；(b) Ⅱ族金属；(c)绝缘体；(d)半导体($T=0$ K)；(e)半导体($T>0$ K)

对一价金属而言，由 N 个原子组成晶体后，含有 N 个价电子。如前文关于 Li 金属的能带结构描述，一价金属的价电子所在能带中有 N 个能级，在 N 个价电子填入 N 个能级后，由于每个能级可填充两个电子，则能带只能填充一半，也就是半充满状态，如图 1.45(a)所示。这种由价电子填充的能带称为价带(valence band)。此时的价带处于半充满状态，未充满电子的空能级准连续分布，此时位于价带中的电子比较容易获得能量向更高的空能级跃迁。如果这一能量由电场给予，大量电子向高能级跃迁时发生定向移动，那么实现导电。此时的价带实际就是导带。需要说明的是，由于原子内部电子对固体的性能影响很小，所以通常不关注由原子内部电子能级构成的能带，仅考虑外层具有较高能量的电子（如价电子）的能带结构。图 1.45(a)中，半充满状态的价带下面的能带结构为满带。满带和价带间存在禁带。具有这种部分充满能带结构的晶体大都是导体。例如，元素周期表中ⅠA 族的碱金属 Li、Na、K、Rb、Cs 和ⅠB 族的 Cu、Ag、Au，形成晶体时最外层的 s 电子成为传导电子，其价带只能填充至半满。因此，它们都是良导体。

二价碱土金属含有两个价电子，若由 N 个原子组成晶体后，则含有 $2N$ 个价电子。如果按上面的讨论，每个原子给出两个价电子，那么得到充满的能带结构，应该是绝缘体。但实际对于三维晶体，由于能带之间发生交叠，在费米能级以上不存在禁带，所以二价元素也是金属，其能带结构如图 1.45(b)所示。具有这种能带结构的元素如周期表中ⅡA 族的碱土金属 Be、Mg、Ca、Sr、Ba 和ⅡB 族的 Zn、Cd、Hg。

三价元素 Al、Ga、In、Tl 每个单胞含有一个原子，每个原子含有三个价电子，因此，可填满一个带和一个半满的带，故也是金属。

绝缘体的价电子正好将价带填满（也就是满带），更高的能带则全空，称为空带。在空带和价带之间存在宽的禁带，其能隙 E_g 一般大于 5 eV。绝缘体的能带结构如图 1.45(c)所示。在电场中，这样的高能间隙使绝缘体价带上的电子很难获得高于 E_g 的能量而跃迁至空带，因此，绝缘体内不会出现电子的移动，也就不会在电场下产生电流。

半导体材料通常是四价元素，其能带结构具有特殊性。从能带结构看，如图 1.45(d)所示，在 0 K 时，半导体的价带全部填满，更高能带则是空带。价带与空带间存在禁带。这一能带结构与绝缘体相同。但是，半导体的禁带宽度（即能隙 E_g）较小，温度升高，价带顶部的电子受热激发即可跨过禁带进入空带底部，这样两个能带均变成不满带，使其具有了一定的导电能力，如图 1.45(e)所示。随着温度升高，价带顶部的电子受热激发进入空带底部的数量增多，因此导电性增强。

▶课程思政素材◀

案例一——从金属自由电子理论引出否定之否定规律

金属自由电子理论从 Drude 模型发展到量子力学中的 Sommerfeld 模型，符合恩格斯在《自然辩证法》中提到的"由矛盾引起的发展或否定之否定发展的螺旋式上升"规律。否定之否定规律是哲学的基本规律之一，它揭示了事物发展所体现的前进性和曲折性的统一。事物发展过程中所体现的对于否定的转化是为了实现创新和发展。曲折性体现在事物发展的暂时停顿或后退，但经过重重困难，最终会为事物的发展开辟新的道路。可以看到，事物的发展趋势呈现波浪式前行或螺旋式上升的规律。否定之否定的规律中所蕴含的哲学让人们对事物发展的前进和曲折有更深刻的认识。

Sommerfeld 模型是对 Drude 模型所存在的某些否定部分进行优化而得到的。具体来说，整个理论模型的发展经历了肯定、否定、否定之否定的过程，与否定之否定自身具有的规律性恰好保持一致。Drude 在提出假说之初，对其充满了肯定想法，但科学家经过一系列的公式推导与验证后，发现 Drude 模型存在缺陷，从而对其产生怀疑和否定，促进了 Sommerfeld

模型的提出，完善并改进了 Drude 模型假说，对量子力学的发展历程作出了巨大贡献。这个事例说明，事物的发展是螺旋式上升的，同时也教育学生从事物发展的全过程出发，正确对待发展过程中的艰难险阻，坚持事物的发展过程是始终前进的。正确对待学习工作中的顺逆：在顺境中，我们应保持一颗平常心，预判背后可能存在的困难和曲折；在逆境中，我们要学会克服消极的态度，时刻保持积极向上的精神状态，同时，要充满自信，不怕困难，勇攀高峰，向往美好的未来。

案例二——从薛定谔方程的求解过程引出边界条件限定问题

电子运动的薛定谔方程为

$$\left[\frac{-h^2}{2m}\nabla^2+V(\boldsymbol{r})\right]\varphi=E\varphi$$

式中：$V(\boldsymbol{r})$为势能函数，如果周围存在一个势场，即存在电子间相互作用，那么就会对电子的行为产生影响。要使电子能够自由运动，就必须打破势场的束缚，使电子的运动不被周围的边界条件限制，从而获得“自由”。

人们无论是在意识层面还是在物质层面想要追求“自由”，都要打破对于自身的束缚，正如电子在运动的过程中获得电子能级从而打破束缚、获得“自由”一样。又如，“无我”境界就是要去掉自身边界，不在意自身利益的得失，树立责任意识优先、权利意识靠后的习惯性思维。如果所有人都只考虑个人利益的得失，那么人就像电子一样，行为会受到限制，周围的“势能函数”会发生改变，即从表面上看，个人在物质层面得到更多，但从边界条件限定问题的角度出发，这就是在对自身设定边界，反而人们会变得更加不“自由”。因此，使自己的“能级更加广泛”，拥有一颗利他的心，无私奉献，不计回报，使自己变得更“自由”，这便是做人的意义，做学问亦是如此。同时，这对学生形成正确的世界观、价值观和人生观也有着重要的影响，教育学生始终坚持为人民群众谋福利，集体利益高于个人利益，引领学生找寻正确的发展道路，将个人价值与社会发展相结合，为国家繁荣和社会发展作出贡献。

案例三——从 Sommerfeld 模型引出辩证法的对立统一规律

单电子波粒二象性的 Sommerfeld 模型符合唯物辩证法的对立统一规律，即自由电子的粒子性和波动性同时存在。从波动方面来描述粒子的运动需要用到波动方程，这就是薛定谔方程的由来。Sommerfeld 模型能够利用能级的不连续性和费米-狄拉克统计的结果来证实“费米面附近少量电子才是真正自由的电子”。费米能级亦存在着对立统一规律，其揭示了事物普遍联系的根本内容和变化发展的内在动力。

凡事没有绝对的好与坏，在人们日常生活中，好与坏是相对存在的，具备一体两面性。随着社会的进步与发展，人们在不同历史时期、不同情况下对待事物发展的评价也会各不相同。正如《老子》中的“祸兮福之所倚，福兮祸之所伏”，意思是祸与福互相依存，可以互相转化。祸事的背后也会孕育新的希望，善事的另一面也会存在风险。这体现了辩证法的思想——矛盾的对立统一与相互转化。又如，人们所熟知的“塞翁失马”的故事，塞翁丢失了一匹强壮的马，邻居们得知消息后过来安慰他，但他却说：“这或许也是一种好的结果。”过了一段时间，这匹马自己回到了家中并一同带回来了一匹骏马，邻居们都来祝贺他，这时，他对大家说：“这并不一定能带来好的结果。”果然在他的儿子骑马时从马上跌落摔断了腿。邻居们又来安慰他不要难过，塞翁又说："你们怎么知道这不是一种好的结果呢?"一年后，胡人入侵，参军的许多年轻人都因此丧生，只有他的儿子因腿伤无法入伍，保住了性命。人们在生活中遇到的每一个问题，都要学会一分为二地分析，不仅要看到事物好的一面，也要看到事物不好的一面，了解事物的内在含义，不要因眼前的得失而改变心境，用平常心来面对生活中的各种问题。

习　题

1. 说明以下基本物理概念：波粒二象性、德布罗意关系、位置与动量的不确定性、海森堡测不准原理、波函数、德布罗意波(物质波)、波函数的统计解释、概率密度、波函数归一化条件、薛定谔方程、定态、定态薛定谔方程、定态波函数、微观粒子的状态、微观粒子的状态方程、势阱模型、简并、微观粒子状态描述的方法、玻恩-卡曼周期性边界条件、索末菲假设、k 空间、费米能、费米分布、等能面、能级密度、布洛赫定理、原子束缚态电子、电子的共有化运动、准自由电子、布里渊区、能级分裂。

2. 一电子通过 5 400 V 电位差的电场。

(1)计算它的德布罗意波。

(2)计算它的波数。

3. 根据量子自由电子理论中费米能与电子密度的关系式，计算铜在 0 K 时的费米能。

4. 用量子自由电子理论概念解释电子运动状态的波函数 $\varphi(x)=\sqrt{\frac{2}{l}}\sin\frac{n\pi}{l}$及能量 $E=\frac{h}{8ml^2}\cdot n^2$ 的物理意义(l 为一维金属长度，n 为整数)。

5. 试用布拉格反射定律说明晶体电子能谱中禁带的产生原因。

6. 过渡族金属物理性能的特殊性与电子能带结构有何联系?

7. 德布罗意关系是什么? 能量与波矢间的关系如何建立?

8. 费米能随温度如何变化? 费米能在费米分布中的作用是什么?

9. 解释禁带出现的原因。

10. 解释金属材料导电行为的量子自由电子理论相对于经典自由电子理论有哪些改进。

11. 用能带理论说明导体、半导体、绝缘体的导电原因。

12. 在能带理论的发展中，近自由电子近似和紧束缚近似的理论差异是什么?

13. 为何微观粒子的能量会出现量子化?

14. 解释布里渊区的存在会对准自由电子的能级密度造成怎样的影响。

15. 从电子能级的角度辨析满带、导带、价带、空带、禁带这 5 个概念。

16. 为什么满带中的电子不导电，而导带中的电子导电?

17. 什么是能级密度? 自行推导一维、二维和三维情况下能级密度 $Z(E)$与能量 E 的对应关系。

第 2 章　材料的电学性能

2.1　概　　述

材料的电学性能与人们的日常生活密不可分，是材料物理性能的重要组成部分，具有非常重要的理论和实际意义。材料的电学性能是指材料在外电场等物理作用下的行为及其所表现出来的各种物理现象。按对外电场的响应方式，材料的电学性能可分为导电性能和介电性能。材料的导电性能是指以电荷长程迁移(即传导)的方式对外电场作出的响应。对材料来说，只要其内部有电荷的迁移，就意味着有带电粒子的定向运动，这些带电粒子称为载流子。载流子可以是电子、空穴，也可以是离子、离子空位。材料所具有的载流子种类不同，其导电性能也有较大的差异，金属与合金的载流子为电子，半导体的载流子为电子和空穴，离子类导电的载流子为离子、离子空位，而超导体的导电性能则来自于库珀电子对的贡献。材料的介电性能是指以感应方式对外电场等物理作用作出的响应，即产生电偶极矩或电偶极矩的改变。材料的介电性能主要包括电介质的极化性质、铁电性、热释电性、压电性等。特别应当看到的是，作为 20 世纪十大发明之一，半导体材料的发展引起了大规模集成电路的出现，推动了电子计算机技术的发展，使人类社会的生产和生活发生了深刻的变化。另外，超导电性的发现和超导材料的研究与改进，又为强磁场的获得和无铜耗电机等技术提供了新的发展途径。因此，研究材料的电学性能非常重要。

材料的电学性能大致包括导电性、超导电性、介电性、磁电性、热电性、接触电性、热释电性、压电性和光电性等。本章将根据材料导电机制的不同，分别讨论材料的导电机理、影响材料导电性能的因素以及导电性能在材料研究中的应用。

2.2　导　电　性

2.2.1　电阻率和电导率

一个长度为 L、截面积为 S 的均匀导体，其电阻值为 R。当在该导体两端加电压 U 时，材料中有电流 I 通过，根据欧姆定律，电流 I 满足

$$I=\frac{U}{R} \tag{2.1}$$

电阻 R 除决定于材料的导电性外，还与试样的几何尺寸有关，即与试样的长度 L 成正比，与试样的截面积 S 成反比，由此引出了只与材料性质有关的物理常数 ρ，即

$$R=\rho\frac{L}{S} \tag{2.2}$$

将式(2.2)变形后，可写成

$$\rho=R\frac{S}{L} \tag{2.3}$$

式中：ρ 称为电阻率(electrical resistivity)或比电阻，可作为材料导电性的量度。

电阻率 ρ 表示单位截面积、单位长度的电阻值，单位是欧姆·米(Ω·m)，有时也用微欧姆·厘米(μΩ·cm)或欧姆·厘米(Ω·cm)表示，工程上也常用欧姆·毫米^2/米(Ω·mm^2/m)表示。电阻率 ρ 是一个只与材料本身性能有关的物理量，而与材料的几何尺寸无关。因此，评定材料导电性的基本参数是电阻率 ρ，而不是电阻 R。电阻的国际单位"欧姆"是用德国物理学家欧姆(Georg Simon Ohm，1787—1854)的名字命名的，以纪念他发现的有关电阻中电流与电压的正比关系，即著名的欧姆定律。

在研究材料的导电性时，除 ρ 以外，还常用电导率(electrical conductivity)σ 来表示。电导率 σ 是电阻率 ρ 的倒数，即

$$\sigma=\frac{1}{\rho} \tag{2.4}$$

电导率 σ 的单位是西门子/米(S/m)。电阻率 ρ 越小，电导率 σ 越大，材料的导电性越好。需要说明的是，电阻率的倒数是电导率，而电阻的倒数则称为电导。电导的国际单位"西门子"是用德国电气工程学家、企业家西门子(Ernst Werner von Siemens，1816—1892)的名字命名的。

对长度为 L、截面积为 S、规则形状的均匀材料而言，当对其两端施加电压 U 时，电流 I 在材料中是均匀的，如图 2.1 所示。单位截面积上的电流称为电流密度(current density)J，此时该导体中各处的 J 是一样的，即

$$J=\frac{I}{S} \tag{2.5}$$

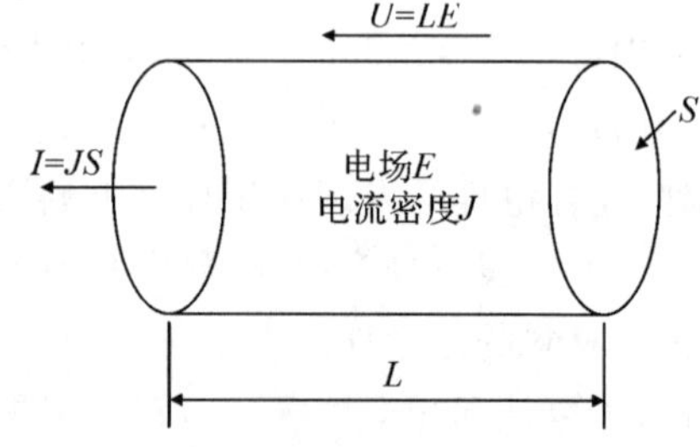

图 2.1　欧姆定律示意图

同样，此时单位长度上的电压，即电场强度(electric field intensity)E 也是均匀的，则

$$E=\frac{U}{L} \tag{2.6}$$

式(2.5)和式(2.6)中：电流密度 J 为面电流密度，单位是安培/米^2(A/m^2)；电场强度 E 的单位是伏特/米(V/m)。其中，电流的国际单位"安培"是用法国物理学家安培(Andre-Marie Ampère，1775—1836)的名字命名的；电压的国际单位"伏特"是用意大利物理学家伏特(Count Alessandro Giuseppe Antonio Anastasio Volta，1745—1827)的名字命名的。

将式(2.5)和式(2.6)代入式(2.1)，可得

$$J=\frac{1}{\rho}E=\sigma E \tag{2.7}$$

这就是欧姆定律的微分形式,也适用于非均匀导体。

工程上常用相对电导率,即国际退火铜标准(International Annealed Copper Standard, IACS)来表征导体材料的导电性能。国际上规定,采用密度为 8.89 g/cm^3、长度为 1 m、质量为 1 g、电阻为 0.153 28 Ω 的退火铜线作为测量标准。在 20 ℃下,该退火铜线的电阻率 ρ=0.017 24 Ω·mm^2/m(或电导率 σ=58.0 μS/m)。将该标准退火纯铜在 20 ℃下的电导率 σ_{Cu}作为 100%,则其他导体材料的电导率与该标准退火纯铜电导率之比的百分数作为该导体材料的相对电导率,即

$$\mathrm{IACS}=\frac{\sigma}{\sigma_{Cu}}\times 100\% \tag{2.8}$$

材料的导电性是材料的基本物理性能之一。不同材料的导电性差别很大。例如,钢、银等金属材料的电导率约为 1×10^8 S/m,而 99Al_2O_3 陶瓷的电导率仅为 1×10^{-19} S/m,两者相差 27 个数量级。根据电导率的大小,可将材料进行区分。通常,将电导率大于 1×10^4 S/m 的材料称为导体材料,例如:常见的金属材料、导电有机晶体、含石墨烯的化合物等;电导率在 1×10^{-3}~1×10^{-4} S/m 之间的材料称为半导体材料,如硅、锗以及各种掺杂的半导体等;电导率小于 1×10^{-3} S/m 的材料称为绝缘材料,如常见的各种陶瓷材料、有机高分子材料等。还有一类在一定条件下电导率趋于无穷大的材料,就是超导材料。表 2.1 中给出一些材料在室温下的电导率。材料导电性的巨大差异,是由材料的结构与导电机制所决定的。

表 2.1　一些材料在室温下的电导率

材　料	电导率/(S·m^{-1})	材　料	电导率/(S·m^{-1})
Ag	6.3×10^7	Ge	2.2
Cu	6.0×10^7	SiC	10
Au	4.3×10^7	Si	4.3×10^{-4}
Al	3.8×10^7	SiO_2	<1.0×10^{-12}
Zn	1.69×10^7	Al_2O_3	<1.0×10^{-12}
Ni	1.38×10^7	Si_3O_4	<1.0×10^{-12}
Fe	1.02×10^7	耐火砖	1.0×10^{-6}
Sn	8.77×10^6	滑石	1.0×10^{-12}
Pb	4.85×10^6	云母	1.0×10^{-11}
Be	9.43×10^5	尼龙	1.0×10^{-13}~1.0×10^{-10}
304 不锈钢	1.4×10^6	石蜡	1.0×10^{-15}
70Cu - 30Zn	1.6×10^7	聚乙烯	<1.0×10^{-14}
TiN	4.0×10^6	聚四氟乙烯	1.0×10^{-16}
CrO_2	3.3×10^6	酚醛树脂	1.0×10^{-11}
Fe_3O_4	1.0×10^4~2.0×10^5	特氟龙	1.0×10^{-14}
石墨	3.0×10^4	硫化橡胶	1.0×10^{-12}

2.2.2 导电的物理特性

1. 载流子

在物理学中，可以自由移动的带有电荷的物质微粒称为载流子(charge carrier)，如电子和离子。当载流子在电场作用下发生定向移动时，即产生电流。金属中的载流子是自由电子。半导体的载流子是电子和空穴。很多无机非金属材料的载流子是电子和离子(包括正离子和负离子)。根据载流子的不同，载流子为电子的电导称为电子电导，载流子为离子的电导称为离子电导。电子电导和离子电导具有不同的物理效应，由此可以确定材料的导电性质。

(1)霍尔效应

电子电导的特征是具有霍尔效应。沿试样 x 轴方向通入电流 I(电流密度 j_x)，z 轴方向加一磁场 H_z，那么在 y 轴方向将产生一电场 E_y，这一现象称为霍尔效应。所产生的电场为

$$E_y = R_H j_x H_z \tag{2.9}$$

式中：R_H 为霍尔系数。

若载流子浓度为 n_i，则

$$R_H = \pm \frac{1}{n_i q} \tag{2.10}$$

其正负号同载流子带电符号一致，q 为电子电荷。对于金属，载流子是带负电的电子，R_H 为负；对于半导体，载流子可以是带正电的空穴，故 R_H 为正。又由 $j = nq\mu E = \sigma E$，可得载流子的迁移率 μ 与霍尔系数 R_H 间的关系为

$$\mu = R_H \sigma \tag{2.11}$$

测量过程中，为防止外界干扰，通常加以屏蔽。为了消除直流法中热磁效应以及磁阻效应所带来的误差，测量时可以改变电流或磁场方向以及采用交流法等。

霍尔效应的产生是电子在磁场作用下产生横向移动的结果，离子的质量比电子大得多，磁场作用力不足以使它产生横向位移，因而纯离子电导不呈现霍尔效应。利用霍尔效应测定霍尔系数，可检验材料是否存在电子电导及电荷符号，并计算载流子浓度。

(2)电解效应

离子电导的特征是存在电解效应。离子的迁移伴随着一定的质量变化，离子在电极附近发生电子得失，产生新的物质，这就是电解现象。法拉第电解定律指出，电解物质与通过的电量成正比，即

$$g = CQ = \frac{Q}{F} \tag{2.12}$$

式中：g 为电解物质的量；Q 为通过的电量；C 为电化当量；F 为法拉第常数。

2. 迁移率和电导率的一般表达式

由于载流子(如电子、空穴、正离子、负离子)的多样性，所以不同载流子对材料导电性的贡献不同。因此，常用迁移数 t_x 表征材料导电载流子种类对导电的贡献，定义为

$$t_x=\frac{\sigma_x}{\sigma_T} \tag{2.13}$$

式中：t_x 为迁移数(transference number 或 transport number)，也称输运数；σ_x 为某种载流子输运电荷的电导率；σ_T 为各种载流子输运电荷形成的总电导率。

通常以 t_i^+、t_i^-、t_e^-、t_h^+ 分别表示正离子、负离子、电子和空穴的迁移数。若离子迁移数 $t_i>0.99$，则导体称为离子导体；若 $t_i<0.99$，则导体称为混合导体。

物体的导电现象，其微观本质就是载流子在电场作用下的定向迁移。如图 2.2 所示，假定截面积为 S 的某金属导体，其截面 A 和截面 B 垂直于电场 E 的方向，A、B 面间距为 L，单位体积内载流子数为 n，每个载流子的电荷量为 q。假定在电场 E 作用下，A 面的载流子经时间 t 全部到达 B 面，时间 t 内通过 A 面的所有载流子的电量 Q 满足

$$Q=nqSL \tag{2.14}$$

已知单位时间内通过的电荷量，即电流 I 满足关系

$$I=\frac{Q}{t} \tag{2.15}$$

根据电流密度 J 的定义，可得

$$J=\frac{I}{S}=\frac{nqSL}{St}=nq\frac{L}{t}=nq\bar{v} \tag{2.16}$$

式中：$\bar{v}$ 为平均速度，表示载流子单位时间内所经过的距离，$\bar{v}=\frac{L}{t}$。

由式(2.16)可以看出，电流密度 J 的物理意义实际是单位时间内通过单位截面积的电荷量。

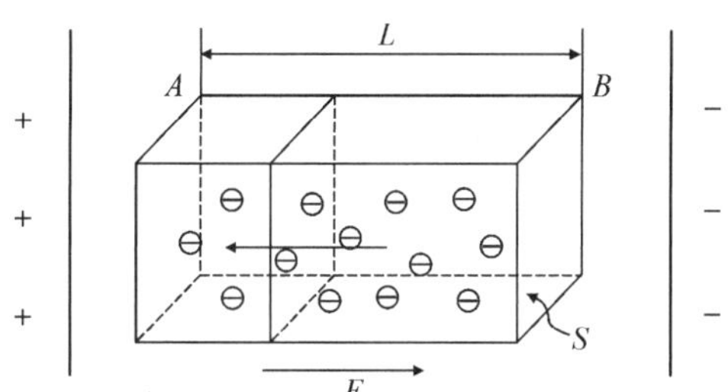

图 2.2　载流子在电场作用下的定向迁移示意图

结合欧姆定律的微分形式[式(2.7)]，可知电导率 σ 满足

$$\sigma=\frac{J}{E}=\frac{nq\bar{v}}{E}=nq\mu \tag{2.17}$$

式中：μ 为载流子的迁移率(mobility)，满足关系 $\mu=\frac{\bar{v}}{E}$，其物理意义是载流子在单位电场中的迁移速度。

如果材料中有多种载流子，那么电导率 σ 的一般表达式为

$$\sigma=\sum_i\sigma_i=\sum_i n_i q_i \mu_i \tag{2.18}$$

式(2.18)反映了电导率 σ 的微观本质，即宏观电导率 σ 与微观载流子种类、每种载流子的单位体积数 n、每种载流子的电荷量 q 以及每种载流子的迁移率 μ 有关。

2.3 电子类载流子导电

电子类载流子导电的物质指以电子、空穴载流子导电的材料，主要是金属或半导体。金属中存在大量的自由电子。在电场中，金属内参与导电的载流子为自由电子。半导体中参与导电的载流子是电子和空穴，空穴是电子离开后留下的空位，实际上仍是电子的移动。本节主要讨论金属中自由电子的导电情况。半导体导电的情况将在2.4节介绍。

2.3.1 金属导电机制

1. 导电理论

关于材料导电性物理本质的讨论是从金属开始的。随着相关理论的逐渐完善，有关金属导电的机制经历了从经典自由电子理论、量子自由电子理论到能带理论的发展。

(1)经典自由电子理论

1.2节中曾讨论过经典自由电子理论。该理论的出发点是基于经典理论，认为金属中自由电子的运动规律遵循经典力学气体分子的运动规律。自由电子之间以及自由电子与正离子(可考虑成离子实)之间的相互作用类似于经典的机械碰撞。在没有外电场的情况下，自由电子沿各个方向的运动概率相同，因而不产生电流。当自由电子在电场内发生定向运动，即沿与外电场方向相反的方向运动时，产生电流。电子在运动过程中，不断与正离子发生碰撞，造成电子的运动受阻，即产生电阻。

如果质量为 m_e 的电子带电量为 e，在电场强度为 E 的电场中运动，那么所受的电场为 eE。该电子以加速度 $a_e=\dfrac{eE}{m_e}$ 做定向运动。当电子与正离子发生碰撞后，电子失去原有速度，又重新开始在电场作用下做加速运动。假设电子每次碰撞后均从静止开始运动，电子从上次碰撞开始到下次碰撞发生之间的平均运动时间为弛豫时间(relaxation time)τ，则电子在下一次碰撞前的最大速度 v_m 为

$$v_m=a_e\tau=\frac{eE}{m_e}\tau \tag{2.19}$$

因此，电子两次碰撞间的平均速度 $\bar{v}$ 为

$$\bar{v}=\frac{1}{2}(0+v_m)=\frac{1}{2}v_m \tag{2.20}$$

由式(2.16)、式(2.19)和式(2.20)可得

$$J=nq\bar{v}=\frac{ne^2E}{2m_e}\cdot\tau \tag{2.21}$$

设 l 为电子的平均自由程(mean free path)，则电子的弛豫时间 τ 满足

$$\tau=\frac{l}{\bar{v}} \tag{2.22}$$

因此，由式(2.7)、式(2.21)和式(2.22)，可得到金属的电导率 σ 为

$$\sigma=\frac{J}{E}=\frac{ne^2}{2m_e}\cdot\tau=\frac{ne^2}{2m_e}\cdot\frac{l}{\bar{v}} \tag{2.23}$$

相应地，金属的电阻率 ρ 为

$$\rho=\frac{1}{\sigma}=\frac{2m_e}{ne^2}\cdot\frac{\bar{v}}{l} \tag{2.24}$$

从式(2.23)可以看出，经典自由电子电导率表明，单位体积中，自由电子数越多、电子运动的平均自由程越大，金属的导电性越好。该理论能在一定程度上解释金属的导电本质，但仍存在很多问题。例如，不能解释二价、三价的金属比一价的金属导电性差的原因，不能解释金属导体、半导体、绝缘体导电性的巨大差异，不能解释超导现象的产生。同时，实际测量的电子平均自由程比经典理论估计的大许多。这些问题的出现，是由于该理论利用了经典力学的理论处理微观质点的运动，所以不能正确反映微观质点的运动规律。量子自由电子理论则解决了经典电子理论无法克服的矛盾。

(2)量子自由电子理论

1.3 节已经对量子自由电子理论的相关知识进行了讨论。量子自由电子理论认为，金属离子构成晶体点阵，其形成的电场是均匀的，势场为 0。自由电子(即价电子)与金属离子间没有相互作用，可以在整个金属中自由运动。内层电子保持单个原子时的能量状态，通常将内层电子与原子核共同视为带正电的离子实。在这种情况下，根据量子力学，电子的波粒二象性使电子具有不同能级，并且是量子化的。此时，自由电子的波矢 k、动量 p、能量 E、速度 v 都是量子化的。自由电子的能量 E 与波矢 k 之间的关系为

$$E=\frac{\hbar^2}{2m^2}k^2$$

根据此关系，$E-k$ 可建立呈准连续分布的抛物线关系，如图 2.3 所示。图 2.3 表明，金属中的价电子具有不同的能量状态。根据泡利不相容原理，每一能态只能存在沿正反方向运动的一对电子，自由电子从低能态向高能态填充。由于以某一速度沿正方向运动的电子与以同样大小速度沿反方向运动的电子的概率相等，所以金属中将不会产生电流。在 0 K 时，电子所能填充的最高能级就是费米能 E_F^0。

假设金属处于沿 k 轴反方向的外加电场中，如图 2.4 所示，外加电场使接近费米能附近的电子转向电场正向运动的能级，从而向正向和反向运动的电子数发生变化，使金属导电。其中，实际参与导电的电子是除了部分相互抵消电子以外的未抵消部分电子，这部分未抵消电子实现了定向迁移，从而实现了导电。实际上，在外电场的作用下，只有能量接近 E_F 的少部分电子参与导电，也就是只有费米面附近能级的电子才能对导电作出贡献。这种真正参与导电的自由电子被称为有效电子(effective electron)。

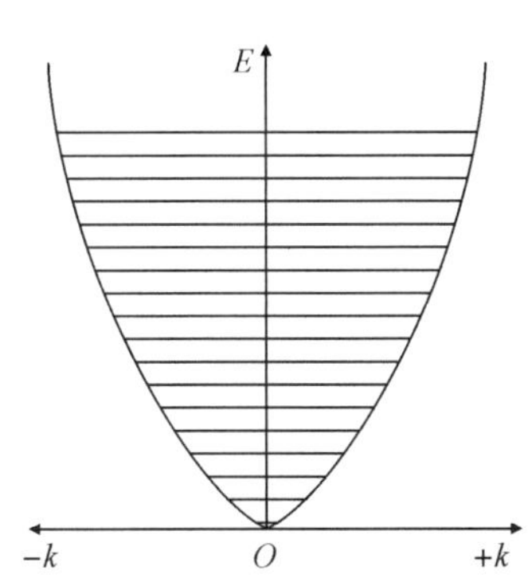

图 2.3　自由电子的 $E-k$ 关系曲线

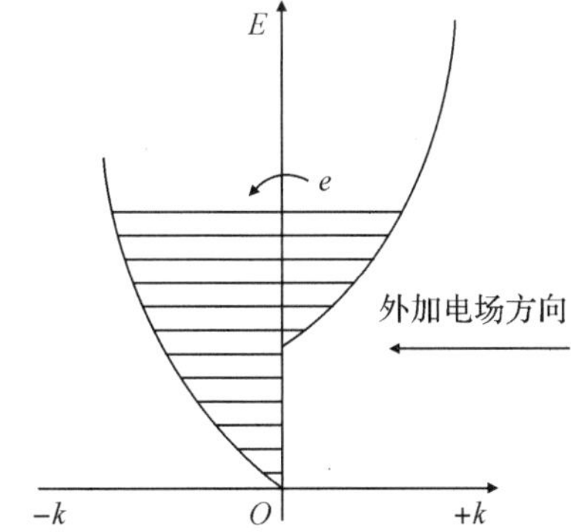

图 2.4　外加电场对自由电子 $E-k$ 关系的影响

量子力学证明,对于一个绝对纯净的理想完整晶体,0 K 时电子波的传播不受阻碍,形成无阻传播,电阻为 0。而实际金属内部存在缺陷和杂质,缺陷和杂质产生的静态点阵畸变和热振动引起的动态点阵畸变,对电子波造成散射,这就是金属产生电阻的原因。电子散射是指高速电子进入固体中,与单个原子的原子核及核外电子发生相互作用,从而发生能量和方向上的改变。一般而言,根据散射前后能量是否发生损失,散射分为弹性散射和非弹性散射。

基于以上分析,可推导出电导率为

$$\sigma=\frac{n_{\mathrm{eff}}e^2}{2m_{\mathrm{e}}}\cdot\frac{l_{\mathrm{F}}}{v_{\mathrm{F}}}=\frac{n_{\mathrm{eff}}e^2}{2m_{\mathrm{e}}}\cdot\tau \tag{2.25}$$

式中:n_{eff}为有效电子浓度,表示单位体积内实际参加传导过程的电子数;l_{F} 为费米面附近实际参加导电电子的平均自由程;v_{F} 为费米面附近实际参加导电电子的平均速度;τ 为电子在两次散射之间的平均时间,满足关系 $\tau=\frac{l_{\mathrm{F}}}{v_{\mathrm{F}}}$。

相应地,电阻率为

$$\rho=\frac{1}{\sigma}=\frac{2m_{\mathrm{e}}}{n_{\mathrm{eff}}e^2}\cdot\frac{v_{\mathrm{F}}}{l_{\mathrm{F}}}=\frac{2m_{\mathrm{e}}}{n_{\mathrm{eff}}e^2}\cdot\frac{1}{\tau}=\frac{2m_{\mathrm{e}}}{n_{\mathrm{eff}}e^2}\cdot\mu_{\mathrm{s}} \tag{2.26}$$

式中:μ_{s} 为散射概率(scattering probability),表示单位时间内电子的散射次数,满足关系 $\mu_{\mathrm{s}}=\frac{1}{\tau}$。

比较式(2.25)和式(2.23)可以发现,基于经典理论和量子理论获得的电导率数据,从公式外形上看几乎一致。不一样的是,量子自由电子理论中,参与导电的电子数是有效电子数 n_{eff}。不同材料的 n_{eff}不一样。由于一价金属的 n_{eff}比二价、三价金属的大,所以一价金属的导电性更好。参与导电的电子数不同,这两种理论中实际电子运动的弛豫时间 τ 不同,即散射概率也不同。

由以上分析可知,由于自由电子运动具有波动性,所以金属电阻的产生并不是电子与离子间简单的机械碰撞,而是电子波被正离子点阵散射的结果。量子力学证明,电子不会被完整的、没有缺陷的晶体所散射(碰撞),因此在 0 K 时,理想晶体的电阻应为 0,电导率无穷大。当电子波在有点阵缺陷的晶体中传播时,发生电子与声子、电子与杂质离子或电子与缺陷的散射,从而产生电阻,导电性下降。由于考虑了电子的波粒二象性特性,所以量子自由电子理论较经典自由电子理论有巨大进步。但由于模型中认为离子实所产生的势场为 0,过于简单,所以,在解释和预测实际问题时仍遇到不少困难。

(3)能带理论

关于能带理论的相关知识,1.4 节已经进行了讨论。

相较于量子自由电子理论,由于考虑了离子势场的周期性作用,能带理论中的能量 E 和波矢 k 之间的关系,将在布里渊区边界发生能级跳跃,出现能带。两能带之间存在禁带,如图 2.5 所示。

在给出基于能带理论获得的电导率 σ 之前,先引出电子有效质量(electronic effective mass)的概念。

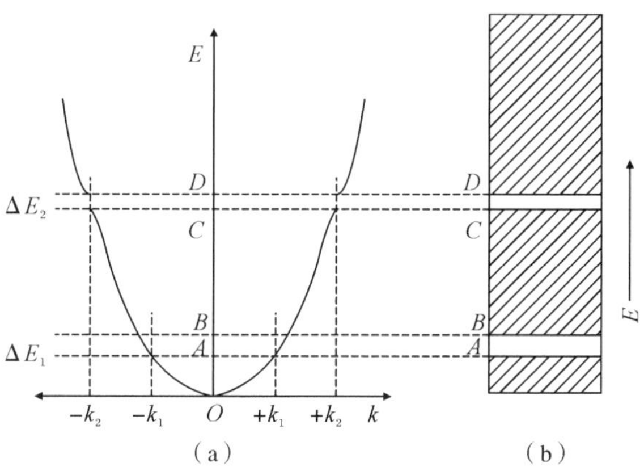

图 2.5　能带理论中的 E-k 关系及对应的能带结构

(a)能带理论中的 E-k 关系；(b)对应的能带结构

根据量子力学，电子的运动可以看作波包(wave packet)的运动，波包的群速(group velocity)就是电子运动的平均速度。设波包由许多频率 ν 差不多的波组成，则波包中心的运动速度(群速)为

$$v_g = 2\pi \frac{d\nu}{dk} \tag{2.27}$$

式中：ν 为德布罗意波的频率；k 为波矢。

根据德布罗意关系 $E=h\nu$，则

$$v_g = \frac{2\pi}{h} \cdot \frac{dE}{dk} \tag{2.28}$$

电子运动的加速度满足

$$a = \frac{dv_g}{dt} = \frac{2\pi}{h} \cdot \frac{d}{dt}\left(\frac{dE}{dk}\right) = \frac{2\pi}{h} \cdot \frac{d^2 E}{dk^2} \cdot \frac{dk}{dt} \tag{2.29}$$

假设电子被电场 E_0 加速，则电子所受电场力为 eE_0。如果电子在电场力 eE_0 的驱动下，在时间 dt 内移动了 dx 距离，那么能量增量为

$$dE = eE_0 dx \tag{2.30}$$

其中

$$dx = v_g dt$$

则式(2.30)可写成

$$dE = eE_0 \cdot v_g dt \tag{2.31}$$

将式(2.28)代入式(2.31)，得

$$\frac{dE}{dk} \cdot dk = \frac{2\pi eE_0}{h} \cdot \frac{dE}{dk} \cdot dt \tag{2.32}$$

因此

$$\frac{dk}{dt} = \frac{2\pi}{h} \cdot eE_0 \tag{2.33}$$

将式(2.33)代入加速度 a 的关系式[式(2.29)]，则有

$$a=eE_0\cdot\frac{4\pi^2}{h^2}\cdot\frac{\mathrm{d}^2E}{\mathrm{d}k^2}=\frac{eE_0}{m_e^*} \tag{2.34}$$

式中：m_e^* 为电子的有效质量，满足关系 $m_e^*=\frac{h^2}{4\pi^2}\left(\frac{\mathrm{d}^2E}{\mathrm{d}k^2}\right)^{-1}=\hbar^2\left(\frac{\mathrm{d}^2E}{\mathrm{d}k^2}\right)^{-1}$。

从式(2.34)可以看出，eE_0 实际为电场力，a 为加速度。在定义 m_e^* 概念后，式(2.34)其实可以写成类似牛顿第二定律 $F=m_e^*a$ 的形式。

这里需要注意的是，式(2.34)中的外力就是电场力 eE_0，不是电子受力的总和。这是因为晶体中的电子即使没有在外加电场的作用下，也会受到晶体内部原子及其他电子的势场作用。当电子在外力作用下运动时，电子一方面会受到外加电场力 eE_0 的作用，同时还与晶体内部原子、电子相互作用，电子的加速度应该是内部势场和外加电场共同作用的结果，但要找出内部势场的具体形式还存在困难。有效质量引入后，直接把外电场力和电子的加速度联系起来，而内部势场则由有效质量加以概括。因此，引进有效质量的意义在于它概括了晶体内部势场的作用，使得在解决晶体中电子在外力作用下的运动规律时，可以不涉及晶体内部势场的作用。

对自由电子而言，m_e^* 与自由电子的真实质量 m_e 相同。对于晶体中的电子，m_e^* 与 m_e 不同，m_e^* 已经将晶格场对电子的作用包括在内，使电场力与电子加速度之间的关系可简单表示为 $F=m_e^*a$ 的形式。这也是 m_e^* 称为电子有效质量的原因之一。

有了电子有效质量的概念后，由迁移率的定义，可计算出晶格场中电子的迁移率为

$$\mu=\frac{\bar{v}}{E}=\frac{a\tau}{2E}=\frac{eE\tau}{2Em_e^*}=\frac{e\tau}{2m_e^*} \tag{2.35}$$

式中：τ 为电子两次散射之间的平均时间，且满足 $\tau=\frac{l_F}{v_F}$。

将式(2.35)代入式(2.17)，可得到基于能带理论获得的电导率的关系式：

$$\sigma=\frac{n_{\mathrm{eff}}e^2\tau}{2m_e^*} \tag{2.36}$$

同样，此时的电阻率为

$$\rho=\frac{2m_e^*}{n_{\mathrm{eff}}e^2}\cdot\frac{1}{\tau}=\frac{2m_e^*}{n_{\mathrm{eff}}e^2}\cdot\mu_s \tag{2.37}$$

式中：μ_s 为散射系数，表示电子在晶格中移动时单位时间内散射的次数，$\mu_s=\frac{1}{\tau}$。μ_s 越大，电子在移动中遭遇散射的次数越多，电阻率越大。因此，金属中宏观电阻率数据的高低与微观上电子的散射次数成正比。

比较经典的自由电子理论、量子自由电子理论和能带理论所计算出的电导率关系式，即式(2.23)、式(2.25)和式(2.36)，可以发现，这三个公式的表达形式相同。不同的是，在不同理论下，实际考虑的参与导电的电子数不同、电子质量不同以及弛豫时间不同。这些差异造成了描述金属导电机制的不同。

2. 马西森定律

由式(2.37)可知，金属产生电阻的主要原因在于电子在晶格内运动时受到散射。电子散射越大，则电阻越高。当电子波通过一个理想晶体点阵时(0 K)，它不受散射；只有在晶体点阵完整性遭到破坏的地方，电子波才受到散射(不相干散射)，这就是金属产生电阻的根本原因。

电子在晶格中运动时受到的散射与温度以及金属中含有的杂质有关。图 2.6 给出了电子散射示意图。从图中可以看到，温度升高，晶格格点上的离子振幅越大，电子越易受到散射。通常，可认为散射系数 μ_s 与温度 T 成正比，因为电子速度和数目基本上与温度无关。若金属中含有少量杂质，则杂质原子会使金属晶格发生畸变，电子在晶格中运动时会引起额外的散射。因此，散射系数 μ_s 由两部分组成，即

$$\mu_s = \mu_s(T) + \Delta\mu_s \tag{2.38}$$

式中：$\mu_s(T)$ 为与温度成正比的部分；$\Delta\mu_s$ 为与杂质浓度有关的部分，与温度无关。

因此，由式(2.38)的结果并结合式(2.37)可知，金属总的电阻包括其基本电阻(与温度有关)和由杂质引起的电阻(与温度无关)，这就是著名的马西森定律(Matthiessen Rule)，是由英国化学家、物理学家马西森(Augustus Matthiessen，1831—1870)于 1861 年提出的。马西森定律的公式为

$$\rho = \rho(T) + \rho_r \tag{2.39}$$

式中：$\rho(T)$ 为与温度有关的电阻率；ρ_r 为与杂质浓度或结构缺陷有关的电阻率。

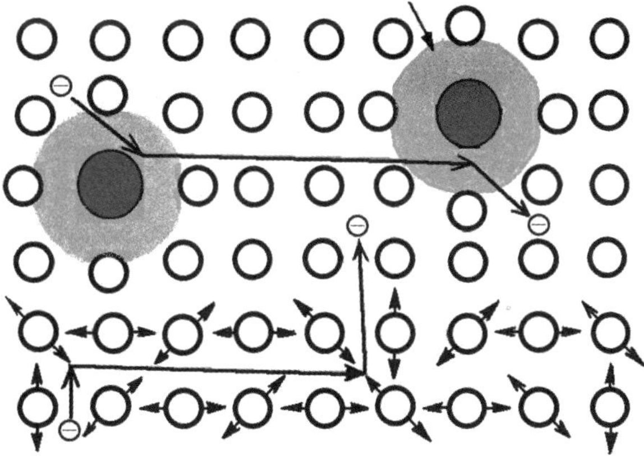

图 2.6　电子散射示意图

需要说明的是，这里的杂质包括各种引起理想晶体点阵周期性破坏的异类原子、点缺陷及位错等。

不难看出，高温时，金属的电阻率主要由 $\rho(T)$ 项起作用；低温时，ρ_r 项起主要作用。通常，把在极低温度下(一般为 4.2 K)测得的金属电阻率称为剩余电阻率(Residual Resistance Resistivity，RRR)。可采用 RRR 作为衡量金属纯度的重要指标，即

$$\mathrm{RRR} = \frac{\rho_{300\ \mathrm{K}}}{\rho_{4.2\ \mathrm{K}}} \tag{2.40}$$

式中：$\rho_{300\ K}$为金属在温度 300 K 下的电阻率；$\rho_{4.2\ K}$为金属在液氮温度 4.2 K 下的电阻率。

2.3.2 影响金属导电性(电阻)的因素

1. 温度对金属导电性的影响

(1)一般规律

温度是强烈影响材料物理性能的外部因素之一。温度升高会引起点阵的热振动和振幅加强，会伴随出现材料的组织和结构变化，还可能引起材料的相变、回复和再结晶。这些材料在微观上的变化，往往可从对材料电阻值的测量反映出来。温度升高可能对导体电阻产生两方面的影响：①温度升高使导体分子热运动和晶格振动加剧，瞬间偏离平衡位置的原子数增加，电子运动的自由程减小，电子在导体中迁移时，散射次数增多，从而使导体电阻率增加；②温度升高时，导体中参与导电的自由电子数量增加，使其更容易导电，从而使电阻减小。在一般金属导体中，由于自由电子数几乎不随温度的升高而增加，所以温度升高时电阻增加。

通常，金属电阻率随温度的变化关系可写成

$$\rho_T=\rho_0(1+\alpha T) \tag{2.41}$$

式中：ρ_T 为金属在 T(℃)时的电阻率；ρ_0 为金属在 0 ℃时的电阻率；α 为电阻温度系数(Temperature Coefficient of Resistance, TCR)，表示当温度改变 1 ℃时，电阻率的相对变化，单位为$℃^{-1}$。

根据式(2.41)可得到电阻温度系数的表达式为

$$\alpha=\frac{\rho_T-\rho_0}{\rho_0}\cdot\frac{1}{T} \tag{2.42}$$

式(2.42)实际上给出的是 0～T(℃)温度区间内的平均电阻温度系数(mean temperature coefficient of resistance)。

当温度区间逐渐趋于 0 时，可得到 T(℃)下金属的真电阻温度系数，即

$$\alpha_T=\frac{d\rho}{dT}\cdot\frac{1}{\rho_T} \tag{2.43}$$

对长度为 L、截面积为 S 的均匀导体而言，根据电阻率与电阻之间的关系，即式(2.2)，在式(2.41)两侧分别乘以 L/S，得到金属导体电阻随温度的变化关系为

$$R_T=R_0(1+\alpha T) \tag{2.44}$$

实际应用时，如果关注 T_1～T_2(℃)区间电阻随温度的变化关系，那么通常采用平均电阻温度系数 $\bar{\alpha}$ 表示，即

$$\bar{\alpha}=\frac{R_2-R_1}{R_1}\cdot\frac{1}{T_2-T_1} \tag{2.45}$$

表 2.2 给出了常见材料的电阻率和电阻温度系数。一般而言，除过渡族金属以外，所有纯金属的电阻温度系数 α 都近似等于 4×10^{-3} $℃^{-1}$。电阻值随温度升高而增大的材料，其温度系数为正值。绝大部分金属都是正温度系数。凡是电阻值随温度升高而减小的材料，其温度系数为负值，大部分电解液和非金属导体(如碳)都是负温度系数，而且大部分电解液的温度系数都在-0.021 $℃^{-1}$左右。

表 2.2　常见材料的电阻率和电阻温度系数

材　料	电阻率 ρ(20 ℃)/(Ω·m)	平均电阻温度系数 α(0～100 ℃)/ ℃$^{-1}$
银	1.62×10^{-8}	3.5×10^{-3}
铜	1.75×10^{-8}	4.1×10^{-3}
铝	2.85×10^{-8}	4.2×10^{-3}
黄铜(铜锌合金)	$(2\sim6)\times10^{-8}$	2.0×10^{-3}
铁(铸铁)	5×10^{-7}	1.0×10^{-3}
钨	5.48×10^{-8}	5.2×10^{-3}
铂	2.66×10^{-8}	2.47×10^{-3}
钢	1.3×10^{-7}	5.77×10^{-3}
汞	4.8×10^{-8}	5.7×10^{-4}
康铜	4.4×10^{-7}	5.0×10^{-6}
锰铜	4.2×10^{-7}	5.0×10^{-6}
镍铬合金	1.08×10^{-6}	1.3×10^{-6}
铁铬铝合金	1.2×10^{-6}	8.0×10^{-5}
碳	1.0×10^{-5}	-5.0×10^{-4}
硬橡胶	1.0×10^{16}	—

金属电阻率在不同温度范围内随温度的变化规律是不同的，图 2.7 是金属电阻率与温度的关系图。如图 2.7 所示，金属的电阻率随温度的变化曲线分为三个区域。①第 I 区域，在温度 $T>\frac{2}{3}\theta_D$ 时，电阻率正比于温度，即 $\rho(T)\propto T$。这一关系实际上就是式(2.41)所给出的金属电阻率随温度的变化关系，即满足马西森定律。②第Ⅱ 区域，在温度 $T\ll\theta_D$ 时，电阻率与温度的 n 次方呈正比关系，即 $\rho(T)\propto T^n$。对于大多数金属，$n=5$；对于过渡族金属，$n=2\sim5.3$。这一电阻率与温度的五次方关系，称为布洛赫-格律乃森温度五次方定律(Bloch-Grüneisen T^5 law)。③第 Ⅲ 区域，也就是在极低温度(2 K)时，电阻率与温度呈二次方关系，即 $\rho(T)\propto T^2$。一般认为，纯金属在整个温度范围内电阻产生的机制是电子-声子(离子)散射。在极低温度时，由于离子热振动很弱，电阻产生的机制主要是电子-电子散射。图 2.7 中，接近 0 K 时的电阻率 ρ_r 表示金属的剩余电阻率，由金属自身存在的杂质等因素引起。将金属电阻率温度关系曲线外推到 0 K，就可以得到金属的剩余电阻率。杂质与缺陷的存在可以改变金属电阻率的数值，但不改变电阻率的温度系数。有些金属在接近 0 K 以上的某一临界温度时，电阻率突然降为 0，产生超导现象。

大多数金属在熔化成液态时，电阻率会突然增大 1.5～2 倍。这是由原子长程排列被破坏，从而引起电子散射加强造成的，图 2.8 所示为 Sb、K、Na 金属电阻率随温度变化的曲线。但也有些金属，如 Sb、Bi、Ga 等，在熔化时电阻率反而下降。Sb 固态为层状结构，具有小的配位数，主要为共价键型晶体结构。在熔化时，共价键结合被破坏，转变为金属键结合，故电阻率下降。Bi 和 Ga 在熔化时电阻率的下降也是由短程原子排列的变化造成的。

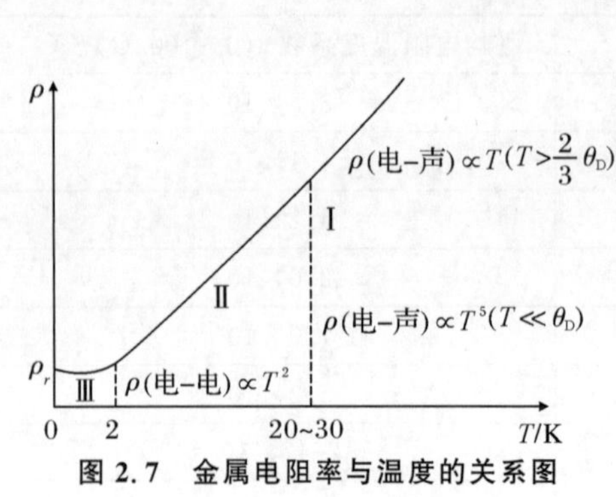

图 2.7　金属电阻率与温度的关系图

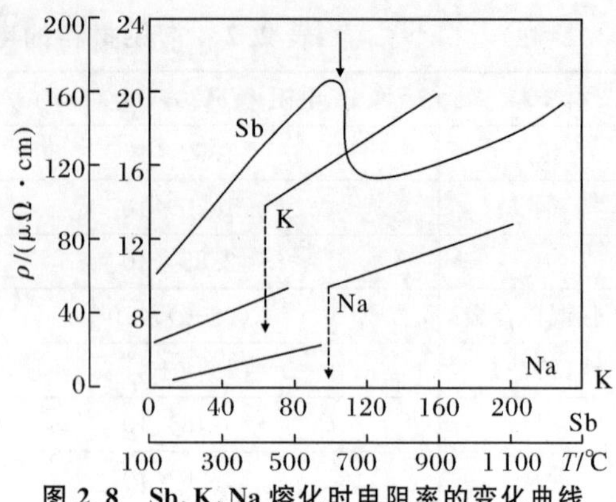

图 2.8　Sb、K、Na 熔化时电阻率的变化曲线

(2)过渡族金属和多晶型转变

在过渡族金属中电阻与温度间有着复杂的关系，莫特(Mott)认为这是由于在过渡族金属中存在着不同的载体。因为传导电子有可能从 s 壳层向 d 壳层过渡，对电阻带来明显的影响。另外，当 $T \ll \theta_D$ 时，s 态电子在具有很大有效值的 d 态电子上的散射将变得很可观。总之，过渡族金属的电阻可认为是由一系列具有不同温度关系的成分叠加而成的。

过渡族金属的电阻率与温度的关系经常出现反常，过渡族金属 $\rho(T)$ 的反常往往是由两类载体的不同电阻与温度的关系所决定的，这已在 Ti、Zr、Hf、Ta、Pt 和其他过渡族金属中得到证实。Ti 和 Zr 的电阻与温度的线性关系只保持到 350 ℃，在进一步加热到多晶型转变温度之前由于空穴导电的存在，线性关系被破坏。这是由于过渡族金属中 s 壳层基本被填满，且其中电流的载体是空穴，而 d 壳层中却是电子。

多晶型金属不同的结构变体导致了对于同一金属存在不同的物理性能，其中包括电阻与温度的关系。由于不同结构变体的电阻温度系数变化显著，在 ρ(T) 曲线上多晶型转变可以显示出来。无论在低温变体区还是在高温变体区，随着温度的升高，多晶型金属的电阻都要增加。一种"碘化-沉积"提纯金属的方法给出了 Ti 和 Zr 的 $\rho(T)$ 曲线，如图 2.9 所示，其中在 850～900 ℃高温区存在的反常现象可用多晶型转变来解释。

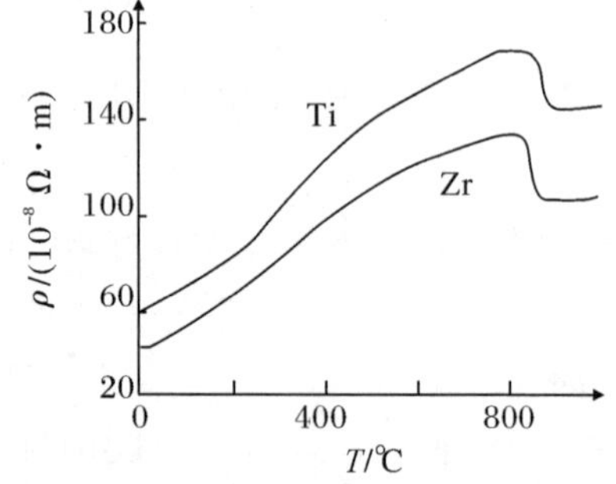

图 2.9　多晶型金属电阻与温度的关系

(3)铁磁金属的电阻-温度关系反常

对于铁磁性金属及其合金，电阻和温度的线性关系已不适用。图 2.10 表示了铁磁金属 Ni 和顺磁金属 Pd 的电阻随温度的变化情况。为了便于比较，选用适当的比例尺并取 Ni 居里点 θ_{Ni}(磁性转变温度)处的 $\rho/\rho_\theta=1$。这里的 ρ 为任意温度下的电阻率，ρ_θ 为 θ_{Ni} 温度下的电阻率。从图中可以看出，当温度低于 θ_{Ni} 时，铁磁体 Ni 的电阻比顺磁体 Pd 的下降要激烈。从图 2.10 中可以看出，在居里点 θ_{Ni} 以前 Ni 的电阻温度系数 α 不断增大，过了 θ_{Ni} 以后则急剧减小。具有铁磁性的金属在发生磁性转变时，电阻率会出现反常，即铁磁性金属的电阻率与温度明显偏离线性关系，如图 2.11(a)所示。一般金属的电阻率与温度呈正比关系，对铁

磁性金属在居里点(Curie point 或 Curie temperature)以下的温度都不适用。如图 2.11(b)所示,Ni 的电阻率随温度变化,在居里点以下温度偏离线性。

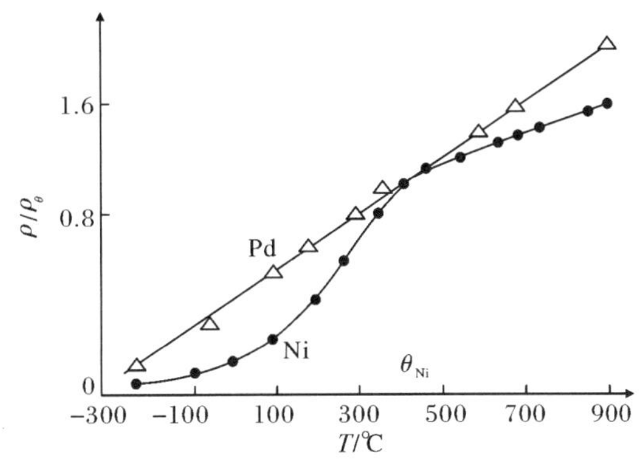

图 2.10　Ni 和 Pd 的 ρ/ρ_θ 与温度的关系

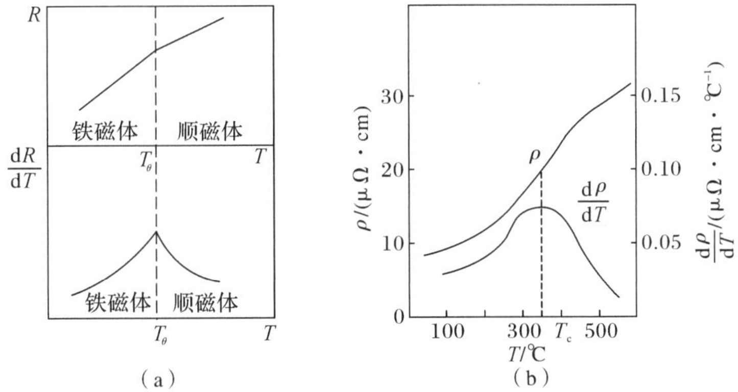

图 2.11　金属磁性转变对电阻率的影响

(a)铁磁性金属;(b)金属 Ni

研究表明,这种铁磁性金属的电阻-温度关系反常与自发磁化有关。在接近居里点时,铁磁金属或合金的电阻率反常,降低量 $\Delta\rho$ 与其自发磁化强度 M_s 的二次方成正比,即

$$\Delta\rho/\rho_\theta=\alpha M_s^2 \tag{2.46}$$

式中:α 为电阻温度系数,有

$$\alpha=\frac{1}{R}\cdot\frac{dR}{dT}$$

根据翁索夫斯基的观点,此铁磁性金属电阻率随温度变化的特殊性(即反常现象)是由铁磁性金属内 d 壳层及 s 壳层电子的电子云相互作用所引起的。

其他的铁磁性材料也有类似的电阻-温度关系反常情况。这种在居里点附近电阻(或电阻率)对温度的一阶导数经过极大值的现象被用来获得电阻温度系数很高的合金,这是许多仪器制造中提出的一个迫切课题。

2. 应力对导电性的影响

弹性应力范围内的单向拉应力使原子间距增大,点阵的畸变增大,导致金属的电阻增大。此时电阻率 ρ 与拉应力有如下关系:

$$\rho=\rho_0(1+\alpha\sigma) \tag{2.47}$$

式中：ρ_0 为未施加载荷时的电阻率；α 为应力系数；σ 为拉应力。

压应力对电阻的影响恰好与拉应力相反，由于压应力使原子间距减小，离子振动的振幅减小，大多数金属在受三向压应力（通常小于 1.2 GPa）时，电阻率降低。受压时金属的电阻率 ρ_p 可用下式计算：

$$\rho_p=\rho_0(1+\phi p) \tag{2.48}$$

式中：ρ_0 为真空下未施加载荷时的电阻率；ϕ 为压力系数（为负值）；p 为压力。

根据式(2.48)，可得到电阻压应力系数的表达式为

$$\phi=\frac{\rho_p-\rho_0}{\rho_0}\cdot\frac{1}{p} \tag{2.49}$$

造成受压后电阻率降低的主要原因：在压力条件下，原子间距缩小，点阵的畸变减小，缺陷及声子的散射影响减弱。此时，内部缺陷形态、电子结构、费米能和能带结构都将发生变化。图 2.12 所示为压应力对金属导电性的影响。

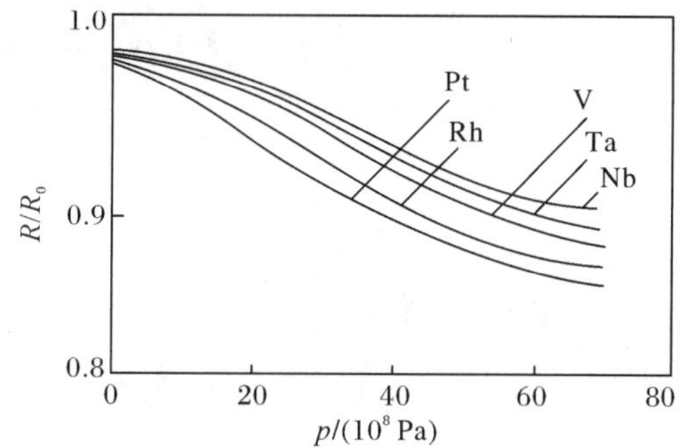

图 2.12 压应力对金属导电性的影响

按压应力对金属导电性的影响，可把金属分成两类：正常金属和反常金属。正常金属是指随压力增大，金属的电阻率下降；反之为反常金属。例如，Fe、Co、Ni、Pd、Pt、Ir、Cu、Ag、Au、Zr、Hf、Ti、W 等均为正常金属。碱金属和稀土金属大部分属于反常金属，还有 Ca、Sr、Sb、Bi 等也属于反常金属。这一反常现象可能与在压应力作用下引起材料发生相变有关。

在压力作用下电阻率发生变化不单是由于原子间距的变化，强大的压力可以改变系统的热力学平衡条件，可以促进相变的发生。有人做过这样的统计，约有 30 种纯金属在温度变化时会发生相变，而有 40 种金属在压力作用下会发生相变。金属在压力作用下相变的规律：压力使更致密的金属相稳定化。例如，Fe 在压力作用下，阻碍 γ→α 相变，但加速 α→γ 相变，如图 2.13 所示。更有甚者，压力还可以改变物质的类型。在压力作用下，物质朝金属化方向变化，变化的次序为绝缘体→半导体→金属→超导体。表 2.3 为几种半导体与绝缘体变为金属导电型物质的临界压力。

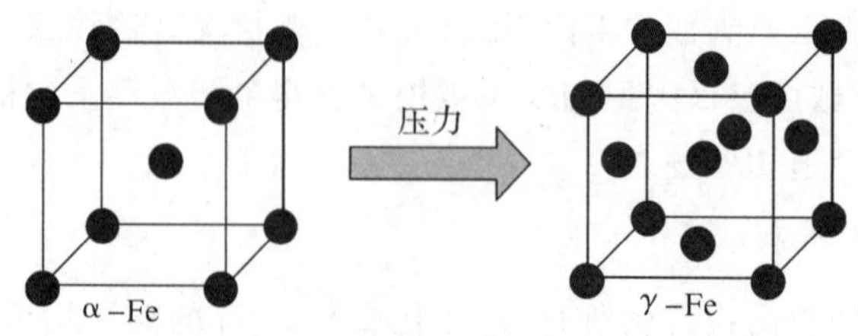

图 2.13 Fe 在压力作用下的 α→γ 相变

表 2.3　几种半导体与绝缘体变为金属导电型物质的临界压力

物　质	$p_{临界}$/MPa	ρ/(μΩ·cm)	物　质	$p_{临界}$/MPa	ρ/(μΩ·cm)
S	40 000	—	H	200 000	—
Se	12 500	—	金刚石	60 000	—
Si	16 000	—	P	20 000	60±20
Ce	12 000	—	AgO	20 000	70±20
I	22 000	500			

上述结果充分说明,高压改变了物质的电子组态及电子与声子的相互作用,从而改变了其费米能及能带结构。从实用角度看,在高压下改变物质结构,为研制新型材料开辟了一个方向。

3. 冷加工和缺陷对电阻率的影响

冷加工变形使金属电阻率增加。这是由于冷加工变形使晶体点阵畸变和晶体缺陷密度增大,特别是空位浓度增加,造成点阵的不均匀,加剧了对电子的散射作用。同时,冷加工也可能引起金属晶体原子结合键的改变,导致原子间距变化。图 2.14 所示为变形量对金属电阻率的影响。从图 2.14 中可以看出,室温下经相当大的冷加工变形后,纯金属(Ag、Fe、Au)的电阻率比未经冷加工变形的增加了 2% ~ 6%。一般单相固溶体经冷加工后,电阻率可增加 10%~20%,而有序固溶体电阻率增加了 100%,甚至更高。

若对冷加工变形的金属进行退火处理,使其产生回复和再结晶,则电阻下降。回复过程,可明显降低点缺陷密度,进而明显恢复电阻率。由于再结晶过程形成了新的晶粒,所以可消除变形时引起的晶格畸变和缺陷,使电阻率恢复到冷加工前的电阻值。图 2.15 所示为退火对冷加工变形 Fe 的电阻率的影响规律。从图 2.15 中可以看到,不同变形量下 Fe 的相对电阻率不同,但经过高温退火处理后,电阻率均可恢复到冷变形之前的数值。

当温度降到 0 K 时,未经冷加工变形的纯金属的电阻率将趋向于 0,而冷加工的金属在任何温度下都保留有高于退火态金属的电阻率。在 0 K 时,冷加工金属仍保留某一极限电阻率,称为剩余电阻率。

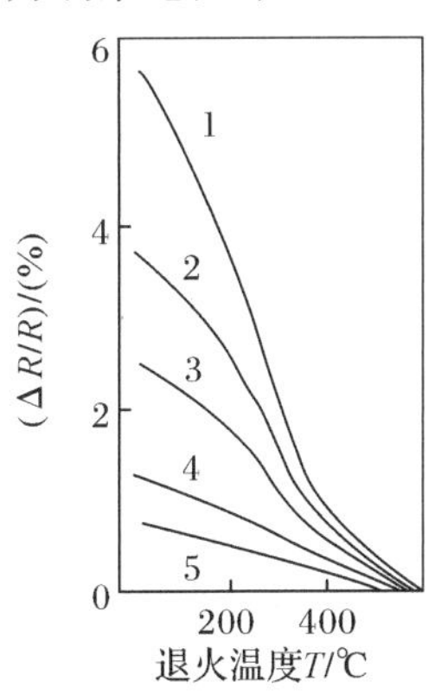

图 2.14　变形量对金属电阻率的影响

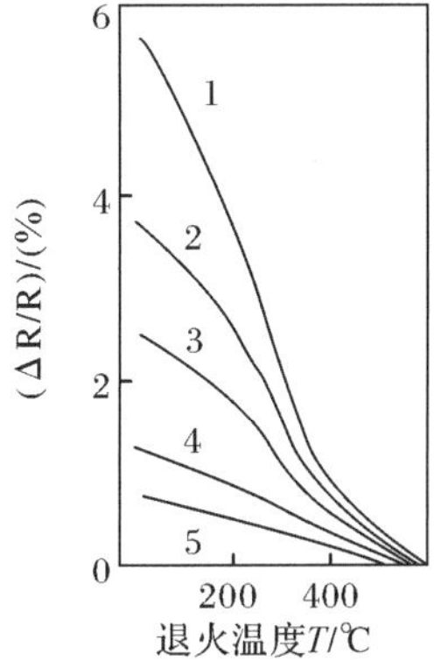

图 2.15　退火对冷加工变形 Fe 的电阻率的影响

1—变形量 99.8%;2—变形量 97.8%;3—变形量 93.5%;
4—变形量 80%;5—变形量 44%

根据马西森定律,冷加工金属的电阻率可写成

$$\rho=\rho_r+\rho_M \tag{2.50}$$

式中:ρ_M 为与温度有关的退火金属电阻率;ρ_r 为剩余电阻率,与温度无关。

在低温下,ρ_r 在总电阻率 ρ 中所占比例较大,因此,低温时用电阻法研究金属冷加工更为合适。

冷加工对金属电阻率的影响也有相反的情况。如 Ni-Cr、Ni-Cu-Zn、Fe-Cr-Al 等一些由过渡族金属组成的合金,它们的电阻率随着形变的增加而降低,而退火使电阻率升高。造成这一现象的主要原因是溶质原子的不均匀分布,这种不均匀固溶状态称为 K 状态。不均匀固溶体(nonuniform solid solution)属于原子偏聚现象,偏聚区的成分与固溶体的平均成分不同。偏聚造成对电子波的附加散射,使电阻率增大。这种不均匀状态是在加热或冷却过程中一定温度范围内形成的,高于这个温度范围即消散。例如,对于图 2.16 所示的 80Ni20Cr 合金:当温度高于 300 ℃时,电阻率便开始异常增大,即开始出现不均匀状态;在 400～450 ℃时电阻率上升得最快,即不均匀状态急剧发展;在 720 ℃以上时,电阻率的变化规律恢复正常,不均匀固溶状态完全消失。应当指出,这种不均匀状态如果一旦形成,在冷却过程中也不会消散。另外,从高温缓冷经过上述情况形成温度区时,也会产生不均匀状态,只有快速冷却才能抑止它的形成,这就是为什么退火状态下的电阻率反而比淬火状态下的电阻率高,如图 2.17 所示。冷加工在很大程度上促使固溶体不均匀组织发生破坏,获得普通无序的固溶体,因此,合金电阻率明显降低。

在冷加工造成的塑性变形中,若晶格畸变和晶体缺陷引起电阻率的变化,则电阻率增加值 $\Delta\rho$ 可写成分别由不同缺陷引起的电阻率增加值之和,即

$$\Delta\rho=\Delta\rho_{空位}+\Delta\rho_{位错} \tag{2.51}$$

式中:$\Delta\rho_{空位}$ 为电子在空位处的散射所引起的电阻率的增加值,当退火温度足以使空位扩散时,这部分电阻率将消失;$\Delta\rho_{位错}$ 为电子在位错处的散射所引起的电阻率的增加值,这部分电阻率保留到再结晶温度。

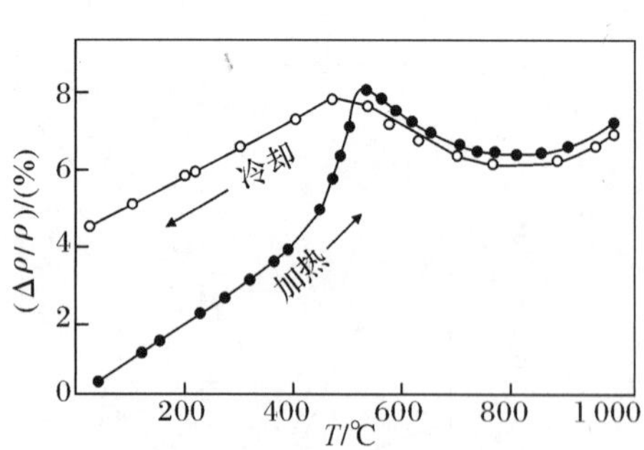

图 2.16　80Ni20Cr 合金加热、冷却电阻变化曲线

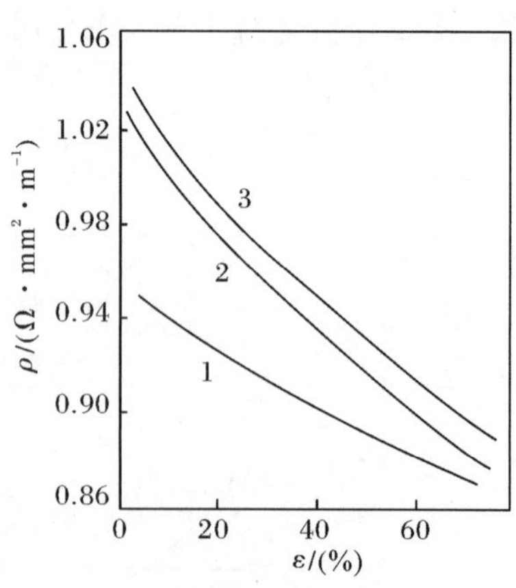

图 2.17　80Ni20Cr 合金电阻率与冷加工变形的关系

1—800 ℃水淬;2—800 ℃水淬+400 ℃退火;

3—形变+400 ℃退火

电阻率随 ε 形变变化的表达式为

$$\Delta\rho = C\varepsilon^n \tag{2.52}$$

式中：C 为比例常数，与金属纯度有关；n 在 0 ～ 2 之间变化。

考虑到空位、位错的影响，可将式(2.51)和式(2.52)写成

$$\Delta\rho = A\varepsilon^n + B\varepsilon^m \tag{2.53}$$

式中：A、B 为常数；n、m 在 0 ～ 2 之间变化。

关系式(2.53)对许多面心立方金属和体心立方的过渡族金属是成立的。例如：对于 Pt，$n=1.9$，$m=1.3$；对于 W，$n=1.73$，$m=1.2$。

冷加工引起材料内部出现缺陷，不同类型的缺陷对电阻率的贡献不同。通常，分别用 1%原子空位浓度或 1%原子间隙浓度、单位体积中位错线的单位长度、单位体积中晶界的单位面积所引起的电阻率变化，来表征点缺陷、线缺陷和面缺陷对金属电阻率的影响。表 2.4 中列出了一些金属的空位、位错对其电阻率的影响。

空位和间隙原子对剩余电阻率的影响和金属中杂质原子的影响相似，其影响大小是同一数量级(见表 2.5)。

表 2.4　空位、位错对一些金属电阻率的影响

金　属	$(\Delta\rho_{位错}/\Delta N_{位错})$/ $[10^{19}(\Omega\cdot cm)\cdot(cm\cdot cm^{-3})^{-1}]$	$\Delta\rho_{位错}/C_{空位}$ $[10^6(\Omega\cdot cm)\cdot$原子百分数$^{-1}]$	金　属	$(\Delta\rho_{位错}/\Delta N_{位错})$/ $[10^{19}(\Omega\cdot cm)\cdot(cm\cdot cm^{-3})^{-1}]$	$\Delta\rho_{位错}/C_{空位}$ $[10^6(\Omega\cdot cm)\cdot$原子百分数$^{-1}]$
Cu	1.3	2.3；1.7	Pt	1.0	9.0
Ag	1.5	1.9	Fe	—	2.0
Au	1.5	2.6	W	—	29
Al	3.4	3.3	Zr	—	100
Ni	—	9.4	Mo	11	—

表 2.5　空位和杂质原子对碱金属剩余电阻率的影响

金属基	w(杂质) =1%	$\rho/(\mu\Omega\cdot cm)$		金属基	w(杂质) =1%	$\rho/(\mu\Omega\cdot cm)$	
		实验	计算			实验	计算
K	空位	0.56	0.975	Rb	Na	0.04，0.13	2.166
	Na		1.272		K		0.134
	Li		2.914		空位		1.050

在塑性形变和高能粒子辐射过程中，金属内部将产生大量缺陷。此外，高温淬火和急冷也会使金属内部形成远远超过平衡状态浓度的缺陷。当温度接近熔点时，由急速淬火而“冻结”下来的空位引起的附加电阻率为

$$\Delta\rho = A\mathrm{e}^{-E/k_B T} \tag{2.54}$$

式中：E 为空位形成能；T 为淬火温度；A 为常数；k_B 为玻耳兹曼常数。

大量的实验结果表明，点缺陷所引起的剩余电阻率变化远比线缺陷引起的剩余电阻率变化大。

从式(2.54)可以看出，空位形成能 E 越大，电阻率增量 $\Delta\rho$ 越小，表明材料空位形成所需的能量越高，即空位形成需要更多的能量，因此，材料内的空位越难形成，反映在电阻率变

化上，即为电阻率增量越小。温度 T 越高，电阻率增量越大，表明材料的点缺陷随着温度的升高而增大。需要说明的是，形如式(2.54)的公式，实际上具有阿伦尼乌斯方程的形式。阿伦尼乌斯方程的表达式为

$$k=A\exp\left(-\frac{E_a}{RT}\right)$$

式中：k 为化学反应速率；E_a 为反应活化能。

该方程是由瑞典物理化学家阿伦尼乌斯(Svante August Arrhenius，1859—1927)所创立的化学反应速率常数随温度变化关系的经验公式。阿伦尼乌斯也因电离学说于 1903 年获得诺贝尔化学奖。与阿伦尼乌斯方程相比，式(2.54)中的 $\Delta\rho$ 与阿伦尼乌斯方程中的 k 其实是一个概念，都是反应速率的概念。电阻的变化速率表示电阻率随温度的变化速率，材料自身的空位形成能决定了这个速率是大还是小。另外，两个公式中的常数 R 和 k_B，由于满足 $R=k_B \cdot N_A$(N_A 是阿伏加德罗常数)关系，因此，从公式表达上实际是一致的。

4. 电阻率的几何尺寸效应

当导电电子的自由程和试样尺寸是同一量级时，材料的导电性与试样几何尺寸有关。这一结论对于金属薄膜和细丝材料的电阻尤其重要。因为电子在薄膜表面会产生散射，所以会构成新的附加电阻。如果载流子为电子的导体，当垂直于导电方向的几何尺寸很小时(如薄膜厚度为 d)，电阻率增大，产生尺寸效应，即

$$\rho_d=\rho_\infty\left(1+\frac{l}{d}\right) \tag{2.55}$$

式中：ρ_d 为薄膜试样的电阻率；ρ_∞ 为大尺寸试样的电阻率，称为体电阻率；l 为电子在试样中的散射自由程。

从式(2.55)可以看出，对大尺寸试样而言，由于传导方向的几何尺寸远大于电子在试样中的散射自由程，所以 l/d 可忽略，此时，$\rho_d \approx \rho_\infty$，不存在尺寸效应。对薄膜材料而言，电流沿薄膜厚度方向传导时，薄膜厚度越接近电子在试样中的散射自由程，则 l/d 的贡献越大，不可忽略，此时尺寸效应凸现。电阻率的尺寸效应在超纯单晶体和多晶体中发现最多。尺寸效应这一现象对低维材料的研究至关重要。图 2.18 分别给出了 Mo 和 W 的单晶体厚度对电阻率的影响。

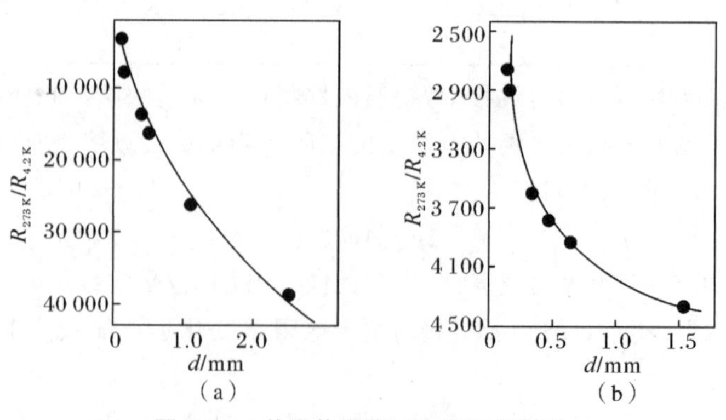

图 2.18 单晶体厚度对电阻率的影响

(a)Mo；(b)W

5. 电阻率的各向异性

对对称性较差的材料而言，不同方向上其对电子的散射不同，必然引起电阻率的各向异性。通常，立方晶系金属由于多晶体的各向同性，电阻率也呈各向同性；而对于对称性较差的六方晶系、四方晶系、斜方晶系和菱面体等金属，其电阻率则呈各向异性。

电阻率在垂直或平行于晶轴方向的数值有所差异，这一电阻率的各向异性可用电阻率各向异性系数(anisotropic coefficient)表示，即

$$K=\frac{\rho(h_1k_1l_1)}{\rho(h_2k_2l_2)}=\frac{\rho_{\perp}}{\rho_{/\!/}} \tag{2.56}$$

式中：$\rho(h_1k_1l_1)$为垂直特定晶向的电阻率，记为 $\rho_{\perp}$；$\rho(h_2k_2l_2)$为平行特定晶向的电阻率，记为 $\rho_{/\!/}$。

不同金属和同一金属在不同温度下的 $\rho_{\perp}$ 和 $\rho_{/\!/}$ 是不相等的。常温下某些金属电阻率各向异性系数见表 2.6。

表 2.6　一些金属电阻率的各向异性系数

金　属	晶格类型	$\rho/(\mu\Omega\cdot\text{cm})$		$\rho_{\perp}/\rho_{/\!/}$	金　属	晶格类型	$\rho/(\mu\Omega\cdot\text{cm})$		$\rho_{\perp}/\rho_{/\!/}$
		$\rho_{\perp}$	$\rho_{/\!/}$				$\rho_{\perp}$	$\rho_{/\!/}$	
Be	六方密排	4.22	3.83	1.1	Cd	六方密排	6.54	7.79	0.84
Y	六方密排	72	35	2.1	Bi	菱面体	100	127	0.74
Mg	六方密排	4.48	3.74	1.2	Hg	菱面体	2.35	1.78	1.32
Zn	六方密排	5.83	6.15	0.95	Ga	斜方晶系	54(c 轴)	8(b 轴)	6.75
Sc	六方密排	68	30	2.2	Sn	四方晶系	9.05	13.3	0.69

多晶试样的电阻可通过晶体不同方向的电阻率表达，即

$$\rho_{多晶}=\frac{1}{3}(2\rho_{\perp}+\rho_{/\!/}) \tag{2.57}$$

在实际过程中，多晶体金属材料经过冷加工或经其他一些冶金、热处理过程后(如铸造、电镀、气相沉积、热加工、退火等)，其取向分布状态可以明显偏离随机分布状态，呈现一定的规则性，即形成织构(texture)。借助于电阻的各向异性特征，可研究金属材料的织构问题。

6. 合金元素和相结构对金属导电性的影响

纯金属的导电性与其在元素周期表中的位置有关，这是由不同的能带结构决定的。金属材料合金化形成合金后，其导电性变得较为复杂。这是由于金属中加入合金元素后，异类原子进入金属基体中，往往引起基体晶格的畸变，组元间的相互作用会引起有效电子数量、能带结构以及合金组织结构等的变化，这些因素都会对材料的导电性造成明显的影响。在纯金属中加入其他金属元素后，可能会形成固溶体，也可能会形成新相。在这两种情况下，金属的电阻率随着其他元素的加入呈现完全不同的变化规律。

(1)固溶体的导电性

一般情况下，当形成固溶体时，合金的导电性能降低，电阻率升高。这一规律对于即使是在导电性好的金属溶剂中溶入导电性很高的溶质金属时也是如此。导致这一变化的原因主要与溶质原子的溶入造成溶剂晶格畸变有关。晶格畸变将引起电子散射概率增加，从而

使电阻率增高。原子半径差别越大,固溶体的电阻增加越大。除晶格畸变对电阻率的影响之外,固溶体组元的化学相互作用(能带、电子云分布等)对电阻率也有一定的影响。通常,简单金属之间,双组元各占 50%(原子百分数)时,固溶体电阻率出现最大值。图 2.19 给出了 Ag-Au 合金电阻率与成分之间的关系。从图 2.19 中可以看到,这一合金的电阻率最大值出现在组元成分各占 50% 处。而对过渡族金属组成的固溶体,它的电阻率最大值一般不出现在 50% 处。这是由于它们的价电子可以转移到过渡族金属的 d 层或 f 层中去,从而使有效导电电子数减少。这种电子的转移,可以看作是由于固溶体组元之同的化学作用加强引起的。图 2.20 给出了 Cu、Ag、Au 与 Pd 分别组成合金的电阻率与成分间的关系。

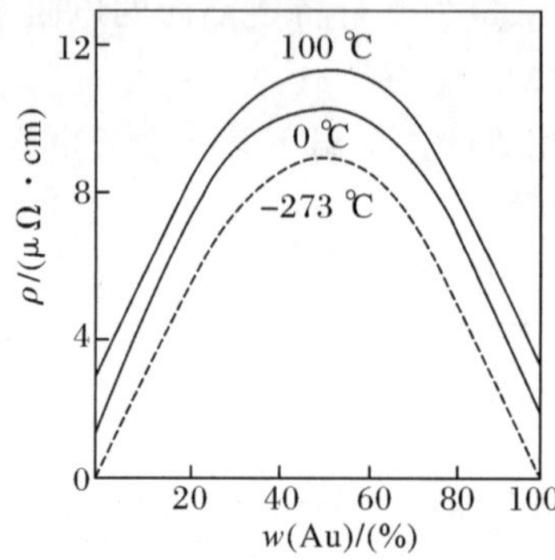

图 2.19 Ag-Au 合金电阻率与成分之间的关系

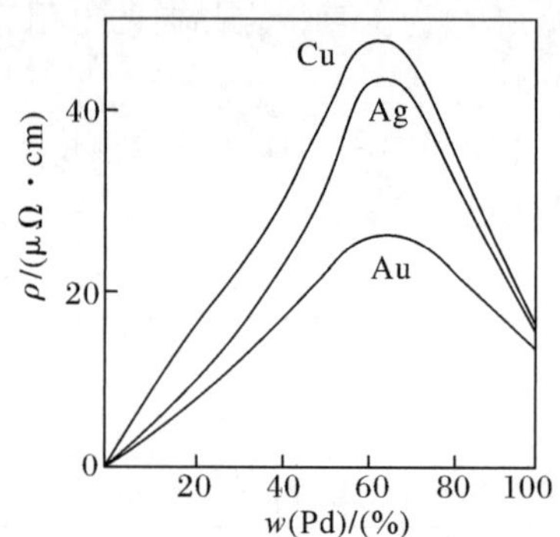

图 2.20 Cu、Ag、Au 与 Pd 组成合金的电阻率与成分之间的关系

当溶质浓度较低时,低浓度固溶体的电阻率 ρ 变化规律符合马西森定律,即

$$\rho=\rho(T)+\rho_r=\rho(T)+C\Delta\rho \tag{2.58}$$

式中:$\rho(T)$ 为固溶体溶剂的电阻率,与温度有关,且随着温度的升高而增大;ρ_r 为溶质引起的电阻率,也就是剩余电阻率,ρ_r 与温度无关,只与溶质原子的浓度有关,满足 $\rho_r=C\Delta\rho$;C 为溶质原子浓度;$\Delta\rho$ 为溶入 1%(原子百分数)溶质原子所引起的附加电阻率。

需要注意的是,目前已经发现不少低浓度固溶体(非铁磁性)偏离式(2.58)给出的规律。这主要是由于式(2.58)假定 ρ_r 与温度无关。实际上,固溶体的电阻既取决于温度对溶剂电阻的影响,也取决于温度对溶质所引起的 ρ_r 的影响。因此,通常把固溶体电阻率写成由三部分组成的式子,即

$$\rho=\rho(T)+\rho_r+\Delta \tag{2.59}$$

式中:Δ 为偏离马西森定律的值,与温度和溶质浓度有关。

另外,除过渡族金属外,在同一溶剂中溶入 1%(原子百分数)的溶质金属,其所引起的电阻率的增加由溶剂和溶质金属的价数而定,其价数差越大,增加的电阻率越大。这一结论可用诺伯里-林德法则(Norbury-Lide rule)描述,即

$$\Delta\rho=a+b(\Delta Z)^2=a+b(Z_Z-Z_J)^2 \tag{2.60}$$

式中:a、b 为常数;ΔZ 为低浓度合金溶剂原子价数(Z_J)和溶质原子价数(Z_Z)间的差值。

图 2.21 给出了 Cd、In、Sn、Sb 作为合金元素加到 Cu 和 Ag 中形成无序固溶体的电阻率增加值与合金组元 Z、J 的化学价数差(Z_Z-Z_J)的关系。

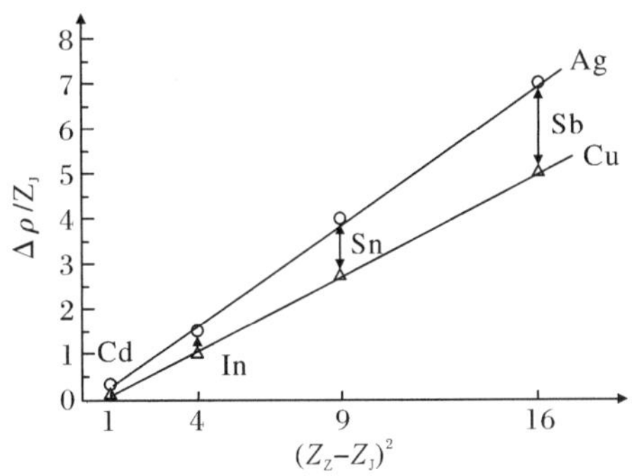

图 2.21　Ag 与 Cu 基体的合金电阻率与溶质 Cd、In、Sn、Sb 的关系

(2)有序固溶体(超结构)的电阻率

有时溶质原子在固溶体中的分布可达到有序状态，也就是形成溶质原子呈完全有序分布的有序固溶体(ordered solid solution)。当固溶体有序化(ordering)后，合金的电阻率将有明显的变化。这一有序化的影响主要体现在两个方面：一方面，固溶体有序化后，其合金组元的化学作用增强，电子结合比无序固溶体增强，导致导电电子数减少，从而使合金的剩余电阻率增加；另一方面，有序化后使晶体点阵的规律性加强，从而减少电子的散射，使电阻率降低。其中后一因素占主导作用，因此，在有序化后，合金的电阻率总体呈下降趋势。

图 2.22 为 Cu_3Au 合金有序化对电阻率的影响。从图中可以看出，合金在无序状态下(淬火态)的电阻率与温度的关系与一般合金的电阻率相似。而 Cu_3Au 合金在有序状态下(退火态)的电阻率与温度的关系低于其在无序状态下的电阻率变化关系曲线，并且随着温度的升高逐渐向无序态电阻率曲线靠近。当温度达到有序-无序转变温度后，合金由有序态转变为无序态，此时符合在无序状态下的电阻率-温度曲线变化的规律。从图 2.23 中可以看出，曲线 1 为正常 Cu - Au 合金中 Au 溶质原子百分数增加引起合金电阻率增加的变化规律。当 Au 溶质原子百分数达到约 50% 时，合金的电阻率最高。对曲线 2 而言，对 Cu - Au合金有序化处理，当合金成分出现 Cu_3Au 和 CuAu 时，电阻开始下降。曲线 2 中，当合金 Au 的原子百分数分别为 25%和 50%时，合金电阻率最低。虚线 3 为与温度有关的部分电阻率，这部分电阻率不受两组元间的相互作用的影响。曲线 2 中的 n 和 m 点应当落在虚线 3 上。而实际上 n 和 m 点偏离虚线 3(也就是存在一个残余电阻)，这是由于固溶体不能完全有序和合金组元的化学作用加强造成的。

冷形变对固溶体电阻率的影响，如同对纯金属一样，能使电阻率增大，所不同的是，形变对固溶体合金电阻率的影响比对纯金属大得多。例如，$w(Zn)=28\%$ 的 Cu - Zn 合金和 $w(Zn)=23\%$ 的 Ag - Zn 合金，形变使其电阻率提高可达 20%。Cu_3Au 合金淬火后为无序状态，因此它的电阻率较高，而退火后处于有序状态，电阻率较低。对有序固溶体进行形变，由于破坏了原子的有序状态，电阻率的变化就十分显著，形变量越大，Cu_3Au 合金的电阻率上升得越多。当形变量相当大时，合金的有序遭到完全破坏，电阻率升高到接近无序状态的数值。

通过 X 射线结构分析发现，对于退火态的 Cu_3Au 和 Cu - Au 合金，除了代表具有面心立方点阵的无序固溶体的 X 射线谱外，还出现了一些新的线谱，称为超结构线谱。这种新线谱的出现是由 Cu_3Au 和 Cu - Au 合金在退火时晶体点阵中的原子进行了有序排列(称为合金固溶体有序化)造成的。当固溶体有序化后，其合金组元的化学作用加强，因此，其电子结合比在无序态时更强，这使得导电电子数减少而剩余电阻率增大。然而，晶体的离子势场在有序化后更为对称，这使得电子的散射概率大大降低，因而，有序合金的剩余电阻率减小。通常，在上述两种相反作用的因素中，第二个因素占主导作用，故合金有序化时电阻率总是降低。

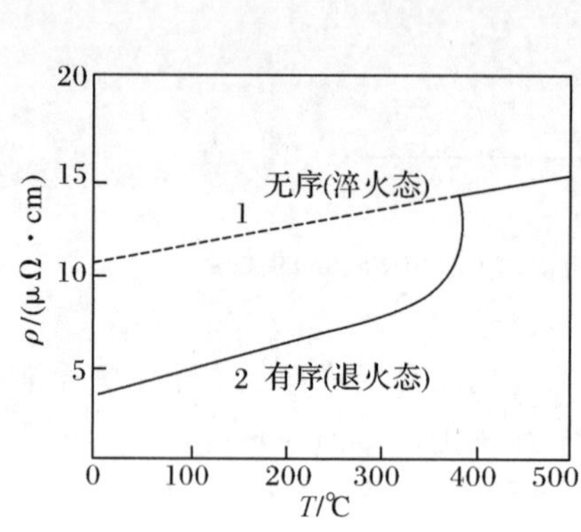

图 2.22　Cu_3Au 合金有序化对电阻率的影响

1—无序(淬火态)；2—有序(退火态)

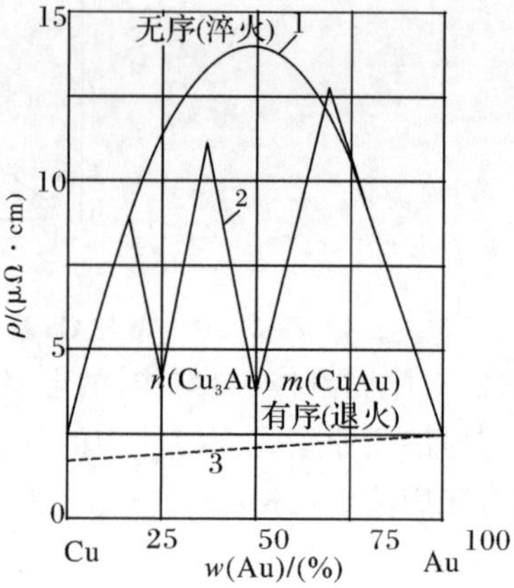

图 2.23　Cu－Au 合金电阻率曲线

1—淬火；2—退火；3—只与温度有关的电阻率

斯米尔诺夫根据合金的成分及远程有序度，从理论上计算了有序合金的残余电阻率。其假设完全有序合金在 0 K 和纯金属一样不具有电阻，只有当原子的有序排列遭到破坏时才有电阻。这样，有序合金的残余电阻率就可以写成

$$\rho_r = A\left[c(1-c) - \frac{v}{1-v}(q-c)^2\eta^2\right] \tag{2.61}$$

式中：ρ_r 为 0 K 时合金的电阻率；A 为与组元性质有关的系数；c 为合金中第一组元的相对原子浓度；v 为第一类结点(第一组元占据)的相对浓度；对于 $c<v$，$q=c/v$，而对于 $c\geqslant v$，$q=1$，q 值表示第一类结点被相应原子占据的可能性，即被第一组元原子占据的可能性；η 为表示远程有序的程度，$\eta=\dfrac{p-c}{q-c}$，p 为被第一组元原子占据的第一类结点的相对数目。图 2.24给出了剩余电阻率与远程有序度 η 及成分的关系。

有序化不仅存在于以组元为基的一级固溶体中，具有与组元不同空间点阵的中间相也可能存在有序化。

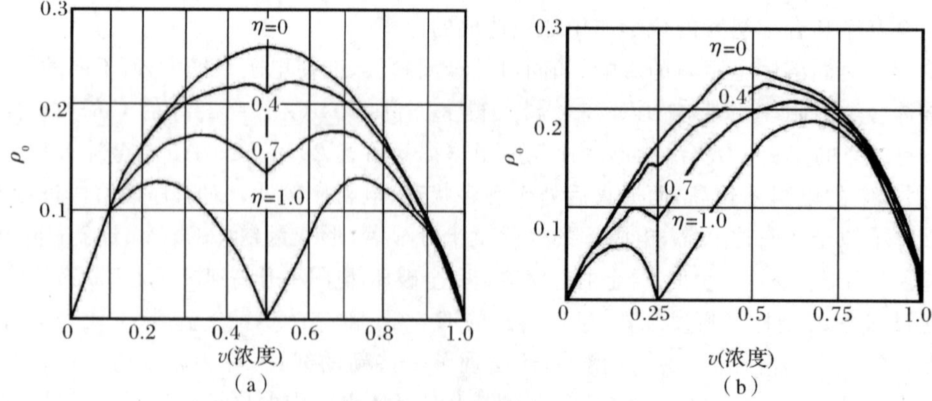

图 2.24　不同程度远程有序度(η)下的残余电阻

(a)形成 AB 型超点阵结构；(b)形成 A_3B 型超点阵结构

7. 不均匀固溶体(K 状态)的电阻率

前面简单介绍了不均匀固溶体(K 状态)的电阻率,这里进行详细解释。

和纯金属一样,冷加工可使固溶体电阻率升高,而退火使其电阻率降低。但对某些成分中含有过渡族金属的合金,如 Ni－Cr、Ni－Cu、Zn、Fe－Ni－Mo、Fe－Cr－Al、AgMn 等合金,尽管金相分析和 X 射线分析的结果认为其组织仍是单相的,但在回火中发现合金电阻率有反常升高,而在冷加工时发现合金的电阻率有明显降低,这种合金组织出现的反常状态称为 K 状态。由 X 射线分析可见,固溶体中原子间距的大小波动很显著,其波动正是组元原子在晶体中不均匀分布的结果,因此也把 K 状态称为"不均匀固溶体",这些固溶体中存在特殊的相变及特殊的结构状态。

图 2.25(a)表示了 w(Ni)＝80％和 w(Cr)＝20％的合金预先淬火或冷却加工后在回火过程中电阻率的变化。合金在回火前具有一般固溶体组织,点阵中的原子为无序的统计均布。曲线 1 试样经 800 ℃淬火预处理,曲线 2 试样经淬火后再冷加工处理。从回火前的原始电阻率可以看出,淬火不能完全阻止冷却过程中不均匀固溶体的形成,即不能完全把高温固溶体固定下来。而冷加工使电阻率降得更低表明,冷加工在很大程度上促使固溶体不均匀组织的破坏,并在固溶体中获得无序的均匀组织。两个试样经 400 ℃长时间回火使电阻率均不断升高,这表明它们均获得了不均匀组织且最后使电阻率很接近。把这两个试样与经 800 ℃淬火未回火的另一试样再进行冷加工后发现,400 ℃回火后所得的试样不均匀组织都消失了,此时电阻率单调降低,如图 2.25(b)所示。图中实心点"●"表示预先经 800 ℃淬火,空心点"○"表示淬火后又回火,叉号点"×"表示冷加工后又回火。

在有些合金中,可形成不均匀固溶体(K 状态),即固溶体中溶质原子产生偏聚,从而使电子散射增加,金属的电阻率增大。冷加工将破坏固溶体的不均匀组织,引起电阻率降低。这一关系与前文所述的冷加工对电阻率的影响关系一致。

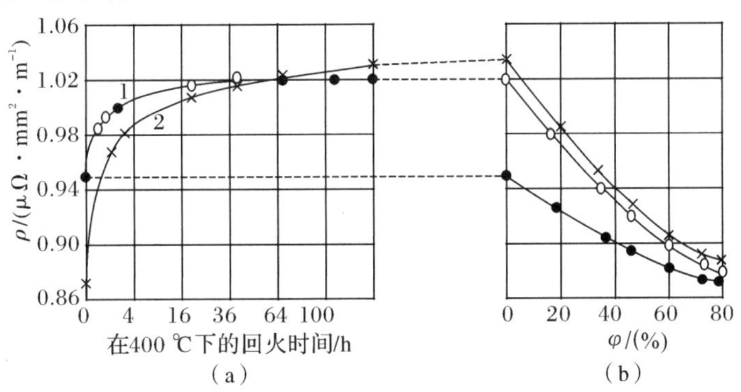

图 2.25　w(Ni)＝80％和 w(Cr)＝20％合金预先淬火或冷却加工后在回火过程中电阻率的变化

1—预先经 800 ℃淬火;2—预先冷加工

(a)400 ℃的回火;(b)随后冷却加工时电阻率的变化

8. 化合物、中间相、多相合金的导电性

(1)化合物的导电性

当两种金属的原子形成化合物时,其合金的性能尤其是导电性的变化最为明显,其电阻率要比各组元的电阻率高很多。原因是原子键合方式发生了质的变化，其中至少一部分由原金属键变为共价键或离子键，使导电电子数减少。此外，晶体结构发生变化也有一定的作用。由于某些金属化合物的电阻率与组元间的电离势差有关，所以当组成化合物时，若两组元给出价电子的能力相同，则所形成的化合物的电阻率就低，因而具有金属的性质。相反，若两组元的电离势相差较大，即一组元给出的电子被另一组元获得，则化合物的电阻率就大，接近半导体的性质。

已知的金属只有几十种，而它们却形成了几千种二元、三元以及更复杂的金属化合物，且化合物的数量还在不断地增加。由于金属化合物可看成一种新物质，所以研究各种因素对其电阻率的影响引起了人们极大的兴趣。

金属化合物在许多金属系统中往往是在原始组元的一定浓度区形成的，其晶体结构不同于组元及其固溶体的结构。在二元系中常遇到一系列中间相，它们有的在相图的液相线和固相线上有显著的极大值，有的则按包晶反应形成。

库尔纳科夫比较了单相区内不同金属相的“成分-性能”曲线，发现曲线上有的相出现了特殊的点，称为奇异点，如图 2.26(a)所示；而有的相的物理性能却随成分均匀地改变，如图 2.26(b)所示。为此，他把中间相划分为道尔顿体和别尔多利体两大类，其中前者以存在奇异点为特征。二者物理性能的不同是由它们的结构不同引起的，这已被 X 射线分析证实。

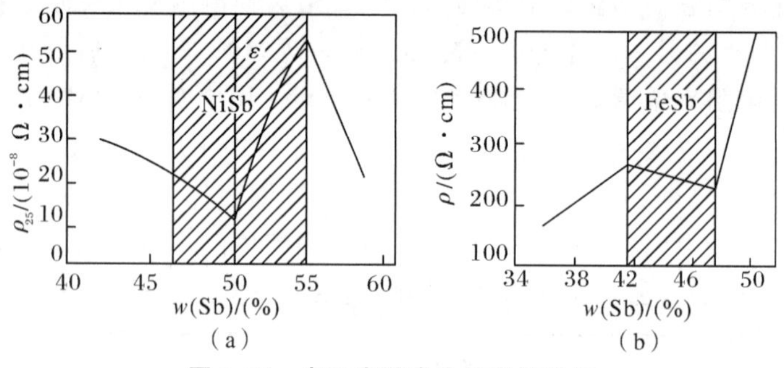

图 2.26 电阻率随成分的变化特征

(a) NiSb 相；(b) FeSb 相

现已知道，在与某一定分子式成分相当而性能图上存在奇异点的道尔顿体中，两组元的原子排列达到了最大的远程有序，而在别尔多利体中则未出现这种最大有序的点，其晶体内原子的有序排列仅是局部的。可把别尔多利体看成以某种化合物为基的固溶体，而该化合物在自由状态下是不稳定的。显然，奇异点的存在与否决定金属相能否形成有序结构。

例如，Mg－Ag 系中的 MgAg 相就属于道尔顿体，在这个相的均质区中，电导率的极大值与化学计算成分相对应。沿化学计算成分的两侧电导率都激烈下降，如图 2.27 所示。但也有相反的电阻行为，如 Fe_2Ti 的 Lares 相对应于电阻率的极大值，如图 2.28 中的曲线 1 和 2。在 4.2 K 的低温下，接近 Fe_2Ti 的残余电阻却处于极小值，如曲线 3 所示，这可能与超导效应有关。

金属化合物的电学性能可以在很宽的范围内变化，从低温下的超导电性到常温下的半导体，存在部分共价键和离子键的金属化合物均具有高电阻率。与离子型和共价型化合物不同，金属化合物是以异类原子间的金属键占优势为特征的，因而具有光泽、导电性和正电阻温度系数等金属性能。

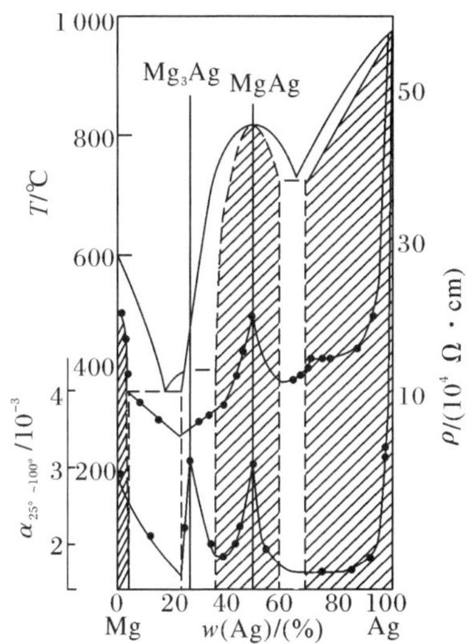

图 2.27　Mg - Ag 系相图和出现道尔顿体的成分性能图

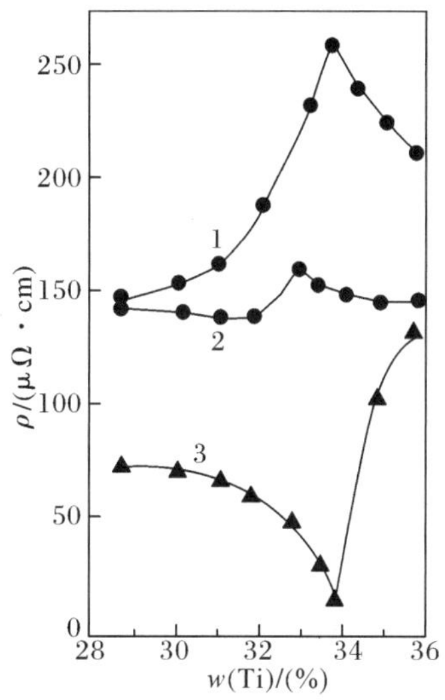

图 2.28　Fe_2Ti 的 Lares 相电阻率与浓度的关系

1—室温(4.2 K 淬冷后)；2—室温(淬冷前)；3—4.2 K

(2)中间相的导电性

一般来讲，中间相的导电性介于固溶体和金属化合物之间。中间相包括电子化合物、间隙相等。电子化合物主要以金属键结合，其导电性介于固溶体和金属化合物之间。电子化合物的电阻率都比较高，而且在温度升高时，电阻率增大，这符合纯金属的规律。但在熔点时，电阻率反而下降。这是由于熔化后金属键加强，并且在熔点以上电子化合物分解的过程是在某一温度区间逐步完成的，故在熔点以上随温度的升高，其电阻率仍继续下降。间隙相主要是指过渡族金属与 H、N、C、B 组成的化合物。此时，非金属元素处在金属原子点阵的间隙之中。这类相绝大部分是属于金属型化合物，具有明显的金属导电性，其中一些(如 TiN、ZrN)是良好的导体，比相应的金属组元的导电性还好。这些相的正电阻温度系数与固溶体电阻温度系数有相同的数量级。这些相具有金属性结合，并且非金属(如 H、N、C)还会给出部分价电子成为传导电子，使有效电子数增加，从而提高电阻率。

(3)多相合金的导电性

多相合金的导电性与其组成相的导电性有关，即与合金的组织有关。当合金由两个以上的相组成多相合金时，其合金的导电性应当由组成相的导电性来决定。影响多相合金导电性的因素很多，不仅决定于相组成，还与晶粒形貌及其分布有关。只有当各相均为等轴晶且电阻率相差不大时，才满足如下规律，即

$$\sigma=\varphi_\alpha\sigma_\alpha+\varphi_\beta\sigma_\beta \tag{2.62}$$

式中：σ 为多相合金的电阻率；σ_α、σ_β 分别为各相的电阻率；φ_α、φ_β 分别为各相的体积分数，且 $\varphi_\alpha+\varphi_\beta=1$。

图 2.29 为电阻率与合金不同状态关系示意图。图 2.29 中标有 ρ 的曲线表示状态图相应的相的电阻率变化。图 2.29(a)表示连续固溶体电阻率随成分的变化。在低浓度区，ρ 迅

速增大，符合马西森定律；在高浓度区，ρ 增大趋势减缓，溶质原子百分数达 50%时出现最大值，因此 ρ 的变化曲线呈非线性特征。图 2.29(b)所示的 α+β 的双相区中，电阻率变化与成分呈线性关系。在相图两端固溶体(端际固溶体)区域，其电阻率变化不是线性关系，其变化规律与电阻率随溶质元素的增多而增大的规律一致。图 2.29(c)表示具有 AB 化合物的电阻率变化。在单相 AB 化合物混合区，随着化合物的增多，电阻率增大。电阻率在完全形成 AB 化合物时达到最高值。图 2.29(d)表示具有某种间隙相的电阻率变化。在端部单相区，ρ 迅速增大，符合马西森定律；中部 α+γ 及 β+γ 双相区，电阻率与成分呈线性关系；在中部间隙 γ 相区，呈分段线性关系，此时，电阻率较形成它的组元下降。这种与金属间化合物以及中间相导电性有关的研究还有待继续深入。

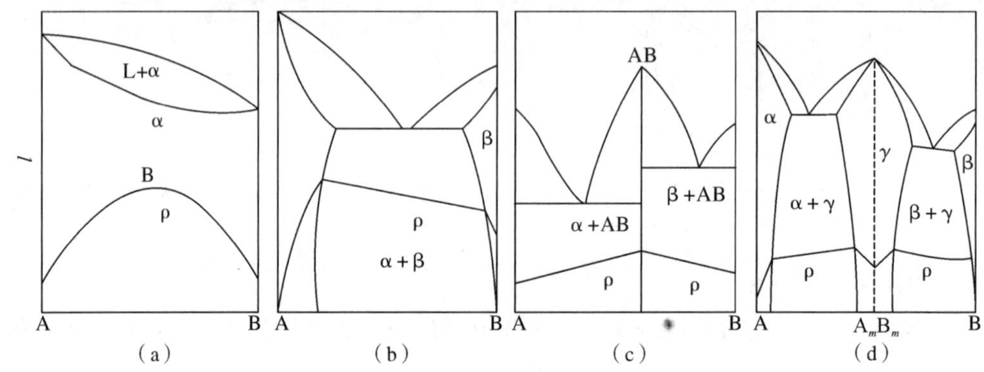

图 2.29　电阻率与合金不同状态关系示意图

(a)连续固溶体；(b)多相合金；(c)正常价化合物；(d)间隙相

2.4　离子类载流子导电

离子导电(ionic conduction)是带电荷的离子载流子在电场作用下的定向运动。晶体的离子导电可以分为两类。一类是晶体点阵的基本离子随着热振动离开晶格形成热缺陷(thermal defects)，这种热缺陷不论是离子或是空位(vacancy)都带电，离子导电载流子在电场作用下发生定向迁移从而实现导电。这种导电称为本征导电或固有导电(intrinsic conduction)。显然，这种情况通常需要在高温条件下才能发生。另一类参加导电的载流子主要是杂质，称为杂质导电(impurity conduction)。杂质离子是晶格中结合比较弱的离子，因此，杂质在电场作用下的定向迁移可以在较低温度下发生。需要说明的是，若晶格点阵节点位置上缺少离子，则会形成空位。此空位可容纳临近的离子，而空位本身看起来就像移到临近的离子留下的位置。因此，空位的移动实际上是异性离子的移动。通常认为，阳离子空位带负电，阴离子空位带正电。另外，在电场作用下，空位做定向运动引起电流实际是离子"接力式"的运动，而不是某一离子连续不断的运动。

导电性离子的特点是离子半径较小、电价低，在晶格内的键型主要是离子键。由于离子间的库仑引力较小，所以易迁移。通常，可移动的阳离子有 H^+、NH_4^+、Li^+、Na^+、K^+、Rb^+、Cu^+、

Ag^{+} 等;可移动的阴离子有 O^{2-}、F^{-}、Cl^{-} 等。表 2.7 给出了一些典型固体电解质(solid electrolyte)的电导率数据。

表 2.7　一些典型固体电解质的电导率

	导电性离子	固体电解质	电导率/(S·cm^{-1})
阳离子导电体	Li^{+}	Li_3N	0.003(25 ℃)
		$Li_{14}Zn(GeO_4)_4$(锂盐)	0.13(300 ℃)
	Na^{+}	$Na_2O\cdot 11Al_2O_3$(β-Al_2O_3)	0.2(300 ℃)
		$Na_3Zr_2Si_2PO_{12}$(钠盐)	0.3(300 ℃)
		$Na_5MSi_4O_{12}$(M=Y,Cd,Er,Sc)	0.3(300 ℃)
	K^{+}	$K_xMg_{x/2}Ti_{8-x/2}O_{16}$($x$=1,6)	0.017(25 ℃)
	Cu^{+}	$RbCu_3Cl_4$	0.022 5(25 ℃)
	Ag^{+}	α-AgI	3(25 ℃)
		Ag_3SI	0.01(25 ℃)
		$RbAg_4I_5$	0.27(25 ℃)
	H^{+}	$H_3(PW_{12}O_{40})\cdot 29H_2O$	0.2(25 ℃)
阴离子导电体	F^{-}	β-PbF_2(+25%BiF_3)	0.5(350 ℃)
		$(CeF_3)_{0.95}(CaF_2)_{0.05}$	0.01(200 ℃)
	Cl^{-}	$SnCl_2$	0.02(200 ℃)
	O^{2-}	$(ZrO_2)_{0.85}(CaO)_{0.25}$(稳定二氧化锆)	0.025(1 000 ℃)
		$(Bi_2O_3)_{0.75}(Y_2O_3)_{0.25}$	0.08(600 ℃)

2.4.1　离子导电理论

离子类载流子导电是离子类载流子在电场作用下,通过材料的长距离的迁移。其导电能力可用 $\sigma=nq\mu$ 关系进行评估。因此,需要了解与离子导电有关的载流子数量 n、离子带电量 q 和离子迁移率 μ 的表达方式。

1. 载流子浓度

对于本征电导,可参与导电的载流子由晶体本身热缺陷-弗伦克尔缺陷(Frenkel defects)和肖特基缺陷(Schottky defects)提供。这两类缺陷分别是以苏联物理学家雅科夫·弗伦克尔(Yakov Frenkel, 1894—1952)和德国物理学家瓦尔特·肖特基(Waller Hermann Schottky, 1886—1976)的名字命名的。如图 2.30(a)所示,弗伦克尔缺陷是离子脱离格点平衡位置挤入晶体间隙,形成间隙离子,先占据的格点处留下一个空位。这种缺陷的特点是间隙离子和空位是成对出现的。肖特基缺陷是由热运动引起的,晶体中阳离子及阴离子脱离平衡位置,跑到晶体表面或晶界位置上,构成一层新的界面,而产生阳离子空位及阴离子空位,如图 2.30(b)所示。

弗伦克尔缺陷的填隙离子和空位的浓度是相等的,都可表示为

$$N_f=N\exp(-E_f/2k_BT) \tag{2.63}$$

同样,肖特基空位浓度在离子晶体中可表示为

$$N_s = N\exp(-E_s/2k_B T) \tag{2.64}$$

式中:N_f 为弗伦克尔缺陷数目;N_s 为肖特基缺陷数目;N 为单位体积内离子结点数;T 为温度;k_B 为玻耳兹曼常数;E_f 为形成一个弗伦克尔缺陷,即同时生成一个填隙离子和一个空位所需的能量;E_s 为形成一个肖特基缺陷缺陷,即离解一个阴离子和一个阳离子并达到表面所需的能量。E_f 和 E_s 均称为离解能(dissociation energy)。

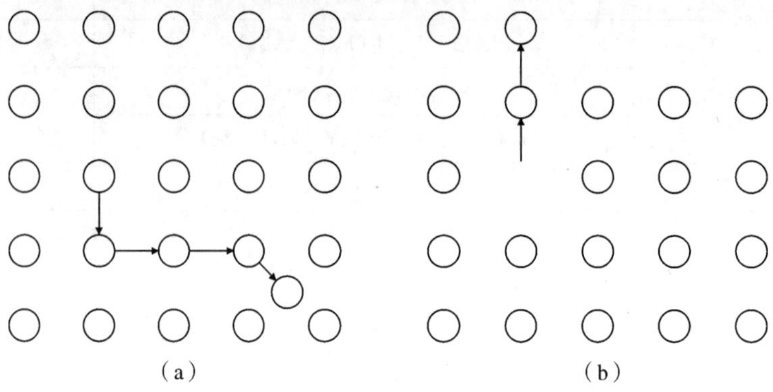

图 2.30 热缺陷示意图

(a)弗伦克尔缺陷;(b)肖特基缺陷

从式(2.63)和式(2.64)中可以看出,热缺陷的浓度 N 决定于温度 T 和离解能 E。常温下 $k_B T$ 比 E 小很多,因而只有在高温下,热缺陷浓度才较大,即本征电导在高温下显著。实际上,这两个关系式都具有阿伦尼乌斯方程的公式形式,也反映着缺陷浓度变化的快慢。其中,材料自身离解能 E 的高低是决定缺陷浓度形成快慢的关键。离解能 E 越大,产生热缺陷的难度越高,因而热缺陷的浓度越低。一般肖特基缺陷形成能比弗伦克尔缺陷形成能低很多,只有在结构很疏松、离子半径很小的情况下,才容易形成弗伦克尔缺陷。

杂质离子载流子的浓度取决于杂质的数量和种类。低温下,离子晶体的电导主要由杂质载流子浓度决定。杂质离子的存在不仅增加了电流载体数,而且使点阵发生畸变,杂质离子的离解能变小。

2. 离子迁移率

热运动能是间隙离子迁移所需要能量的主要来源。假设一间隙离子位于间隙位置,受周围离子的影响,处于一定的平衡位置,如图2.31所示。由于间隙位置处于格点离子同距离 δ 的一半位置处,所以称为半稳定位置。如果间隙离子由于热运动,越过势垒(potential barrier)U_0,从一个间隙位置进入相邻原子的间隙位置,那么实现了离子的迁移,其迁移的距离为 δ。

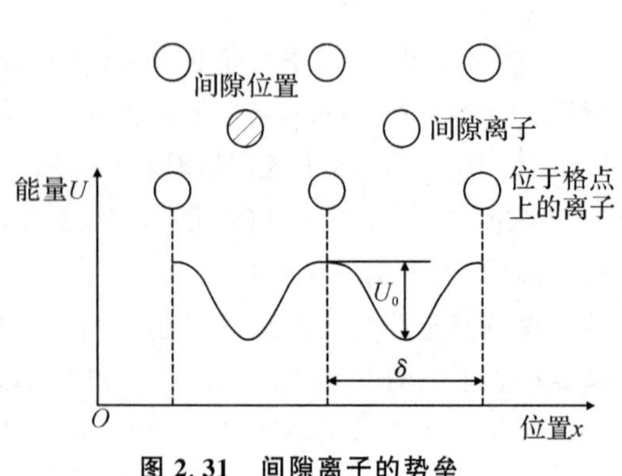

图 2.31 间隙离子的势垒

根据玻耳兹曼统计(Boltzmann statistics)

规律，间隙离子单位时间内沿某一方向的跃迁次数为

$$P=\frac{\nu_0}{6}\exp\left(-\frac{U_0}{k_B T}\right) \tag{2.65}$$

式中：ν_0 为间隙离子在半稳定位置上的振动频率；T 为温度；k_B 为玻耳兹曼常数；U_0 为势垒。

当无外加电场时，间隙离子在晶体中各个方向的迁移次数都相同，宏观上没有电荷定向运动，介质中无电导现象。

加上电场后，晶体间隙离子的势垒不再对称，如图 2.32 所示。假设在离子晶体中加上图 2.32 所示方向的电场 E，此时电荷数为 q 的正间隙离子受到的电场力为 $F=qE$，且电场力 F 的方向与电场 E 方向一致，则电场 E 在 $\delta/2$ 距离上的电势差为

$$\Delta U=F\cdot\frac{\delta}{2}=qE\cdot\frac{\delta}{2} \tag{2.66}$$

单位时间内，顺电场方向间隙离子跃迁次数 P^+ 和逆电场方向间隙离子跃迁次数 P^- 分别为

$$P^+=\frac{\nu_0}{6}\exp\left(-\frac{U_0-\Delta U}{k_B T}\right) \tag{2.67}$$

$$P^-=\frac{\nu_0}{6}\exp\left(-\frac{U_0+\Delta U}{k_B T}\right) \tag{2.68}$$

由于外加电场的存在，间隙离子在顺、逆电场方向需要克服的势垒发生变化，即顺电场方向跃迁次数 P^+ 大于逆电场方向跃迁次数 P^-，所以所以余迁移次数为

$$\Delta P=P^+-P^-$$

间隙离子每跃迁一次的距离为 δ，那么，离子载流子沿电场方向的迁移速度满足

$$v=\frac{\delta}{t}=\Delta P\cdot\delta=(P^+-P^-)\cdot\delta=$$

$$\frac{\nu_0\delta}{6}\exp\left(-\frac{U_0}{k_B T}\right)\left[\exp\left(\frac{\Delta U}{k_B T}\right)-\exp\left(-\frac{\Delta U}{k_B T}\right)\right] \tag{2.69}$$

这里，时间 t 的倒数 $\frac{1}{t}$ 表示单位时间内的迁移次数，即 $\frac{1}{t}=\Delta P$。

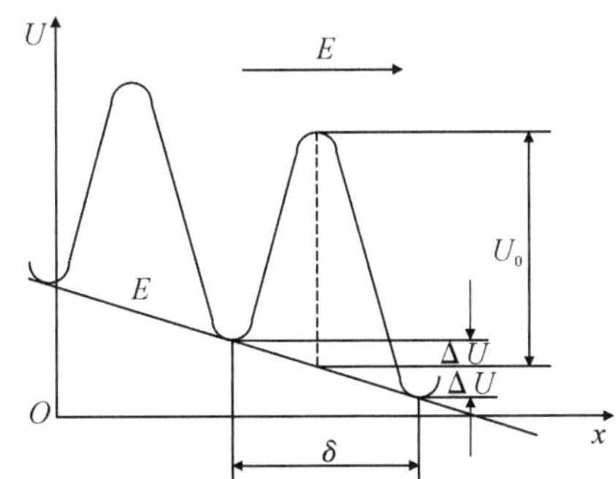

图 2.32　电场下晶体中间隙离子的势垒变化

当电场 E 不大时，$\Delta U\ll k_B T$，式(2.69)中的 exp 指数部分可分别近似为

$$\exp\left(\frac{\Delta U}{k_B T}\right)\approx 1+\frac{\Delta U}{k_B T} \tag{2.70}$$

$$\exp\left(-\frac{\Delta U}{k_B T}\right)\approx 1-\frac{\Delta U}{k_B T} \tag{2.71}$$

将式(2.66)、式(2.70)和式(2.71)代入式(2.69)，则有

$$v=E\cdot\frac{\delta^2\nu_0 q}{6k_B T}\exp\left(-\frac{U_0}{k_B T}\right) \tag{2.72}$$

因此，载流子沿电流方向的迁移率 μ 满足

$$\mu=\frac{v}{E}=\frac{\delta^2\nu_0 q}{6k_B T}\exp\left(-\frac{U_0}{k_B T}\right) \tag{2.73}$$

3. 离子电导率

载流子浓度及迁移率确定以后，离子载流子的电导率可按 $\sigma=nq\mu$ 确定。

若本征导电由肖特基缺陷引起，将式(2.64)和式(2.73)代入电导率的计算公式，则有

$$\sigma=N\cdot\frac{\delta^2 q^2\nu_0}{6k_B T}\cdot\exp\left[-\left(\frac{U_s+\frac{1}{2}E_s}{k_B T}\right)\right]=A_s\exp\left(-\frac{W_s}{k_B T}\right) \tag{2.74}$$

式中：W_s 为电导活化能(activation energy for conduction)，包括缺陷形成能(E_s)和迁移能(U_s)；A_s 在温度不高的范围内为常数。

此时，电导率主要由指数部分决定。如果令 $B_s=\frac{W_s}{k_B}$，那么式(2.74)可写成

$$\sigma=A_s\exp\left(-\frac{B_s}{T}\right) \tag{2.75}$$

将式(2.75)两边取对数，可得到双对数关系，即

$$\ln\sigma=A_s-\frac{B_s}{T} \tag{2.76}$$

由式(2.76)也可得到电阻率与温度的关系，即

$$\ln\rho=A_s+\frac{B_s}{T} \tag{2.77}$$

以 $\ln\rho-\frac{1}{T}$ 或 $\ln\sigma-\frac{1}{T}$ 关系作图，可得到一直线。通过斜率的结果可获得电导活化能 W_s。

式(2.76)或式(2.77)给出的这一关系是离子类载流子导电的半对数线性规律，是离子导体的电阻率分析基本规律，也是研究离子迁移热力学参数一种便捷、重要的手段。图2.33给出了离子玻璃的电阻率与温度的关系。从图 2.33 中可以看出，该类材料的电阻率与温度的变化关系与上述表述一致。

如果物质多种载流子都参与导电，那么该物质总的电导率为

$$\sigma=\sum_i A_i\exp\left(-\frac{B_i}{T}\right) \tag{2.78}$$

需要说明的是，不论本征离子导电还是杂质导电，均可以仿照式(2.78)的形式写出电导率公式。

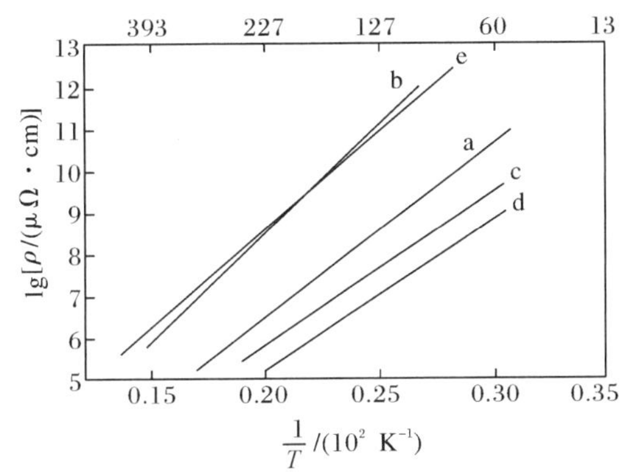

图 2.33　离子玻璃的电阻率

a—$18Na_2O \cdot CoCaO \cdot 72SiO_2$；b—$10Na_2O \cdot 20CaO \cdot 72SiO_2$；
c—$12Na_2O \cdot 88SiO_2$；d—$24Na_2O \cdot 76SiO_2$；e—硼硅酸玻璃(Pyrex)

2.4.2　离子电导与扩散

离子类载流子在电场作用下的移动方式是从一个平衡位置移动至另一个平衡位置，因此，可以将离子导电看作离子在电场作用下的定向扩散(diffusion)现象。离子导电与扩散间必然存在一定的数学关系。

离子扩散机制主要有空位扩散(vacancy diffusion 或 substitutional diffusion)、间隙扩散(intersitial diffusion)和填隙扩散(interstitialcy diffusion)，如图 2.34 所示。空位扩散是以空位为媒介进行的扩散，空位周围相邻的离子(或原子)跃入空位，该离子原来占有的点阵格点位置变成空位，这个新空位周围的离子再跃入这个空位，以此类推。由于空位的存在，周围邻近离子跳入空位所需的势垒较低，所以，以此方式实现的扩散较为容易。间隙扩散是扩散的离子(或原子)在晶格间隙的位置之间的运动。此时，离子从一个间隙位置到达相邻间隙位置，必须把点阵上间隙离子周围点阵上的离子挤开，使晶格发生局部的瞬时畸变，这部分畸变能便是离子扩散时所必须克服的势垒，因此，间隙扩散往往较难进行。在填隙扩散机制中，两个离子(或原子)同时移位运动，其中一个是间隙离子，另一个是处于点阵上的离子。间隙离子取代附近点阵上的离子进入点阵位置，而被取代的点阵离子则进入间隙位置。这种扩散运动由于晶格变形小，因此也比较容易产生。

晶体中的离子进行扩散时，不论以何种机制进行扩散，首先均需要得到足以克服势垒所必需的额外能量，从而实现从一个平衡位置向另一个平衡位置的跃迁，这部分能量称为扩散激活能(activation energy of diffusion)。扩散系数(diffusion coefficient)D 随温度 T 变化的关系满足

$$D=D_0\exp\left(-\frac{W}{RT}\right) \tag{2.79}$$

式中：D_0 为扩散常数；R 为气体常数；W 为扩散激活能。

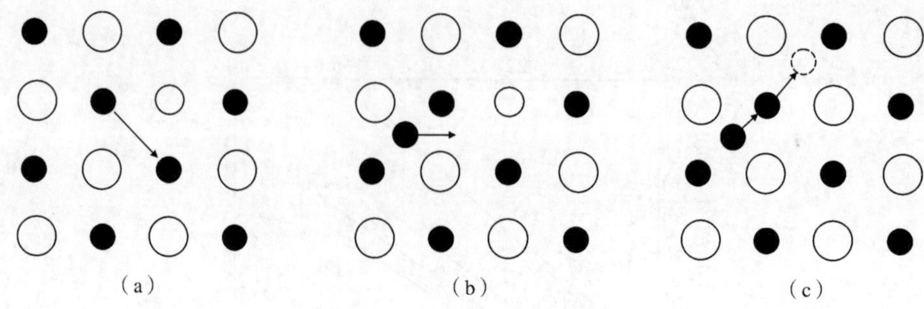

图 2.34 离子扩散机制示意图

(a)空位扩散;(b)间隙扩散;(c)填隙扩散

实际上,扩散系数 D 可由实验测得。结合 D 与温度 T 之间的关系,对式(2.79)两侧均取对数,即可知 $\ln D$ 与 $1/T$ 的对应关系满足线性关系。由该关系中的截距可求得 D_0,由斜率可求得 W。扩散激活能受很多因素的影响,如固溶体类型、晶体结构类型、晶体缺陷及化学成分等。表 2.8 给出了某些扩散系统的 D_0 和 W。

表 2.8 某些扩散系统的 D_0 和 W(近似值)

扩散组元	基体金属	D_0/(10^{-5} $m^2 \cdot s^{-1}$)	W/(10^3 J · mol^{-1})	扩散组元	基体金属	D_0/(10^{-5} $m^2 \cdot s^{-1}$)	W/(10^3 J · mol^{-1})
C	γ-Fe	2.0	140	Mn	γ-Fe	5.7	277
C	α-Fe	0.20	84	Cu	Al	0.84	136
Fe	α-Fe	19	239	Zn	Cu	2.1	171
Fe	γ-Fe	1.8	270	Ag	Ag(体积扩散)	1.2	190
Ni	γ-Fe	4.4	283	Ag	Ag(晶界扩散)	1.4	96

能斯特-爱因斯坦(Nernst-Einstein)方程建立了扩散系数 D 和电导率 σ 之间的关系。能斯特(Wallter Hermann Nerst,1864—1941)是德国著名的物理学家、物理化学家,他因在热化学方面的卓越贡献,于 1920 年获得诺贝尔化学奖。

根据菲克第一定律(Fick's first law),离子类载流子在单位时间内通过垂直于扩散方向的单位截面积的扩散离子流量 J_1 与该截面处的浓度梯度(concentration gradient)成正比,即

$$J_1 = -Dq\frac{\partial n}{\partial x} \tag{2.80}$$

式中:J_1 为扩散离子流量,对离子类载流子来说,实际就是离子流密度;D 为扩散系数;q 为离子电荷量;n 为载流子单位体积中的离子数;x 为离子扩散距离;$\frac{\partial n}{\partial x}$为浓度梯度。

式(2.80)中的负号表示离子的扩散流方向与浓度梯度的方向相反。菲克扩散方程是由德国生理学家菲克(Adolf Eugen Fick,1829—1901)于 1855 年提出的。

当存在电场 E 时,产生的电流密度 J_2 可用欧姆定律的微分形式表示,即

$$J_2 = \sigma E = \sigma\frac{\partial U}{\partial x} \tag{2.81}$$

式中：U 为电压。

总的电流密度 J 满足

$$J=J_1-J_2=-Dq\frac{\partial n}{\partial x}-\sigma\frac{\partial U}{\partial x} \tag{2.82}$$

根据玻耳兹曼分布规律，在电场中单位体积的离子数满足

$$n=n_0\exp\left(-\frac{qU}{k_B T}\right) \tag{2.83}$$

式中：n_0 为常数。

在热平衡条件下，可以认为总的电流密度 $J=0$。将式(2.83)代入式(2.82)，则有

$$J=\frac{nDq^2}{k_B T}\cdot\frac{\partial U}{\partial x}-\sigma\frac{\partial U}{\partial x}=0 \tag{2.84}$$

因此，可得到电导率 σ 和扩散系数 D 之间的关系，即能斯特-爱因斯坦方程：

$$\sigma=D\cdot\frac{nq^2}{k_B T} \tag{2.85}$$

根据电导率关系 $\sigma=nq\mu$ 并结合式(2.85)，可建立扩散系数 D 和离子迁移率 μ 的关系，即

$$D=\frac{\mu}{q}k_B T=Bk_B T \tag{2.86}$$

式中：B 为离子绝对迁移率，$B=\frac{\mu}{q}$。

2.4.3　离子导电的影响因素

1. 温度的影响

从式(2.74)可以看出温度对离子导电的影响规律，即温度以指数关系影响着电导率，呈半对数线性规律。温度升高，电导率呈指数形式增加，图 2.35 给出了温度对离子导电的影响。从图 2.35 中可以看出，随着温度的增加，其电阻率对数的斜率(即电导活化能)会发生变化，出现拐点 A。在低温下，杂质电导占主导；随着温度的升高，热运动能量升高，本征导电的载流子增多，离子晶体的本征导电占主导。由于杂质活化能较点阵离子的活化能低，因此，在 $\ln\sigma-\frac{1}{T}$关系中出现了拐点。对多数陶瓷材料而言，这一拐点的出现与离子导电机制改变有关。

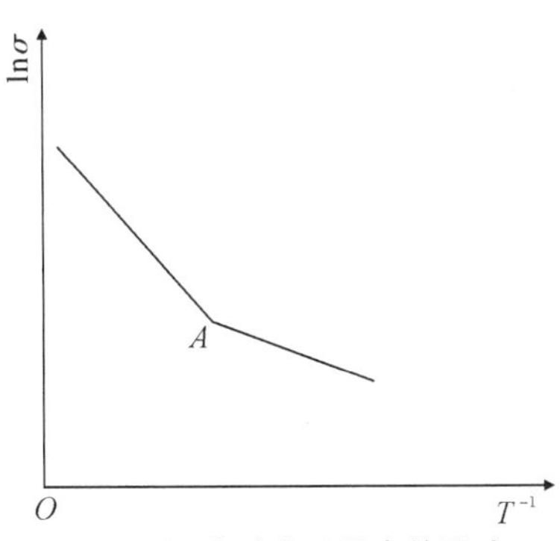

图 2.35　温度对离子导电的影响

造成拐点的原因，除了离子导电机制变化以外，导电载流子种类发生变化也可能引起拐点出现。例如，刚玉在低温下为杂质离子导电，在高温下则为电子导电。

2. 离子性质、晶体结构的影响

离子性质和晶体结构对离子导电的影响是通过改变电导活化能实现的。如前所述，电

导活化能包括缺陷形成能和迁移能。这一能量大小实际与材料自身的结合力有关。结合力越大，电导活化能越高，离子离开平衡位置所需的外部能量(主要是指热能和电能)越高，则离子定向迁移越难，也就造成离子晶体的电导率越低。如高熔点晶体，其离子间结合力大，因此电导率低。在研究碱卤化合物的导电性时发现，负离子半径增大，其正离子活化能显著降低。例如，NaF 的活化能为 216 kJ/mol，NaCl 的活化能为 169 kJ/mol，而 NaI 的活化能只有 118 kJ/mol，因此，其电导率较前两者提高。这反映出碱卤化合物中，随着负离子半径的增大，正负离子间的结合力是降低的。另外，离子电荷的高低对活化能也有影响。一价正离子尺寸小、荷电量少、活化能低；相反，高价正离子价键强、激活能高，故迁移率低，电导率也低。

晶体的结构状态对离子活化能也有影响。结构紧凑的离子晶体由于可供移动的间隙小，则间隙离子迁移困难，其活化能高，电导率较低。如果晶体结构有较大间隙，离子则易于运动，电导率增大。图 2.36 给出了不同半径的二价离子在 $20Na_2O \cdot 20MO \cdot 60SiO_2$ 玻璃中对电阻率的影响，其中，MO 代表不同半径的二价离子氧化物。从图 2.36 中可以看出，相同基体材料中，半径越大的二价离子氧化物电阻率越高，电导率越低。这是由于掺杂离子半径越大，其在基体中越不容易移动，所以电阻率越高。

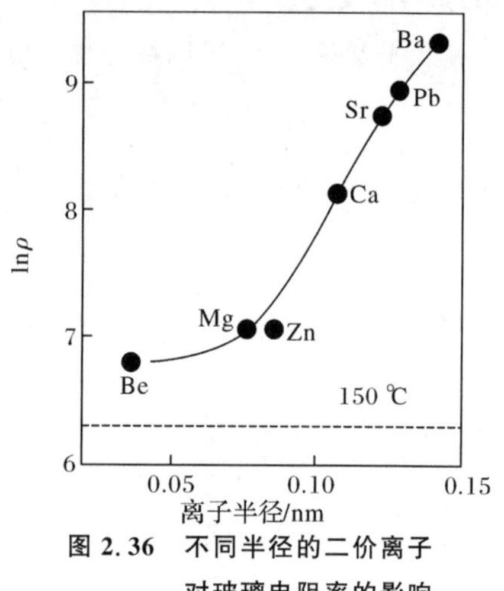

图 2.36　不同半径的二价离子对玻璃电阻率的影响

注：图中虚线为 $20Na_2O \cdot 80SiO_2$ 玻璃的电阻率。

3. 点缺陷的影响

对离子晶体而言，只有当其自身的电子类载流子浓度小、点缺陷(仍然主要是指弗伦克尔缺陷和肖特基缺陷)浓度大并参与导电时，才可能具备离子类载流子导电的特性。因此，离子晶体中点缺陷的生成和浓度大小是决定离子导电的关键。

影响晶体缺陷生成和浓度大小的主要原因包括以下三个方面。①由于热激励生成晶体缺陷，对理想晶体而言，晶体中的离子不能脱离点阵位置而移动。当热激活后，晶体中才产生弗伦克尔缺陷或肖特基缺陷，通常后者更容易产生缺陷。②不等价固溶掺杂形成晶格缺陷。例如，一价 Ag^+ 构成的晶体 AgBr 中掺杂由二价 Cd^{2+} 构成的晶体 $CdBr_2$，则 Cd^{2+} 容易进入 AgBr 的晶格中取代 Ag^+，从而形成晶格缺陷。③缺陷也可能是由于晶体所处环境气氛发生变化，使离子型晶体的正、负离子的化学计量比发生改变，从而生成晶格缺陷。例如，稳定型 ZrO_2 由于氧的脱离而生成氧空位。

2.4.4　快离子导体

2.4.3 小节讨论了普通离子晶体中的离子扩散可以形成导电。这些离子晶体按照扩散方式可划分为肖特基(Schottky)导体和弗伦克尔(Frenkel)导体。图 2.37 给出了肖特基导体和弗伦克尔导体电导率与温度的关系。从图 2.37 中可以看出，这些晶体的电导率很低。

例如，NaCl 的室温电导率只有 1×10^{-15} S/cm，200 ℃时也只有 1×10^{-8} S/cm。

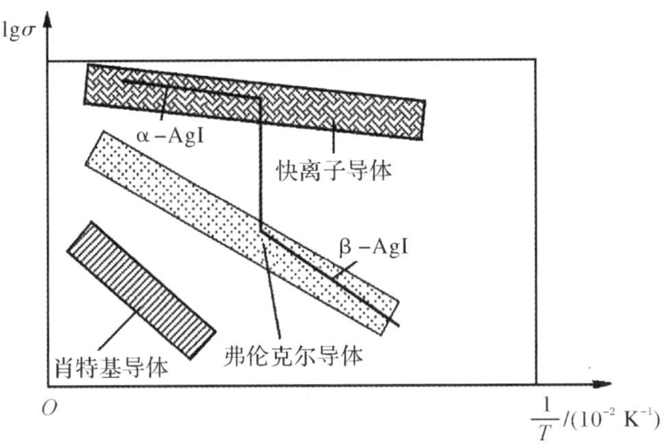

图 2.37　各种离子导体电导率与温度的关系

还有一类离子晶体，室温下的电导率可以达到 0.01 S/cm，几乎可与液体电解质或熔盐的电导率相媲美。通常，将这类具有优良离子导电能力（电导率高达 0.1～0.01 S/cm，活化能低至 0.1～0.2 eV）的材料称为快离子导体（Fast Ion Conductor，FIC）或固体电解质（solid electrolyte），也称作超离子导体（super ion conductor）。快离子导体的电导率与温度的关系也满足式（2.74），但其活化能比经典离子晶体的活化能低很多。从图 2.37 中可以明显看出，快离子导体的电导率明显高于经典离子晶体的电导率。从图 2.37 还可看出，β-AgI是碘化银的室温相，它是经典晶体中的弗伦克尔导体，而高温相 α-AgI 才是快离子导体。也就是说，一般普通固体随温度升高，在某一温度（如碘化银为 146 ℃）发生相变后，呈现出高电导率的相就是快离子导体相。从电导和结构两个方面看，快离子导体相可以视为普通离子固体和离子液体之间的一种过渡状态。

固体中快离子导电现象可以追溯到 19 世纪。19 世纪 80 年代，E. Warburg 最早证明了固体化合物中存在纯粹的离子导电（pure ionic conductivity）现象。德国物理化学家能斯特（Walther Hermann Nernst，1864—1941）首次考虑了高温下离子在固体氧化物中的运动，并发明了被称为“Nernst glower”的能斯特光源。20 世纪 20 年代初，C. Tubandt 和他的合作者发现了大量的银离子导体和铜离子导体。其中，他们发现 Ag 在接近熔点时的固体电导率高于其熔融状态的电导率约 20%。随后，J. Frenkel、W. Schottky 和 C. Wagner 等人解释了固体中缺陷形成与运动的机理。E. Baur 和 H. Preis 探究了燃料电池中 ZrO_2 的能量转换问题。固体中快离子导体研究的另一个重要阶段是 19 世纪 60 年代中期有关室温下 Ag_4RbI_5 以及 β-Al_2O_3 材料的研究，把快离子导体的应用从高温推向室温。20 世纪 70 年代，美国福特汽车公司已把 Na-β-Al_2O_3 快离子导体制成 Na-S 电池，锂快离子制成的电池可用于计算机、电子表、心脏起搏器等。1991 年，索尼公司发布首个商用锂离子电池。随后，锂离子电池革新了消费电子产品的面貌。此类以钴酸锂作为正极材料的电池，至今仍用作便携电子器件的主要电源。自此以后，国际上对快离子导体开展了极为广泛的研究：一方面对已发现的快离子导体进行深入研究，同时进一步探索新的离子导体；另一方面，从晶体结构、离子传导机理及传导动力学等角度进行广泛研究，以期获得快离子导体的结构条件，并对快离子传导理论获得一个统一概括的认识。目前，在已发现的快离子导体中，绝大多数是快离子导体陶瓷，它是集金属电学性质和陶瓷结构特性于一身的高性能功能材料，具有优良的抗氧化、抗腐蚀、耐高温、高机械强度等特性。由快离子导体制作的化学传感器、电池等已广泛应用于生产、生活的多个方面。

快离子导体中参与导电的载流子主要是离子，并且其在固体中可流动的数量相当大。例如，经典晶体氯化钠、氯化银、氯化钾以及 β - AgI 中可流动的离子的数量不大于 1×10^{18} cm^{-3}，而快离子导体中可流动的离子数目达到 1×10^{22} cm^{-3}，高了 4 个数量级。

快离子导体可从载流子和离子传递通道两个角度来划分其类型。根据载流子的类型，快离子导体的分类：正离子作为载流子的快离子导体，主要包括银离子导体、铜离子导体、钠离子导体、锂离子导体以及氢离子导体等；负离子作为载流子的快离子导体，如氧离子导体和氟离子导体等。根据离子传递通道的类型，快离子导体的分类：一维导体，其中隧道为一维方向的通道，如四方钨青铜，这种传导特征都出现在具有链状结构的化合物中；二维导体，其中隧道为二维平面交联的通道，如 Na - β - Al_2O_3 快离子导体，这种传导特征都出现在层状结构的化合物中；三维导体，其中隧道为三维网络交联的通道，如 $NaZr_2P_3O_{12}$ 等，此时，离子可以在三维方向上迁移，因而传导性能基本上是各向同性的。与晶态物质相比，在非晶态离子导体结构网络内，没有明确而特定的离子传输通道，因此非晶态离子导体的传输性能是各向同性的。上述这些大量的可供离子迁移占据的空位置连接成网状的敞开隧道，可供离子迁移流动。

快离子导体材料往往不是指某一组成的某一类材料，而是指其中某一特定的相。例如，对碘化银而言，它存在 α、β、γ 三个相，但只有 α 相为快离子导体。因此，相变是快离子导体普遍存在的一个过程。也就是说，某一组成物质，存在有从非传导相（经典晶体）到传导相（快离子导体）的转变。

快离子导体导电的机理遵循一般离子导电的机理，即导电源于晶格中存在的一定浓度的点缺陷，同时在导电过程中伴随着宏观物质的迁移。快离子导体的导电性较高则主要与其晶体结构有关。按照点阵的概念，如 NaCl 晶体，可将晶体结构单元（Na＋Cl）看作一个格点，形成面心立方格子；也可以分别以 Na 和 Cl 离子为格点，看作是 Na 的一套亚晶格和 Cl 的一套亚晶格穿插在一起形成 NaCl 的结构。在这种亚晶格的思路下，对快离子导体而言，通常采用液态亚晶格（liquid sublattices）的概念解释其导电性。例如 AgI 晶体，可看成由两套亚晶格构成，其中，传导离子组成一套亚晶格，非传导离子组成另一套亚晶格，当加热升高温度到相变点转变为快离子导体时，传导相离子亚晶格呈液态，而非传导相亚晶格呈刚性，起骨架作用。此时，对 AgI 的非传导相到传导相的转变，可以看作传导相离子亚晶格的熔化或有序到无序的转变，此时，由于存在固相的相态转变，这一亚晶格模型可以看作是两套亚晶格的两次熔化过程。第一次熔化是非传导相转变为传导相的固体相变，可视为传导离子亚晶格熔化。此时的熵值，称为固-固相变熵，亚晶格概念上则称为传导离子亚晶格熔化熵。第二次熔化是另一套亚晶格熔化，全部转化为液态，此时为非传导离子亚晶格熔化熵，一般概念上则称为熔化熵。对于正常固体，由于不存在传导亚晶格和非传导亚晶格两套格子，所以其加热只存在一个熔化过程，正、负离子均转化为无序状态，熔化过程的熵值也是熔化熵。此时的熔体也有相当大的电导值，例如，碱金属卤化物熔化熵约为 12 J/(K · mol)，电导率增大了 3～4 个数量级。熔化熵反映了固态转变为液态时无序度或混乱度的增大程度，这与离子化合物的组成类型有关。实验证实，同类型组成的快离子导体的两步熵值与普通离子化合物的熔化熵的大小相似，从实验热力学上支持了亚晶格熔化模型。表 2.9 给出了一些快离子导体相变熵与经典晶体熔化熵的对比数据。

表 2.9　快离子导体相变过程的相变熵和熔化熵数值对比

单位：J/(mol・K)

材　料	化合物	固态相变熵	固态熔化熵	总熵值
快离子导体	AgI	14.5	11.3	25.8
	Ag_2S	9.3	12.6	21.9
	CuBr	9.0	12.6	21.6
	$SrBr_2$	13.3	11.3	24.6
经典晶体	NaCl	—	24	—
	MgF_2	—	−35	—

总体来说，快离子导体的晶格具有如下特点：由不运动的骨架离子占据特定的位置构成刚性晶格，为迁移离子的运动提供通道；由迁移离子构成传导亚晶格。在亚晶格中，缺陷浓度很高，以至于迁移离子位置的数目远超过迁移离子本身数目，使所有离子都能迁移，增加载流子浓度。同时，还可以发生离子的协同运动，降低电导活化能，使电导率增加。

2.5　半导体的电学性能

半导体(semiconductor)是指常温下导电性能介于导体(conductor)与绝缘体(insulator)之间的材料。半导体的导电性是可控的，范围可在绝缘体至导体之间。半导体材料对当今世界的科技和经济的发展起到了重要的作用。当今大部分电子产品中的核心单元都和半导体有着极为密切的关联。与导体和绝缘体相比，半导体材料的发现是最晚的，直到 20 世纪 30 年代，在材料的提纯技术改进以后，半导体的存在才真正被学术界认可。1947 年，美国贝尔实验室发明了半导体点接触式晶体管，从而开创了人类的硅文明时代。

半导体材料数量众多，很难用一种分类方法使它们“各得其所”。从化学组分看：既有无机材料，也有有机材料；既有元素，又有化合物以及固溶体。从晶体结构看，既有立方结构，又有纤锌矿、黄铜矿、氯化钠型等多种结构，还有非晶、微晶、陶瓷等结构。从体积上看，既有单晶体材料，也有薄膜材料，还有超晶格、量子阱(点、线)微结构材料。在相关文献中，半导体材料目前一般采用“混合”分类法，以化学组分分类为主，融入其他分类法。半导体材料分为元素半导体、化合物半导体、固溶体半导体、非晶及微晶半导体、微结构半导体、有机半导体和稀磁半导体。

当今应用最广泛的半导体材料有 Si、Ge、GaAs 等，而 Si 是各种半导体材料中，在商业应用上最具有影响力的一种。

半导体的导电性是指在外加电场作用下，半导体材料中电子(electron)和空穴(hole)两种载流子向相反的方向运动，从而引起宏观电流的性质。实际上，半导体的导电就是电子导电，也就是说，前述关于电子类载流子导电的相关理论，对半导体材料也适用。需要区分的是，金属材料和半导体材料由于两者间能带结构存在差异，因此，对导电方式的描述有所不同,后者还需要考虑空穴对于导电的贡献。本节介绍与半导体导电有关的基本概念、物理意义及影响因素。

2.5.1 本征半导体

1. 本征半导体概述

本征半导体(intrinsic semiconductor)是指完全不含杂质且无晶格缺陷的高纯度半导体,是一类共价键晶体。常见的本征半导体主要有 Si、Ge 单晶体。以半导体 Si 为例,Si 具有金刚石结构,每个 Si 原子最外层有四个价电子,每个价电子与相邻 Si 原子的一个价电子共同形成一个共价键,从而形成以共价键结合的硅晶体。在 0 K 下,由能带理论可知,本征半导体的价带被价电子填满形成满带,满带之上的导带是空带,而在满带和导带之间存在一定宽度的禁带。为了使电子运动,必须给电子超过禁带宽度的能量使其越过禁带,到达导带。在 0 K 时,Si 本征半导体结构示意图如图 2.38(a)所示。当共价键中的电子因热、光、电场等因素的作用获得足够的能量时,能够克服共价键的束缚,从价带跨越禁带跃迁到达导带而成为自由电子。图 2.38(b)所示为 Si 本征半导体在高于 0 K 时的结构示意图。从图 2.38(b)中可以看出,由于温度升高,某些电子获得足够的热能脱离共价键,形成自由电子,相应的共价键上缺少一个电子而形成空穴。空穴就是价电子挣脱共价键的束缚成为自由电子而留下的一个空位置,这个空穴可认为带正电荷。因为整个半导体呈电中性,如果认为一个共价键上失去一个电子破坏了局部电中性,那么可认为同时出现一个未被抵消的正电荷确保整体的电中性。从能带角度讲,当半导体的温度高于 0 K 时,有电子从价带激发到导带上,同时价带中产生了空穴,这就是所谓的本征激发(intrinsic excitation)。本征激发的容易程度受到禁带宽度的影响。图 2.39 所示为本征半导体的能带结构。其中,E_C 表示导带(conduction band)底部的能级,E_V 表示价带(valence band)顶部的能级。

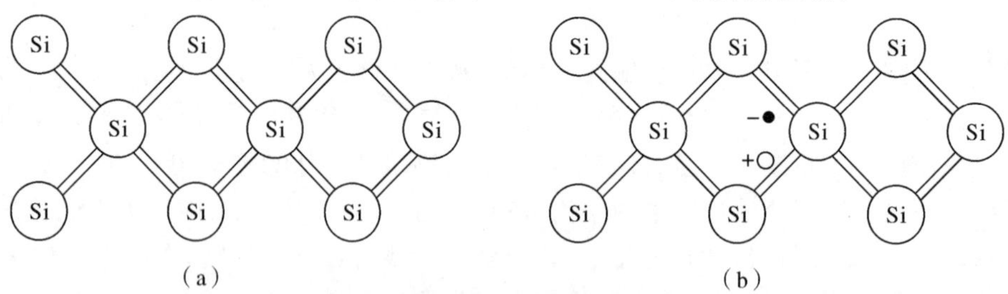

图 2.38 Si 本征半导体结构示意图

(a)0 K 时;(b)高于 0 K 时

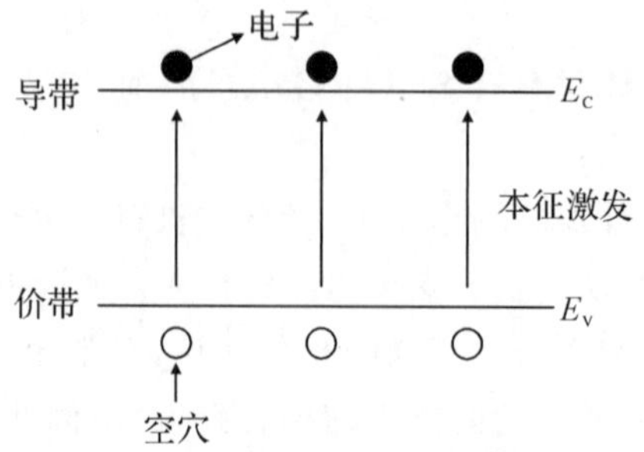

图 2.39 本征半导体的能带结构

2. 本征半导体中的费米能级分布

本征半导体在一定温度下，由于本征激发，一些电子会从价带顶部激发到导带底部，并在价带相应位置形成数目相等的空穴。

对于导带而言，其可以分成为很多、很小的能量间隔，根据能级密度 $Z(E)$ 的概念，在 $E\sim(E+dE)$ 间有 $Z(E)dE$ 个量子状态。电子能够占据能量为 E 的量子态满足费米分布，即概率为 $f(E)$，则在 $E\sim(E+dE)$ 间被电子占据的量子态 dN 为

$$dN=f(E)Z(E)dE \tag{2.87}$$

对费米分布函数，室温下，$f(E)$ 中的 $E-E_F \gg k_B T$，则电子费米分布函数可近似为

$$f(E)\approx\exp\left(-\frac{E-E_F}{k_B T}\right) \tag{2.88}$$

如第 1 章关于能级密度 $Z(E)$ 与 E 的关系所述，导带中电子的能级密度 $Z(E)$ 可以写成

$$Z(E)=\frac{V}{2\pi^2}\left(\frac{8\pi^2 m_e^*}{h^2}\right)^{\frac{3}{2}}(E-E_C)^{\frac{1}{2}} \tag{2.89}$$

式中：m_e^* 为电子的有效质量。

将式(2.88)和式(2.89)代入式(2.87)，则在能量 $E\sim(E+dE)$ 间单位体积中的电子数为

$$dn_e=\frac{dN}{V}=\frac{1}{2\pi^2}\left(\frac{8\pi^2 m_e^*}{h^2}\right)^{\frac{3}{2}}(E-E_C)^{\frac{1}{2}}\cdot\exp\left(-\frac{E-E_F}{k_B T}\right)dE \tag{2.90}$$

对式(2.90)积分，则有

$$n_e=\int_{E_C}^{\infty}\frac{1}{2\pi^2}\left(\frac{8\pi^2 m_e^*}{h^2}\right)^{\frac{3}{2}}(E-E_C)^{\frac{1}{2}}\cdot\exp\left(-\frac{E-E_F}{k_B T}\right)dE \tag{2.91}$$

经积分，得到导带中电子的浓度为

$$n_e=2\left(\frac{2\pi m_e^* k_B T}{h^2}\right)^{\frac{3}{2}}\cdot\exp\left(-\frac{E-E_F}{k_B T}\right) \tag{2.92}$$

式中：N_C 为导带的有效状态密度，满足关系 $N_C=2\left(\frac{2\pi m_e^* k_B T}{h^2}\right)^{\frac{3}{2}}$。

因此，导带中电子的浓度 n_e 可表示为

$$n_e=N_C\exp\left(-\frac{E-E_F}{k_B T}\right) \tag{2.93}$$

经类似的推导，价带中空穴的浓度 n_h 可表示为

$$n_h=\int_{-\infty}^{E_V}Z(E)f(E)dE=2\left(\frac{2\pi m_h^* k_B T}{h^2}\right)^{\frac{3}{2}}\cdot\exp\left(-\frac{E_F-E_V}{k_B T}\right)=$$

$$N_V\exp\left(-\frac{E_F-E_V}{k_B T}\right) \tag{2.94}$$

式中：m_h^* 为空穴的有效质量；N_V 为价带的有效状态密度，满足关系 $N_V=2\left(\frac{2\pi m_h^* k_B T}{h^2}\right)^{\frac{3}{2}}$。

对于本征半导体，由于导带中电子浓度等于价带中空穴浓度，即

$$n_e=n_h \tag{2.95}$$

将式(2.93)和式(2.94)代入式(2.95),则有

$$E_F=\frac{E_C+E_V}{2}+\frac{k_B T}{2}\ln\frac{N_V}{N_C}\approx\frac{E_C+E_V}{2} \tag{2.96}$$

这里,由于 k_B 很小,且 $N_V\neq N_C$,所以可近似认为$\frac{k_B T}{2}\ln\frac{N_V}{N_C}\approx 0$。

式(2.96)表明,室温下本征费米能级(Fermi level)近似位于禁带中央,如图 2.40 所示。将式(2.96)近似前的部分分别代入式(2.93)和式(2.94),则有

$$n_e=n_h=(N_C N_V)^{\frac{1}{2}}\exp\left(-\frac{E_g}{2k_B T}\right)=N\exp\left(-\frac{E_g}{2k_B T}\right) \tag{2.97}$$

式中:E_g 为禁带宽度,满足关系 $E_g=E_C-E_V$;N 为等效状态密度,满足关系$N=(N_C N_V)^{\frac{1}{2}}=2\left(\frac{2\pi k_B T}{h^2}\right)^{\frac{3}{2}}(m_e^* m_h^*)^{\frac{3}{4}}$。

式(2.97)表明,n_e 与 n_h 将随禁带宽度 E_g 的增加呈指数下降。

图 2.40 本征半导体的费米能级近似位于禁带中央

2.5.2 杂质半导体

1. 杂质半导体概述

在本征半导体中掺入某些微量元素作为杂质,可使半导体的导电性发生显著变化。掺入杂质的本征半导体称为杂质半导体(impurity semiconductor)。根据掺入杂质性质的不同,杂质半导体分为 n 型半导体(n-type semiconductor)和 p 型半导体(p-type semiconductor)两种。前者 n 为英文 negative 的字头,由于电子带负电荷而得此名;后者 p 为 positive 的字头,由于空穴带正电而得此名。

例如,在四价的半导体硅单晶体中掺杂Ⅴ族元素(如 P),一个 P 原子取代一个 Si 原子,由于 P 原子有五个价电子,因此,其中的四个价电子与 Si 原子构成共价键后,还剩余一个价电子。同时,P 原子所在处多一个正电荷。此时,形成一个正电中心 P^+ 和一个多余的价电子。这个多余的价电子束缚在正电中心 P^+ 周围。这种束缚比共价键的束缚作用弱得多,在很小的能量下,这个价电子即可脱离束缚成为导电电子在晶格中运动。这一结构形式如 2.41(a)所示。其中,提供多余价电子并形成正电中心的杂质,称为施主杂质(dong center)。将被施主杂质束缚的电子的能量状态称为施主能级(donor level),记为 E_D。显然,施主能级位于距离导带底部很近的禁带中。当温度升高,施主能级上的电子将很容易跃迁到导带成为自由电子。在纯净的本征半导体中掺入施主杂质,杂质电离后,导带中的导电电子增多,增强了半导体的导电能力。这种掺入施主杂质的半导体称为 n 型半体,其能带结构如图 2.41(b)所示。在 n 型半导体中,载流子以电子为主,即多子(majority carrier)为电子。

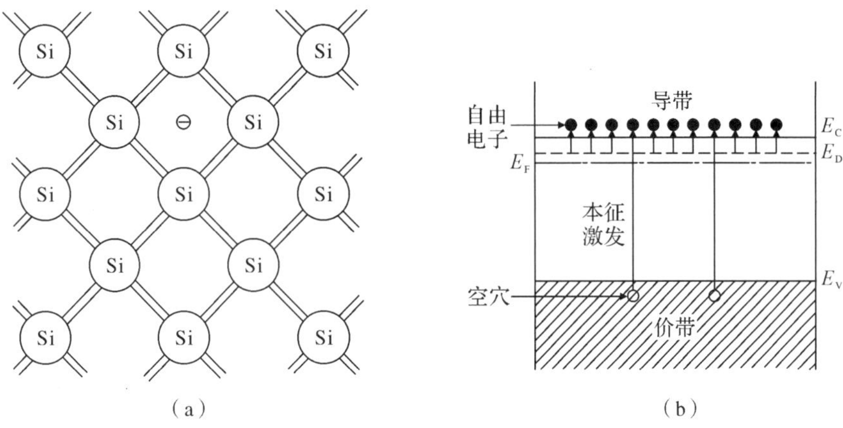

(a)　　　　　　(b)

图 2.41　n 型半导体及其能带结构示意图

(a)n 型半导体；(b)n 型半导体能带结构

如果在四价的半导体 Si 单晶体中掺杂Ⅲ族元素(如 B),同样,一个 B 原子取代一个 Si 原子,由于 B 原子有三个价电子,与 Si 原子构成共价键时,还缺少一个电子,所以必须从别处的 Si 原子夺取一个价电子,因而在 Si 晶体的共价键中产生了一个空穴。B 原子接受一个电子后,成为带负电的 B 离子(B^-),称为负电中心。B^- 对空穴的束缚很弱,很小的能量即可使空穴脱离束缚,成为在晶体中自移动的导电空穴,这一结构形式如图 2.42(a)所示。同样,能够接受电子形成的空穴成为负电中心的杂质,称为受主杂质(acceptor center)。将被受主杂质束缚的空穴的能量状态称为受主能级(acceptor level),记为 E_A。受主能级位于离价带顶部很近的禁带中。由于受主的电离过程实际上是电子的运动,当温度升高时,价带中的电子得到能量,很容易跃迁到受主能级上,与束缚在受主能级上的空穴复合,并在价带相应位置上产生一个空穴。在纯净的本征半导体中掺入受主杂质,杂质电离后,价带中的导电空穴增多,同样可增强半导体的导电能力。这种掺入受主杂质的半导体称为 p 型半导体,其能带结构如图 2.42(b)所示。在 p 型半导体中,载流子以空穴为主,即多子(majority carrier)为空穴,少子(minority carrier)为电子。

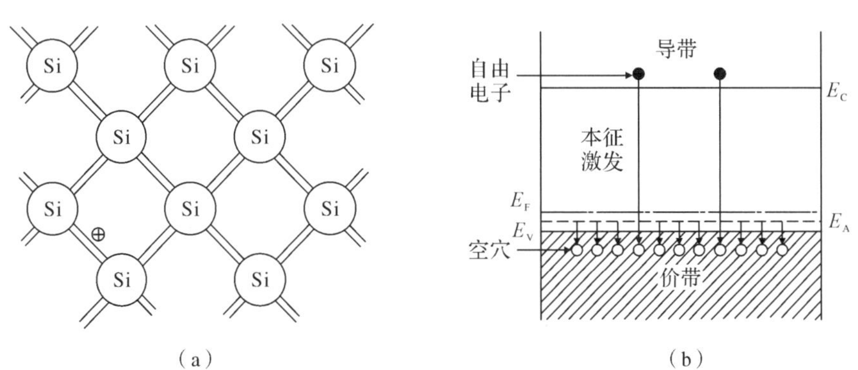

(a)　　　　　　(b)

图 2.42　p 型半导体及其能带结构示意图

(a)p 型半导体；(b)p 型半导体能带结构

对杂质半导体而言,参与导电的主要是由杂质提供的多子。但需要注意的是,在杂质半导体中,除由杂质提供的多子以外,由本征激发引起的电子和空穴依然存在。

2. 杂质半导体中的费米能级分布

n 型半导体的载流子主要为导带中的电子，设单位体积内含 N_D 个施主原子，施主能级为 E_D，具有电离能(ionization energy)$E_i = E_C - E_D$。温度不高时，$E_i \ll E_g$，此时，导带中的电子几乎由施主能级提供。

按照上述的推导，将式(2.97)中涉及的 E_V、N_V 换成 E_D、N_D，则导带中电子浓度为

$$n_e = (N_C N_D)^{\frac{1}{2}} \exp\left(-\frac{E_C - E_D}{2k_B T}\right) = (N_C N_D)^{\frac{1}{2}} \exp\left(-\frac{E_i}{2k_B T}\right) \tag{2.98}$$

式中：N_D 为施主杂质浓度，即施主的有效状态密度；E_i 为电离能，表示施主杂质激发一个电子所需要的最小能量，满足关系 $E_i = E_C - E_D$。

n 型半导体的费米能为

$$E_{Fn} = \frac{E_C + E_D}{2} - \frac{k_B T}{2} \ln\left(\frac{N_C}{N_D}\right) \tag{2.99}$$

对于 p 型半导体的载流子主要为价带中的空穴，在温度不高的情况下，可类似上述写法写出价带中的空穴浓度为

$$n_h = (N_V N_A)^{\frac{1}{2}} \exp\left(-\frac{E_A - E_V}{2k_B T}\right) = (N_V N_A)^{\frac{1}{2}} \exp\left(-\frac{E_i}{2k_B T}\right) \tag{2.100}$$

式中：N_A 为受主杂质浓度，即受主的有效状态密度；E_i 为电离能，表示施主杂质激发一个电子所需要的最小能量，满足关系 $E_i = E_A - E_V$。

p 型半导体的费米能为

$$E_{Fp} = \frac{E_V + E_A}{2} - \frac{k_B T}{2} \ln\left(\frac{N_A}{N_V}\right) \tag{2.101}$$

由式(2.99)和式(2.101)可知，半导体的费米能与温度有关，如图 2.43 所示。低温时，可忽略减号后的分量，即 n 型半导体的费米能位于导带底部和施主能级之间，p 型半导体的费米能位于价带顶部和受主能级之间。随着温度的升高，温度的影响逐渐增大。n 型半导体上施主能级上的电子大量跃迁至导带，此时 $N_C > N_D$；而 p 型半导体的受主能级上大量接受价带的电子，在价带上留下空穴，此时 $N_A < N_V$。因此，费米能逐渐向本征半导体费米能级接近。到更高温度，杂质能级上的电子已经全部激发，半导体成为本征半导体，费米能位于禁带中央。

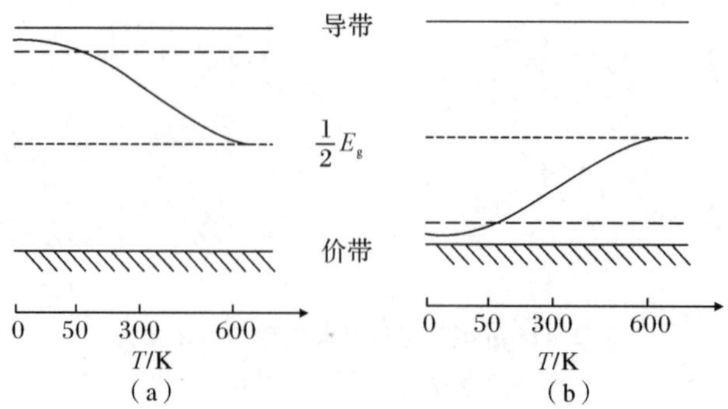

图 2.43　半导体费米能随温度的变化关系

(a)n 型半导体；(b)p 型半导体

2.5.3　温度对半导体导电的影响

半导体中有两种载流子，即电子和空穴。半导体的导电性仍然可以根据电导率的关系 $\sigma = nq\mu$ 进行计算。

结合式(2.97)，本征半导体的电导率可以写为

$$\sigma = \sum_i nq\mu = q(n_e\mu_e + n_h\mu_h) = N\exp\left(-\frac{E_g}{2k_BT}\right)(\mu_e + \mu_h)q \tag{2.102}$$

式中：n_e、n_h 分别为电子和空穴的浓度，$n_e = n_h$；μ_e、μ_h 分别为电子和空穴的迁移率；q 为带电量，电子和空穴的带电量分别用 $-q$ 和 $+q$ 表示；N 为等效状态密度。

影响半导体载流子迁移率的因素主要是各种散射作用，主要包括晶格散射和杂质散射。温度越高，晶格振动越大，晶格散射越明显，因此，载流子迁移率越低，如图 2.44(a)所示。

另外，如式(2.97)给出的关系，本征半导体中的载流子浓度随着温度的升高呈指数增加。因此，本征半导体的电导率随温度的升高而增大。图 2.44(b)(c)分别给出了本征半导体载流子数目和电导率随温度的变化关系。这与金属的情况截然相反。这是由于在一般金属导体中，自由电子数几乎不随温度的升高而增加，电导率主要受晶格散射的影响。

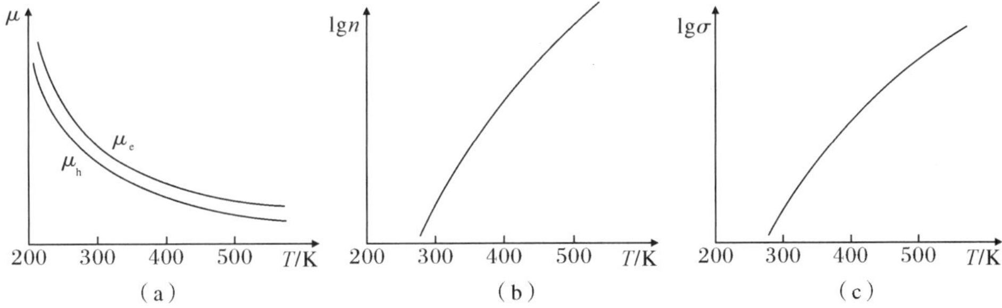

图 2.44　不同参量随温度的变化关系

(a)电子和空穴的迁移率；(b)本征半导体载流子的数目；(c)本征半导体的电导率

对杂质半导体而言，其电导率与温度的关系相对复杂。以 n 型半导体为例。结合式(2.98)，其电导率可写成

$$\begin{aligned}\sigma &= q(n_e\mu_e + n_h\mu_h) + (N_CN_D)^{\frac{1}{2}}\exp\left(-\frac{E_i}{2k_BT}\right)\mu_e q = \\ &N\exp\left(-\frac{E_g}{2k_BT}\right)(\mu_e + \mu_h)q + (N_CN_D)^{\frac{1}{2}}\exp\left(-\frac{E_i}{2k_BT}\right)\mu_e q\end{aligned} \tag{2.103}$$

式中：第一项表示本征半导体对其电导率的贡献，与杂质浓度无关；第二项表示施主杂质对电导率的贡献，与杂质浓度 N_D 有关。

低温下，由于 $E_g > E_i$，所以第二项起主要作用。高温下，杂质能级上的电子全部离解激发，电导率的贡献主要由本征激发为主。因此，在高温下，本征半导体或杂质半导体的电导率与温度的关系式(2.102)可简写成

$$\sigma = \sigma_0\exp\left(-\frac{E_g}{2k_BT}\right) \tag{2.104}$$

式中：σ_0 随温度变化不大，可视为常数。

因此,仿前述方法,可将式(2.104)两边取对数,建立 $\ln\sigma-\frac{1}{T}$ 的半对数直线关系,由直线斜率可求出禁带宽度 E_g。

同样的,p 型半导体电导率可写成

$$\sigma=q(n_e\mu_e+n_h\mu_h)+(N_VN_A)^{\frac{1}{2}}\exp\left(-\frac{E_i}{2k_BT}\right)\mu_hq=$$

$$N\exp\left(-\frac{E_g}{2k_BT}\right)(\mu_e+\mu_h)q+(N_VN_A)^{\frac{1}{2}}\exp\left(-\frac{E_i}{2k_BT}\right)\mu_hq \tag{2.105}$$

结合上述讨论可知,对杂质半导体而言,其电导率随温度的变化关系如图 2.45 所示。AB 段为低温区,施主和受主杂质没有完全电离,温度升高,杂质电离提供的载流子数目不断增加,使电导率增加,这一温度区域称为杂质区。在 BC 段,随着温度的升高,施主和受主杂质完全电离,且本征激发弱,电子和空位数目变化不大,但温度升高使晶格振动加剧,电导率降低,这一温度区域称为饱和区。在 CD 段,本征激发产生的载流子数目随温度升高而迅速增加,则电导率上升,这一温度区域称为本征区。

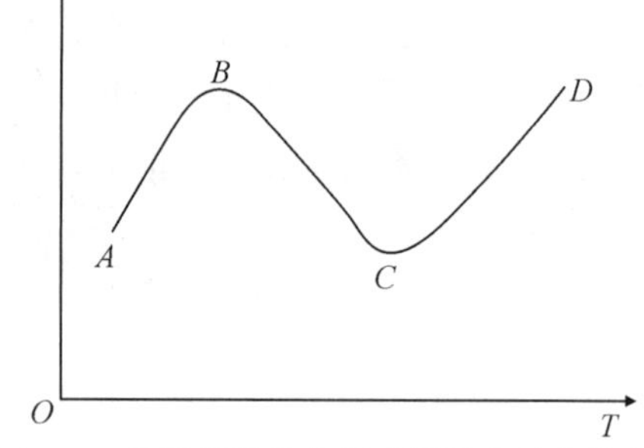

图 2.45　杂质半导体电导率随温度的变化关系

如前所述,半导体中参与导电的载流子为电子和空穴,金属中参与导电的载流子为电子,但实际参与导电的载流子都是电子。由于分析问题的方式不同,在半导体中引入了空穴的概念。造成这一差异的原因与两者的能带结构差异有关。

对本征半导体而言,价带顶端的电子激发后,越过禁带到达导带底部,在价带顶端电子离开后的相应位置出现空穴。若此时半导体处于电场中,则可参与导电的载流子为导带底部的电子和价带顶端的空穴。价带顶端的这些空穴实际为价带更低能级处的电子占据该空穴位置提供了移动空间。因此,对半导体而言,实际参与导电的载流子就是导带底部的电子和价带顶的空穴。半导体的这一分析与金属只考虑电子的移动不同。其根本原因在于实际参与导电的能带结构不同。金属是导带上的电子参与导电,此时只需考虑未填满的导带即可,不用考虑导带下面的禁带和满带。而半导体由于有窄的禁带存在,所以把参与导电的载流子分成导带底部的电子(与金属一样)和价带顶的空穴。在电场中,半导体导带底部的电子往高能级移动,价带顶的空穴往低能级移动。这实际上反映的都是电子的运动。

对 n 型杂质半导体而言,n 型半导体电导率满足式(2.103)。由式(2.103)可以发现,n 型半导体载流子的本征部分(公式的第一项)考虑的是电子和空穴,这个原因与本征半导体的描述一致。而由施主杂质提供的参与导电的载流子主要考虑的是电子(公式的第二项)。在低温下,本征部分可以忽略;在高温下,杂质部分可忽略。

对 p 型杂质半导体而言,p 型半导体电导率满足式(2.105)。由式(2.105)可以发现,p 型半导体载流子的本征部分仍旧考虑的是电子和空穴,原因与上述描述一致。而由受主杂质提供的参与导电的载流子主要考虑的是空穴。同样,在低温下,本征部分可以忽略;在高温下,杂质部分可忽略。

2.6　材料的超导电性

2.6.1　材料超导电性的发现与进展

材料的电阻随着温度的降低而降低。某些材料在温度降低到某一值时出现电阻突然消失的现象，称为超导现象。超导体的发现与低温研究密不可分。在 18 世纪，由于低温技术的限制，人们认为存在不能被液化的“永久气体”，如氢气、氦气等。但 1908 年，荷兰物理学家昂内斯（Heike Kamerlingh Onnes，1853—1926）成功将氦气液化，并通过降低液氦蒸气压的方法，获得了 1.15～4.25 K 的低温。这一低温研究的突破，为超导体的发现奠定了基础。1911 年，他用液氦冷却汞时发现，当温度下降到 4.2 K 时，汞的电阻完全消失，如图 2.46所示。昂内斯将这种现象称为超导电性（superconductivity），具有这种性质的材料称为超导体。普通金属和超导体的典型电阻-温度曲线如图 2.47 所示。昂内斯也因对低温物理所做出的突出贡献，于 1913 年获得诺贝尔物理学奖。

超导体的电阻变为零的温度称为临界温度（critical temperature），以 T_c 表示。金属失去电阻的状态称为超导态，存在电阻的状态称为正常态或常导态。物质由超导转变为正常态，或由正常态转变到超导态，是一种可逆的相变。

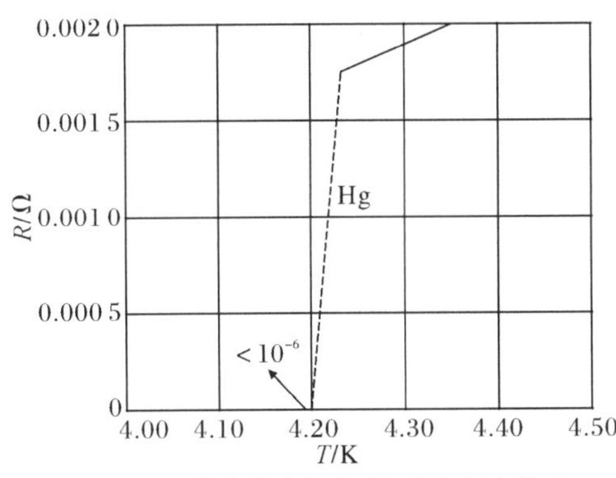

图 2.46　汞试样电阻与绝对温度的关系

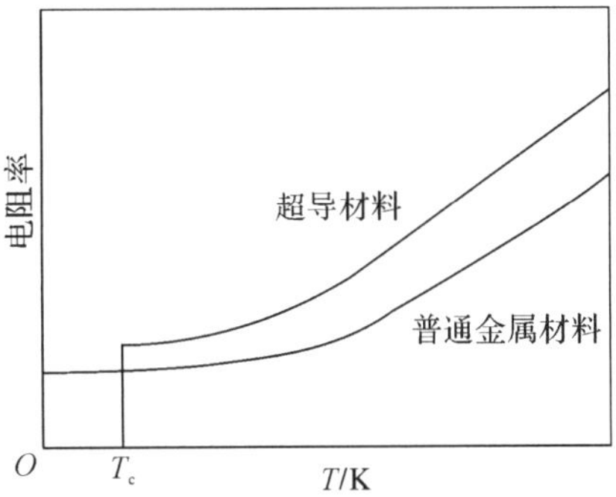

图 2.47　普通金属和超导材料的电阻-温度曲线示意图

在这之后，科学家又发现了包括锡、铅、镍等在内的众多金属元素超导体。随后，又发现了许多具有超导性的合金，以及具有 NaCl 结构的过渡金属碳化物和氮化物。但是，这些物质发生超导现象的温度只有几开尔文。1966 年，研究人员发现的氧缺陷钙钛矿型 $SrTiO_{3-\delta}$有超导性，虽然其临界温度只有 0.55 K，但其意义在于超导材料已扩充到了无机非金属材料。随着超导理论的提出，1973 年，美国科学家发现 Nb_3Ge 的临界温度为 23.2 K。1986 年，德国物理学家贝德诺尔茨（Johannes Georg Bednorz，1950—）和瑞士物理学家米勒（Karl Alexander Müller，1927—2023）首先发现钡-镧-铜-氧（La－Ba－Cu－O）高温氧化物超导体，将超导温度提高到30 K，从而引发了全球范围内关于高温超导体的研究。他们也因此于 1987 年获得诺贝尔物理学奖。随后，美籍华裔科学家朱经武（Paul Ching-Wu Chu，1941—）将超导温度提高到 40.2 K，液氢的“温度壁垒”被跨越。1987 年 2 月，朱经武和我国科学家赵忠贤相继在Y－Ba－Cu－O系材料上把临界超导温度提高到 90 K 以上，液氮的禁区(77 K)也被突破了。1987 年底，Ta－Ba－Ca－Cu－O 系材料又把临界超导温度提高到 125 K。自从高温超导材料被发现以后，一阵超导热席卷了全球。科学家还发现铊系化合物超导材料的临界温度可达 125 K，汞系化合物超导材料的临界温度可达 135 K。如果将汞置于高压条件下，其临界温度更能达到 164 K。1997 年，研究人员发现金铟合金在接近 0 K 时，既是超导体同时也是磁体。1999 年，科学家发现钌铜化合物在 45 K 时具有超导电性。由于该化合物具有独特的晶体结构，所以它在计算机数据存储中的应用潜力将非常巨大。进入 21 世纪，新的超导材料，如掺氟镨氧铁砷化合物的超导临界温度可达 52 K，在压力环境下合成的无氟缺氧钐氧铁砷化合物，其超导临界温度可进一步提升至 55 K。这些成果由于脱开了铜系超导化合物而引起世界学术界的极大关注。由此，超导研究进入了化合物超导时代，新兴超导陶瓷材料的各种新产品的出现，预示着人们期望的划时代的电气和电子革命的到来。

2.6.2 超导体的三个基本特性

超导体有三个基本特性：完全导电性、完全抗磁性、磁通量(flux)量子化。

1. 完全导电性

零电阻特性(完全导电性)是超导体的第一特性。为了证实超导体的电阻为零，昂内斯等曾进行了下列实验，如图 2.48 所示。先将一个铅质的圆环放入磁场中，然后将环冷却到温度低于 T_c(7.2 K)，利用电磁感应使环内激发出感应电流。如果此环的电阻确实为零，那么这个电流就应长期无损地流下去。结果发现，环内电流在两年半的时间内一直没有衰减，这说明圆环内的电能没有损失。这有力地证明了超导体的电阻确实为零，这就是零电阻特性(也叫完全导电性)。同时也说明，超导体是等电位的，即超导体内没有电场。但当温度升到高于 T_c 时，圆环由超导状态变为正常态，材料的电阻骤然增大，感应电流立刻消失，这就是著名的昂内斯持久电流实验。另外，据报道，用 $Nb_{0.75}Zr_{0.25}$ 合金导线制成的超导螺管磁体，估计其超导电流衰减时间不短于 10 万年。

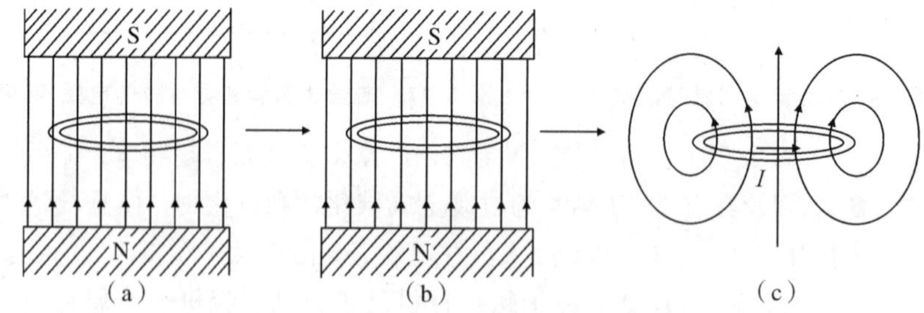

图 2.48 超导体中产生持续电流实验

(a) $T>T_c$，在超导圆环上加磁场，环内无电流；(b) $T<T_c$，转变为超导态，环内无电流；(c) $T<T_c$，突然去掉磁场，圆环内产生持续电流

2. 完全抗磁性

超导态的第二个特性是完全抗磁性。1933 年，德国科学家迈斯纳(Fritz Walter Meissner，1882—1974)和奥克森菲尔德(Robert Ochsenfeld，1901—1993)共同发现了超导体的这一极

为重要的性质。他们对锡单晶球超导体进行磁场分布测量时发现，在小磁场中放入处于超导态的金属，金属体内的磁力线一下被排出，磁力线不能穿过材料体内。也就是说，材料一旦进入超导态，就把原来存在于体内的磁场排挤出去，超导体内的磁感应强度恒为零。不论导体是先降温后加磁场[见图 2.49(a)]，还是先加磁场后降温[见图 2.49(b)]，只要进入超导态，超导体就会把全部的磁通量排出体外。这种超导体从一般状态相变至超导态的过程中对磁场的排斥现象，就是著名的迈斯纳效应(Meissner effect)。

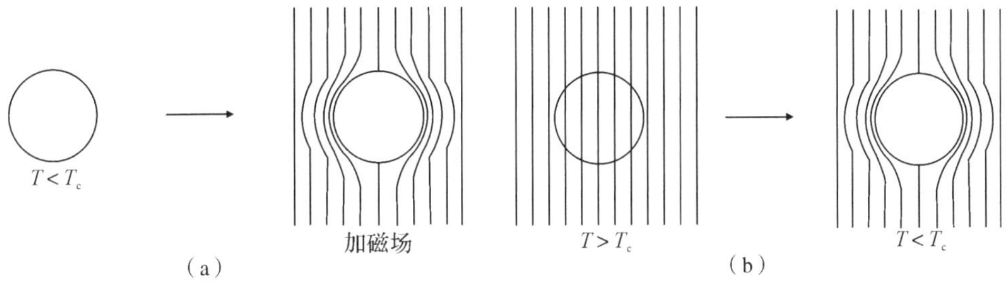

图 2.49　迈斯纳效应示意图

(a)材料先冷至超导态后再加磁场；(b)材料先加磁场后再冷至超导态

超导体呈现完全抗磁性是由于外磁场的作用在试样表面产生感应电流，此电流所经路径电阻为 0，故产生的附加磁场总是与外磁场大小相等、方向相反，因而使超导体内的合磁场为 0。由于此感应电流能将外磁场从超导体内排出，故称抗磁感应电流，因其能起屏蔽磁场的作用，又称屏蔽电流。实际上，磁场还是能穿透超导样品表面上一个薄层的。薄层的厚度称为磁场穿透深度(λ)，典型的 λ 有几十纳米，它与材料的温度有关，即

$$\lambda=\lambda_0[1-(T/T_c)^4]^{-1/2} \tag{2.106}$$

式中：λ_0 为 0 K 下磁场的穿透深度，它是物质常数，一般在 1×10^{-5} cm 左右。如图 2.50 所示，超导体的 λ 值在 T_c 附近增加很快。因此，只有当超导体的厚度比磁场的穿透深度大得多时，超导体才能被看作具有完全抗磁性。

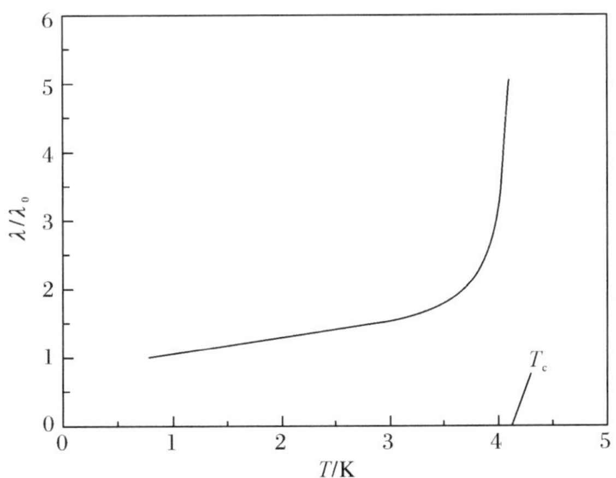

图 2.50　磁场穿透深度与温度的关系(水银胶体)

迈斯纳效应和零电阻现象是实验上判定一个材料是否为超导体的两大要素。迈斯纳效应指明了超导态是一个热力学平衡状态，与如何进入超导态的途径无关。超导态的零电阻

现象和迈斯纳效应是超导态的两个既相互独立，又相互联系的基本属性。单纯的零电阻并不能保证迈斯纳效应的存在，但是零电阻效应又是迈斯纳效应的必要条件。因此，衡量一种材料是否是超导体，必须看其是否同时具备零电阻和迈斯纳效应。

3. 磁通量量子化

超导态的第三个特性是磁通量量子化，或超导隧道效应。它是一种量子效应在宏观尺度上表现的典型实例。1962 年，英国理论物理学家约瑟夫森(Brian David Josephson，1940—)在研究超导电性的量子特性时，从理论上提出了隧道超导电流的预言，也就是著名的约瑟夫森效应(Josephson effect)，此效应是在弱连接超导体中发现的。通常，由绝缘膜或微桥将两超导体相互弱结合在一起，类似夹层很薄的三明治结构，也称约瑟夫森隧道结，或超导隧道结，如图 2.51 所示。约瑟夫森隧道结通常的制备方法是在衬底板(substrate)上用蒸发等方法沉积一层超导膜 SC2，用热氧化等方法生长一层很薄的绝缘膜(thin insulating layer)后，再蒸发另一层超导膜 SC1。在 SC2 和 SC1 交叉处形成超导隧道结。超导隧道结的临界电流一般介于十微安到几十毫安之间。当两种超导材料之间有一薄绝缘层(厚度约为几纳米)，即构成超导体(superconductor)-绝缘体(insulator)-超导体(superconductor)结构(S-I-S 结构)，而形成低电阻连接时，会有“电子对”穿过绝缘层形成隧道电流，可以产生超导电流，而绝缘层两侧没有电压，也就是绝缘层也成了超导体。约瑟夫森效应，即超导隧道效应理论认为，电子对能够以隧道效应穿过绝缘层，在势垒两边电压为零的情况下，将产生直流超导电流，而在势垒两边有一定电压时，还会产生特定频率的交流超导电流。该理论也是超导电子学产生的基础，这一预言随后被实验所证实。约瑟夫森因其预言了隧道超导电流的存在，于 1973 年获得诺贝尔物理学奖。

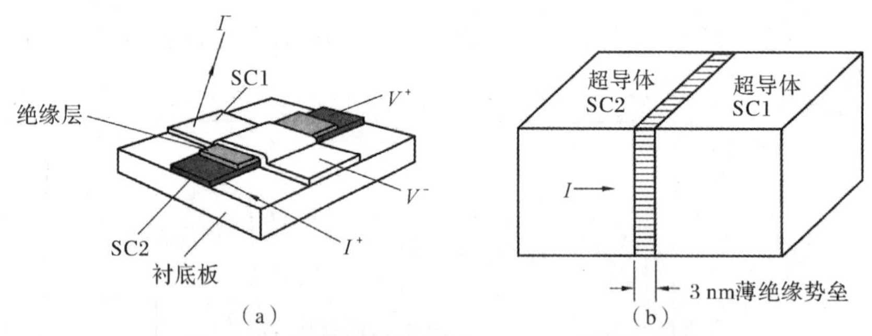

图 2.51 约瑟夫森隧道结和 S-I-S 结构示意图

约瑟夫森效应分为直流约瑟夫森效应和交流约瑟夫森效应。利用直流约瑟夫森效应可以测量较弱的磁场强度，而且精度很高，利用该理论制成的磁强计，灵敏度可达 1×10^{-16} T。而利用交流约瑟夫森效应可以精确测定电压值，并制成精度很高的测压装置，也可以制成保持和比较电动势的装置。此外，人们还利用交流约瑟夫森效应作辐射源。约瑟夫森效应已成为当代电子技术极为重要的课题之一。迄今为止，它已经在国防、医学、科学研究和工业等多方面都得到了应用，在电压标准、磁场探测等方面的发展则更为迅速。目前，在计算机领域，该效应已经被作为逻辑及记忆元件使用。随着人们对约瑟夫森效应研究的不断深入，其应用将会更加成熟和广泛。

2.6.3　超导体的三个临界条件

超导材料的超导电性只有在适当条件下才能显示出来，这称为超导条件，具体包括三个方面：临界转变温度 T_c、临界磁场强度 H_c、临界电流密度 J_c。

1. 临界转变温度 T_c

所有的超导材料，只有在温度低于某个临界温度 T_c 时，才具有超导电性，即当外磁场为零时，超导材料由正常态转变为超导态的温度 T_c 称为超导临界转变温度。显然，超导临界转变温度 T_c 越高越有利于实际应用。表 2.10 给出了一些材料的临界转变温度。

表 2.10　一些材料的临界转变温度

超导材料	T_c/K	超导材料	T_c/K	超导材料	T_c/K
Hf	0.16	Al	1.19	Tc	8.20
Th	0.37	Pa	1.40	Nb	9.20
Ti	0.40	Re	1.70	V_3Si	17.1
Ru	0.49	U	2.00	Nb_3Ga	20.3
Cd	0.52	Tl	2.38	Nb_3Ge	23.2
Zr	0.54	In	3.41	MgB_2	39
Os	0.65	Sn	3.72	$YBaCu_3O_7$	90
Zn	0.86	Hg	4.15	$Tl_2Ba_2Ca_2Cu_3O_{10}$	125
Mo	0.92	Ta	4.40	$HgBa_2CaCu_3O_8$	134
Co	1.09	V	5.03	H_2S	203

从表 2.10 中可以发现，元素超导材料的临界转变温度一般都很低，很少超过 10 K，金属间化物材料临界转变温度最高的是 Nb_3Ge，只有 23.2 K。金属硼化物临界转变温度最高的是 MgB_2，也只有 39 K。超导材料临界转变温度 T_c 较高的主要是金属氧化物，如 $YBaCu_3O_7$ 是 90 K，$HgBa_2CaCu_3O_8$ 可达 134 K。但 2015 年 *Nature* 期刊发表了 H_2S 的临界转变温度 T_c 高达 203 K。

总之，随着不同族别材料的发现，临界转变温度 T_c 在不断提高。

2. 临界磁场强度 H_c

临界磁场强度 H_c 即破坏超导状态所需的最小磁场。当 $T<T_c$ 时，将超导体放入磁场中，如果磁场强度高于某一临界磁场强度 H_c，那么超导体由超导态转变为正常态，磁力线可穿透超导体。温度不同，破坏超导性的临界磁场 H_c 也不同，其与温度 T 的关系为

$$H_c(T)=H_c(0)\left[1-\left(\frac{T}{T_c}\right)^2\right] \tag{2.107}$$

式中：$H_c(T)$为某温度 T 时超导体的临界磁场强度；$H_c(0)$为 0 K 时超导体的临界磁场强度。

图 2.52 给出了不同超导体临界磁场 H_c 与温度 T 的关系。临界磁场 H_c 的大小与超导材料的性质有关，不同材料的 H_c 变化范围很大。H_a 为外加磁场，μ_0 为真空磁导率，曲线

为不同温度 T 下对应的临界磁场 H_c，对某一材料来说，曲线下方的区域为超导态，曲线上方的区域为正常态。

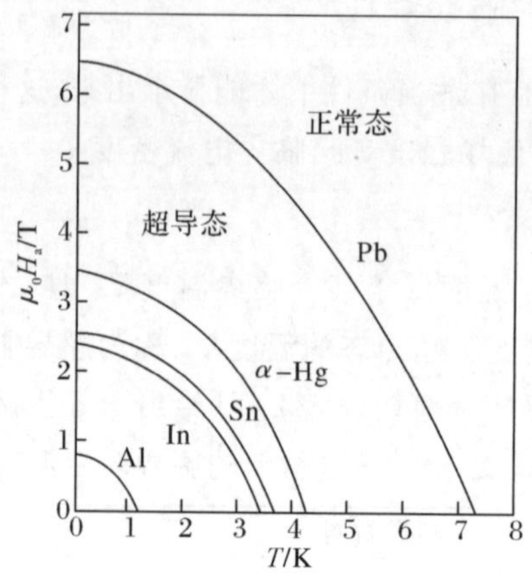

图 2.52　不同超导体不同温度 T 与临界磁场 H_c 的关系

3. 临界电流 I_c 和临界电流密度 J_c

临界电流 I_c，即破坏超导所需的最小电流，单位截面积上所承载的 I_c 称为临界电流密度 J_c。

临界温度 T_c、临界磁场强度 H_c 和临界电流 I_c 是约束超导现象的三大临界条件。这三个物理量相互依存、相互影响，如图 2.53 所示。若把温度降到 T_c 以下，则超导体的 H_c 随之增加。如果输入电流产生的磁场和外加磁场之和超过 H_c，那么超导态被破坏。此时通过的电流或电流密度即为临界值 I_c 或 J_c。随着外加磁场或温度的增加，I_c 或 J_c 相应减小，进而保持材料的超导态。只有当上述三个条件均满足超导材料本身的临界值时，才能发生超导现象。

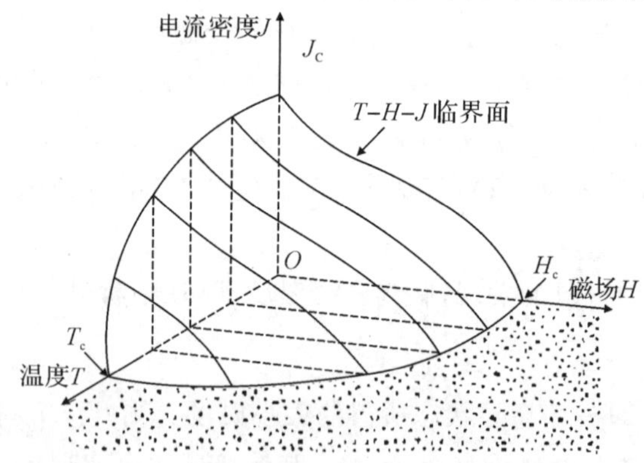

图 2.53　超导状态的 $T-H-J$ 临界面(临界面内为超导状态，临界面外为正常状态)

2.6.4　超导体的分类

超导体依据它们在磁场中的磁化特性可划分为两大类。

第Ⅰ类超导体(type Ⅰ superconductors)，又称 Pippard 超导体或软超导体，除金属元素钒(V)、铌(Nb)和钽(Ta)以外，其余金属元素，如铝(Al)、铅(Pb)、汞(Hg)等都属于第Ⅰ类超导体。目前仅知的属于第Ⅰ类超导体的合金材料是 $TaSi_2$，大量 B 沉积的 SiC 也属于第Ⅰ类超导体。该类超导体的熔点较低，质地较软，亦被称为“软超导体”。第Ⅰ类超导体只

有一个 H_c，低于 H_c 为超导态，高于 H_c 为正常态，也就是说，一旦外加磁场突破临界磁场 H_c，将发生一级相变，超导态突然消失，如图 2.54(a)所示。其特征是由正常态过渡到超导态时没有中间态，并且具有完全抗磁性。第Ⅰ类超导体由于其临界电流密度 J_c 和临界磁场 H_c 较低，因而没有很好的实用价值。

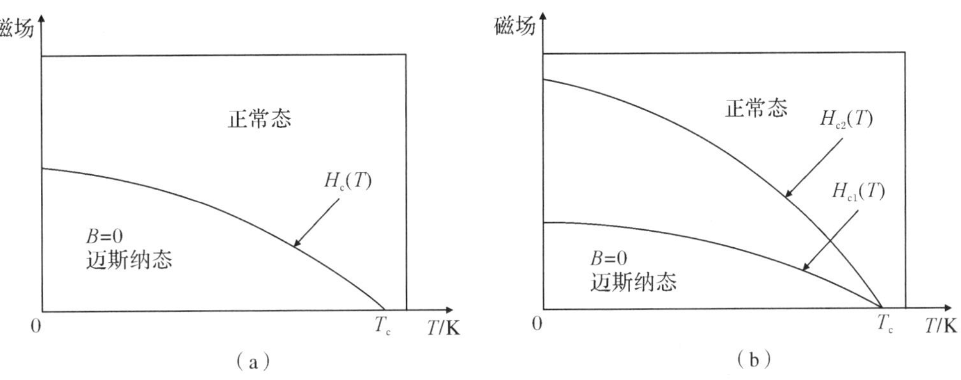

图 2.54　第Ⅰ类超导体和第Ⅱ类超导体的相图

(a)第Ⅰ类超导体的相图；(b)第Ⅱ类超导体的相图

第Ⅱ类超导体(type Ⅱ superconductors)，又称 London 超导体或硬超导体，这类超导体主要包括金属元素钒(V)、铌(Nb)和钽(Ta)以及金属化合物及其合金。该类超导体往往具有两个临界磁场 H_c，即上临界磁场强度 H_{c2} 和下临界磁场强度 H_{c1}。当 $H<H_{c1}$ 时为超导态，当 $H\geqslant H_{c2}$ 时为正常态，H 介于 H_{c1} 和 H_{c2} 之间为混合态。混合态时超导体内有磁力线穿过，有一定的超导性，如图 2.54(b)所示。第Ⅱ类超导体因其具有很高的上临界磁场，所以被广泛应用于高磁场超导线圈领域。

第Ⅱ类超导体和第Ⅰ类超导体的区别如下。

1)第Ⅱ类超导体由正常态转变为超导态时有一个中间态(混合态)。

2)第Ⅱ类超导体的混合态中有磁通线存在，而第Ⅰ类超导体没有。

3)第Ⅱ类超导体比第Ⅰ类超导体有更高的临界磁场、更大的临界电流密度和更高的临界温度。

第Ⅱ类超导体不存在迈斯纳效应。当其处于混合态时，正常导体部分通过的磁力线与电流作用，产生了洛伦兹力，使磁通在超导体内发生运动，要消耗能量。但超导体内总是存在阻碍磁通运动的“钉扎点”，如缺陷、杂质、第二相等。随着电流的增加，洛伦兹力超过了钉扎力，磁力线开始运动，此状态下的电流是该超导体的临界电流。洛伦兹力是用荷兰理论物理学家 H. 洛伦兹(Hendrik Antoon Lorentz，1853—1928)的名字命名的。

第Ⅱ类超导体根据其是否具有磁通“钉扎”中心而分为理想第Ⅱ类超导体和非理想第Ⅱ类超导体。只有体内组分均匀分布，不存在各种晶体缺陷，其磁化行为才呈现完全可逆，称为理想第Ⅱ类超导体。反之，则称为非理想第Ⅱ类超导体或硬超导体。理想第Ⅱ类超导体的晶体结构比较完整，不存在磁通钉扎中心，并且当磁通线均匀排列时，在磁通线周围的涡旋电流将彼此抵消，其体内无电流通过，从而不具有高临界电流密度。非理想第Ⅱ类超导体的晶体结构存在缺陷，并且存在磁通钉扎中心，其体内的磁通线排列不均匀，体内各处的涡旋电流不能完全抵消，出现体内电流，从而具有高临界电流密度，实际上，真正适合于实际应用的超导材料是非理想第Ⅱ类超导体。

物理上，根据金兹堡-朗道参数 κ 的大小决定超导体属于第Ⅰ类还是第Ⅱ类，即

$$\kappa=\lambda/\xi \tag{2.108}$$

式中：λ 为伦敦穿透深度（London penetration depth）；ξ 为超导关联长度（the superconducting coherence length）；κ 为金兹堡-朗道参数（Ginzburg-Landau parameter）。

第Ⅰ类超导体满足 $0<\kappa<1/\sqrt{2}$，而第Ⅱ类超导体满足 $\kappa>1/\sqrt{2}$。

κ 这个参数源自于金兹堡-朗道理论（Ginzburg-Landau Theory，GL 理论）。该理论由苏联物理学家金兹堡（Vitaly Lazarevich Ginzburg，1916—2009）和朗道（Lev Davidovich Landau，1908—1968）共同提出。朗道因其在凝聚态，特别是液氦方面的先驱性贡献，于 1962 年获得诺贝尔物理学奖；金兹堡则因在超导体和超流体领域中做出的开创性贡献，于 2003 年获得诺贝尔物理学奖。

2.6.5 超导现象的物理本质

超导现象发现后，科学家提出了不少超导理论模型，其中以 1957 年由美国物理学家巴丁（John Bardeen，1908—1991）、库珀（Leon Cooper，1930—）和施里弗（John Robert Schrieffer，1931—2019）三人共同创立的的“库珀电子对”理论最为著名，被称为超导 BCS 理论。他们三人也因在超导领域的贡献，获得了 1972 年诺贝尔物理学奖。BCS 理论把超导现象看作一种宏观量子效应，并指出，金属中自旋和动量相反的电子可以配对形成所谓的“库珀电子对”（Cooper pair），简称“库珀对”。

常规导体在传输电流时，电子会与导体原子组成的晶体点阵发生相互作用，将能量传递给晶格原子，晶格原子振动产生热量，造成电能的损失。当在超导临界温度以下时，晶格振动（声子）为媒介的间接作用使电子之间产生某种吸引力，克服库仑排斥，从而导致自由电子不再无序地“单独行动”，而是形成“电子对”。库珀电子对的形成原理可用图 2.55 来描述：电子在晶格中移动时会吸引邻近格点上的正电荷，导致格点的局部畸变，形成一个局域的高正电荷区。这个局域的高正电荷区会吸引自旋相反的电子，和原来的电子以一定的结合能相结合配对。在很低的温度下，电子将不会和晶格发生能量交换，也就没有电阻，在晶格中可无损耗地运动，形成超导电流。

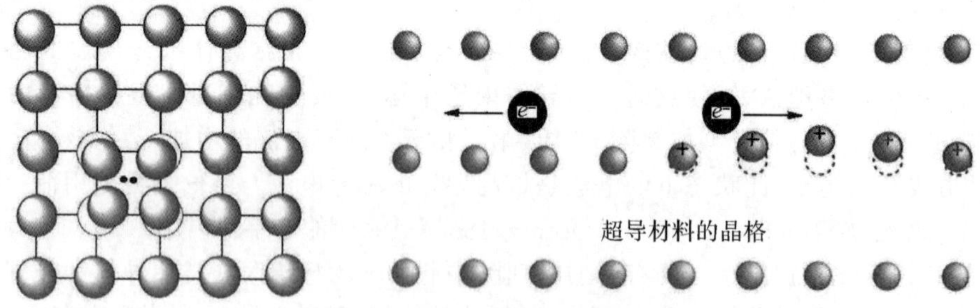

图 2.55 库珀电子对的形成原理

材料变成超导态后，由于电子结成库珀对，能量降低而成为一种稳定态。形成一个超导电子对的能量比形成单独的两个正常态电子的能量低 2Δ，这个降低的能量 2Δ 称为超导体的能隙，而正常态电子则处于能隙以上的能量更高的状态，如图 2.56 所示。能隙 2Δ 的大小与温度有关，且满足

$$2\Delta=6.4k_{\mathrm{B}}T_{\mathrm{c}}\left[1-\left(\frac{T}{T_{\mathrm{c}}}\right)\right]^{\frac{1}{2}} \tag{2.109}$$

式中：k_B 为玻耳兹曼常数；T_c 为临界温度。

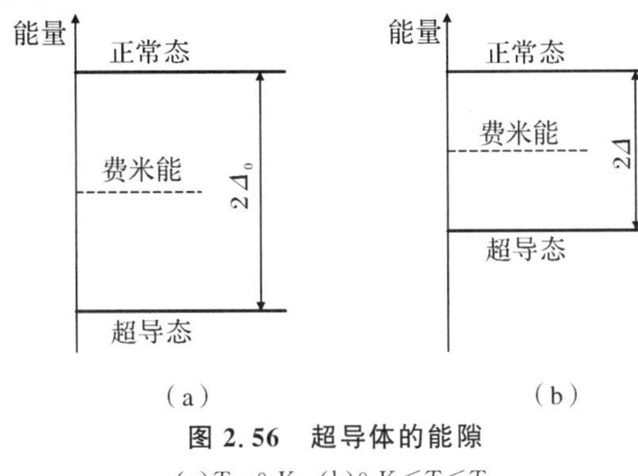

(a)　　　　(b)

图 2.56　超导体的能隙

(a)$T=0$ K；(b)0 K$<T<T_c$

从式(2.109)中可以看出，当 $T=0$ 时，能隙 2Δ 最大。当温度 T 增大到 T_c，或外加磁场强度增加到 H_c 时，能隙减小到零。当电子获得的能量大于 2Δ 时，进入正常态，也就是库珀对变成两个独立的正常态电子。由此可见，温度越低，超导体越稳定。

BCS 理论对金属的超导性能进行了较好的阐述，但不能解释 30 K 以上的超导现象。BCS 理论的影响远远超出了超导理论本身，巴丁等人为解决超导问题采用的研究方法及数学技巧，在其他领域，如核物理、基本粒子等领域也得到了广泛应用。BCS 理论不仅从微观上解释了超导电性，而且还开拓出许多新的研究领域。因此，它被认为是自量子理论发展以来，对理论物理最重要的贡献之一。

2.6.6　超导材料的应用

超导材料的发展与应用大致可以分为三个阶段。

1)从 1911 年到 1957 年，是人类对超导现象的基本探索和认知阶段。在这一阶段的很长时间里，超导只限于科学研究，基本上没有实际的应用。

2)从 1958 年到 1985 年，是人类对超导技术应用的准备阶段。在这一阶段，随着非理想第Ⅱ类超导体、约瑟夫森效应和量子干涉效应的发现，以及超导磁体和超导量子干涉器的研制成功，超导的应用研究逐步展开。这一阶段主要有四大方面的发展，即实用超导材料的发展、超导电子器件的发展、大量技术应用的实验室初探和高超导转变温度超导材料的研究。1986 年以前，超导的实际应用受到低 T_c 的制约，主要局限在科研机构、高校和某些尖端工业部门内。

3)1986 年以后，随着 T_c 为 35 K 的镧-钡-铜-氧(La - Ba - Cu - O)高温氧化物超导体的发现，高温超导材料的研究才取得了重大突破。随后，T_c 超过 90 K 的钇-钡-铜-氧(Y - Ba - Cu - O)等一系列高温氧化物超导体的发现，成为高温超导材料研究领域中一个划时代的标志，使高温超导材料的研究不只停留在理论阶段，这也成为超导大规模应用阶段的真正开始。

超导体的应用范围很广，包括电能输运、电力工程、磁流体发电、受控热核反应、热导线圈储能技术、超导电子计算机、超导电子学器件 、超导磁体技术、超导磁悬浮列车、地球物理探矿技术、地震研究技术、军事应用、生物磁学、医学临床应用、强磁场下物性学、有机超导研究等。美国超导物理学家马蒂亚斯(Bernd Theodor Matthias，1918—1980)曾说：“如能在常温下，例如 300 K 左右实现超导电性，那么现代文明的一切技术都将发生变化。”为纪念马蒂亚斯而设立的“马蒂亚斯奖”(Bernd Matthias Prize)是超导学术界最为重要的奖项。

超导体的应用,基本上可以分为强电强磁应用和弱电弱磁应用两大类。强电强磁的应用,主要基于超导体的零电阻特性和完全抗磁性,以及非理想第Ⅱ类超导体所特有的高临界电流密度和高临界磁场等特性。弱电弱磁的应用,主要以约瑟夫森效应为基础,发展以建立极灵敏的电子测量装置为目标的超导电子学、低温电子学,同时,利用约瑟夫森的交流伏安特性可以进行微波检测。图 2.57 给出了超导体按电性的应用分类。

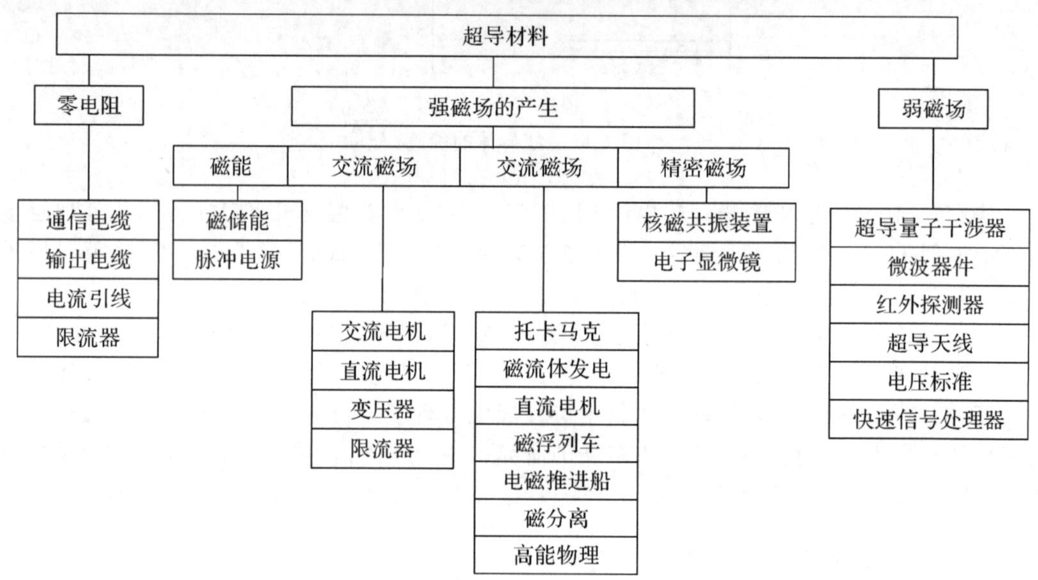

图 2.57　超导体按电性的应用分类

1. 超导强电强磁的应用

超导体在低温下可以实现稳定的零电阻超导态,这意味着线圈可以通过较大的电流而无焦耳热的损失。一方面利用超导输电线进行远程输电,可以大大降低输电过程的能量损失;另一方面,如果给闭合超导线圈通上电流,可以维持较强的恒稳磁场,也就是超导磁体。

超导材料应用于电力领域,可使一些过去无法实现的电力装备问题得到解决,包括超导电缆、超导限流器、超导储能装置和超导电机等。高温超导电缆通常是由电缆芯、低温容器、终端和冷却系统四部分组成的。其中,电缆芯是高温超导电缆的核心部分,包括骨架层、导体层、绝缘层和屏蔽层等主要部件。高温超导电缆具有截流能力大、损耗低、体积小和质量轻等优点,是解决大容量、低损耗输电的一个重要途径。超导限流器作为一种有效的短路电流限制装置,是主要利用超导体的超导/正常态转变特性,能够快速和有效地达到限流作用的一种电力设备。在发生短路故障时,超导限流器能迅速将短路电流限制到可接受的水平,从而避免电网中大的短路电流对电网和电气设备的安全稳定运行构成重大危害,可以大幅度提高电网的稳定性,改善供电的可靠性和安全性。超导储能系统(Superconducting Magnetic Energy Storage, SMES)是利用超导线圈将电磁能直接储存起来,需要时再将电磁能返回电网或其他负载的一种电力设施。超导材料的零电阻特性和高载流能力,使超导储能线圈能长时间、大容量地储存能量。该系统具有反应速度快、转换效率高的优点,对于改善供电品质和提高电网的动态稳定性有巨大的作用。超导电机是指励磁绕组用超导性材料制造的、能在强磁场下承载高密度电流的导线绕制成的一种电机。利用超导性材料在低温环境下电阻变为零的特点，在不是很粗的导线上能通过很强的电流，以产生很强磁场，即形成超导磁体。采用超导磁体可以产生数万乃至几十万高斯的磁场，从而使磁流体的输出功率大大提高。由于此励磁绕组中无功率损耗，所以，电机体积显著缩小、功率密度增大、效率提高。另外，舰艇和飞机可用超导发电机作为能源，从而提高功率。

由于超导体的抗磁性，超导体可被磁场或磁体托起，这便是超导磁悬浮（superconducting maglev）。基于这一原理，可制造出磁悬浮列车。在列车上装有超导磁体系统，当列车运行时，列车下面的铁轨在磁体的交变磁场作用下产生涡流，由涡流产生的磁场与列车上超导磁体的磁场相互作用，产生相斥作用力，可托起列车。托起后的列车可以悬浮在铁轨上。由于其没有摩擦，所以可大大提高列车的行驶速度。在列车两侧安装超导磁体，在导轨的侧壁装上导电板，导轨侧壁的悬浮线圈和导向线圈均与电力电缆相连，一旦列车从中心偏向任一边，列车所靠近的一侧上的线圈将向车体施加斥力，而与列车间距加大的一侧则向车体施加吸力，从而保证列车在任何时候均位于导轨的中心。这样确保超导磁悬浮列车在高速行驶过程中比普通列车更安全。磁悬浮列车还具有很多其他优点，比如速度很高、污染小、爬坡能力强、列车体积小、磁场强、能量消耗小等。

2. 超导弱电弱磁的应用

超导弱电弱磁的应用主要体现在以约瑟夫森效应为基础、以建立极灵敏的电子测量装置为目标的超导电子学领域。作为低温电子学的主体，与超导磁体相并列，弱电弱磁成为目前超导电性的另一大类实际应用，包括超导计算机、超导天线、超导微波器件、超导量子干涉器（Super-conduct Quantum Interfere Device，SQUID）、超导混频器、超导粒子探测器等。自高温超导体发现以后，超导电子学得到了进一步的充实和发展。

2.7　材料导电性能的测量

材料导电性的测量实际上是测量试样的电阻，因为根据试样的几何尺寸和电阻值可以计算出它的电阻率。电阻的测量方法很多，应根据试样阻值大小、精度要求和具体条件选择不同的方法。如果精度要求不高，常用兆欧表、万用表、数字式欧姆表及伏安法等测量，而对于精度要求比较高或阻值在 $1\times10^{-6}\sim1\times10^{2}$ Ω 的材料（如金属及合金的阻值），在测量时，必须采用更精密的测量方法。本节介绍几种在材料研究中常用的精密测量方法。

2.7.1　双电桥

直流电桥是一种用来测量电阻的比较式仪器，它是根据被测量与已知量在桥式线路上进行比较而获得测量结果的。由于电桥具有很高的测量精度和灵敏度，而且有很大灵活性，所以被广泛用于测量电阻。单臂电桥电路中引线电阻和接触电阻无法消除，一般情况下，这些附加电阻为 $1\times10^{-5}\sim1\times10^{-2}$ Ω，在测量小电阻时误差较大，因此单臂电桥只适合测量 $1\times10^{2}\sim1\times10^{6}$ Ω 的电阻。

双臂电桥（亦称双电桥）是测量小电阻（$1\times10^{-6}\sim1\times10^{-1}$ Ω）时常用的仪器。图2.58为双电桥测量原理图。由图 2.58 可见，待测电阻 R_x 和标准电阻 R_N 相互串联，并串联于有直流恒流源的回路中。由可调电阻 R_1、R_2、R_3、R_4 组成的电桥臂线路与 R_x、R_N 线路并联，并在其间的 B、D 点连接检流计 G。

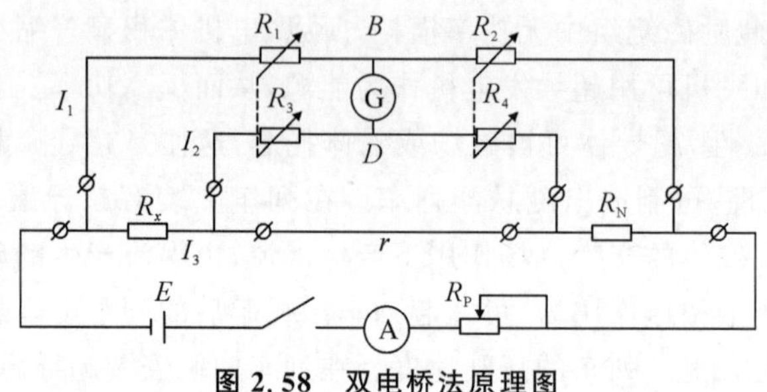

图 2.58　双电桥法原理图

待测电阻 R_x 的测量，归结为调节可变电阻 R_1、R_2、R_3、R_4，使 B 点与 D 点电位相等，此时电桥达到平衡，检流计 G 指示为零。由此得到下列等式：

$$I_3R_x+I_2R_3=I_1R_1 \tag{2.110}$$

$$I_3R_N+I_2R_4=I_1R_2 \tag{2.111}$$

$$I_2(R_3+R_4)=(I_3-I_2)r \tag{2.112}$$

解以上方程，得

$$R_x=\frac{R_1}{R_2}R_N+\frac{rR_4}{R_3+R_4+r}\left(\frac{R_1}{R_2}-\frac{R_3}{R_4}\right) \tag{2.113}$$

式中：$\frac{rR_4}{R_3+R_4+r}\left(\frac{R_1}{R_2}-\frac{R_3}{R_4}\right)$为附加项。在消除 r 的影响时，为了使附加项等于零或接近于零，必须满足的条件是可调电阻 $R_1=R_3$，$R_2=R_4$，即$\frac{R_1}{R_2}-\frac{R_3}{R_4}=0$，这样 $R_x=\frac{R_1}{R_2}R_N=\frac{R_3}{R_4}R_N$。

为了满足上述条件，在双电桥结构设计上有所考虑：无论可调电阻处于何位置，可调电阻 $R_1=R_3$，$R_2=R_4$（将 R_1 与 R_3、R_2 与 R_4 分别做成同轴可调旋转式电阻）。R_1、R_2、R_3、R_4 的电阻不应小于 10 Ω，只有这样，双电桥线路中的导线和接触电阻 r 才可忽略不计（为了使 r 值尽量小，选择连接 R_x 和 R_N 的一段铜导线应尽量短而粗）。

熟练的操作者在双电桥上能以 0.2%～0.3%的精确度测量大小为 $1\times10^{-4}\sim1\times10^{-3}$ Ω 的金属电阻。

2. 直流电位差计测量法

直流电位差计测量法测量金属电阻线路的原理图如图 2.59 所示。精密的电位差计可测量 1×10^{-7} V 的微小电势。由原理图可看出，电位差计法测电阻的原理在于：当一恒定直流电通过试样和标准电阻时，测定试样和标准电阻两端的电压降 U_x 和 U_N，可得 $R_x/R_N=U_x/U_N$，若 R_N 已知，则由此式可得

$$R_x=R_N\frac{U_x}{U_N} \tag{2.114}$$

比较双电桥法和电位差计法可知，当待测金属电阻随温度变化时，电位差计法比双电桥法精度高。这是因为双电桥法在测高温和低温电阻时，较长的引线和接触电阻很难消除。

电位差计法的优点在于导线(引线)电阻不影响电位差计的电势 U_x 和 U_N 的测量。

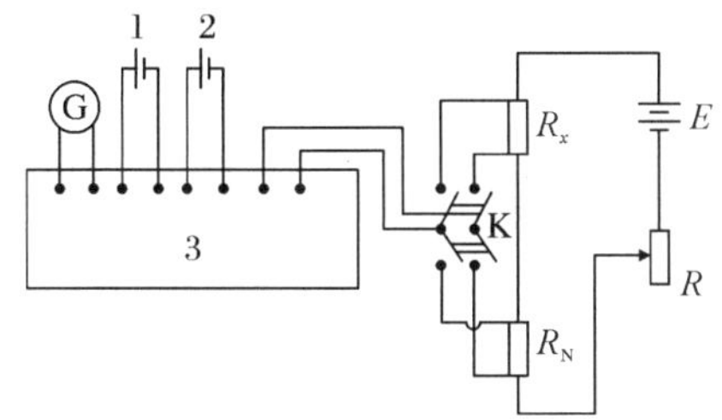

图 2.59　电位差计法测电阻线路的原理图

1—标准电池；2—电位计恒流源；3—电位差计；G—检流计；K—双刀开关；
R_N—标准电阻；R_x—待测电阻；R—可变电阻；E—直流电源

2.8　电阻分析的应用

在材料研究中，对材料导电性能的评价，往往根据测定的电阻率数据的高低来表征。采用电阻分析的方法，可精确测定金属和合金的电阻，以电阻率数据的变化规律间接分析材料组织结构的变化规律。但由于电阻对金属和合金的组织结构变化十分敏感，且影响电阻的因素较多，所以对测定的结果通常难以确切地进行分析。在实际应用中，电阻分析仍是研究合金时效的最有效方法之一，也可用以测定固溶体溶解度曲线，研究不均匀固溶体的形成、固溶体的有序-无序转变、马氏体相变和淬火钢在回火时碳化物的析出，研究金属材料的疲劳过程、裂纹的形成和扩展等断裂问题。

1. 研究合金时效

金属或合金在一定温度下保持一段时间，过饱和固溶体脱溶造成合金强度、硬度等机械性能逐渐升高的现象，称为合金时效。通过测定材料电阻率随时间的变化关系，建立合金的时效动力学曲线，实际可反映出材料在时效过程中其组织结构随时间的变化关系。图 2.60 给出了铝-硅-铜-镁铸造铝合金时效过程电阻率的变化。从图 2.60中可以看出，对某一时效温度下的曲线而言，合金时效初期，电阻率随时间的延长反常升高，这主要与合金中形成 G. P. 区(Guinier-Preston Zones)有关。G. P. 区是法国科学家吉尼尔(André Guinier，1911—2000)和英国科学家普雷斯顿(George Dawson Preston，1896—1972)于 1938 年研究铝-铜合金时效硬化(age-hardened aluminum-copper alloys)时提出的。由于 G. P. 区内溶质原子偏聚造成合金电阻率升高，进而引起基体强化，使其具有良好的机械性能。随着时间的延长，合金固溶体开始脱溶析出新的 θ 相和 β 相，合金电阻率开始下降。随着时效温度升高和时间延长，θ 相和 β 相析出量增加，合金电阻率下降幅度更大。随着时效温度的升高，G. P. 区向稳定相态 θ 相和 β 相的过渡来得越快，使出现峰值的时效时间越短。对合金的综

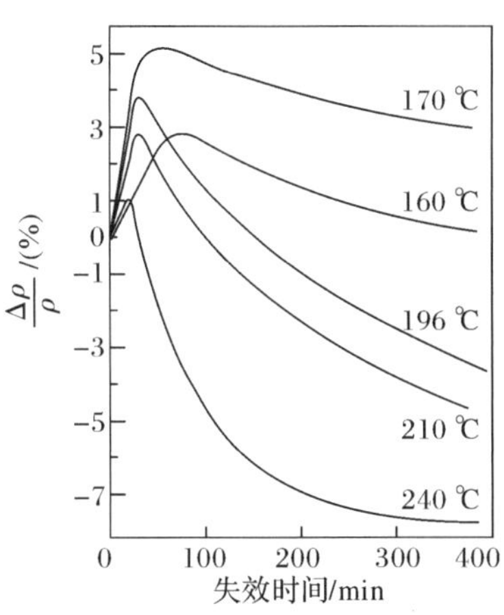

图 2.60　铝-硅-铜-镁铸造铝合金时效过程电阻率的变化

合性能研究表明，该合金最佳时效温度区间为 160～170 ℃。这个例子说明，根据电阻率的变化特性可研究合金的时效过程。

2. 测量固溶体溶解度曲线

电阻法可用于测定合金相图中固溶体的溶解度曲线。通过测定固溶体电阻率随溶质含量的变化，可获得固溶体的溶解度曲线。某合金材料由 A 和 B 两种组元组成二元合金。固态下，B 组元在 A 组元中只能有限溶解，而且溶解度随温度升高而不断增加，曲线 ab 为要测定的固溶度曲线，如图 2.61(a)所示。如果 B 组元全部溶于 A 组元中，得到的是单相 α 固溶体，在曲线 ab 左侧。若 B 组元在 A 组元中的溶解度已达到饱和状态，继续增加 B 组元的浓度，B 组元不能全部溶于 A 组元中，则会形成新的第二相 β，即进入 $\alpha+\beta$ 的两相区。这时，随着 B 组元含量的增加，在曲线 ab 的右侧，电组率 ρ 将沿图 2.61(b)中的直线变化。此时，从图 2.53(b)中可以看出，某一温度下电阻率 ρ 与 B 组元含量关系曲线存在一明显的折点，这一折点就代表 B 组元在 A 组元中某温度下的最大溶解度。

根据上述原理，在实际测量中，首先制备各种不同成分的合金并加工成电阻试样，然后将试样加热到低于共晶温度 T_0 后淬火。如果要测定 T_1 温度下的溶解度，就将试样加热到 T_1 温度，保温足够时间，再进行淬火，这样可把该温度下的组织状态保存下来。在室温测其电阻率 ρ，作出电阻率 $\rho-w(\mathrm{B})$ 的关系曲线，找出折点，即找到了 T_1 温度下 B 组元在 A 组元中的最大溶解度。测定 T_1 温度的最大溶解度后，将全部试样加热到略低于 T_0 温度进行淬火，再加热到 T_2 温度保温，重复上述步骤，可测出 T_2 温度下 B 组元在 A 组元中的最大溶解度。依此方法，可测出 T_1、T_2、T_3 等各温度下的最大溶解度，然后作出温度和成分的关系曲线，即得到合金的溶解度曲线。最后，结合金相及 X 射线衍射分析结果可得到确切的相区。

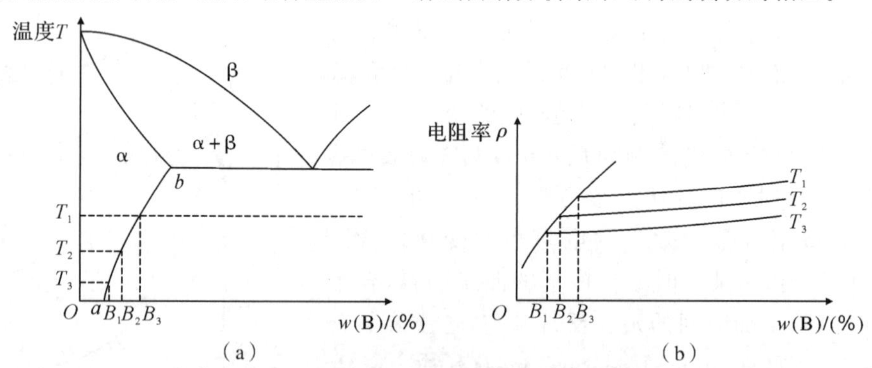

图 2.61 利用电阻法测定固溶体的溶解度曲线

3. 研究材料的疲劳过程

材料的应力疲劳是内部位错的增殖、裂纹的扩展等一系列微观缺陷而导致宏观缺陷出现的过程，将引起电阻的变化。如图 2.62 所示，将开好 V 形缺口的金属镍试样置于可使试样通过稳恒电流的实验机上，并施以每分钟为一个应力周期的周期性载荷。在试样的缺口两边选好探测点以进行电位的测量，所测得的电位变化应代表缺口区域电阻的变化。这一变化将表示疲劳的发展过程。在疲劳过程中，电阻的变化可分为四个阶段：第Ⅰ、Ⅱ阶段电阻的变化不大，即疲劳开始阶段，试样内部缺陷无明显变化；第Ⅲ阶段电阻变化特点是随疲

劳次数 N 的增加，电阻值有缓慢增高的趋势，这对应着材料内部缺陷密度的不断增高；第Ⅳ阶段电阻的变化则比较明显，原因之一是内部缺陷密度急剧增高，内部裂纹已扩展到试样表面。可见，疲劳试样的电阻变化趋势同疲劳过程密切相关。

电阻可以作为研究损伤的一种有效物理量。有研究给出了金属材料电阻 R 与疲劳损伤之间的理论关系，即

$$R=\frac{\rho L}{A_0\left(1-\frac{N}{N_f}\right)^{\frac{1}{n(r)+1}}} \tag{2.115}$$

式中：ρ 为电阻率；L 为试样长度；A_0 为无损伤时的截面积；N 为循环次数；N_f 为疲劳寿命；$n(r)$为材料常数。

在对称循环下，设在应力水平 σ_{max1}、σ_{max2} 下材料的疲劳寿命分别为 N_{f1}、N_{f2}，则满足关系

$$\frac{N_{f1}}{N_{f2}}=\left(\frac{\sigma_{max1}}{\sigma_{max2}}\right)^{-n(r)} \tag{2.116}$$

根据这一关系，只要通过测定材料分别在 σ_{max1}、σ_{max2} 下材料的疲劳寿命 N_{f1}、N_{f2}，代入式中即可求得材料常数 $n(r)$的数值。由此，如果已知材料常数 $n(r)$，那么由式(2.115)就确定了电阻 R 和 N 之间的关系。

目前，电阻法(又称电位法)已广泛用于检验和研究试样中微裂纹的开裂和随后的扩展。用具有明确物理意义的电阻 R 作为参量研究金属材料疲劳损伤演变规律，是一种简便而且有效的方法。

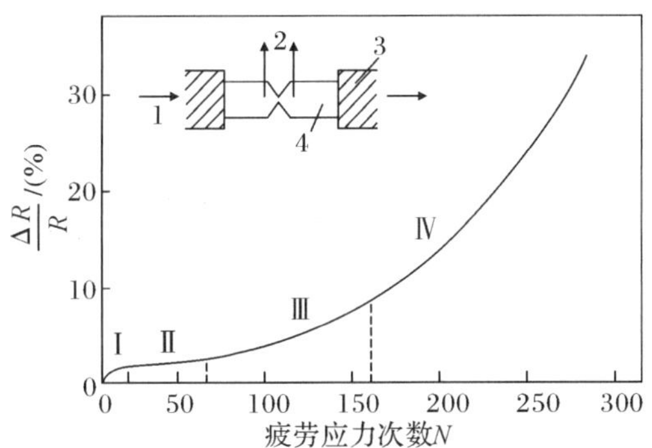

图 2.62　镍在低周期应力疲劳电阻变化曲线

1—恒流电源；2—电位测量；3—夹头；4—片状试样

4. 其他常见的电阻分析应用

其他常见的电阻分析应用还包括用于表征高纯金属的纯度、确定记忆合金相变温度、研究金属材料的空位浓度、研究非晶态合金的晶化、研究合金的有序-无序转变等。

金属的纯度是相对于杂质而言的，这些少量杂质会强烈地影响金属的基本性能。通常，广义上的杂质包括化学杂质和物理杂质。前者是指基体以外的、以替代或填隙等形式掺入的原子或元素；后者主要是指晶体缺陷，如位错及空位等。高纯金属的纯度分析通常有化学方法和物理方法两种。化学方法主要包括质谱法、化学光谱法、X 射线荧光光谱分析技术(X-Ray Fluorescence，XRF)等方法。物理方法通常采用剩余电阻率法，即用高纯金属的剩

余电阻率 RRR 来表示，如式(2.40)所示。

根据马西森定律可知，极低温度下(通常为 4.2 K)的电阻值通常可忽略与温度有关的 $\rho(T)$ 项，ρ_r 起主要作用。图 2.63 给出了某材料表征高纯金属纯度的测试曲线。

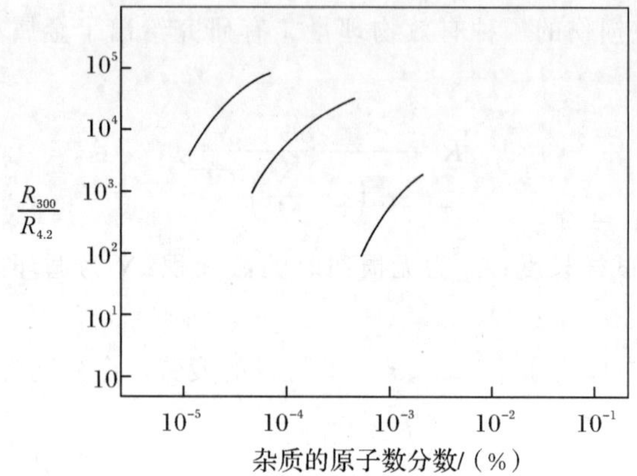

图 2.63 某材料表征高纯金属纯度的测试曲线

图 2.64 为 Cu_3Au 合金在加热时电阻率的变化，主要反映 Cu_3Au 合金在加热过程中的有序-无序转变程度。当合金所处温度高于转变临界温度时，会发生从有序到无序的转变，从而引起电阻增大。如图 2.64 所示，曲线 1 是将无序态的 Cu_3Au 合金淬火后，使其无序状态保持到室温，再加热测得的电阻率 ρ 随温度的变化曲线，此时无序状态的电阻率较高。曲线 3 是合金在有序-无序转变点以上快冷至有序化温度后，再慢冷得到部分有序状态时的电阻率随温度的变化曲线。曲线 2 是合金在转变点以上慢冷得到 Cu_3Au 完全有序，此时，电阻率最低。因此，通过测量电阻率 ρ 可以研究有序-无序转变及不同状态下有序度的估算。

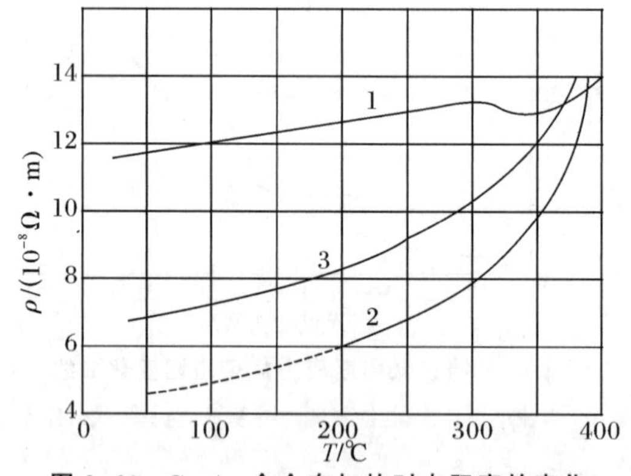

图 2.64 Cu_3Au 合金在加热时电阻率的变化

图 2.65 为 2605 和 2605A 两种非晶合金的电阻率 ρ 与温度 T 的关系。非晶合金是原子无序排列的亚稳态合金，当加热温度高于非晶态合金的晶化温度时，非晶合金将发生晶化，由原子无序的非晶状态转为原子有序的晶化状态，此时，电阻率将发生变化。图 2.65 中，2605 非晶合金的 $\rho-T$ 曲线是用同一种材料的两个试样测得的。第一个试样是温度从 78 K 升到 320 K，第二个试样由 320 K 升到 1 000 K。由图 2.65 可见，两个试样的 $\rho-T$ 曲线衔接得很好。2605 非晶合金大约在 620 K 开始晶化，电阻率开始减小。约在 670 K 晶化完成，电阻率不再减小；当温度继续升高时，电阻率开始增大，然后又开始下降。在实验温度

范围内，$\rho-T$ 曲线出现两个反常下降。1 000 K 以后以 30 K/h 的速度冷却到 300 K，降温的 $\rho-T$ 曲线显示出典型的晶态材料行为。从 2605A 非晶合金的 $\rho-T$ 曲线看出，该非晶合金的晶化温度约在 670 K 开始，电阻率随温度升高迅速减小。但不像 2605 非晶合金减小的那样快，约在 738 K 晶化完成，电阻率不再减小。对 2605A 非晶合金，在 740～1 000 K 温度范围内没有观察到像 2605 非晶合金那样的第二次电阻反常下降现象。因此，利用电阻法研究非晶合金的晶化行为是一种有效的方法。

图 2.66 为淬火钢在回火时的电阻变化。淬火钢通常为马氏体和残余奥氏体组成的多相混合组织，在回火时主要发生马氏体的分解和残余奥氏体的转变。对某一含碳的马氏体而言，淬火钢的电阻比较高。如图 2.66 所示，回火温度在 110 ℃以下时，电阻没有明显的变化，说明淬火组织还没有发生转变。110 ℃时电阻开始急剧下降，这与马氏体开始分解有关。230 ℃时，电阻又发生更为明显的下降，这是残余奥氏体分解的结果。含碳量越高，电阻率下降幅度越大，这与试样中残余奥氏体的含量越多有关。回火温度高于 300 ℃时，电阻变化很小，说明淬火钢分解基本结束。110 ℃、230 ℃和 300 ℃分别代表着回火的不同阶段。图 2.66 所示的电阻随温度变化曲线，清楚地反映了回火过程中的三个阶段与含碳量和加热温度的关系。

总之，上述这些研究的出发点，实际均源于材料自身的各种缺陷、结构、相态等的变化在电阻宏观数值上的反映，也就是说，通过测定不同条件下电阻值的变化，以宏观电阻值的变化间接体现材料微观结构的变化。

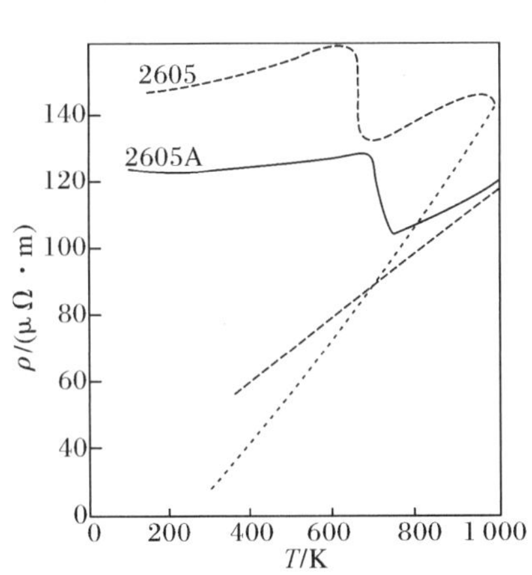

2.65　2605 和 2605A 两种非晶合金的电阻率与温度的关系

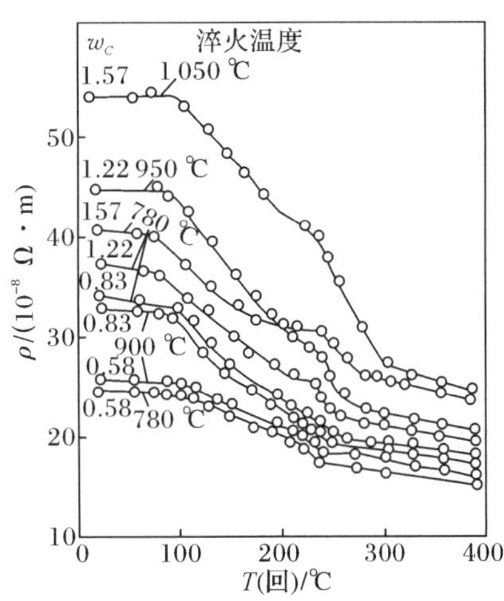

图 2.66　淬火钢在回火时的电阻变化

▶课程思政素材◀

案例一——用科学家的故事激发学生爱国主义热情和学习动力，培养学生不服输的精神、坚忍不拔的毅力和自主学习意识

我国著名半导体学家林兰英院士负责研制成我国第一根硅单晶、第一根无错位硅单晶、第一台高压单晶炉、第一片单异质结绝缘体上硅(SOI)外延材料、第一根 GAP 半晶、第一片双异质结 SOI 外延材料，为我国微电子和光电子学的发展奠定了基础。日本科学家中村修二，他虽然毕业于不知名的大学，但凭着自己一股不服输的精神，不仅获得了博士学位，还成为美国一流大学的教授，入选美国工程院院士，而且由于其在第三代半导体 GaN 研究方面的贡献，获得了2014 年诺贝尔物理学奖。我国超导研究领域先驱赵忠尧院士在艰难的环境中默默坚守，逐渐将“冷板凳”坐热，最终发现了世界领先的高温超导材料，推动了我国在这方面的基础研究。

案例二——用榜样的力量提升年轻学生的民族自豪感和自信心

黄昆院士于西南联大毕业后便前往英国，留学期间提出声子极化激元的概念，他建立起的“黄昆方程”是固体物理教科书中的重要内容，他还受邀与玻恩教授合著《晶格动力学理论》，该书后来成为固体物理领域的权威著作。然而，就在海外学术研究的黄金时期，他却毅然回国，投身于半导体科研人才的培养中，被公认为中国半导体事业的奠基人。在回国之后，他领导中科院半导体所紧跟学术前沿，仅比美国晚一年拉出了第一根单晶硅。黄昆院士还牵头创办了半导体超晶格国家重点实验室，带领中国半导体研究走入了国际前沿领域，解决了多声子无辐射跃迁理论的疑难问题，并和朱邦芬院士一同提出了超晶格中光学声子模式的“黄-朱模型”。在当时艰苦的科研条件下，黄昆院士坚持开展科学研究，再次回到了半导体领域学术研究的世界前沿，给中国的学术界做出了表率，树立起了信心。随着中国国力日渐强盛，中国的科学家也开始不断登顶学术高峰。薛其坤院士带领团队第一个实验验证了量子反常霍尔效应；年仅 22 岁的曹原用实验验证了魔角石墨烯的低温超导特性。越来越多的中国学者在各自的研究领域从“追赶者”变成了“领路人”，其中更有与学生年龄相仿的年轻学者。

案例三——赵忠贤院士对高温超导体方面的研究处于世界领先地位，其成就令人肃然起敬，让学生产生强烈的民族自豪感，激发学生的爱国热情

超导转变温度不断被提高，Y - Ba - Cu - O 系(90 K)、Ba - Sr - Ca - Cu - O 系(110 K)、Ti - Ba - Ca -Cu - O 系(120 K)被称为高温超导体。赵忠贤院士发现了临界温度在液氮以上的超导体—— $YBa_2Cu_3O_{7-\delta}$，首次实现了液氮温度(77 K)以上的超导转变。自此之后，我国掀起了高温超导体的研究热潮，而赵忠贤院士也成为高温超导体研究的先驱者和领导者。

习　题

1.说明以下基本物理概念：迁移数、迁移率、有效质量、电阻温度系数、电阻压应力系数、电阻各向异性系数、离解能、电导活化能、扩散激活能、本征激发、电离能、迈斯纳效应、约瑟夫森效应、超导的三个指标、库珀电子对。

2.经典自由电子理论、量子自由电子理论、能带理论对金属导电性的描述有何差异？造成这些差异的原因是什么？

3.什么是马西森定律？说明金属材料电阻率随温度变化的原因。

4.如何理解应力对金属导电性的影响？

5.离子导电能力随温度变化的关系如何？原因是什么？

6.为什么快离子导体的导电性比一般固体电解质好？

7.解释快离子导体的导电机理。

8. 电子类载流子导电材料和离子类载流子导电材料电导率随温度变化关系的相同点和不同点在哪里？简要说明原因。

9. 半导体导电能力随温度变化的关系如何？原因是什么？

10. 用能带理论说明导体、半导体、绝缘体的导电性差别。

11. 请绘出本征半导体、n 型半导体和 p 型半导体的能带结构示意图，并说明其能带结构的特征。

12. 讨论金属和电解质导电性影响因素时的分析思路有什么不同？请进行说明。

13. 讨论金属和半导体的导电性影响因素时的分析思路有什么不同？请进行说明。

14. 超导材料有什么特性？

15. 解释超导现象的物理本质。

16. 第Ⅰ类超导体和第Ⅱ类超导体有什么区别？

17. 列举几种电阻率随温度升高而异常降低的可能相变，并解释相变对电阻率影响的原因。

18. 实验测出离子型电子的电导率与温度的相关数据，经数学回归分析得出关系式为

$$\lg\sigma = A + B\frac{1}{T}$$

(1)试求在测量温度范围内的电导活化能表达式。

(2)若给定 $T_1=500$ K，$\sigma_1=1\times10^{-9}$ S/cm，$T_2=1\ 000$ K，$\sigma_2=1\times10^{-6}$ S/cm，计算电导活化能的值。

19. 本征半导体中，从价带激发至导带的电子和价带产生的空穴参与导电。激发的电子数 n 可近似表示为

$$n = N\exp(-E_g/2k_BT)$$

式中：N 为状态密度；k_B 为玻耳兹曼常数；T 为绝对温度。试回答以下问题：

(1)设 $N=1\times10^{23}$ cm^{-3}，$k_B=8.6\times10^{-5}$ eV/K 时，Si($E_g=1.1$ eV)、TiO_2($E_g=3.0$ eV)在室温(20 ℃)和 500 ℃时所激发的电子数(cm^{-3})各是多少？

(2)半导体的电导率 σ(S/cm)可表示为

$$\sigma = ne\mu$$

式中：n 为载流子浓度，cm^{-3}；e 为载流子电荷，$e=1.6\times10^{-19}$ C；μ 为迁移率，cm^2/V·s。当电子(e)和空穴(h)同时为载流子时

$$\sigma = n_e e\mu_e + n_h e\mu_h$$

假定 Si 的迁移率 $\mu_e=1\ 450$ cm^2/(V·S)，$\mu_h=500$ cm^2/(V·S)，且不随温度变化。求 Si 在室温(20 ℃)和 500 ℃时的电导率。

20. 一硅半导体含有施主杂质浓度 $N_D=9\times10^{15}$ cm^{-3} 和受主杂质浓度 $N_A=1.1\times10^{16}$ cm^{-3}，求在 $T=300$ K 时($N_i=1.3\times10^{10}$ cm^{-3})的电子空穴浓度以及费米载流子浓度。

第3章 材料的热学性能

热学性能是材料的重要物理性能之一。任何材料及其制品在一定温度环境下使用时，将对不同的温度做出反应，表现出不同的热物理性能，这就是材料的热学性能。一些场合要求材料具有特殊的热学性能：低膨胀性能，如精密天平、标准尺、标准电容等就需要考虑选择低热膨胀系数的材料来制造；好的隔热、绝热性能，如工业炉衬、建筑材料、航天飞行器的防/隔热应用，需要考虑选择低热导率的材料；高导热性能，如燃气轮机叶片、晶体管散热器等则需要使用具有良好导热性的材料来制造。热学性能在材料科学的相变研究中有着重要的理论意义，在工程技术中也占有重要位置。因此，工程上要掌握材料的热学性能。例如，航天工程中选用热学性能合适的材料，可以抵御高热、高寒，节约能源，提高效率，延长使用寿命等。材料的热学性能包括热容、热膨胀和热传导等。另外，材料的组织结构发生变化时，常伴随一定的热效应。在研究热焓与温度的关系中，可以确定热容和潜热的变化。因此，热学性能分析已成为材料科学研究中的一种重要手段，特别是对确定临界点并判断材料的相变特征有重要的意义。

本章主要介绍材料的热容、热膨胀、热传导、热电性等热学性能，并就与材料热学性能相关的宏观/微观本质、影响规律等加以探讨，为材料的选用以及新材料、新工艺的奠定物理理论基础。

3.1 材料热学性能的物理基础

3.1.1 热力学基本定律

热力学(thermodynamics)是从宏观角度研究物质的热运动性质及其规律的学科，与统计物理学(statistical physics)分别构成了热学理论的宏观和微观两个方面。热力学主要是从能量转化的观点来研究物质的热性质，它揭示了能量从一种形式转换为另一种形式时遵从的宏观规律，是通过总结物质的宏观现象而得到的热学理论。该理论不涉及物质的微观结构和微观粒子的相互作用，具有高度的可靠性和普遍性。热力学定律是描述这一热学规律的定律，包括热力学第零定律(zeroth law of thermodynamics)、热力学第一定律(first law of thermodynamics)、热力学第二定律(second law of thermodynamics)和热力学第三定律

(third law of thermodynamics)。

在热力学中，一般把热力学的研究对象称为热力学系统(thermodynamical system)，这一系统是指由大量微观粒子以及与其周围环境以任意方式相互作用着的宏观客体(包括气体、液体或固体)组成。一般把系统的周围环境称为系统的外界或简称外界。当某一系统所处的外界条件发生改变时，系统一般需要经过一定的时间后才能达到一个宏观性质不随时间变化的状态，该状态称为热力学平衡态或热平衡(thermal equilibrium)。

1. 热力学第零定律

热力学第零定律又称热平衡定律。该理论认为，如果两个热力学系统均与第三个热力学系统处于热平衡，那么它们也必定处于热平衡。可以认为，互为热平衡的两个系统的冷热程度相同。温度(temperature)是表征物体冷热程度的物理量，它的特征就在于一切互为热平衡的物体都具有相同的温度数值。热力学第零定律的重要性在于它给出了温度的定义和温度的测量方法。该定律由于是在热力学第一定律和第二定律发现后才认识到其重要性的，所以称为热力学第零定律。

2. 热力学第一定律

热力学第一定律是能量守恒与转化定律。该定律把能量定义为物质的一种属性。系统从外界吸收的热量 Q 等于系统内能(internal energy)的改变 ΔU 与系统对外界做功 W 之和，即

$$Q = \Delta U + W \tag{3.1}$$

式中：Q 为系统吸收的热量；ΔE 为系统内能的变化；W 为系统对外界做的功。
其微分形式为

$$\mathrm{d}Q = \mathrm{d}U + \mathrm{d}W \tag{3.2}$$

热力学第一定律本质上与能量守恒定律是等同的，是一个普适的定律，适用于宏观世界和微观世界的所有体系，适用于一切形式的能量。

3. 热力学第二定律

热力学第二定律表明，在自然状态下，热永远只能由热处转移到冷处。它是关于在有限空间和时间内，一切和热运动有关的物理、化学过程具有不可逆性的经验总结。热力学第二定律又称熵增加原理，即在自然过程中，一个孤立系统的总混乱度不会降低。德国物理学家、数学家克劳修斯(Rudolf Julius Emanuel Clausius，1822—1888)提出了描述这一关系的数学表达式，即克劳修斯不等式(Clausius inequality)。他认为，对于不可逆(irreversible)等温过程，系统在温度为 T 时吸收热量 Q 的过程中，熵(entropy)的增加量大于系统吸收的热量与热力学温度之比；对于可逆(reversible)过程，熵的增加量等于该比值。综合考虑上述情况可得

$$\mathrm{d}S \geqslant \frac{\mathrm{d}Q}{T} \tag{3.3}$$

式中：S 为熵，其物理意义是系统混乱程度的量度，S 越大，则系统越稳定。

熵增加原理从统计的观点看，就是孤立系统内部发生过程总是由热力学概率小的状态向热力学概率大的状态进行，因此，熵的玻耳兹曼统计解释可写成著名的玻耳兹曼熵方程，即

$$S = k_{\mathrm{B}} \ln W \tag{3.4}$$

式中：W 为热力学概率，即一种宏观状态对应的微观状态数目；k_B 为玻耳兹曼常数。

玻耳兹曼熵方程是奥地利物理学家玻耳兹曼（Ludwig Edward Boltzmann，1844—1906）于 1877 年提出的。玻耳兹曼也被视为热力学和统计物理学的奠基人。玻耳兹曼熵方程是统计力学的一个基本关系式。其中，S 为宏观量，W 为微观量。因此，该方程建立了宏观与微观间的联系，为由微观知识计算热力学函数开辟了道路。

根据式(3.4)，当状态由状态“1”变化到状态“2”时，系统的熵增量可以写成

$$\Delta S=S_2-S_1=k_B\ln W_2-k_B\ln W_1=k_B\ln\frac{W_2}{W_1} \tag{3.5}$$

对一个孤立系统发生的过程总是从微观状态数小的状态变化到大的状态，$S_2\geqslant S_1$，即

$$\Delta S=S_2-S_1=k_B\ln\frac{W_2}{W_1}\geqslant 0 \tag{3.6}$$

因此，一个孤立系统（或绝热系统）可能发生的过程，从统计的角度看，仍是熵增加或熵保持不变的过程。

4. 热力学第三定律

热力学第三定律又称绝对零度不能达到原理，即不可能用有限手段使一个物体冷却到绝对温度的零度。绝对零度时，所有纯物质的完美晶体的熵值为 0。第三定律在热力学中是根据实验事实总结出来的，但利用了量子态的不连续概念，可以从量子统计理论导出它的结论。

5. 热力学在材料研究中的作用

我们需要对热力学中常见的状态函数（state function）进行解释。在一定的条件下，系统的性质不随时间而变化，其状态就是确定的，此时，用来表征系统这一状态的物理量就是状态函数。状态函数只对平衡状态的体系有确定值，其变化值只取决于系统的始态和终态，与中间变化过程无关。例如，温度、压力、体积、内能（internal energy，也叫热力学能）、焓（enthalpy）、熵、吉布斯自由能（Gibbs free energy）、亥姆霍兹自由能（Helmholtz free energy）等都是常见的状态函数。这些状态函数间相互关联、相互制约。

下面通过一个例子了解热力学在材料研究中的作用，并借此建立热力学常见物理量的概念和意义。

考虑一个系统，设其内能为 U，则其吉布斯自由能为

$$G=U+pV-TS \tag{3.7}$$

式中：p 为压力；V 为体积；T 为温度。

焓 H 满足

$$H=U+PV \tag{3.8}$$

则吉布斯自由能又可写为

$$G=H-TS \tag{3.9}$$

内能是指组成物体分子的无规则热运动动能（kinetic energy）和分子间相互作用势能（potential energy）的总和，当涉及化学反应时，内能也包括化学能（chemical energy）。焓是热力学中为便于研究等压过程而引入的一个状态函数，它在可逆等压过程中的增量表征热力学系统在此过程中所吸收的热量。在热力学第一定律中，若一个封闭的热力学体系经历一个等压过程，则等压过程中体系吸收或放出的热就等于在此过程中体系的焓变，即 $\Delta H=Q_p$（下

角标 p 表示恒压过程)。自由能(free energy)指的是在某一个热力学过程中,系统减少的内能中可以转化为对外做功的部分。吉布斯自由能是自由能的一种,它的变化可作为等温、等压过程中自发与平衡的判据。在等温、等压反应中,如果吉布斯自由能为负,则正反应为自发;反之则逆反应为自发;如果为 0,那么反应处于平衡状态。这一关系是由美国数学物理学家、数学化学家吉布斯(Josiah Willard Gibbs,1839—1903)提出的。

结合热力学第一定律,吉布斯自由能可按全微分形式写出,即

$$dG = dQ + Vdp - TdS - SdT \tag{3.10}$$

根据热力学第二定律,对于可逆过程,$dQ = TdS$,则有

$$dG = Vdp - SdT \tag{3.11}$$

根据式(3.8),焓的全微分过程可写成

$$dH = TdS + Vdp \tag{3.12}$$

当温度一定时,焓对体积的偏微分可写成

$$\left(\frac{\partial H}{\partial V}\right)_T = T\left(\frac{\partial S}{\partial V}\right)_T + V\left(\frac{\partial p}{\partial V}\right)_T \tag{3.13}$$

式中,下角标 T 表示恒温条件,以下其他参量类似的表示方式含义相同。

体积不变时,温度升高使压力增大,由麦克斯韦方程可知

$$\left(\frac{\partial S}{\partial V}\right)_T = \left(\frac{\partial p}{\partial V}\right)_T > 0 \tag{3.14}$$

式(3.14)表明,温度一定时,S 随 V 的增大而增加。也就是说,对同一种金属,温度相同时,疏排结构的 S 大于密排结构的 S。

对凝聚态来说,体积随温度的变化可以忽略,式(3.13)中的 $V\left(\frac{\partial p}{\partial V}\right)_T \approx 0$,结合式(3.14)的结论可知

$$\left(\frac{\partial H}{\partial V}\right)_T \approx T\left(\frac{\partial S}{\partial V}\right)_T > 0$$

这一关系表明,温度一定时,H 随体积的增大而增加。也就是说,对于同一种金属,温度相同时,疏排结构的 H 大于密排结构的 H。

由吉布斯自由能的表达式(3.9)可知:在低温时,TS 项的贡献很小,G 主要决定于 H 项,疏排结构的焓 H 大于密排结构的 H,此时疏排结构的 G 也大于密排结构的 G,因此,低温下密排相的 G 小,是稳定相;在高温时,TS 项的贡献很大,G 要决定于 TS 项。疏排结构的熵 S 大于密排结构的熵 S,此时疏排结构的 G 小于密排结构的 G,因而在高温下,疏排结构相是稳定相。

从上述讨论中可以看到,基于热力学相关状态函数的关系,可以判断材料状态出现的可能性。利用热力学的基本原理和方法,可以研究材料制备和使用过程中的物理变化和化学反应,获得相应的宏观规律,在材料研究中具有非常重要的意义。

3.1.2　材料热性能的物理本质

材料宏观上所表现的各种热性能,从本质上讲,均与晶格热振动(crystal lattice thermal vibration)有关。晶格热振动,就是指晶格点阵中的质点围绕平衡位置做微小振动。晶体内

的原子并不是在各自的平衡位置上固定不动。由于热运动，所以各原子离开它们的平衡位置；由于原子间的相互作用，所以又有回到平衡位置的趋势。在这两个作用的影响下，每个原子在平衡位置附近做微小振动。晶格振动对晶体的热学性能有些是直接影响，例如，固体的热容、热膨胀、热传导等直接与晶格的振动有关。晶格热振动是晶态物质基本的运动形态之一。

下面借助"固体物理"中关于晶格振动的描述，简要介绍晶格振动，明确与本章内容有关的物理概念。

1. 一维单原子的振动

假设含有 N 个原子的一维单原子链构成一个简单晶格，如图 3.1 所示。每个原胞(primitive cell)内含有一个原子，质量为 m。平衡时，相邻原子间距为 a，原子沿链方向做一维振动。对于原子链上的第 n 个原子，振动后偏离格点的位移用 u_n 表示。对于第 n 个原子相邻的第 $n-1$ 个原子和第 $n+1$ 个原子，振动后偏离格点的位移分别用 u_{n-1} 和 u_{n+1} 表示。其他原子依此类推。

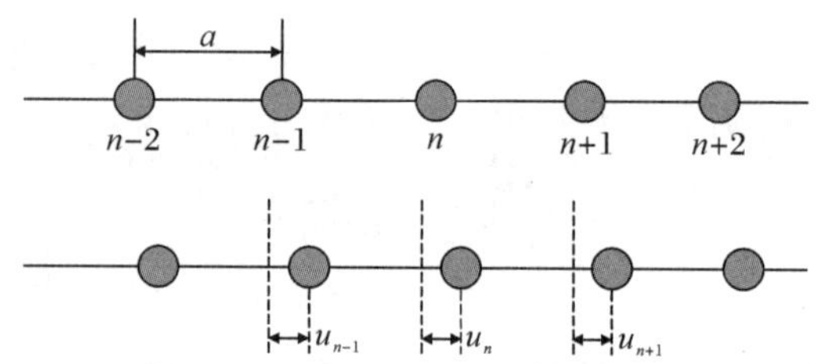

图 3.1 一维晶格振动模型示意图

假设原子间的作用力是与位移成正比、方向相反的弹性力，并且某一原子只与两个最近邻原子间有作用力。需要说明的是，这一假设实际上忽略了其他原子对目标原子的作用力，将问题简化。另外，作用力与位移成正比，实际上是利用了简谐振动的基本特征，即简谐近似(harmonic approximation)，同样使问题得以简化。在此假设下，第 n 个原子受相邻第 $n+1$个原子和第 $n-1$ 个原子的作用力可分别表示为

$$F_{n,n+1}=-\beta(u_n-u_{n+1}) \tag{3.15}$$

$$F_{n-1,n}=-\beta(u_n-u_{n-1}) \tag{3.16}$$

考虑到两个力 $F_{n,n+1}$ 和 $F_{n-1,n}$ 方向相反，则第 n 个原子所受力的合力为

$$F_n=F_{n,n+1}+F_{n-1,n}=\beta(u_{n+1}+u_{n-1}-2u_n) \tag{3.17}$$

利用牛顿第二定律，式(3.17)可以写成

$$m\frac{\mathrm{d}^2u_n}{\mathrm{d}t^2}=\beta(u_{n+1}+u_{n-1}-2u_n) \tag{3.18}$$

式(3.18)实际表示的是晶格中某个原子的运动方程，若原子链有 N 个原子，则有 N 个方程。也就是说，式(3.18)实际代表着 N 个联立的线性齐次方程组，晶格中所有原子都做简谐振动。

方程式(3.18)具有如下形式的解：

$$u_n=A\mathrm{e}^{\mathrm{i}(\omega t-naq)} \tag{3.19}$$

式中：A 为振幅；ω 为频率；q 为波矢。

根据玻恩-卡曼(Born-Von Karman)周期性边界条件：

$$u_n = u_{n+N} \tag{3.20}$$

满足这一边界条件时，必须有

$$e^{iqna} = 1 \tag{3.21}$$

也就要求

$$q = \frac{2\pi}{na} l = \frac{2\pi}{N} l \tag{3.22}$$

式中：l 为整数，可取 0，±1，±2，…。

由式(3.20)～式(3.22)可以看出，周期性边界条件决定了原子振动方程[式(3.19)]具有量子化特征，并且所有原子以相同频率和相同振幅振动。式(3.19)实际表示，晶格中各个原子在振动时，相互之间都存在固定的相位关系。为了清楚地表示每个原子的位移情况，可将每个原子的位移情况绘制在与一维晶格垂直的方向上，即可得到一维晶格振动的具体相位关系，如图 3.2 所示。从图 3.2 中可以看到，在某一时刻 t、某一频率 ω、某一波矢 q 时，每个原子的位移实际已经确定，这也是晶格振动的特点，即在晶格中存在着角频率为 ω 的平面波。晶格中所有原子以相同频率振动而形成的波，或某一个原子在平衡位置附近的振动是以波的形式在晶体中传播，这种晶格振动所呈现的波的特征，称为格波(lattice wave)。一个格波的解表示所有原子同时做频率为 ω 的振动，不同原子之间有相位差。因此，晶格质点间的相互作用力使一个质点的振动引起相邻质点的振动。晶格振动以格波的形式在整个材料内传播。

将式(3.19)代入式(3.18)，则可获得 ω 与 q 之间满足的关系为

$$\omega^2 = \frac{2\beta}{m}(1 - \cos qa) \tag{3.23}$$

$$\omega = 2\sqrt{\frac{\beta}{m}} \left| \sin \frac{1}{2} qa \right| \tag{3.24}$$

通常把振动频率 ω 和波矢 q 之间的关系式称为色散关系(dispersion relation)。图 3.3 为一维单原子链的 $\omega-q$ 函数关系图。

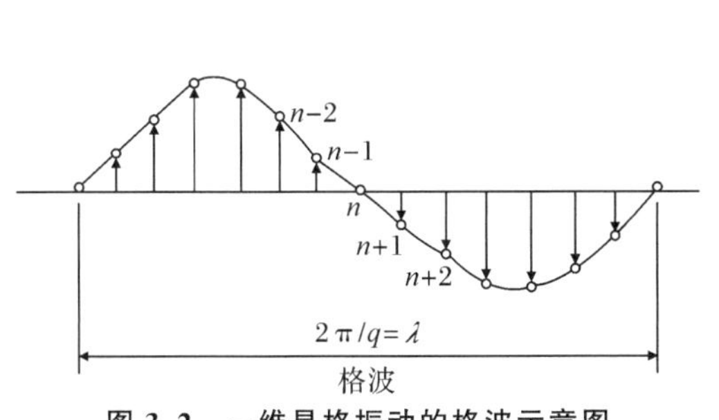

图 3.2　一维晶格振动的格波示意图

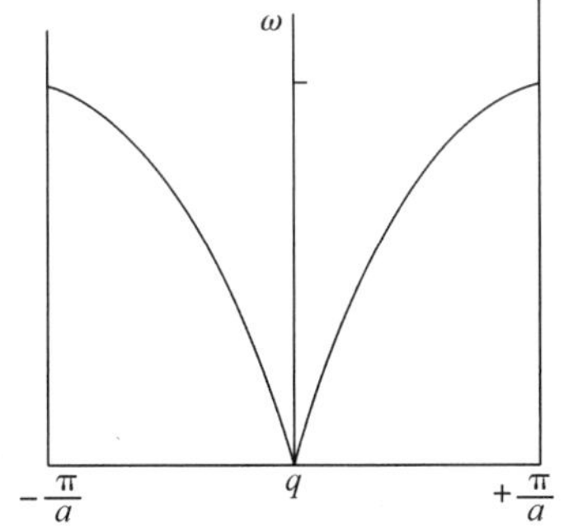

图 3.3　一维原子链的 ω-q 函数关系

2. 一维双原子的振动

假设含有 $2N$ 个原子的一维双原子链构成一个复式简单晶格，如图 3.4 所示。每个原胞内含有两个不同的原子，质量分别为 M 和 m。平衡时，相邻同种原子间距为 $2a$，原子仍限制沿链方向做一维振动。偏离格点的位移用 …，u_{2n-1}，u_{2n}，u_{2n+1}，… 表示。

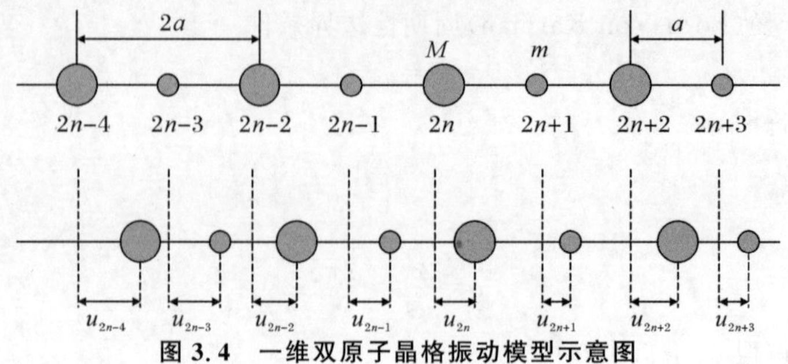

图 3.4　一维双原子晶格振动模型示意图

类比一维单原子链的情况，仍假设只有相邻原子间存在相互作用，并在作用力和位移间取简谐近似，则得到原子的运动方程为

$$\left.\begin{aligned} M\frac{\mathrm{d}^2u_{2n}}{\mathrm{d}t^2}&=\beta(u_{2n+1}+u_{2n-1}-2u_{2n}) \\ M\frac{\mathrm{d}^2u_{2n+1}}{\mathrm{d}t^2}&=\beta(u_{2n+2}+u_{2n}-2u_{2n+1}) \end{aligned}\right\} \tag{3.25}$$

这个方程组的格波解为

$$\left.\begin{aligned} 2u_{2n}&=A\mathrm{e}^{\mathrm{i}(\omega t-2naq)} \\ 2u_{2n+1}&=B\mathrm{e}^{\mathrm{i}[\omega t-(2n+1)aq]} \end{aligned}\right\} \tag{3.26}$$

同样，格波的解仍呈量子化。把式(3.26)代入运动方程[式(3.25)]，除去共同的指数因子，则有

$$\left.\begin{aligned} (2\beta-2\omega^2)A-(2\beta\cos aq)B&=0 \\ -(2\beta\cos aq)A+(2\beta-M\omega^2)B&=0 \end{aligned}\right\} \tag{3.27}$$

若要 A、B 有非 0 解，则式(3.27)的行列式必须等于 0，即

$$\begin{vmatrix} 2\beta-m\omega^2 & -2\beta\cos aq \\ -2\beta\cos aq & 2\beta-M\omega^2 \end{vmatrix}=mM\omega^4-2\beta(m+M)\omega^2+4\beta^2\sin^2 aq=0 \tag{3.28}$$

式(3.28)可以看成关于 ω^2 的一元二次方程，该方程具有两个 ω^2 值，即

$$\left.\begin{aligned} &\omega^2=\begin{cases}\omega_+^2=\omega_+(q) \\ \omega_-^2=\omega_-(q)\end{cases} \\ &\omega^2=\beta\frac{m+M}{mM}\left\{1\pm\left[1-\frac{4mM}{(m+M)^2}\cdot\sin^2 aq\right]^{\frac{1}{2}}\right\} \end{aligned}\right\} \tag{3.29}$$

根据式(3.29)的结果，实际上频率 ω^2 与波矢 q 之间存在着两种不同的色散关系，即对一维复式晶格，可以存在两种独立的格波(一维简单晶格只存在一种格波)，各自的色散关系满足式(3.29)。将式(3.29)的频率 ω 与波矢 q 的关系绘制成曲线，如图 3.5 所示，属于 ω_+ 的格波称为光频支(optical mode)，属于 ω_- 的格波称为声频支(acoustic mode)。

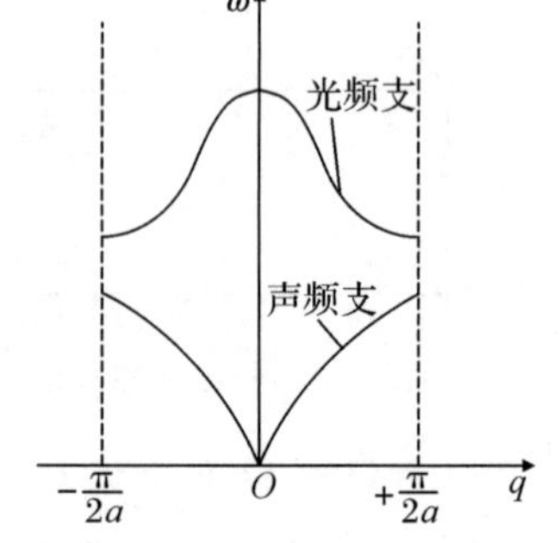

图 3.5　一维双原子模型中 ω 与 q 的关系

从式(3.29)中可以看到双原子复式晶格两种格波的振动频率，声频支格波(声学波)的频率总比光频支格波(光学波)的低。声频支格波振动频率低，可以用声波来激发；光频支格波振动频率高，可以用红外光来激发。声频支和光频支的振动方式不同。其中，声学模式下原胞内原子振动

方向相同,反映原子的整体运动;光学模式下原胞内原子振动方向相反,反映原子的相对运动。将这两种振动方式仿照一维单原子绘制出晶格的相位关系,则会得到两种振动方式,如图 3.6 所示。

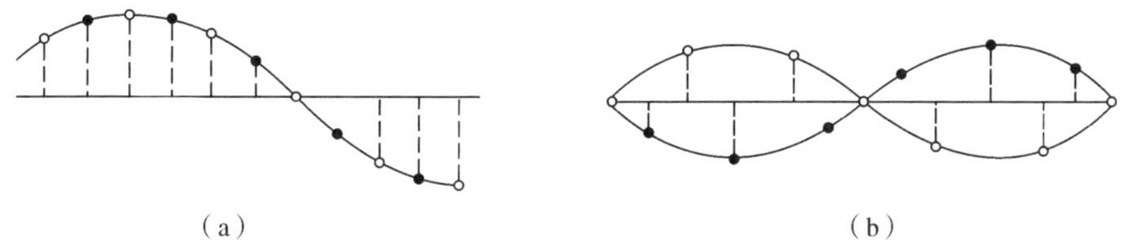

(a)　　　　　　　　　　(b)

图 3.6　一维双原子点阵中的格波

(a)声频支,相邻原子振动方向相同;(b)光频支,相邻原子振动方向相反

对于声学模式,低频下振动的格波,其质点间相位相差不大,格波的传播相当于弹性波。当离子同向运动时,相当于以弹性波形式的原胞整体运动,因此可代表原胞的整体运动。对于光学模式,高频下振动的格波,其质点间相位相差很大,邻近质点的运动几乎相反成对。不同电荷离子反向运动,造成偶极矩变化,即易产生电磁场。当与电磁波作用时,存在离子的电磁场和电磁波耦合,一定条件下易发生共振,即可能在红外区域产生电磁波吸收,从而影响光学性能。将格波能量的量子化单元称为声子(phonon),而电磁波能量的量子化单元称为光子(photon)。

对于具有 N 个质点构成的晶体,各质点热运动时动能的总和就是该物体的热量,即

$$\sum_{i=1}^{N}(\text{动能})_i = \text{热能}$$

当温度升高时,晶格振动的频率和振幅均加大。因此,关注晶体内各质点的动能,实际上可从微观角度解释和分析材料宏观上所表现出的各种热学特性。

3. 晶格振动的量子化——声子

(1)声子概念的由来

晶格振动是晶体中诸多原子(离子)集体在振动,其结果表现为晶格中的格波。一般而言,格波不一定是简谐波,但可以展成为简谐平面波的线性叠加。当振动微弱时,即相当于简谐近似的情况,格波为简谐波,此时,格波之间的相互作用可以忽略,可以认为它们的存在是相互独立振动的模式。每一独立模式对应一个振动态(q)。晶格的周期性给予格波以一定的边界条件,使得独立的模式即独立的振动态是分立的,即 q 均匀取值。因此,可用独立简谐振子的振动来表述格波的独立模式,声子就是晶格振动中的独立简谐振子的能量量子。这就是声子概念的由来。

(2)格波能量量子化

1)三维晶格振动能量。若晶体中有 N 个原胞,每个原胞内含 1 个原子,系统的三维晶格振动具有 $3N$ 个独立谐振子,由于晶体中的格波是所有原子都参与的振动,所以含 N 个原胞的晶体振动能量为 $3N$ 个格波能量之和;在简谐近似下,每个格波是一个简谐振动,晶体总振动能量等于 $3N$ 个简谐振子的能量之和。

2)格波能量量子化。简谐振子的能量用量子力学处理时,每个频率为 ω_i 的谐振子的能量为

$$E(\omega_i)=(n_i+\frac{1}{2})\hbar\omega_i \quad (n_i=0,\ 1,\ 2,\ \cdots) \tag{3.30}$$

则晶格振动的总能量为

$$E=\sum_{i=1}^{3N}\left(n_i+\frac{1}{2}\right)\hbar\omega_i \tag{3.31}$$

式中：ω_i 是格波的角频率；$\frac{1}{2}\hbar\omega_i$ 代表零点能量。

式(3.31)说明，晶格振动的能量是量子化的，晶格振动的能量量子 $\hbar\omega_i$ 称为声子。

(3)声子的性质

1)声子的粒子性。声子和光子相似，光子是电磁波的能量量子，电磁波可以认为是光子流，光子携带电磁波的能量和动量。同样，弹性声波可以认为是声子流，声子携带声波的能量和动量。若格波频率为 ω，波矢为 q，则声子的能量为 $\hbar\omega_i$，动量为 $\hbar q$。由于声子的粒子性，声子和物质相互作用服从能量和动量守恒定律，如同具有能量 $\hbar\omega_i$ 和动量 $\hbar q$ 的粒子一样。

2)声子的准粒子性。准粒子性的具体表现：声子的动量不确定，波矢改变一个周期(倒格矢量)或其倍数，代表同一振动状态，所以不是真正的动量。

准粒子性的另一表现是系统中声子的数目不守恒，一般用统计方法进行计算，用具有能量为 $E(\omega_i)$ 的状态出现的概率来表示。

3)声子概念的意义。可将格波与物质相互作用的过程理解为声子和物质(如电子、光子、声子等)的碰撞过程，这使问题大大简化，得出的结论也正确。

利用声子的性质可以确定晶格振动谱。最重要的实验方法是中子的非弹性散射，即利用中子的德布罗意波与格波的相互作用。其他实验方法有 X 射线衍射、光的散射等。现以中子的非弹性散射为例进行说明。

实验原理：中子与声子的相互作用过程中服从能量和动量守恒定律。设中子的质量为 M_n，入射中子束的动量 $p=\hbar k$，而散射后中子的动量为 $p'=\hbar k'$，则在散射过程中能量守恒方程式为

$$\frac{\hbar^2k^2}{2M_n}=\frac{\hbar^2k'^2}{2M_n}\pm\hbar\omega(q) \tag{3.32}$$

式中：正号表示在相互作用过程中，产生一个声子；负号表示在相互作用过程中，吸收一个声子。动量守恒方程式为

$$\hbar k=\hbar k'\pm\hbar q \tag{3.33}$$

或

$$k=k'\pm q \tag{3.34}$$

如果入射中子的能量很小，不足以激发声子，那么只能吸收声子，此时取负号，有

$$\frac{\hbar^2}{2M_n}(k'^2-k^2)=-\hbar\omega(q) \tag{3.35}$$

因此，只要测出在各个方向上散射中子的能量与入射中子的能量差，就可求出 $\omega(q)$，并根据散射中子束及入射中子束的几何关系求出 $k'-k$，确定 q 值。

实验过程：固定入射中子流的动量和能量，测量不同方向散射的中子流的动量和能量。中子谱仪结构示意图如图 3.7 所示，中子源是反应堆中产生出来的慢中子流。单色器是利用单晶的布拉格反射公式 $2d_{h_1h_2h_3}\sin\theta=n\lambda$ 产生的单色中子流。两个准直器分别用来选择入射和散射中子流的动量方向，分析器用来确定散射中子流的动量大小，原理与单色器的原理相同。

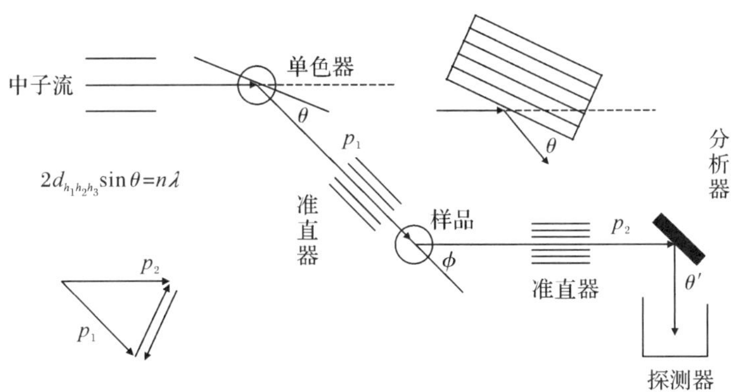

图 3.7　中子谱仪结构示意图

3.2　材料的热容

3.2.1　热容及其与温度的关系

1. 热容的基本概念

热容是分子或原子热运动的能量随温度而变化的物理量，其定义是物体温度升高 1 K 所需要增加的能量。不同温度下，由于物体的热容不一定相同，所以在温度 T 时物体的热容为

$$C_T=\left(\frac{\partial Q}{\partial T}\right)_T \tag{3.36}$$

显然，物体的质量不同，热容不同。为便于比较，可用比热容，即单位质量物质在没有相变和化学反应的条件下升高 1 K 所需的热量，单位是 J/(K·kg)，用小写 c 表示。如果物质的量用 1 mol 表示，那么比热容为摩尔热容，单位是 J/(K·mol)。

$$c=\frac{1}{m}C_T$$

工程上所用的平均比热容是指物质温度从 T_1 到 T_2 所吸收的热量的平均值，即

$$c_{平均}=\frac{Q}{T_2-T_1}\cdot\frac{1}{m} \tag{3.37}$$

平均比热容较粗略，温度范围越大，精确性越差，但工程上常用，使用时需特别注意温度范围。

如果质量为 m 的物质，当温度为 T 时，在一个非常小的温度范围内引起热量变化，那么所描述的该物质的比热容为

$$c=\frac{1}{m}\cdot\frac{\mathrm{d}Q}{\mathrm{d}T} \tag{3.38}$$

式中：c 为真实质量热容。

另外，物质的热容还与它的热过程有关，若温度变化时，外界压力不变，在等压条件下的热容称为定压热容，用符号 C_p 表示。若温度变化时，物体的体积不变，在等容条件下的热容称为定容热容，用符号 C_V 表示。

根据热容的定义和热力学第一定律 $\partial Q=\partial U+p\mathrm{d}V$ 可知，在定压条件下，定压热容为

$$C_p=\left(\frac{\partial Q}{\partial T}\right)_p=\left(\frac{\partial U}{\partial T}+p\frac{\partial V}{\partial T}\right)_p=\left[\frac{\partial(U+p\partial V)}{\partial T}\right]_p=\left(\frac{\partial H}{\partial T}\right)_p \tag{3.39}$$

而在定容条件下，定容热容为

$$C_V=\left(\frac{\partial Q}{\partial T}\right)_V=\left(\frac{\partial U}{\partial T}\right)_V \tag{3.40}$$

式中：Q 为热量；U 为内能；H 为焓，$H=U+pV$，pV 为体积功。

可见，在等压过程中系统吸热等于系统的焓增加，而焓的变化由系统的起始态和终了态决定，与中间过程无关。另外，比较 C_p 和 C_V 发现，$C_p>C_V$。

比热容还有比定压热容 c_p 和比定容热容 c_V。

比定压热容：

$$c_p=\left(\frac{\partial Q}{\partial T}\right)_p\cdot\frac{1}{m}=\left(\frac{\partial H}{\partial T}\right)_p\cdot\frac{1}{m} \tag{3.41}$$

比定容热容：

$$c_V=\left(\frac{\partial Q}{\partial T}\right)_V\cdot\frac{1}{m}=\left(\frac{\partial U}{\partial T}\right)_V\cdot\frac{1}{m} \tag{3.42}$$

因为比定压热容 c_p 中同样含有体积膨胀功，所以 $c_p>c_V$。

在固体材料的研究中，还常用摩尔热容。1 mol 物质温度升高 1 K 所需要的热量称为该物质的摩尔热容，用 C_m 表示，单位为 J/(mol·K)。摩尔热容也有摩尔定压热容 $C_{p,\mathrm{m}}$ 和摩尔定容热容 $C_{V,\mathrm{m}}$，它们和比热容之间有如下关系：

$$C_{p,\mathrm{m}}=c_pM\ ,\quad C_{V,\mathrm{m}}=c_VM \tag{3.43}$$

式中：M 为物质的摩尔质量。

因为温度变化时固体材料的体积也要改变，所以 $C_{p,\mathrm{m}}$ 能实测而 $C_{V,\mathrm{m}}$ 不能实测，同理，$C_{p,\mathrm{m}}>C_{V,\mathrm{m}}$，其热力学关系为

$$C_{p,\mathrm{m}}-C_{V,\mathrm{m}}=\frac{\alpha_V^2V_\mathrm{m}T}{k} \tag{3.44}$$

式中：α_V 为体积膨胀系数，单位为 K^{-1}；V_m 为摩尔体积，单位为 $\mathrm{m}^3/\mathrm{mol}$；$k$ 为体积压缩率，单位为 m^2/N。

结合式(3.41)～式(3.43)来看，定压和定容两种热过程所反映的热容情况不同。定容过程，物体的热量变化实际就是内能的变化，也就是取决于物体内质点热运动的变化情况。因此，基于定容热容讨论物质的微观热运动情况具有很重要的理论意义。但在测量中，由于定容过程很难实现，所以，定容热容难直接测量，只能作为一个理论值存在。对于定压热容而言，通过实验可以比较方便地测得物质的热焓，从而获得定压热容的实验值。但定压热容

除反映物质微观热运动的情况以外，还存在对外做功，这对直接分析物质的微观热运动造成困难，因此，对于易于实验测定的定压热容和便于理论分析的定容可借助式(3.44)方便地实现两者间的换算。也就是说，在实验中，测定的热容值实际是定压热容，而进行理论分析时则用定容热容的概念。

对凝聚态(condensed state)物质而言，因固体材料的 α_V 相对较小，热过程中由于体积变化不大，所以 $C_{p,\mathrm{m}}$ 和 $C_{V,\mathrm{m}}$ 的差可忽略，但在高温时这两者间的差异就增大了，如图 3.8 所示。

2. 热容随温度变化的实验规律

在不发生相变的条件下，金属有相似的 $C_{V,\mathrm{m}}-T$ 曲线，如图 3.9 所示，金属铜的摩尔热容 $C_{V,\mathrm{m}}-T$ 曲线可分为三个区域：Ⅰ区(接近 0 K 时)，$C_{V,\mathrm{m}}\propto T$；Ⅱ区(低温区)，$C_{V,\mathrm{m}}\propto T^3$；Ⅲ区(高温区)，$C_{V,\mathrm{m}}$变化平稳，近似恒定值。

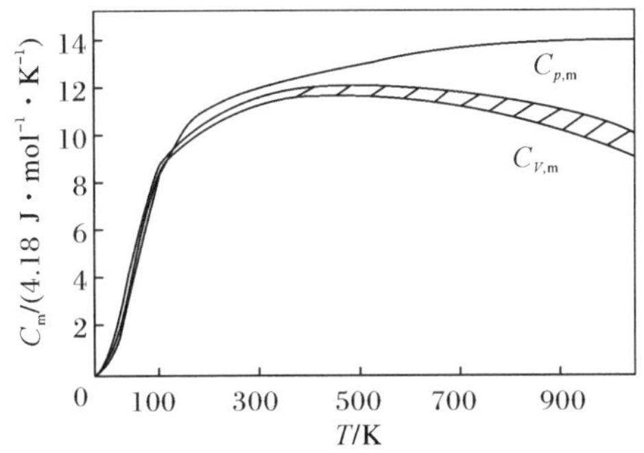

图 3.8　NaCl 的摩尔热容与温度之间的关系

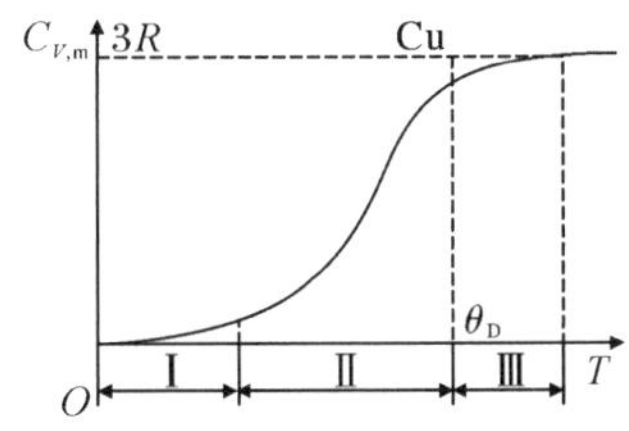

图 3.9　金属铜的摩尔热容随温度的变化曲线

3.2.2　晶态固体热容的理论

1. 经典热容理论

经典热容理论把理想气体热容理论应用于固态晶体材料。其基本假设是将晶态固体中的原子看成是彼此孤立地做热振动，并认为原子振动的能量是连续的，这样就把晶态固体原子的热振动近似地看作与气体分子的热运动相类似。

根据经典理论，内能主要是晶格振动的结果(未考虑电子运动能量)，能量按自由度均分原理，1 mol 固体中，所有原子振动时具有的总能量为

$$E=3N_\mathrm{A}(\bar{E}_{\text{动能}}+\bar{E}_{\text{势能}})=3N_\mathrm{A}\left(\frac{1}{2}k_\mathrm{B}T+\frac{1}{2}k_\mathrm{B}T\right)=N_\mathrm{A}k_\mathrm{B}T=3RT \tag{3.45}$$

式中：3 是指 3 个自由度；$\bar{E}_{\text{动能}}$、$\bar{E}_{\text{势能}}$是指原子每一个振动自由度的平均动能和平均势能，其数值均为$\frac{1}{2}k_\mathrm{B}T$；R 是指普适气体常数，$R=8.314$ J/(mol · K)。

根据固体的摩尔定容热容定义，有

$$C_{V,\mathrm{m}}=\left(\frac{\partial E}{\partial T}\right)_V=3N_\mathrm{A}k_\mathrm{B}=3R=24.91\approx 25\ \mathrm{J/(mol\cdot K)} \tag{3.46}$$

式(3.46)说明,经典理论认为固体的热容是一个与温度无关的常数,其数值近似于25 J/(mol·K),称为元素的热容经验定律,或杜隆-珀替定律(Dulong-Petit law)。该理论是1819年法国物理和化学家杜隆(Pierre Louis Dulong,1785—1838)和法国物理学家珀替(Alexis Thérèse Petit,1791—1820)通过测定许多单质的比热容之后发现的。因为比热容和原子量的乘积就是1 mol原子温度升高1 K时所需的热量,称为原子热容,所以这个定律也称原子热容定律,即"大多数固态单质的原子热容几乎都相等"。

另外,根据经典热容理论,还产生了另一个晶体热容经验定律,即科普定律。科普定律也称为化合物热容定律,其主要内容为化合物分子热容等于构成此化合物各元素原子热容之和。对于双原子构成的固体化合物,其1 mol化合物中的原子数为$2N_A$,则其摩尔定容热容为$C_{V,m}=2\times25$ J/(mol·K)=50 J/(mol·K)。对于三原子的固态化合物,其摩尔定容热容为$C_{V,m}=3\times25$ J/(mol·K)=75 J/(mol·K)。其余依此类推。表3.1给出了一些金属的摩尔热容数据。

表3.1 一些金属的摩尔热容

金属	T/K	$C_{p,m}$/J·(mol^{-1}·K^{-1})	$C_{V,m}$/J·(mol^{-1}·K^{-1})	金属	T/K	$C_{p,m}$/J·(mol^{-1}·K^{-1})	$C_{V,m}$/J·(mol^{-1}·K^{-1})
Cu	293	24.3	23.7	Cu	773	28.1	26.0
Cu	1 273	31.4	27.2	Ag	293	25.1	24.1
Ag	773	28.1	25.1	Ag	1 173	30.6	25.5
Au	293	25.7	24.3	Au	773	28.1	25.1
Au	1 273	31.0	25.5	Pt	293	25.5	24.9
Pt	773	28.5	26.8	Pt	1 873	31.2	27.8
Pb	293	26.6	24.7	Pb	773	26.4	26.8
W	1 600	—	29.32	Mo	1 300	—	30.66
W	1 900	—	30.95	Mo	1 600	—	32.59
W	2 200	—	32.59	Mo	1 900	—	35.11
W	2 500	—	34.57	Mo	2 200	—	39.69
W	2 800	—	37.84	Mo	2 500	—	48.03
W	3 100	—	43.26	Nb	1 300	—	27.68
W	3 400	—	43.16	Nb	1 600	—	29.23
Ta	1 300	—	28.14	Nb	1 900	—	30.91
Ta	1 600	—	28.98	Nb	2 200	—	33.43
Ta	1 900	—	29.85	Nb	2 500	—	37.08
Ta	2 200	—	30.87				
Ta	2 500	—	32.08				
Ta	2 800	—	34.06				

实际上,大部分元素的原子热容都接近25 J/(mol·K),特别是在高温时符合得更好。但轻元素的原子热容需要改用表3.2中的数值。

表 3.2　轻元素的原子热容

元　素	H	B	C	O	F	Si	P	S	Cl
$C_{p,m}/[J\cdot(mol^{-1}\cdot K^{-1})]$	9.6	11.3	7.5	16.7	20.9	15.9	22.5	22.5	20.4

杜隆-珀替定律成功之处在于，在实际材料中，高温下与试验结果基本符合。其局限性：不能说明高温下不同温度热容有微小差别的现象；不能说明低温下热容随温度的降低而减小，在接近绝对零度时，热容按 T 的三次方趋近与零的试验结果。经典热容理论只是用于特定的温度范围。

2.晶态固体热容的量子理论

普朗克提出振子能量的量子化理论之后，量子理论认为，质点的能量都是以 ω 为最小单位计算的，这一最小的能量单位称为量子能阶。由于此处考虑的是晶体晶格中原子的振动，所以，此时原子振动的能量最小化单元称为声子。据量子理论，振子受热激发所占的能级是分立的，它的能级在 0 K 时为 $(1/2)\hbar\omega$，称为零点能(zero point energy)。之后，依次的能级是每隔 $\hbar\omega$ 升高一级，某一能级上的能量大小是 $\hbar\omega$ 的倍数，因此，振子的振动量为

$$E_n=(1/2)\hbar\omega+n\hbar\omega \tag{3.47}$$

式中：E_n 为角频率为 ω 的振子振动能；n 为声子量子数(整数)，$n=0,1.2,\cdots$；$(1/2)\hbar\omega$ 为零点能，一般可忽略。

振子在不同能级的分布服从玻耳兹曼能量分布规律。根据玻耳兹曼能量分布规律，振子具有能量为 $E_n=n\hbar\omega$ 的振子数目正比于 $\exp(-n\hbar\omega/k_B T)$。

因此，在温度为 T 时，以频率 ω 振动的一个振子的平均能量为

$$\overline{E(\omega)}=\frac{\sum_{n=0}^{\infty}n\hbar\omega\left[\exp\left(-\frac{n\hbar\omega}{k_B T}\right)\right]}{\sum_{n=0}^{\infty}\left[\exp\left(-\frac{n\hbar\omega}{k_B T}\right)\right]} \tag{3.48}$$

将式(3.48)化简可得

$$\overline{E(\omega)}=\frac{\hbar\omega}{\exp\left(\frac{\hbar\omega}{k_B T}\right)-1} \tag{3.49}$$

在高温时，$k_B T\gg\hbar\omega$，则有

$$\exp\left(\frac{\hbar\omega}{k_B T}\right)\approx 1+\frac{\hbar\omega}{k_B T}$$

因此，

$$\overline{E(\omega)}=k_B T \tag{3.50}$$

式(3.50)说明，每个振子单向振动的总能量与经典理论一样。若 1 mol 物质，其每个原子有 3 个自由度，每个自由度都认为是一个振子在振动，则 1 mol 该物质的摩尔热容为

$$C_{V,m}=\left(\frac{\partial E}{\partial T}\right)_V=\left\{\frac{\partial}{\partial T}[3N_A\cdot\overline{E(\omega)}]\right\}_V=3N_A k_B=3R=$$
$$24.91\ J/(mol\cdot K)\approx 25\ J/(mol\cdot K) \tag{3.51}$$

已知以频率 ω 振动的一个振子的平均能量满足式(3.48)，根据上述有关声子的定义，

则在温度为 T 时的平均声子数为

$$n_{\mathrm{aV}}=\frac{\overline{E(\omega)}}{\hbar\omega}=\frac{1}{\exp\left(\frac{\hbar\omega}{k_{\mathrm{B}}T}\right)-1} \tag{3.52}$$

式(3.52)说明,受热晶体的温度升高,实质上是晶体中热激发出声子的数目增加。实际上,在晶体中,原子的振动是以不同频率格波叠加起来的合波。晶体中的振子不止一种,振动频率也不唯一,而是一个频谱。由于 1 mol 固体中有 N_{A} 个原子,每个原子的热振动自由度是 3,所以 1 mol 固体的振动可看作 $3N_{\mathrm{A}}$ 个振子的合成运动,则 1 mol 固体的平均能量为

$$\bar{E}=\sum_{i=1}^{3N_{\mathrm{A}}}\frac{\hbar\omega_i}{\exp\left(\frac{\hbar\omega_i}{k_{\mathrm{B}}T}\right)-1} \tag{3.53}$$

式中:$\bar{E}$ 为 1 mol 固体的平均能量。

根据热容的定义,此时 1 mol 固体的摩尔热容为

$$C_{V,\mathrm{m}}=\left(\frac{\partial\bar{E}}{\partial T}\right)_V=\sum_{i=1}^{3N_{\mathrm{A}}}k_{\mathrm{B}}\left(\frac{\hbar\omega_i}{k_{\mathrm{B}}T}\right)^2\cdot\frac{\exp\left(\frac{\hbar\omega_i}{k_{\mathrm{B}}T}\right)}{\left[\exp\left(\frac{\hbar\omega_i}{k_{\mathrm{B}}T}\right)-1\right]^2} \tag{3.54}$$

式(3.54)即为按照量子理论计算得到的热容表达式。

从上述讨论可知,物质的热容实际上反映的是晶体受热后激发出的格波与温度的关系。对于 N 个原子构成的晶体,在热振动时形成 $3N$ 个振子,各个振子的频率不同,激发出的声子能量也不同。温度升高,原子振动的振幅增大,该频率的声子数目也随之增大。温度升高,在宏观上表现为吸热或放热,实质上是各个频率声子数发生变化。由式(3.54)可知,如果要精确计算得到物质的热容,那么必须知道振子的频谱。这是一个非常困难的事情。因此,通常人为创造相应的假设条件来简化这一关系,即得到爱因斯坦模型和德拜模型。

3. 爱因斯坦理论

1906 年,爱因斯坦引入点阵振动能量量子化的概念,把晶体点阵中的原子看作独立的谐振子,以相同的频率 ω 做相互无关的独立振动,如图 3.10 所示,振动的能量是量子化的。

在这种假设下,1 mol 固体的平均能量 $\bar{E}$ 即式(3.53),可简化成

$$\bar{E}=3N_{\mathrm{A}}\cdot\frac{\hbar\omega_i}{\exp\left(\frac{\hbar\omega_i}{k_{\mathrm{B}}T}\right)-1} \tag{3.55}$$

因此,根据热容的定义可得

$$C_{V,\mathrm{m}}=\left(\frac{\partial\bar{E}}{\partial T}\right)_V=3N_{\mathrm{A}}\cdot k_{\mathrm{B}}\left(\frac{\hbar\omega_i}{k_{\mathrm{B}}T}\right)^2\cdot\frac{\exp\left(\frac{\hbar\omega_i}{k_{\mathrm{B}}T}\right)}{\left[\exp\left(\frac{\hbar\omega_i}{k_{\mathrm{B}}T}\right)-1\right]^2} \tag{3.56}$$

令

$$\theta_{\mathrm{E}}=\frac{\hbar\omega}{k_{\mathrm{B}}}$$

则式(3.56)可以写成

$$C_{V,\mathrm{m}}=3N_{\mathrm{A}}\cdot k_{\mathrm{B}}\left(\frac{\theta_{\mathrm{E}}}{T}\right)^{2}\cdot\frac{\exp\left(\frac{\theta_{\mathrm{E}}}{T}\right)}{\left[\exp\left(\frac{\theta_{\mathrm{E}}}{T}\right)-1\right]^{2}}=3Rf_{\mathrm{E}}\left(\frac{\theta_{\mathrm{E}}}{T}\right) \tag{3.57}$$

此式称为爱因斯坦量子比热容公式。式中：θ_{E} 为爱因斯坦特征温度；$f_{\mathrm{E}}\left(\frac{\theta_{\mathrm{E}}}{T}\right)$为爱因斯坦比热函数。

选取合适的频率 ω 可以使理论值与实验值吻合得很好，图 3.11 给出了爱因斯坦热容理论曲线与实验曲线的对比结果。

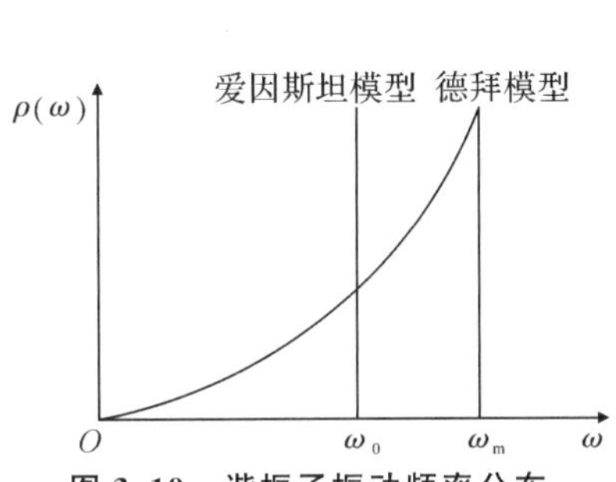

图 3.10　谐振子振动频率分布

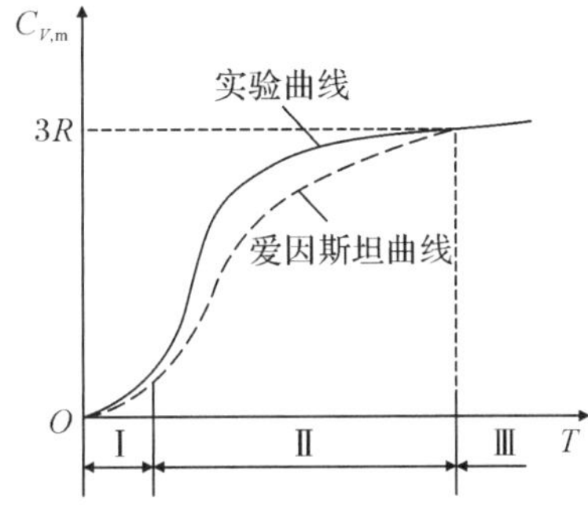

图 3.11　爱因斯坦热容理论曲线与实验曲线的对比

从图 3.11 中可以看出，爱因斯坦热容理论曲线与实验曲线均可分成 3 个区域。

在高温范围内（第Ⅲ区），当温度 $T\gg\theta_{\mathrm{E}}$ 时，$\exp\left(\frac{\theta_{\mathrm{E}}}{T}\right)\approx1+\frac{\theta_{\mathrm{E}}}{T}$，则有

$$C_{V,\mathrm{m}}=3R\left(1+\frac{\theta_{\mathrm{E}}}{T}\right)\approx3R \tag{3.58}$$

这一结论与杜隆-珀替定律一致，与实验结果相符合。

当 T 趋于 0 时（第Ⅰ区），$C_{V,\mathrm{m}}$也趋于 0，又与实验相符。

在低温范围内（第Ⅱ区），当温度 $T\ll\theta_{\mathrm{E}}$ 时，可得

$$C_{V,\mathrm{m}}=3R\left(\frac{\theta_{\mathrm{E}}}{T}\right)^{2}\exp\left(-\frac{\theta_{\mathrm{E}}}{T}\right) \tag{3.59}$$

这一结论说明，$C_{V,\mathrm{m}}$值按指数规律随温度 T 变化而变化，与从实验中得出的按 T^3 变化的规律相似，但比 T^3 更快地趋近于 0，与实验值相差较大。第Ⅱ区内理论值较实验值下降过快，原因在于爱因斯坦模型假定原子振动互不相关，且以相同频率振动，而实际晶体阵点间互相关联，振子的振动是非孤立的，振子振动间存在耦合作用，且频率连续分布，这些因素在低温表现得尤为显著。此外，爱因斯坦也没有考虑低频振动对摩尔定容热容的贡献。

4. *德拜热容理论*

1912 年，美籍荷兰裔物理学家德拜（ Peter Joseph William Debye，1884—1966）对爱因斯坦热容理论进行了补充和修正。德拜因在 X 射线衍射和分子偶极矩理论方面的贡献，于 1936 年获得诺贝尔化学奖。

在热容理论方面，简单来说，德拜模型考虑了晶体中点阵间的相互作用，并认为每个谐振子的频率不同，存在的频率范围从零到某一最大值 ω_{m}。这样，每一频率的谐振子都以波

的形式在点阵中传播。晶体中的点阵波是所有原子以其各自的频率,彼此间存在一定相位差而振动的集体运动。

从式(3.57)可知,一个振子对摩尔定容热容的贡献为

$$C_{V,\mathrm{m}}=k_{\mathrm{B}}\cdot\left(\frac{\hbar\omega}{k_{\mathrm{B}}T}\right)^2\cdot\frac{\exp\left(\frac{\hbar\omega}{k_{\mathrm{B}}T}\right)}{\left[\exp\left(\frac{\hbar\omega}{k_{\mathrm{B}}T}\right)-1\right]^2} \tag{3.60}$$

如果 ω 相同,通过求和可以得到整个晶体所有振子对摩尔定容热容的贡献,这就回到爱因斯坦理论。现考虑各振子的 ω 不同,若 $\rho(\omega)\mathrm{d}\omega$ 为频率位于 ω 和 $\omega+\mathrm{d}\omega$ 之间的振子数,如图 3.10 所示。所有振子对摩尔定容热容的贡献为式(3.60)的积分形式:

$$C_{V,\mathrm{m}}=\left(\frac{\partial\bar{E}}{\partial T}\right)_V=\int_0^{\omega_{\mathrm{m}}}k_{\mathrm{B}}\cdot\left(\frac{\hbar\omega}{k_{\mathrm{B}}T}\right)^2\cdot\frac{\exp\left(\frac{\hbar\omega}{k_{\mathrm{B}}T}\right)}{\left[\exp\left(\frac{\hbar\omega}{k_{\mathrm{B}}T}\right)-1\right]^2}\cdot\rho(\omega)\mathrm{d}\omega \tag{3.61}$$

由此得到德拜摩尔定容热容公式为

$$C_{V,\mathrm{m}}=3R\left[12\left(\frac{T}{\theta_{\mathrm{D}}}\right)^3\int_0^{\theta_{\mathrm{D}}/T}\frac{x^3}{\mathrm{e}^x-1}\mathrm{d}x-\frac{3\cdot\frac{\theta_{\mathrm{D}}}{T}}{\exp\left(\frac{\theta_{\mathrm{D}}}{T}\right)-1}\right] \tag{3.62}$$

式中:θ_{D} 为德拜特征温度,满足关系 $\theta_{\mathrm{D}}=\hbar\omega_{\mathrm{m}}/k_{\mathrm{B}}\approx0.76\times10^{-11}\omega_{\mathrm{m}}$;$\omega_{\mathrm{m}}$ 为晶格节点最高热振动频率;$f_{\mathrm{D}}\left(\frac{\theta_{\mathrm{D}}}{T}\right)$为德拜比热函数。

从式(3.62)可以得出

$$C_{V,\mathrm{m}}=3R\left[12\left(\frac{T}{\theta_{\mathrm{D}}}\right)^3\int_0^{\theta_{\mathrm{D}}/T}\frac{x^3}{1+x-1}\mathrm{d}x-\frac{3\,\frac{\theta_{\mathrm{D}}}{T}}{1+\frac{\theta_{\mathrm{D}}}{T}-1}\right]=$$

$$3R\left[12\left(\frac{T}{\theta_{\mathrm{D}}}\right)^3\frac{\left(\frac{\theta_{\mathrm{D}}}{T}\right)^3}{3}-3\right]=3R$$

1)当 $T\gg\theta_{\mathrm{D}}$,即高温时,$\mathrm{e}^x=1+x$,所以

$$x=\frac{\hbar\omega}{k_{\mathrm{B}}T}$$

可见,在高温区德拜理论的结果与杜隆-珀蒂定律一致。

2)当 $T\ll\theta_{\mathrm{D}}$,即低温时,有

$$C_{V,\mathrm{m}}\approx\frac{12}{5}\pi^4R\left(\frac{T}{\theta_{\mathrm{D}}}\right)^3$$

对于一定的材料,θ_{D} 为常数,故 $C_{V,\mathrm{m}}$与 T^3 成正比,这就是著名的德拜 T^3 定律。可见,在Ⅱ温区,德拜 T^3 定律与爱因斯坦理论相比更符合实验测定的结果,说明金属温度升高时所吸收的热量主要在于加剧点阵的振动。

3)当 $T\to0$ 时 $C_{V,\mathrm{m}}\to0$,与实验大体相符。图 3.12 为德拜模型理论计算与实验曲线和比较。

德拜模型比起爱因斯坦模型有了很大的进步，但德拜理论在低温下也不完全符合事实。主要原因是，德拜把晶体看成连续介质，对于原子振动频率较高的部分不适用，故德拜理论对一些化合物的摩尔定容热容计算与实验不符。对于金属摩尔定容热容，由于没有考虑自由电子的贡献，所以也还存在一定偏差：在Ⅰ温区（$T<5$ K），$C_{V,m}$略低于实验值；在Ⅲ温区（$T>$ 1 000 K），$C_{V,m}$虽很接近 25 J · mol^{-1}，但不是以 $3R$ 为渐近线，而是超过 $3R$ 继续有所上升。

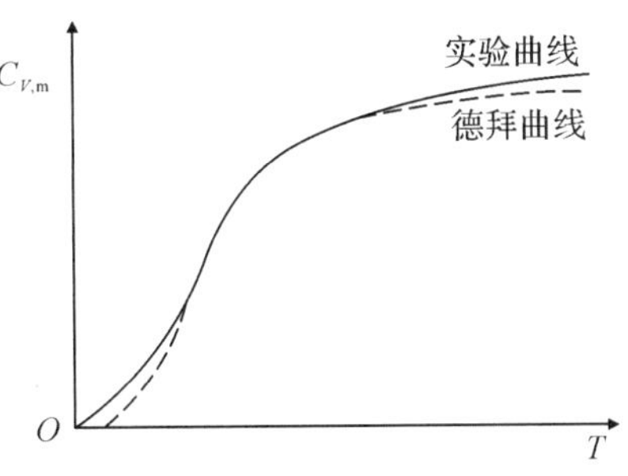

图 3.12　德拜模型理论计算与实验曲线的比较

德拜温度 θ_D 是一个反映固体的许多特性的重要标志。假如认为金属在熔点 T_m 时原子的振动振幅达到使电子解体的程度，那么最高频率 ω_m 与熔点之间存在如下关系：

$$\omega_m = 2.8\times10^{12}\sqrt{\frac{T_m}{AV^{\frac{2}{3}}}} \tag{3.63}$$

式中：A 为金属的相对原子质量；V 为原子体积。

式(3.63)称为林德曼公式。从 $\theta_D = h\omega_m/k$ 可得

$$\theta_D = 137\sqrt{\frac{T_m}{AV^{\frac{2}{3}}}} \tag{3.64}$$

材料的熔点 T_m 和最高频率 ω_m 的高低都代表材料中原子结合力的大小，显然德拜温度 θ_D 是反映晶体点阵内原子间结合力的又一重要物理量。当材料内部结合力很强，且原子质量较小时，θ_D 值也较高。金刚石和金属铅就是典型的例子：金刚石的 θ_D 为 2 230 K，而铅的 θ_D 仅为 105 K。显然，通过测量金属的熔点 T_m 也可以确定出 θ_D 值，而且根据 T_m 和 θ_D值还可以对原子间结合力进行定性估计。

表 3.3 中列出了一些单质的德拜温度值。

表 3.3　一些单质的德拜温度值

单　质	θ_D/K	单　质	θ_D/K	单　质	θ_D/K	单　质	θ_D/K
Li	344	Ti	420	Ni	450	Al	428
Na	158	Zr	291	Ru	600	Ca	320
K	91	Hf	252	Rh	480	In	108
Rb	56	V	280	Pd	274	Tl	785
Cs	38	Nb	275	Os	500	C(金刚石)	2 230
Be	1 440	Ta	240	Ir	420	Si	645
Mg	406	Cr	630	Pt	240	Ce	374
Ca	230	Mo	450	Cu	343	Sn	200
Sr	147	W	400	Ag	225	Pb	105
Ba	110	Mn	410	Au	165	Bi	119
Sc	360	Re	430	Zn	327	U	207
Y	280	Fe	470	Cd	209		
Laβ	142	Co	445	Hg	71.9		

以上有关热容的定律及理论，对于原子晶体和一部分较简单的离子晶体，如 Al、Ag、C（金刚石）、KCl、Al_2O_3 等，在较宽的温度范围内都与实验结果相符合，但对于其他复杂的化合物并不完全适用。其原因是，较复杂的分子结构中往往会发生各种高频振动耦合，而多晶、多相的固体材料以及杂质的存在，会使情况更加复杂。

3.3 影响材料热容的因素

3.3.1 金属的热容

金属的特征是其内部具有大量的自由电子。经典电子理论估计自由电子对热容的贡献在 $3k/2$ 数量级，且与温度无关。但是，实验得到常温下电子对热容的贡献只有理论值的 1/100。根据费米-狄拉克定律可以计算电子对摩尔定容热容的贡献为

$$C_{V,\mathrm{m}}^{\mathrm{e}} = ZR\,\frac{\pi^2 k_{\mathrm{B}} T}{2E_{\mathrm{F}}} \tag{3.65}$$

式中：Z 为每个原子所给出的自由电子数；E_{F} 为费米能。

实验已经证明，当温度低于 5 K 时，热容以电子贡献为主，即热容与温度的关系为直线关系，即

$$C_{V,\mathrm{m}} \propto T \tag{3.66}$$

实际上，当温度很低时，即 $T \ll \theta_{\mathrm{D}}$ 和 $T \ll T_{\mathrm{F}}$（称为费米温度）时，金属热容需同时考虑晶格振动和自由电子两部分对热容的贡献，即金属热容与温度的关系表达式为

$$C_{V,\mathrm{m}} = C_{V,\mathrm{m}}^{\mathrm{l}} + C_{V,\mathrm{m}}^{\mathrm{e}} = AT^3 + BT \tag{3.67}$$

式中：$C_{V,\mathrm{m}}^{\mathrm{l}}$ 为点阵振动对摩尔定容热容的贡献；$C_{V,\mathrm{m}}^{\mathrm{e}}$ 为自由电子对摩尔定容热容的贡献；A 和 B 为常数，可由低温热容实验测定。

常温时，与点阵振动对摩尔定容热容的贡献相比，电子的贡献微不足道，但在极高温和极低温条件下则不可忽略。这是因为在高温下，电子像金属晶体的离子那样显著地参加到热运动中，以 $C_{V,\mathrm{m}}^{\mathrm{e}} \propto T$ 作出贡献。因此，在Ⅲ温区，$C_{V,\mathrm{m}}$ 不以 $3R$ 为渐近线，而继续有所上升。在极低温度下，电子摩尔定容热容不像离子热容那样急剧减小，因而在极低温下起着主导作用。

从对式(3.62)的分析可以看出，随着 T 的降低，$C_{V,\mathrm{m}}$ 趋近于零，当 T 增高到德拜温度 θ_{D} 以上时，$C_{V,\mathrm{m}}$ 接近于 $3R$。如果把 $C_{V,\mathrm{m}}$ 看作 T/θ_{D} 的函数，那么对所有金属都得到同样的关系。

过渡族金属摩尔定容热容中电子部分的贡献表现得较显著，它包括 s 态电子的摩尔定容热容，也包括 d 或 f 态电子的摩尔定容热容，因此，在所有金属中，过渡族金属的电子热容贡献为最大。例如，在低于 5 K 时，镍的摩尔定容热容基本上由电子的激发决定。假如略去与 T^3 成正比的项，则近似地得到

$$C_{V,\mathrm{m}} = 0.007\,3\ \mathrm{J \cdot mol^{-1} \cdot K^{-1}}$$

表 3.4 中列出了一些金属摩尔定压热容的实验值。

表 3.4　一些金属摩尔定压热容的实验值

T/K	$C_{V,m}$/(J・mol^{-1}・K^{-1})				
	W	Ta	Mo	Nb	Pt
1 000					30.03
1 300		28.14	30.66	27.68	31.67
1 600	29.32	28.98	32.59	29.23	34.06
1 900	30.95	29.85	35.11	30.91	37.93
2 200	32.59	30.87	39.69	33.43	
2 500	34.57	32.08	48.03	37.08	
2 800	37.84	34.06			
3 100	43.26				
3 400	43.16				
3 600	63				

表 3.5 中列出了部分钢的比热。

表 3.5　部分钢的比热

单位：10^3 J/(K・kg)

钢　号	T/℃			
	100	200	300	400
20	0.51	0.52	0.54	0.51
35	0.48	0.51	0.56	
40Cr	0.49	0.52	0.55	
9Cr2SiMo	0.46	0.50	0.56	
30CrNi3Mo2V	0.48	0.53	0.55	
3Cr13	0.43	0.48	0.55	

3.3.2　合金的热容

关于纯金属热容的一般概念可以应用到合金相和多相合金中。在形成合金相时总能量可能增大，但是组成化合物的每个原子的热振动能，在高温下几乎与该原子在纯物质晶体中同一温度下的热振动能一样。这一规律可以用奈曼-柯普(Neumann-Kopp)定律来表述，即

$$C_{p,m} = X_1 C_{p,m1} + X_2 C_{p,m2} + \cdots + X_n C_{p,mn} = \sum_{i=1}^{n} X_i C_{p,mi} \tag{3.68}$$

式中：X_i 为第 i 种元素的原子分数；$C_{p,mi}$ 为第 i 种元素的摩尔定压热容。

奈曼-柯普定律是由德国物理学家奈曼(Franz Ernst Neumann，1798—1895)和德国化学家柯普(Hermann Franz Moritz Kopp，1817—1892)共同提出的。

对二元固溶体合金来说，根据奈曼－柯普定律，其热容满足

$$C_{p,\mathrm{m}}=X_1C_{p,\mathrm{m1}}+X_2C_{p,\mathrm{m2}} \tag{3.69}$$

除合金以外，奈曼-柯普定律还可用于计算化合物的热容，即化合物的摩尔热容等于各组成元素的摩尔分数与摩尔定压热容乘积之和，即

$$C_{p,\mathrm{m}}=\sum_{i=1}^{n}x_iC_{p,\mathrm{m}i} \tag{3.70}$$

式中：x_i 为化合物第 i 组成元素的摩尔分数；$C_{p,\mathrm{m}i}$ 为化合物第 i 组成元素的摩尔定压热容。

多相复合材料的质量热容 c 也具有类似的公式，即

$$c=\sum_{i=1}^{n}w_ic_i \tag{3.71}$$

式中：w_i 为多相复合材料第 i 相的质量分数；c_i 为多相复合材料第 i 相的质量热容。

奈曼-柯普定律是热容理论计算中非常重要和有用的公式，可应用于固溶体、化合物、多相混合组织等，并且在高温区更准确，不适用于低温条件（$T<\theta_D$）或铁磁性合金。

3.3.3 无机材料的热容

无机材料主要由离子键和共价键组成，室温下几乎无自由电子，所以，热容与温度的关系更符合德拜模型。不同陶瓷热容的差别均反映在低温区域，高温区域符合奈曼-柯普定律。图 3.13 给出了某些陶瓷材料在不同温度下的摩尔定压热容。从图 3.13 中可以看出，这些陶瓷材料的热容曲线与上述德拜热容理论曲线相似，并且在高温时，摩尔定压热容趋于常数 25 J/(mol · K)。

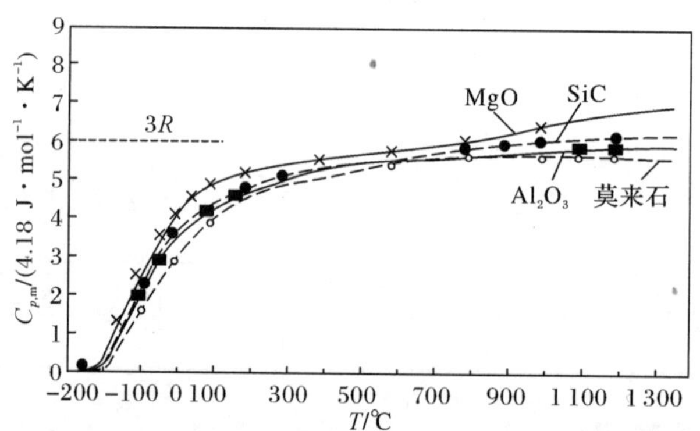

图 3.13 某些陶瓷材料在不同温度下的摩尔定压热容

无机材料的摩尔定压热容 $C_{p,\mathrm{m}}$ 与温度 T 的关系可由实验精确测定。将大多数材料的实验结果进行整理，发现其均具有类似的经验公式，即

$$C_{p,\mathrm{m}}=a+bT+cT^{-2}+\cdots \tag{3.72}$$

式中：a、b、c 为与材料有关的常数，在一定范围内某些材料的这些常数可通过相关资料给出。

下面具体介绍无机材料相变时的热容变化。上述讨论的热容的影响因素均限定在材料未发生相变的范围内。一旦材料发生相变，则相应的热容变化规律将发生变化。这是由于在发生相变时，例如金属或合金，一般要产生一定的热效应，出现热量的不连续变化，使其热焓和热容出现异常的变化。

从广义上讲，构成物质的原子（或分子）的聚合状态（相状态）发生变化的过程称为相变。相变时，新旧两相的化学势 μ 相等，但化学势的一级偏微商不等的相变称为一级相变。而相变时，新旧两相的化学势 μ 相等，化学势的一级偏微商相等，但化学势的二级偏微商不等的相变称为二级相变。这里，化学势 μ 是指偏摩尔吉布斯（Gibbs）函数。对物质 B 而言，其化学势为 μ_B 定义为

$$\mu_B = \left(\frac{\partial G}{\partial n_B}\right)_{T,p,n_C,\cdots} \tag{3.73}$$

式中：G 为吉布斯函数；n_B 为物质 B 的物质的量。

这里，μ_B 的意义是在等温、等压且除物质 B 以外的其他物质的量不变的情况下，往一巨大的均相系统中单独加入 1 mol 物质 B 时，系统吉布斯函数的变化。根据热力学关系，化学势某级偏微商实际对应着某一具体的热力学参量，根据化学势的某级偏微商相变前后是否发生变化的具体关系，即可知某一具体热力学参量在相变前后是否发生变化。具体、严格的热力学表达关系可参阅相关书籍。

接下来，主要根据相变前后发生的现象进行相变级数的区分，主要把固态相变分成一级相变和二级相变。

（1）一级相变

热力学分析证明，一级相变（first-order phase transition）通常在恒温下发生，除有体积突变外，还伴随相变潜热（latent heat）的发生。图 3.14 给出了金属熔化时热焓与温度的关系。

从图 3.14 中可以看出，定压条件下，较低温度时，随着温度的升高，所需热量缓慢增加，以后逐渐加快。当温度升高到熔点（T_m）时，热量几乎呈直线上升。当热量不再呈直线上升后，温度已超过熔点，这时，所需热量的增加又变得较为缓慢。

一级相变发生时，既有体积变化，同时还有热量的吸收或释放。一级相变通常在恒温下发生，如图 3.15(a)所示。定压条件下，加热到临界点 T_c 时，热焓曲线出现跃变，几乎在恒温下呈直线上升。根据热容的定义可知，对于定压下的一级相变，热焓对温度的一阶导数在临界点 T_c 附近将趋于无穷大，即发生了热容曲线的不连续变化，热容近乎无限大。

具有一级相变特点的相变很多，例如，纯金属的熔化、凝固，合金的共晶与包晶转变，固态合金中的共析转变，固态金属及合金中发生的同素异构转变，等等。

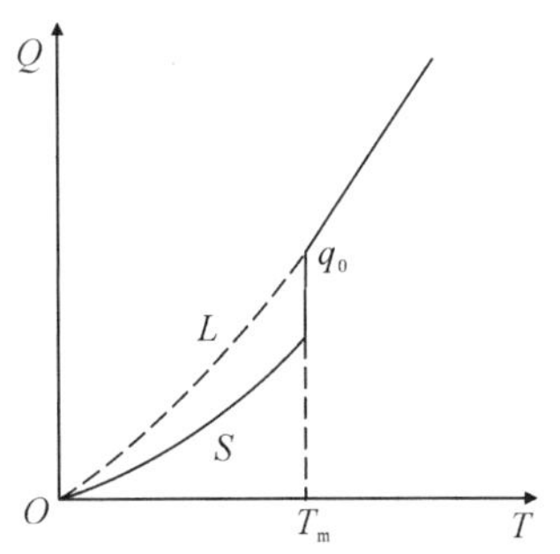

图 3.14　金属熔化时热焓与温度的关系

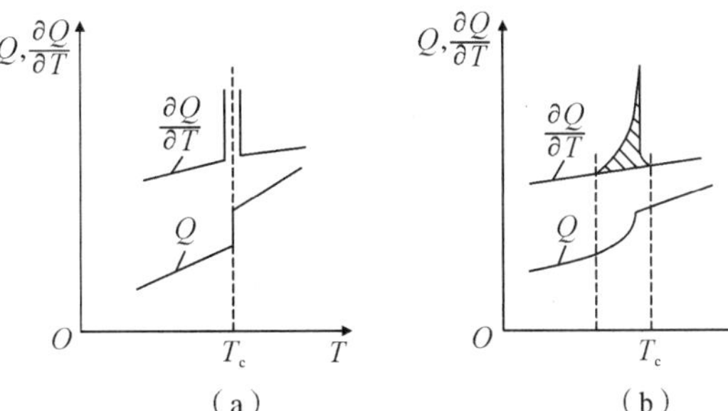

图 3.15　热焓和热容与温度的关系

(a)一级相变；(b)二级相变

(2)二级相变

二级相变(second-order phase transition)的特点是相转变过程在一个温度区间内逐步完成，在转变过程中只有一个相，如图 3.15(b)所示。这一过程中热焓也发生变化，但不像一级相变那样发生突变。转变的热效应相当于图中阴影部分的面积，可用内插法求得。根据热容的定义，将定压下二级相变时的热焓对温度求一阶导数，则热容曲线也会出现不连续变化，会存在最大值。二级相变的温度范围越窄，则热容的峰就越高。在极限情况下，热容的峰宽为 0，峰高为无限大，就转变为一级相变了。铁磁性金属加热时由铁磁转变为顺磁以及合金中的有序-无序转变都属于二级相变。在特殊条件下，一级、二级相变无法区分，如析出、有序转变等。

下面以纯铁为例，讨论如何分析铁的热容随温度的变化关系。图 3.16 为铁加热时热容随温度的变化关系曲线。其中，曲线 1 为实测曲线，曲线 2 为计算得到的 $\gamma-Fe$ 理论热容曲线。在较低温时，$\alpha-Fe$ 的热容随温度的升高逐渐增大。其实验曲线与理论曲线基本重合，满足无相变时热容的变化关系，在 300 K 时，热容值大于 $3R$。温度高于 500 K 时，由于铁磁性的 $\alpha-Fe$ 逐渐向顺磁性转变，热容的变化逐渐加剧，并于 A_2 点达到极值。A_2 点对应的温度为铁磁性向顺磁性转变的临界温度，即居里点。在 A_3 点发生具有体心立方晶格特征的$\alpha-Fe$转变。在 A_4 点则发生具有面心立方晶格特征的 $\gamma-Fe$ 向具有体心立方晶格特征的$\delta-Fe$转变。在 T_m 时，则发生固液转变。这三个温度点发生的相变均在恒温下进行，属于一级相变特征。因此，在纯铁的加热过程中，既存在一级相变，也存在二级相变。

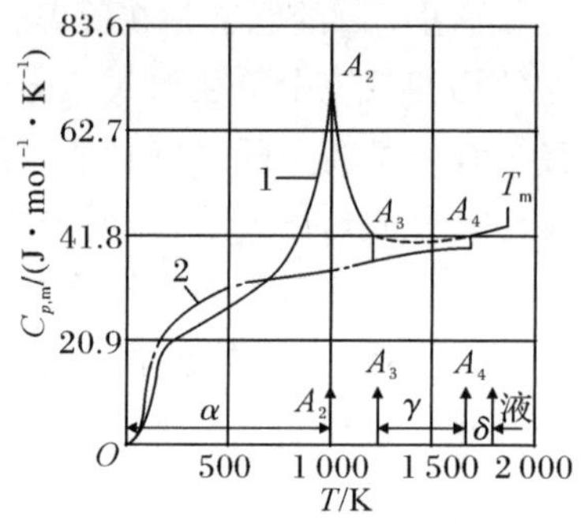

图 3.16 Fe 加热时热容随温度的变化关系曲线

另外，上述的相变过程均为可逆转变，转变的热效应也可逆，但加热和冷却过程对应的相变点并不相同。

3.3.4 热分析方法

焓和热容是研究与材料热性能有关的重要参数。但在实际测量中，严格的绝热要求难以实现，因而发展了广泛用于相变研究的热分析法。热分析是利用热学原理对物质的物理性能或成分进行分析的总称。国际热分析协会(International Confederation for Thermal Analysis，ICTA)对热分析法的定义：热分析是在程序控温下，测量物质的物理性质随温度变化的一类技术。利用热分析研究相变过程，是材料学科使用最普遍的相变分析手段。研究焓和温度的关系，可以确定热容的变化和相变潜热。接下来主要介绍两种最常用的热分析方法，即差热分析(Differential Thermal Analysis，DTA)和差示扫描量热分析(Differential Scanning Calorimetry，DSC)。

1. 差热分析

差热分析是一种重要的热分析方法。该方法是在程序控温下，测量物质和参比物的温度差 ΔT 与温度 T(或时间 t)关系的一种测试技术，可用于测定物质在加热过程中发生相变、分解、化合、凝固、脱水、蒸发等物理或化学反应时，吸收或放出的热量与特征温度之间的关系。该方法广泛应用于无机硅酸盐、陶瓷、矿物金属、航天耐温材料等领域，是无机、有机(特别是高分子聚合物)、玻璃钢等方面热分析的重要仪器。

图 3.17 为差热分析的装置示意图。该仪器装置一般由加热系统、温度控制系统、信号放大系统、差热系统和记录系统等组成。有些型号的产品也包括气氛控制系统和压力控制系统。其中，差热系统是整个装置的核心部分，由样品室、试样坩埚、热电偶等组成。热电偶(thermocouple)是其中的关键性元件，既是测温工具，又是传输信号工具，可根据实验要求具体选择。两根热电偶对接后构成示差热电偶(differential thermocouple)，用以检测参比物和试样之间微小的温度差。

实验前，将两根热电偶的热焊点分别与盛装试样和参比物的坩埚底部接触，或直接插入试样和参比物中。随后，将位于炉内处于相同环境下的试样和参比物共同加热。其中，参比物是在测定条件下不产生任何热效应的惰性物质。试样和参比物在相同的热环境下升温，示差热电偶检测试样和参比物之间的温度差 ΔT，这一温差数据经信号放大系统放大后由记录系统进行记录。在加热过程中，若试样不产生相变，则试样温度 T_s 与参比物温度 T_r 相同，即 $\Delta T = T_s - T_r = 0$，记录系统不指示任何示差电动势。若试样产生相变，则试样温度 T_s 与参比物温度 T_r 不相同，即 $\Delta T = T_s - T_r \neq 0$，记录系统将记录温差 ΔT 随时间或温度的变化关系。图 3.18 给出了典型的差热分析实验曲线。

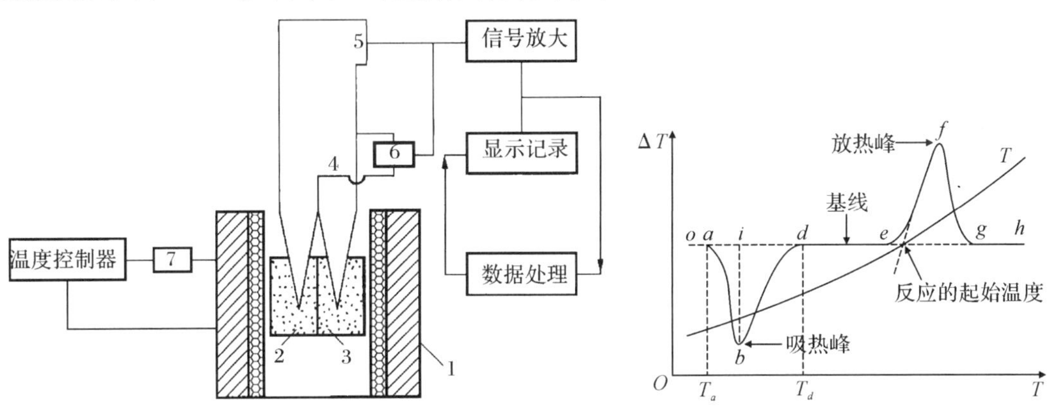

图 3.17　差热分析的装置示意图

1—加热炉；2—试样；3—参比物；4—测温热电偶；
5—温差热电偶；6—测温元件；7—温控元件

图 3.18　典型的差热分析实验曲线

由于试样和参比物的热容量不同，所以它们对炉温具有不同的热响应，存在一定的滞后，即存在温度差。当两者的热容量差被热传导自动补偿以后，试样和参比物才按炉体设定的升温速率升温，形成差热曲线的基线。差热曲线的基线形成之后，若试样没有相变或其他变化，则基线是平行于横轴的。若试样具有与参比物不同的吸热或放热效应，或存在相变潜热，则在差热曲线中出现相应的吸热峰或放热峰，从而引起曲线出现明显的凸凹。通常，差热曲线吸热峰或放热峰所包含面积(差热曲线和基线之间的面积)的大小与加热过程中的热焓成正比。

差热分析实验装置相对简单，操作便捷，可比较准确地测定伴有相变潜热的各类相变温度，应用普遍。但在实际工作中往往发现同一试样在不同仪器上测量，或不同的人在同一仪器上测量，所得到的差热曲线结果有差异。峰的最高温度、形状、面积和峰值大小都会发生一定的变化，主要是因为热量与许多因素有关，传热情况比较复杂。虽然影响因素很多，但只要严格控制某种条件，仍可获得较好的重现性。

2. 差示扫描量热分析

差示扫描量热分析是在程序控温下，测量输入到物质和参比物的功率差与温度关系的一种技术。差示扫描量热仪记录的曲线称 DSC 曲线。它以样品吸热或放热的速率，即热流率$\frac{\mathrm{d}H}{\mathrm{d}t}$(单位：mJ/s)为纵坐标，以温度 T 或时间 t 为横坐标。实验中，加热或冷却时，通过控制试样及参比样的补偿加热功率，保持两者的温度始终高精度相等，记录补偿功率与温度的曲线。该方法可以测定多种热力学和动力学参数，如比热容、反应热、相变潜热、相图、反应速率、结晶速率、高聚物结晶度、样品纯度等。

图 3.19 为功率补偿型差示扫描量热仪原理示意图。该仪器的主要特点是试样和参比物容器下分别装有独立的加热器和传感器。实验中，当试样在加热过程中由于热效应与参比物之间出现温差 ΔT 时，通过差热放大电路和差动热量补偿放大器调整试样的加热功率 P_s。当试样吸热时，补偿放大器使试样一边的电流立即增大；反之，当试样放热时，参比物一边的电流增大，直到两边热量平衡，温差 ΔT 为 0。这样可以从补偿的功率直接计算热流率，即

$$\Delta W=\frac{\mathrm{d}Q_s}{\mathrm{d}t}-\frac{\mathrm{d}Q_r}{\mathrm{d}t}=\frac{\mathrm{d}H}{\mathrm{d}t} \tag{3.74}$$

式中：ΔW 为补偿功率；Q_s 为试样的热量；Q_r 为参比物的热量；$\frac{\mathrm{d}H}{\mathrm{d}t}$为热流率，表示单位时间内的焓变。

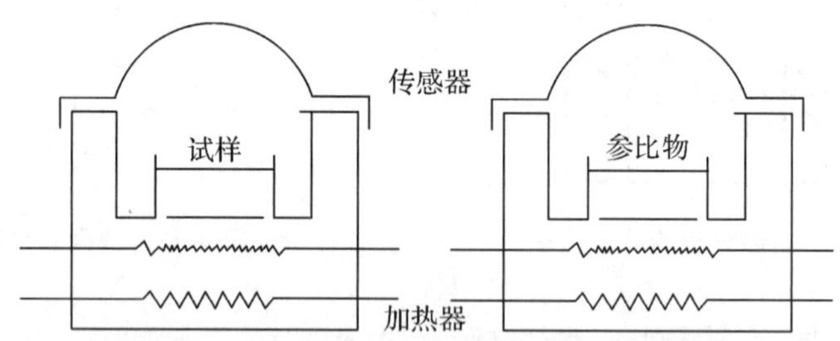

图 3.19　功率补偿型差示扫描量热仪原理示意图

该仪器中，试样和参比物的加热器电阻相等，即 $R_s=R_r$。当试样没有任何热效应时，有

$$I_s^2R_s=I_r^2R_r \tag{3.75}$$

如果试样产生热效应，则立即进行功率补偿，则有

$$\Delta W=I_s^2R_s-I_r^2R_r \tag{3.76}$$

由于 $R_s=R_r$，令 $R_s=R_r=R$，则式(3.76)可以进行如下变化：

$$\Delta W=R(I_s+I_r)(I_s-I_r)=I_{总}(RI_s-RI_r)=I_{总}(V_s-V_r)=I_{总}\Delta V \tag{3.77}$$

式中：$I_{总}$ 为总电流，满足关系 $I_{总}=I_s+I_r$；ΔV 为电压差。

若 $I_{总}$ 为常数，则 ΔW 与 ΔV 成正比。由式(3.74)和式(3.77)可知，可直接用 ΔV 表示$\frac{dH}{dt}$。

在热过程中，试样若发生相变，则 $\Delta W \neq 0$，测量曲线出现凸峰或凹峰，峰的积分面积等于相应的相变潜热。值得注意的是，DSC 和 DTA 曲线形状相似，但其纵坐标不同。DSC 的纵坐标表示热流率$\frac{dH}{dt}$，DTA 的纵坐标表示温度差 $\Delta T = T_s - T$。DSC 中的仪器常数与 DTA 的仪器常数性质不同，它不是温度的一个函数而是定值。另外，DSC 实验装置复杂，可准确地测定伴有相变潜热的各类相变温度和相变潜热值，精度较高，常用于定量分析。

3.3.5　热分析方法在材料研究中的应用

1. 比热容的测定

采用热分析方法测定一些材料的物理参量很方便。对于某些参数，虽然不能直接通过仪器获得测试结果，但是经过对测试参量的转换或对仪器少许变动即可获得。通常，采用 DTA 和 DSC 法都可以测定材料的比热容。

试样在加热的 DTA 容器中，即使没有发生物理化学变化，DTA 曲线也会偏离理论曲线，这是由于试样和参比物的热容不同造成对炉温的响应不同引起的。因此，可以利用偏离温度的数值来估计试样的热容。

首先，用未放试样和参比物的两个空坩埚测定一条空白基线 ΔT_1，这条基线对理论曲线的偏离是仪器缺陷造成的。接下来，在一只坩埚中加入试样，另一个坩埚空着，在其他实验条件不变的情况下反复实验。由于试样的存在使热容发生变化，得到一条新的温度偏离曲线 ΔT_2，如图 3.20 所示。根据空白基线与试样基线之间的偏离差 $\Delta T_2 - \Delta T_1$，可计算得到某一温度下的质量热容 c 为

$$c = \frac{K'(\Delta T_2 - \Delta T_1)}{m\beta} \tag{3.78}$$

式中：ΔT_1 为无试样时的温度基线；ΔT_2 为存在试样时的温度偏离曲线；K'为给定温度下的常数，可由一种已知热容的物质测得；m 为试样的质量；β 为升温速率；c 为质量热容，J/(g·℃)。

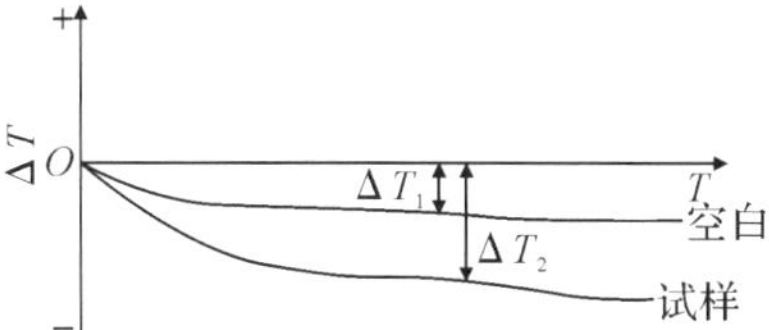

图 3.20　测定质量热容 c 的 DTA 曲线

利用 DSC 法测量比热容也是一种常用的分析方法。在 DSC 法中，热流速率正比于样品的瞬时比热容，即

$$\frac{dH}{dt} = mc \cdot \frac{dT}{dt} \tag{3.79}$$

式中：$\frac{dH}{dt}$为热流速率，J/s；$\frac{dT}{dt}$为程序升温速率，℃/s；m 为试样的质量，g；c 为质量热

容,J/(g・℃)。

为了解决 dH/dt 的校正工作,可采用已知比热容的标准物质(如蓝宝石)作为标准,为测定进行校正。实验时,首先将空坩埚加热到比试样所需测量比热容的温度 T 低的温度 T_1,恒温保持。然后,以一定速度(一般为 8~10 ℃/min)升到比 T 高的温度 T_2,恒温保持。之后,作 DSC 的空白曲线,如图 3.21 所示。再将已知比热容和质量的参比物放在坩埚内,按同样的条件进行操作,作出参比物的 DSC 曲线;然后再将已知质量的试样放入坩埚内,按同样的条件作 DSC 曲线。此时,可从图中量得欲测温度 T 时的 y' 和 y 值。

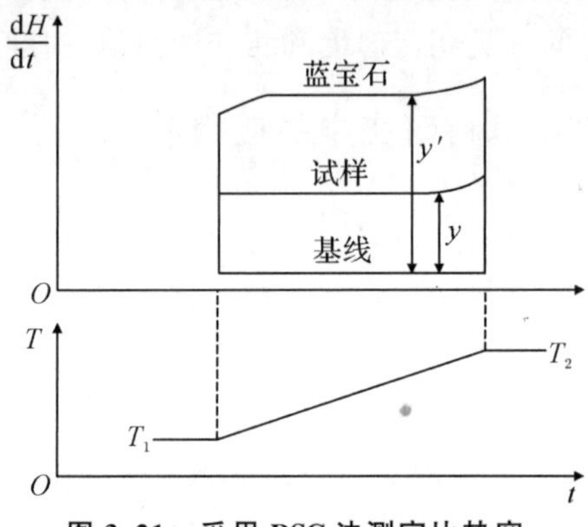

图 3.21　采用 DSC 法测定比热容

对于标准参比物(蓝宝石),满足

$$\left(\frac{dH}{dt}\right)_B = m_B \cdot c_B \cdot \frac{dT}{dt} \tag{3.80}$$

式中:$\left(\frac{dH}{dt}\right)_B$ 为参比样的热流速率,J/s;m_B 为参比样的质量,g;c_B 为已知参比样的质量热容,J/(g・℃)。

将式(3.80)除以式(3.79),则可获得试样的比热容,即

$$c = \frac{m_B c_B}{m} \cdot \left(\frac{dH}{dt}\right) / \left(\frac{dH}{dt}\right)_B = c_B \cdot \frac{m_B}{m} \cdot \frac{y}{y'} \tag{3.81}$$

采用 DSC 法测定物质比热容时,精度可到 0.3%,与热量计的测量精度接近,但试样用量要小 4 个数量级。

2. 合金相图的建立

根据热分析曲线,可对材料的相转变进行判断,并绘制其相图。图 3.22 给出了某材料各组分的 DTA 曲线(上)以及由此获得的二元相图(下)。该相图是典型的二元体系相图,其中存在着熔融化合物(包括固液同组成化合物和固液异组成化合物)、固溶体、低共熔体、液相反应等。相图中,至少包括了 7 个特征的组分,相图中的曲线包括液相线、固相线、共晶线和包晶线等。对应着这个二元相图,下面分别对其中的 7 个特征组分进行说明。

组分 1 的 DTA 曲线表示 α 固溶体加热熔融直至熔化,DTA 曲线的“尖峰”是该组分试样从开始熔化到完全液化的特征峰,这个过程是吸热过程。DTA 曲线特征峰的开始偏离点和结束偏离点分别对应组分 1 相图的固液共存区的开始点和结束点。

组分 2 的 DTA 曲线，开始部分表示固液异组成化合物(β 相)的升温，到达转熔温度时等温分解成 α 相和液相，此时，出现一个尖锐的吸热峰，在转熔温度以上继续吸热、熔化、到完全转变为液相。

组分 3 的 DTA 曲线是处在固液异组成化合物的低共熔一侧。当升温至由 β 和 γ 两相组成的低共熔化合物的同时熔化温度时，产生第一个吸热峰。继续加热使 β 相分解产生 α 相和液相，这时产生第二个吸热峰，然后完全转变为液相，产生第三个吸热的“尖峰”。

组分 4 的 DTA 曲线是低共熔化组成的混合物升温至熔融温度时，产生单个尖锐的吸热峰。

组分 5 的 DTA 曲线是固液同组成化合物 γ 升温至熔融温度时，产生单个尖锐的吸热峰。

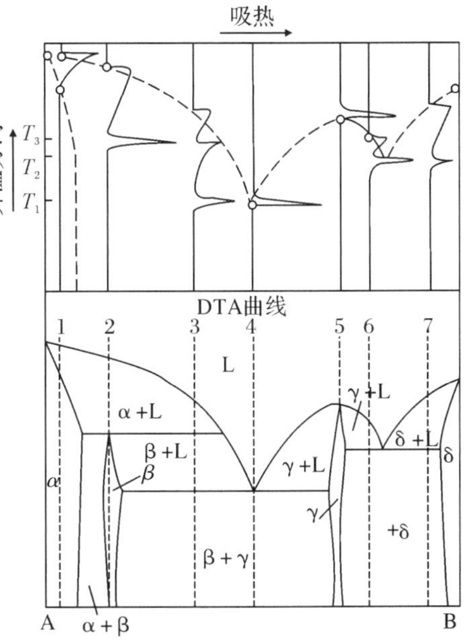

图 3.22　DTA 曲线组与相应的二元相图

组分 6 和 7 的 DTA 曲线代表低共熔化合物升温至转化温度时出现第一个吸热峰，然后继续熔融，分别在不同温度下转变为液相，出现第二个吸热峰。

δ 相组分区域的 DTA 曲线与组分 1 类似。

组分 1～7 的 DTA 曲线可以绘制出该二元体系的液相线，即把每条曲线上最高温度峰的温度点连起来并向两侧延伸分别连接纯组分 A 和 B 的熔融温度，如 DTA 曲线中的虚线所示。其中，A 和 B 两个纯组分的熔化温度必须单独测定。在液相线温度下的 T_1、T_2 和 T_3 分别代表三个等温点，表示相图中存在的三个等温过程。实际上，若要绘制出完整的相图，必须精确配置几十个甚至上百个组分的试样，并分别进行热分析。之后还需要分别对不同的合金组分进行 X 射线衍射分析和金相分析，验证并校正分析的正确性。

在对实测的热分析曲线进行分析时，实测曲线不可能在相转变处像理想情况那样存在明确的“尖角”拐点，这与热电偶所示温度落后于凝固温度，热电偶温度降低缓慢有关。因此，在选择拐点时需要根据实际情况进行分析。具体方法需参考相关热分析参考书或具体测试装置的说明。绘制相图时，相变点的确定多以升温曲线为主，这样可避免凝固时试样过冷造成的影响。另外，为使相变温度测试准确，一般需选择较慢的升温速率，如 5 ℃/min 或更低。

3. 居里点的测定

居里点是晶体发生铁磁性向顺磁性转变的临界温度，是晶体材料非常重要的物理参数。居里点的测定方法很多，常见的包括介电常数测定法、磁性测定法、膨胀测定法、中子衍射和穆斯堡尔光谱法等。采用高灵敏度和重复性好的 DTA 仪器也可以测定居里点。该方法具有所需样品量少、不需要制成单晶等优点，但对于居里点处于较低温度的材料则不适合。通常，采用外推起始温度作为居里点的测定往往可获得与实际相近的结果。图 3.23 给出了铌酸钡钠晶体在居里点附近的 DTA 曲线。有时也把峰顶温度作为居里点。此外，DSC 法也可测定居里点。图 3.24 给出了镍居里点的 DSC 曲线。峰顶温度 357℃就是所测的镍居里点。在居里点前后的镍比热容发生了突变。

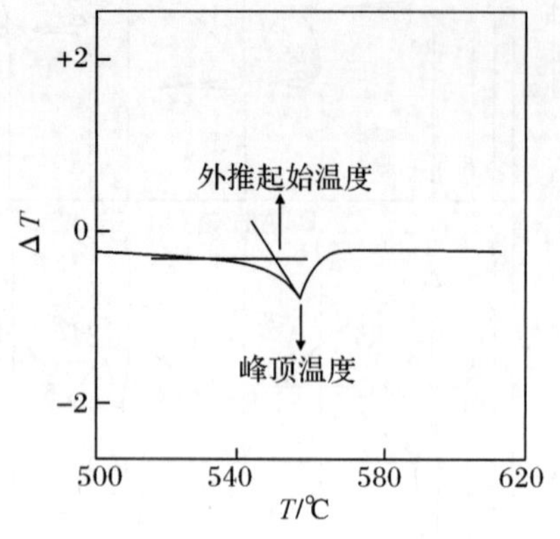

图 3.23　铌酸钡钠晶体在居里点附近的 DTA 曲线

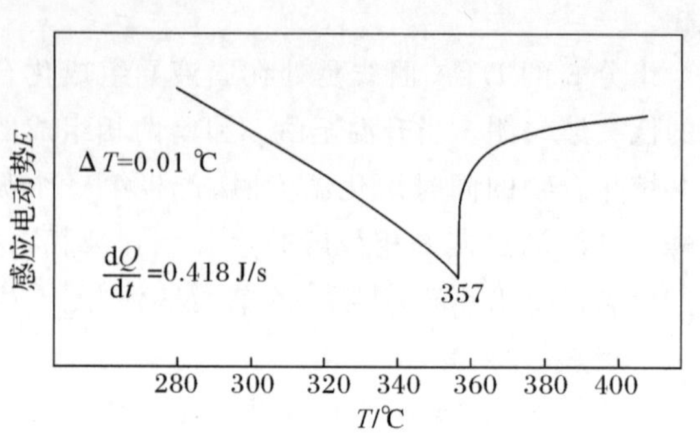

图 3.24　测定镍居里点的 DSC 曲线

4. 合金的有序-无序转变研究

当 Cu－Zn 合金的成分接近 CuZn 时，将形成体心立方的固溶体。CuZn 在低温时为有序状态，随着温度升高逐渐转变为无序状态。该有序-无序过程为吸热过程，属于二级相变。图 3.25 给出了 Cu－Zn 合金加热过程中热容的变化曲线。如果 Cu－Zn 合金不发生相变，热容随温度的变化曲线就沿虚线 AE 呈直线增大。但实际上 Cu－Zn 合金在加热时发生了有序-无序转变，产生吸热反应，而且热容随温度变化沿 *AB* 曲线增大，在 470 ℃有序温度附近达到最大值，最后再沿 *BC* 下降到 *C* 点；温度继续升高，*CD* 曲线则沿着稍高于 *AE* 的平行线增大，这说明高温保留了短程有序。热容沿 *AB* 线上升的过程是有序减小和无序增大的共存状态。随着有序化过程的加快，曲线上升剧烈。

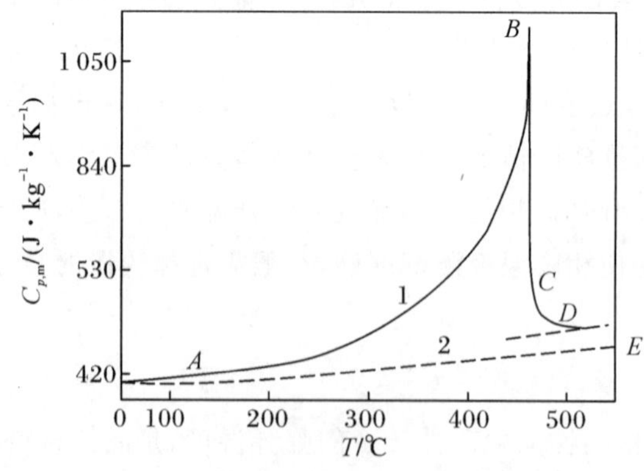

图 3.25　Cu－Zn 合金加热过程中热容的变化曲线

1—有转变；2—无转变

关于热分析方法在材料研究中的应用例子还有很多。例如，测定高聚物玻璃化转变温度，以及高聚物结晶行为的研究、热固性树脂固化过程的研究等。

3.4　材料的热膨胀

物体的体积或长度随温度的升高而增大的现象称为热膨胀(thermal expansion)。热膨胀是物质的自然现象之一，固体、液体、气体都有膨胀现象，液体的膨胀率约比固体大 10 倍，气体的膨胀率约比液体大 100 倍。在日常生活中，利用材料制造各种结构或构件时，往往需要考虑和评估材料热膨胀对结构的影响。例如，建造铁轨或桥梁时，必须为这些结构留有必要的缝隙，使铁轨或桥梁不被膨胀所破坏。当物质在加热或冷却过程中发生相变时，还会产生异常的膨胀或收缩。在材料研究中，利用材料的热膨胀现象，可以评估材料微观组织结构的变化情况，因而也是材料研究中常用的一种分析方法。

3.4.1　热膨胀系数

一般来说，物体的热胀冷缩是一种普遍现象，而膨胀系数就是表示物体这一特性的一个参数。通常，膨胀系数指的是温度变化 1 ℃物体单位长度的变化量，故也称线膨胀系数，以区别于表示物体单位体积变化量的体膨胀系数。

设物体原来的长度为 l_0，温度升高 ΔT 后长度的增加量为 Δl，则长度的增加量与温度的变化之间成正比，即

$$\frac{\Delta l}{l_0}=\alpha_l \Delta T \tag{3.82}$$

式中：α_l 为线膨胀系数(℃$^{-1}$)，表示温度升高 1 ℃时物体的相对伸长量。由于 α_l 的数量级很小，单位还常用 10^{-6} ℃$^{-1}$表示。

将式(3.82)变形后，线膨胀系数 α_l 为

$$\alpha_l=\frac{1}{l_0}\cdot\frac{\Delta l}{\Delta T} \tag{3.83}$$

由式(3.82)可知，物体在温度 T 时的长度为

$$l_T=l_0+\Delta l=l_0(1+\alpha_l\cdot\Delta T) \tag{3.84}$$

当 ΔT 和 Δl 趋于 0 时，则温度为 T 时的真线膨胀系数为

$$\alpha_T=\frac{1}{l_T}\cdot\frac{\mathrm{d}l}{\mathrm{d}T} \tag{3.85}$$

式中：α_T 为真线膨胀系数；l_T 为物体在温度为 T 时的真实长度。

如果考虑物体体积随温度的变化关系，类似于上述描述方法，设物体原来的体积为 V_0，温度升高 ΔT 后的体积的增加量为 ΔV，那么体积的增加量与温度的变化之间成正比，即

$$\frac{\Delta V}{V_0}=\beta\Delta T \tag{3.86}$$

式中：β 为体膨胀系数(℃$^{-1}$)，表示温度升高 1 ℃时物体体积的相对增长量。

同样，由于 β 的数量级很小，所以其单位常用 10^{-6} ℃$^{-1}$表示。

将式(3.86)变形后，体膨胀系数 β 为

$$\beta=\frac{1}{V_0}\cdot\frac{\Delta V}{\Delta T} \tag{3.87}$$

同样,物体在温度为 T 时的体积 V_T 为

$$V_T=V_0+\Delta V=V_0(1+\beta\Delta T) \tag{3.88}$$

相应地,真体膨胀系数满足

$$\beta_T=\frac{1}{V_T}\cdot\frac{dV}{dT} \tag{3.89}$$

式中:β_T 为真体膨胀系数;V_T 为物体在温度为 T 时的真实体积。

实际上,仔细观察线膨胀系数 α_l 和体积膨胀系数 β 的函数表达式,如式(3.83)和式(3.87),其实际上描述的是单位温度变化时引起的应变量(线应变或体应变)的大小。也就是说,膨胀系数描述的是由于温度变化引起的材料应变,实际为长度温度系数或体积温度系数。通常在多数情况下,实验测得的是线膨胀系数。

线膨胀系数 α_l 和体膨胀系数 β 两者之间还具有一定的数学关系。

对各向同性材料,假设一立方体,其原始长度为 l_0,原始体积为 V_0,温度升高 ΔT 后,长度为 l。根据线膨胀系数的关系,其温度升高 ΔT 后的体积 V 为

$$V=l^3=[l_0(1+\alpha_l\Delta T)]^3=l_0^3(1+\alpha_l\Delta T)^3=V_0(1+\alpha_l\Delta T)^3 \tag{3.90}$$

将式(3.90)中的三次方关系展开,并忽略 α_l 二次方以上的高次项(因为 α_l 的数量级通常仅为 10^{-6}),则有

$$V=V_0(1+\alpha_l\Delta T)^3\approx V_0(1+\beta\Delta T) \tag{3.91}$$

对比式(3.87)内 α_l 和 β 的对应关系,得到

$$\beta=3\alpha_l \tag{3.92}$$

因此,对于多数热膨胀各同向性的材料,其体膨胀系数是线膨胀系数的 3 倍。

对各向异性材料,假设一长方体,其原始长度分别为 l_{a0}、l_{b0} 和 l_{c0},原始体积为 V_0,三个方向上的线膨胀系数分别为 α_{la}、α_{lb} 和 α_{lc},温度升高 ΔT 后,其三个方向上的长度分别为 l_a、l_b 和 l_c。这样温度升高 ΔT 后体积 V 为

$$\begin{aligned}V=l_a\cdot l_b\cdot l_c=l_{a0}(1+\alpha_{la}\Delta T)\cdot l_{b0}(1+\alpha_{lb}\Delta T)\cdot l_{c0}(1+\alpha_{lc}\Delta T)=\\ V_0(1+\alpha_{la}\Delta T)(1+\alpha_{lb}\Delta T)(1+\alpha_{lc}\Delta T)\end{aligned} \tag{3.93}$$

同样,将式(3.89)中 α_l 二次方以上的高次项忽略,则有

$$V\approx V_0[1+(\alpha_{la}+\alpha_{lb}+\alpha_{lc})\Delta T]=V_0(1+\beta\Delta T) \tag{3.94}$$

对比式(3.90)内 α_l 和 β 的对应关系,得到

$$\beta=\alpha_{la}+\alpha_{lb}+\alpha_{lc} \tag{3.95}$$

因此,对于多数热膨胀各向异性的材料,其体膨胀系数是三个方向上线膨胀系数之和。当三个方向上的线膨胀系数相等时,则转变为各向同性材料的特性。

材料的热膨胀系数往往不是恒定值,会随温度变化而变化,图 3.26 给出了某些无机材料热膨胀系数与温度的关系。另外,材料热膨胀系数的大小直接与其热稳定性有关。一般 α_l 小的材料,其热稳定性就好。

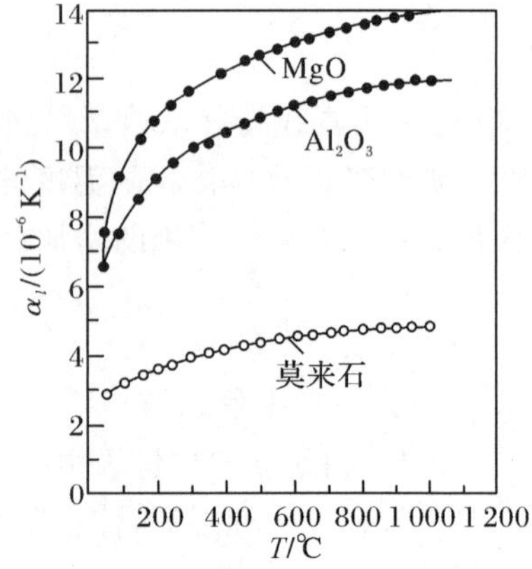

图 3.26 某些无机材料热膨胀系数与温度的关系

对于某一组织稳定的材料来说,真线膨胀系数 α_T 随温度略有变化。实际应用的膨胀系数通常均为某一温度

区间内的平均线膨胀系数 $\bar{\alpha}_T$。表 3.6 中列出了一些纯金属的平均线膨胀系数。

表 3.6　纯金属的平均线膨胀系数 α(0～100 ℃)

金　属	$\alpha/(10^{-6}$ ℃$^{-1})$	金　属	$\alpha/(10^{-6}$ ℃$^{-1})$
Li	58	K	84.0
Be	10.97(20 ℃)	Ca	22(0～330 ℃)
B	8.0	Ti	7.14(20 ℃)
Na	71.0	Cr	6.7
Mg	27.3	γ - Mn	14.75(20 ℃)
Al	23.8	α - Fe	11.5
Si	6.95	Co	12.5
Ni	13.3	Sb	10.8
Cu	17.0	Te	17.0
Zu	38.7	Cs	97.0
Ca	18.3(20 ℃)	Ba	17～21(0～300 ℃)
Ce	6.0	Te	6.75
As	4.70(20 ℃)	W	4.4
Rh	90.0	Re	12.45(20 ℃)
Zr	5.83(－100 ℃)	Os	5.7～6.6
Nb	7.2	Ir	6.58
Mo	4.9	Pt	8.9
Ru	7.0	Au	14.0(0 ℃)
Rb	8.5	Hg	181.79(0 ℃)
Pd	11.7(20 ℃)	Tl	33.65(0～20 ℃)
Ag	18.7	Pb	28.3(0 ℃)
Cd	31.0	Bi	12.1
In	77(0～25 ℃)	Th	11.1(20～60 ℃)

如果金属在加热或冷却的过程中发生了相变，由于不同组成相的比热容有差异，将会引起热膨胀的异常。这种异常的膨胀效应为研究材料中的组织转变提供了重要的信息。因此，对于研究与固态相变(尤其是体积效应较大的一级相变)有关的各种问题，膨胀分析可以作出重要的贡献。

研究热膨胀的另一方面兴趣来自仪表工业对材料热膨胀性能的特殊要求。例如：作为尺寸稳定零件的微波设备谐振腔、精密计时器和宇宙航行雷达天线等，都要求在气温变动范围内具有很低膨胀系数的合金；电真空技术中，为了与玻璃、陶瓷、云母、人造宝石等气密封接要求具有一定膨胀系数的合金；用于制造热敏感性元件的双金属要求使用高膨胀合金。这就需要研究化学成分和组织结构对合金热膨胀系数的影响。

3.4.2 热膨胀的物理本质

从微观上讲，固体材料的热膨胀现象与点阵结构质点间的平均距离随温度升高而增大有关。为了描述方便，首先明确两个说法：平衡位置是引力和斥力合力为0的点；平均位置是在平衡位置左右两侧振幅之间的中点，也就是振幅中心。

图3.27为基于双原子模型的热膨胀示意图。在温度 T_1 时，原子a相对于原子b(为描述方便，通常认为原子b固定不动)在其平衡位置上处于热振动状态，原子a和b之间的平均距离为 r_0。当温度由 T_1 升高到 T_2 时，原子a在振幅增大的同时，原子a、b间的平均距离也由 r_0 增大到 r。因此，宏观上造成材料在该方向上的受热膨胀。

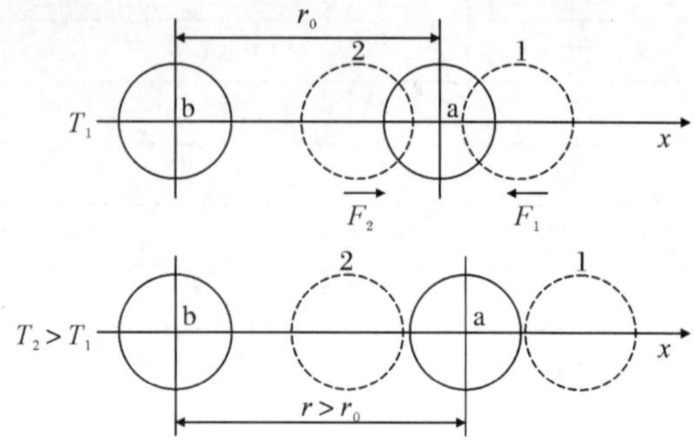

图3.27 双原子模型热膨胀示意图

原子a的热振动同时受到原子间引力 F_1 和斥力 F_2 的共同作用。当原子位于平衡位置(equilibrium position) r_0 时，引力 F_1 等于斥力 F_2；当原子a接近原子b时，斥力 F_2 大于引力 F_1；当原子a远离原子b时，引力 F_1 大于斥力 F_2。引力 F_1 和斥力 F_2 都与原子间距 r 有关。图3.28给出了晶体质点的引力-斥力曲线随原子间距的变化关系。从图3.28中可以看出，对于双原子模型的合力曲线，在平衡位置右侧，当引力大于斥力时，合力曲线变化缓慢；在平衡位置左侧，当引力小于斥力时，合力曲线变化陡峭。因此，两原子相互作用的合力曲线在平衡位置两侧呈不对称变化。因此，热振动不是左右对称的线性振动，而是非线性振动。由于受力的不对称性，质点在平衡位置左右两侧振幅之和的中点，也就是平均位置并不在平衡位置 r_0 处，实际位于 r_0 右侧。当温度升高时，原子振幅越大。这种受力的不对称性越明显，平均位置右移越多，平均距离也越大，导致微观上原子间距增大，从而造成宏观上晶体的受热膨胀。

采用双原子势能曲线模型，可以更清楚这一热膨胀本质。图3.29给出了晶体质点的势能曲线。在平衡位置 $r=r_0$ 处，合力势能最低，此时，双原子处于平衡热振动状态。

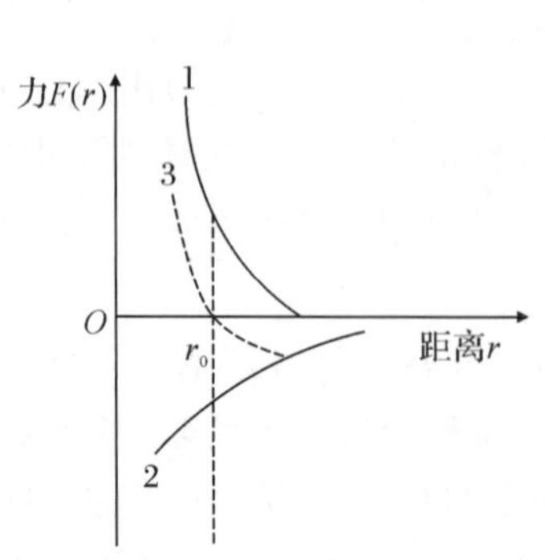

图3.28 晶体质点引力-斥力曲线

1—斥力；2—引力；3—合力

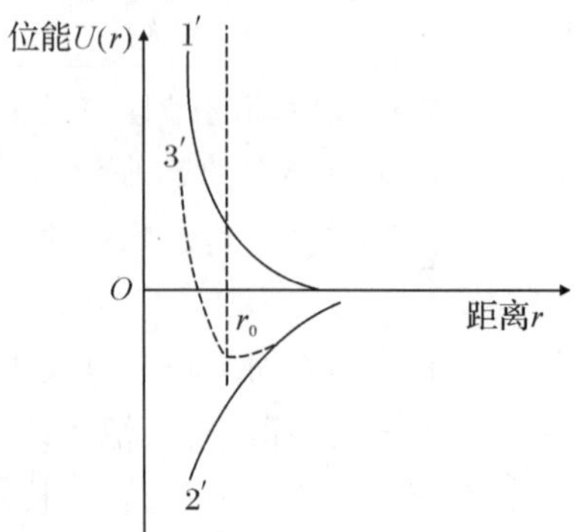

图3.29 晶体质点势能曲线

1′—斥力能；2′—引力能；3′—合力能

设原子离开平衡位置的位移为 x，此时两原子间的距离为 $r=r_0+x$，则两原子间的势能函数 $U(r)=U(r_0+x)$。将此函数在 $r=r_0$ 处按泰勒级数(Taylor series)形式展开，有

$$U(r)=u(r_0)+\left(\frac{\mathrm{d}U}{\mathrm{d}r}\right)_{r_0}x+\frac{1}{2!}\left(\frac{\mathrm{d}^2U}{\mathrm{d}r^2}\right)_{r_0}x^2+\frac{1}{3!}\left(\frac{\mathrm{d}^3U}{\mathrm{d}r^3}\right)_{r_0}x^3+\cdots \tag{3.96}$$

式中：右侧第一项为常数；第二项 $\left(\frac{\mathrm{d}U}{\mathrm{d}x}\right)_{r_0}=0$。

为了描述方便，式(3.96)可以写成

$$U(r)=U(r_0)+bx^2-cx^3+\cdots \tag{3.97}$$

式中：$x=r-r_0$；$b=\frac{1}{2!}\left(\frac{\mathrm{d}^2U}{\mathrm{d}^2x}\right)_{r_0}$；$c=\frac{1}{3!}\left(\frac{\mathrm{d}^2U}{\mathrm{d}^2x}\right)_{r_0}$。

若只考虑式(3.97)的前两项，即忽略 x^3 以上的项，则式(3.97)变为

$$U(r)=U(r_0)+bx^2 \tag{3.98}$$

此时，$U(r)$ 为一条顶点位于 r_0 的抛物线，如图 3.30 中虚线所示。此时的势能曲线左右两侧振幅相等。当温度升高时振幅增大，势能增高。但 $U(r)$ 势能曲线中，振幅的对称中心仍然位于 r_0 处，因而不能反映出受热膨胀的结果。因此，忽略 x^3 以上的项不合理。

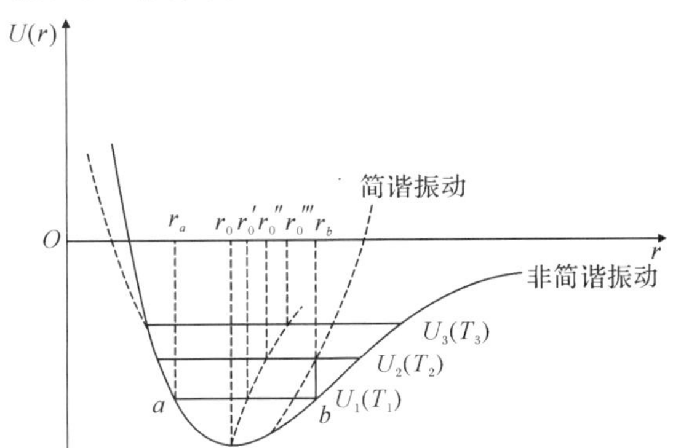

图 3.30　双原子相互作用的势能曲线随温度的变化关系

若考虑式(3.97)的前三项，忽略 x^4 以上的项，则式(3.97)变为

$$U(r)=U(r_0)+bx^2-cx^3 \tag{3.99}$$

此时，$U(r)$ 为一条顶点位于 r_0 的曲线，如图 3.30 中实线所示。此时的势能曲线不是对称的二次抛物线。当温度升高至 T_1 时，实线上 a、b 两点表示原子热振动时的振幅和最大势能值，ab 间距离的中点 r_0' 即为原子振动的几何中心，即平均位置。由于势能曲线的不对称，所以 r_0' 相对于 r_0 已经发生了右移。温度升高，这一不对称性引起振动中心更加右移(如图中 r_0' 向 $r_0''{}_0$、r_0''' 右移)，导致原子间距增大，产生热膨胀。

这种双原子间相互作用的势能不对称变化，实际上说明原子的振动是一种非对称的非简谐振动(anharmonic vibration)。因此，固体材料的热膨胀本质归结为点阵结构中的质点间平均距离随温度升高而增大，来自原子的非简谐振动。

根据玻耳兹曼统计规律，由式(3.99)可以计算得到其平均位移为

$$\bar{x}=\frac{3ck_{\mathrm{B}}T}{4b^2} \tag{3.100}$$

式(3.100)说明,温度升高,原子偏离振动中心的位移增大,物体产生宏观的受热膨胀。

3.4.3 热膨胀系数与其他物理参量的关系

1. 热膨胀系数与热容的关系

热膨胀是固体材料受热后晶格振动加剧引起的容积膨胀,晶格振动的加剧就是热运动能量的增大,而升高单位温度时能量的增加就是热容。因此,热膨胀系数与热容之间存在一定的关系。

德国物理学家格律乃森(Eduard Grüneisen,1877—1949)根据晶格振动理论,推导出金属材料体积膨胀系数与热容间的关系式,即物体的热膨胀系数与摩尔定容热容成正比,也就是热膨胀系数与摩尔定容热容这两个参量有着相似的温度依赖关系,在低温下随温度升高而急剧增大,直到高温则趋于平缓,这一规律称为格律乃森定律(Grüneisen law),即

$$\beta=\frac{r}{KV}\cdot C_{V,\mathrm{m}} \tag{3.101}$$

式中:r 为格律乃森常数(Grüneisen constant),是一个无量纲参量,表示原子非线性振动的物理量,对于一般物质,$r=1.5\sim2.5$;K 为体弹性模量;V 为体积;$C_{V,\mathrm{m}}$为摩尔定容热容;β 为体膨胀系数。

由体膨胀系数与线膨胀系数之间的关系,对各向同性材料,线膨胀系数满足

$$\alpha_l=\frac{r}{3KV}\cdot C_{V,\mathrm{m}} \tag{3.102}$$

由式(3.101)和式(3.102)可知,膨胀系数与摩尔定容热容成正比,膨胀系数在低温下随温度升高急剧增加,到高温则趋于平缓。图 3.31 给出了 Al_2O_3 比热容与热膨胀系数的比较。从图 3.31 中可以看出,这两条曲线近于平行,变化趋势相同。高温时热膨胀系数仍有增加,这与高温时出现明显的热缺陷有关。

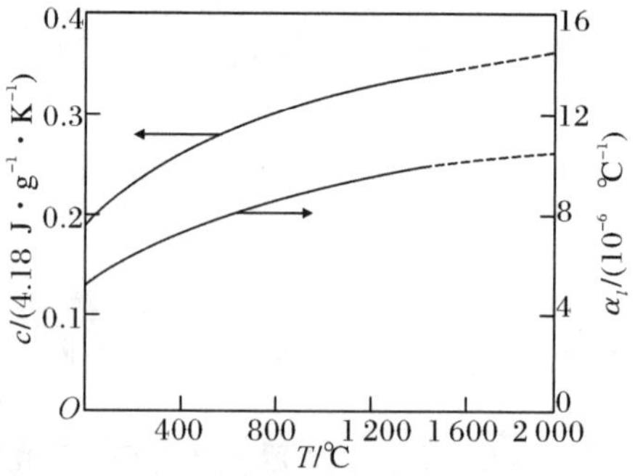

图 3.31 Al_2O_3 比热容与热膨胀系数的比较

2. 热膨胀系数与熔点的关系

热膨胀系数与原子间相互作用力有直接关系,而物质的熔点也是表征原子间结合力大小的物理量。

格律乃森提出了固态的体膨胀极限方程。一般纯金属由温度 0 K 加热到熔点 T_{m},其膨胀量约为 6%,即

$$\frac{V_{T_{\mathrm{m}}}-V_0}{V_0}=T_{\mathrm{m}}\beta=C\approx0.06 \tag{3.103}$$

式中:$V_{T_{\mathrm{m}}}$ 为熔点温度金属的固态体积;V_0 为 0 K 时的金属体积;C 为常数,实际值 $C=0.06\sim0.076$。

由式(3.103)可知,不同的金属具有相同的体积膨胀量。由体膨胀系数的定义,单位温度变化下,金属的熔点越高,该金属的体积膨胀量越小,也就是体膨胀系数越小。因此,熔点

较高的金属实际具有较小的体膨胀系数。

线膨胀系数 α_l 和熔点 T_m 之间的关系也满足经验公式

$$\alpha_l T_m = b \tag{3.104}$$

式中：b 为常数，大多数金属的取值约为 0.02。

将式(3.104)代入用于描述德拜温度与熔点的关系式[式(3.64)]，则有

$$\alpha_l = \frac{A}{V^{\frac{2}{3}} m \theta_D^2} \tag{3.105}$$

式中：A 为常数；T_m 为金属的熔点；m 为金属的相对原子质量；V 为金属的原子体积；θ_D 为德拜温度。

由式(3.105)可知，德拜温度越高，即原子间结合力越大，线膨胀系数越小。图 3.32 给出了部分元素热膨胀系数与熔点之间的关系。

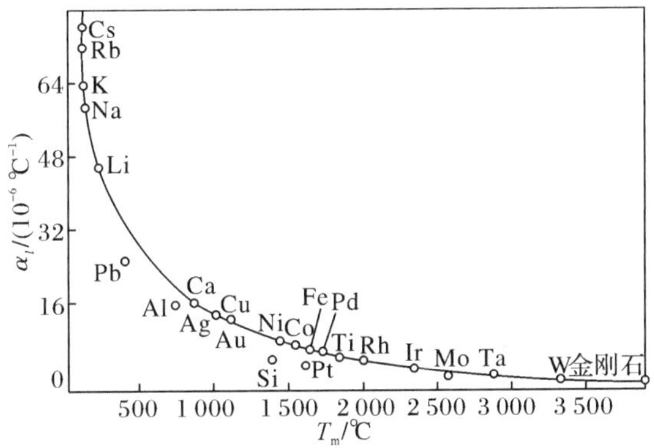

图 3.32　部分元素热膨胀系数与熔点的关系

3. 线膨胀系数与原子序数的关系

线膨胀系数随元素的原子序数呈周期性变化，如图 3.33 所示。这一关系大致呈如下规律：碱、碱土金属主族，随着周期数的增加，线膨胀系数增加；其他主族，随着周期数的增加，线膨胀系数降低；在同周期内，往往前 3 个元素的线膨胀系数依次降低，由第 4 个元素开始，线膨胀系数递增。这一大致的规律实际表征了单质固体原子间结合力的变化规律。涉及具体的元素还与晶体结构、键的取向性有关，可能出现偏差。

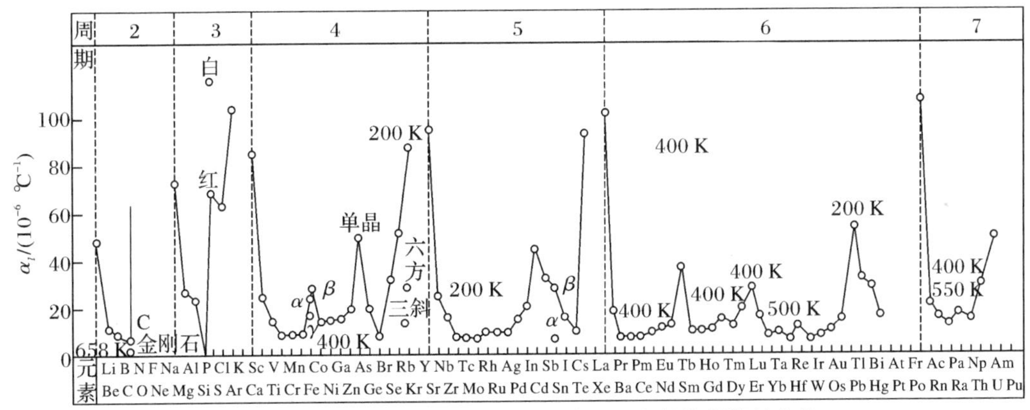

图 3.33　线膨胀系数(300 K)随元素原子序数的周期性变化

3.4.4 影响热膨胀的因素

1.温度与相变的影响

格律乃森定律指出,热膨胀系数与热容随温度的变化规律相似。当发生相变时,由于伴随着结构的变化,所以往往也引起膨胀量的突变。与热容相似,金属材料的膨胀量与热膨胀系数在相变点附近会发生特殊的变化,如图 3.34 所示。当发生一级相变时,相变在恒定温度下进行,此时的膨胀量(Δl)也将在恒温下发生突变。根据线膨胀系数的定义,线膨胀系数 α_l 将发生不连续变化,相转变点处 α_l 将无限大,如图 3.34(a)所示。当发生二级相变时,相变在一定温度范围内进行,此时膨胀量有突变,但相应的热膨胀系数 α_l 在一定温度范围内连续变化,如图 3.34(b)所示。

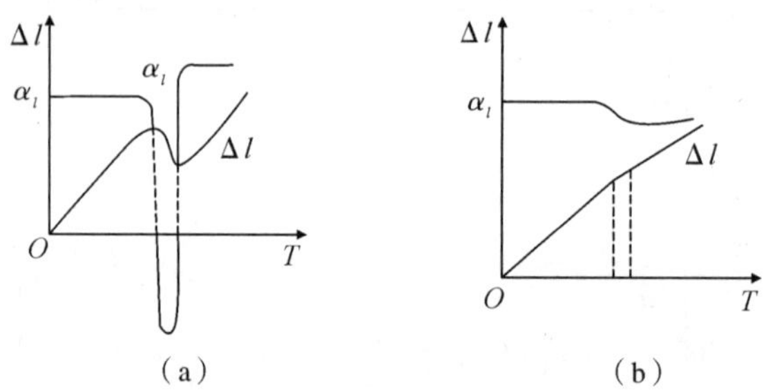

图 3.34 相变膨胀量与热膨胀系数变化示意图

(a)一级相变;(b)二级相变

同素异构转变(allotropic transformation)时,点阵结构重排,金属的质量热容发生突变,由此导致线膨胀系数发生不连续变化。图 3.35 给出了纯铁加热时的比体积(specific volume)变化曲线。所谓的比体积,是指单位质量的物质所占有的体积,单位为米^3/千克(m^3/kg)。如图 3.35 所示,当纯铁加热至 910 ℃(A_3 点)时,发生 α-Fe 向 δ-Fe 的转变,比体积减小了 0.8%;加热至 1 400 ℃(A_4 点)时,发生 γ-Fe 向 δ-Fe 的转变,比体积增大了 0.26%。所发生的这两个相变均属于一级相变,从而引起比体积的突变。

有序-无序转变(order-disorder transition)也伴随着热膨胀系数的变化,膨胀曲线也将出现拐折点。图 3.36 给出了三种合金有序-无序转变的热膨胀曲线。以 Au-50% Cu(50%为质量分数)为例,当有序合金加热至 300 ℃时,有序结构开始破坏,450 ℃时完全转变成无序结构。这段温度区间内,热膨胀系数增加很快。450 ℃时膨胀曲线出现明显的折拐,折拐点对应着有序-无序转变临界温度。冷却时,发生从无序向有序的转变过程,热膨胀系数下降很快,且不与加热过程的热膨胀曲线重合。有序结构的合金原子间结合力强于无序结构,因此,在加热的整个相变温区内,热膨胀系数增加很快。冷却过程与此正好相反。

温度变化时发生晶型转变,也会引起体积的变化。图 3.37 给出了 ZrO_2 晶体的热膨胀曲线。对于完全稳定化的 ZrO_2 晶体(曲线 1),在很宽的温度范围内不发生相变,因此,膨胀量始终呈线性增加。纯 ZrO_2 晶体(曲线 2)在图示温度范围内加热时,将从室温时的单斜相晶型向 1 000 ℃时的四方相晶型转变,此时将发生 4%的体积收缩。

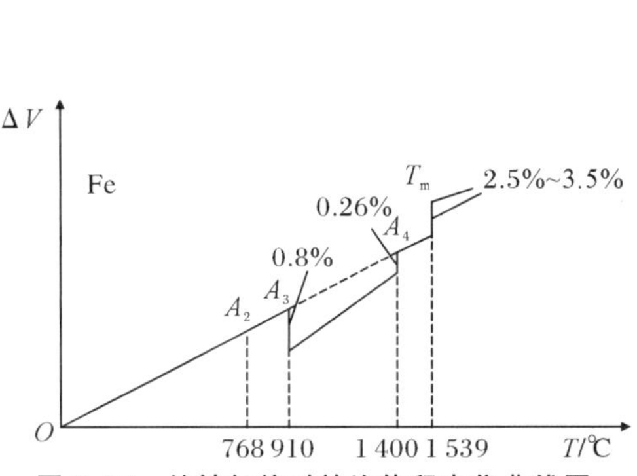

图 3.35　纯铁加热时的比体积变化曲线图

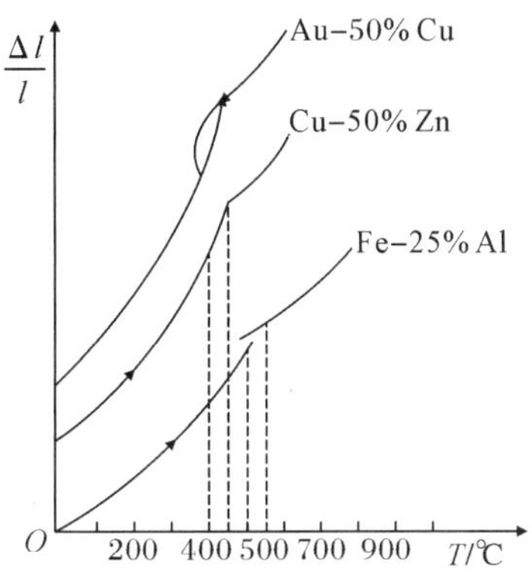

图 3.36　三种合金有序-无序转变的热膨胀曲线

2. 合金成分的影响

固溶体的膨胀与溶质元素的热膨胀系数和含量有关：当溶质元素热膨胀系数大于溶剂元素时，将增大热膨胀系数；当溶质元素热膨胀系数小于溶剂元素时，将减小热膨胀系数；溶质含量越高，影响越大。

对于简单金属与非铁磁性金属所组成的单相均匀固溶体合金，其热膨胀系数一般介于两组元热膨胀系数之间，符合混合律的规律。如两相合金，当其弹性模量比较接近时，合金的线膨胀系数 α_l 满足

$$\alpha_l = \alpha_{l1}\varphi_1 + \alpha_{l2}\varphi_2 \tag{3.106}$$

式中：φ_1、φ_2 分别为组成相的体积分数；α_{l1}、α_{l2} 分别为组成相的线膨胀系数。

图 3.38 给出了连续固溶体热膨胀系数与合金元素含量的关系。其中，对于可形成无限固溶体的 Ag－Au 合金(曲线 6)，其热膨胀系数与溶质含量呈线性关系。对于金属与过渡族金属组成的固溶体，其热膨胀系数无规律。

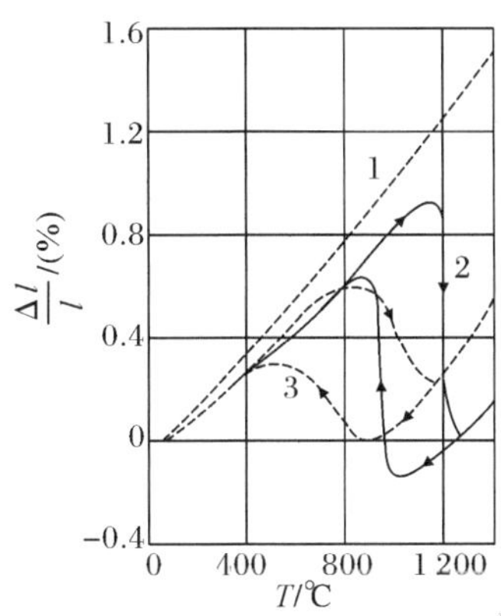

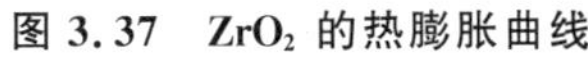
图 3.37　ZrO_2 的热膨胀曲线

1—完全稳定化的 ZrO_2；2—纯 ZrO_2；

3—掺杂 8%(摩尔百分数)CaO 的部分稳定 ZrO_2

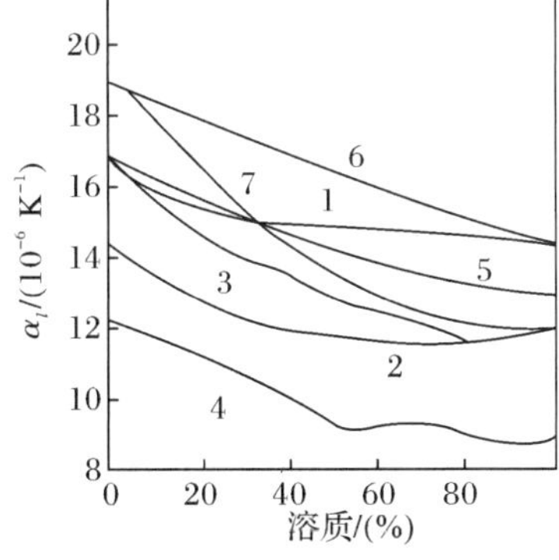

图 3.38　连续固溶体热膨胀系数与合金元素含量的关系

1—CuAu(35 ℃)；2— AuPd(36 ℃)；

3—CuPd(35 ℃)；4—CuPd(−140 ℃)；

5—CuNi(35 ℃)；6—AgAu(35 ℃)；7—AgPd(35 ℃)

3. 晶体各向异性

对于结构对称性较低的金属或其他晶体，热膨胀系数有各向异性。这是由于不同晶向的原子间结合力有差异。表 3.7 给出了一些各向异性晶体的主膨胀系数。

表 3.7　一些各向异性晶体的主膨胀系数

晶　体	主膨胀系数 $\alpha_l/(10^{-6}\ K^{-1})$	
	垂直 c 轴	平行 c 轴
刚玉	8.3	9.0
Al_2TiO_5	−2.6	11.5
莫来石	4.5	5.7
金红石	6.8	8.3
锆英石	3.7	6.2
方解石	−6	25
石英	14	9
钠长石	4	13
红锌矿	6	5
石墨	1	27

一般来说，弹性模量较高的方向具有较小的热膨胀系数，反之亦然。如前所述，对各向同性材料，晶体的体膨胀系数与线膨胀系数之间满足关系 $\beta=3\alpha_l$；对各向异性材料，晶体的体膨胀系数与线膨胀系数之间满足关系 $\beta\approx\alpha_{la}+\alpha_{lb}+\alpha_{lc}$。结构对称性越差，这种热膨胀系数的各向异性越明显。

4. 多相合金和复合材料的热膨胀

多相合金如果是多相的机械混合物，那么合金的热膨胀系数介于各相热膨胀系数之间，近似符合直线定律。通常根据各相所占的体积分数，用混合律的方法粗略估计多相合金的热膨胀系数。

如果两相合金弹性模量接近，那么其热膨胀系数的关系满足式(3.106)。

如果两相合金弹性模量差异较大，那么其热膨胀系数的关系为

$$\alpha_l=\frac{\alpha_{l1}\varphi_1E_1+\alpha_{l2}\varphi_2E_2}{\varphi_1E_1+\varphi_2E_2} \tag{3.107}$$

式中：E_1、E_2 分别为组成相的弹性模量。

通常，多相合金的热膨胀系数对组织分布不敏感，主要由合金相的性质及含量决定。

对多相复合材料而言，如果复合材料所有组成各向同性，且均匀分布，但各组成的热膨胀系数、弹性模量、泊松比等存在差别，那么温度变化时会造成内应力的出现。如果把微观的内应力都看成是纯拉应力和压应力，对交界面上的剪应力忽略不计，那么多相复合材料的平均体膨胀系数满足

$$\bar{\beta}=\frac{\sum\beta_iK_i\varphi_i/\rho_i}{\sum K_i\varphi_i/\rho_i} \tag{3.108}$$

式中：ρ_i 为第 i 组分密度；φ_i 为第 i 组分体积分数；K_i 为第 i 组分的体积模量，即 $K_i=\dfrac{E_i}{3(1-2\mu_i)}$；$E_i$ 和 μ_i 分别为第 i 组分的弹性模量和泊松比；$\bar{\beta}$ 为多相复合材料的平均体膨胀系数。

根据体膨胀系数与线膨胀系数的关系，将 $\overline{\alpha_l}=\dfrac{1}{3}\bar{\beta}$ 代入式(3.108)，则多相复合材料的平均线膨胀系数满足

$$\overline{\alpha_l}=\frac{\sum \beta_i K_i \varphi_i/\rho_i}{3\sum K_i \varphi_i/\rho_i} \tag{3.109}$$

这一描述多相复合材料平均膨胀系数的公式称为特纳(Turner)公式。

若考虑界面的切应力，则可用克尔纳(Kerner)公式计算多相复合材料的平均线膨胀系数，即

$$\overline{\alpha_l}=\alpha_{l1}+\varphi_2(\alpha_{l2}-\alpha_{l1})\cdot\frac{K_1(3K_2+4G_1)^2+(K_2-K_1)(16G_1+12G_1K_1)}{(3K_2+4G_1)[4\varphi_2G_1(K_2-K_1)+3K_1K_2+4G_1K_1]} \tag{3.110}$$

图 3.39 给出了两种材料热膨胀系数的不同计算公式比较。从图 3.39 中可以看出，实验结果与上述计算结果符合较好。

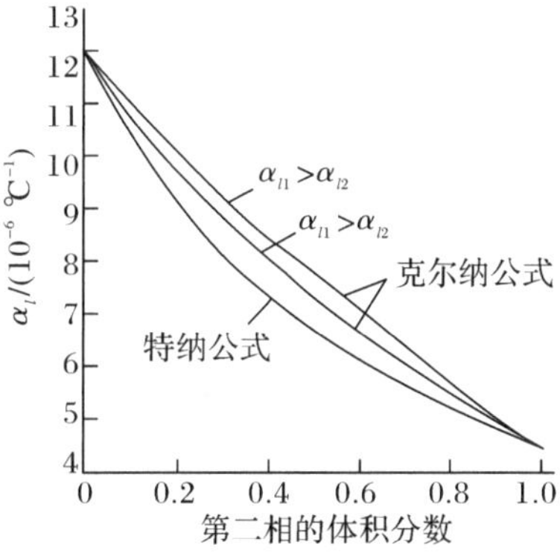

另外，多相材料内的组成相若发生相变，则会引起热膨胀的异常。而多相复合材料中如果存在微裂纹，则会引起热膨胀系数滞后。这是由于微裂纹的存在会为材料的膨胀提供额外空间，从而缓解累积在宏观上的膨胀量。材料中均匀分布的气孔也可以看成复合材料的一相，由于气体的体积模量非常小，所以气孔对材料热膨胀系数的影响可以忽略。

图 3.39　两种材料热膨胀系数的不同计算公式比较

5. 铁磁合金的热膨胀反常

对于铁磁性金属和合金(如 Fe、Ni、Co 及其合金)，其热膨胀曲线随温度变化呈明显的反常现象。图 3.40 给出了 Fe、Ni、Co 在磁性转变区的热膨胀曲线。图 3.40 中，虚线表示如前所述正常的热膨胀系数随温度的变化关系，实线为这三种磁性材料实际的热膨胀曲线。其中，Ni 和 Co 的热膨胀曲线向上偏离正常热膨胀曲线，称为正反常；Fe 的热膨胀曲线向下偏离正常热膨胀曲线，称为负反常。引起这一热膨胀反常的原因与铁磁体自身在自发磁化中产生的磁致伸缩效应(magnetostrictive effect)有关。

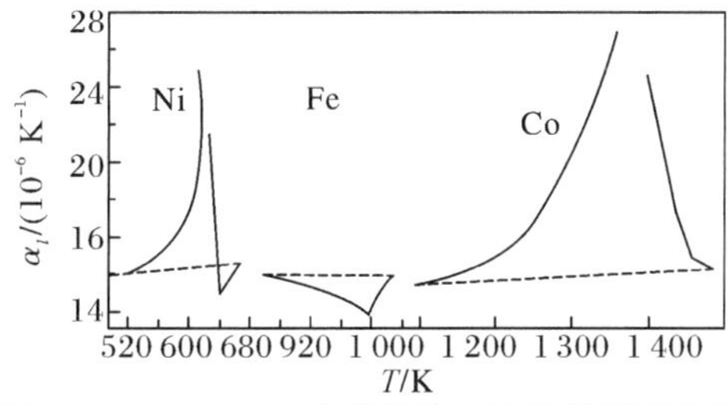

图 3.40　Fe、Ni、Co 在磁性转变区的热膨胀曲线

对 Ni 和 Co 而言，它们具有负的磁致伸缩系数。在居里点 T_p 以下，自发磁化过程中原子磁矩的同向排列，使具有负磁致伸缩效应的 Ni 和 Co 产生体积收缩。随着温度升高，自发磁化效果变弱，负磁致伸缩效应随着温度的升高逐渐消失，Ni 和 Co 逐渐释放因自发磁化引起的体积收缩，产生额外的体积膨胀。再加之材料本身因温度升高引起的热膨胀，综合这两种体积膨胀效果，α_l-T 关系偏离正常的规律，产生正膨胀反常。当温度高于 T_p 后，Ni 和 Co 由铁磁相变为顺磁相，磁致伸缩效应完全消失，只存在正常的热膨胀，α_l-T 关系回归正常的热膨胀规律。对具有正磁致伸缩系数的 Fe 而言，在居里点 T_p 以下，自发磁化过程中原子磁矩的同向排列，使其已经处于体积膨胀状态。温度升高后，这种正磁致伸缩效应逐渐消失，从而导致原子间距的减小。这一减小程度超过铁本身因受热引起正常原子间距的增大程度，从而出现负膨胀反常现象。温度高于 T_p 后，同样地，由于铁磁相变为顺磁相，所以磁致伸缩效应完全消失。α_l-T 关系回归正常的热膨胀规律。上述提到的有关材料磁性特征概念，后面在磁性能章节会详细介绍。

Fe－Ni 合金也具有负反常膨胀特性，如图 3.41 所示。具有负反常膨胀特性的合金，通过调节合金的化学成分，可以获得具有膨胀系数为 0 或负值的低膨胀合金，称为因瓦合金(invar alloy)，还可获得一定温度范围内膨胀系数基本不变的定膨胀合金，称为可伐合金(kovar alloy)。因瓦合金的这一在磁性相变温度即居里点 T_p 以下热膨胀系数趋近为 0 的现象，称为因瓦效应(invar effect)。这一效应是瑞士物理学家纪尧姆(Charles Edouard Guillaume，1861—1938)于 1896 年在晶态铁磁合金 $Fe_{65}Ni_{35}$ 中发现的，对利用合金进行精密计量有非常重大的意义。这一发现使纪尧姆获得了 1920 年的诺贝尔物理学奖。关于因瓦效应出现的原因，目前也大都从物质的铁磁性方面进行解释，认为铁磁性材料自发磁化过程中产生的磁致伸缩效应抵消或促进合金正常的热膨胀。这些合金在精密仪器仪表、微波通信、石油运输容器以及高科技产品等领域有广泛的实际作用，同时其所蕴含的丰富的物理内容也引起了广大科研工作者的兴趣。

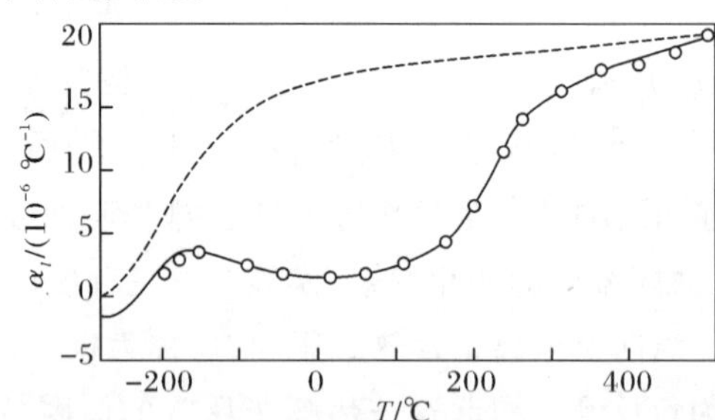

图 3.41　Fe－35% Ni(35%为原子百分数)合金负反常膨胀曲线

3.4.5　热膨胀分析在材料研究中的应用

在加热或冷却过程中，材料组织转变的同时往往伴随着明显的体积效应。根据这一特性，利用材料的热膨胀特性可较为方便地研究和分析材料的相变过程。

1. 确定组织的转变温度

通常，试样在加热(或冷却)过程中长度(或体积)的变化源于两个方面，即单纯由温度变化引起的膨胀(或收缩)，以及材料组织转变产生的体积效应。在组织转变前或转变后试样的膨胀（或收缩）只单纯由温度变化引起；而在组织转变的温度范围内，除单纯由温度引起的长度（或体积）变化以外，还附加了组织转变的长度（或体积）变化。正是附加的热膨胀效应使热膨胀曲线往往偏离一般规律。因此，在组织转变开始和终了时，膨胀曲线便出现了拐折点。这些拐折点则对应着组织转变的开始和终了温度，即相变临界点。

从热膨胀曲线上确定拐折点的确切位置主要有两种方法。这里，以亚共析钢为例加以说明，如图 3.42 所示。第一种方法是取热膨胀曲线上偏离单纯热膨胀规律的开始点，即曲线的切点为拐折点。图 3.42(b)中曲线上的拐折点 a、b、c 和 d 分别对应图 3.42(a)中的 A_{c1}、A_{c3}、A_{r3} 和 A_{r1} 点。这种方法在理论上是正确的，但是切点的判断受主观因素影响。为了减少主观误差，必须采用高精度的热膨胀仪进行测量，进而得到清晰的热膨胀曲线，以提高判断切点的准确性。第二种方法是取热膨胀曲线上的 a'、b'、c' 和 d' 四个温度极值来对应图 3.42(a)中的 A_{c1}、A_{c3}、A_{r3} 和 A_{r1} 点。这种方法的优点是峰值温度容易判断，缺点是与实际转变温度之间存在着一定的误差。通常，在研究合金元素钢的原始组织以及加热或冷却速率等因素对转变温度的影响时，做对比分析可采用此方法。

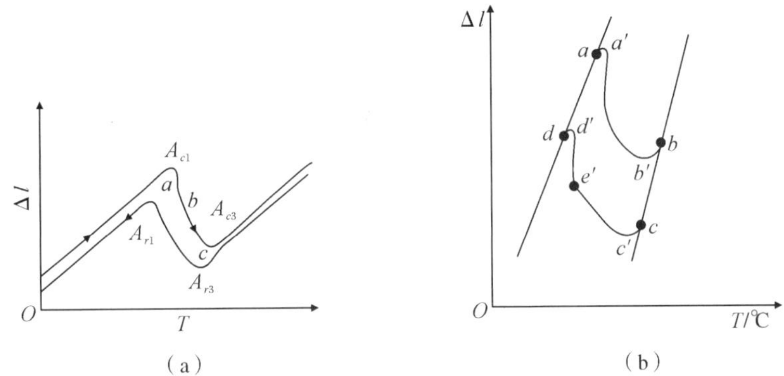

图 3.42　亚共析钢热膨胀曲线以及该曲线上的切离点和峰值标注示意图

(a)亚共析钢热膨胀曲线图；(b)亚共析钢热膨胀曲线上的切离点和峰值标注示意图

2. 分析相变动力学过程

以过冷钢的奥氏体等温转变为例，通过膨胀法测定其等温转变动力学曲线，如图 3.43 所示。实验中，选用退火态材料制备试样，用全自动快速膨胀仪测量等温转变曲线。首先，将试样加热至 $A_{c_1}+(30\sim50\ ℃)$，保温一段时间（直径为 3 mm 的样品，保温时间一般取 5～10 min），使退火态试样完全奥氏体化。这段时间内，膨胀仪记录下温度 T 与长度变化 Δl 的关系，获得如图 3.43 左侧所示的 $T-\Delta l$ 曲线，即加热膨胀曲线 AC。从曲线 AC 可以看出，完全奥氏体化的加热过程中，退火态试样长度一直在增加，这反映了退火态试样受热膨胀现象。当温度到达奥氏体转变温度后，退火态试样的长度反倒降低，这与退火态试样从相对疏松的晶格类型转变为致密的奥氏体面心立方晶格有关。当转变完全后，奥氏体试样长度继续增加。随后，完全奥氏体化的试样立即冷却至等温温度，与此同时，膨胀仪立即改为记录长度变化 Δl 和时间 t 的关系，这样便获得如图 3.43 右侧所示的 $t-\Delta l$ 曲线，即等温转变曲线 BE。曲线 BE 中，B 点和 E 点是曲线的拐点，分别对应转变的开始时间 t_1 和终了时间 t_2。由于等温转变产物（珠光体或贝氏体）的晶格致密度低于奥氏体的，所以在等温转变过程中晶格间距增大，即试样长度不断增大，也就是获得了正的 $t-\Delta l$ 曲线。随着等温时间的延长，奥氏体完全转变为等温转变产物，试样的长度不再发生变化，如 E 点之后的曲线。这里需要注意的是，从奥氏体开始冷却，直到奥氏体等温转变开始发生，这之间还存在着一段孕育期，即图中 OB 所对应的一段时间。一般而言，孕育期用试样转变量达 1%时所经历的时间来表示。

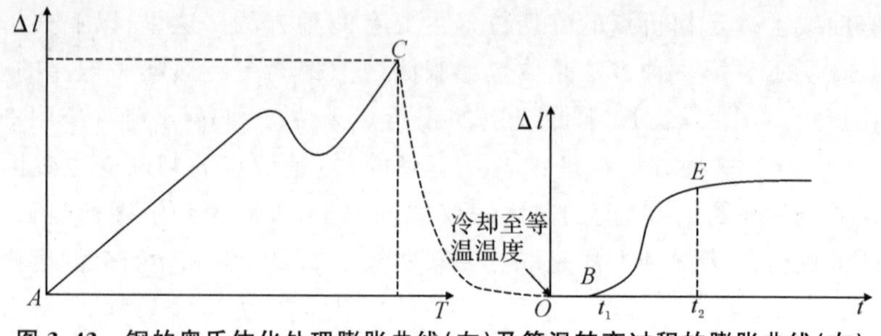

图 3.43　钢的奥氏体化处理膨胀曲线(左)及等温转变过程的膨胀曲线(右)

在等温转变完全的情况下，将转变终了所对应的膨胀量记为 100%，这样便可根据 $t-\Delta l$ 曲线上的膨胀量确定出任意等温时间的转变量。以某种钢 400 ℃的等温转变曲线(即 TTT 曲线，3 个 T 分别代表 time、temperature 和 transformation)的建立为例进行说明，如图 3.44 所示。图 3.44 中 Δl_f 为等温转变后的总膨胀量，即过冷奥氏体 100%转变为等温产物时的膨胀量，此时对应的转变时间点为 t_2，也就是等温转变终了的时间。等温转变 50%时所需要的时间 t_2，即膨胀量 $\Delta l_f/2$ 所对应的时间。用这种方式可确定其他转变量和相应的转变时间。图 3.44 中，时间点 t_1 表示等温转变开始的时间，$0\sim t_1$ 则为孕育期。

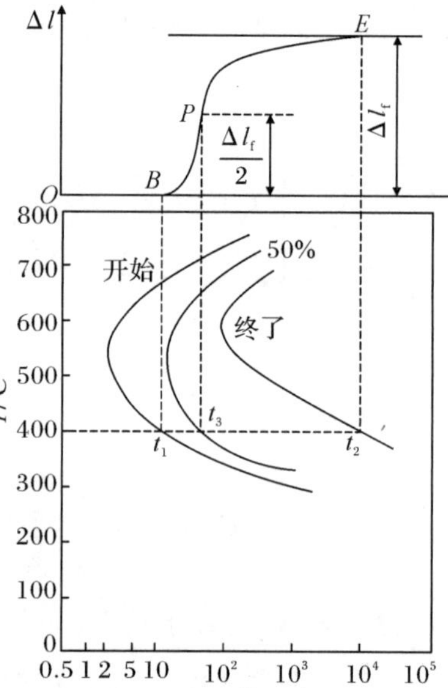

图 3.44　过冷奥氏体的等温转变曲线图

在实验过程中，往往还需要借助金相法，对相应温度下转变产物进行定量分析，然后再按照转变量与时间成正比的关系，找出不同转变量所对应的时间。为了获得 TTT 图，应在临界点和 A_{c1} 点之间，每隔 25 ℃左右测定一个等温转变过程，即可获得一条转变动力学曲线，在等温转变动力学曲线上确定出转变开始点、终了点和转变量为 25%、50%、75%对应的时间。将不同等温温度转变开始、终了和转变不同数量所对应的时间标在温度-时间坐标上，并分别连成光滑曲线，即得到 TTT 图。

3. 相变激活能的计算

相变激活能是相变动力学理论中非常重要的概念。晶体中的原子可以借助自身的热激活运动来得到很高的热起伏或能量起伏，只有特定概率数目的原子可以获得足够大的能量以达到激活态。如图 3.45 所示，参与某相变的单个原子从自由能较高的初始亚稳态 γ 相(状态Ⅰ)穿越相界面形成自由能较低的稳态 α 新相(状态Ⅱ)。从热力学考虑，α 相的吉布斯自由能比 γ 相低，即亚稳 γ 相有转变为稳定 α 相的自发趋势。但从动力学上考虑，原子从状态Ⅰ达到状态Ⅱ的过程中，还必须克服一个高能量的状态，也就是所谓的过渡态或激活态。这一激活态与状态Ⅰ(也叫初始态)之间的自由能差就是相变的动力学势垒，也就是相变过程中需要克服的相变激活能。

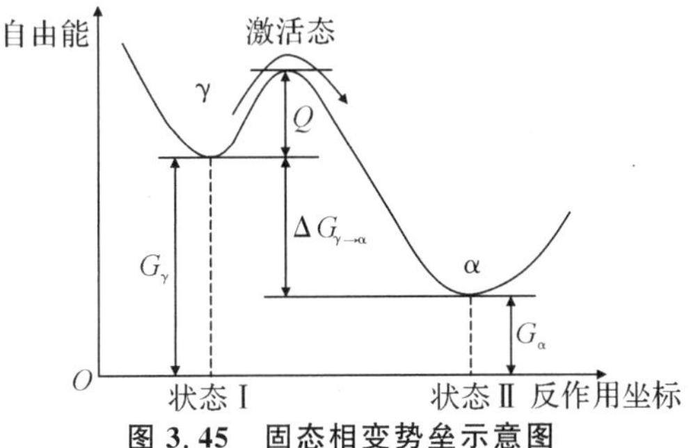

图 3.45　固态相变势垒示意图

根据反应动力学理论，原子达到激活态的概率为 $\exp\left(-\frac{Q}{RT}\right)$，那么相界面处原子的跃迁速率 k 为

$$k=A\exp\left(-\frac{Q}{RT}\right) \tag{3.111}$$

式中：Q 为相变激活能或激活能势垒，J/mol；R 为普适气体常数，$R=8.314$ J/(mol・K)；T 为温度，K；A 为因子，与原子热振动频率有关，由材料及相变类型所决定。

从式(3.111)可以看出，相变激活能同温度密切相关。温度越高，激活能越小，原子能量达到激活态的概率就越大，相变更易进行。式(3.111)是著名的经验公式——阿伦尼乌斯速率方程，用于反映化学反应速率和温度的关系。该方程更可广泛应用于其他反应过程以及相变过程，是固态相变动力学理论研究的基础。

利用等温膨胀曲线可以计算扩散型相变激活能 Q。已知试样长度的变化率正比于相变速度 k，即

$$\frac{\mathrm{d}l}{\mathrm{d}\tau}=A\exp\left(-\frac{Q}{RT}\right) \tag{3.112}$$

式中：$\frac{\mathrm{d}l}{\mathrm{d}\tau}$为试样长度随时间的变化率。

将式(3.112)两侧取对数，则有

$$\ln\left(\frac{\mathrm{d}l}{\mathrm{d}\tau}\right)=\ln A-\frac{Q}{RT} \tag{3.113}$$

以 $\ln\left(\frac{\mathrm{d}l}{\mathrm{d}\tau}\right)$ 为纵坐标，$\frac{1}{T}$ 为横坐标，可以绘得一条直线，如图 3.46 所示。

根据该直线的斜率即可求得相变激活能 Q，根据该直线的截距可求得 A。相变激活能是研究相变动力学的重要参数。

固态相变过程发生物相结构及成分变化的同时，常伴随着某些物理性质的变化，例如热焓、比体积、电阻、硬度、磁性能及弹性等，与其相对应的检测

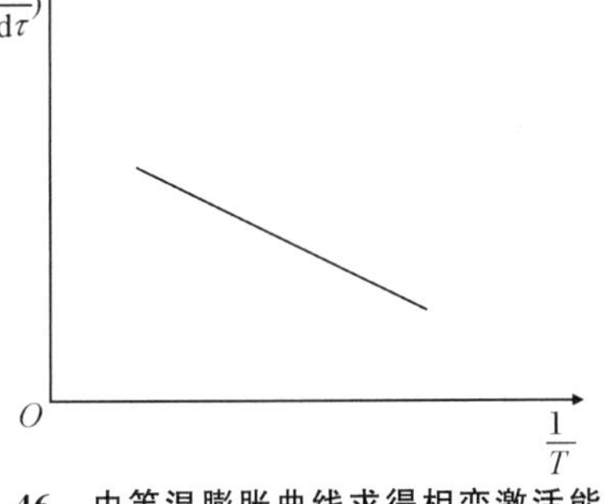

图 3.46　由等温膨胀曲线求得相变激活能

技术包括热分析、热膨胀、电阻测量、硬度测量、磁性测量以及弹性模量和内耗测量等。通过测量物理性质的变化来分析相变过程是一个比较简便的方法,因而得到了非常广泛的应用。其中,通过测定材料的热膨胀数据,可方便地分析相变过程。同时,还需要借助物相分析和微观组织分析等其他测试手段分析相变过程中的物相演化及分布、微观结构演化、晶粒尺寸演化等。

有关利用材料热膨胀特性进行材料研究的应用还有很多,例如,研究钢与合金的不同加热速度下的组织转变,测定钢的连续冷却转变曲线,研究淬火钢的回火、热循环对材料的影响、球墨铸铁的石墨化等。与电阻分析、热分析等其他方法相比,膨胀法具有测试灵敏度高、可近似定量分析、测试简单、操作方便、全程可自动控制等优点。

3.4.6 负热膨胀材料简介

负热膨胀(Negative Thermal Expansion,NTE)材料的研究是近年来材料科学研究的新热点之一。所谓的负热膨胀材料,指的是具有"冷胀热缩"性能的材料,即在一定的温度范围内,平均线膨胀系数或体膨胀系数为负值的一类材料。通过结构与界面的合理设计,将该类材料与正热膨胀的材料复合形成新的复合材料,可实现复合材料热膨胀系数从负值到零、再到正值的变化。这里,所谓的"零(或近零)热膨胀",指的是材料的微观尺寸随温度变化近似保持不变,在特定的温区内体积既不膨胀也不收缩的现象。通常,更广义地将这类复合材料统称为可控热膨胀系数的功能材料,简称可控热膨胀(controlled thermal expansion)材料。

关于负热膨胀材料的研究,最早在 19 世纪末,纪尧姆发现的"因瓦合金"在一定温度范围内具有极小的膨胀系数,甚至为零或负值。之后,发现石英和处于玻璃态的 SiO_2 在低温区会呈现随温度升高而体积收缩的现象。1951 年,发现 β-锂霞石结晶聚集体在温度达到 1 000 ℃后,温度继续升高时会出现体积缩小的现象,从而引起了科技界对负热膨胀问题的重视。此后,科研人员相继发现一系列负热膨胀材料,但由于响应温度远离室温、响应温度范围太窄或负膨胀系数受温度影响太大,所发现的负热膨胀材料的应用受到了限制。直到 20 世纪 90 年代,随着对材料体积稳定性有要求的领域不断增多,负热膨胀材料越来越受到人们关注,对其研究力度进一步加大。

按照负热膨胀性能的不同,可将负热膨胀材料分为各向异性负热膨胀材料和各向同性负热膨胀材料,同时还包括一些无定形或者玻璃态物质。各向异性的负热膨胀材料在不同晶格方向上具有不同的膨胀性能,或是膨胀系数大小不同,或是一个方向膨胀,而另一个方向收缩,在应用上具有很大局限性。同时,各向异性材料在应用中易产生应力和微裂纹,影响材料寿命。同时,由于膨胀性能复杂,若用它制备复合膨胀材料,则会导致材料的膨胀系数调节困难。各向同性的负热膨胀材料则不同,其在各个方向上具有相同的膨胀性能,结构也更加简单而稳定,机械性能更加优异,对复合材料的负热膨胀性能的调整也更为容易。因此,人们往往在各向同性的负热膨胀材料中寻找具有优异负膨胀性能的材料。

目前,比较有代表性的负热膨胀材料主要包括氧化物系列负热膨胀材料[如 AM_2O_8(A 为 Zr、Hf,M 为 W、Mo)、$A_2(MO)_4$(A 为 Sc、Y、Lu 等,M 为 W、Mo)、$A_2M_3O_{12}$(A 为三价过

渡金属，M 为 Mo、W)、A_2O(A 为 Cu、Ag、Au)、AMO_5(A 为 Nb、Ta 等，M 为 P、V 等)、$PbTiO_3$等]、沸石分子筛、金属氰化物[如 $Cd(CN)_2$、$Zn(CN)_2$]、普鲁士蓝类似物 $MPt(CN)_6$(M 为 Mn、Fe、Co、Ni、Cu、Zn、Cd)、金属-有机框架(Metal-Organic Frameworks，MOFs)化合物，以及金属氟化物[如 ScF_3、ZnF_2、$MZrF_6$(M 为 Ca、Mn、Fe、Co、Ni、Zn)]等。

负热膨胀现象是一个复杂的物理现象，与很多因素有关。负热膨胀的机理目前主要分为两类：一类是由热振动引起的，称为声子驱动型机理；另一类是由非热振动引起的，称为电子驱动型机理。前者主要由一些低频声子激发促使负热膨胀产生，通常发生在框架结构类型的化物中；后者主要是热致电子结构的变化引起负热膨胀，大体分为磁结构相变、铁电自发化、电荷转移等。

总之，超低膨胀、零膨胀或负热膨胀材料在航空、航天、半导体器件、各类封装和基片用绝缘陶瓷、仪器仪表等精密仪器，以及各类热匹配复合材料、热梯度复合材料、建筑材料等领域都具有广阔的应用前景。有关这类材料热膨胀机理的研究对相关关键器件的研制具有重要的指导意义。

3.5　材料的导热性

自然界中热量的传递有三种基本的形式，即热传导(thermal conduction)、对流(convection)和热辐射(thermal radiation)。热传导是物体各部分之间不发生相对位移时，依靠分子、原子及自由电子等微观粒子的热运动而产生的热量传递现象。热量往往从高温物体迁移到低温物体，或从一个物体中的高温部分迁移到低温部分。这一现象在固体、液体和气体中均可发生。对流是由流体的宏观运动引起流体各部分之间发生相对位移，并依靠冷热流体互掺混合移动所引起的热量传递方式。热辐射则是物体通过电磁波来传递能量的方式。本节通过介绍材料中描述热传导和热辐射的相关物理量，讨论引起材料导热性的微观机理，并分析影响材料导热性的因素。

3.5.1　表征热传导性质的物理参量

1. 稳态温度场和热导率

实验经验已经证明，稳态温度场热传导现象的规律可用傅里叶定律(Fourier's law)描述。这一定律由法国著名数学家、物理学家傅里叶(Baron Jean Baptiste Joseph Fourier，1768—1830)提出，具体描述如下。

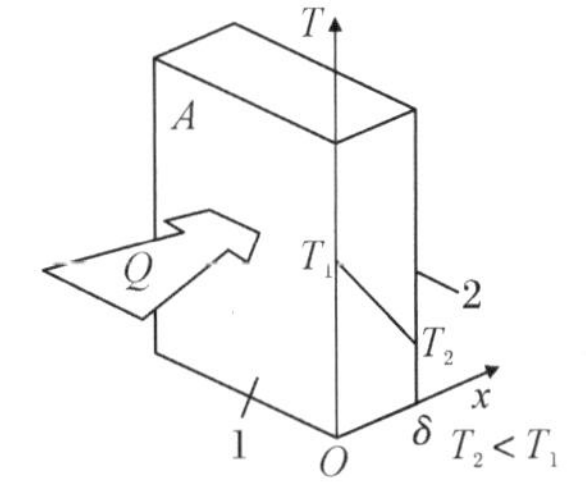

图 3.47　一维稳态热传导模型

考虑两表面维持均匀温度的平板，热量沿 x 方向传递，如图 3.47 所示。这是一个一维导热问题。根据傅里叶定律，当各点温度不随时间变化(稳态)时，对 x 方向上一个厚度为 dx 的微元层来说，单位时间内通过该层单位面积的热量与温度梯度成正比，即

$$q=\frac{Q}{A}=-\lambda\frac{\mathrm{d}T}{\mathrm{d}x} \tag{3.114}$$

式中：Q 为热流量，表示单位时间内通过某一给定面积的热量，W；A 为热流通过的面积，m^2；q 为热流密度，表示单位面积的热流量，W/m^2；$\frac{\mathrm{d}T}{\mathrm{d}x}$为温度梯度，又可记为 grad T；λ 为热导率，又称导热系数，W/(m・K)。

式(3.114)中的负号表示热量向低温处传递。

稳态温度场中，这一反映热流密度与温度梯度成正比例关系的比例系数 λ，实际反映了材料的导热能力。不同材料的热导率有很大差别，即使同种材料，热导率也与温度等因素有关。图 3.48 给出了多种固体材料热导率随温度的变化关系。

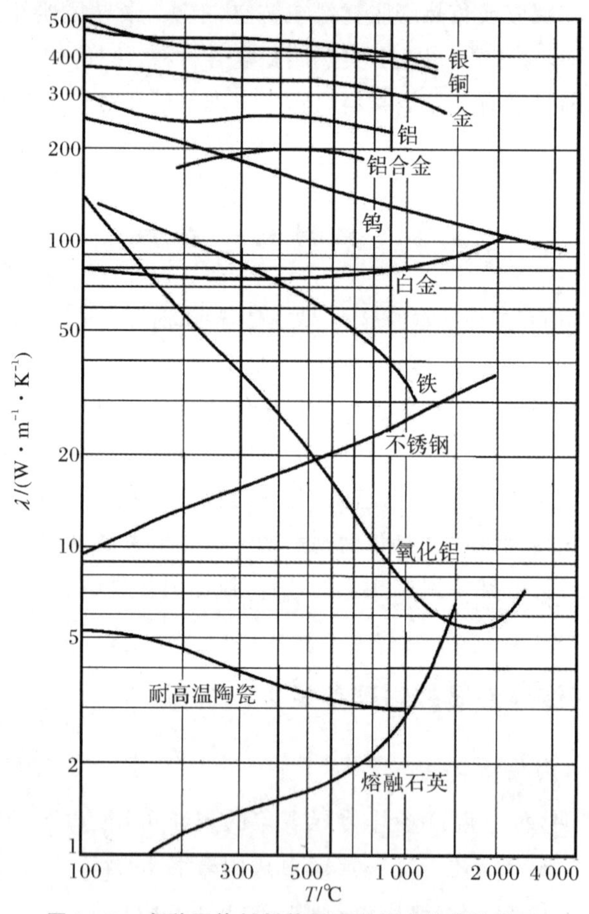

图 3.48　多种固体材料热导率随温度的变化关系

2. 非稳态温度场和热扩散系数

傅里叶定律适用于稳态温度场。如果材料内各点的温度随时间变化，那么这一传热过程就是非稳态传热过程，材料上各点的温度应该是时间和位置的函数。

根据能量守恒定律和傅里叶定律，可建立导热物体中温度场的数学表达式。考察物体内任意一个微元平行六面体的单元热传导模型，如图 3.49 所示。

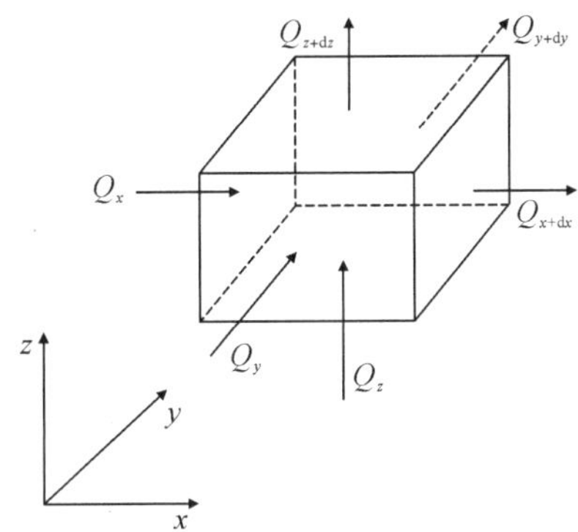

图 3.49　微元平行六面体单元热传导模型

根据傅里叶定律，通过图 3.49 中微元平行六面体三个表面而进入微元体的热流量为

$$\left.\begin{aligned}Q_x&=-\lambda\frac{\partial T}{\partial x}\mathrm{d}y\mathrm{d}z\\Q_y&=-\lambda\frac{\partial T}{\partial y}\mathrm{d}x\mathrm{d}z\\Q_z&=-\lambda\frac{\partial T}{\partial z}\mathrm{d}x\mathrm{d}y\end{aligned}\right\}\tag{3.115}$$

通过$(x+\mathrm{d}x)$、$(y+\mathrm{d}y)$、$(z+\mathrm{d}z)$三个微元表面而导出微元体的热流量为

$$\left.\begin{aligned}Q_{x+\mathrm{d}x}&=Q_x+\frac{\partial Q_x}{\partial x}\mathrm{d}x=Q_x+\frac{\partial}{\partial x}\left(-\lambda\frac{\partial T}{\partial x}\mathrm{d}y\mathrm{d}z\right)\mathrm{d}x\\Q_{y+\mathrm{d}y}&=Q_y+\frac{\partial Q_y}{\partial y}\mathrm{d}y=Q_y+\frac{\partial}{\partial y}\left(-\lambda\frac{\partial T}{\partial y}\mathrm{d}x\mathrm{d}z\right)\mathrm{d}y\\Q_{z+\mathrm{d}z}&=Q_z+\frac{\partial Q_z}{\partial z}\mathrm{d}z=Q_z+\frac{\partial}{\partial z}\left(-\lambda\frac{\partial T}{\partial z}\mathrm{d}x\mathrm{d}y\right)\mathrm{d}z\end{aligned}\right\}\tag{3.116}$$

对于微元体，按照能量守恒定律，在任一时间间隔内满足如下热平衡关系：

进入微元体的总热流量＋微元体内热源的生成热＝
导出微元体的总热流量＋微元体热力学能(内能)的增量　(3.117)

$$\text{微元体内热源的生成热}=Q\mathrm{d}x\mathrm{d}y\mathrm{d}z\tag{3.118}$$

$$\text{微元体内能的增量}=\rho c\frac{\partial T}{\partial \tau}\mathrm{d}x\mathrm{d}y\mathrm{d}z\tag{3.119}$$

式中：Q 为单位时间内单位体积中内热源的生成热；ρ 为微元体的密度；c 为比热容；τ 为时间。

将式(3.115)、式(3.116)、式(3.118)和式(3.119)代入式(3.117)，则可获得三维非稳态导热微分方程的一般形式为

$$\rho c\frac{\partial T}{\partial \tau}=\frac{\partial}{\partial x}\left(\lambda\frac{\partial T}{\partial x}\right)+\frac{\partial}{\partial y}\left(\lambda\frac{\partial T}{\partial y}\right)+\frac{\partial}{\partial z}\left(\lambda\frac{\partial T}{\partial z}\right)+Q\tag{3.120}$$

如果热导率 λ 为常数，那么式(3.120)可写成

$$\frac{\partial T}{\partial \tau}=\frac{\lambda}{\rho c}\left(\frac{\partial^2 T}{\partial x^2}+\frac{\partial^2 T}{\partial y^2}+\frac{\partial^2 T}{\partial z^2}\right)+\frac{Q}{\rho c}\tag{3.121}$$

令 $\alpha=\dfrac{\lambda}{\rho c}$，则将 α 称为导温系数或热扩散系数(thermal diffusivity)，单位为 m^2/s。热扩散系数 α 的物理意义是与不稳定导热过程相联系的。非稳态导热过程中，物体既有热量传导变化，同时又有温度变化，热扩散系数 α 是联系二者的物理量，标志着温度变化的速度。

在相同加热和冷却条件下，α 越大，物体各处温差越小。

在一维情况下，若导热系数为常数，无内热源时，则导热微分方程可写成

$$\frac{dT}{d\tau}=\frac{\lambda}{\rho c}\cdot\frac{d^2T}{dx^2}=\alpha\cdot\frac{d^2T}{dx^2} \tag{3.122}$$

3. 热阻率

借助电导率和电阻率的描述方式，材料的传热特性中也可以引入热阻率 ω 的概念，以表征材料对热传导的阻隔能力，即

$$\omega=\frac{1}{\lambda} \tag{3.123}$$

热阻率也可分为基本热阻率 $\omega(T)$ 和残余热阻率 ω_r 两部分，即

$$\omega=\omega(T)+\omega_r \tag{3.124}$$

基本热阻率 $\omega(T)$ 是温度的函数，而残余热阻率 ω_r 则与温度无关。

表 3.8 将上述三个用于表征热传导性质的物理参量 q、α 和 w 进行了比较。

表 3.8 表征热传导性质的物理参量 q、α 和 w 的比较

参　数	基本公式	物理本质	导出条件	应用领域
热导率（导热系数）	$q=-\lambda\frac{dT}{dx}$	表征固体导热能力	稳态温度场	材料研究，热物理设计
热扩散率（导温系数）	$\alpha=\frac{\lambda}{\rho c}$	导热蓄热能力综合参数	非稳态温度场	获取 λ，热物理设计
热阻率	$\omega=\frac{1}{\lambda}$	材料对热传导的阻隔能力	稳态温度场	工程热计算、设计

3.5.2 固体热传导的微观机制

固体热传导是材料内部能量的传递过程，其物理本质是通过微观粒子的运动输运能量，即由晶格振动的格波和自由电子的运动来实现能量的传递。假设晶格中某一质点处于较高温度，其热振动强烈，振幅也较大；其相邻质点处于较低温度，热振动较弱，振幅也较小。由于两质点间存在相互作用力，振动强烈的质点会影响相邻振动较弱的质点，使振动较弱的质点热振动加强，热动能增加，从而实现热能的传递，产生热传导现象。由于固体中热能的传递是通过反映晶格振动的格波来实现的，所以，需要从热量传递对格波的影响来讨论热传导的微观本质。

根据"固体物理"的相关知识，固体内参与导热的微观粒子主要包括电子、声子和光子。因此，固体的导热包括电子导热、声子导热和光子导热。对于这些微观粒子的导热，通常借助理想气体的热导率公式来描述，这是一种合理的近似。

按照气体运动理论(kinetics theory of gases)并取某种近似后，气体的热传导公式为

$$\lambda=\frac{1}{3}c\bar{v}l \tag{3.125}$$

式中：c 为单位体积气体的比热容；$\bar{v}$ 为气体分子的平均运动速度；l 为气体分子运动的平均自由程。

由于气体热传导是气体分子碰撞的结果，所以可借用气体的热导率公式近似地描述固体材料中电子、声子、光子的导热机制，固体的热导率满足

$$\lambda = \frac{1}{3}\sum_{i} c_i \bar{v}_i l_i \qquad (3.126)$$

式中：i 为不同热载体类型相应的物理量。

式(3.126)说明，对不同固体材料来说，需要分别考虑电子、声子和光子对热传导的贡献。例如：对纯金属而言，电子导热是主要机制；在合金中，声子导热作用增强；在半导体材料中，同时存在声子导热和电子导热；而绝缘体则几乎只有声子导热。若在高温下，则需要考虑光子导热对热传导的贡献。下面借助式(3.126)，分别对这三种热传导机制进行讨论。

1. 电子导热

对纯金属而言，其内部存在大量的自由电子，因此，电子是参与导热的主要载体。电子的热导率可写成

$$\lambda_e = \frac{1}{3} c_e \bar{v}_e l_e \qquad (3.127)$$

式中：λ_e 为电子的热导率；c_e 为单位体积电子的比热容；$\bar{v}_e$ 为电子的平均运动速度；l_e 为电子的平均自由程。

把自由电子的相关数据代入式(3.127)，则可近似计算得到电子的热导率 λ_e。设单位体积内自由电子数为 n，根据式(3.65)，将式中的 R 换成 $k_B N_A$，再将式中的 ZN_A 用单位体积内的自由电子数 n 表示。因此，单位体积内自由电子的比热容为

$$c_e = \frac{\pi^2}{2} \cdot \frac{k_B^2 T}{E_F} \cdot n \qquad (3.128)$$

将式(3.128)代入式(3.127)中，同时，考虑到 $E_F = \frac{1}{2} m \bar{v}_e^2$，则有

$$\lambda_e = \frac{1}{3}\left(\frac{\pi^2}{2} \cdot \frac{k_B^2 T}{E_F} \cdot n\right)\bar{v}_e l_e = \frac{\pi^2 k_B^2 T n}{3 m_e} \cdot \frac{l_e}{\bar{v}_e} = \frac{\pi^2 k_B^2 T n}{3 m_e}\tau_e \qquad (3.129)$$

式中：m_e 为电子的质量；τ_e 为自由电子的弛豫时间，$\tau_e = \frac{l_e}{\bar{v}_e}$。

在电子导热中，电子的平均自由程 l_e 是影响电子热导率的主要因素。实际上，电子的平均自由程 l_e 完全由自由电子的散射过程决定。若金属晶体点阵完整，电子运动不受阻碍，即 l_e 无穷大，则热导率 λ_e 也无穷大。若金属晶体中存在杂质和缺陷，点阵发生畸变，则电子运动受到阻碍，此时存在热阻，使热导率降低。

2. 声子导热

对大多数非金属材料而言，在导热过程中，温度不太高时，电子导热的作用减弱，声子导热的作用增强。根据量子理论，晶格质点振动的能量是不连续的，且所具有的能量是最小能量单元的整数倍，这一能量最小化单元即为声子。晶格质点振动的能量越高，即具有更高倍数的能量最小化单元，这可以看成具有更多数量的声子。若固体的导热主要以声子导热为主，则导热的贡献主要来自于声频支格波。格波在晶体内传播时受到的散射可看成声子同晶体中质点的碰撞，且可把理想晶体中热量传递的阻力归结为声子与声子的碰撞。由于气体热传导是气体分子碰撞的结果，晶体热传导是声子碰撞的结果，所以，它们的热导率也就应该具有相似的数学表达式。其中，声频支声子的速度与振动领率无关，热容和平均自由程均是振动频率的函数，因此，声子热导率的一般形式为

$$\lambda_{ph} = \frac{1}{3}\int c_{ph}(v) \cdot \bar{v}_{ph} \cdot l_{ph}(v)\,dv \qquad (3.130)$$

式中：λ_{ph}为声子的热导率；c_{ph}为单位体积声子的比热容；$\overline{v}_{ph}$为声子的平均运动速度；l_{ph}为声子的平均自由程；v为声子的振动频率。

在导热过程中，温度不太高时，主要是声频支格波有贡献。这里，考虑声子平均自由程l_{ph}的作用。如果晶格上质点各自独立振动，格波间没有相互作用，也就是声子间互不干扰，没有声子碰撞，没有能量传递，那么声子可在晶格中畅通无阻。此时，晶体中的热阻为零。但实际上，晶格热振动并非线性，格晶间有一定的耦合作用，声子间会产生碰撞，声子的平均自由程减小。格波间相互作用越强，声子间碰撞的概率越大，声子的平均自由程减小越多，则热导率越低。因此，声子间碰撞引起的散射是晶格中热阻的主要来源。另外，晶体中的各种缺陷、杂质以及晶界都会引起格波的散射，也等效于声子平均自由程的减小，使热导率降低。

3. 光子导热

辐射是电磁波传递能量的现象。由热的原因而产生的电磁波辐射称为热辐射。当固体内部微观粒子（如分子、原子和电子等）的振动、转动等运动状态发生改变时，会辐射出频率较高的电磁波。具有较强热效应的电磁波波长位于0.4～40 μm的可见光和部分近红外光的区域。这一波长范围内电磁波的传播过程和光在介质中传播的现象类似，当辐射的能量投射到物体表面上时，也会发生吸收、反射、透过等现象，光在介质中的这些现象将在后面章节介绍。

辐射传热是物体之间相互辐射和吸收的总效果。只要物体的温度高于绝对零度，物体总是不断地把热能转变成辐射能，并向外发射热辐射。同时，物体也不停地从周围吸收投射到它上面的热辐射，并把吸收的辐射能转变为热能。对物体中相邻体积单元间，处于热平衡时，相邻体积单元上辐射的能量等于吸收的能量，虽然两者间的热辐射仍在不停进行，但辐射换热等于零，因而不存在辐射传热。当物体中相邻体积单元间存在温度梯度：高温区，体积单元辐射出的能量大于吸收的能量；低温区，体积单元辐射出的能量小于吸收的能量，这样，温度就从高温区传向低温区，出现辐射传热现象。

根据传热学的相关知识，黑体辐射（black-body radiation）能量与温度的四次方成正比，即著名的斯蒂芬四次方定律：

$$E_r = \frac{4\sigma n^3 T^4}{c} \tag{3.131}$$

式中：σ为斯蒂芬-玻耳兹曼常数（Stepan-Boltzmann constant），$\sigma=5.67\times10^{-8}\ \mathrm{W/(m^2\cdot K^4)}$；$n$为折射率；$c$为光速，$c=3\times10^8\ \mathrm{m/s}$；$E_r$为辐射能量。

该定律又称斯蒂芬-玻耳兹曼定律（Stefan-Boltzmann law），由奥地利物理学家斯蒂芬（又常译为斯特藩，Josef Stefan，1835—1893）和玻耳兹曼（Ludwig Edward Boltzmann，1844—1906）分别于1879年和1884年各自独立提出。其中，斯蒂芬通过对实验数据的归纳总结得出结论；而玻耳兹曼则是从热力学理论出发，通过假设用光代替气体作为理想热力发动机（heat engine）的工作介质，推导出与斯蒂芬相同的结论。该理论对理想黑体的辐射准确度很高，对大多数灰体（grey bodies）也具有好的近似性。

若把E_r视为提高辐射温度所需的能量，则其摩尔定容热容$C_{V,m}$满足

$$C_{V,m} = \frac{\partial E_r}{\partial T} = \frac{16\sigma n^3 T^3}{c} \tag{3.132}$$

同时，辐射在介质中的传播速率为

$$v_r = \frac{c}{n} \tag{3.133}$$

将 $C_{V,m}$、v_r 代入热导率一般表达式(3.126)，则可得到

$$\lambda_r = \frac{16}{3}\sigma n^2 T^3 l_r \tag{3.134}$$

式中：l_r 为辐射光子的平均自由程；λ_r 为辐射热导率，描述介质中辐射能的传递能力。

由于光子传导时，$C_{V,m}$ 和 l_r 通常是频率 ν 的函数，所以光子热导率的一般形式类似于式(3.130)，即

$$\lambda_r = \frac{1}{3}\int C_{V,m}(\nu) \cdot \bar{v}_r \cdot l_r(\nu)\mathrm{d}\nu \tag{3.135}$$

式中：$\bar{v}_r$ 为光子的平均运动速度；ν 为光子振动频率。

λ_r 是描述介质中辐射能的传递能力，主要取决于辐射能传播过程中光子的平均自由程 l_r。对于辐射线是透明的介质，热阻很小，l_r 较大；对于辐射线不透明的介质 l_r 很小；对于完全不透明的介质，则 $l_r=0$，在这种介质中，辐射传热可以忽略。例如：单晶和玻璃对辐射线透明，在 773～1 273 K 温度范围内，辐射传热明显；而大多数陶瓷材料对辐射线半透明或透明度差，在 1 773 K 下，辐射传热才明显。

3.5.3　金属的导热性

如前所述，金属材料由于其内部存在大量的自由电子，因此，其导热主要是自由电子导热。当形成合金后，除自由电子的导热以外，声子导热对导热性的贡献增强。

1. 热导率与电导率的关系

德国物理学家维德曼(Gustav Heinrich Wiedemann，1826—1899)和弗兰兹(Rudolph Franz，1826—1902)在大量实验中发现，室温下，许多金属的热导率 λ_e 和电导率 σ 的比值都是一个常数，这一规律称为维德曼-弗兰兹定律(Widemann-Franz law)，即

$$\frac{\lambda_e}{\sigma} = LT \tag{3.136}$$

式中：L 为洛伦兹数(Lorenz number)。

该参数是用丹麦物理学家、数学家洛伦兹(Ludvig Valentin Lorenz，1829—1891)的名字命名的。为了和荷兰物理学家 H. A. 洛伦滋(Hendirk Vntoon Lorentz，1853—1928)区分，也常译为洛伦茨。

这一规律表明，导电性好的材料导热性也好。除了在低温条件下，这条定律很符合实际。

之后，洛伦兹进一步发现，比值$\frac{\lambda_e}{\sigma T}$是与金属种类无关的常数。将式(3.129)和式(2.36)代入式(3.136)，可得

$$L = \frac{\lambda_e}{\sigma T} = \frac{\pi^2}{3}\left(\frac{k_B}{e}\right)^2 = 2.45\times 10^{-8}\ \mathrm{W}\cdot\Omega\cdot\mathrm{K}^{-2} \tag{3.137}$$

各种金属的洛伦兹数都一样，表征的是费米面上的电子参与的物理过程。当温度高于

θ_D 时，对于电导率较高的金属，这个关系一般都成立，如图 3.50 所示。

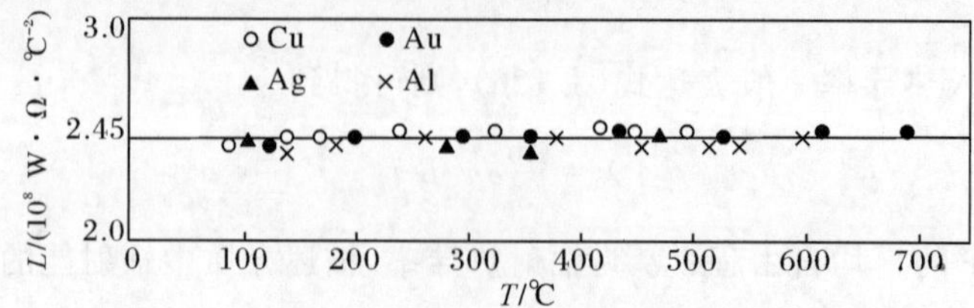

图 3.50　Cu、Ag、Au、Al 的维德曼-弗兰兹温度关系曲线

对于电导率低的金属，在较低温度下，L 是变数，如图 3.51 所示。

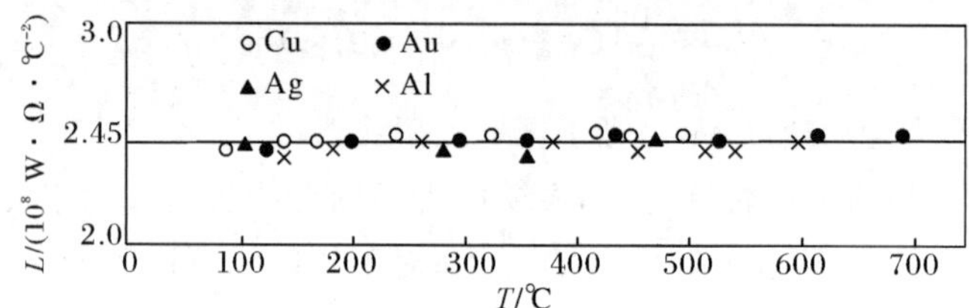

图 3.51　一些金属的维德曼-弗兰兹温度关系曲线

1—纯铁；2—铸钛(96.9%)；3—钛；4—铂；5—镍(99.9%)；6—锆(99.9%)

实验测得金属的热导率由两部分组成，即

$$\frac{\lambda}{\sigma T}=\frac{\lambda_e}{\sigma T}+\frac{\lambda_{ph}}{\sigma T}=L+\frac{\lambda_{ph}}{\sigma T} \tag{3.138}$$

式中：λ_{ph} 为声子热导率。

当 $T>\theta_D$ 时，金属热导率主要由自由电子贡献，则 $\frac{\lambda_{ph}}{\sigma T}\to 0$，维德曼-弗兰兹关系才成立。当温度较多地低于 θ_D 时，L 往往下降，其变化关系如图 3.52 所示。另外，从图 3.52 中也可以看出，在极低温情况下，对存在缺陷或杂质的金属，缺陷对电子的散射占主导作用时，也满足维德曼-弗兰兹关系。

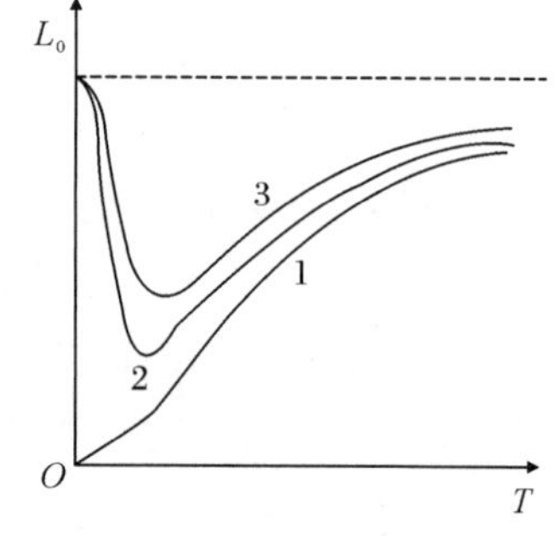

图 3.52　洛伦兹数随温度的变化

1—纯金属；2—含杂质金属；
3—含更多杂质金属

维德曼-弗兰兹关系和洛伦兹数是近似的，但根据维德曼-弗兰兹关系，可由电导率估计热导率。这为通过测定金属的电导率来估算金属的热导率提供了一种既方便又可靠的方法。

维德曼-弗兰兹定律作为一种经典的物理定律被广泛接受。但在具体材料研究中，也存在一些违反维德曼-弗兰兹定律的研究成果。例如，2017 年，美国伯克利加州大学的吴军桥团队的一项研究发现，处于金属态的 VO_2 电子导电时几乎不导热，其电子对热导率的贡献仅为维德曼-弗兰兹定律所预计常规导体的 1/10。分析研究表明，这种异常低的电子热导是由 VO_2 中电荷和热相互独立传输所引起的。普通金属中的电子表现为互不关联的单个粒子，众多电子在做随机自由运动时，可以在很多不同的微观形态(microscopic configurations)之间随机跳跃，实现热的随机传递，这样使电子的导电性和导热性具有同向、同步的变化。VO_2 中电子的运动与普通金属中自由电子的运动不同，其中的电子相互关联，像流体一样协调运动，从而降低了体系的随机性，使热的随机传递受到限制，引起 VO_2 极低的电子导热特性。另外，VO_2 是一类典型的金属-绝缘体相变材料，当温度升高到 67 ℃左右时，VO_2 将由绝缘体转变为金属，此时，电导率有 1 万倍以上的增加，而由于电子间的协调运动，VO_2 的热导率在这一过程中的变化却非常小，呈现明显的违反维德曼-弗兰兹定律的结论。相变前后，VO_2 对红外光可产生由透射向反射的可逆转变。这一相变以及伴随的其他奇异性质，使得 VO_2 具有较广阔的应用前景。

2. 温度对热导率的影响

金属以电子导热为主，其热导率与电导率满足维德曼-弗兰兹定律。因此，金属热传导的微观本质实际上可归结于电子在运动过程中受到热运动的原子和各种晶格缺陷的阻挡，从而形成对热量运输的阻力。

由于金属的热导率与电导率满足维德曼-弗兰兹定律，所以可借助金属电导率的描述方式来描述金属的热导率。注意，为了方便描述，此时采用的物理量分别是电阻率与热阻率。根据金属电阻率满足马西森定律，金属的电阻率包括与温度有关的基本电阻率 $\rho(T)$ 和与温度无关的残余电导率 ρ_r 满足式(2.39)，那么，金属的热阻率实际上也包括与温度有关的基本热阻率 $\omega(T)$ 和与温度无关的残余热阻率 ω_r。其中，$\omega(T)$ 是因晶格振动形成的，与温度有关；ω_r 是因杂质缺陷形成的，与温度无关。

在低温情况下，缺陷对电子运动的阻挡起主要作用，此时满足维德曼-弗兰兹定律，L 是常数，即

$$L=\frac{\lambda}{\sigma T}=\frac{\rho_r}{\omega_r T} \tag{3.139}$$

由此可得

$$\omega_r=\frac{\rho_r}{LT}=\frac{\beta}{T} \tag{3.140}$$

式中：β 为与残余电阻率有关的常数，$\beta=\frac{\rho_r}{L}$。

由式(3.140)可知，在低温情况下，残余热阻率 ω_r 与温度成反比。

在高温下，声子对电子运动的阻挡起主要作用，此时，同样满足维德曼-弗兰兹定律，L 也是常数，即

$$L=\frac{\lambda}{\sigma T}=\frac{\rho(T)}{\omega(T)\cdot T} \tag{3.141}$$

由于 $\rho(T)\propto T$，由式(3.141)可知，在高温下，$\omega(T)$ 趋于常数。

对介于上述高、低温度之间的温度，当声子和缺陷对电子运动的阻挡都起作用时，声子热阻率随温度的变化成二次方规律上升，缺陷热阻率随温度升高成反比例规律上升，因此，合成后的热阻率与温度的关系为

$$\omega=\omega(T)+\omega_r=\alpha T^2+\frac{\beta}{T} \tag{3.142}$$

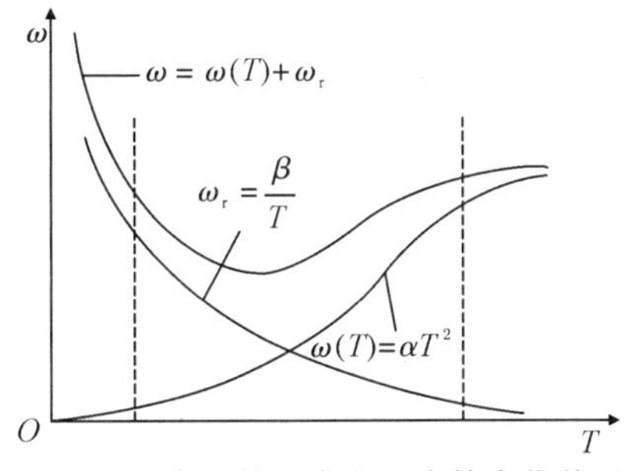

图 3.53　电子热阻率和温度的变化关系

式(3.142)所反映出的热阻率随温度的变化关

系如图 3.53 所示。从图 3.53 中可以看出,金属的热阻率往往存在最小值,也就是其热导率存在最大值。

3.纯金属的热导率

纯金属的热导率随温度的变化关系与上述描述一致。图 3.54 给出了温度对纯铜热导率的影响规律。从图 3.54 中可以看出,在极低温度(0～10 K)下,λ 按与温度成一次方关系快速递增至最大值。这与缺陷阻挡电子运动引起热阻有关。在中温(10～200 K)区,λ 按与温度成二次方关系快速递减。在温度为 200 K～T_m 时,λ 缓慢递减,并逐渐趋于常数。这与声子阻挡电子运动引起热阻有关。图 3.55 给出了温度对几种纯金属热导率的影响规律。表 3.9 给出了铁的热物理性能随温度的变化关系。

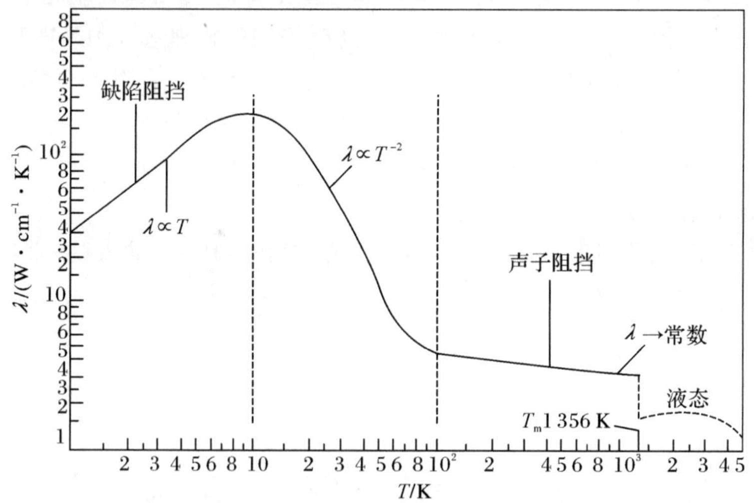

图 3.54 温度对纯铜热导率的影响规律

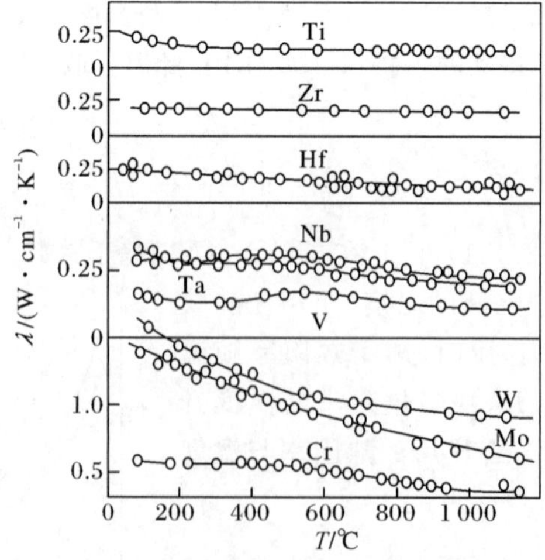

图 3.55 温度对几种纯金属热导率的影响规律

表 3.9　铁的热物理性能随温度的变化关系

温度 T/℃	密度 ρ/(g·cm^{-3})	定压质量热容 c/(J·g^{-1}·K^{-1})	导热系数 λ/(W·m^{-1}·K^{-1})	线膨胀系数 α_l/(10^{-6} ℃$^{-1}$)
20	7.87	0.452	78.5	12.3
100			67.7	12.7
200	7.80	0.481	61.0	13.4
300			56.4	14.6
400	7.70	0.523	50.2	15.4
500			46.3	15.6
600	7.60	0.578	43.7	15.6
700			41.9	15.5
800	7.50	0.665	40.1	13.8

4.合金的热导率

当两种金属构成连续无序固溶体时，随着添加组元浓度的增加，λ 逐渐降低，且降低速率逐渐减小，在浓度约为 50%处达到谷底。图 3.56 给出了 Ag－Au 合金的热导率随溶质浓度的变化关系。造成这一现象的原因是，溶质元素加入后提高了合金的残余热阻率。图 3.57 为热导率悬殊的组元(Cu－Ni)间形成合金时，热导率随成分的变化关系。这些合金的热导率在较宽范围内几乎不变。当合金中含有过渡族金属时，谷值对应浓度会偏离 50%。

当合金固溶体出现有序结构时，由于点阵的周期性增强，电子运动的平均自由程增大，所以热导率比无序时明显提高。例如，具有体心立方结构的 Fe－Co 合金，当 Fe 的原子分数为 50%时，可形成 B2 型有序(B2 ordering)结构，即 Fe 原子和 Co 原子分别位于对方体心立方的中心，此时的热导率最大。图 3.58 给出了 Fe－Co 合金热导率随成分变化的关系。金属间化合物与有序合金一样，也常出现热导率的峰值。

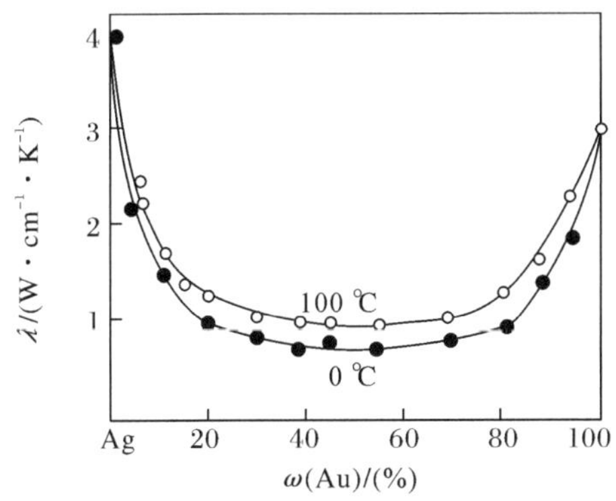

图 3.56　Ag－Au 合金热导率随溶质浓度的变化关系

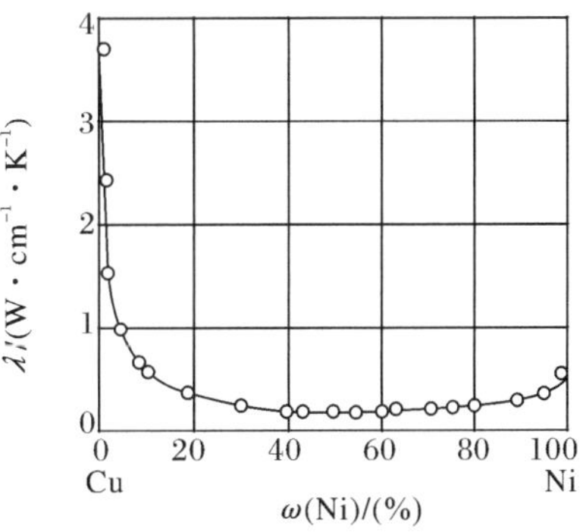

图 3.57　Cu－Ni 合金热导率随成分的变化关系

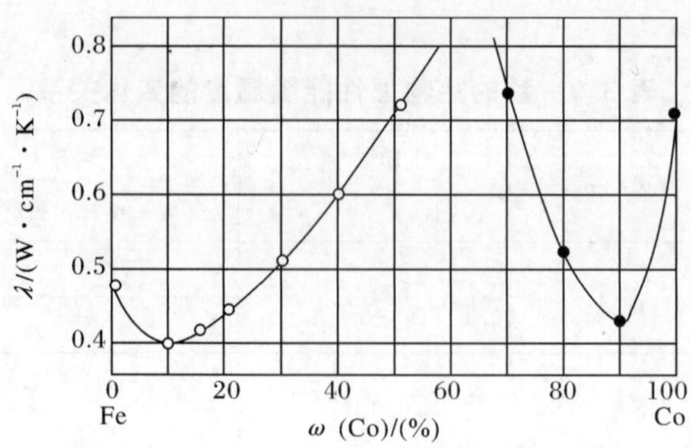

图 3.58 Fe-Co 合金热导率随成分的变化关系

5. 微观组织结构的影响

除此以外，微观组织结构对热导率也有影响。晶粒或颗粒大小对热导率影响的规律：一般而言，晶粒越粗大，热导率越高，晶粒越细小，热导率越低；颗粒接触面积大，热量传输的通路短，热导率高；颗粒接触面积小，热量传递需要经过复杂通路，热导率低，如图 3.59 所示。晶体类型也会影响热导率。一般而言，立方晶系的热导率与晶向无关，而非立方晶系晶体热导率往往表现出各向异性。另外，材料内所含的杂质也强烈影响热导率，杂质的存在会引起残余热阻的增加，因此，杂质越多，热导率越低。

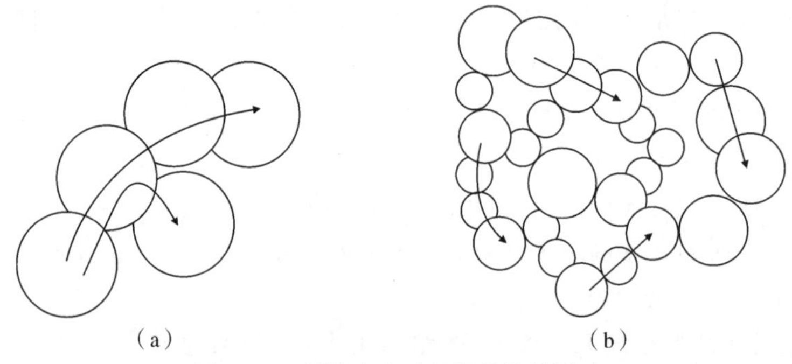

图 3.59 晶粒大小对固相传热的影响

(a)颗粒接触面积大，通路短；(b)颗粒接触面积小，通路复杂

3.5.4 无机非金属材料的导热性

金属材料热导率的影响因素相对单一，而无机非金属材料导热性的影响因素相对复杂。无机非金属材料内参与导热的微观粒子以声子为主，高温区还有光子传导。与金属相比，绝大多数无机非金属材料的热导率较小，这主要与声子的平均运动速度远低于电子的平均运动速度有关。

1. 温度对热导率的影响

在温度不太高的范围内，声子传导占主要地位。此时的热导率关系满足式(3.126)。其中，声子平均运动速度 $\bar{v}_{ph}$ 近似为常数。只有当温度较高，因介质结构松弛而蠕变，介质弹性模量下降时，$\bar{v}_{ph}$ 才会下降。比热容 c_{ph} 在低温下与 T^3 成正比，超过一定温度后趋于常数。温度升高，声子运动受晶格振动的影响增大，因而声子的平均自由程 l_{ph} 随温度的升高而降低。实验表明:在低温情况下,l_{ph}的最大值为晶粒大小;在高温情况下,l_{ph}的最小值为晶格间距。因此,在低温情况下,无机非金属材料的热导率λ是与T^3成正比的c_{ph}、常数$\bar{v}_{ph}$和最大值为晶粒大小的l_{ph}的乘积,此时的λ近似与T^3成正比。当温度升高时,l_{ph}的减小成为热导率变化的主要因素,因此,无机非金属材料的热导率λ随着温度的升高而降低。温度进一步升高,l_{ph}最低降到晶格间距的尺度,此时c_{ph}趋于常数,因此,无机非金属材料的热导率λ随着温度的升高而继续降低,并逐渐趋于常数。温度再进一步升高,无机非金属材料中光子传导逐渐占主导,辐射传热开始起作用,因而其热导率开始增加。图 3.60 所示为氧化铝单晶的热导率随温度变化的曲线。从曲线上可以看出,其规律满足上述描述。实际上,无机非金属材料的热导率随温度的变化关系与金属材料类似,差别仅在于各温度区间范围不同,λ峰值出现在数十开尔文温度下。当温度到达高温后,由于辐射导热的作用,λ又开始上升。

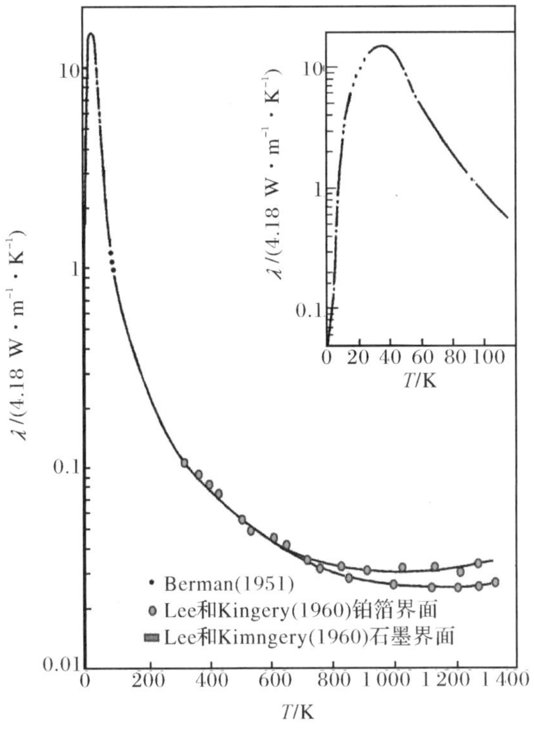

图 3.60　氧化铝单晶的热导率随温度的变化

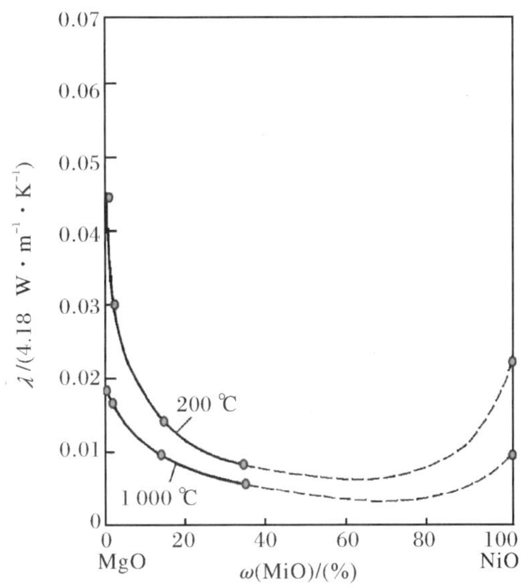

图 3.61　MgO–NiO 固溶体的热导率与组元摩尔分数的关系

2. 化学组成的影响

无机非金属材料化学组成对热导率的影响规律与金属固溶体类似,随着组元摩尔分数的增加,热导率下降明显,组元效应减弱。图 3.61 给出了 MgO–NiO 固溶体的热导率与组元摩尔分数的关系。从图 3.61 中可以看出,热导率谷底值不在 50%(摩尔分数)处,而出现在偏离 50%的位置。通常,这一谷底值接近低热导率组元一侧。

3. 显微结构的影响

声子传导与晶格振动有关。通常,晶体结构越复杂,晶格振动的非线性程度越大,对声子的散射程度越大。因此,声子平均自由程较小,热导率降低。对具有非立方晶系的晶体而言，其热导率呈各向异性。温度升高，不同方向的热导率差异减小，这与晶体结构随温度升高趋于更好的对称有关。晶体的晶粒越粗大，热导率越高；反之，晶粒越细小，热导率越低。这是由于晶粒大小影响热量的固相传递通路，晶粒越粗大，热量的固相传递通路越宽，热量传递越容易，因而热导率越高。对同一种物质，多晶体的热导率低于单晶体。这是由于多晶体中晶粒尺寸小、晶界多、缺陷多、晶界处杂质多，声子受到的散射程度大，所以其热导率低。

实际上，金属材料显微结构对热导率的影响规律与无机非金属材料类似。造成这一现象的原因是影响电子运动的因素与声子运动的因素相似，即所有造成电子或声子运动时散射的因素，均会使热导率下降。

4. 非晶体的热导率

非晶无机非金属材料的导热性和晶态材料相比，由于非晶态属于短程有序、长程无序结构，其质点排列更加混乱，所以非晶态材料的热导率往往更低。下面以玻璃为例，讨论非晶无机非金属材料的热导率随温度的变化规律，如图 3.62 所示。

在中、低温度(400～600 K)以下，光子导热的贡献可忽略不计。声子导热随温度的变化由声子热容随温度变化的规律决定，即随着温度的升高，热容增大，玻璃的导热系数也相应地上升。这相当于图 3.62 中的 Oa 段。从中温到较高温度(600～900 K)，随着温度的不断升高，声子热容不再增大，导热系数逐渐成为常数。声子导热也不再随温度升高而增大，因而玻璃的导热系数曲线出现一条与横坐标接近于平行的直线，这相当于图 3.62 中的 ab' 段。若考虑此时光子导热在总的导热中的贡献已开始增大，则为 ab 段。在高温(超过 900 K)以上，随着温度的进一步升高，光子导热急剧增加，这相当于 bc 段。对不透明的无机材料而言，由于光子导热小，所以相当于 $b'c'$ 段。

晶体和非晶体材料热导率随温度变化的对比关系如图 3.63 所示。非晶体的导热系数(不考虑光子导热的贡献)在所有温度下都比晶体的小。这主要是因为一些非晶体的声子平均自由程在绝大多数温度范围内都比晶体的小得多。晶体和非晶体材料的导热系数在高温时比较接近。这主要是因为，当温度升到 g 点时，晶体的声子平均自由程已减小到下限值，像非晶体的声子平均自由程那样，等于几个晶格间距的大小；而晶体与非晶体的声子热容也都接近于 $3R$；光子导热还未有明显的贡献，因此，晶体与非晶体的导热系数在较高温时比较接近。非晶体热导率曲线与晶体热导率曲线的一个最大区别是，前者没有热导率的峰值点 m。这也说明非晶体物质的声子平均自由程在几乎所有温度范围内均接近为一个常数。

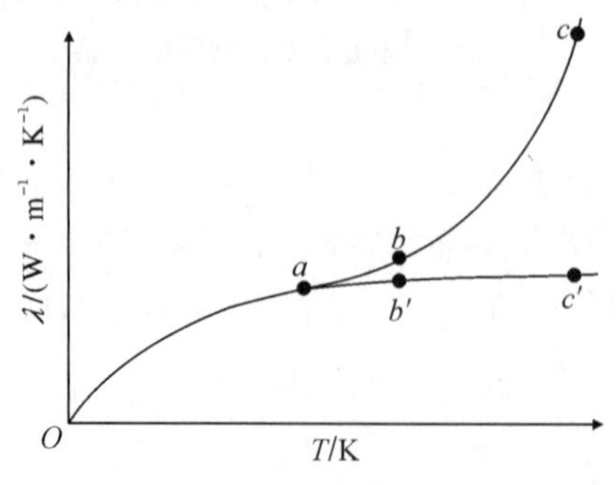

图 3.62　非晶体材料随温度的变化曲线

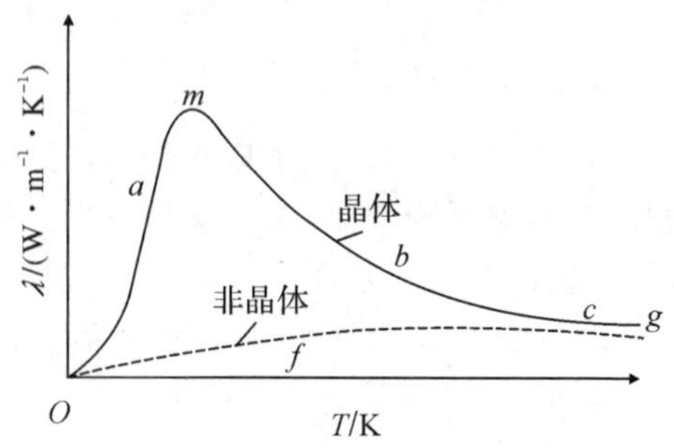

图 3.63　晶体和非晶体材料热导率随温度的变化对比

5. 分散相含量对复相陶瓷热导率的影响

常见陶瓷材料的典型微观结构是分散相均匀地分散在连续相中，其热导率满足

$$\lambda=\lambda_c\times\frac{1+2\varphi_d\left(1-\frac{\lambda_c}{\lambda_d}\right)/\left(\frac{2\lambda_c}{\lambda_d}+1\right)}{1-\varphi_d\left(1-\frac{\lambda_c}{\lambda_d}\right)/\left(\frac{2\lambda_c}{\lambda_d}+1\right)} \tag{3.143}$$

式中：λ_d 为分散相的热导率；λ_c 为连续相的热导率；φ_d 为分散相的体积分数。

6. 气孔对热导率的影响

对无机材料而言，通常材料内部含有气孔。当温度不高(低于 500 ℃)时，气孔率不大且均匀分散，气孔可看成分散相，此时的热导率可用式(3.143)计算。与固相材料相比，气体的热导率很小，可近似认为为 0(即 $\lambda_d\approx0$)，并且 λ_c/λ_d 很大，因而式(3.139)可近似为

$$\lambda=\lambda_c(1-\varphi) \tag{3.144}$$

式中：λ_c 为陶瓷固相热导率；φ 为气孔的体积分数。

当温度较高(高于 500 ℃)时，考虑气孔的辐射热传导，热导率的计算公式为

$$\lambda=\lambda_c(1-P)+\frac{P}{\frac{1}{\lambda_c}(1-P_L)+\frac{P_L}{4G\varepsilon\sigma dT^3}} \tag{3.145}$$

式中：P 为气孔面积分数；P_L 为气孔长度分数；G 为气孔几何因子，顺向长条气孔 $G=1$，横向圆柱形气孔 $G=\pi/4$，球形气孔 $G=2/3$；d 为气孔最大尺寸；ε 为气孔内壁发射率；σ 为斯蒂芬-玻耳兹曼常数；T 为温度。

在不改变结构状态的情况下，气孔率越大，热导率越低。当发射率 ε 较小或温度低于 500 ℃时，可直接使用式(3.144)。若 $\lambda_d>\lambda_c$，则热导率增加。

总体来说，气孔引起声子散射，气体导热系数很低，因此，气孔总是降低材料的导热能力。在较高温度下，气孔率越大，导热系数越小；气孔的气体导热系数一般随温度的升高而增大。同样温度下，气孔尺寸越小，气体导热系数越低。这是由自由程受到气孔大小的限制造成的。气孔的辐射热导受温度和尺寸的影响更为明显。同样温度下，气孔尺寸越大，有效导热系数越大；同样气孔尺寸下，温度越高，有效导热系数越大；在气孔总的热导中，气体热导和辐射热导所占的比重与尺寸有关，但其数值大小主要取决于温度。

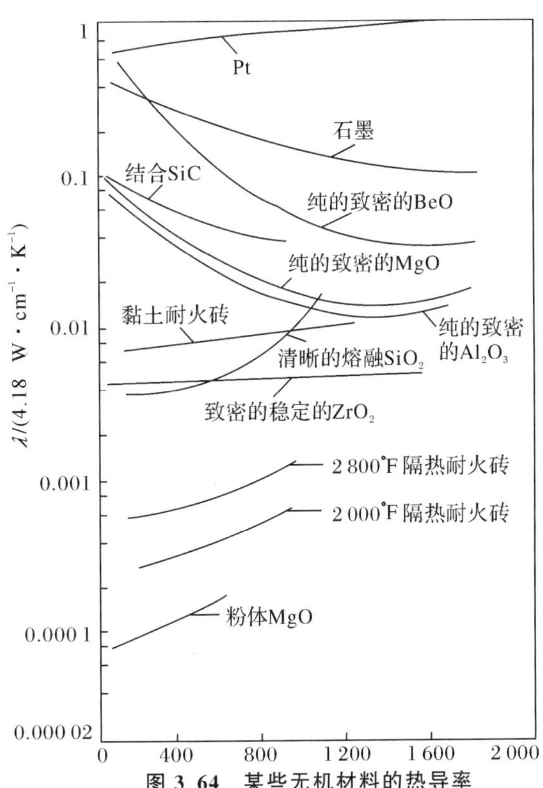

图 3.64　某些无机材料的热导率

图 3.64 给出了某些无机材料的热导率

数据。实际上，影响无机非金属材料热导率的因素有很多，通常需要通过热导率的直接测试获得相应数据。

3.5.5 导热性在材料研究中的应用

热导率作为材料重要的物理参量之一，在材料研究中起到非常重要的作用。材料热导率数据的大小，是材料选择时必须考虑的重要参量。对隔热耐火材料而言，低热导率数据是评价材料隔热能力的关键参数。对试样或零件等的热处理工艺而言，考虑材料的热导率对制定热处理工艺方法、减少热应力、防止材料受热开裂等方面具有非常重要的意义。对相变材料的封装应用而言，考虑封装材料的热导率，对评价相变材料的热响应起着关键的作用。对电子信息材料而言，选择具有高导热、低膨胀性能的材料对保持电子器件的性能稳定有着至关重要的作用。众多研究者针对具体材料和具体热环境，提出了各种各样的评估材料导热性的理论和方法。总之，材料导热性的实际应用几乎涵盖了材料研究的各个领域，也始终是各类材料研究的重点和热点。

3.6 材料的热电性

在金属导线组成的回路中，由温差引起电动势以及由电流引起吸热和放热的现象，称为温差电现象(thermoelectric phenomena)，又称为热电现象。这种存在温差或通以电流时，会产生热能与电能相互转化的效应，称为金属的热电性(thermoelectricity)。它包括塞贝克(Seebeck)、珀耳帖(Peltier)及汤姆孙(Thomson)等三个效应。

3.6.1 热电效应

1. 塞贝克效应

塞贝克效应(Seebeck effect)又称第一热电效应，是指由于两种不同导体或半导体构成的回路的两个接头处存在温度差异而引起两种物质间电势差的热电现象。这一现象是由德国物理学家塞贝克(Thomas Johann Seebeck，1770—1831)发现的。

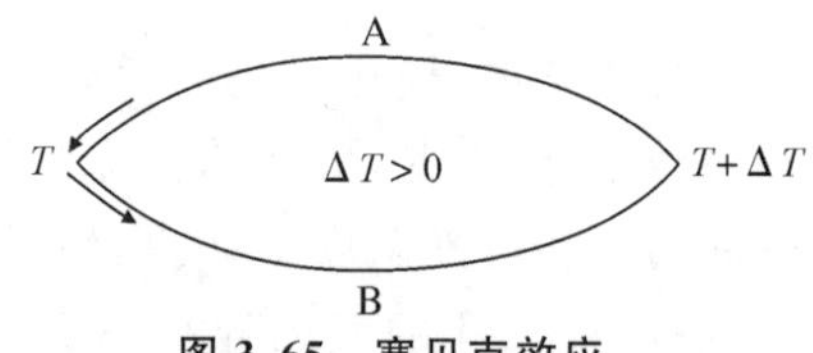

图 3.65 塞贝克效应

两种不同材料 A 和 B(导体或半导体)组成回路，如图 3.65 所示，当两种材料接触处温度不同时，回路中存在电势差。其电势差的大小与材料种类和温度有关。

塞贝克效应的实质在于两种金属接触时会产生接触电势差，该电势差取决于两种金属中的电子逸出功(electronic work function)及有效电子密度(effective electron concentration)。电子逸出功是指电子克服原子核的束缚，从材料表面逸出所需的最小能量。电子逸出功越小，电子从材料表面逸出越容易。

当两种不同的金属导体接触时，若金属 A 的逸出功 P_A 大于金属 B 的逸出功 P_B，则自由电子将易于从 B 中逸出进入 A 中。此时，金属 A 中的电子数目大于金属 B 中的电子数目，从而使金属 A 带负电荷，金属 B 带正电荷，因此，存在电势差 V_1。若金属 A 中的自由电

子数 n_{eA} 大于金属 B 的自由电子数 n_{eB}，则接触面上会发生电子扩散，从而使金属 A 失去电子而带正电，使金属 B 获得电子而带负电。此时会出现电势差 V_2，V_2 满足

$$V_2 = \frac{k_B T}{e} \ln \frac{n_{eA}}{n_{eB}} \tag{3.146}$$

式中：e 为自由电子的电量。

由于在 AB 接触面形成了电场，这一电场将阻碍电子的继续扩散。若此时达到动态平衡，则在接触区形成稳定的接触电势。从式(3.146)可知，接触电势的大小与温度有关。温度不同，接触电势不同。对于由金属 A 和 B 构成的回路，若 AB 两个接触点具有不同的温度，则两接触点的接触电势不同，因而，在两接触点处会产生接触电势差，从而在环路内形成电流。

当温差较小时，电动势 E_{AB} 与温差 ΔT 呈线性关系，电动势 E_{AB} 的大小由 V_1 和 V_2 共同决定，即

$$E_{AB} = V_1 + V_2 = S_{AB} \Delta T \tag{3.147}$$

式中：S_{AB} 为 A 和 B 间的相对塞贝克系数，取决于材料的性质及温度，其物理意义为 A 和 B 两种材料的相对热电势率。

2. 珀耳帖效应

当有电流通过不同导体组成的回路时，除产生不可逆的焦耳热外，在不同导体的接头处随着电流方向的不同会分别出现吸热和放热现象(见图 3.66)，这就是珀耳帖效应(Peltier effect)，也称第二热电效应。这一现象是由法国物理学家珀耳帖(Jean Charles Athanase Peltier，1785—1845)发现的。

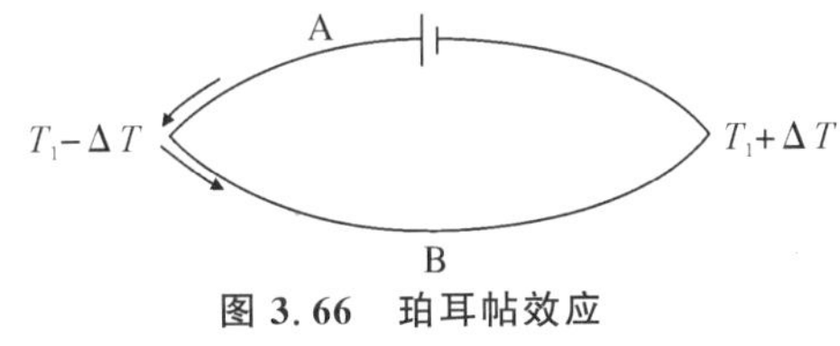

图 3.66　珀耳帖效应

若电流由导体 A 流向导体 B，则在单位时间内，接头处吸收(或放出)的热量与通过接头处的电流强度成正比，即

$$Q_P = \Pi_{AB} I \tag{3.148}$$

式中：Q_P 为接头处吸收的珀耳帖热；Π_{AB} 为金属 A 和 B 的相对珀耳帖系数，与接头处材料的性质及温度有关；I 为电流强度。

这一效应是可逆的，如果电流方向反过来，吸热便转变成放热。同时，珀耳帖效应是塞贝克效应的逆过程。塞贝克效应说明电偶回路中有温差存在时会产生电动势；而珀耳帖效应认为电偶回路中有电流通过时会产生温差。

珀耳帖效应产生的珀耳帖热 Q_P 总是与焦耳热 Q_J 混合在一起，不能单独得到。但是利用焦耳热与电流方向无关，而珀耳帖热与电流方向有关的事实，可以获得珀耳帖热的大小。假设在上述通路中，先按一个方向通电，测得的热量为 $Q_1 = Q_J + Q_P$，然后反向通电，测得的热量为 $Q_2 = Q_J - Q_P$，那么这两次通电的热量之差为 $\Delta Q = Q_1 - Q_2 = 2Q_P$。由此即可得到珀耳帖热 Q_P 的数值。

珀耳帖效应产生的原因主要与导体之间费米能级的差异有关。电子在导体中运动形成电流，当电子从高费米能级导体向低费米能级导体运动时，电子能量降低，便向周围放出多余的能量(放热)；相反，当电子从低费米能级导体向高费米能级导体运动时，电子能量增加，

从而向周围吸收能量(吸热)。这样便实现了能量在两种材料的交界面处以热的形式吸收或放出热的现象。当电流反向后,放热和吸热现象则反向发生。

利用珀耳贴效应可实现材料的制冷,是热电制冷的依据。比如,半导体材料具有极高的热电势,可以用来制作小型热电制冷器。我们常用的电冰箱,其简单结构就是将p型半导体、n型半导体、铜板和铜导线连成一个回路,铜板和导线只起导电作用,回路中接通电流后,一个接触点变冷(冰箱内部),另一个接头处散热(冰箱后面散热器),从而实现冰箱的制冷。热电制冷器的产冷量一般很小,大规模制冷和大制冷量不宜使用。但其由于具有灵活性强、简单方便、冷热切换容易的优点,所以非常适用于微型制冷领域或有特殊要求的制冷场所。

3. *汤姆孙效应*

如果在存在温度梯度的均匀导体中通电流,导体中除产生不可逆的焦耳热外,还要吸收或放出一定的热量,这一现象称为汤姆孙效应(Themson effect),也称第三热电效应。这一现象是由英国物理学家汤姆孙(William Thomson,1824—1907)发现的。汤姆孙又称开尔文勋爵(Lord Kelvin),是热力学温标的发明人,被称为"热力学之父"。如图3.67所示,将一根均匀导体在O点加热至温度T_2,导体两端P_1点和P_2点均为温度T_1,且$T_2>T_1$,此时,在导体内存在温度梯度。将此导体构成回路,当有电流通过时,P_1点和P_2点会出现温差。若电流方向与温度梯度产生的热流方向一致(如O点到P_2点方向),则为放热反应;反之,为吸热反应。汤姆孙效应也是可逆的,若电流方向反过来,则吸热便转变成放热。

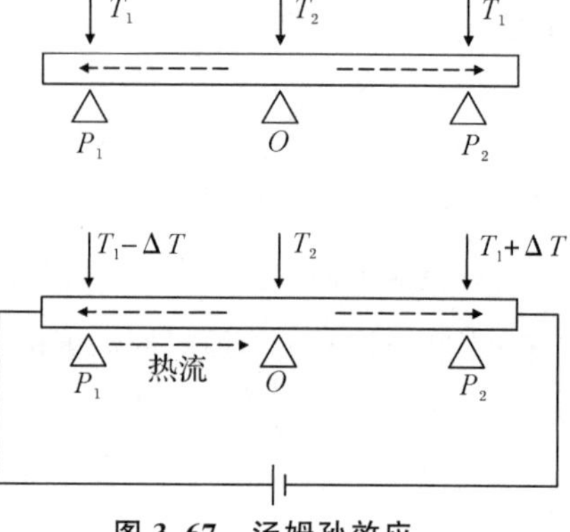

图3.67 汤姆孙效应

在单位时间内单位长度导体吸收或放出的热量Q_T与电流强度及温度梯度成正比,即

$$Q_T=\tau I\frac{\mathrm{d}T}{\mathrm{d}x} \tag{3.149}$$

式中:$\frac{\mathrm{d}T}{\mathrm{d}x}$为温度梯度;$I$为电流强度;$\tau$为汤姆孙系数,其数值非常小,与金属材料及其温度有关。

汤姆孙效应产生的原因与不同温度环境下同一金属导体不同部位产生不同密度的自由电子有关。如图3.67所示,当金属中存在温度梯度时,由于高温端T_2的自由电子比低温端T_1的自由电子动能大,所以同一导体内的自由电子会从高温端T_2向低温端T_1扩散,使高温端和低温端分别出现正、负电荷,形成温差电势差ΔV,方向由高温端指向低温端。当外加电流与电势差同向时,电子从T_1端向T_2端定向流动(注意电子流动方向与外加电流方向相反),同时被ΔV电场加速。此时,电子获得的能量除一部分用于运动到高温端所需的能量以外,剩余的能量将通过电子与晶格的碰撞传递给晶格,从而使整个金属温度升高并放出热量。当外加电流与电势差ΔV反向时,电子从T_2端向T_1端定向流动,同时被ΔV电场减速。电子与晶格碰撞时,从金属原子处获得能量,从而使晶格能量降低,整个金属温度降低，并从外界吸收热量。

综上所述，在由导体 A 和导体 B 构成的回路中，若不同接触点的温度不同，则上述三种效应会同时出现，如图 3.68 所示。如果接触点温度不同，在接触点两端出现热电势，那么在闭合回路中就会出现热电流，即出现塞贝克效应。当产生的热电流通过两个接触点时，则一个接触点放热，另一个接触点吸热，即出现珀耳帖效应。对单个导体而言，此时，导体内存在温差，电流通过后，则一端放热，另一端吸热，即出现汤姆孙效应。

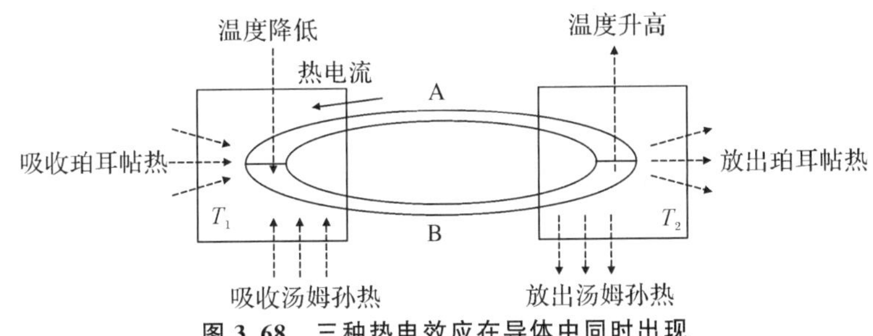

图 3.68　三种热电效应在导体中同时出现

在半导体中同样存在着上述三种热电效应现象，而且比金属导体中显著得多，如金属中温差电动势率在 0～10 μV/℃之间，在半导体中常为几百微伏每摄氏度，甚至达到几毫伏每摄氏度，因此，金属中的塞贝克效应主要应用于温差热电偶；而半导体则可用于温差发电。表 3.10 给出了这三种热电效应的比较。

表 3.10　三种热电效应的比较

效　应		材　料	加热情况	外电源	所呈现的效应
塞贝克	金属	两种不同金属	两种不同的金属环，两端保持不同的温度	无	接触端产生热电势
	半导体	两种半导体	两端保持不同的温度	无	两端间产生热电势
珀耳帖	金属	两种不同金属	整体为某温度	有	接触处产生焦耳热以外的吸热、放热
	半导体	金属与半导体	整体为某温度	有	接触处产生焦耳热以外的吸热、放热
汤姆孙	金属	两条相同金属丝	两条相同金属丝各保持不同的温度	有	温度转折处吸热或放热
	半导体	两种半导体	两端保持不同的温度	有	整体放热（温度升高）或冷却

塞贝克效应、珀耳帖效应和汤姆孙效应三种热电现象都是可逆的。汤姆孙根据热力学理论导出了这三个效应系数间的关系，即

$$\Pi_{AB} = TS_{AB} \tag{3.150}$$

$$S_{AB} = \int_0^T \frac{\tau}{T} dT \tag{3.151}$$

3.6.2 热电性的应用

1. 热电性在测温上的应用

金属材料热电效应最重要的应用就是制作测温用热电偶。热电偶是一种感温元件，它把温度信号转换成热电动势信号，通过电气仪表转换成被测介质的温度。

为确保热电偶正常工作，有两个热电偶回路定律。第一个定律是中间导体定律，即若在热电回路中串联一均匀导体，且使串联导体两端无温差，则串联导体对热电势无影响，如图3.69(a)所示。该图表明，只要导体中某一结点处不存在温差，则可在此串联多个导体，并不影响由 T_1 和 T_2 引起的电动势结果。第二个定律是中间温度定律，即不同种均匀导体构成热电回路形成的总热电势仅决定于不同材料接触处温度，与各材料内的温度分布无关，如图3.69(b)所示。该图表明，只要两导体接触点处温度 T_1 和 T_2 恒定，导体上即使存在不同的温度 T_3，也不会影响由 T_1 和 T_2 引起的电动势。这两个定律说明，热电偶在使用中，既可在回路中连接其他辅助设备，又不必考虑回路存在周围环境的影响，从而保证热电偶实际应用的合理性。

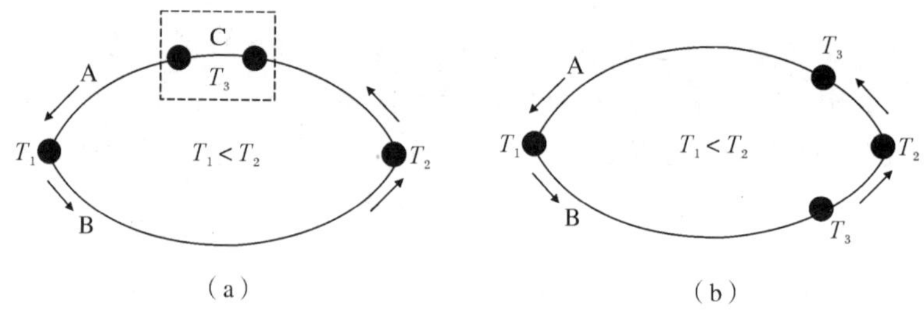

图 3.69 中间导体定律和中间温度定律

(a)中间导体定律；(b)中间温度定律

热电偶就是利用热电效应的相关原理进行温度测量的。其中，直接用作测量介质温度的一端称为工作端(也称测量端)，另一端称为冷端(也称补偿端)。冷端与显示仪表或配套仪表连接，显示仪表会指出热电偶所产生的热电势。

热电偶是工业中常用的测温元件。它的特点是测量精度高、不受中间介质的影响、热响应时间短、测量范围大(−40～1 600 ℃可连续测温)、性能可靠、机械强度好、使用寿命长、安装方便等。一般来说，热电偶可分为普通型热电偶(一般由热电极、绝缘套管、保护管和接线盒组成)、铠装式热电偶(也称缆式热电偶)和特殊形式热电偶(如薄膜热电偶)。按使用环境不同，热电偶还可细分为耐高温热电偶、耐磨热电偶、耐腐蚀热电偶、耐高压热电偶、隔爆热电偶、铝液测温用热电偶、循环流化床用热电偶、泥回转窑炉用热电偶、阳极焙烧炉用热电偶、高温热风炉用热电偶、气化炉用热电偶、渗碳炉用热电偶、高温盐浴炉用热电偶、铜/铁及钢水用热电偶、抗氧化钨铼热电偶、真空炉用热电偶、铂铑热电偶等。在实际使用中，需要根据使用环境、被测介质等多种因素的要求选择不同的热电偶。例如，铜-康铜(60% Cu、40% Ni)热电偶适合于−200～400 ℃，镍铬(90% Ni、10% Cr)-镍铝(95% Ni、5% Al)热电偶适合于 0～1 000 ℃，铂-铂铑(87% Pt、13% Rh)热电偶可使用到 1 500 ℃等。具体使用时，可查阅相关手册。

热电偶实际上是一种能量转换器，它将热能转换为电能，用所产生的热电势测量温度。对于热电偶的热电势需要知道：热电偶的热电势是热电偶两端温度函数的差，而不是热电偶两端温度差的函数；当热电偶的材料均匀时，热电偶所产生的热电势的大小与热电偶的长度和直径无关，只与热电偶材料的成分和两端的温差有关；当热电偶的两个热电偶丝材料成分确定后，热电偶热电势的大小只与热电偶的温度差有关；若热电偶冷端的温度保持一定，则热电偶的热电势仅是工作端温度的单值函数。

2. 热电性的其他应用

热电效应还被广泛地用于加热（热泵）、制冷和发电等，尤其是发电方面的研究最受重视。虽然利用温差的发电效率低而且成本高，但在一些场合，如高山、极地、宇宙空间等其他能源无法使用的情况下，温差发电可以长时间地提供大功率能源，从而显示出其独特的意义。图 3.70 给出了一个温差电器件的简单模型。该器件通常由 n、p 两种不同类型的半导体热电材料经电导率较高的导流片串联而成。若将器件按图中位置“1”的方式连接，器件的工作属于珀耳帖方式。这里设定 A 端温度为 T_1，B 端温度为 T_2。当电流流过回路时，将在接头 A 吸热，接头 B 放热，其作用就是一个制冷器。若将器件按图中位置“2”的方式连接，同时在 A、B 两端建立一个温差（$T_1>T_2$），根据塞贝克效应，在负载 R_L 两端则会存在一个电压，这就是一个发电机。

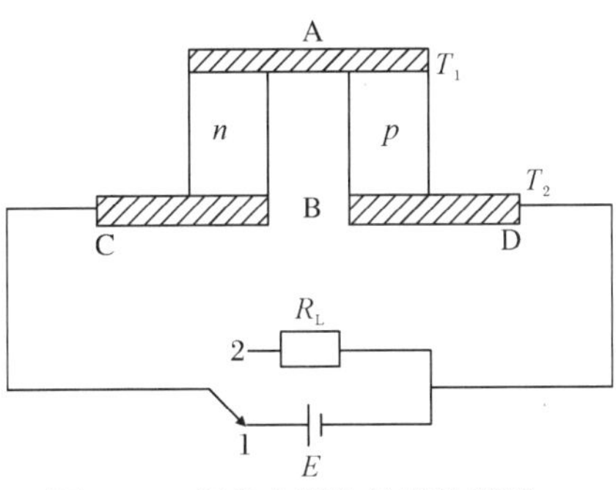

图 3.70　温差电器件的简单模型

(1) 制冷器的性能参数

当制冷器按图 3.70 位置“1”的珀耳帖方式工作时，描述温差制冷器热点转换性能的主要参数包括制冷效率 η、最大温差 ΔT_{max} 和最大制冷量 $Q_{c\,max}$。

制冷效率 η 的数学表达式为

$$\eta=\frac{Q_c}{P}=\frac{S_{np}T_1I-\frac{1}{2}I^2R+\lambda(T_2-T_1)}{I^2R+S_{np}(T_2-T_1)I} \tag{3.152}$$

式中：η 为制冷效率；Q_c 为冷端的吸热量，即制冷量；P 为输入的电能；S_{np} 为 n、p 两种半导体热电材料间的塞贝克系数；T_1 为 A 端温度；T_2 为 B 端温度；I 为回路中的电流；下角标 n 和 p 分别对应 n、p 两种热电材料；λ 为半导体材料的热导率。

制冷效率具有最大值，即满足

$$\eta_{max}=\frac{T_2}{T_2-T_1}\cdot\frac{(1+Z\overline{T})^{\frac{1}{2}}-\frac{T_2}{T_1}}{(1+Z\overline{T})^{\frac{1}{2}}+1} \tag{3.153}$$

其中

$$Z=\frac{S_{np}^2}{R\lambda} \tag{3.154}$$

式中：η_{max} 为最大制冷效率；$\overline{T}$ 为平均温度，$\overline{T}=(T_1+T_2)/2$；Z 为热电优值，是一个与材料性能有关的参数。

最大温差 ΔT_{max} 满足

$$\Delta T_{\max}=\frac{1}{2}ZT_1^2 \tag{3.155}$$

式中：$\Delta T_{\max}$为最大温差，即 $\Delta T=T_2-T_1$ 的最大值。

最大制冷量 $Q_{c\max}$满足

$$Q_{c\max}=\frac{1}{2}\frac{S_{np}^2T_1^2}{R} \tag{3.156}$$

(2)发电器的性能参数

以图 3.70 位置“2”的方式连接作为温差发电器时，这一温差发电器热电转换性能的主要参数包括发电效率 φ 和输出功率 P_0。

发电效率的数学表达式为

$$\varphi=\frac{P}{Q_h}=\frac{T_1-T_2}{T_1}\cdot\frac{S}{(1+S)-\dfrac{T_1-T_2}{2T_1}+\dfrac{(1+S)^2}{ZT}} \tag{3.157}$$

其中

$$P=I^2R_L \tag{3.158}$$

$$Q_h=S_{np}^2T_1I+\frac{1}{2}I^2R+\lambda(T_1-T_2) \tag{3.159}$$

$$S=\frac{R_L}{R} \tag{3.160}$$

式中：φ 为发电效率；P 为输出到负载上的电能：Q_h 为热端的吸热量，包括焦耳热、珀耳帖热和汤姆孙热。

发电器具有最大的发电效率 $\varphi_{\max}$，即满足

$$\varphi_{\max}=\frac{T_1-T_2}{T_1}\cdot\frac{(1+Z\overline{T})^{\frac{1}{2}}-1}{(1+Z\overline{T})^{\frac{1}{2}}+\dfrac{T_2}{T_1}} \tag{3.161}$$

输出功率 P_0 的数学表达式为

$$P_0=\frac{S}{(1+S)^2}\cdot\frac{S_{np}^2(T_1-T_2)^2}{R} \tag{3.162}$$

当 $S=\dfrac{R_L}{R}=1$，即负载电阻 R_L 与发电器本身的电阻 R 相匹配时，负载能从发电器中获得最大的输出功率 $P_{\max}$，即

$$P_{\max}=\frac{S_{np}^2\Delta T^2}{4R} \tag{3.163}$$

(3)热电优值

从上面的温差电器件性能参数可以看出，制冷效率、最大温差和发电效率都是热电优值 Z 的函数，如式(3.150)所示，而且随着 Z 的增大而增大。对于最大输出功率 $P_{\max}$，虽然只与 S_{np}^2/R 存在依赖关系，但现实中，要保证发电器两端建立较大温差，也同样需要导热系数 λ 越小越好，也就是隐含着要求发电器 Z 值越大越好。不论是制冷器还是发电器，在给定温差下，都需要 Z 值较大，从而效率较高，因此把 Z 称为器件的热电优值。

从式(3.154)可以看出，Z 值是与 n、p 型两种半导体材料性质有关的参量，即与这两种材料的塞贝克系数 S_{np}、电阻 R 和热导率 λ 有关。这说明 Z 值与组成器件的两种热电材料的几何尺寸有关。

若假设两种热电材料 A 和 B 具有相同的电阻率和热导率，并且塞贝克系数的数值相同，但符号相反，则可写成

$$Z=\frac{S_{AB}^2}{\rho\lambda}=\frac{S_{AB}^2\sigma}{\lambda} \tag{3.164}$$

式中：S_{AB} 为热电材料 A 和 B 的塞贝克系数；ρ 为热电材料 A 和 B 的电阻率；σ 为热电材料 A 和 B 的电导率；λ 为热电材料 A 和 B 的热导率。

可以发现，式(3.164)只涉及一种材料的热电特性，因此可将其看成是材料的热电优值的定义。从式(3.164)中还可看到，Z 值的量纲为 K^{-1}，因此，Z 与绝对温度 T 的乘积 $Z\cdot T$ 为无量纲数值。由此，可以把 $Z\cdot T$ 视为整体 ZT，定义为无量纲优值，用来衡量材料的热电特性或评价热电材料的热电转换效率，即

$$ZT=\frac{S_{AB}^2\sigma T}{\lambda} \tag{3.165}$$

式中：ZT 为热电优值(thermoelectric figure of merit)，是衡量热电材料性能优劣的指标。

理想的热电材料应具有高的电导率、高的塞贝克系数以及低的热导率，三者之间彼此关联，相互牵制。其中，塞贝克系数 S_{AB} 与载流子浓度成反比，而电导率 σ 与载流子浓度成正比，因此，二者中一个增加往往会使另一个下降。$S_{AB}^2\sigma$ 又称材料的功率因子，它决定材料的电学性能。ZT 越大，热电材料的性能越好。热电优值与材料的种类、组分、掺杂水平和结构有关。

▶课程思政素材◀

案例一——从讲解晶格热振动这一知识，培养学生的唯物辩证的思维，激发学生学习知识的主动性和积极性，提高学生分析和解决问题的能力

在讲解晶格热振动这一知识点时，可以提问，让学生回忆大学物理中关于光波振动的形式，让学生自主联系光波振动和晶格热振动之间的统一性，然后再引导学生分析晶格热振动声频支和光频支振动的不同点，即振动形式导致振动能量不同的机理，最后引导学生思考影响晶格热振动能量的可能因素(掺杂、空位等)。这样，不仅有助于学生用唯物辩证的思维去理解相关的物理机制、理论原理和性能影响的变化规律，更有助于激发学生学习知识的主动性和积极性，提高学生分析和解决问题的能力。

案例二——从讲解热传导的概念，培养学生的家国情怀，提升思想境界

热传导是指当固体材料一端温度比另一端高时，热量会从热端自动地传向冷端的现象。在讲解热传导的概念时，联想到早在近 2 000 年前的东汉著名唯物主义哲学家王充，其在《论衡·寒温》中认为：夫近水则寒，近火则温。何则？气之所加，远近之差也。这说明我国古代科学家在 2 000 年前就提出了热传导的观点，实在太了不起了，这自然使学生为我们古

人的智慧感到骄傲和自豪。

案例三——通过科学家对热容理论逐步完善的案例，培养学生的逻辑思维、辩证思维和对科学的严谨性，同时引导学生更加全面地思考问题

热容理论经历了以下几个阶段。

经典热容理论：气体分子的热容理论用于固体，用经典的统计力学处理，晶体有 N 个原子，总的平均能量为 $3NkT$。根据杜隆-珀替定律，热容是一个与温度无关的常量。它只适用于部分金属和较高的温度范围。当晶体处于较高温度时，$kT \gg \hbar\omega$，$\hbar\omega/kT \ll 1$，爱因斯坦函数 f_E 趋向于 1，此时 $C_{V,m} \approx 3R = 24.91$ J/(mol·K)，与杜隆-珀替定律是一致的，在温度较高时比较准确；但在低温时，轻元素与事实差别很大，认为热容与温度无关，与事实不符；认为所有元素热容相同，构成化合物时，分子热容等于各原子热容之和，与事实不完全相符；未考虑体积是否变化及电子的影响。因此，经验定律和经典理论在解释实际问题时不能与事实完全相符。

爱因斯坦热容模型：爱因斯坦将普朗克能量量子的假设引入到热容理论中，提出了晶格振动能量量子化(声子)的概念，把原子振动视作谐振子。晶体处于较高温度时，$kT \gg \hbar\omega$，$\hbar\omega/kT \ll 1$，爱因斯坦函数 f_E 趋向于 1，此时 $C_{V,m} \approx 3R = 24.91$ J/(mol·K)，与杜隆-珀替定律是一致的，在温度较高时比较准确；在低温时($T \ll \theta_E$)，热容以指数规律随 T 的减小而减小，但不是按 T 的三次方变化，计算值较实际值小，较经验定律有明显进步。当 $T \to 0$ K 时，$C_{V,m} \to 0$，又与实验结果相符。

德拜热容模型：德拜引入了振动的频率分布函数 $g(\omega)$，又称为振动模的态密度函数。该模型考虑晶体中各原子之间的相互作用；在低温时，频率较低的格波(声频支)对热容有重要贡献，占主导地位；(声频支)格波的波长远大于晶格常数，因此，晶体可视为连续介质；原子振动具有很宽的振动谱，并假设存在最大振动频率 ω_{max}，高于 ω_{max} 时处于光频支范围内，对热容贡献很小；ω_{max} 由分子密度及声速决定。德拜热容模型高温时与实验规律和经典理论相吻合。在极低温度下，比热容与 T^3 成正比，即德拜 T^3 定律。温度越低，近似越好。该理论在低温极限是严格正确的。

讲解科学家对热容理论逐步完善的案例，有助于培养学生的逻辑思维、辩证思维和对科学的严谨性，同时引导学生更加全面地思考问题。

习　　题

1. 说明以下基本物理概念：热力学第一定律、热力学第二定律、格波、声子、光子、声频支、光频支、摩尔定压热容、摩尔定容热容、德拜温度、奈曼-考普定律、线热膨胀系数、体膨胀系数、傅里叶定律、热导率、热扩散系数、热阻率、维德曼-弗兰兹定律、洛伦兹数、塞贝克效应、珀耳帖效应、汤姆孙效应、电子逸出功、中间温度定律、中间导体定律、热电优值。

2. 指出材料热性能的物理本质，并简要说明声频支和光频支的理论差异。

3. 简述杜隆-珀替理论、爱因斯坦热容理论和德拜热容理论之间的理论差异。

4. 如何理解摩尔定容热容和摩尔定压热容所反映的不同热容情况？

5. 金属、无机材料、化合物热容随温度的变化关系如何？

6. 一般情况下，热膨胀系数与热容、熔点、德拜温度之间有何关系？

7. 用双原子模型解释热膨胀的物理本质。

8. 解释出现膨胀反常的原因。

9. 简述热导率的微观机理。

10. 金属产生电阻的根本原因是什么？指出温度、压应力及溶质原子（形成无序固溶体）如何影响金属的导电性。

11. 为什么合金的热导率通常比纯金属的热导率低？

12. 什么是维德曼-弗兰兹定律，该定律在哪些情况下成立？

13. 金属热导率随温度变化的关系是什么？解释原因。

14. 无机非金属材料热导率随温度变化的关系是什么？解释原因。

15. 写出三种热电效应，并分别描述其宏观物理现象。

16. 简述三种热电效应产生的原因。

17. 阐明 DTA 分析的原理。

18. 阐明 DSC 分析的原理。

19. 什么是差热分析？画出共析钢差热分析曲线，并分析亚共析钢差热分析曲线与前者的区别。

20. 试计算铜在室温下的自由电子摩尔热容，并说明其为什么可以忽略不计。

21. 根据维德曼-弗兰兹定律计算镁在 400 ℃时的热导率。已知镁在 0 ℃时的电阻率 $\rho=4.4\times10^{-6}\ \Omega\cdot\text{cm}$，电阻温度系数仪 $\alpha=0.005$ ℃。

第 4 章　材料的磁学性能

4.1　概　　述

物质磁性的研究是固体物理的一个重要领域，也是工业应用方面引起研究者广泛兴趣的课题。磁性现象是带电粒子的量子效应，磁性是一切物质的基本属性之一。按照现代科学的观点，所有物质(从微小的微观粒子到宏观物质，以至于宇宙天体)无论其处于什么状态(气态、液态、固态)，也无论其处于怎样的温度、压力下，都显现出某种磁性状态。物质宏观磁性是组成物质的基本质点磁性的集体表现，应用磁性材料可以实现能量转换与存储、信息传递与存储等功能。磁性是磁性材料的重要物理参数，磁性与生命科学密切相关，现代技术的发展离不开磁性材料和磁性理论。磁性分析方法是研究材料组织结构的重要手段之一。

虽然人们早就了解了物质的磁性并加以应用，但对于磁性起源的认识还是 20 世纪以来的事情。这应归功于原子结构被揭露，尤其是量子力学的研究成果，才使得人们对磁性的物理本质可以有一个大体满意的解释。近些年来，磁学和磁性材料的研究已深入到微观世界，基础研究的成果已为开发新材料作出了突出的贡献。表 4.1 中列出了磁学和磁性材料的重要进展。

表 4.1　磁学和磁性材料的重要进展

时　间	发现、发明与学说
公元前 3000—公元前 2500 年	铁(陨石)的发现
公元前 1400—公元前 400 年	炼铁术的发明
1751 年	镍的发现
1773 年	钴的发现
1785 年	磁极间相互作用定律
1820 年	电流的磁效应
1831 年	电磁感应定律
1865—1866 年	电动机和发动机的发明
1898 年	磁性录音机的发明
1990 年	Fe－Si 软磁合金(硅钢)

续 表

时　间	发现、发明与学说
1905 年	物质的抗磁性和顺磁性理论
1907 年	铁磁性学说(自发磁化和磁畴理论)
1909 年	合成铁氧体
1920 年	Fe - Ni 软磁合金(坡莫合金)
1928 年	自发磁化的量子力学解释
1931—1935 年	磁畴的实验证明和理论解释
1932 年	铝-镍-钴永磁合金
1932—1933 年	反铁磁理论
1936 年	录音磁带
1946 年	金属铁磁共振现象
1948 年	亚铁磁理论
1948 年	铁氧体铁磁共振现象
1949 年	旋磁性和张量磁导率理论
1953—1964 年	矩磁铁氧体在计算机中的应用
1953—1956 年	铁氧体的高功率现象和非线性理论
1956 年	稀土铁氧体(石榴石型)
1956 年	超高频铁氧体
1959 年	超导性铁磁合金
1961—1965 年	铁磁半导体
1967 年	钐-钴永磁合金
1972 年	镨-钐-钴永磁合金
1985 年	钕-铁-硼永磁合金
1990 年	原子间隙磁体 Sm - Fe - N

4.2　磁学基本量及磁性分类

4.2.1　磁学基本量

1. 磁矩

“磁”来源于“电”。环电流产生磁矩(magnetic moment)。磁矩是表征物质磁性强弱和方向的基本物理量,通常用符号 m 来表示。

由物理学可知,对回路电流的磁矩定义:电流为 I 的回路电流,其包围的面积为 S(见图 4.1),则磁矩 m 满足

$$m = IS \tag{4.1}$$

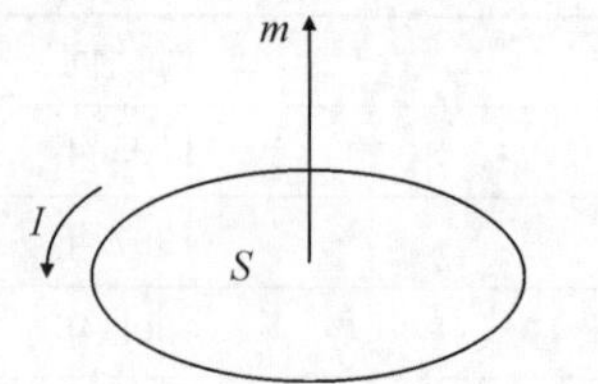

图 4.1 回路电流的磁矩示意图

式中：m 为磁矩，$A \cdot m^2$，方向符合右手定则；I 为环路电流强度；S 为环路电流包围的面积。

磁矩的概念可以用来说明原子、分子等微观世界产生磁性的原因。组成物质的基本粒子（如电子、质子、中子等）均具有本征磁矩（intrinsic magnetic moment）。宏观物质的磁性是构成物质原子磁矩的集体反映。原子的本征磁矩包括原子核磁矩（nuclear magnetic moment）、电子轨道磁矩（electronic orbital magnetic moment）和电子自旋磁矩（electronic spin magnetic moment）。其中，原子核磁矩是表征原子核磁性大小的物理量，由于其数值小，通常可忽略不计。电子绕核运动，犹如环形电流，产生电子轨道磁矩。电子自旋运动产生电子自旋磁矩。由于电子质量比质子和中子小三个数量级，电子磁矩比原子核磁矩大三个数量级，所以，宏观物质的磁性主要由电子磁矩所决定。通常，将电子轨道磁矩和电子自旋磁矩认为是原子的本征磁矩，也称原子的固有磁矩。一般而言，在无外加磁场时，原子固有磁矩的取向不一，矢量和为零，宏观不显磁性。当有外加磁场后，由于固有磁矩改变取向（并不改变其数值大小），取向与外加磁场方向一致，所以宏观材料显现磁性。

在均匀磁场中，磁矩受到磁场作用的力矩满足关系

$$\boldsymbol{J} = \boldsymbol{m} \times \boldsymbol{B} \tag{4.2}$$

式中：$\boldsymbol{J}$ 为力矩，$N \cdot m$，是矢量积；$\boldsymbol{B}$ 为磁感应强度。

另外，国际电工委员会（International Electrotechnical Commission，IEC）还定义了磁偶极矩（magnetic dipole moment）的概念，即磁偶极矩等于真空磁导率乘以磁矩，满足关系

$$\boldsymbol{p}_m = \mu_0 \boldsymbol{m} \tag{4.3}$$

式中：$\boldsymbol{p}_m$ 为磁偶极矩，$Wb \cdot m$；μ_0 为真空磁导率（permeability of vacuum），$\mu_0 = 4\pi \times 10^{-7}$ H/m。这里的 H（亨利）是电感的国际单位，是用美国科学家亨利（Joseph Henry，1797—1878）的名字命名的，表示电路中电流每秒变化 1 A，会产生 1 V 的感应电动势，此时电路的电感为 1 H。

2. *磁场强度*

磁场强度 $\boldsymbol{H}$：若磁场是由长度为 l、电流为 I 的圆柱状线圈（N 匝）产生的（见图 4.2），对于磁场强度，不考虑材料介质特性，仅由电流决定，则有

$$\boldsymbol{H} = \frac{NI}{l} \tag{4.4}$$

$\boldsymbol{H}$ 的单位为安/米（A/m）。

3. *磁感应强度*

磁感应强度 $\boldsymbol{B}$ 表示材料在外磁场 $\boldsymbol{H}$ 的作用下在材料内部的磁通量密度。对于磁感应强度，要考虑介质特性，由介质和电流共同决定。$\boldsymbol{B}$ 的单位为特斯拉（T）或 Wb/m^2。

$\boldsymbol{B}$ 和 $\boldsymbol{H}$ 都是磁场向量，不仅有大小，而且有方向。

磁场强度和磁感应强度的关系为

$$\boldsymbol{B}=\mu\boldsymbol{H} \tag{4.5}$$

式中：μ 为磁导率，是材料的特性常数，表示材料在单位磁场强度的外磁场作用下，材料内部的磁通量密度[见图 4.2(b)]。μ 的单位为亨利/米(H/m)。

在真空中[见图 4.2(a)]，磁感应强度为

$$\boldsymbol{B}_0=\mu_0\boldsymbol{H} \tag{4.6}$$

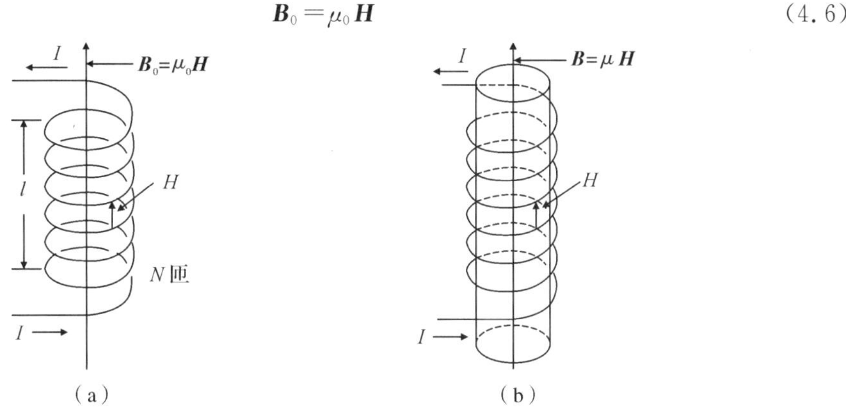

图 4.2　通电线圈产生的磁感应强度

(a)在真空中产生的磁感应强度；(b)在固体介质中产生的磁感应强度

4. 磁化强度

磁化强度(magnetization)是用来描述宏观物质磁化程度(或磁性强弱)的物理量，其定义为单位体积物质内所具有的磁矩矢量和，即

$$\boldsymbol{M}=\frac{\sum\boldsymbol{m}}{V} \tag{4.7}$$

式中：$\boldsymbol{M}$ 为磁化强度，A/m；V 为物质的体积。

磁介质在外加磁场中的磁化状态主要由磁化强度决定，其方向由磁体内磁矩矢量和的方向决定。

5. 材料的磁化过程

将磁介质放入磁感应强度为 $\boldsymbol{B}_0$ 的真空磁场中，磁介质受外磁场的作用处于磁化状态，则磁介质内部的磁感应强度 $\boldsymbol{B}$ 将发生变化。下面以通电螺线管形成的磁场内放入磁介质为例，讨论磁介质在此磁场中的磁化，如图 4.3 所示。

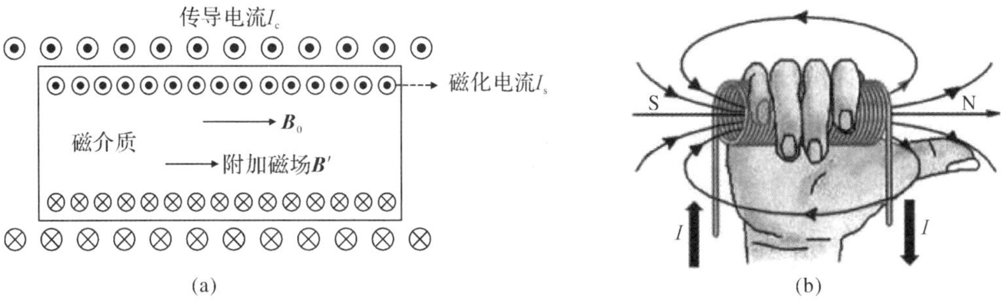

图 4.3　通电螺线管形成的磁场内磁介质的磁化及右手定则

(a)通电螺线管形成的磁场内磁介质的磁化；(b)右手定则

在真空条件下，当螺线管通有传导电流(conduction current)I_c 时，螺线管中产生均匀的磁场，磁感应强度为 $\boldsymbol{B}_0$。根据右手定则可以判断出 $\boldsymbol{B}_0$ 的方向指向右侧。当螺线管内充以某各向同性磁介质后，在磁介质沿截面边缘形成磁化电流(magnetization current)I_s。图4.4为磁介质截面上分子电流的分布示意图。从图4.4(a)中可以看出，在磁介质任意截面上，磁介质磁化前，其内部的分子电流分布随机，可相互抵消，磁矩矢量和为 $\mathbf{0}$，从而无磁性显现。当磁介质放入磁场后，受外加磁场的影响，磁矩逐渐向外加磁场方向偏转，磁矩矢量和不为 $\mathbf{0}$。从图4.4(b)可以看到，磁介质内部的分子电流总是成对且反向的，因而相互抵消，其结果等效于形成了沿截面边缘的圆电流，即磁化电流 I_s。磁化电流可形成一附加的磁场 $\boldsymbol{B}'$，其方向与磁介质有关。对于顺磁材料(paramagnetic materials)来说，磁化电流 I_s 与传导电流 I_c 同向，因此磁化电流产生的附加磁场 $\boldsymbol{B}'$ 与传导电流产生的磁场 $\boldsymbol{B}_0$ 方向相同，如图4.4(b)所示。对抗磁材料(diamagnetic gaterials)，由于分子在外磁场中产生的附加磁矩与外磁场相反，磁化电流 I_s 与传导电流 I_c 方向相反，所以磁化电流产生的附加磁场 $\boldsymbol{B}'$ 与传导电流产生的磁场 $\boldsymbol{B}_0$ 方向相反。

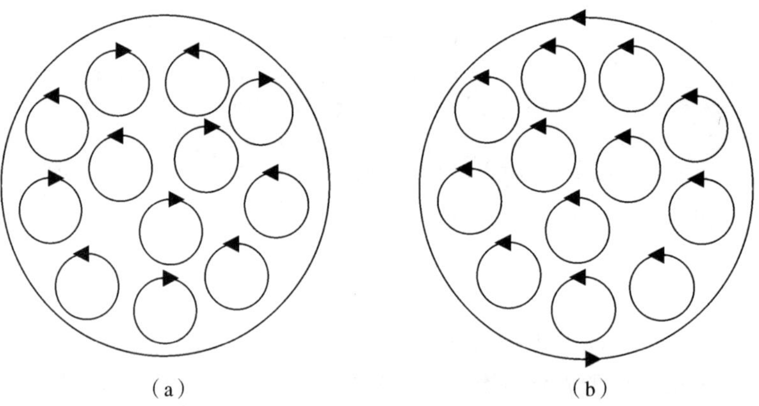

图4.4　磁介质截面上分子电流的分布示意图

(a)磁介质磁化前；(b)磁介质磁化后

磁化现象的物理本质实际就是磁介质在外磁场的作用下，材料内部的磁矩发生了改变。根据上述分析，含有磁介质的磁感应强度满足关系

$$\boldsymbol{B}=\boldsymbol{B}_0+\boldsymbol{B}' \tag{4.8}$$

式中：$\boldsymbol{B}$ 为含有磁介质的磁感应强度；$\boldsymbol{B}_0$ 为真空磁感应强度；$\boldsymbol{B}'$ 为附加磁感应强度。

根据恒定磁场中有磁介质时的安培环路定理，引入了磁场强度(magnetic field intensity)$\boldsymbol{H}$ 这个物理量。该物理量是在讨论恒定磁场中存在磁介质的情况下，引入的辅助矢量。为了明确 $\boldsymbol{H}$ 具体的物理意义，下面对其作以简要说明。

根据磁感应强度 $\boldsymbol{B}$ 的概念，在给定磁场中的某一点，$\boldsymbol{B}$ 的大小及方向都是确定的。磁场线上每一点的切线就是该点磁感应强度 $\boldsymbol{B}$ 的方向；过某点作垂直于磁感应强度 $\boldsymbol{B}$ 的单位面积，穿过该面积的磁场线条数等于该点 $\boldsymbol{B}$ 的数值。对均匀磁场来说，磁场线相互平行，且密度处处相等。图4.5为几种常见电流产生磁场的磁场线分布示意图，根据右手定则可以判断出磁感应强度的方向。

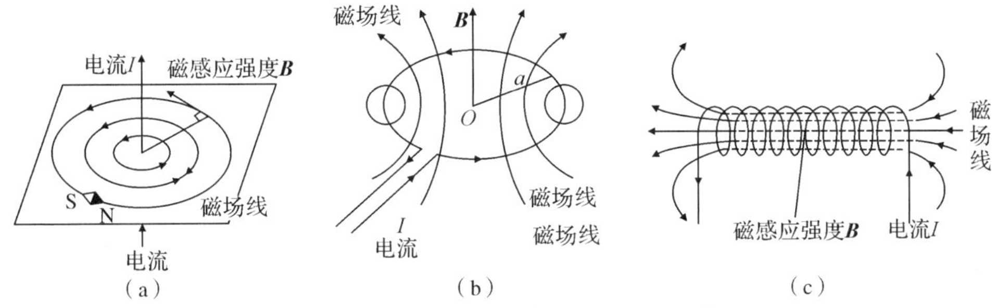

图 4.5　电流形成磁场类型及磁场线分布

(a)直流电流磁场；(b)环形电流磁场；(c)通电螺线管电流磁场

通过磁场中某给定面积 S 的磁力线的条数为通过该曲面的磁通量 Φ_m，如图 4.6 所示，并满足

$$\Phi_m = \int_S \boldsymbol{B} \cdot dS \tag{4.9}$$

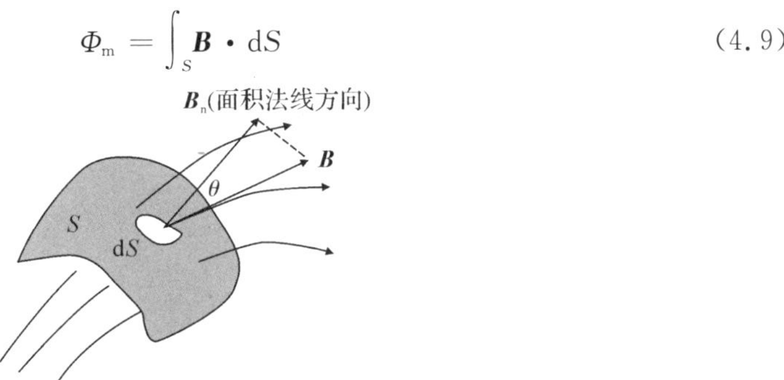

图 4.6　磁通量、磁感应强度和面积三者间的矢量关系图

根据磁场中的高斯定理，通过磁场中任意闭合曲面的磁通量等于零，即满足

$$\Phi_m = \oint_S \boldsymbol{B} \cdot dS = 0 \tag{4.10}$$

高斯定理是反映磁场性质的基本规律之一，表明磁场是无源场，磁场线是无头、无尾的闭合线，即自然界不存在单独的磁极。

根据磁场的安培环路定理，恒定磁场的磁感应强度 $\boldsymbol{B}$ 的环流等于 μ_0 乘以环路所包围电流的代数和，即

$$\oint_L \boldsymbol{B} \cdot dl = \mu_0 \sum I_i \tag{4.12}$$

当在磁场中放入磁介质时，空间的磁场会受到磁介质的影响而发生变化。此时的磁场不仅与传导电流 I_c 的分布有关，而且还与磁介质表面或边缘出现的磁化电流 I_s 有关。根据式(4.11)，若分别知道传导电流 I_c 和磁化电流 I_s 的空间分布，则可以知晓有磁介质时的磁感应强度。但是，在实际情况下，磁化电流 I_s 不易测量，因此，给分析带来困难。为了方便解决有磁介质时的磁场问题，回避磁化电流，引入了磁场强度 $\boldsymbol{H}$ 的概念。

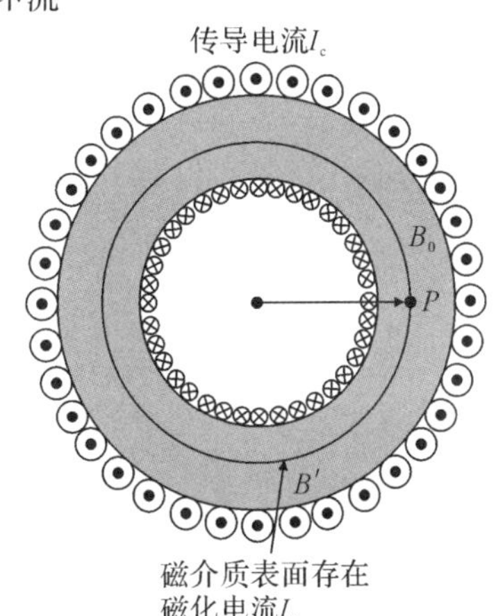

图 4.7　充满均匀磁介质螺绕环的电流分布示意图

以一个充满均匀磁介质的螺绕环为例，N 匝螺绕环中的传导电流为 I_c，磁介质的表面的磁化电流 I_s，如图 4.7 所示。

以环形 O 为圆心,以环内任意一点 P 到环形 O 的距离 r 为半径作圆形回路 L,根据真空中安培环路定理,则有

$$\oint_L \boldsymbol{B} \mathrm{d}l = \mu_0 \sum I_i = \mu_0 (NI_c + I_s) \tag{4.12}$$

其中:$\boldsymbol{B}=\boldsymbol{B}_0+\boldsymbol{B}'$。

从式(4.12)可以看出,有磁介质存在时,空间的磁场不仅与传导电流 I_c 分布有关,而且与磁化电流 I_s 的分布有关。I_c 决定 $\boldsymbol{B}_0$,I_s 决定 $\boldsymbol{B}'$。但 I_s 不能测定。为避开 I_s,引入磁场强度 $\boldsymbol{H}$,以方便解决磁介质中的磁场问题。

环内磁介质均匀,回路中各点的 $\boldsymbol{B}$ 大小相等,方向沿圆周切线方向,因此

$$\oint_L \boldsymbol{B} \cdot \mathrm{d}l = \boldsymbol{B} \cdot 2\pi r = \mu_0 (NI_c + I_s) \tag{4.13}$$

若环内无磁介质,传导电流 I_c 不变,则有

$$\boldsymbol{B}_0 \cdot 2\pi r = \mu_0 NI_c \tag{4.14}$$

将式(4.13)和式(4.14)相除,且 $\mu_r = B/B_0$,则有

$$NI_c + I_s = \mu_r NI_c \tag{4.15}$$

那么

$$\oint_L \boldsymbol{B} \cdot \mathrm{d}l = \mu_0 (NI_c + I_s) = \mu_0 \mu_r NI_c = \mu NI_c = \mu \sum_i I_{ci} \tag{4.16}$$

令 $\boldsymbol{H} = \boldsymbol{B}/\mu$,$\boldsymbol{H}$ 为磁场强度,则式(4.16)可以写成

$$\oint_L \boldsymbol{H} \cdot \mathrm{d}l = \sum_i I_{ci} \tag{4.17}$$

式(4.17)表明,磁场强度 $\boldsymbol{H}$ 沿任意闭合回路的线积分,等于闭合回路所包围的传导电流的代数和,这就是有磁介质时的安培环路定理。从式(4.17)可以看出,实际上,磁场强度 $\boldsymbol{H}$ 是由传导电流 I_c 和磁化电流 I_s 共同决定的,但在分析问题时,$\boldsymbol{H}$ 的环流仅与回路包围的传导电流 I_c 有关,而与磁介质无关。这就使分析问题变得更加简单。

比较磁感应强度 $\boldsymbol{B}$ 和磁场强度 $\boldsymbol{H}$ 两者的概念,两者都可以表示空间某点的磁场。它们的不同点在于,磁感应强度 $\boldsymbol{B}$ 是真实存在的物理量,可以利用实验测出。$\boldsymbol{H}$ 则是导出量,是为了数学上求解问题简便而引出的物理量。从安培环路定理的角度来说,$\boldsymbol{B}$ 是在空间上包含了传导电流和磁化电流的情况下求出的,而 $\boldsymbol{H}$ 是将磁化电流折合之后计算出的。

由于 $\boldsymbol{B}_0 = \mu_0 \boldsymbol{H}$,所以材料磁化后增加的磁感应强度 $\boldsymbol{B}'$ 满足关系

$$\boldsymbol{B}' = \mu_0 \boldsymbol{H} \tag{4.18}$$

将磁介质放入磁场 $\boldsymbol{H}$ 的自由空间,则有

$$\boldsymbol{B} = \mu \boldsymbol{H} \tag{4.19}$$

式中:μ 为磁导率,H/m。

将式(4.6)和式(4.18)代入式(4.8),并结合式(4.19),可写出

$$\boldsymbol{B} = \boldsymbol{B}_0 + \boldsymbol{B}' = \mu_0 \boldsymbol{H} + \mu_0 \boldsymbol{M} = \mu_0 (\boldsymbol{H} + \boldsymbol{M}) = \mu \boldsymbol{H} \tag{4.20}$$

由式(4.20)可以看出,材料内部的磁感应强度 $\boldsymbol{B}$ 可看成两部分场的叠加,一部分是材料对自由空间磁场的反映 $\mu_0 \boldsymbol{H}$,另一部分是材料对磁化引起的附加磁场的反映 $\mu_0 \boldsymbol{M}$。

对比式(4.20)还可以发现,$\boldsymbol{M}$ 与 $\boldsymbol{H}$ 满足

$$\boldsymbol{M}=\left(\frac{\mu}{\mu_0}-1\right)\boldsymbol{H} \tag{4.21}$$

令 $\mu_r=\frac{\mu}{\mu_0}$,则有

$$\boldsymbol{M}=(\mu_r-1)\boldsymbol{H} \tag{4.22}$$

式中:μ_r 为相对磁导率,无量纲,表示材料磁化的难易程度。

另外,由式(4.6)和式(4.19)还可以发现

$$\mu_r=\boldsymbol{B}/\boldsymbol{B}_0 \tag{4.23}$$

令 $\chi=\mu_r-1$,则式(4.22)还可以写成

$$\boldsymbol{M}=\chi\boldsymbol{H} \tag{4.24}$$

式中:χ 为磁化率(magnetic susceptibility),无量纲,表示材料磁化的能力,仅与磁介质有关。

从上述关系可以看出,参量 μ、μ_r 和 χ 实际上描述的是同一客观现象,已知其中一个,另外两个即可知道。

上述磁学量的单位,目前经常用国际单位制(SI)和高斯单位制(CGS)两种,容易引起混淆,为此在表 4.2 中列出两种单位制中部分磁学量的换算关系。

表 4.2　两种单位制的换算关系

磁学量	国际单位制	高斯单位制	换算关系
磁场强度 $\boldsymbol{H}$	安[培]/米(A/m)	奥斯特(Oe)	1 A/m=4 π×10^{-3} Oe
磁化强度 $\boldsymbol{M}$	安[培]/米(A/m)	高斯(Gs)	1 A/m=10^{-3} Gs
磁感应强度 $\boldsymbol{B}$	特斯拉(T)	高斯(Gs)	1 T=10^4 Gs
磁化率 χ	无量纲	无量纲	$\chi_{国际}=4\pi\chi_{高斯}$
磁导率 μ	亨[利]/米(H/m)	无量纲	$\mu_{国际}=(4\pi\times10^{-7}\ \mathrm{H/m})\mu_{高斯}$

4.2.2　物质的磁性分类

所有物质不论处于什么状态都显示或强或弱的磁性。根据物质磁化率,可以把物质的磁性大致分为五类,即铁磁性材料(ferromagnetic materials)、亚铁磁性材料(ferrimagnetic materials)、抗磁性材料、顺磁性材料和反铁磁性材料(antiferromagnetic materials)。根据各类磁体的磁化强度与磁场强度的关系,可作出其磁化曲线。图 4.8 为五类磁体的磁化曲线示意图。

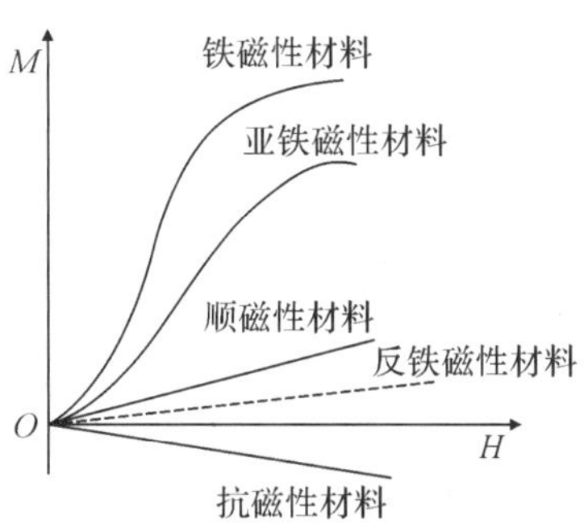

图 4.8　五类磁体的磁化曲线示意图

1. 抗磁性材料(抗磁体)

某些材料放入外磁场 $\boldsymbol{H}$ 中后,感生出与 $\boldsymbol{H}$ 方向相反的磁化强度,这种材料称为抗磁性材料(抗磁体),其具有的磁性称为抗磁性。抗磁性材料的磁化率 χ 为很小的负数,其绝对值一般很小,为 $1\times10^{-6}\sim1\times10^{-4}$。它们在磁场中受微弱斥力,并且在正常情况下与磁场和温度无关。但当材料熔化、凝固、晶粒细化和同素异构转变时,将使其抗磁性磁化率发生变化。

抗磁现象存在于一切物质中,是所有物质在外磁场作用下所具有的共同属性,但由于抗磁性物质磁化率绝对值非常小,大多数材料的抗磁性被较强的顺磁性或铁磁性所掩盖而不能表现出来。只有在材料的原子、离子或分子固有磁矩为零时,才能观察到材料的抗磁性。

各种惰性气体、Cu、Au、Ag、Bi、Zn、Mg、Si、P、S 及大多数有机材料在室温下是抗磁材料。超导态的超导体则一定是抗磁性材料,并具有完全抗磁性。

金属中约有一半简单金属是抗磁体。根据磁化率 χ 与温度的关系,抗磁体又可分为以下两类。

1)"经典"抗磁体,它的 χ 不随温度变化,如铜、银、金、汞、锌等。

2)反常抗磁体,它的 χ 随温度变化,且其大小是前者的 10~100 倍,如铋、镓、锑、锡、铟、铜-锆合金的 χ 相等。

2. 顺磁性材料(顺磁体)

许多材料在放入外磁场 $\boldsymbol{H}$ 中时感生出和 $\boldsymbol{H}$ 方向相同的磁化强度,其磁化率大于零,但绝对值也很小,约为 $1\times10^{-3}\sim1\times10^{-6}$,这类材料称为顺磁性材料,其具有的磁性称为顺磁性,它们在磁场中受微弱吸力。顺磁性材料的特征是组成这类材料的原子具有未填满壳层电子,原子具有固有磁矩,但由于受分子热运动影响,原子磁矩的方向杂乱分布,总磁矩为零,对外不显示磁性。

根据 χ 与温度的关系,顺磁体可分为以下两类。

1)正常顺磁体,其 χ 随温度变化,符合关系 $\chi\propto(1/T)$(T 为温度)。金属铂、钯、奥氏体不锈钢、稀土金属等属于此类。

2)χ 与温度无关的顺磁体,例如锂、钠、钾、铷等金属。

3. 反铁磁性材料(反铁磁体)

反铁磁体的 χ 是小的正数,在温度低于某值时,它的磁化率同磁场的取向有关,高于这个值,其行为像顺磁体,具体材料有 α-Mn、铬、氧化镍、氧化锰等。

4. 铁磁性材料(铁磁体)

迄今为止,铁磁性材料是最重要的一类磁性材料,该材料具有多种多样的应用方式。铁磁性材料的特点是,在较弱的磁场作用下,就能产生很大的磁化强度。铁磁性材料的磁化率 χ 是很大的正数,数值在 $10\sim1\times10^{6}$,远大于顺磁性材料的磁化率,且与外磁场呈非线性关系变化。典型的铁磁体有铁、钴、镍等。

5. 亚铁磁性材料(亚铁磁体)

亚铁磁体有些像铁磁体,但 χ 值没有铁磁体那样大。通常所说的磁铁矿(Fe_3O_4)就是一种亚铁磁体。

4.3　抗磁性和顺磁性及其物理本质

4.3.1　原子的磁性

众所周知，任何物质都是由原子组成的，而原子又是由带正电荷的原子核（简称核子）和带负电荷的电子所构成的。近代物理的理论和实验都证明了核子和电子都在做自旋运动，而电子又沿着一定轨道绕核子做循轨运动。显然，带电粒子的这些运动必然产生磁矩。

首先，电子的循轨运动可看作一个闭合电流，因此产生一个磁矩，称为电子的轨道磁矩 $\boldsymbol{P}_l$，其大小为

$$P_l = is = ef\pi r^2 = e\frac{\omega}{2\pi}\pi r^2 = \frac{e}{2m}m\omega r^2 = \frac{e}{2m}L = \frac{e}{2m}\cdot\frac{h}{2\pi}l = \frac{eh}{4\pi m}l = l\mu_B \tag{4.25}$$

式中：e 为电子电荷量；m 为电子质量；h 为普朗克常数；l 为以 $h/2\pi$ 为单位的电子运动的轨道角动量；f 为电子旋转的频率；ω 为电子旋转的角频率；r 为电子旋转的轨道半径；μ_B 为玻尔磁子（0.927×10^{-23} J·T^{-1}），一般都用它来表示原子磁矩的大小。

该磁矩的方向垂直于电子运动的轨迹平面，并符合右手螺旋定则。它在外磁场方向上的投影，即电子轨迹磁矩在外磁场方向上的分量 P_{lz} 满足量子化条件：

$$P_{lz} = m_l\mu_B (m_l = 0, \pm1, \pm2, \cdots, \pm l) \tag{4.26}$$

式中：m_l 为电子状态的磁量子数；z 为 P_l 的下角标，表示外磁场的方向。

电子的自旋运动也将产生一个自旋磁矩 $\boldsymbol{P}_s$，从量子力学可知，电子的自旋磁矩与电子自旋的角动量 $\boldsymbol{s}$ 间的关系为

$$\boldsymbol{P}_s = \frac{e}{M}\boldsymbol{s} = \frac{e}{m}\cdot\frac{h}{2\pi}\boldsymbol{s} = 2\frac{eh}{4\pi m}\boldsymbol{s} = 2s\mu_B \tag{4.27}$$

式中：$\boldsymbol{s}$ 为以 $h/2\pi$ 为单位的电子自旋角动量。

由于在外磁场方向上电子自旋的角动量分量 s_z 满足量子化条件，所以有

$$s_z = m_s\hbar = m_s\frac{h}{2\pi} = \pm\frac{1}{2}\cdot\frac{h}{2\pi} = \pm\frac{h}{4\pi} \tag{4.28}$$

式中：m_s 为电子自旋量子数，等于 $\pm\frac{1}{2}$。

因此，电子自旋磁矩在外磁场方向上的分量为

$$P_{sz} = \frac{e}{m}s_z = \frac{e}{m}\left(\pm\frac{h}{4\pi}\right) = \pm\frac{eh}{4\pi m} = \pm\mu_B \tag{4.29}$$

式中的正负号取决于电子自旋的方向，一般取与外磁场方向 z 一致的为正。

核子的自旋运动也产生一个自旋磁矩，但是由于它的磁矩很小（核子的质量约为电子质量的 2 000 倍，核子的磁矩约为电子磁矩的 1/2 000），所以它对原子磁矩的贡献可忽略不计。

由上述可知，原子的磁矩主要由电子的磁矩组成，而电子的磁矩又是其轨道磁矩和自旋

磁矩的矢量和。我们知道,原子中的电子都是按照不同的壳层进行排列的,因电子的磁矩是与电子的角动量(轨道角动量与自旋角动量的矢量和)成正比的,当原子中某电子壳层被排满时,各个电子的轨道运动与自旋运动的取向占据了所有可能的方向,这些方向呈对称分布,因此电子的总角动量为零,故该壳层电子的总磁矩也为零。只有当某一电子壳层未被电子排满时,这个壳层的电子总磁矩才不为零,该原子对外就要显示磁矩。

由于不同的原子具有不同的电子壳层结构,因而对外表现出不同的磁矩,所以当这些原子组成不同的物质时也要表现出不同的磁性。必须指出的是,原子的磁性虽然是物质磁性的基础,但却不能完全决定凝聚态物质的磁性,这是因为原子间的相互作用(包括磁的和电的作用)对物质磁性往往起着更重要的影响。

下面主要讨论物质的抗磁性和顺磁性,其他三种磁性将在后面进行介绍。

4.3.2 物质的抗磁性

物质的抗磁性(diamagnetism)是一种弱磁性,是在组成物质的原子中,运动的电子在磁场中受电磁感应(electromagnetic induction)而表现出的属性。根据楞次定律(Lenz's law),在闭合回路中,感应电流的方向总是使其所产生的磁场反抗引起感应电流的磁通量的变化。那么,对由电子轨道运动构成的环电流而言,楞次定律也起作用,即在外磁场作用下,由于电子轨道运动会产生与外加磁场方向相反的附加磁矩。楞次定律是由俄国物理学家楞次(Heinrich Friedrich Emil Lenz,1804—1865)在概括大量实验事实的基础上于 1833 年提出的,是一条用来判断感应电流方向的规律。

以两个轨道平面与磁场 $\boldsymbol{H}$ 方向垂直、运动相反的电子为例,如图 4.9 所示。当无外加磁场时,电子绕核运动相当于一个环电流,其大小为 $i=\frac{e\omega}{2\pi}$,此环电流产生的磁矩为

$$\boldsymbol{m}=i\cdot\Delta S=\frac{e\boldsymbol{\omega}}{2\pi}\cdot\pi r^2=\frac{e\boldsymbol{\omega}r^2}{2} \tag{4.30}$$

式中:i 为电子绕核形成的环电流强度;ΔS 为电子绕核形成的面积;e 为电子电荷;$\boldsymbol{\omega}$ 为电子绕核运动的角速度;r 为轨道半径;$\boldsymbol{m}$ 为环电流产生的磁矩。

此时,电子受到的向心力 $\boldsymbol{F}$ 为

$$\boldsymbol{F}=m_e r\boldsymbol{\omega}^2 \tag{4.31}$$

式中:m_e 为电子质量。

当磁场作用于这个旋转的电子,根据楞次定律将产生一个附加的洛伦兹力 $\Delta\boldsymbol{F}$,即

$$\Delta\boldsymbol{F}=\boldsymbol{H}\cdot i\cdot 2\pi r=\boldsymbol{H}er\boldsymbol{\omega} \tag{4.32}$$

在图 4.9(a)中,对顺时针方向环电流而言,其磁矩 $\boldsymbol{m}$ 的方向向下。施加方向向上的磁场 $\boldsymbol{H}$,根据楞次定律,将产生与外磁场相反的附加磁矩 $\Delta\boldsymbol{m}$(方向向下),以抵抗磁通量的增加。对逆时针方向的环电流,如图 4.9(b)所示,其磁矩 $\boldsymbol{m}$ 方向向上。当同样施加方向向上的外磁场 $\boldsymbol{H}$ 时,根据楞次定律,将同样产生与外磁场方向相反的附加磁矩 $\Delta\boldsymbol{m}$(方向向下),以抵抗磁通量的增加。附加磁矩 $\Delta\boldsymbol{m}$ 作用引起的附加洛伦兹力 $\Delta\boldsymbol{F}$ 的方向如图 4.9 所示,

因此，这个附加的洛伦兹力 $\Delta \boldsymbol{F}$ 使向心力 $\boldsymbol{F}$ 增大或减小。

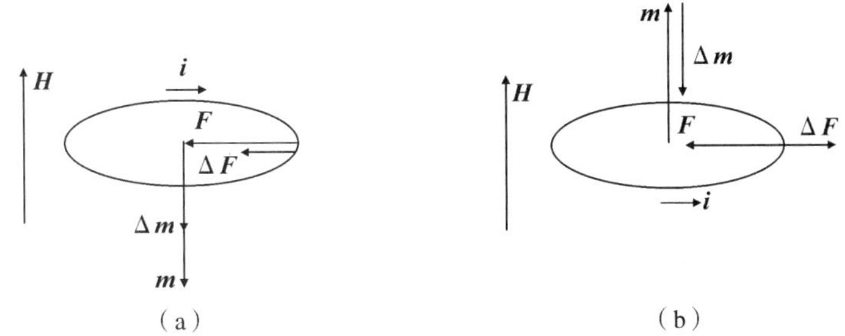

图 4.9　抗磁磁矩产生示意图

(a)外磁场方向与环电流产生磁矩方向相反；(b)外磁场方向与环电流产生磁矩方向相同

根据法国物理学家郎之万(Paul Langevin，1872—1946)的理论，电子轨道半径不变，则必然出现导致绕核运动角速度 $\boldsymbol{\omega}$ 的变化，即

$$\boldsymbol{F}+\Delta\boldsymbol{F}=m_e r(\boldsymbol{\omega}+\Delta\boldsymbol{\omega})^2 \tag{4.33}$$

式中：$\Delta\boldsymbol{\omega}$ 为拉莫尔进动(Larmor precession)角频率。将式(4.33)展开并略去 $\Delta\boldsymbol{\omega}$ 的二次项，则有

$$\Delta\boldsymbol{\Omega}=\frac{e\boldsymbol{H}}{2m_e} \tag{4.34}$$

拉莫尔进动是指电子、原子核和原子的磁矩在外部磁场作用下的进动，是由爱尔兰物理学家、数学家拉莫尔(Joseph Larmor，1857—1942)于 1897 年推论的。

由此产生的附加磁矩 $\Delta\boldsymbol{m}$ 为

$$\Delta\boldsymbol{m}=\Delta\boldsymbol{i}\cdot\pi r^2=\frac{e\cdot\Delta\boldsymbol{\omega}}{2\pi}\cdot\pi r^2=\frac{e\cdot\Delta\boldsymbol{\omega}\cdot r^2}{2} \tag{4.35}$$

将式(4.34)代入式(4.35)，则有

$$\Delta\boldsymbol{m}=\frac{e^2 r^2}{4m_e}\boldsymbol{H} \tag{4.36}$$

式(4.36)中负号表示附加磁矩 $\Delta\boldsymbol{m}$ 的方向与外加磁场 $\boldsymbol{H}$ 的方向相反。抗磁性的本质是电磁感应定律的反映。外加磁场使电子轨道动量矩发生变化，从而产生了一个附加磁矩，磁矩的方向与外加磁场方向相反。在磁场作用下，电子围绕原子核的运动和没有磁场时的运动是一样的，但同时叠加了一项轨道平面绕磁场方向的进动，即拉莫尔进动。这里所谓的拉莫尔进动是指电子、原子核和原子的磁矩在外部磁场作用下的进动。当外加磁场去掉时，抗磁磁矩即消失，这说明抗磁磁化是可逆的。由于抗磁性是电子轨道运动感应产生的，所以物质的抗磁性普遍存在。

然而，并非所有的物质都是抗磁性物质。只有当原子系统的固有磁矩等于 **0** 时，抗磁性才容易表现出来。如果电子壳层未被填满，即固有磁矩不等于 **0** 时，只有那些抗磁性大于顺磁性的物质才成为抗磁性材料。凡是电子壳层被填满了的物质都属于抗磁性物质。抗磁性材料的磁化率不受温度影响或影响极小。

对于物质的抗磁性，以上只做了简单的理论说明。金属的抗磁性较为复杂，对其进行深入分析需用量子理论。

4.3.3 物质的顺磁性

原子、分子或离子具有不等于**0**的磁矩，并在外磁场作用下沿轴向排列时便产生顺磁性(paramagnetism)。顺磁性物质的磁化率 χ 为正值，数值很小，为 $1\times10^{-6}\sim1\times10^{-3}$，因此也是一种弱磁性。

材料的顺磁性来源于原子的固有磁矩，即固有磁矩不为**0**。通常，固有磁矩不为**0**的条件：①具有奇数个电子的原子或点阵缺陷；②内壳层未被填满的原子或离子。金属中具有顺磁性的主要有过渡族金属(d 壳层没有填满电子)和稀土族金属(f 壳层没有填满电子)。

图 4.10 为顺磁体磁化的过程示意图。正离子的固有磁矩在外磁场方向投影，形成原子的顺磁磁矩。在通常温度下，离子在不停振动。温度越高，振动越明显。由于热运动的影响，所以原子磁矩倾向于混乱排列，如图 4.10(a)所示。此时，原子磁矩的矢量和为**0**，对外不显磁性。当施加外加磁场后，外磁场使原子磁矩转向外磁场方向，结果使总磁矩矢量和大于**0**，如图 4.10(b)所示。但由于热运动的影响，原子磁矩难以排列一致，因此很难磁化。在室温下，顺磁体的磁化率一般仅为 $1\times10^{-6}\sim1\times10^{-3}$。要使原子磁矩沿外磁场排列，必须施加很大的外磁场才能迫使原子磁矩克服热运动达到磁化饱和。据计算，这一磁场强度需要达到 8×10^{8} A/m，这是很困难的，如图 4.10(c)所示。

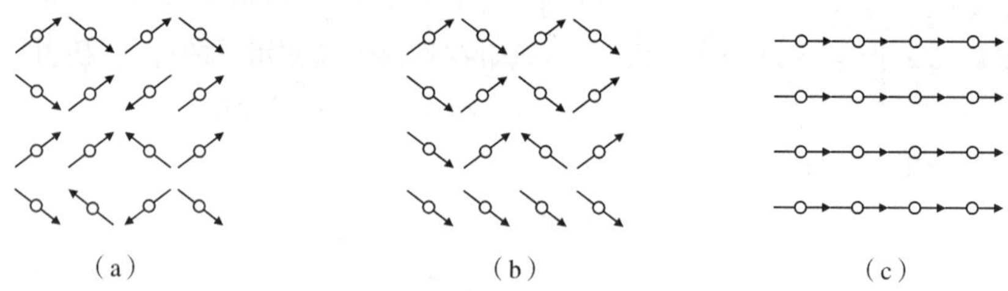

图 4.10 顺磁体磁化过程示意图

(a) $\boldsymbol{H}=\mathbf{0}$；(b) $\boldsymbol{H}>\mathbf{0}$；(c) $H=8\times10^{8}$ A/m

通常，由于顺磁性物质的磁化率是抗磁性物质磁化率的 1～1 000 倍，所以在顺磁性物质中，抗磁性被掩盖了。

由于热运动影响原子磁矩排列，所以温度对顺磁性的影响较大。根据顺磁磁化率与温度的关系，可以把顺磁体大致分为三类，即正常顺磁体、磁化率与温度无关的顺磁体和存在反铁磁性转变的顺磁体。

1. 正常顺磁体

O_2、NO、Pt、Li、Na、K、Ti、Al、V、Pd 等，稀土金属，Fe、Co、Ni 的盐类，以及铁磁金属，在居里点以上都属正常的顺磁体。其中，有部分物质能准确地符合居里定律(Curie law)，它们的磁化率与温度呈倒数关系，即

$$\chi=\frac{C}{T} \tag{4.37}$$

式中：C 为居里常数，满足关系

$$C=\frac{N_{\mathrm{A}}\mu_{\mathrm{B}}{}^{2}}{3k_{\mathrm{B}}}$$

式中：μ_B 为玻尔磁子；k_B 为玻耳兹曼常数；T 为绝对温度，K。

还有相当多的固溶体顺磁物质，特别是过渡族金属元素，是不符合居里定律的。它们的原子磁化率和温度的关系需用居里-外斯定律（Curie-Weiss law）来表达，即

$$\chi=\frac{C}{T+\theta} \tag{4.38}$$

式中：C 为居里常数；θ 为外斯常数。

外斯常数 θ 对不同物质可大于或小于0，对存在铁磁转变的物质，$\theta=-T_p$。T_p 表示顺磁居里点，是铁磁性和顺磁性的临界点。因此，式(4.38)可写成

$$\chi=\frac{C}{T-T_p} \tag{4.39}$$

在 T_p 以上的物质属顺磁体，其 χ 大致服从居里-外斯定律，此时的 $\boldsymbol{M}$ 和 $\boldsymbol{H}$ 间保持着线性关系。图4.11给出了顺磁性材料的磁化曲线及磁化率与温度的关系。

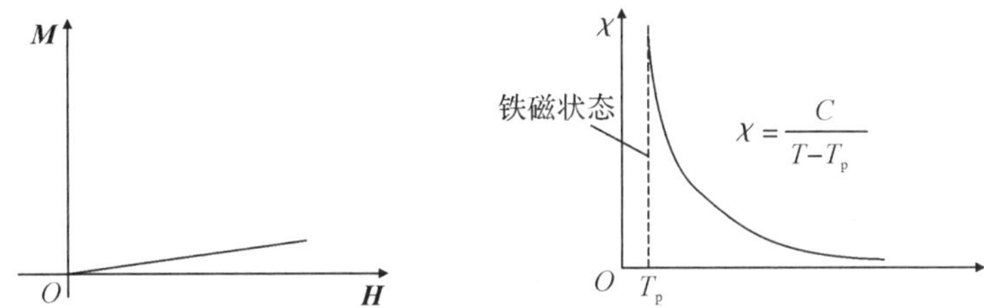

图4.11　顺磁性材料的磁性曲线及磁化率与温度的关系

这里需要说明的是，铁磁体的外斯常数 θ 严格来说并不等于 T_p。只有在温度远高于 T_p 时，$\frac{1}{\chi}$ 与 T 才大体呈直线关系；当温度下降到 T_p 附近时，$\frac{1}{\chi}$ 与 T 偏离线性关系，如图4.12所示。根据 $\frac{1}{\chi}$ 与 T 的线性关系可确定 θ 的数值，将 $\frac{1}{\chi}$ 与 T 的关系曲线的直线段外推至横坐标，即得到交点温度 θ。一般这样确定的温度 θ 比铁磁性出现的居里温度 T_p 高。但在分子场理论中，T_p 和 θ 不能区分。

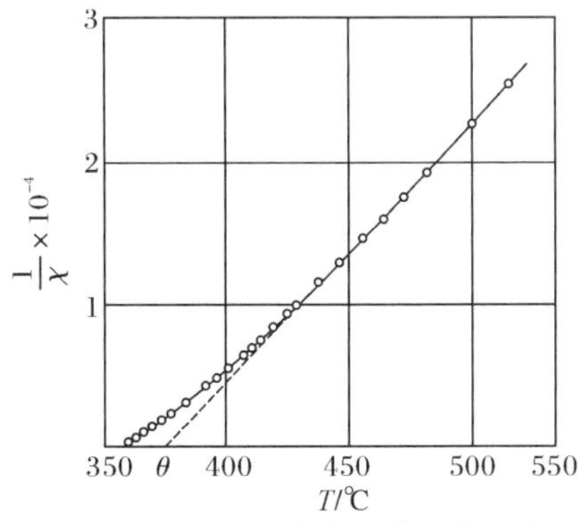

图4.12　Ni外斯常数 θ 的取值方法

2. 磁化率与温度无关的顺磁体

磁化率与温度无关的顺磁体，如Li、Na、K、Rb，它们的 χ 为 $1\times10^{-7}\sim1\times10^{-6}$，其顺磁性是由价电子产生的，由量子力学可证明其 χ 与温度无关。

3.存在反铁磁性转变的顺磁体

过渡金属及其合金或它们的化合物属于这类顺磁体。它们都有一定的转变温度，称为反铁磁居里点或尼尔点，以 T_N 表示。当温度高于 T_N 时，它们和正常顺磁体一样服从居里-外斯定律，且 $\theta > 0$；当温度低于 T_N 时，它们的 χ 随 T 下降，当 $T \to 0$ K 时，$\chi \to$ 常数；在 T_N 处，χ 有一极大值。MnO、MnS、NiCr、CrS - Cr_2S、Cr_2O_3、VO_2、FeS_2、FeS 等都属于这类顺磁体。

图 4.13 中展示了单纯顺磁性、存在铁磁性和存在反铁磁性转变的顺磁体的 $\chi-T$ 关系曲线。由图 4.13 可以看出，图 4.13(b)中 $T < T_p$ 时物质属于铁磁体，而图 4.13(c)中 $T < T_N$时物质属于反铁磁体。

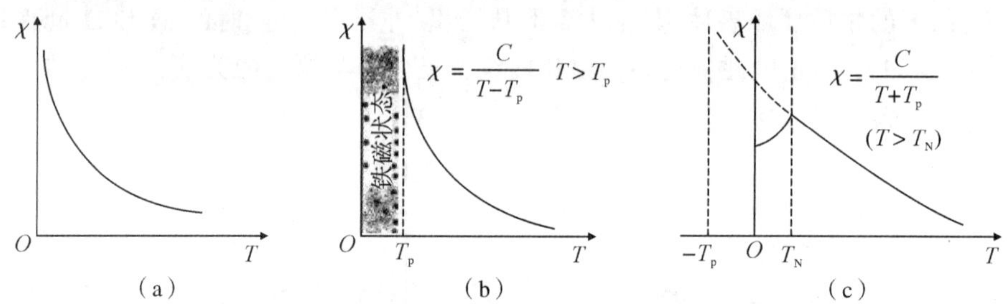

图 4.13 顺磁体的 $\chi-T$ 关系示意图

(a)单纯顺磁性；(b)存在铁磁性；(c)存在反铁磁性转变

4.3.4 影响金属抗磁性和顺磁性的因素

1.原子结构的影响

在磁场作用下，电子的轨道运动要产生抗磁矩，而离子的固有磁矩则产生顺磁性。自由电子在磁场的作用下也要产生抗磁矩和顺磁矩，只是顺磁矩远大于抗磁矩，因此自由电子整体上表现为顺磁性。材料都是由原子和电子构成的，其内部既存在产生抗磁性的因素，又存在产生顺磁性的因素，属于哪种磁性材料，取决于哪种因素占主导地位。

惰性气体的原子磁矩为零，在外磁场作用下只能产生抗磁矩，是典型的抗磁性材料。对于大多数非金属(除了氧和石墨)，虽然它们的原子具有磁矩，但当它们形成分子时，由于共价键作用，使外层电子被填满，它们的分子就不具有固有磁矩，所以绝大多数非金属都属于抗磁体，并且它们的磁化率与惰性气体相近。在元素周期表中，接近非金属的一些金属元素，如 Sb、Bi、Ga、Tl 等，它们的自由电子在原子价增加时逐步向共价结合过渡，因而表现出异常的抗磁性。

金属是由点阵离子和自由电子构成的，因此，金属的磁性要从离子的磁性和自由电子的磁性两方面考虑。当点阵离子的电子层都排满时，在电场作用下，由于其电子的轨道运动产生了附加磁矩而表现为抗磁性；当点阵离子的内层电子未排满时，存在固有磁矩，则在电场作用下，离子表现为顺磁性。而自由电子在外磁场的作用下，来源于自旋磁矩的顺磁性大于抗磁性，因此，自由电子整体上表现为顺磁性。一般而言，自由电子的顺磁性比较小，因此，根据离子和自由电子磁矩在具体情况下所起的作用，可以分析金属的抗磁性和顺磁性。

在 Cu、Ag、Au、Zn、Cd、Hg 等金属中，由于它们的正离子所产生的抗磁性大于自由电子的顺磁性，所以它们属于抗磁体。但金属的抗磁性总是小于其离子的抗磁性，这一实验事实表明，导电电子是具有顺磁性的。

所有的碱金属（Li、Na、K、Rb、Cs）和除 Be 以外的碱土金属都是顺磁体。虽然这两类金属元素在离子状态时都具有与惰性气体相似的电子结构，离子呈现抗磁性，但由于自由电子的顺磁性占主导地位，所以它们仍为顺磁体。

过渡族金属（见表 4.3）在高温都属于顺磁体，但其中有些存在铁磁转变（如 Fe、Co、Ni），有些则存在反铁磁转变（如 Cr）。这些金属的顺磁性主要是由于 3d、4d、5d 电子壳层未填满，而 d 态和 f 态电子未抵消的磁矩形成晶体离子构架的固有磁矩，所以产生强烈的顺磁性。表 4.3 列出了各元素在 18 ℃下的摩尔磁化率 χ。

表 4.3　18 ℃下各元素的摩尔磁化率 χ

单位：10^{-6} mol^{-1}

	1	2	3	4	5	6	7	8	9	10	11	12	13	14	15	16
2	Li +25.2	Be −9.02														
3	Na +15.6	Mg +6	Al +16.7													
4	K +21.5	Ca +44	Sc +315	Ti +150	V +230	Cr +160	Mn +527	Fe①	Co①	Ni①	Cu −5.4	Zn −10.26	Ga −16.8	Ge −8.9	As −5.5	Se −26.5
5	Rb +19.2	Sr +92	Y +191	Zr +120	Nb +120	Mo +45	Tc —	Ru +44	Rh +113	Pd +580	Ag −4.56	Cd −19.6	In −12.26	Sn +4.4	Sb −107	Te −40.8
6	Cs +29.9	Ba +20	La +140	Hf —	Ta +145	W +40	Re +68.7	Os +7.6	Ir +25	Pt +200	Au −29.6	Hg −33.8	Tl −49.05	Pb −24.86	Bi −265	Po —

注：①表示它们的磁化率 χ 很大。

稀土金属有特别高的顺磁磁化率（见表 4.4），而且磁化率的温度关系也遵从居里-外斯定律，它们的顺磁性主要是由于 4f 电子壳层磁矩未抵消而产生的。其中，钆（Gd）在（16±2）℃以下转变为铁磁体。

表 4.4　室温下稀土金属的摩尔磁化率 χ

单位：10^{-6} mol^{-1}

稀土金属	Ce	Pr	Nd	Sm	Eu	Gd	Tb	Dy	Ho	Er	Tu
摩尔磁化率 χ	2 300	3 520	5 150	5 600	1 820	30 400	115 000	102 000	68 200	44 500	25 600

2. 温度的影响

温度对抗磁性一般没有什么影响，但当金属熔化、凝固、同素异构转变以及形成化合物时，电子轨道的变化和单位体积内原子数量的变化，使其抗磁磁化率发生变化。

顺磁性物质的磁化是磁场克服原子和分子热运动的干扰，使原子磁矩向着磁场方向排列的过程，因此，温度对顺磁性影响很大，其中少数顺磁物质可以准确地用居里定律进行描述，即它们的原子磁化率与温度成反比，见 4.3.3 小节中物质的顺磁性部分公式（4.37）。

还有相当多的固体顺磁物质，特别是过渡族金属，不符合居里定律，它们的原子磁化率与温度的关系要用居里-外斯定律来描述，见 4.3.3 小节中物质的顺磁性部分公式(4.38)。

对铁磁转变的物质来说，在居里温度 T_p 以上铁磁体属于顺磁体，其 χ 大致服从居里-外斯定律，此时的 **M** 和 **H** 间保持着线性关系。只有在磁场很强或温度足够低的情况下，这些顺磁体才表现出复杂的性质，如顺磁饱和与低温磁性反常。

3. 相变及组织结构的影响

当材料发生同素异构转变时，原子间距发生变化会影响电子运动状态，从而导致磁化率的变化。例如，白锡是很弱的顺磁体，不但在熔化时转变为抗磁体，而且在低温下转变为灰锡时也变成抗磁体。这是因为原子间距增大引起自由电子减少和结合电子增多，从而导致其金属性消失。在加热时，锰发生一系列同素异构转变，α-Mn→β-Mn 和 β-Mn→γ-Mn，其顺磁磁化率均增加。随着顺磁磁化率的增加，锰的金属性按照 α→β→γ 的次序逐步增加，原子间距减小，塑性和导电性增加。

α-Fe 在 A_2 点(768 ℃)以上变为顺磁状态，在 910 ℃和 1 410 ℃发生 α→γ 和 γ→δ 转变时，顺磁磁化率发生突变，如图 4.14 所示。由 4.14 图可见，γ-Fe 的磁化率比 α-Fe 和 δ-Fe的都低，且 γ-Fe 的磁化率几乎与温度无关，而 α-Fe 和δ-Fe的磁化率在温度升高时急剧下降，这是强顺磁材料的一般特征。值得指出的是，δ-Fe 的磁化率曲线处在 α-Fe 的延长线上。这说明同为 bcc 结构的 α-Fe 和 δ-Fe 的物理性能变化规律相同。

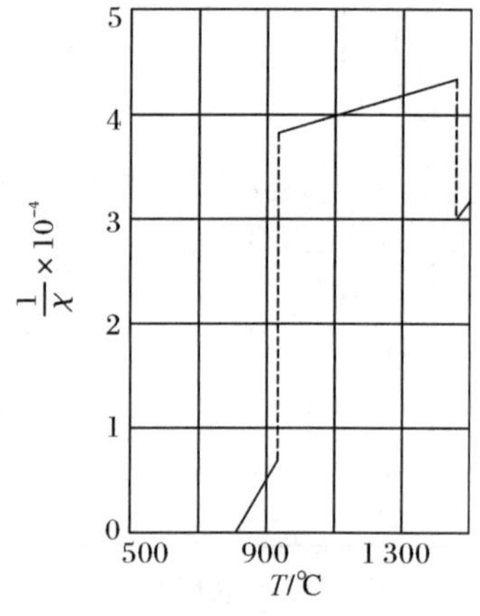

图 4.14　铁在 A_2 点以上的顺磁磁化率

塑性变形对金属的抗磁性影响也很大，因为加工硬化时原子间距增大、密度减小，从而使材料的抗磁性减弱。例如，塑性变形使铜和锌的抗磁性减小，而高度加工硬化后，铜变为顺磁体，但退火可恢复其抗磁性。

晶粒细化可以使 Bi、Sb、Se、Te 的抗磁性降低，而 Se 和 Te 在高度细化时甚至变为顺磁体。显然，无论是加工硬化还是晶粒细化，都会引起点阵畸变从而影响磁化率，它们影响的趋势和熔化一样，都使金属晶体趋于非晶化，使抗磁性降低。

4. 合金成分与组织的影响

合金化对抗磁或顺磁磁化率会有很大的影响，形成固溶体合金时，磁化率因原子之间结合的改变而有明显变化。通常由弱磁化率的两种金属(如 Cu、Ag、Al、Mg)组成固溶体时，其磁化率以接近于直线的平滑曲线随成分变化，这表明形成固溶体时结合键发生了变化。

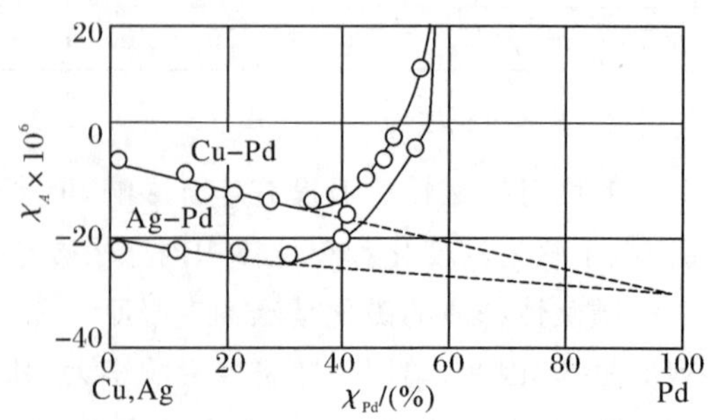

图 4.15　Cu-Pd、Ag-Pd 固溶体的磁化率

若将强顺磁的过渡族金属(如 Pd)溶入抗

磁金属 Cu、Ag、Au 中，则固溶体的磁性会发生复杂变化，如图 4.15 所示。从图 4.15 中可以看出，尽管 Pd 为强顺磁金属，但 Pd 的原子分数在 30%以下却使合金（固溶体）抗磁性增强，这是由于 d 电子壳层被自由电子所填充，使 Pd 在固溶体中没有离子化所造成的。只有在 Pd 的含量更高时，磁化率才变为正值并急剧上升到 Pd 所固有的顺磁磁化率值。

Pd 的同族元素 Ni 和 Pt 溶入 Cu 中也使其磁化率减小，但保持微弱的顺磁性。Cr 和 Mn 与 Pd 有显著的不同，它们溶入 Cu 中使固溶体的磁化率急剧增大，以致固溶体的顺磁性大于其纯金属状态的顺磁性，如图 4.16 所示。

在低价的抗磁金属中加入铁磁金属（如 Fe、Co、Ni）时，合金的磁化率急剧增高，甚至低浓度的固溶体就能转变为顺磁体。这种顺磁体的磁化率将随温度的升高而降低。如果以高价金属（如 Sb）作溶剂，则溶于其中的铁磁溶质（如 Co），不但不起顺磁作用反而增强其抗磁性，这种情况也部分地适用于 Fe。显然，上述现象与过渡族元素 d 壳层的逐次填充有关。可以认为，Ni、Pd、Pt 溶质原子被一价溶剂（如 Cu、Ag、Au）原子包围时，d 壳层的填充已经开始，而它们左边的过渡族元素（从 Cr 到 Co）作溶质时，只有被较高价溶剂（如 Sb、Zn）原子包围时才能进行这种填充。

通过合金化对材料抗磁和顺磁磁化率影响的研究，我们可以了解固溶体中结合键的变化情况，同时对于研究要求弱磁性的仪器、仪表材料有现实意义。

固溶体的有序化对磁化率也有明显的影响，因为有序化使溶剂和溶质原子呈有规则的交替排列，使原子之间结合力发生变化，并引起原子间距的变化，所以磁性也要发生变化。例如，形成 Cu－Au 有序合金，使抗磁性减弱，从而形成 Cu_3Au、Cu_3Pd 和 Cu_3Pt 合金的抗磁性增强。

合金形成中间相和化合物时，其磁化率将发生突变，图 4.17 为 Cu－Zn 合金磁化率与成分的关系。从图中可看出，当 Cu－Zn 合金形成中间相 Cu_3Zn_5（电子化合物 γ 相）时，有很高的抗磁磁化率，这是由于 γ 相结构中自由电子数减少了，几乎无固有原子磁矩，所以是抗磁性的。

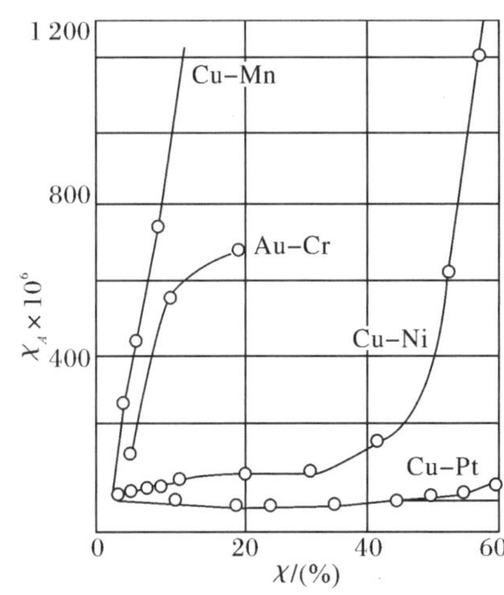

图 4.16　Mn、Cr、Ni、Pd 在 Cu 和 Au 中固溶体的磁化率

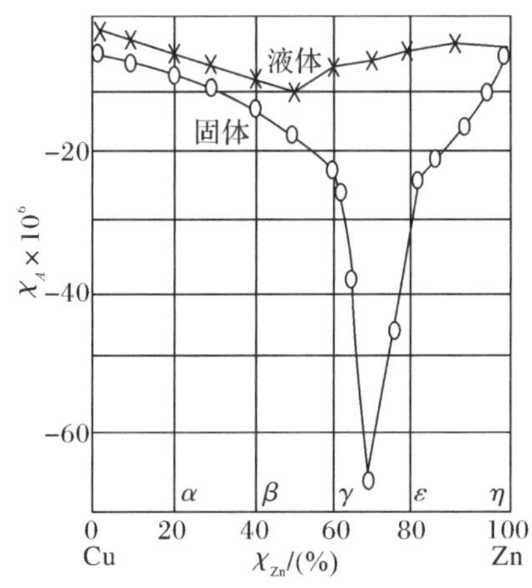

图 4.17　Cu－Zn 合金磁化率与成分的关系

4.4 铁磁性和亚铁磁性材料的特性

铁磁性金属材料铁、钴、镍及其合金和稀土元素钆、镝等以及亚铁磁性材料都很容易磁化，在不很强的磁场作用下，就可得到很大的磁化强度。如纯铁 $B_0=1\times10^{-6}$ T 时，其磁化强度 $M=1\times10^4$ A/m，而顺磁性的硫酸亚铁在 1×10^{-6} T 下，其磁化强度仅有 1×10^{-3} A/m，并且磁学特性与顺磁性、抗磁性材料不同，主要特点表现在磁化曲线和磁滞回线上。

4.4.1 磁化曲线及磁滞回线

1. 磁化曲线

磁化曲线(magnetization curve)表示的是物质中的磁场强度 $\boldsymbol{H}$ 与所感应的磁感应强度 $\boldsymbol{B}$ 或磁化强度 $\boldsymbol{M}$ 之间的关系。这一曲线用 $\boldsymbol{M}-\boldsymbol{H}$ 或 $\boldsymbol{B}-\boldsymbol{H}$ 表示，横坐标为 $\boldsymbol{H}$，纵坐标为 $\boldsymbol{B}$ 或 $\boldsymbol{M}$。从图 4.18 中可以看出，随着磁场强度 $\boldsymbol{H}$ 的增加，$\boldsymbol{B}$(或 $\boldsymbol{M}$)开始时增加较慢，然后迅速地增加，再缓慢地增加，最后磁化至饱和后，$\boldsymbol{B}$(或 $\boldsymbol{M}$)不再随外磁场 $\boldsymbol{H}$ 的增加而增加。OKB 曲线中有几个关键参数。其中，$\boldsymbol{M}_s$ 代表饱和磁化强度(saturation magnetization)，是指磁性材料在外磁场中被磁化时所能够达到的最大磁化强度。$\boldsymbol{B}_s$ 代表饱和磁感应强度(saturation magnetic flux density)，也称饱和磁通密度，指磁性材料被磁化到饱和状态时的磁感应强度。$\boldsymbol{H}_m$ 代表饱和磁场强度(saturation magnetic field strength)，指磁体达到磁饱和时最小的外加磁场强度。

根据式(4.19)给出的 $\boldsymbol{B}$ 和 $\boldsymbol{H}$ 之间的关系可知，磁化曲线上任意一点上 B 和 H 的比值就是磁导率 μ。图 4.18 中的虚线即 OKB 曲线是磁导率随外加磁场 $\boldsymbol{H}$ 的变化关系曲线。其中，起始磁导率定义为

$$\mu_i=\lim_{H\to0}\frac{\mathrm{d}B}{\mathrm{d}H} \tag{4.40}$$

起始磁导率 μ_i 相当于磁化曲线起始部分的斜率。另外一个重要的参量是最大磁导率 μ_m，是磁化曲线拐点 K 处的斜率。μ_i 和 μ_m 都是软磁材料(soft magnetic material)的重要技术参量。需要注意的是，如果磁化曲线给出的是 $\boldsymbol{M}$ 和 $\boldsymbol{H}$ 之间的关系，那么磁化曲线上任意一点 M 和 H 的比值就是磁化率 χ。

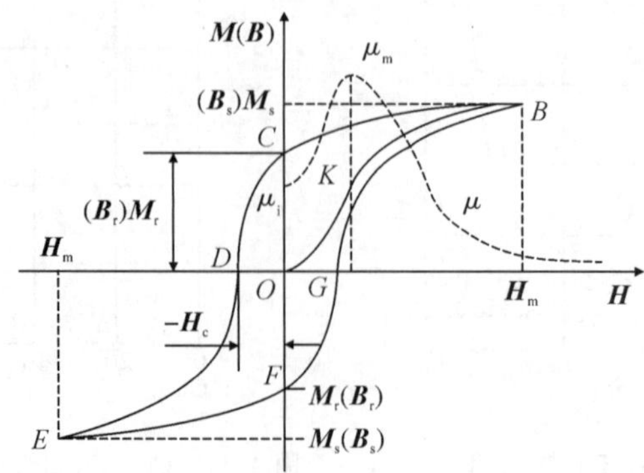

图 4.18 铁磁体的磁化曲线和磁滞回线

2. 磁滞回线

如果将一个试样磁化到饱和以后，慢慢减少 $\boldsymbol{H}$，那么 $\boldsymbol{M}$（或 $\boldsymbol{B}$）也将减小，这个过程称为退磁（demagnetization）。退磁后，$\boldsymbol{M}$ 并不是按照初始磁化曲线（OKB 曲线）的反方向进行，而是以新的曲线发生改变，如图 4.18 中的 BC 段。当 $\boldsymbol{H}=0$ 后（C 点），$\boldsymbol{M}$（或 $\boldsymbol{B}$）没有同时归零，而是存在一个残余数值 $\boldsymbol{M}_r$（或 $\boldsymbol{B}_r$）为剩余磁化强度（remanent magnetization）（或剩余磁感应强度），简称剩磁（remanence）。若使 $\boldsymbol{M}=0$，则需要施加一反向磁场 $\boldsymbol{H}_c$，称为矫顽力（coercive force）。矫顽力 $\boldsymbol{H}_c$ 是使材料内部磁矩矢量重新为 0 所需要施加的反向磁场。与此对应的是图 4.18 中的 CD 段，称为退磁曲线。在退磁过程中 $\boldsymbol{M}$ 的变化落后于 $\boldsymbol{H}$ 的这一现象称为磁滞现象，简称磁滞（magnetic hysteresis）。

当反向的 $\boldsymbol{H}$ 继续增加时，最后也会达到反向的磁饱和（E 点）。随后，如果 $\boldsymbol{H}$ 再沿正向增加，又会得到另一半曲线 $EFGB$。如果试样的磁化曲线经历这样的磁场正反两向过程，则会形成封闭曲线，称为磁滞回线（magnetic hysteresis loop）。磁滞回线所包围的面积表示磁化一周时所消耗的功，称为磁滞损耗（hysteresis loss），其大小可以表示为

$$Q=\oint H\mathrm{d}B \tag{4.41}$$

式中：Q 为磁滞损耗。

磁滞现象是铁磁性和亚铁磁性材料的一个重要特征，最早于 1880 年由德国物理学家瓦尔堡（Emil Gabriel Warburg，1846—1931）在实验中发现。顺磁性物质和抗磁性物质则不具有这一现象。

4.4.2　磁各向异性和磁晶各向异性能

1. 磁各向异性

磁各向异性（magnetic anisotropy）是指物质（如单晶）的磁性随方向而改变的现象，主要表现为弱磁体的磁化率及铁磁体的磁化曲线随磁化方向而改变。铁磁体的磁各向异性尤为突出，是铁磁体的基本特性之一。磁各向异性来源于磁晶体的各向异性。

铁磁体在磁化时，需要消耗一定的能量。磁体从退磁状态磁化到饱和状态，磁化曲线与磁化强度轴之间所包围的面积就是磁化场对磁体磁化过程所做功的大小，称为磁化功。图 4.19 所示的阴影部分的面积即为磁化功。磁化功的关系可以表示为

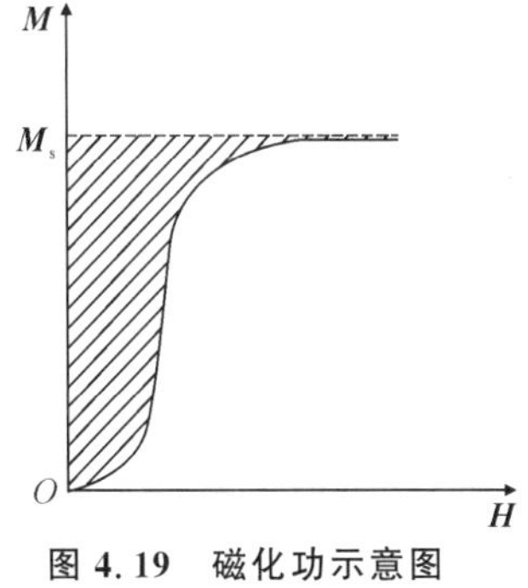

图 4.19　磁化功示意图

$$\Delta G=\int_0^M H\mathrm{d}M \tag{4.42}$$

式中：ΔG 为磁化功。

2. 磁晶各向异性能

由于磁体存在磁各向异性，所以磁体沿不同方向磁化时消耗的磁化功必然不同。沿不同方向的磁化功不同，反映了饱和磁化强度 $\boldsymbol{M}_s$ 在不同方向取向时的能量不同。磁晶各向

异性能就是指沿磁体不同方向,从退磁状态磁化到饱和状态,磁化曲线与磁化强度之间所包围的面积大小不同,即沿磁体不同方向,磁化场对磁体磁化过程所做功的大小不同。

将沿磁体不同方向磁化到饱和状态所需的磁场能最小的方向称为易磁化方向或易磁化轴;与此相对的,所需要的磁场能最大的方向称为难磁化方向或难磁化轴。图 4.20 给出了 Fe、Ni、Co 不同晶向的磁化曲线。从图 4.20 中可以看出,对于晶格呈体心立方的 Fe 单晶而言,其易磁化方向是[100],而难磁化方向则是[111];面心立方的 Ni 单晶,其易磁化方向是[111],而难磁化方向则是[100];密排六方的 Co 单晶,其易磁化方向是[0001],而难磁化方向则是[100]。

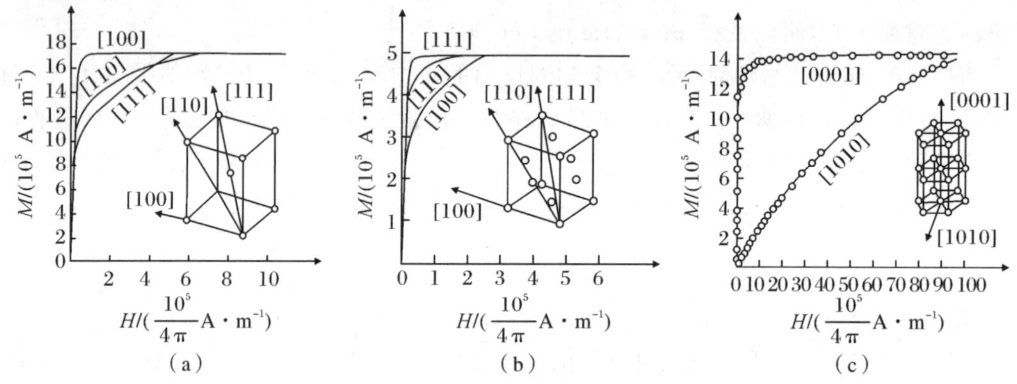

图 4.20　Fe、Ni、Co 不同晶向的磁化曲线

(a)Fe;(b)Ni;(c)Co

磁化强度沿不同晶轴方向的能量差代表磁晶各向异性能,用 E_k 表示。E_k 是磁化强度的函数。对于立方晶系,如图 4.21 所示,设 α_1、α_2、α_3 分别是磁化强度 M_s 与 x、y、z 轴夹角 θ_1、θ_2、θ_3 的余弦,即 $\alpha_1=\cos\theta_1$、$\alpha_2=\cos\theta_2$、$\alpha_3=\cos\theta_3$,那么立方晶系的 E_k 满足

$$E_k=K_0+K_1({\alpha_1}^2{\alpha_2}^2+{\alpha_2}^2{\alpha_3}^2+{\alpha_3}^2{\alpha_1}^2)+K_2{\alpha_1}^2{\alpha_3}^2 \tag{4.43}$$

式中:K_0 为主晶轴方向上的磁化能量,与变化的磁化方向无关;K_1、K_2 分别为磁晶各向异性能常数,与物质结构有关,表示单位体积的单晶磁体沿难磁化方向磁化到饱和与沿易磁化方向磁化到饱和所需的能量差。

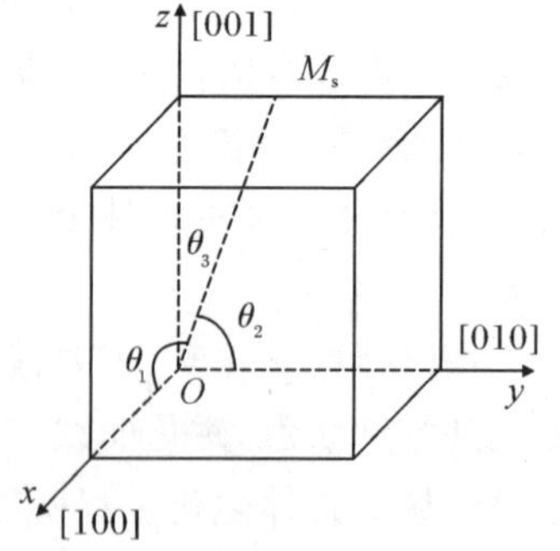

图 4.21　立方晶系 M_s 相对于晶轴的取向

一般 K_2 较小,可忽略,E_k 仅用 K_1 表示。其他晶系也有相应的磁晶各向异性能的表达式。通过比较可知,密排六方点阵的对称性差,各向异性常数大。

晶体场对电子运动状态的影响是引起磁晶各向异性的主要原因。在铁磁晶体中,电子的轨道运动受各向异性的晶体场作用,被束缚在晶格的某一方向上,失去了在空间取向的各向同性。自旋磁矩与轨道磁矩间是相互耦合的,因此,晶体场会对电子自旋磁矩的取向产生影响,导致磁晶各向异性。磁晶各向异性常数 K_1 和 K_2 是衡量材料磁晶各向异性大小的重要常数,其大小与晶体的对称性有关。晶体的对称性越低,它的 K_1+K_2 的数值越大。K_1 和 K_2 是材料的内禀特性,主要取决于材料的成分,其值一般可通过实验测定。表 4.5

给出了部分典型铁磁体的室温磁晶各向异性常数。

表 4.5　部分典型铁磁体的室温磁晶各向异性常数

材料名称	晶体结构	$K_1/(\mathrm{J\cdot cm^{-3}})$	$K_2/(\mathrm{J\cdot cm^{-3}})$
Fe	立方	4.8×10^5	-1.0×10^5
Ni	立方	-4.5×10^4	-2.3×10^4
80% Ni - Fe	立方	-3.0×10^3	
Co^u	六角	4.1×10^6	1.5×10^6
$BaFe_{12}Co_{19}^u$	六角	3.2×10^6	
YCo_5^u	六角	6.5×10^6	
$SmCo_6^u$	六角	1.6×10^7	
$Nd_2Fe_{14}B^u$	四方	5.0×10^7	

注：这里单轴材料用一个上标 u 表示。

4.4.3　铁磁体的形状各向异性及退磁能

铁磁体在磁场中具有的能量称为静磁能(magnetostatic energy)。静磁能包括磁场能(magnetic field energy)和退磁能(demagnetizing energy)。前者表示铁磁体与外磁场的相互作用能；后者表示铁磁体在自身退磁场(demagnetizing field)中的能量。

处于外加磁场 $\boldsymbol{H}$ 的磁体，其磁偶极矩和磁场间的相互作用，使磁位能降低，磁体的磁化强度 $\boldsymbol{M}_s$ 与磁场 $\boldsymbol{H}$ 的夹角为 θ，如图 4.22 所示。磁体的磁场能满足

$$E_H = -\mu_0 \boldsymbol{M}_s \boldsymbol{H} = -\mu_0 M_s H\cos\theta \tag{4.44}$$

式中：E_H 为外磁场能。

当 $\theta\neq0°$ 时，磁体会在外磁场作用下转动至与外磁场方向一致；当 $\theta=0°$ 时，磁体处于最稳定状态。

当铁磁体表面出现磁极后，除在铁磁体周围产生磁场外，在铁磁体内部也产生磁场，该磁场与铁磁体的磁化强度方向相反，起退磁作用，称为退磁场。图 4.23 给出了磁体在磁场中退磁场的示意图。如图 4.23 所示，在外磁场 $\boldsymbol{H}_{外}$ 中的磁体，其表面会出现磁极，表面磁极使磁体内部存在与磁化强度 $\boldsymbol{M}$ 方向相反的磁场 $\boldsymbol{H}_d$，起着减退磁化的作用，也就是退磁场。

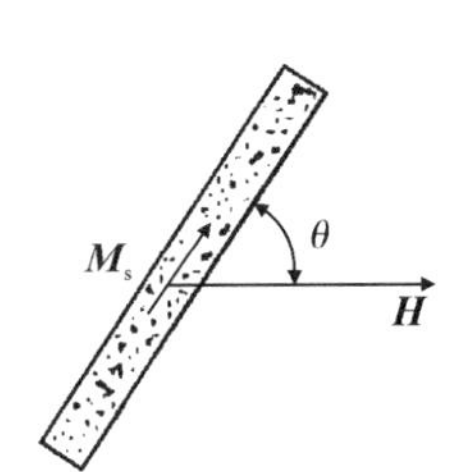

图 4.22　磁场中的磁体磁场能

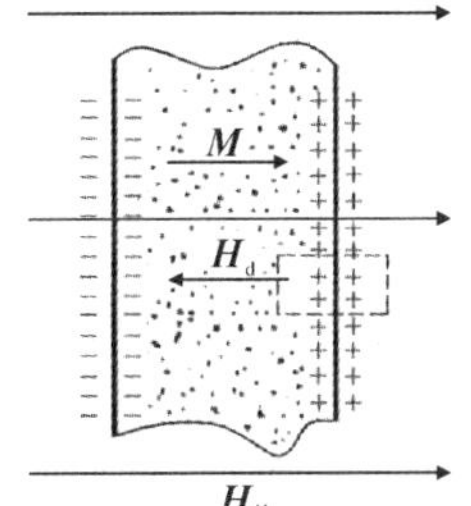

图 4.23　磁体退磁场

退磁场的大小与磁体的形状和磁极的强度有关。若磁体被均匀磁化，则退磁场也是均匀的，并且与磁化强度成正比，即

$$H_d = -NM \tag{4.45}$$

式中：H_d 为退磁场强度；M 为磁化强度；N 为退磁因子，无量纲，其数值大小与磁体的形状有关。

式(4.45)表明，退磁场与磁化强度成正比，负号表示退磁场方向与磁化强度的方向相反。退磁因子 N 与铁磁体形状有关。例如，棒状铁磁体越短粗，N 越大，退磁场越强，达到磁饱和的外磁场越强。另外，只有当磁体形状使退磁场 H_d 均匀分布时，退磁因子 N 才能变成常数。

在均匀磁化下，磁体在自身产生的退磁场中具有的位能称为退磁能，其大小满足

$$E_d = -\int_0^M \mu_0 H_d \mathrm{d}M = \frac{1}{2}\mu_0 NM^2 \tag{4.46}$$

式中：E_d 为退磁能。

式(4.45)和式(4.46)说明，铁磁体的形状不同将引起不同的退磁场和退磁能。因此，不同形状的铁磁体必然存在不同的磁化曲线，这种现象称为铁磁体的形状各向异性。退磁场 H 越大，磁体越难磁化，即磁化功越大，图 4.24 给出了某铁磁体不同几何尺寸试样的磁化曲线。从图 4.24 中可以看出，环状试样具有最低的磁化功，而粗短棒状试样的磁化功最高。这与不同形状试样具有不同的退磁能有关。

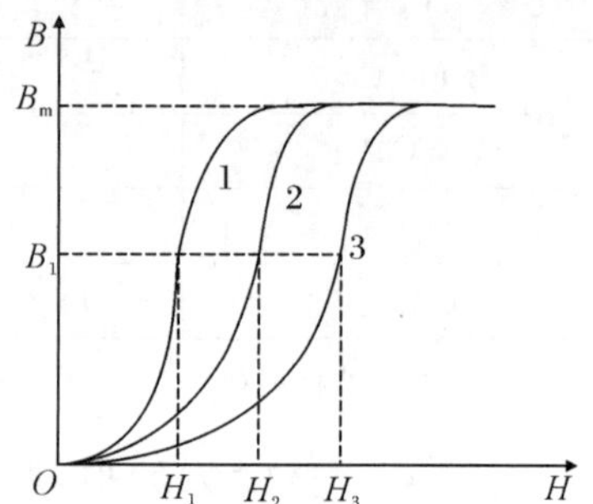

图 4.24　某铁磁体不同几何尺寸试样的磁化曲线

1—环状试样；2—细长棒状试样；3—粗短棒状试样

4.4.4　磁致伸缩与磁弹性能

1. 磁致伸缩

铁磁体在磁化状态发生变化时，其尺寸或形状发生变化的现象，称为磁致伸缩效应(magnetostrictive effect)，简称磁致伸缩(magnetostriction)。其中，长度的变化是由英国物理学家焦耳(James Prescott Joule，1818—1889)最早于 1842 年发现的，称为焦耳效应或线磁致伸缩，以区别于体磁致伸缩。

磁致伸缩的大小可用磁致伸缩系数表示。描述铁磁体磁化状态发生变化时，在长度方向发生弹性变形的物理量是线磁致伸缩系数，即

$$\lambda = \frac{l - l_0}{l_0} \tag{4.47}$$

式中：l_0 为试样原长；l 为试样伸缩后长度；λ 为线磁致伸缩系数。

当 $\lambda > 0$ 时，磁体沿磁场方向尺寸伸长，称为正磁致伸缩；当 $\lambda < 0$ 时，磁体沿磁场方向尺寸缩短，称为负磁致伸缩。磁化达到饱和时的线磁致伸缩系数称为饱和线磁致伸缩系数 λ_s。对一定的材料，λ_s 是定值。饱和线磁致伸缩系数代表铁磁体的磁致伸缩能力。一般铁磁体的饱和线磁致伸缩系数为 $1\times10^{-6} \sim 1\times10^{-3}$。图 4.25 给出了几种材料的线磁致伸缩系数随磁场的变化曲线。

如果考察铁磁体在磁化状态发生变化时，体积大小发生的弹性变形，那么可用体积磁致伸缩系数描述，即

$$W=\frac{V-V_0}{V_0} \tag{4.48}$$

式中：V_0 为试样原始体积；V 为试样伸缩后体积；W 为体积磁致伸缩系数。

除因瓦合金具有较大的体积磁致伸缩系数以外，一般铁磁体的体积磁致伸缩系数都很小，一般为 $1\times10^{-10}\sim1\times10^{-8}$。

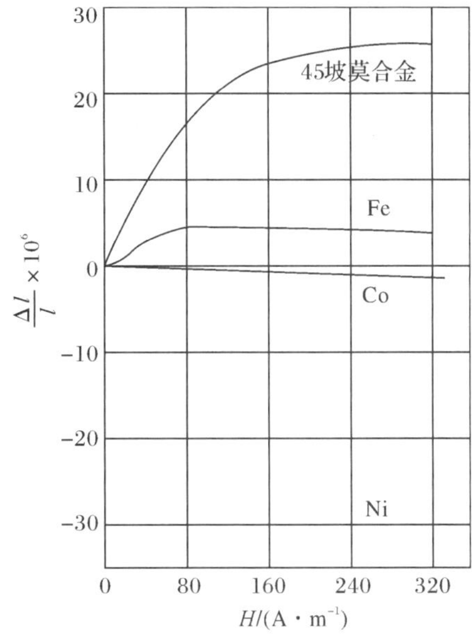

图 4.25　几种材料的线磁致伸缩系数随磁场强度的变化曲线

可以用图 4.26 给出的简单模型示意性地说明磁致伸缩的出现。如图 4.26 所示，磁体内两相邻区域可用 A、B 两个小磁体表示。A、B 两个小磁体彼此间的相互作用可看作一弹簧相连，其之间的距离为 r_0。两个小磁体在外磁场作用下的磁化方向与外加磁场方向一致，如图 4.26(a)所示，并处于稳定状态。如果当外加磁场方向转动 90°时，A、B 的磁化方向随着外加磁场的转动也翻转 90°，那么 A、B 间将发生如图 4.26(b)所示的相互作用。由于磁体间出现相互吸引，两个小磁体之间的距离变为 r_1，且 $r_1 < r_0$，从而产生线性磁致伸缩。

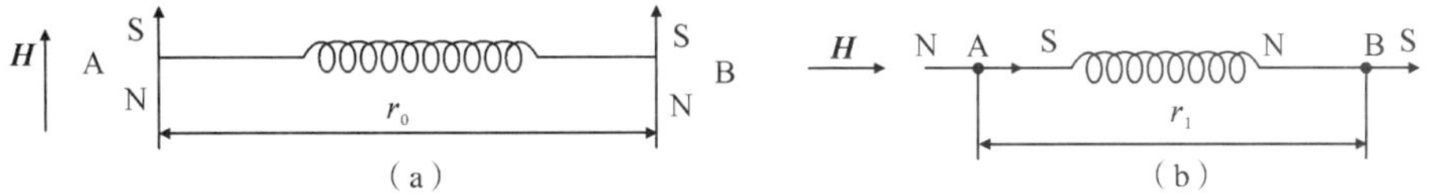

图 4.26　磁致伸缩的简单模型

造成磁致伸缩是由原子磁矩有序排列时电子间的相互作用导致原子间距调整而引起的。从铁磁体的磁畴结构变化来看，磁致伸缩是材料内部各个磁畴形变的宏观表现。

2. 磁弹性能

物体在磁化时会发生磁致伸缩。若铁磁体在磁化过程中的尺寸变化受到限制，不能自由伸缩，则会形成拉(压)内应力，在磁体内部引起弹性能，称为磁弹性能。磁体内部的各种缺陷和杂质等都可能增加其磁弹性能。磁弹性能使附加的内能升高，是磁化的阻力。

对于各向同性材料，单位体积中的磁弹性能满足

$$E_\sigma=\frac{3}{2}\lambda_s\sigma\sin^2\theta \tag{4.49}$$

式中：E_σ 为磁弹性能；θ 为磁化方向与应力方向的夹角；σ 为材料所受的应力；λ_s 为饱和磁致伸缩系数。

从式(4.49)可以看出，磁弹性能与 σ 和 λ_s 的乘积成正比，且随着应力与磁化方向的夹角 θ 而变化。通常，将拉应力视为正应力($\sigma>0$)，压应力视为负应力($\sigma<0$)，因此 σ 和 λ_s 的乘积有正有负。若 σ 和 λ_s 均为正值，则表示正磁致伸缩系数的材料处于拉应力的作用

下，当 $\theta=0°$ 时，能量最小。材料的磁化强度将转向拉应力的方向，即加强拉应力方向的磁化。负磁致伸缩系数的材料在拉应力下，当 $\theta=90°$ 时，能量最小。材料的磁化强度将转向垂直于应力的方向，即减弱拉应力方向的磁化。对于压应力下的正磁致伸缩系数的材料，当 $\theta=90°$ 时，能量最小，材料的磁化强度将转向垂直压应力的方向，即减弱压应力方向的磁化；压应力下的负磁致伸缩系数的材料，当 $\theta=0°$ 时，能量最小，材料的磁化强度将转向压应力的方向，即加强拉应力向的磁化。这种由于应力造成材料的各向异性称为应力磁各向异性。

通过上述分析可知，材料处于某应力状态下，应力的存在将引起磁化强度的取向转变，从而使磁体磁化时，必须克服由于应力引起的这一额外转变。因此，与磁晶各向异性一样，应力磁各向异性也会对磁化产生阻碍作用，因而与磁性材料的性能密切相关。

4.5 铁磁性的物理本质

4.5.1 外斯假设

铁磁现象虽然发现很早，但这些现象的本质原因和规律，还是在 20 世纪初才开始被认识的，并建立了铁磁性材料的铁磁理论。铁磁理论的奠基者——法国物理学家外斯（Pierre-Ernest Weiss，1865—1940）于 1907 提出铁磁现象的分子场理论（molecular or mean field theory）。他假定铁磁体内部存在强大的“分子场”，在“分子场”的作用下，即使无外磁场，原子磁矩也自发趋于同向平行排列，称为自发磁化（spontaneous magnetization）。自发磁化的小区域称为磁畴（magnetic domain），每个磁畴的磁化均达到磁饱和。但是，由于各个磁畴的磁化方向各不相同，其磁性彼此相互抵消，所以大块铁磁体对外不显示磁性。实验表明，磁畴磁矩源于电子的自旋磁矩。1928 年，海森堡（Werner Karl Heisenberg，1901—1976）利用量子力学方法计算了铁磁体的自发磁化强度，给予外斯的“分子场”以量子力学解释。1930 年，布洛赫（Felix Bloch，1905—1983）提出了自旋波理论（spin wave theory）。海森堡和布洛赫的铁磁理论认为，铁磁性来源于不配对的电子自旋的直接交换作用。

外斯的假说取得了很大成功，实验证明了它的正确性，并在此基础上发展了现代铁磁性理论。在分子场假说的基础上发展了自发磁化理论，解释了铁磁性的本质；在磁畴假说的基础上发展了技术磁化（technical magnetization）理论，解释了铁磁体在磁场中的行为。

4.5.2 自发磁化理论

铁磁性材料的磁性是自发产生的。所谓自发磁化，是指一些物质在无外磁场作用下，温度低于某一定温度时，其内部原子磁矩自发地有序排列的现象。自发磁化理论解释了铁磁性产生的原因。

实验证明，铁磁性材料自发磁化的根源在于原子磁矩，并且在原子磁矩中起主要作用的是电子自旋磁矩。在原子的电子壳层中存在没有被电子填满的状态是产生铁磁性的必要条件。首先对比 Fe 和 Mn 的电子层分布情况，如图 4.27 所示。从图 4.27 中可以看出，Fe 的 3d 轨道上有 4 个空位，而 Mn 的 3d 轨道上有 5 个空位。此时，如果使填充的电子自旋磁矩按同向排列，则会得到较大的磁矩。也就是说，这两个物质的磁性应该来源于 3d 壳层电子没有填满的自旋磁矩。然而，实际上，Fe 是铁磁性的，而 Mn 是非铁磁性的。因此，材料是否具有铁磁性的关键不在于组成材料的原子本身所具有的磁矩大小，还需要考虑形成凝聚态以后，原子间的相互作用是否对形成铁磁性有利。

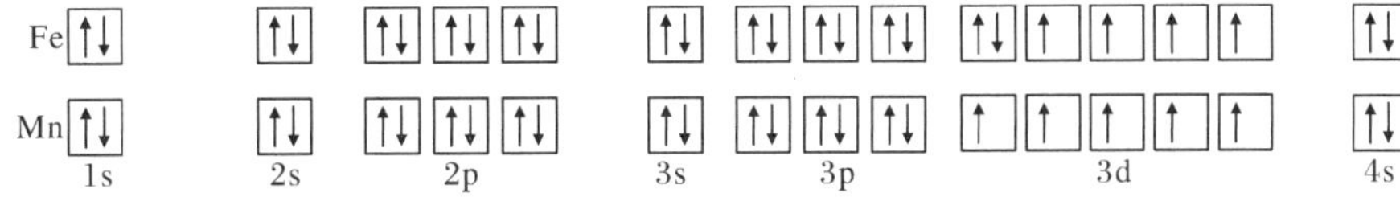

图 4.27　Fe 和 Mn 的电子层分布情况

接下来，讨论原子间的相互作用如何对形成铁磁性有利。德国物理学家海森堡(Heisenberg)以交换能为出发点，建立了基于电子自发磁化的理论模型，又称为海森堡交换作用模型。该模型基于量子力学的理论基础，提出自发磁化源于相邻原子间电子自旋的交换作用，交换作用的结果是使能量降低，电子自旋平行排列，从而造成物质具有自发的铁磁性特征。

下面以氢分子为例，对这一交换作用进行解释，图 4.28 所示为氢分子模型。

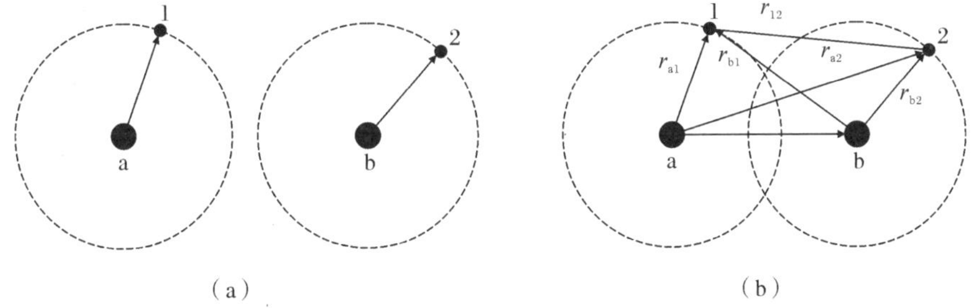

图 4.28　氢分子模型

(a)两个氢原子远离，无相互作用，分别处于基态；

(b)形成氢分子后，两个氢原子间出现新的相互作用关系

当两个氢原子远离，彼此间没有相互作用时，假设氢原子的每个电子都处于基态 E_0，那么，这两个氢原子的能量为 $E=2E_0$。此时，每个氢原子内只存在氢原子核与其核外电子之间的库仑作用。若两个氢原子相互靠近并形成相互作用，则会产生新的静电作用。下面采用图 4.28 所示的编号进行说明。当两个氢原子构成一个氢分子时，除最初氢原子自身的核 a 与电子 1、核 b 与电子 2 之间的库仑作用外，新的静电作用有核 a 与核 b、核 a 与电子 2、核 b 与电子 1、电子 1 与电子 2 形成的新的库仑作用，还需要考虑电子自旋相对取向的作用。由于电子自旋平行与反平行时的能量不同，所以氢分子的能量可以写成如下两种形式，即

$$E_1=2E_0+C-A \tag{4.50}$$

$$E_2=2E_0+C+A \tag{4.51}$$

式中：E_1 为氢分子电子自旋平行排列时的能量；E_2 为氢分子电子反自旋平行排列时的能量；E_0 为每个氢原子处于基态时的能量；C 为由于核与核、电子之间、核与电子之间的库仑作用而增加的能量项；A 为两个原子的电子交换位置而产生的相互作用能，称为交换积分，它与原子间电荷分布的重叠有关。

根据式(4.50)和式(4.51)的关系，并考虑能量最小化原理，当 $A>0$ 时，$E_1<E_2$，此时

以电子自旋平行排列为稳定态；而当 $A<0$ 时，$E_1>E_2$，此时以电子自旋反平行排列为稳定态。因此，决定氢分子稳定存在的关键在于交换能 A 的大小。图 4.29 给出了氢分子的能量(E)与原子间距(r)的关系。从图 4.29 中可以看出，氢分子的能量始终是 $E_1>E_2$，也就是构成氢分子时，电子自旋反平行排列为稳定态，即氢分子的交换积分满足 $A<0$。

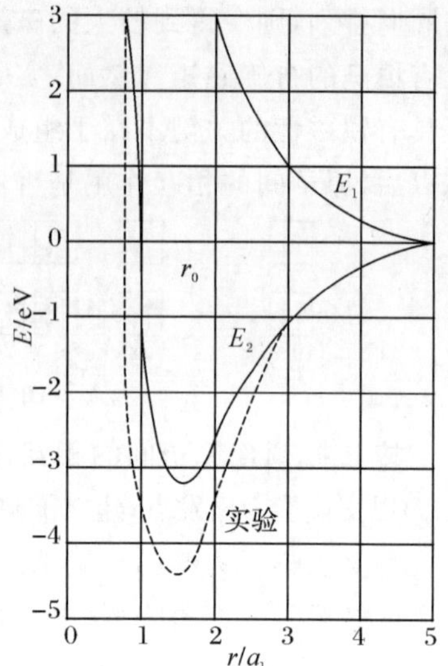

图 4.29　氢分子的能量(E)与原子间距(r/a_1)的关系

r—氢原子间距；a_1—玻尔半径

和氢分子一样，其他物质中也存在静电交换作用。

经上述讨论可知，交换作用的存在影响着构成稳定物质的能量高低。交换积分 A 是决定自旋平行或反平行稳定态的关键因素。若在交换作用下，相邻原子间电子自旋平行排列时，构成稳定物质的能量最低，则该物质具有自发的铁磁性特征。

根据量子理论，海森堡将氢分子交换作用模型推广到 N 个原子组成的系统，并假设原子无极化状态，每个原子中有一个电子对铁磁性有贡献，最终得到交换积分 A 满足

$$A=\iint e^2\left(\frac{1}{r_{ij}}-\frac{1}{r_j}-\frac{1}{r_i}\right)\varphi_i(r_i)\varphi_j(r_j)\varphi_i^*(r_j)\varphi_j^*(r_i)\mathrm{d}\tau_1\mathrm{d}\tau_2 \tag{4.52}$$

式中：i、j 为系统中任意两相邻电子；r_{ij} 为电子 i 和电子 j 的间距；r_i、r_j 为第 i 个和第 j 个电子与各自原子核的间距；$\varphi_i(r_i)$、$\varphi_j(r_j)$ 为第 i 个和第 j 个电子在所属原子核附近的波函数；$\varphi_i^*(r_j)$、$\varphi_j^*(r_i)$ 为第 i 个和第 j 个电子交换位置后的波函数。

仔细分析式(4.52)，可以发现，交换积分 A 的正负除与电子运动状态的波函数有关以外，还与原子间距有关。经分析，如果波函数大于 0，那么物质满足电子自旋平行，则材料具有铁磁性，即 $A>0$ 时，必须有

$$\frac{1}{r_{ij}}-\frac{1}{r_j}-\frac{1}{r_i}>0 \tag{4.53}$$

如果式(4.53)满足大于 0 的条件，那么要求原子核间的距离要足够大，使得不同原子波函数的极大值在远离原子核尽可能窄的区域内重叠起来，也就是说明，A 的大小实际还与原子核间距有关。A 与原子间距的关系可用著名的贝特-斯莱特曲线(Bethe-Slater curve)表示，如图 4.30 所示，这一曲线是由美籍德裔核物理学家贝特(Hans Albrecht Bethe，1906—2005)和美国物理学家斯莱特(John Clarke Slater，1900—1976)共同完成的。其中，贝特由于提出了恒星上提供能量的核反应详情，极大地促进了原子能的发展和应用，于 1967 年获得诺贝尔物理学奖。

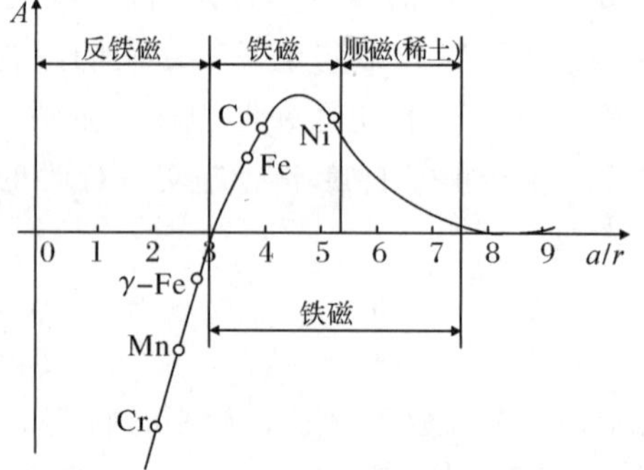

图 4.30　Bethe-Slater 曲线给出的 A 与 a/r 关系

图 4.30 中，a 为点阵常数，r 为未填满电子壳层半径，用金属点阵常数 a 与未填满壳层半径 r 之比的变化来观察各金属交换积分 A 的大小和符号。从 Bethe-Slater 曲线中可以看出，当$\frac{a}{r}>3$ 时，交换积分 $A>0$。满足这一关系的元素主要有 Fe、Co 和 Ni。需要说明的是，如果原子间距过大，如$\frac{a}{r}>5$，电子云重叠少或无重叠，那么交换作用则很弱或没有交换作用。例如，一些稀土元素虽然具有自发磁化的倾向，但其 A 值很小，相邻原子间的自旋磁矩同向排列作用很弱，原子振动极易破坏这种同向排列，因此居里点很低，在常温下表现为顺磁性。如果原子间距过小，即$\frac{a}{r}<3$，交换积分 $A<0$，那么相邻原子间电子反自旋平行排列时构成稳定物质的能量最低，则该物质具有反铁磁性特征。满足这一关系的物质有 γ-Fe、Mn 和 Cr 等。但是，如果通过合金化作用改变这些物质的点阵常数，使得$\frac{a}{r}>3$，那么便可得到铁磁性合金。例如，Ni 掺杂 Mn 后，Mn 的点阵常数增大，则可变成铁磁体。实际上，贝特-斯莱特曲线存在着很多缺陷，曲线的一些结论与实验也存在一定偏差。

另外，交换作用产生的附加能量称为交换能，即

$$E_{ex}=-A\cos\varphi \tag{4.54}$$

式(4.54)说明，交换能的正负取决于 A 和 φ。当 $A>0$、$\varphi=0$ 时，E_{ex} 负值最大，相邻自旋磁矩同向平行排列能量最低，具有自发磁化特征，产生铁磁性；当 $A<0$、$\varphi=180°$时，E_{ex} 负值最大，相邻自旋磁矩反平行排列能量最低，产生反铁磁性。

综上所述，物质内部相邻原子的电子之间有一种来源于静电的相互交换作用，这种交换作用对系统能量的影响，迫使各原子的磁矩平行或反平行排列。

因此，铁磁性产生的条件：①原子中存在未填满电子壳层，即要求原子的固有磁矩不为 0，这为必要条件；②点阵常数 a 与未填满电子壳层半径 r 之比大于 3，即交换积分 $A>0$，也就是要求物质满足一定的晶体结构，这为充分条件。铁磁性物质的原子磁矩自发磁化按区域呈平行排列，其 $\chi\gg 0$，通常在 $10\sim10^6$ 数量级。因此，在很小的外磁场作用下，物质就能被磁化到饱和。当温度高于居里点后，物质将由铁磁性转变为顺磁性，并满足式(4.39)所示的居里-外斯定律。表 4.6 中列举了一些铁磁体的居里点 θ_c。

表 4.6　某些铁磁体的居里点 θ_c

物　质	θ_c/K	物　质	θ_c/K
Fe	1 043	CrO_2	386
Co	1 388	$MnO\cdot Fe_2O_3$	573
Ni	627	$FeO\cdot Fe_2O_3$	858
Cd	292	$NiO\cdot Fe_2O_3$	858
Dy	88	$CuO\cdot Fe_2O_3$	728
MnAs	318	$MgO\cdot Fe_2O_3$	713
MnBi	630	EuO	69
MnSb	587	$Y_3Fe_5O_{12}$	560

4.5.3 反铁磁性和亚铁磁性

1. 反铁磁性

由前面的讨论已知，当邻近原子的交换积分 $A<0$ 时，原子磁矩取反向平行排列时能量最低。如果相邻原子磁矩相等，由于原子磁矩反平行排列，原子磁矩相互抵消，所以自发磁化强度 $M_s=0$，这种特性被称为反铁磁性(antiferromagnetism)。研究发现，纯金属 α－Mn、Cr 等属于反铁磁性。有许多金属氧化物，如 MnO、Cr_2O_3、CuO、NiO，以及某些铁氧体(如 $ZnFe_2O_4$)等也属于反铁磁性。以 MnO 为例，它是离子型陶瓷材料，由 Mn^{2+} 和 O^{2-} 组成。O^{2-} 的电子自旋磁矩和轨道磁矩全部抵消，因此，没有净磁矩。而 Mn^{2+} 离子存在未成对 3d 电子贡献的净磁矩。在 MnO 结构中，相邻 Mn^{2+} 离子的磁矩都呈反向平行排列，结果磁矩相互抵消，从而使整个固体材料的总磁矩为 0。

反铁磁性物质无论在什么温度下，其宏观特性都与顺磁性相同，其磁化率 χ 相当于通常强顺磁性物质磁化率的数量级。磁化率 χ 与温度 T 的关系如图 4.31(b)所示。从图 4.31(b)中可以看出，温度很高时，χ 很小；温度逐渐降低，χ 逐渐增大；降至某一温度 T_N 后，χ 升至最大值；随后，再降低温度，χ 又减小。将 χ 最大时的温度点称为奈耳温度(Néel temperature)或奈耳点，用 T_N 表示。这一指标是用法国物理学家奈耳(Louis Eugène Felix Néel，1904—2000)的名字命名的。奈尔因对反铁磁性和铁氧体磁性作出的贡献，于 1970 年获得诺贝尔物理学奖。奈耳点是物质反铁磁性转变为顺磁性的温度，有时也称为反铁磁物质的居里点。当温度升至奈耳点以上时，热振动的影响较大，此时，反铁磁体与顺磁体有相同的磁化行为。反铁磁体的磁化率在奈耳点以下时，常表现出微弱的磁场依赖性。当温度大于 T_N 时，反铁磁性物质的 χ 也服从居里-外斯定理，即满足式(4.38)。需要注意的是，式(4.38)中的外斯常数 θ 与描述铁磁性物质的外斯常数不同，反铁磁体的 $\theta=T_p$，而铁磁体的 $\theta=-T_p$，满足式(4.39)，如图 4.31(a)所示。

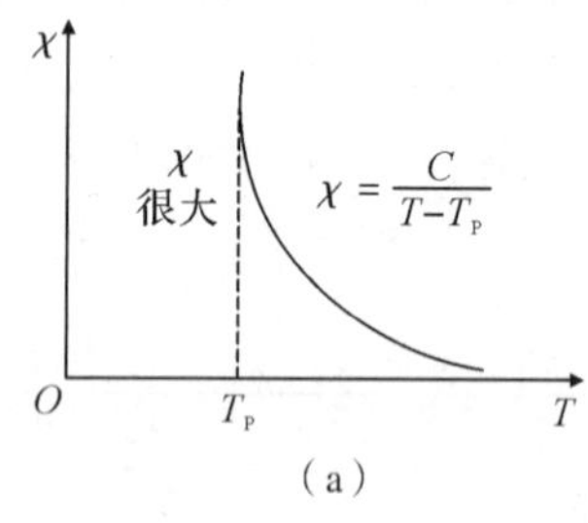

(a)

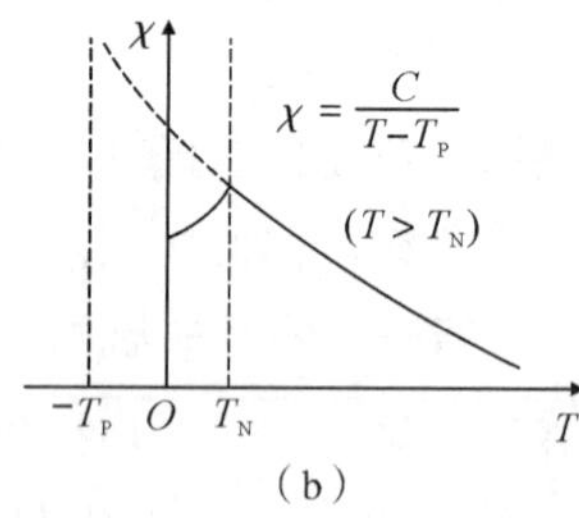

(b)

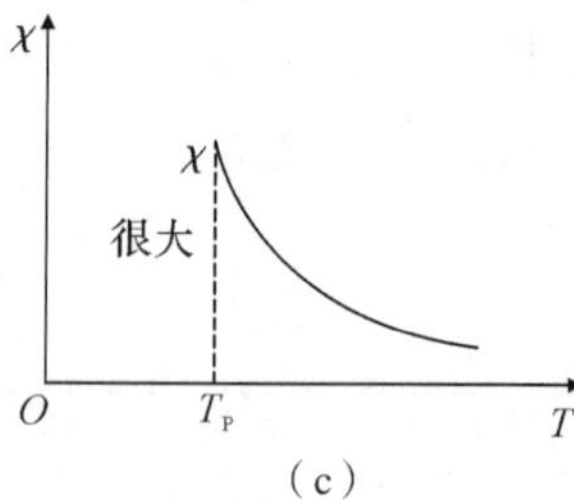

(c)

图 4.31 三种磁化状态的示意图

(a)铁磁体；(b)反铁磁体；(c)亚铁磁体

在奈耳点附近普遍存在热膨胀、电阻、比热、弹性等反常现象。例如，图 4.32 给出了反铁磁体 MnO 和 Cr 的摩尔定压热容 $C_{p,m}$ 随温度的变化关系。从图 4.32 中可明显看出，在奈耳点附近摩尔定压热容发生明显的突变，这似乎表明反铁磁体在奈耳点有一个从磁无序到磁有序的二级相变。这些反常现象使反铁磁物质可能成为有实用意义的材料。例如，具有反铁磁性的 Fe－Mn 合金可作为恒弹性材料。

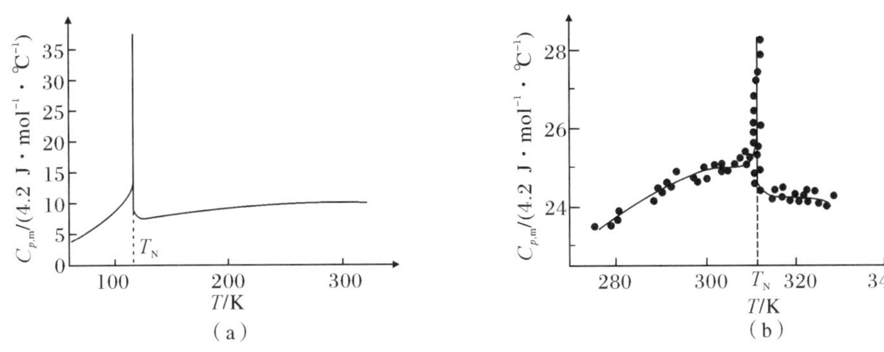

图 4.32　反铁磁体 Mn 和 Cr 的摩尔定压热容随温度的变化关系

(a) MnO 的摩尔定压热容-温度曲线；(b) Cr 的摩尔定压热容-温度曲线

永宫健夫曾汇集了 40 种反铁磁体的磁性常数，现将其中重要的 18 种列于表 4.7 中。

表 4.7　某些反铁磁体的磁性常数

物　质	顺磁离子点阵	T_N/K	θ/K	θ/T_N	$x(\theta)/x(T_N)$
MnO	面心立方	122	610	5.0	2/3
MnS	面心立方	165	528	3.2	0.82
MnSe	面心立方	−150	−435	−3	
MnTe	六角层	323	690		0.68
MnF_2	体心长方	72	113	1.57	0.76
FeF_2	体心立方	79	117	1.48	0.72
$FeCl_2$	六角层	23.5	48	2.0	<0.2
FeO	面心立方	186	570	2.9	0.76
$CoCl_2$	六角层	24.9	38.1	1.53	−0.6
CoO	面心立方	291	280		
$NiCl_2$	六角层	49.6	68.2	1.37	
NiO	面心立方	523			
α-Mn	复杂点阵	−100			
Cr	体心立方	475			
CrSb	六角层	725	−1 000	1.4	−1/4
Cr_2O_3	复杂点阵(六角晶系)	310			
$TeCl_3$	复杂点阵	−100			
$FeCO_3$	复杂点阵	57			

2. 亚铁磁性

亚铁磁性材料也是用途非常广泛的一类磁性材料，大多数重要的亚铁磁材料是铁和其他金属的一些复合氧化物，称为铁氧体，其特点是电阻率特别高(比金属磁性材料电阻率高 100 万倍)，在高频和超高频技术中有重要应用。亚铁磁材料的原子磁矩排序方式不同于铁磁性材料，而类似于反铁磁材料，相邻原子或离子间的磁矩呈反平行排列，但由于亚铁磁性材料中两个相反平行排列的磁矩大小不相等，矢量和不为零，所以有自发磁化现象。亚铁磁性材料和反铁磁材料一般是由磁性离子和非磁性离子组成的化合物，磁性离子之间距离较大，其自发磁化不能用直接交换作用模型解释。这类材料中的磁性来源一般可用超交换作用模型很好地解释，下面以 MnO 为例说明超交换作用的原理。

(1)超交换作用原理

MnO 为面心立方结构，由于中间 O^{2-} 的阻碍，所以 Mn^{2+} 之间的直接交换作用非常弱。为了解释 MnO 中 Mn^{2+} 间的自旋交换作用，克拉默斯(Kramers)首先提出了超交换作用并由安德生(Anderson)在理论上作了解释。超交换作用的机理：O^{2-} 的电子结构为 $1s^2 2s^2 2p^6$，其 2p 轨道向近邻的 Mn^{2+}(M_1 和 M_2)伸展，如图 4.33 所示。一个 2p 轨道电子可以转移到一个近邻 Mn^{2+}(如图 4.33 中 M_1)的 3d 轨道。在此情况下，该电子的自旋必与 Mn^{2+} 的总自旋反平行，因为 Mn^{2+} 已经有 5 个电子，按照洪德法则，其空轨道只能接受一个自旋与 5 个电子自旋反平行的电子。另外，按泡利不相容原理，O^{2-} 2p 轨道上剩余电子的自旋必须与被转移电子的自旋反平行，而它与另一个 Mn^{2+}(M_2)的交换积分 $A<0$，结果 M_1 的总自旋就与 M_2 的总自旋反平行，这就是 MnO 反铁磁性的来源。当 M_1—O—M_2 的键角为 180° 时，超交换作用最强；而当键角变小时，作用变弱；当键角为 90°时，相互作用倾向于变为正值。超交换作用也能通过 S^{2-}、Se^{2-}、Cl^-、和 Br^- 等离子产生。

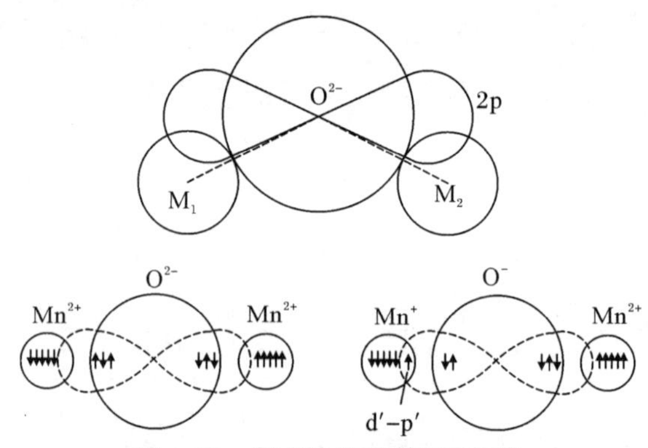

图 4.33　超交换作用原理示意图

(2)铁氧体中的超交换作用

铁氧体是典型的亚铁磁性材料。铁氧体中，具有磁矩的金属离子分布在两个次晶格 A 位和 B 位上，与 MnO 中的 Mn^{2+} 类似，分布在 A 位和 B 位的金属离子最近邻都是氧离子，如图 4.34 所示。铁氧体内部的自发磁化源自通过氧离子而形成的超交换作用，每个次晶格中的离子磁矩平行排列，而次晶格间的磁矩方向则相互反平行排列。若两个次晶格磁矩大小相等，则磁矩相互抵消，$\boldsymbol{M}_A+\boldsymbol{M}_B=\boldsymbol{0}$，总自发磁化强度为零，材料为反铁磁性物质；若两个次晶格间的磁矩大小不相等，则磁矩不能完全相互抵消，$\boldsymbol{M}_A+\boldsymbol{M}_B\neq\boldsymbol{0}$，材料中存在自发磁化强度并表现出宏观磁性，只不过其磁化率一般小于铁磁性物质，因而被称为亚铁磁性材料。我们可以从已知的反铁磁性结构出发，利用元素的替代制备出保持原来磁结构的反平行排列但两个次晶格磁矩不等的亚铁磁性晶体。例如，铁钛石型氧化物 $Fe_{1+x}Ti_xO_3$ 是反铁磁材料 α - Fe_2O_3 和 $FeTiO_3$ 的固溶体，两者的点阵结构相同，但前者在 $0.5<x<1$ 的范围内表现出较强烈的亚铁磁性。

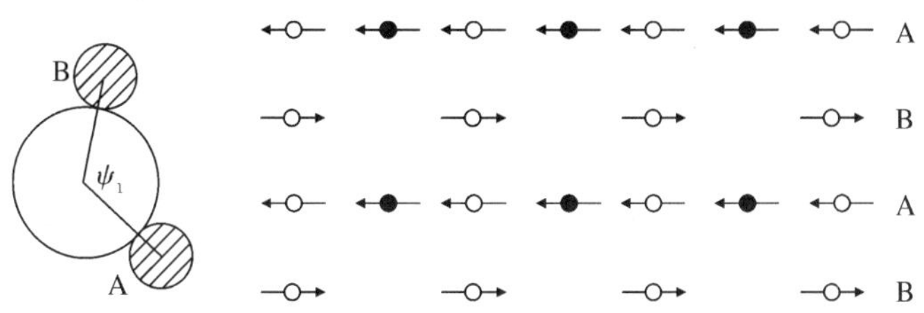

图 4.34　铁氧体中的超交换作用和自旋结构

目前所发现的铁氧体一般都是 Fe_2O_3 与二价金属氧化物所组成的复合氧化物，其分子式为 $MeO \cdot Fe_2O_3$。这里 Me 为铁、镍、锌、钴、镁等二价金属离子。按其导电性而论，铁氧体属于半导体，但常作为磁介质。它不易导电，其高电阻率的特点使它可以应用于高频磁化过程。

与铁磁体中存在着交换作用与热运动的矛盾一样，铁氧体内同样存在这一对矛盾，因而随着温度的升高，铁氧体的饱和磁化强度也要降低。当达到足够高的温度时，自发磁化消失，铁氧体变为顺磁性物质，这一温度即为铁氧体的居里温度。显然，超交换作用越强，参加这种交换作用的离子数目越多，居里温度就越高。表 4.8 中列出了一些铁氧体和有关材料的居里温度。

表 4.8　一些铁氧体和有关材料的居里温度

单位：K

材　料	居里温度	材　料	居里温度	材　料	居里温度
$MnFe_2O_4$	570	Fe_3O_4	860	$\gamma-Fe_2O_3$	～900
$CoFe_2O_4$	790	$NiFe_2O_4$	860	$NiAlFeO_4$	470
$Ni_{0.5}Zn_{0.5}Fe_2O_4$	552	$MgFe_2O_4$	710	$CuFe_2O_4$	730
$Li_{0.5}Fe_{2.5}O_4$	940	$MnCr_2O_4$	55	$FeCr_2O_4$	90
$CoCr_2O_4$	110	$NiCr_2O_4$	80	$MnNiFeO_4$	600
Mn_2ZnO_4	58	Li－Ti	393	$BaFe_{12}O_{19}$	730
Co_2Zr	670	Mn_2W	680	$Y_3Fe_5O_{12}$	560
Y－Cd	440～540	Fe	1 043	Co	1 388
Ni	627				

综上所述，为了清楚地表示顺磁体、铁磁体、反铁磁体和亚铁磁体的磁特征，图 4.35 给出了这四类物质的磁矩排列示意图。从图 4.35 中可以看出：铁磁体由于自发磁化的作用，磁矩同向排列；反铁磁体相邻原子磁矩大小相等但反向平行排列，原子磁矩相互抵消，自发磁化强度为 0，呈现与顺磁体相同的宏观特性；亚铁磁体的相邻原子磁矩大小不等且反向平行排列，原子磁矩不能抵消，表现与铁磁体相似的宏观特性；直到温度高于居里点，热运动完全破坏了原子磁矩的规则取向，自发磁矩不存在，此时为顺磁性。

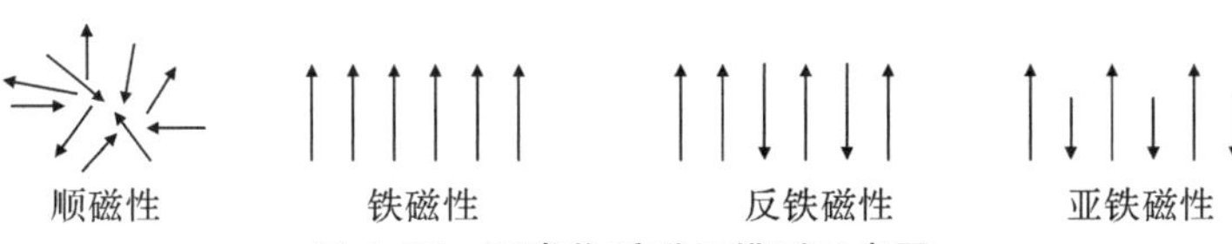

图 4.35　四类物质磁矩排列示意图

将上述所有磁性特征进行分类归纳,如图 4.36 所示。

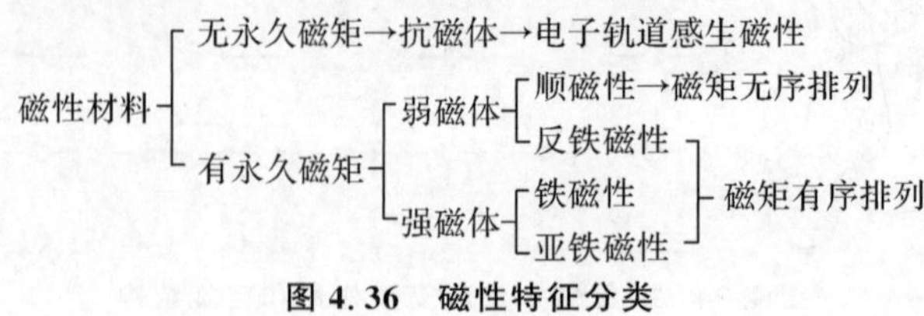

图 4.36 磁性特征分类

4.6 磁 畴

外斯在其分子场理论中,将自发磁化并达到磁饱和状态的小区域称为磁畴。苏联物理学家朗道(Lev Davidovich Landau,1908—1968)和利夫希茨(Evgeny Mikhailovich Lifshitz,1915—1985)最早从理论上证明了铁磁体内部存在磁畴,后来的实验也证实了磁畴的存在。铁磁体之所以在很弱的外磁场作用下也能显示出强的磁化强度,是因为其内部存在磁畴。朗道因其对凝聚态,特别是液氦的先驱性理论,于 1962 获得诺尔物理学奖。著名的"朗道十诫"记录了朗道对物理学的十大重要贡献。由于原子磁矩间的相互作用,晶体中相邻原子的磁偶极子会在一个较小的区域内排成一致的方向,从而形成一个较大的净磁矩。在未受到磁场作用时,未经外磁场磁化的(或处于退磁状态的)铁磁体,磁畴方向无规则,因而在整体上净磁化强度为 0,宏观上并不显示磁性。这也说明物质的磁畴不会仅以单畴的形式存在,而是由众多小的磁畴组成的。当给材料施加外磁场时,磁畴顺着磁场方向转动,提高了材料内的磁感应强度。随着外磁场的加强,转到外磁场方向的磁畴越来越多,与外磁场同向的磁感应强度也越强,这说明材料被磁化了。

通常可用美国物理学家毕特(Francis Bitter,1902—1967)发明的毕特粉纹法(Bitte method)显示磁畴,即将试样表面适当处理后,敷上一层含有铁磁粉末的悬胶,然后在显微镜下进行观察,可看到图 4.37 所示的 Fe - Si 粉纹图。这时,由于铁磁粉末受到试样表面磁畴磁极的作用,聚集在磁畴的边界,从而形成铁磁粉末排列的图像。除此以外,还可采用磁光效应法(magneto-optical effect method)、电子全息法(electron holographic method)、扫描 X 射线显微术(scanning X-ray magnetic microscopy)、扫描电镜显微术(scanning electron microscopy)等观测磁畴。磁畴观测不但可以了解铁磁体内部磁畴分布,更重要的是,可以为磁化动力学研究、材料和器件的开发提供理论基础。

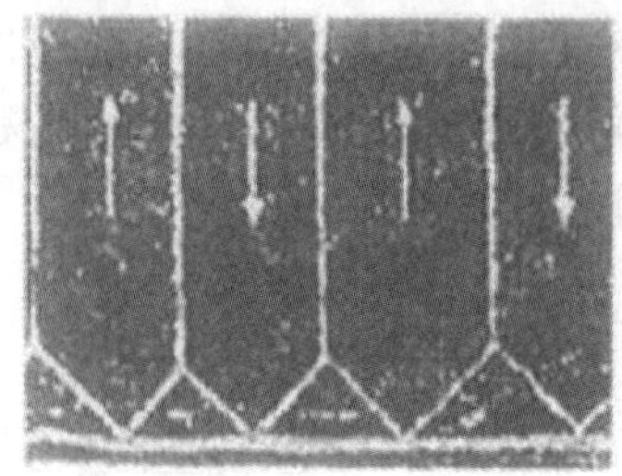
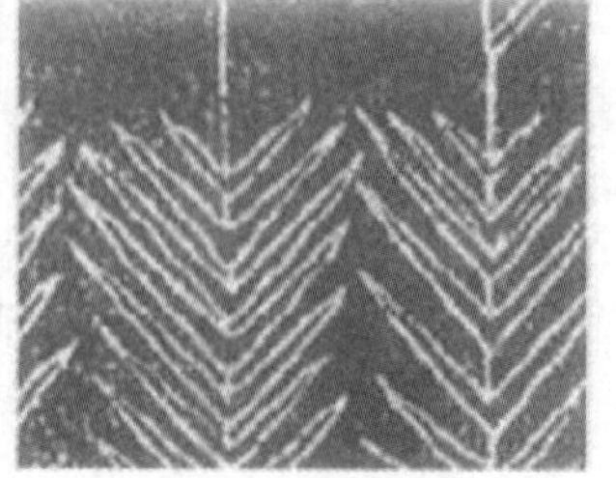

图 4.37 Fe - Si 合金单晶粉纹图

4.6.1　磁畴成因及结构

铁磁体中为何会形成磁畴呢？朗道等人指出，磁畴结构是铁磁体中多种能量的各种贡献所致的自然结果。

根据自发磁化的理论，在冷却到居里点以下而不受外磁场作用的铁磁晶体中，由于交换作用，应该使整个晶体自发磁化到饱和。显然，磁化应沿着晶体的易磁化轴，因为这样交换能和磁晶各向异性能才都处于极小值。但因实际晶体都有一定大小与形状，整个晶体均匀磁化的结果必然产生磁极并导致退磁场的出现，而磁极的退磁场给系统增加了一部分退磁能。以单轴晶体（如钴）为例，分析图 4.38 所示的结构，可以了解磁畴的起因，其中每个分图表示铁磁单晶的一个截面。图 4.38(a)表示整个晶体均匀磁化为“单畴”。由于晶体表面形成磁极的结果。这种组态退磁能最大（$M_s \approx 8\times10^4\ \mathrm{A\cdot m^{-1}}$，则退磁能 $E_d \approx 8\times10^5\ \mathrm{J\cdot m^{-3}}$）。从能量的观点看，把晶体分为两个或四个平行反向的自发区域，可以大大降低退磁能，如图 4.38(b)所示。当磁体被分为 n 个区域（即 n 个磁畴）时，退磁能约降为原来的 $1/n$。这样看来，分畴越多，退磁能就越低，但由于两个相邻磁畴间畴壁的存在，又需要增加一定的畴壁能，所以，自发磁化区域的划分并不可以无限地小，而是以畴壁能和退磁能相加等于极小值为条件。为了进一步降低能量，可以形成图 4.38(c)或图 4.38(d)所示的磁畴结构，其特点是晶体边缘表面附近为封闭磁畴。它们具有封闭磁通的作用，使退磁能降为零。但是，在单轴晶体中，封闭磁畴的磁化方向平行于难磁化轴，因而又增加了磁各向异性能。

对于不同结构的磁体，能量最低的磁畴结构不尽相同。实际方块形的立方单晶铁的磁畴结构与图 4.38(d)的磁畴结构相同，说明方块形单晶铁中封闭磁畴结构比图 4.38(b)所示的片状磁畴结构的能量更低。

实际的磁畴结构往往比图 4.38 中所示的这些简单的例子更为复杂。一个系统从高磁能的饱和组态转变为低磁能的分畴组态，导致系统总能量降低的可能性是形成磁畴结构的原因。

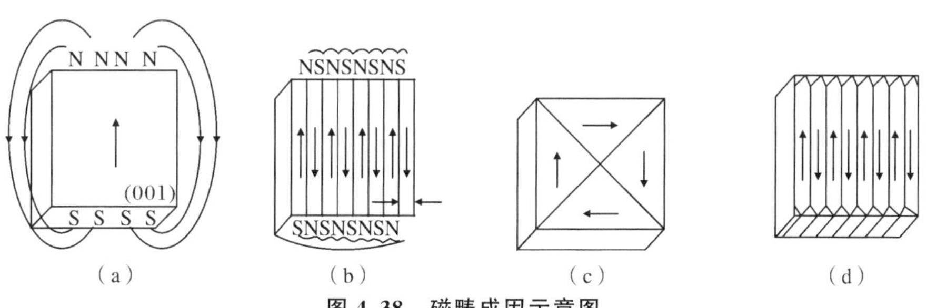

图 4.38　磁畴成因示意图

作为图 4.38 中单轴晶体理想的磁畴分布，假如晶体长度 $L=1$ cm，饱和磁化强度 $M_s=13.5\times10^4\ \mathrm{A\cdot m^{-1}}$，畴壁能 $\gamma=2\times10^{-7}\ \mathrm{J\cdot cm^{-2}}$，可以计算得到磁畴的宽度 $D\approx1\times10^{-3}$ cm。可见，这完全是宏观的尺度了。若晶体为立方晶系，则计算得到 $D\approx1\times10^{-3}$ cm。关于封闭磁畴结构的存在，已由威廉姆斯（williams）在硅铁单晶(100)晶面上的粉纹图实验证实。

综上所述，在一般情况下，晶体内的磁畴可分为两类：一类是通过晶体体积的基本磁畴结构，这是比较简单的；另一类是在晶体外表面的各种磁畴结构，如前面所讲的封闭磁畴等。

这种磁畴外表面结构往往十分复杂，它们决定于表面上的各种能量，如磁晶能、磁弹性能等的相对数值。

4.6.2 畴壁

在铁磁体中磁畴沿着晶体的各易磁化方向自发磁化，那么，在相邻两磁畴间必然存在过渡层作为磁畴间的分界，称为畴壁(磁畴壁)。畴壁是磁畴结构的一个重要部分，它对磁畴的大小、形状以及相邻磁畴的关系都有着重要的影响。在弱磁场范围内，一般铁磁体的技术磁化过程主要是畴壁的位移过程，即某些磁化强度矢量接近于外磁场方向(严格地说，应为铁磁体内的有效磁场方向)的磁畴长大，而另一些磁化矢量偏离外磁场方向较远的磁畴缩小的过程。这些过程决定了一些重要的磁学物理量，如起始磁化率和可逆磁化率等。在周期应力的作用下，畴壁的不可逆位移可以消耗振动能量，使合金具有阻尼性能。

畴壁按其两侧磁化强度的方向可分为180°畴壁和90°畴壁，如图4.39所示。其中，将畴壁两侧磁畴的磁矩方向间成180°角的畴壁称为180°畴壁；将畴壁两侧磁畴的磁矩方向间成90°角、109°角或71°角的畴壁均称为90°畴壁。畴壁是相邻磁畴之间的一个过渡区，具有一定的厚度。磁畴的磁化方向在过渡区中逐步改变。若磁矩在转动过程中始终平行于畴壁平面，则该畴壁称为布洛赫畴壁(Bloch wall)，如图4.40所示。铁磁体中这种畴壁壁厚大约为300个点阵常数。当铁磁体厚度减少到相当于二维的情况，即厚度为1～102 nm的薄膜时，畴壁的磁矩始终与薄膜表面平行，称为奈耳畴壁(Néel wall)，如图4.41所示。在图4.41中，铁磁体厚度为L，畴壁宽为δ，且$\delta > L$。奈耳畴壁中的薄膜上下表面无磁荷，只在畴壁两侧产生磁荷，这也是奈耳畴壁与布洛赫畴壁的主要不同之处。

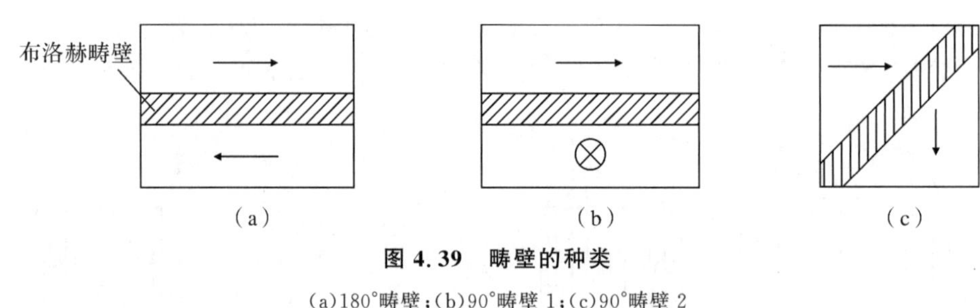

图4.39 畴壁的种类

(a)180°畴壁;(b)90°畴壁1;(c)90°畴壁2

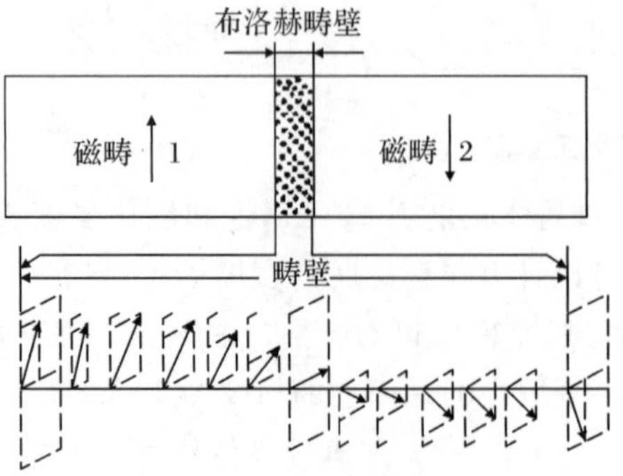

图4.40 布洛赫畴壁

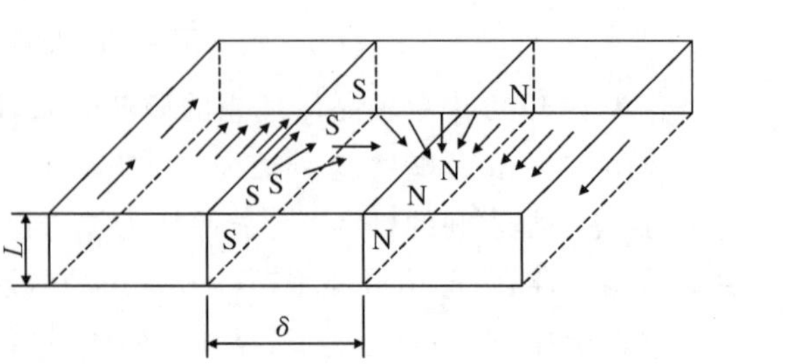

图4.41 奈耳畴壁

铁磁性物质中出现磁畴，以及在外磁场作用下引起磁畴结构的变化，都是满足平衡状态下自由能最小化的结果。因此，了解磁畴结构及其在外磁场中的变化规律，处理与技术磁化过程相关的各种问题，探讨提高材料磁性能的途径，都必须掌握影响磁畴结构的相关能量。与磁化状态有关的能量包括交换能 E_{ex}(exchange energy)、磁晶各向异性能 E_k(magnetocrystalline anisotropy energy)、退磁场能 E_d(demagnetizing energy)、磁弹性能 E_σ(magnetoelastic energy)和畴壁能 E_r(domain wall energy)。为了清楚地描述些能量，表 4.9 对这些与磁化状态有关能量的描述进行了总结。

表 4.9　与磁化状态有关能量的描述

名　称	符　号	相关因素	结　果
交换能	E_{ex}	自发磁化	磁矩取向一致
磁晶各向异性能	E_k	易磁化方向	使 $\boldsymbol{M}_s$ 在易磁化轴上
退磁场能	E_d	形状各向异性	使总自由能增大
磁弹性能	E_σ	磁致伸缩	产生内应力
畴壁能	E_r	畴壁数量	畴壁越多，E_r 越大

畴壁能 E_r 与壁厚 N 的关系是交换能 E_{ex} 与磁晶各向异性能 E_k 相互竞争的结果，如图 4.42 所示。由于畴壁是相邻磁畴之间的一个过渡区，且磁化方向在过渡区中逐步转向，所以，原子磁矩逐渐转向比突然转向的交换能 E_{ex} 小，但仍然比原子磁矩同向排列的交换能 E_{ex} 大。因此，若只考虑降低畴壁的交换能 E_{ex}，则畴壁的厚度 N 越大越好。但磁矩方向的逐渐改变，使原子磁矩偏离了易磁化方向，从而使磁晶各向异性能 E_k 增加，因此，E_k 倾向于壁厚 N 变小。综合 E_{ex} 和 E_k 与壁厚 N 之间的关系，壁厚能最小值对应的壁厚 N_0 就是平衡状态时畴壁的厚度。另外，原子磁矩的逐渐转向使各方向的伸缩变形受到限制，还产生了磁弹性能 E_σ。因此，畴壁的能量高于磁畴内的能量。

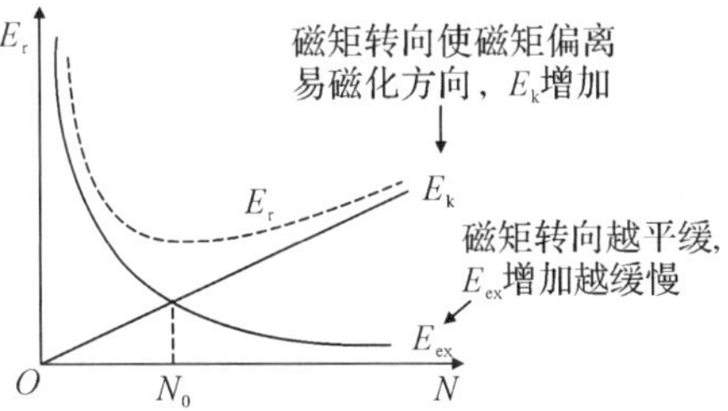

图 4.42　畴壁能与畴壁厚度的关系

根据热力学平衡原理，稳定的磁畴结构一定与铁磁体内总自由能为极小值相对应。以铁磁单晶体为例，假设铁磁体无外磁场和外应力作用，自发磁化的取向应该由交换能 E_{ex}、磁晶各向异性能 E_k 和退磁场能 E_d 共同决定的总自由能为极小来决定。若交换能 E_{ex} 和磁晶各向异性能 E_k 都同时满足最小值条件，则自发磁化分布在铁磁体的一个易磁化方向上。但由于实际的铁磁体有一定的几何尺寸，自发磁化的一致排列必然在铁磁体表面上出现磁极而产生退磁场，这样就会因退磁场能 E_d 的存在而使铁磁体内的总能量增大，自发磁化的一致取向分布不再处于稳定状态。为了减小表面退磁场能 E_d，只有改变自发磁化分布状态。于是，在铁磁体内部分成许多自发磁化的小区域，每个小区域都成为磁畴。铁磁单晶体的单畴结构必然变成多畴结构。对于不同的磁畴，其自发磁化强度的方向各不相同。因此，铁磁体内都产生磁畴，实质是自发磁化平衡分布要满足能量最低原理的必然结果，而退磁场能 E_d 最小要求是磁畴形成的根本原因。

4.6.3 多晶体和非均匀铁磁体中的磁畴结构

上述讨论的是单晶体的磁畴结构。不同种类、不同形状的铁磁体,就可能形成各种形状的磁畴结构。由于实际使用的铁磁物质大多数是多晶体,多晶体的晶界、第二相、晶体缺陷、夹杂、应力、成分的不均匀性等,对磁畴结构都有显著的影响,所以实际晶体的磁畴结构十分复杂。

一个系统从高磁能的单畴组态转变为低磁能的分畴组态,从而导致系统能量降低是形成磁畴结构的原因。在多晶体中,晶粒的方向杂乱且每一个晶粒都可能包括许多磁畴,磁畴的大小和结构同晶粒的大小有关。在一个磁畴内,磁化强度一般都沿晶体的易磁化方向,同一晶粒内各磁畴的自发磁化方向存在一定关系;而在不同晶粒内,由于易磁化轴方向的不同,磁畴的磁化方向也不相同,所以,就整体来说,材料对外显示出各向同性。图 4.43 为多晶体中磁畴结构示意图,图中每个晶粒分成若干片状磁畴。可以看出,在晶界的两侧,磁化方向虽然转过一个角度,但磁通仍然保持连续,这样,在晶界上就不容易出现磁极,因而退磁场能较低,磁畴结构较稳定。当然,在多晶体的实际磁畴结构中,不可能全部是片状磁畴,必然还会出现许多附加磁畴来更好地满足能量最低的要求。

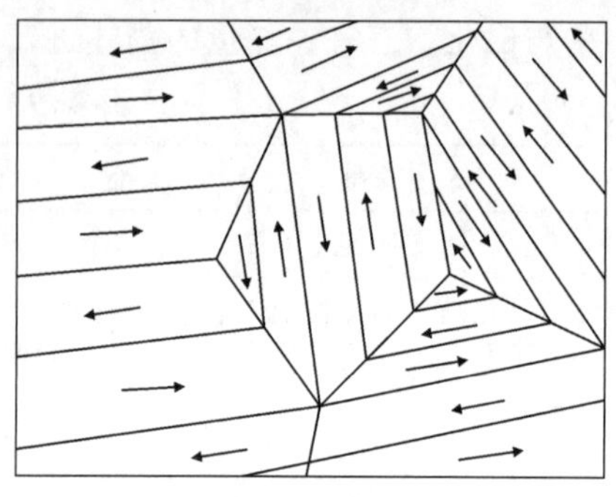
图 4.43 多晶体中的磁畴结构示意图

如果晶体内部存在着非磁性夹杂物、应力、空隙等,就会引起材料的不均匀性,使磁畴结构复杂化。一般来说,夹杂和空隙对磁畴结构有两方面的影响:一方面,当夹杂物或空隙存在于畴壁时,畴壁有效面积减小,使畴壁能降低;另一方面,由于在夹杂处磁通的连续性遭到破坏,所以势必出现磁极和退磁场,如图 4.44(a)所示。为减少退磁场能,往往要使夹杂物附近出现楔形畴或者附加畴,如图 4.44(b)(c)所示,楔形畴的磁化方向垂直于主畴的方向,它们之间为 90°畴壁。虽然在畴壁上出现磁极,但由于分散在较大面积上,所以退磁场能较低。

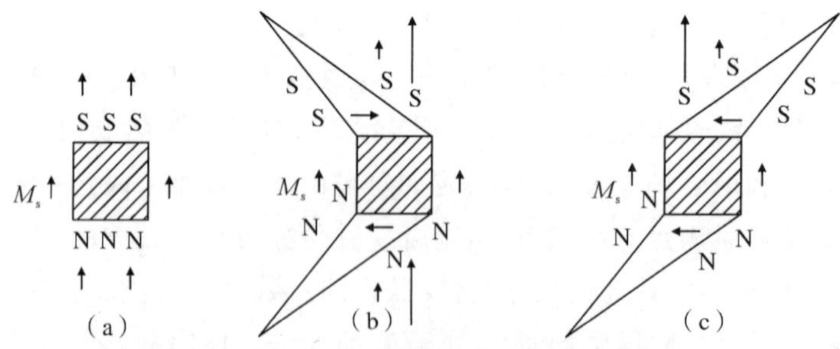

图 4.44 夹杂物或空隙附近的退磁场能和楔形畴

(a)磁极;(b)(c)楔形畴

夹杂物或空隙优先存在于畴壁处。当夹杂物在两个磁畴之间时,界面两侧出现的磁极(N 极和 S 极)的位置是交换的,如图 4.45(a)所示,而如果夹杂物处在同一磁畴中,其界面上的 N 极和 S 极分别集中在一边,如图 4.45(b)示,显然,前一种情况的退磁场能比后一种情况要小得多;且从畴壁的面积来看,(a)也比(b)要小,即总畴壁能小。因此,夹杂物或空隙存在于畴壁处，实际上对畴壁起着钉扎作用。欲使畴壁从夹杂物或空隙处移开，必须提供能量，即需要外力做功，可见，材料中夹杂物或空隙越多，壁移磁化就越困难，因而磁化率也就越低。这种情况对铁氧体性能的影响最为显著，铁氧体的磁化率在很大程度上取决于内部夹杂物和空隙的多少，以及结构的均匀性。

实际上，当畴壁经过非磁性夹杂物时，不一定只出现图 4.45 的简单情况，而在夹杂物上会产生附加磁畴以降低退磁能，这些附加畴会把近旁的畴壁连接起来。图 4.46 表示主畴的两个畴壁经过一群夹杂物时，通过各种附加畴同各夹杂物连接的情况。这里可以看到，对畴壁有影响的不仅是畴壁经过的那些夹杂物，而且还有其近旁的夹杂物。

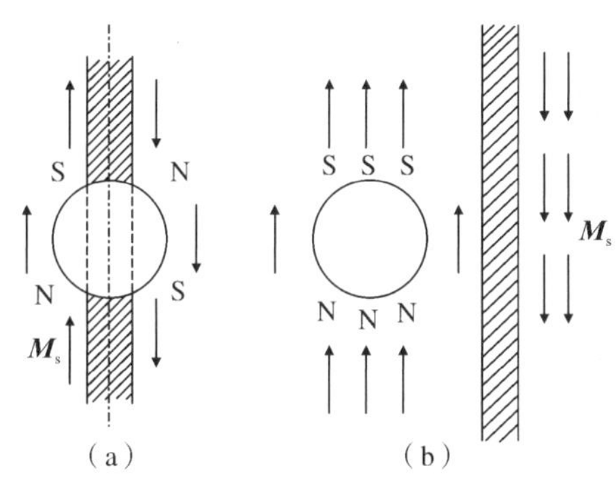

图 4.45　非磁性杂质边界上出现的磁极

(a)畴壁与杂质相交；(b)畴壁与杂质不相交

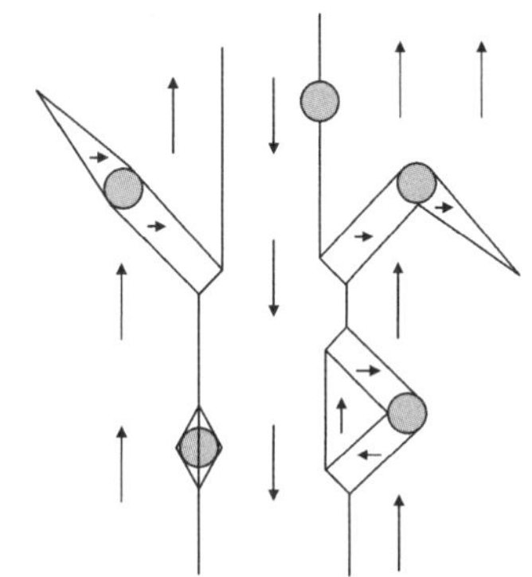

图 4.46　畴壁在一群夹杂物处产生附加畴

如果在磁性材料内部存在应力，就会造成局部的各向异性，同样影响磁畴结构及材料性能。

4.6.4　单畴颗粒

为了降低退磁场能，即使是单晶铁磁体也总会形成多畴结构。但如果组成材料的颗粒足够小，以致整个颗粒可以在一个方向自发磁化到饱和，从而成为单个磁畴，那么这样的颗粒称为单畴颗粒。显然，对各种材料都可以找到一个临界尺寸，小于这个尺寸的颗粒都可以得到单畴。

由于单畴颗粒中不存在畴壁，所以在技术磁化时不会有壁移过程，而只能依靠畴的转动。畴的转动是需要克服磁晶各向异性能的，因此，这样的材料进行技术磁化和退磁都不容易。它具有低的磁导率和高的矫顽力，是永磁材料所希望的。近年来，在永磁材料的生产工艺中正是采用粉末冶金法来提高材料的矫顽力。当然，对于软磁材料，则要注意颗粒尺寸不宜太小，以免成为单畴而降低材料的磁导率。可见，了解单畴颗粒对材料性能的影响并估计其临界尺寸具有实际意义。

为简单起见，以球形单晶颗粒组成的材料来分析。图 4.47(a)表示单畴颗粒，图 4.47(b)(c)(d)表示大于临界尺寸的三种最简单磁畴结构。若材料各向异性比较弱，其最简单的磁畴结构如图 4.47(b)所示，磁矩沿圆周逐渐改变方向，此时只需考虑交换能；若材料为磁晶各向异性较强的立方晶体，其最简单的磁畴结构如图 4.47(c)所示，磁化都在易磁化方向上，退磁能较弱，此时，主要考虑畴壁能；若材料为磁晶各向异性较强的单轴晶体，则需考虑畴壁能和退磁能，其最简单的磁畴结构如图 4.47(d)所示。

由于临界尺寸是单畴和其他结构畴的分界点，所以，当磁性体处于这个尺寸时，按单畴结构计算得到的能量和按图 4.47(b)(c)(d)计算得到的能量应该相等，一旦小于此尺寸，前者情况下的能量变小，根据这个原理，可以计算出球形颗粒的临界半径。例如，铁的单畴颗粒计算的临界半径 $R_c=0.32\times10^{-8}$ m，此计算结果可以作为确定材料颗粒的参考。

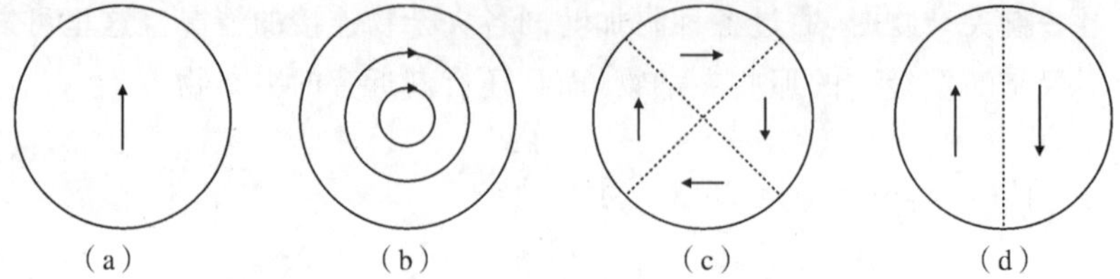

图 4.47 微小球形颗粒的几种最简单磁畴结构

(a)单畴颗粒；(b)(c)(d)大于临界尺寸

4.6.5 磁泡

磁泡是在磁性薄膜中形成的一种圆柱状的磁畴，这种磁畴在显微镜下观察很像气泡，因此称为磁泡，如图 4.48 所示。

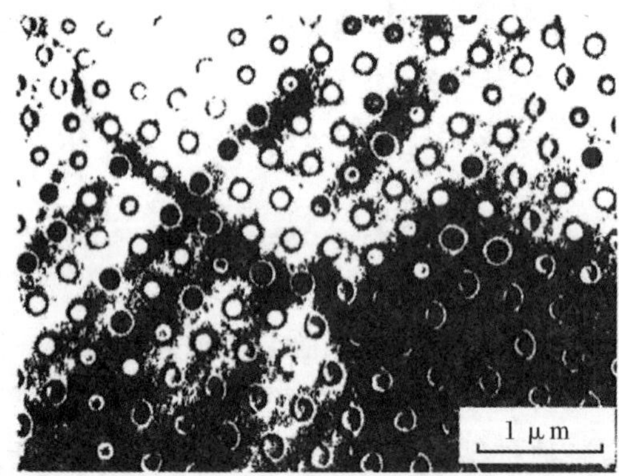

图 4.48 在 9 200 Oe 偏置场作用下，在 *c* 轴垂直于膜面的 Co 薄膜上观察到的磁泡

为了得到磁泡，制备出来的薄膜材料的易磁化轴和偏置磁场方向必须都垂直于晶片。在没有外加磁场时，薄膜中的磁畴为明暗相间的带状畴，两者体积大体相等，像迷宫一样分布，明畴的磁化方向是垂直于膜面向下，而暗畴的磁化方向是垂直于膜面向上，如图 4.49(a)所示。在垂直于膜面的方向施加一外磁场，随着外磁场逐渐增大，则顺着磁场方向的磁畴面积逐渐增大，逆着磁场方向的磁畴面积逐渐减小，如图 4.49(b)所示。当磁场增强到一定值时，反向畴将局部地缩小成分立的柱形畴，如图 4.49(c)所示。在形成磁泡后，如果保持外磁场强度不变，则磁泡很稳定，即此时不会形成新的磁泡，已形成的磁泡也不会自发消失。这样在磁性薄膜的某一位置上就有“有磁泡”和“无磁泡”两个稳定的物理状态，可以用来存储二进制的数字信息。由于磁泡体积小并能高速转移，所以可用作电子计算机中高密度存储器来信息存储，增加存储量，提高计算速度和缩小机件体积。

不是任何磁性材料都能形成磁泡，目前可以用于产生磁泡的材料包括：①六角单轴晶体（如钡铁氧体）；②稀土元素的正铁氧体（如 $HoFeO_3$、$ErFeO_3$、$TmFeO_3$）；③稀土元素的石榴石型铁氧体（如 $Eu_2ErCa_{0.7}Fe_{4.3}O_{12}$ 和 $Y_2CdAl_{0.8}Fe_{4.2}O_{12}$）等。

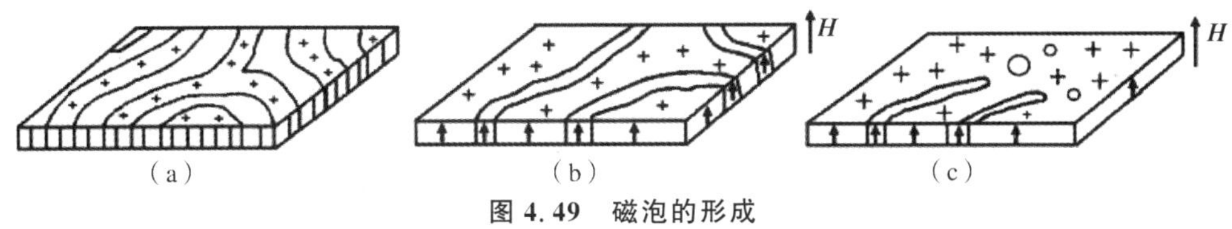

图 4.49　磁泡的形成

4.7　技术磁化

4.7.1　技术磁化的两种机制

技术磁化，是指在外磁场作用下，铁磁体从完全退磁状态发生变化的内部过程和宏观效果。讨论这一问题不但可以说明铁磁材料性能的一些规律，了解材料生产过程采取某些措施的原因，还有利于进一步探索提高材料性能的途径。

从前面的讨论中已经知道，铁磁物质的基本磁化曲线可以大体分为三个阶段，即可逆畴壁位移阶段、不可逆畴壁位移阶段和可逆转动与趋近饱和阶段，如图 4.50 所示。从磁畴理论的观点来看，这三个阶段的磁化是铁磁体中磁畴结构在外磁场作用下发生变化的结果。图 4.50 表示基本磁化曲线各个状态上磁畴结构的特点。假如材料原始的退磁状态为封闭磁畴，在弱磁场的作用下，对于自发磁化方向与磁场成锐角的磁畴，由于静磁能低的有利地位发生扩张而成钝角的磁畴则缩小。这个过程通过畴壁的迁移来完成。由于这种畴壁的迁移，所以材料在宏观上表现出微弱的磁化，与 A 点的磁畴结构相对应。然而畴壁的这种微小的迁移是可逆的，若这时去除外磁场，则磁畴结构和宏观磁化都将恢复到原始状态；若这时从 A 状态继续增强磁场，则畴壁将发生瞬时的跳跃。换言之，某些与磁场成钝角的磁畴瞬时转向与磁场成锐角的易磁化方向。由于大量元磁矩瞬时转向，所以表现出强烈的磁化。这个过程的壁移以不可逆的跳跃式进行，称为巴克豪森效应或巴克豪森跳跃，与图 4.50 中 B 点磁化状态相对应。假如在该区域（如 B 点）使磁场减弱，则磁状态将偏离原先的磁化曲线到达 B' 点，显示出不可逆过程的特征。当所有的元磁矩都转向与磁场成锐角的易磁化方向后成为单畴，由于晶轴通常与外磁场不一致，若再增强磁场，则磁矩将逐渐转向外磁场 $\boldsymbol{H}$ 方向。显然这一过程磁场要增加磁晶能而做功，因而转动很困难，磁化也进行得很微弱，这与 C 至 D 点的情况相对应。当磁场达到 $\boldsymbol{H}_s$ 时，磁畴的磁化强度矢量与磁场完全一致（或基本一致），称为磁饱和

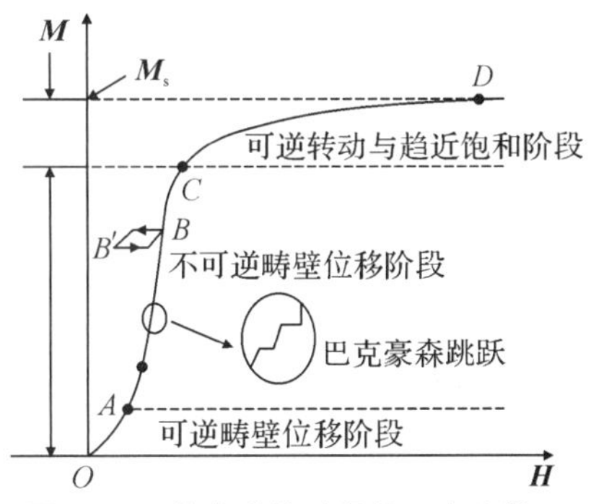

图 4.50　技术磁化过程的三个阶段

状态。这时的磁化强度等于磁畴的自发强度 $\boldsymbol{M}_s$。

可见，技术磁化包含着两种机制：畴壁迁移机制和磁畴旋转机制。关于畴壁迁移机制可以用图 4.51 所示的 180° 畴壁的迁移来说明。在未加磁场 $\boldsymbol{H}$ 以前，畴壁位于 a 处，左畴的磁矩向上，右畴的磁矩向下。当施加磁场 $\boldsymbol{H}$ 后，由于左畴的磁矩与 $\boldsymbol{H}$ 的向上分量一致，静磁能较低，而右畴的静磁能较高，畴壁从 a 位置右移到 b 位置。这样，ab 之间原属于右畴、方向朝下的元磁矩转动到方向朝上而属于左畴，增加了磁场方向的磁化强度。

前面已经说明，畴壁只是元磁矩方向逐渐改变的过渡层。所谓畴壁的右移，实际上是右畴靠近畴壁的一层元磁矩，由原来朝下的方向开始转动，相继进入畴壁区。与此同时，畴壁区各元磁矩也发生转动，且最左边一层磁矩最终完成了转动过程，脱离畴壁区而加入左畴的行列。必须指出，所谓元磁矩进入和脱离畴壁区，并不意味着元磁性体挪动位置，只是通过方向的改变来实现畴壁区的迁移。可见，壁移磁化本质上也是一种元磁矩的转动过程，但只是靠近畴壁的元磁矩局部地先后转动，而且从一个磁畴磁化方向到相邻磁畴磁化方向转过的角度是一定的。这和整个磁畴元磁矩同时进行的一致转动有明显的区别。

关于磁畴旋转机制可以用图 4.52 来说明。如果磁畴原先沿易磁化轴磁化，那么在与该方向成 θ_0 角的磁场 $\boldsymbol{H}$ 作用下，由于壁移已经完成(或因结构上的原因壁移不能进行)，磁畴的元磁矩就要向磁场方向一致转动一个 θ 角。这实际上是静磁能与磁晶能共同作用的结果。因为 $\boldsymbol{M}_s$ 转向磁场 $\boldsymbol{H}$ 方向可以降低静磁能，但却提高了磁晶能。这两种能量抗衡的结果，使 $\boldsymbol{M}_s$ 稳定在原磁化方向和磁场间总能量最小的某一个 θ 角上。这一过程的特点不但是元磁矩整体的一致转动，而且转过的角度 θ 取决于静磁能与磁晶能的相对大小。

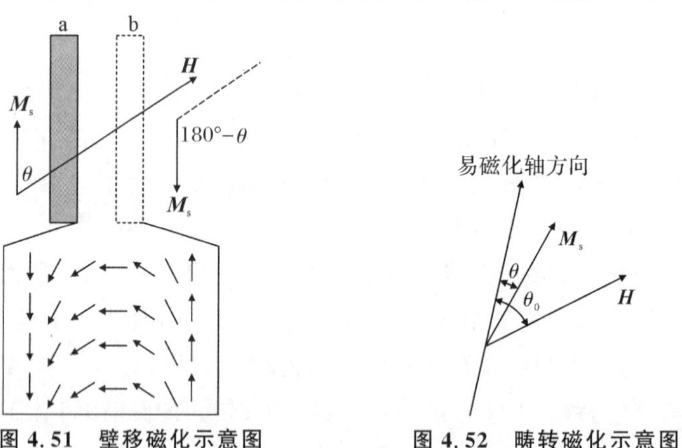

图 4.51　壁移磁化示意图　　图 4.52　畴转磁化示意图

4.7.2　壁移的动力与阻力

众所周知，理想、完美的铁磁晶体是内部结构均匀、内应力极小而又无夹杂物的晶体。材料内部的磁畴结构只由其外形的退磁作用决定。这样，理想晶体受到外磁场作用时，只要内部的有效磁场稍微不等于零，畴壁就开始移动，直至磁畴结构改变到有效磁场等于零时才稳定下来。因此，这种理想晶体的起始磁化率应为无穷大。在实际晶体中，总是不可避免地存在着晶体缺陷、夹杂物和以某种形式分布的内应力。这些结构的不均匀性产生了对畴壁迁移的阻力，而使起始磁化率降为有限值。正是由于壁移阻力随位置而变化，壁移磁化有可逆和不可逆的区别，而磁滞现象就是不可逆壁移的结果。

显然，畴壁迁移过程中，铁磁晶体的总自由能将不断发生变化。这里必须考虑静磁能、退磁能、交换能、磁晶能和磁弹性能。由于外磁场是畴壁迁移的原动力，静磁能在技术磁化中起主导作用，其他几种能量都与壁移的阻力有关。这里，交换能和磁晶能都包含在“畴壁能”里了。由于我们讨论的磁化过程是在缓慢变化的磁场或低频交变磁场中进行的，属于静态或准静态的技术磁化问题，所以，畴壁的平衡位置是以各部分自由能的总和达到极小值为条件的。

现假定有两个相邻成 180°的磁畴，其总自由能 $F(x)$随畴壁位置 x 的变化如图 4.53(a)(b)所示。当未加外磁场时，畴壁的平衡位置稳定在能谷 a 处；若加上一个与磁畴 A 的 $\boldsymbol{M}_s$ 方向一致的外磁场 $\boldsymbol{H}$，畴壁受磁场作用将向右推移。设壁移为 $\mathrm{d}x$，外磁场所做的功等于自由能 $F(x)$的增量，故

$$2HM_s\mathrm{d}x=\frac{\partial F}{\partial x}\mathrm{d}x \tag{4.55}$$

从式(4.55)可见，磁场 $\boldsymbol{H}$ 把畴壁推进单位距离时，对畴壁单位面积所做的功为 $2HM_s$。换言之，磁场的作用等于对畴壁有一个静压强 $2HM_s$。在磁化过程中，它要克服畴壁迁移所遇到的阻力 $\partial F/\partial x$。设 b 点是能量变化曲线的拐点，显然在 b 点以前$\partial F/\partial x$ 是递增的。$\partial^2 F/\partial x^2>0$，在拐点 b 处$\partial F/\partial x$ 达到极大，而在 b 点之后$\partial F/\partial x$ 逐渐减小。这样，当磁场很弱时，畴壁的移动也很小，在 x_1 点之前畴壁的移动是可逆的，即去掉外磁场之后，畴壁受$\partial F/\partial x$的推动回到原始位置 x_0 处。如增加磁场使畴壁移动到 x_1 处，且磁场的推动力能克服 b 点产生的最大阻力$(\partial F/\partial x)_{\max}$，这时即使磁场不再增强，也足以使畴壁向右继续推移，迅速达到一个新的平衡位置，如图 4.53(b)中的 c 点，畴壁受阻停留在 x_2 处。畴壁从 x_1 到 x_2 是瞬时完成的，故相当于一个跳跃，即巴克豪森跳跃。伴随着这个过程，产生强烈的磁化效应。

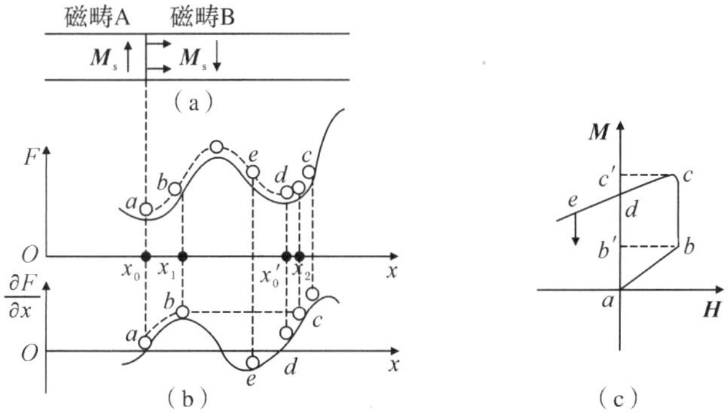

图 4.53　180°畴壁的可逆与不可逆迁移图解

可见，从 $a\to b$ 是畴壁可逆位移的过程。如果在这个磁化阶段减弱磁场，那么可以使畴壁退回原位置，即磁化曲线可沿原路线下降，不出现磁滞现象，这是因为该磁化过程各位置均为稳定的平衡状态。

从 $b \to c$ 是畴壁不可逆位移的过程。如在这个阶段减弱磁场，畴壁将不能退回原位置，只能移到 d、e 等位置，因而磁化曲线也不能沿原路线下降，从而形成磁滞回线。

这里可逆与不可逆壁移的界线在于增强磁场时畴壁位置是否达到最大阻力 $(\partial F/\partial x)_{max}$。我们把达到最大阻力的磁场强度称为临界场。

$$H_0 = \frac{1}{2M_s}\left(\frac{\partial F}{\partial x}\right)_{max} \tag{4.56}$$

从与 $a—b—c—d—e$ 过程相对应的磁化曲线及部分磁滞回线的示意图 4.53(c)上，可以区分出可逆磁化 ab，不可逆磁化 bc，剩余磁化 ad 以及矫顽力 bb' 等过程。

关于巴克豪森效应，可以从图 4.54 的实验得到证明。试样在技术磁化过程中，由于造成畴壁不可逆迁移的巴克豪森跳跃而感应出来的脉冲信号，将使扩音器发出“滴答”响声。

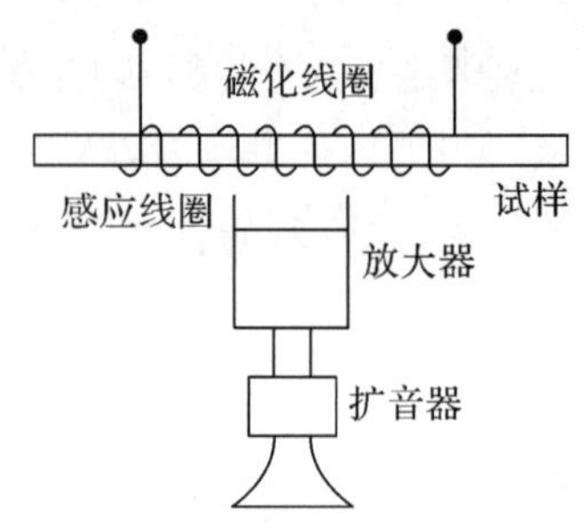

图 4.54　巴克豪森效应的实验证明

显然，一旦发生了巴克豪森跳跃，再去除外磁场也不能使畴壁自动回到原来的 x_0 位置，而是受 $\partial F/\partial x$ 的作用移动到 x_0' 位置，这里 x_0' 处 $\partial F/\partial x$ 等于零。由于畴壁不回到 x_0 处，使磁畴在外场方向保留了一定的磁化强度分量，故表现出一定的剩余磁化 $\boldsymbol{M}_r$。这种畴壁移动的不可逆性导致铁磁材料的不可逆磁化。若要消除剩磁，就必须加一个反向磁场，来克服畴壁反向移动时产生的最大阻力 $(\partial F/\partial x)_{max}$，使畴壁回到磁化前的 x_0 处。因此，铁磁材料表现出一定的矫顽力 $\boldsymbol{H}_c$。

必须指出，180°壁和 90°壁的壁移阻力是不同的。对 180°壁而言，因相邻两磁畴的磁化矢量反平行，磁弹性能基本不变，可认为 $\partial F/\partial x$ 主要是畴壁能的变化 $\partial y/\partial x$，故从式(4.55)可得

$$2HM_s = \frac{\partial y}{\partial x} \tag{4.57}$$

式中：y 为畴壁能密度。

90°畴壁的迁移则稍有不同，虽然按以上分析在可逆位移过程中也有类似于式(4.55)的关系：

$$HM_s \mathrm{d}x = \frac{\partial F}{\partial x}\mathrm{d}x \tag{4.58}$$

但是，90°畴壁迁移时磁弹性能的变化较大，而畴壁能本身的变化较小，这是因为当畴壁迁移时相邻两畴的磁化矢量改变 90°，$\sin\theta$ 的变化从 0 到 1(或从 1 到 0)所致。这种差别决定了它们在磁场下的不同行为，因而对材料的磁参数作出不同的贡献。

4.7.3　壁移的两种理论模型和起始磁化率

根据铁磁晶体内部畴壁迁移阻力的来源，研究者曾经提出过两种不同的理论模型：内应力理论和杂质理论。

内应力理论认为，铁磁体中内应力的分布状态决定了畴壁迁移的阻力。如果晶体内部

杂质极少，而内应力的不均匀分布成为阻力的主要来源时，可按照内应力随位置的变化来计算自由能的变化。

杂质理论认为，当材料中包含着很多非磁性和弱磁性的不均匀相（如珠光体中的 Fe_3C）时，畴壁就要被杂质穿破，因此，杂质的存在不仅使畴壁迁移时发生畴壁能密度的变化，而且也使畴壁面积的变化十分显著，这种情况应以全部自由能 F 来讨论。当畴壁穿过杂质或气泡集中的位置时，畴壁面积最小，因此，能量最低，如图 4.55(a)所示；如果施加磁场使畴壁移动离开这个位置，畴壁的面积就要增大，如图4.55(b)(c)所示。畴壁能量增高就会给迁移造成阻力。

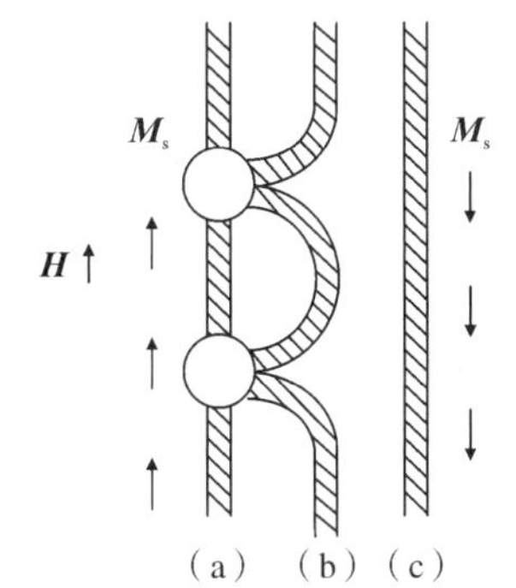

图 4.55　夹杂物对畴壁移动的影响

根据以上两种理论模型，对于材料的起始磁化率 x_i 和磁矫顽力 $\boldsymbol{H}_c$ 都可以进行理论计算。但由于几种能量因素都起作用，所以要对技术磁化作准确的分析很困难。因此，关于磁化率等物理量只能作近似的推导，以得出原则性的表达式。

4.7.4　反磁化过程和矫顽力

在上述技术磁化之后，若把外磁场去掉，由于磁晶能的作用，磁畴的磁化方向将转动到离磁场方向最近的易磁化方向。因此，在外磁场方向仍有磁化强度的分量，这就是存在剩磁 $\boldsymbol{M}_r$ 的原因。所谓反磁化过程，就是从该状态开始施加反向磁场所经历的过程。

显然 $\boldsymbol{M}_r \leqslant \boldsymbol{M}_s$，为提高 $\boldsymbol{M}_r$，可使材料的易磁化方向与外磁场方向一致，这样就不会有畴转过程。例如，高度拉伸的 15%镍铁细丝，进行磁场热处理。让材料在外磁场中从高于居里温度向低温冷却，即可造成磁有序，也称磁织构。这样可使材料易磁化，提高磁导率。

为消除剩磁，须加反向磁场，以推动反向壁移，这就是磁滞回线中退磁曲线那一段形成的原因。在反向磁场的作用下，与反磁场成钝角的磁畴（正向畴）要缩小，而与反磁场成锐角的磁畴（反向畴）要扩大。由于材料中总有夹杂物、第二相、空隙等质点，所以在它们周围会出现磁极，形成退磁场。这些退磁场在外磁场的推动下，就可发展为反向磁畴。

同正向磁化过程一样，反磁化过程初期也有一可逆壁移阶段，然后才开始不可逆的跳跃。随着磁场的继续增强，磁化强度可能发生多次跳跃式的降低，最后当磁场增强到某一值时，壁移将发生大跳跃，以致完全侵吞了正向磁畴，这一反磁化过程可用图 4.56 来表示。当反向磁畴扩大到同正向磁畴大小相等时，它们的磁化对外部的效果相互抵消，有效磁化强度为零，这时的磁场强度称为矫顽力，它也是发生大跳跃时的临界磁场。图 4.56 中的 bc 直线即代表这次大跳跃。显然，壁移过程完成后，尽管已成为反向磁畴，但其方向一般同磁场还是不一致的，要达磁饱和还需经过转动磁化。

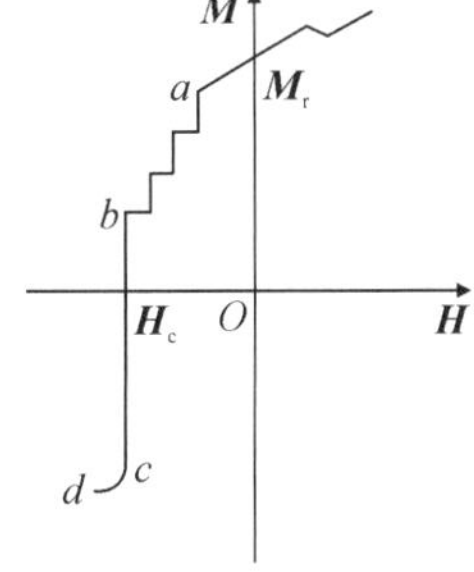

图 4.56　壁移反磁化过程

由于磁性材料一般是多晶体，其晶粒对磁场有各种取向，所以易磁化轴对磁场也有各种取向。取向不同的晶粒的临界磁场不同,矫顽力也就不同,而材料的矫顽力却是各晶粒矫顽力的平均效果。假如用 θ 表示壁移完成后磁畴的磁矩和磁场方向间的夹角,H_{00} 表示 $\theta=0°$ 情况下的临界磁场,则不同 θ 角单轴晶体的反磁化曲线可用图 4.57 来表示,而这些过程的平均效果如图 4.58 所示。它是我们熟悉的多晶材料反磁化曲线所构成的磁滞回线。

内应力作用下的磁矫顽力 $H_c \propto \frac{\lambda_s \sigma_0}{M_s}$,杂质作用下的 $H_c \propto \frac{K_1}{M_s}\beta^{2/3}\frac{\delta}{d}$,因此,要提高材料的磁矫顽力,必须增加壁移的阻力。具体地说,应提高磁致伸缩系数,设法使材料产生内应力 σ,增加杂质的浓度 β 和弥散度 δ/d,以及选高 K_1 值、低 M_s 的材料,但最有效的还是使壁移不发生,即不存在畴壁。前面提及,当材料的颗粒小到临界尺寸以下时可得单畴,这对提高硬磁材料的矫顽力是非常重要的。

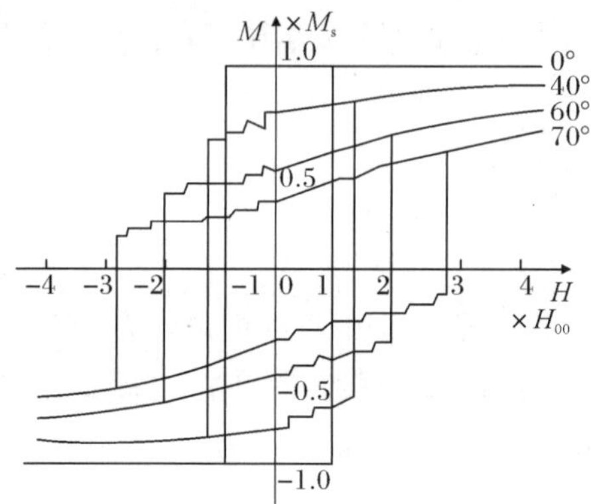

图 4.57　单晶体不同 θ 角时的反磁化曲线

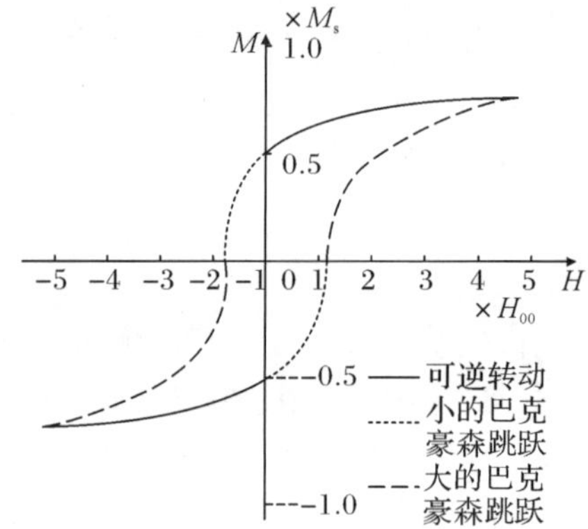

图 4.58　单轴多晶体的反磁化曲线

4.8　影响铁磁性的因素

影响铁磁性的因素主要有两个方面:一方面是外部环境因素,如温度和应力等;另一方面是内部因素,主要与材料的组织、结构、成分等有关。内部因素又分为组织不敏感参数和组织敏感参数。凡是与自发磁化有关的参数,都是组织不敏感参数,如饱和磁化强度 M_s、饱和磁致伸缩系数 λ_s、磁晶各向异性能常数 K、居里点 T_p 等。组织不敏感参数又常称为内禀参数(intrinsic parameters),这些参数主要取决于材料的成分、原子结构、晶体结构、组成相的性质与相对量,与材料的组织形态几乎无关。凡是与技术磁化有关的参数都是组织敏感参数,如磁矫顽力 H_c、磁化率 χ、磁导率 μ、剩余磁感应强度 B_r 等。组织敏感参数通常和晶粒的大小、形状、分布等有关。

4.8.1　温度的影响

温度对铁磁性的主要影响:温度升高,原子热运动加剧,原子磁矩的无序排列倾向增大,造成饱和磁化强度 M_s 下降。当温度达到居里温度 T_p,M_s 降为 0,铁磁性转变为顺磁性。图 4.59 给出了部分铁磁体饱和磁化强度随温度的变化关系。表 4.10 给出了一些强磁物质的饱和磁化强度和居里温度。到目前为止，仅有四种金属元素在室温以上是铁磁性的，即 Fe、Co、Ni 和 Gd，具体参数见表 4.10 的前 4 个元素。

温度升高也会引起其他参量的减小，如饱和磁感应强度 B_s、剩余磁感应强度 B_r、矫顽力 H_c 和磁滞损耗 Q 等。图 4.60 给出了温度对铁磁性参数的影响规律。从图 4.60 中可以看出，除 B_r 在 −200～20 ℃加热时稍有上升以外，其他参量均下降。B_r 在低于室温下，随温度降低而降低的原因，与磁体在降温中，从磁晶各向异性（磁晶各同异性常数 $K_1>0$）向磁晶各向同性（$K_1=0$）转变，引起易磁化方向改变，进而发生部分退磁现象有关。

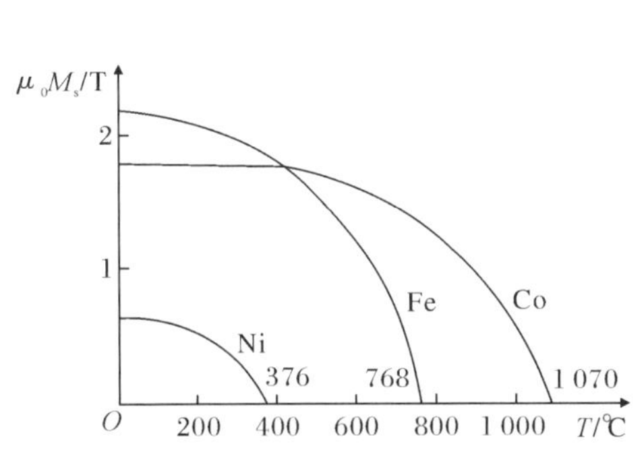

图 4.59　部分铁磁体饱和磁化强度随温度的变化关系

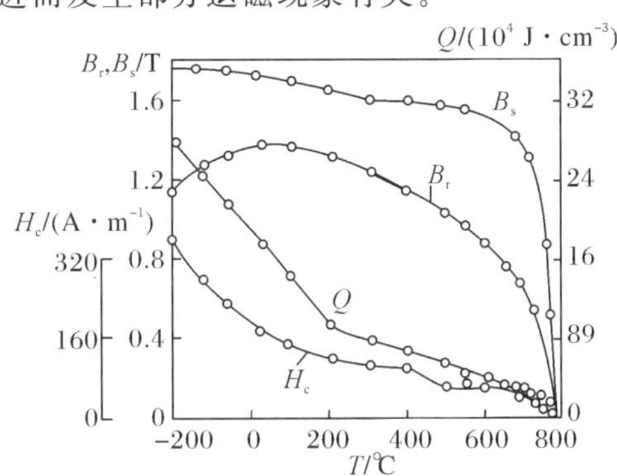

图 4.60　温度对铁磁性参数的影响

表 4.10　一些强磁物质的饱和磁化强度和居里温度

物　质	M_s（室温）/(10^3 A · m^{-1})	M_0(0 K)/(10^3 A · m^{-1})	T_p/K
Fe	1 707	1 743	1 043
Co	1 400	1 447	1 395
Ni	485	521	631
Gd	—	1 980	293
Dy	—	2 920	88
MnBi	620	680	630
Cu_2MnAl	430	580	603
CuMnIn	500	600	506
MnAs	670	870	318
MnB	147	—	533
Mn_4N	183	—	745
MnSb	710	—	587
CrTe	240	—	336
CrO_2	515	—	386
EuO	—	1 920	69
$MnFe_2O_4$	410	—	573
Fe_3O_4	480	—	858
$Y_3Fe_5O_{12}$	130	200	560

磁导率 μ 随温度的变化关系分为两种情况，如图4.61所示。在强磁场下（H=320 A/m），磁导率 μ 随温度升高单调下降；在弱磁场下（H=24 A/m），磁导率 μ 随温度升高单调递增，接近居里温度突然下降。造成这一现象的原因：在强磁场下，温度接近居里点时，由于饱和磁化强度显著下降，所以 μ 下降；在弱磁场下，温度升高会引起应力松弛，因而利于磁化，μ 增高。当温度接近居里点时，同样由于饱和磁化强度显著下降，造成 μ 剧烈下降。

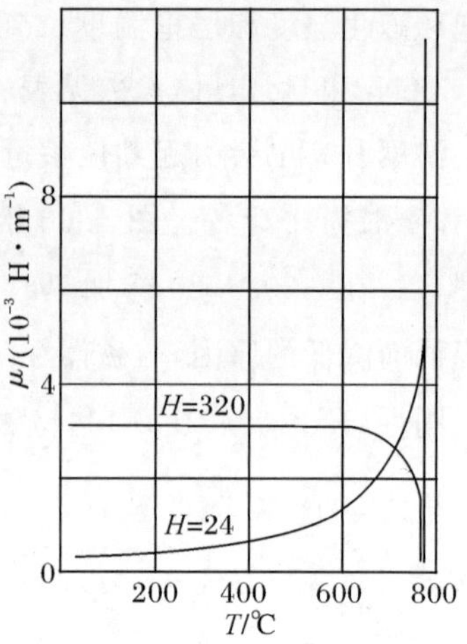

图 4.61　Fe 的磁导率与温度的关系

4.8.2　弹性应力的影响

弹性应力对金属的磁化有显著影响。当应力方向与金属的磁致伸缩为同向时，应力对磁化起促进作用，反之则起阻碍作用。图 4.62 和图4.63分别给出了拉伸和压缩对 Ni 磁化曲线的影响。由于 Ni 的磁致伸缩系数是负的，即沿磁场方向磁化时，Ni 在此方向缩短，所以，拉伸应力阻碍磁化过程的进行，受力越大，磁化就越困难；压应力则正好相反，对 Ni 的磁化有利，使磁化曲线明显变陡。

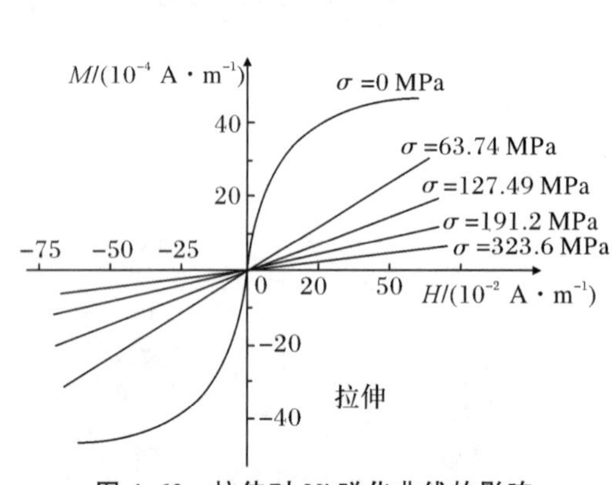

图 4.62　拉伸对 Ni 磁化曲线的影响

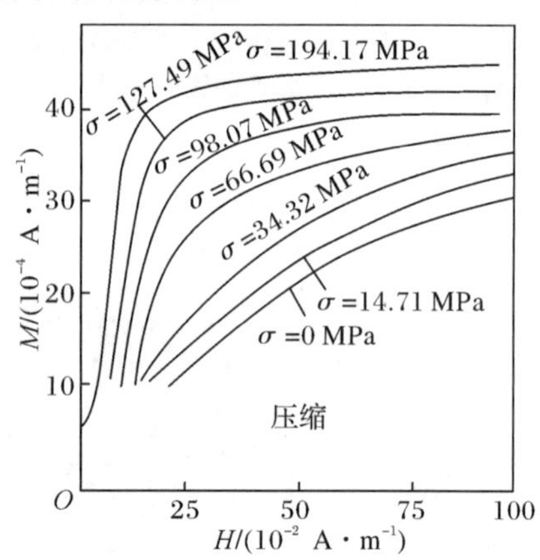

图 4.63　压缩对 Ni 磁化曲线的影响

4.8.3　加工硬化和晶粒细化的影响

加工硬化会引起晶体点阵扭曲，晶粒破碎，内应力增加，不利于金属的磁化和退磁。图 4.64 给出了含 0.07% C 的铁丝经不同压缩变形后的铁磁性参量变化关系。变形后，材料内出现大量缺陷，这些点阵畸变和内应力的增加使畴壁移动阻力增大，也使磁畴转动困难，从而引起磁化难度增加，因此，磁导率 μ_m 随变形量的增加而降低。而矫顽力 H_c 则正好相反，随压缩量的增大而增大。磁滞损耗 Q 也随压缩量的增大而增大。剩余磁感应强度 B_r 比较特殊，在临界变形量（5%～7%）发生以前，随变形量的增大而急剧下降；在临界变形量发生以后，则随变形量的增大而升高。在临界变形量以下，只有少数晶粒发生塑性变形，整个晶体应力状态比较简单，沿轴向应力状态有利于磁畴在退磁后反向可逆转动，从而使 B_r

降低。在临界变形量以上，晶体中大部分晶粒参与变形，应力状态复杂，内应力增加严重，不利于磁畴在退磁后的反向可逆转动，因此，B_r 随变形量的增大而增加。

另外，如果冷加工变形过程中，某些材料形成织构(texture)，则磁性会出现明显的方向性。如果冷加工轧制后，晶体内织构方向与易磁化方向同向，如果沿轧制方向磁化，则可以获得高的磁导率、高的饱和磁化强度和较低的磁滞损耗。但在垂直于轧制的方向上，磁学性能较差。冷轧硅钢片就是利用这一特点来提高其磁导率、饱和磁化强度，并降低磁滞损耗的。另外，硅钢片在再结晶退火后形成<110>{001}织构，称为高斯(Goss)织构。使用时只要磁化方向与轧制方向一致，便能获得优良的磁性。当硅钢片在再结晶退火后形成<100>{001}立方织构时，沿轧制方向和垂直轧制方向均为易磁化方向，可获得优良的磁性，因此，立方织构是理想的织构。

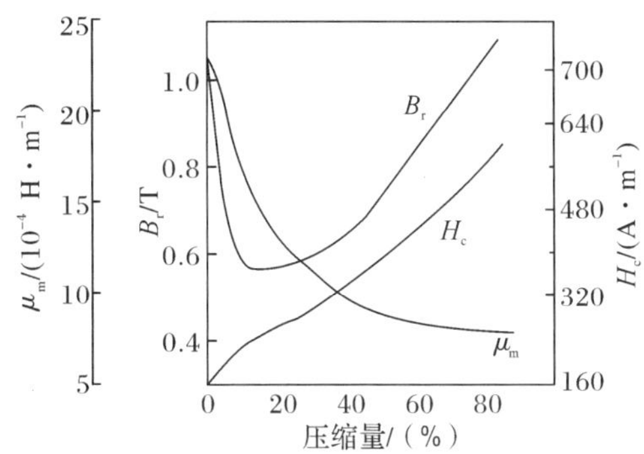

图 4.64　冷加工压缩变形对含 0.07% C 的铁丝的铁磁性的影响

再结晶退火与加工硬化作用相反。退火后，点阵扭曲恢复，晶粒长大呈等轴状，点缺陷、位错及亚结构恢复到正常状态，内应力消除，因此，磁性参数都恢复到加工硬化前的状态。

晶粒细化与加工硬化对磁性的影响作用相同。晶粒越细小，晶界处晶格扭曲越严重，晶粒边界阻碍磁化的进行，因而与加工硬化作用相同。

4.8.4　合金成分及组织结构的影响

绝大多数合金元素的加入将降低饱和磁化强度。当不同金属组成合金时，随着成分的变化形成不同组织，合金的磁性也具有不同的规律。

1. 固溶体

铁磁性金属基体内添加顺磁或抗磁金属形成置换固溶体，饱和磁化强度会随着溶质原子浓度的增大而降低。图 4.65 给出了 Ni 中合金元素的质量分数对每个原子玻尔磁子数(单个自由电子在旋转时所产生的磁矩)的影响。由于添加元素的外层电子进入了 Ni 基体原子未填满的 3d 轨道，导致 Ni 原子的玻尔磁子数减少，降低了基体原子磁矩，直至原子磁矩为 0，形成非铁磁性。

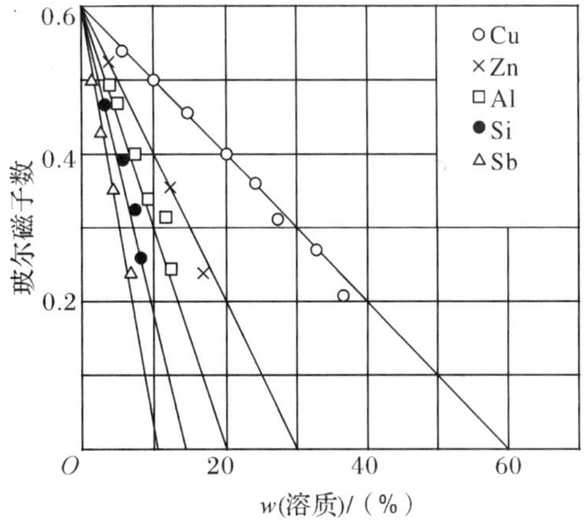

图 4.65　Ni 中合金元素的质量分数对每个原子玻尔磁子数的影响

如果铁磁性金属溶入强顺磁性组元，当溶质组元含量低时，M_s 增大，而含量高时，则 M_s 降低。溶质是强顺磁过渡族金属，这种 d 壳层未填满的金属好像是潜在的铁磁体，在形成固溶体时，通过点阵常数的变化，使交换作用增强，对自发磁化有所增强。

两种铁磁性金属组成固溶体时，M_s 的变化较复杂，其大小不仅与合金的成分有关，而且还与温度有关。图 4.66 给出了 Ni 的质量分数对 Fe－Ni 合金磁性的影响。这里重点关注两个 Ni 的质量分数时的成分。在 Ni 的质量分数为 30％时，Fe－Ni 合金发生由 α 相到 γ 相的相变，从而导致许多磁学特性发生变化。在 Ni 的质量分数为 78％时，形成高导磁软磁材料坡莫合金(permalloy)。此时，饱和磁致伸缩系数 λ_s 和磁晶各向异性常数 K 趋于 0，具有最高的最大磁导率 μ_m 和初始磁导率 μ_i。

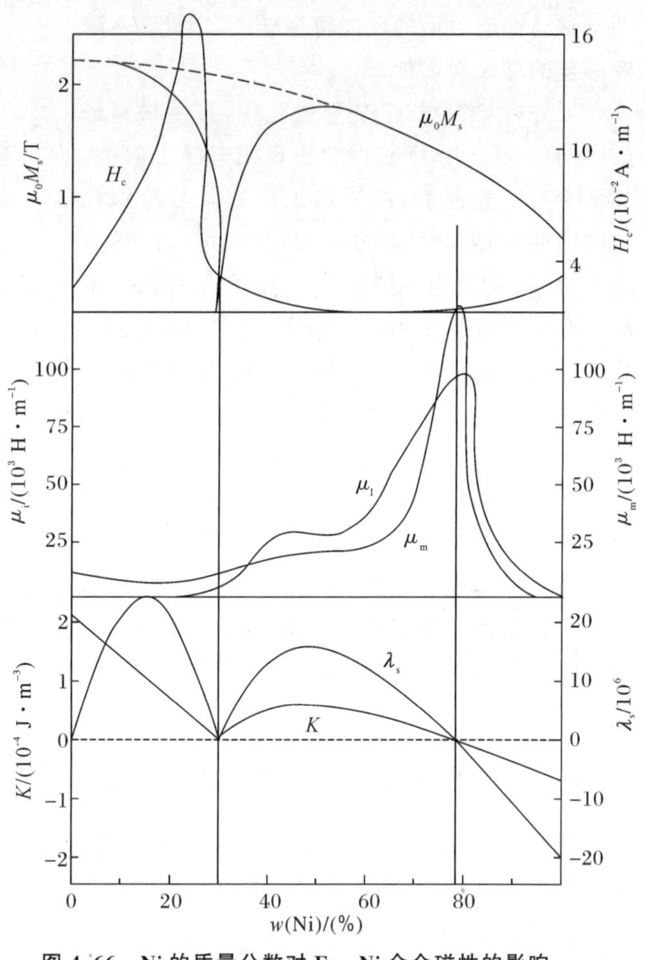

图 4.66　Ni 的质量分数对 Fe－Ni 合金磁性的影响

铁磁金属中溶入 C、N、O 等元素而形成间隙固溶体时，随着溶质原子质量分数的增加，H_c 增加，而 μ、B_r 降低。为了获得高的矫顽力，对于钢，必须将其淬火成马氏体，也就是获得以 α－Fe 为基的过饱和间隙固溶体。

固溶体有序化对合金磁性的影响很大。以 Ni－Mn 合金为例，图 4.67 给出了 Ni－Mn 合金的饱和磁化强度与 Mn 质量分数的关系。当合金淬火后处于无序状态时，饱和磁化强度沿曲线 2 变化。当 Mn 的质量分数小于 10％时，饱和磁化强度略有升高；当 Mn 的质量分数大于 10％时，饱和磁化强度单调递减；当 Mn 的质量分数达 25％时，合金变成非铁磁性。如果将合金在 450 ℃下长时间退火使其充分有序化，形成有序 Ni_3Mn，那么饱和磁化强度沿曲线 1 变化。当 Mn 的质量分数为 25％时，M_s 达极大值。

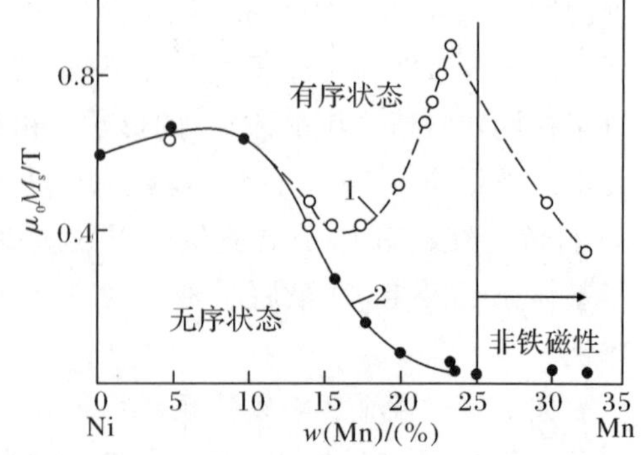

图 4.67　Ni－Mn 合金的饱和磁化强度与 Mn 质量分数的关系

非铁磁性元素间也能形成铁磁性固溶体。例如，以 Mn、Cr 为基体形成某些固溶体时，由于

其交换积分 A 为正值而呈铁磁性。Mn 与 As、Bi、B、C、H、N、P、S、Sn、O、Pt，Cr 与 Te、Pt、O、S 组成固溶体时就是这种情况。

综上所述，改善铁磁性材料磁导率的方法：消除 Fe 中的杂质；形成粗晶粒；形成再结晶织构，即在再结晶时使晶体的易磁化轴<100>沿外磁场排列；磁场退火，形成磁织构。

2. 形成化合物

铁磁金属与顺磁或抗磁金属组成化合物和中间相，由于这些顺磁或抗磁金属的 4s 电子进入铁磁金属未填满的 d 壳层，因而铁磁金属 M_s 降低，呈顺磁性，如 Fe_7Mo_6、$FeZn_7$、Fe_3Au、Fe_3W_2、$FeSb_2$、NiAl、CoAl 等材料。铁磁金属与非金属所组成的化合物均呈亚铁磁性，即两个相邻原子的自旋磁矩反向平行排列，而又没有完全抵消，如 Fe_3O_4、$FeSi_2$、FeS 等材料，而常见的 Fe_3C 和 Fe_4N 则为弱铁磁性。

3. 多相合金

在多相合金中，如果各相都是铁磁相，其饱和磁化强度由组成各相的磁化强度之和（相加定律）来决定，即

$$M_s = \sum_i M_i \frac{V_i}{V} = \sum_i M_i \varphi_i \tag{4.59}$$

式中：M_s 为合金的饱和磁化强度；M_i 为合金中第 i 相的饱和磁化强度；V 为合金的体积；V_i 为合金中第 i 相的体积；φ_i 为合金中第 i 相的体积分数。

多相合金的居里点与铁磁相的成分、相的数目有关。合金中有几个铁磁相，就相应有几个居里点。图 4.68 给出了两种铁磁相组成的合金饱和磁化强度与温度的关系，这种曲线称为热磁曲线(thermomagnetic curve)。图 4.68 中的两个拐点，分别对应着两个铁磁相的居里点，即 T_{p1} 和 T_{p2}。其中，$\frac{m_1}{m_2}=\frac{V_1M_1}{V_2M_2}$。

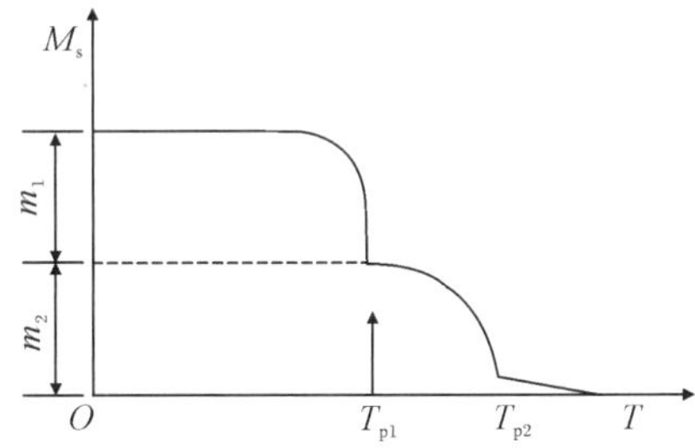

图 4.68　两种铁磁相组成的合金饱和磁化强度与温度的关系

多相合金的饱和磁致伸缩系数 λ_s 也是组织不敏感参数，因而也符合相加定律，即

$$\lambda_s = \sum_i \lambda_{si} \frac{V_i}{V} = \sum_i \lambda_{si} \varphi_i \tag{4.60}$$

式中：λ_s 为合金的饱和磁致伸缩系数；λ_{si} 为合金中第 i 相的饱和磁致伸缩系数；V 为合金的体积；V_i 为合金中第 i 相的体积；φ_i 为合金中第 i 相的体积分数。

至于多相合金的组织敏感参数，则不满足相加定律，如矫顽力、磁化率等。

4.9 铁磁体的动态特性

前面关于铁磁体的磁性能内容反映的是磁性能在直流磁场下的表现,称为静态特性或准静态特性。此时考虑的是,在给定的磁场强度下,磁体从一个稳定磁化状态进入另一个新的稳定磁化状态,不考虑这一建立过程的时间问题。但在许多实际应用中,磁体是在交变磁场作用下的磁化,此时需考虑磁化的时间效应。在交变磁场作用下,铁磁体磁化状态的改变在时间上落后于交变磁场的变化。因此,任何一个稳定磁化状态的建立都需要一定的时间才能完成。通常,将磁性材料在交变磁场或脉冲磁场作用下的磁性能称为动态特性。

4.9.1 交流回线

交流磁化过程中磁场强度 H 周期对称变化,磁感应强度 B 也随之周期性对称变化,变化一周构成的曲线称为交流磁滞回线或动态磁滞回线(dynamic magnetic hysteretic loop)。若交流幅值磁场强度 H_m 不同,则有不同的交流磁滞回线。图 4.69 中实线反映的就是不同 H_m 下的交流磁滞回线。其中,与交流幅值磁场强度 H_m 相对应的 B_m 称为幅值磁感应强度。当 H_m 增大到饱和磁场强度 H_s 时,交流磁滞回线面积不再增加,该回线称为极限交流磁滞回线,由此可以确定材料饱和磁感应强度 H_s、交流剩余磁感应强度 B_r,这种情况和静态磁滞回线相同,如图 4.69 所示。将不同交流磁滞回线顶点相连得到的轨迹就是交流磁化曲线,简称 B_m-H_m 曲线,如图 4.69 中虚线所示。

动态磁滞回线与静态磁滞回线具有相似的形状,但研究表明,动态磁滞回线具有如下特点:①交流磁滞回线形状除与磁场强度 H 有关外,还与磁场变化的频率 f 和波形有关;②一定频率下,交流幅值磁场强度 H_m 不断减少时,交流磁滞回线逐渐趋于椭圆形状;③当频率升高时,呈现椭圆回线的磁场强度的范围会扩大,且各磁场强度下回线的矩形会比 B_r/B_m 升高,如图 4.70 所示;④相同大小的磁场范围内,动态磁滞回线比静态磁滞回线包围的面积大。另外,在一般的实际应用中,弱磁场或高频率交变磁场通常采用椭圆磁滞回线来近似描写铁磁体的动态磁滞回线。这样可以使铁磁材料在交变磁场作用下的 H 和 B 的关系简单化。

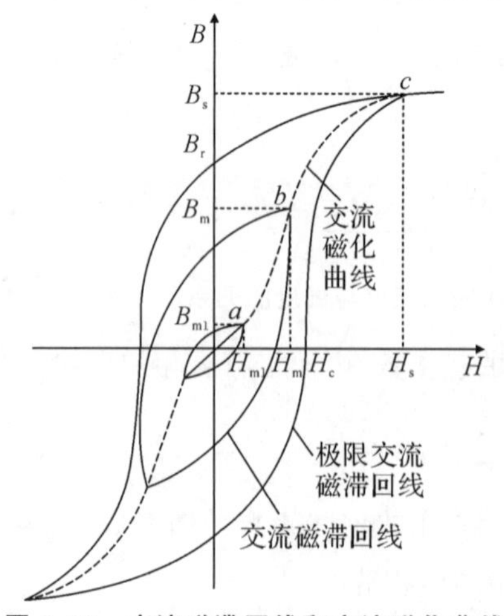

图 4.69 交流磁滞回线和交流磁化曲线

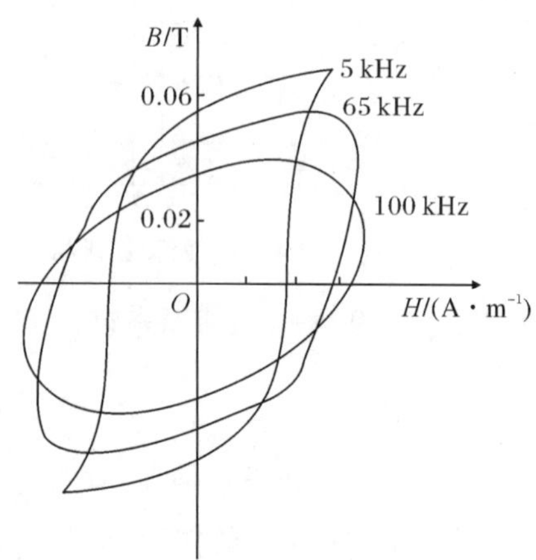

图 4.70 不同频率下的磁滞回线

4.9.2　复数磁导率

在交变磁场中磁化时，需考虑磁化状态改变所需要的时间，即应考虑 B 和 H 的相位差。在交流清况下，磁导率 μ 不仅要反映类似静态磁化的导磁能力的大小，而且要反映出 B 和 H 间的相位差，因此，需要采用复数磁导率(complex magnetic permeability)。

设样品在弱交变磁场 H 磁化，并且 B 和 H 具有正弦波形，并以复数形式表示，B 与 H 存在的相位差为 δ，则

$$H = H_{\mathrm{m}} e^{i\omega t} \tag{4.61}$$

$$B = B_{\mathrm{m}} e^{i(\omega t - \delta)} \tag{4.62}$$

式中：H 为交变磁场强度；H_{m} 为交流幅值磁场强度；B 为交变磁感应强度；B_{m} 为交流幅值磁感应强度；ω 为正弦交流波频率；δ 为相位差；t 为时间；i 为虚数单位。

严格来说，B 实际表现为复杂的函数关系 $B(t)$，但仍然是时间的周期性函数。通常，将 $B(t)$ 按傅里叶级数展开后可发现，当 H 按正弦变化时，$B(t)$ 为非正弦变化，不同频率磁滞回线形状不同，B 与 H 间为非线性关系。如果在 $B(t)$ 中只考虑基波，即 $B(t)$ 按傅里叶级数展开后只与 H 呈线性关系的分量，$B(t)$ 的形式就是式(4.62)。根据式(4.61)和式(4.62)，在基波正弦下，可用复数表示交流磁化状态下的磁导率，即复数磁导率 $\tilde{\mu}$：

$$\tilde{\mu} = \frac{B}{H} = \frac{B_{\mathrm{m}} e^{i(\omega t - \delta)}}{H_{\mathrm{m}} e^{i\omega t}} = \frac{B_{\mathrm{m}}}{H_{\mathrm{m}}} e^{-i\delta} = \frac{B_{\mathrm{m}}}{H_{\mathrm{m}}} \cos\delta - i\frac{B_{\mathrm{m}}}{H_{\mathrm{m}}} \sin\delta = \mu_{\mathrm{m}} \cos\delta - i\mu_{\mathrm{m}} \sin\delta = \mu' - i\mu'' \tag{4.63}$$

从式(4.63)可以看出

$$\mu' = \frac{B_{\mathrm{m}}}{H_{\mathrm{m}}} \cos\delta \tag{4.64}$$

$$\mu'' = \frac{B_{\mathrm{m}}}{H_{\mathrm{m}}} \sin\delta \tag{4.64}$$

式中：μ' 为弹性磁导率，与磁性材料中存储能量有关；μ'' 为损耗磁导率(或黏滞磁导率)，与磁性材料磁化一周的损耗有关。

需要注意的是，有的书中给出的 μ' 和 μ'' 是相对磁导率的概念，但为了描述方便，通常也只用磁导率来进行叙述。与式(4.64)和式(4.65)给出的 μ' 和 μ'' 相差一个常量 μ_0。

复数磁导率 $\tilde{\mu}$ 是铁磁体在交流磁场磁化下磁性特征的一个物理量，具有一般复数的表达形式，同时反映 B 与 H 之间的振幅及相位关系。由于复数磁导率虚部的存在，所以 B 落后于 H，引起铁磁材料在动态磁化过程中不断消耗外加能量。

复数磁导率的模 $|\tilde{\mu}|$ 定义为

$$|\tilde{\mu}| = \sqrt{(\mu')^2 + (\mu'')^2} \tag{4.66}$$

$|\tilde{\mu}|$ 也称为总磁导率或振幅磁导率。

处于均匀交变磁场中的单位体积铁磁体，单位时间内，磁化一周的平均能量损耗(或磁损耗功率密度)为

$$P_{耗} = \frac{1}{T}\oint H \mathrm{d}B = \frac{1}{T}\int_0^T H \mathrm{d}B = \frac{1}{2}\omega H_{\mathrm{m}} B_{\mathrm{m}} \sin\delta = \pi f \mu'' H_{\mathrm{m}}^2 \tag{4.67}$$

式中：T 为周期，$T=2\pi/\omega$；f 为外加交变磁场频率，$f=1/T=\omega/2\pi$。

将式(4.65)代入式(4.67)，则有

$$P_{耗}=\pi f\mu'' H_{m}^{2} \tag{4.68}$$

式(4.68)表明，单位体积铁磁体在单位时间内的平均能量损耗与复磁导率的虚部μ''成正比，与外加交变磁场频率 f 成正比，与磁场峰值 H_m 的二次方成正比。

同样，对一周内铁磁体储存的磁能密度 $W_{储能}$ 满足

$$W_{储能}=\frac{1}{2}HB=\frac{1}{T}\int_{0}^{T}H_{m}\sin\omega t\cdot B_{m}\sin(\omega t-\delta)\mathrm{d}t=\frac{1}{2}H_{m}B_{m}\cos\delta=\frac{1}{2}\mu' H_{m}^{2} \tag{4.69}$$

式(4.69)表明，磁能密度 W 与复磁导率的实部μ'成正比，与磁场峰值 H_m 的二次方成正比。

定义铁磁体品质因数 Q 的概念，反映每秒能量的存储和能量损耗之比，即

$$Q==2\pi f\cdot\frac{W_{储能}}{P_{耗}}=\frac{\mu'}{\mu''} \tag{4.70}$$

式中：Q 为品质因数，是反映铁磁物质内禀性质的物理量；$W_{储能}$ 为铁磁体内的储能密度；$P_{耗}$ 为单位体积的损耗功率。

实际应用中，软磁材料要求具有高的磁导率和低的损耗，Q 值就常用来评价软磁材料在交流磁化时的能量存储和能量损耗的情况。

需要解释的是，磁滞回线所围面积很小的材料称为软磁材料(soft magnetic material)。这种材料的特点是磁导率较高，在交流下使用时磁滞损耗也较小，故常作电磁铁或永磁铁的磁轭以及交流导磁材料，如电工纯铁、坡莫合金、硅钢片、软磁铁氧体等属于这一类。磁滞回线所围面积很大的材料称为硬磁材料(hart magnetic material)，其特征常常利用剩余磁感应强度 B_r 和矫顽力 H_c 这两个特定点数值表示。B_r 和 H_c 大的材料可作为永久磁铁使用。有时也用 BH 乘积的最大值$(BH)_{max}$衡量硬磁材料的性能，称为最大磁能。硬磁材料的典型例子是各种磁钢合金和永久钡铁氧体。

B 相对于 H 落后的相位角 δ 可以代表材料磁损耗的大小，相位角 δ 的正切可称为损耗系数(或损耗角正切)，简称损耗因子，即

$$\tan\delta=\frac{\mu''}{\mu'}=Q^{-1} \tag{4.71}$$

式中：δ 为损耗角；$\tan\delta$ 为损耗因子。

这里需要注意的是，磁场 H_m 变化落后 90°位相的分量 $B_m\sin\delta$ 或μ''是由基波定义而来，因此，式(4.70)只适用于非线性不严重的弱磁场情况。

另外，常用比损耗系数$\frac{\tan\delta}{\mu'}$表示软磁材料的相对损耗，满足

$$\frac{\tan\delta}{\mu'}=\frac{1}{\mu' Q} \tag{4.72}$$

其中，$\mu' Q$ 也是表征软磁材料的技术指标。

综上所述，复数磁导率的实部与铁磁材料在交变磁场中储能密度有关，而其虚部却与材料在单位时间内损耗的能量有关。磁感应强度相对于磁场强度落后造成材料的磁损耗。

4.9.3　交变磁场作用下的能量损耗

在交变磁场作用下，铁磁体处于改变的 H 中，必须考虑时间效应。此时在交变场作用下，磁化状态趋于稳定需要一定的弛豫时间，而 B 落后于 H 相位差 δ，这就是动态磁化的时间效应。由于产生 B 落后于 H 相位差 δ 的原因不同，所以此动态磁化的时间效应表现为以下几类不同的现象。①磁滞(magnetic hysteresis)现象。虽然在不可逆的静态磁化过程中也有磁滞现象，但磁化不随时间变化，而交变磁场中的磁化是动态的，有时间效应。②涡流效应(eddying effect)。由于在磁化过程中，每一磁化强度的变化都会在其周围产生感应电流，这种电流在铁磁体内形成闭合回路，形成涡流，而涡流会导致磁化的时间滞后效应，成为相差 δ 的来源之一。③磁后效(magnetic after-effect)现象。铁磁材料在不同条件下，由于磁化过程本身或者热起伏的影响，引起内部磁结构或晶格结构的变化，称为磁后效。④磁导率的频散(frequency dispersion)现象。在交变场作用下，铁磁体内的壁移与畴转受到各种不同性质的阻尼作用，因此，在较高频率的交变场中，铁磁体的复数磁导率将随频率 f 而变化，这称为磁导率的频散现象。在交变场作用下，以上四种现象均会引起铁磁体中的能量耗损。

磁芯在不可逆交变磁化过程中所消耗的能量，统称铁芯损耗，简称铁损(iron loss)。它由磁滞损耗(hysteresis loss)W_h、涡流损耗(eddy current loss)W_e 和剩余损耗(residual loss)W_r 三部分组成，总的磁损耗为

$$W_m = W_h + W_e + W_r \tag{4.73}$$

式中：W_m 为总磁损耗；W_h 为磁滞损耗；W_e 为涡流损耗；W_r 为剩余损耗。

动态磁滞回线包围的面积大小等于磁性材料的总磁损耗。动态磁滞回线的面积大小和形状与磁性器件所用的材料、交变磁场的大小、频率和振幅都有关。

1. 磁滞损耗

磁性材料在磁场强度不是很低、频率也不太高的交变磁场中进行磁化时，有不可逆磁化过程，存在 B 的变化落后于 H 的变化的磁滞现象。由磁滞现象引起的损耗称为磁滞损耗。若只考虑磁滞损耗，则磁滞回线的面积在数值上等于磁化一周的磁滞损耗，即

$$W_h = \oint H\mathrm{d}B \tag{4.74}$$

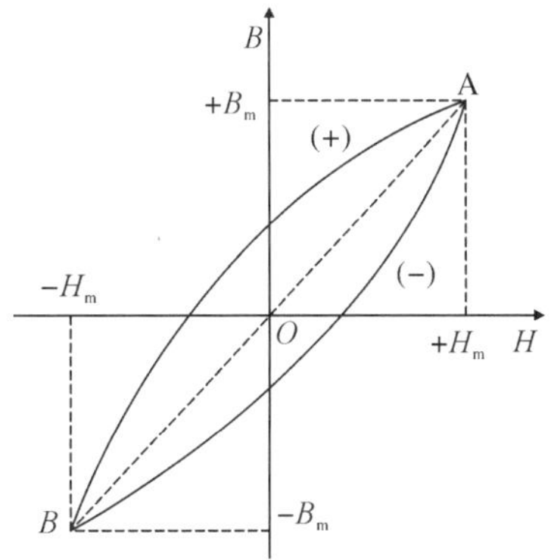

图 4.71　瑞利区的磁滞回线

在外加磁场很小时，铁磁体的磁化是可逆的，通常把这种磁场范围称为起始磁导率范围。如果超过起始磁导率范围，但所加的磁场振幅也不大，那么磁化一周得到的磁滞回线可以用解析式表达。英国物理学家瑞利勋爵(Lord Rayleigh，1842—1919)在 1887 年总结了弱磁场范围内的磁场强度 H 和磁感应强度 B 的变化规律，这一弱磁场范围称为瑞

利区,即磁感应强度 B 低于其饱和值的 1/10 的区域,如图 4.71 所示,其中,$B_m < \frac{1}{10}B_s$。

此时,磁化曲线的基本方程为

$$B=\mu_0(\mu_i+\eta H_m)H \pm \frac{\eta}{2}\mu_0(H_m^2-H^2) \tag{4.75}$$

式中:μ_i 为起始磁导率;η 为瑞利常数,与材料有关,表示磁化过程中不可逆部分的大小;H_m 为磁化振幅。

式(4.75)中,如图 4.71 所示,从 B→A($-H_m \to +H_m$)的上升曲线取"-";从 A→B($+H_m \to -H_m$)的下降曲线取"+"。表 4.11 给出了一些铁磁物质的起始磁导率和瑞利常数。

由式(4.75)可求得铁磁体磁化一周单位体积中所消耗的磁滞损耗,即

$$W_h = \oint H\mathrm{d}B = \int_{B_m}^{-B_m} H\mathrm{d}B_{(+)} - \int_{-B_m}^{B_m} H\mathrm{d}B_{(-)} \approx \frac{4}{3}\mu_0\eta H_m^3 \tag{4.76}$$

每秒内的磁滞损耗率为

$$P_h = fW_h \approx \frac{4}{3}\mu_0\eta H_m^{\ 3} f \tag{4.77}$$

在只考虑基波时,动态磁化磁滞损耗就是静态磁化的磁滞损耗。通过减少剩磁或矫顽力、提高材料的起始磁导率,可以降低磁滞损耗。

表 4.11　一些铁磁物质的起始磁导率和瑞利常数

物　质	起始磁导率 $\mu_i/(\mathrm{H \cdot m^{-1}})$	瑞利常数 $\eta/(\mathrm{A \cdot m^{-1}})$
Fe	200	25
Co	70	0.13
Ni	220	3.1
Mo 坡莫合金(Mo-permalloy)	2 000	4 300
超坡莫合金(Supermalloy)	10 000	150 000
45.25 坡明伐合金(Perminvar)	400	0.001 3

2. *趋肤效应和涡流损耗*

根据法拉第电磁感应定律(Faraday's law of electromagnetic induction),磁性材料交变磁化过程会产生感应电动势,因而会产生涡电流(eddy current)。涡电流实际是导体放入变化的磁场中时,由于在变化的磁场周围存在涡旋的感生电场,感生电场作用在导体内的自由电荷上使电荷运动,形成垂直于磁通量的环形感应电流。感应电流的流线呈闭合的涡旋状,故称为涡电流。磁场变化越快,涡电流强度越大。涡电流在金属内流动时,产生焦耳热。铁磁体内的涡流使磁芯发热,造成能量损耗,称为涡流损耗。频率越高,材料的电阻越小,涡流损耗越大。由涡流产生的磁场强度大小是从磁体表面向内部逐渐增加的。铁磁体中心处涡流最强,表面涡流最弱。当外加磁场均匀时,铁磁体内部的实际磁场仍不均匀。因此,M 和 B 也是不均匀的。它们的幅值从铁磁体表面向内逐渐减弱,这种现象称为趋肤效应(skin effect)。降低涡流损耗的有效途径是减小片状材料的厚度，提高材料的电阻率。例如，金属软磁材料通常要轧成薄带使用，从而减少涡流的作用。

3. 剩余损耗和磁导率减落

除磁滞损耗和涡流损耗以外的损耗就是剩余损耗。剩余损耗种类多样，但在一定频率范围内，一般只有某类剩余损耗起作用。在低频和弱磁场条件下，剩余损耗主要由磁后效损耗引起；在中频下主要由磁力共振引起剩余损耗；在高频下由畴壁共振引起剩余损耗；在超高频下则主要由自然共振引起剩余损耗。

在低频和弱磁场条件下，当磁场强度 H 发生突变时，相应的磁感应强度 B 不是立即发生变化达到稳定，而是需要若干时间才能稳定下来。如图 4.72 所示，在时间 $t=0$ 时，磁场强度突然变至 H_0。相应地，磁感应强度在突变时刻瞬间上升至 B_0，然后随着时间变化，缓慢上升到与 H_0 相应的平衡值 B_∞。其中 $B_N=B_\infty-B_0$，B_N 是磁感应强度的磁后效部分。这种磁感应强度(或磁化强度)随磁场强度变化的滞后现象就是磁后效(magnetic after-effect)。如果反复磁化，那么每次都会出现时间的滞后。磁后效是一种现象。对一个宏观上磁性稳定的铁磁体，受外磁场(也可以是力或光等因素)扰动后，其畴壁能量和位置的变化需要经历一段时间才可达到稳定，宏观上表现为某些磁性参量(如磁化强度、初始磁导率、剩磁等)随时间的变化滞后于扰动因素的变化，这就是磁后效。但对于不是由于磁化状态改变，而是由于材料结构变化(如原子、离子重排、析出等)导致的磁性弛豫，严格来说不属于磁后效，而是磁老化。这是由于这一现象不能用退磁、反复磁化等磁学方法恢复到初始状态。

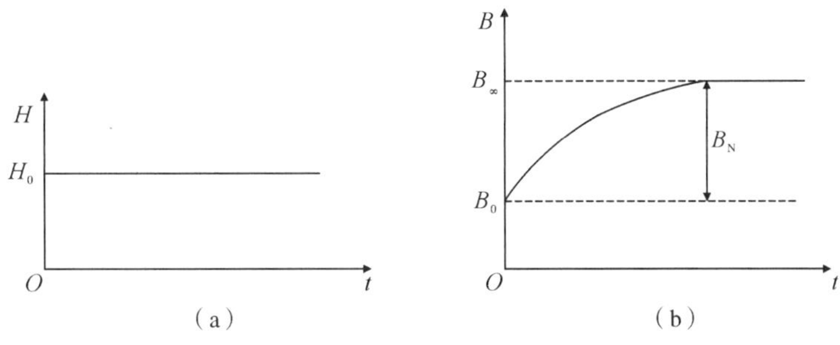

图 4.72　磁后效示意图

(a)外磁场突变；(b)磁感应强度随时间的变化

描述磁后效进行所需时间的参量为弛豫时间 τ，许多实验结果表明，在弛豫期内满足

$$\frac{\mathrm{d}(B-B_0)}{\mathrm{d}t}=\frac{B_\infty-B}{\tau} \tag{4.78}$$

当外加磁场为恒定磁场时，B_N 为常数，可求解式(4.78)得

$$B-B_0=B_N(1-\mathrm{e}^{-\frac{t}{\tau}}) \tag{4.79}$$

由式(4.79)可知，$B-B_0$ 是随时间 t 呈指数上升的。

通常，有两种不同磁后效机制的磁后效现象。一种重要的磁后效现象是由杂质原子扩散产生的感生各向异性引起的可逆后效，称为李希特(G. Richter)磁后效，也称为扩散磁后效。当铁磁体磁化时，为了满足能量最小化要求，某些电子或离子向稳定的位置做滞后于外磁场的扩散，使磁化强度逐渐趋于稳定值。例如，纯铁中的磁后效是由 C 原子的扩散引起的。未磁化时,C 原子可均匀分布在体心立方的 α - Fe 的三种间隙位置上。当磁化时,C 原子将向使自由能降低的有利间隙位置扩散,并逐渐形成新的稳定分布。C 原子重新分布的结果可使 C 原子在 α - Fe 的某一方向上择优扩散,引起成分各向异性。C 原子扩散的同时,使磁化强度也趋于稳定值。但 C 原子的扩散比外加磁场的变化滞后一定时间,从而引起磁后效,这种磁后效现象与温度和频率密切相关。

另一种磁后效现象是由热起伏引起的不可逆磁后效,称为约旦(H. Jordan)磁后效或热起伏磁后效。当铁磁体磁化时,磁化强度首先达到某一亚稳定状态。但是由于热起伏的缘故,磁化强度将滞后达到新的稳定态。这种磁后效现象几乎与温度和磁化场的频率无关。例如,有一伸长单畴粒子,它先在正方向磁化,然后在反方向磁化。当使它反方向磁化的外加磁场小于临界值时,则磁化强度仍停留在正方向。但当该磁畴的体积足够小、温度足够高时,有可能由于热起伏使磁化强度越过位垒转到负方向。这样,磁化强度由于热起伏,所以滞后了达到新的稳定态。

另外,磁导率的减落现象也是一种与磁后效有关的问题。磁性材料在经过磁中性(完全退磁)后,置于无机械、无热干扰的环境中,起始磁导率随时间推移而下降的现象称为磁导率的减落,简称减落(disaccomodation)。在实际应用中,往往希望减落现象越小越好,通常用减落系数 DA 来描述,即

$$\mathrm{DA}=\frac{\mu_{i1}-\mu_{i2}}{\mu_{i1}}\times 100\% \tag{4.80}$$

式中:μ_{i1} 为铁磁材料退磁后在 t_1 时测得的起始磁导率;μ_{i2} 为铁磁材料退磁后在 t_2 时测得的起始磁导率。

为了衡量材料磁导率的减落程度,又可用减落因子(disaccomodation factor)DF 来表示,即

$$\mathrm{DF}=\frac{\mu_{i1}-\mu_{i2}}{\mu_{i1}^{2}\lg\dfrac{t_2}{t_1}} \tag{4.81}$$

通常,为了方便起见,将 t_1 和 t_2 分别定义为 10 min 和 100 min,并采用交流退磁使此磁体得到磁中性化。图 4.73 给出了 Mn - Zn 铁氧体的磁导率减落曲线。从图 4.73 可以看出,减落对温度的变化很敏感。同时,减落对机械振动也很敏感。

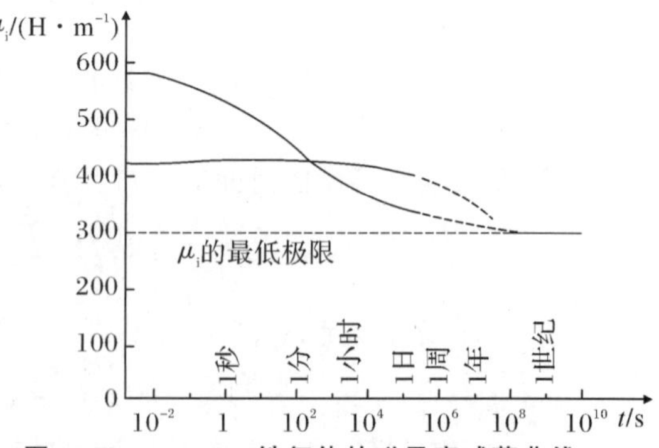

图 4.73 Mn - Zn 铁氧体的磁导率减落曲线

磁导率减落主要是由铁磁材料中电子或离子的扩散后效造成的。电子或离子扩散后效的弛豫时间为几分钟到几年,其激活能为几个电子伏特。由于磁性材料退磁时处于亚稳状态,随着时间推移,为使磁性体的自由能达到最小值,电子或离子将不断向有利的位置扩散,把畴壁稳定在势阱中。这往往导致磁中性化,以致铁氧体材料的起始磁导率随时间而减落。当然时间要足够长,扩散才能趋于完成,起始磁导也就趋于稳定值。考虑到减落的机制,在使用磁性材料前应对材料进行老化

处理,还要尽可能减少对材料的振动、机械冲击等。

在高频段使用的铁磁性材料一般都具有高的电阻率,而且外加的交变磁场幅值很小。因此,前述的损耗都可以忽略,而影响复数磁导率的主要机制是自然共振和畴壁共振。这部分内容本书不作介绍。

4.10　磁性材料及其应用

磁滞回线所包围面积表示磁性材料在一个磁化和退磁周期中所消耗的能量,面积越大,表明消耗能量越多。磁滞回线的形状和面积决定了磁性材料的性能特征。通常,磁性材料根据矫顽力的大小可以分为软磁材料(soft magnetic materials)、硬磁材料(hard magnetic materials)和磁存储材料(magnetic storage materials)。图 4.74 给出了这三类材料实际使用量的分布情况。

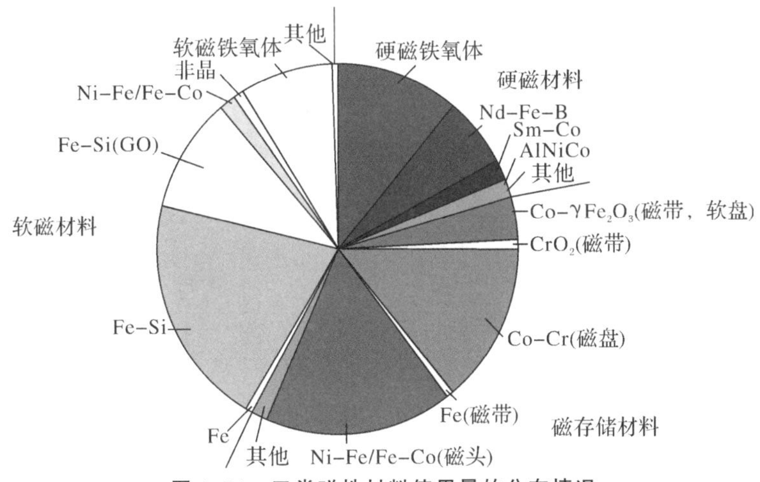

图 4.74　三类磁性材料使用量的分布情况

4.10.1　软磁材料及其应用

软磁材料是指矫顽力小(一般认为 $H_c<1\ 000$ A/m)、去掉磁场后基本不显示磁性的材料,其磁滞回线呈狭长形,如图 4.75(a)所示。从图中可以看出,软磁材料的矫顽力和磁滞损耗很低,具有高的磁导率和高的饱和磁感应强度,在外加磁场很小的情况下即可达到磁饱和,也容易恢复到退磁状态。通常,衡量软磁材料的重要指标主要包括最大磁导率 μ_m、初始磁导率 μ_i、饱和磁感应强度 B_s、铁损 P 等,根据这些指标可以确切说明材料的性能、质量和用途。根据软磁材料的这一磁特性可知,软磁材料适合用作交变磁场的器件,可减少磁滞损耗带来的损失。软磁材料自身需要减小各向异性、增加纯度,以降低磁滞损耗;通过增加电阻率、减小芯片的厚度,以降低其涡流损耗。低的矫顽力使软磁材料的畴壁在磁场中很容易移动,因此,要避免材料自身的缺陷和杂质等阻止畴壁运动的因素在材料内存在,也就是通过使用高纯原料、改善熔炼工艺条件和后加工过程等提高材料的均匀性。

根据材质，软磁材料又可分为金属软磁材料和铁氧体软磁材料两大类。金属软磁材料主要包括纯铁、铁硅合金、铁镍合金和以它们为基础的非晶合金。铁氧体软磁材料主要包括锰锌铁氧体材料和镍锌铁氧体材料两大类。表 4.12 列出了一些典型的软磁工程材料和性能。

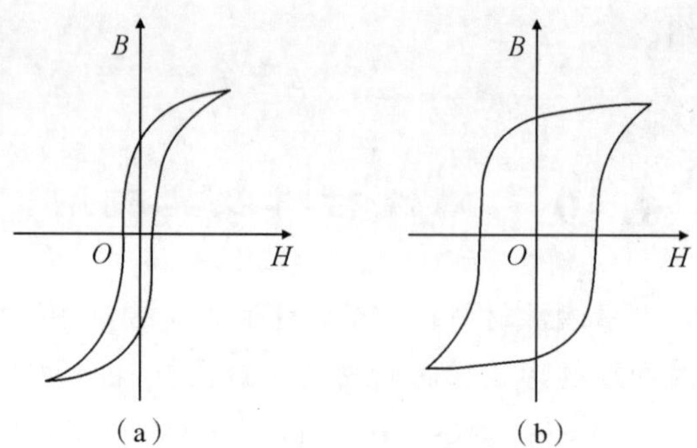

图 4.75　软磁材料和硬磁材料磁滞回线的比较

(a)软磁材料；(b)硬磁材料

表 4.12　一些典型的软磁工程材料和性能

名　称	成分/(%)	相对磁导率		矫顽力 H_c/ $(A\cdot m^{-1})$	剩磁 B_r/T	最大磁感应强度/T	电阻率/ $(\mu\Omega\cdot cm)$
		μ_1	μ_m				
工业纯钢	99.8Fe	150	5 000	80	0.77	2.14	10
低碳钢	99.5Fe	200	4 000	100	0.77	2.14	112
硅钢(无织构)	3Si 余 Fe	270	8 000	60	0.77	2.01	47
硅钢(织构)	3Si 余 Fe	1 400	50 000	7	1.2	2.01	50
4750 合金	48Ni 余 Fe	11 000	80 000	2	1.2	1.55	48
4－79 坡莫合金	4Mo79Ni 余 Fe	40 000	200 000	1	0.8	1.20	58
含钼超磁导率合金	5Mo80Ni 余 Fe	80 000	450 000	0.4	0.78	2.30	65
帕明杜尔铁钴系高磁导率合金	2V49Co 余 Fe	800	80 000	160	1.20	1.58	40
金属玻璃 2605－3	$Fe_{79}B_{16}Si_5$	800	30 000	8	0.30	0.40	125
MnZn 铁氧体	H5C2 (日本 TDK 公司)	10 000	30 000	7	0.09	0.40	15×10^6
NiZn 铁氧体	K5(西门子)	290	30 000	80	0.25	0.33	20×10^{13}

软磁材料的应用十分广泛。根据软磁材料用途的不同，大致可分为以下几个类型。

1)在恒定磁场中应用的软磁材料，如电磁铁、继电器所用的磁芯、磁导体等。它要求材料有高的磁导率及高的饱和磁感应强度，主要应用纯铁或铁硅合金。一般来说，工业上常见纯铁的矫顽力 H_c 为 70～90 A/m，最大磁导率在 5 000～10 000 之间。对铁而言，常通过降低碳含量获得低的矫顽力，比如，采用增加硅的含量或者用氢脱碳等方法实现低碳含量。硅的加入还可以提高电阻率，降低涡流损耗和磁滞损耗等。

2)磁屏蔽用软磁材料,它要求材料有高的磁导率,主要采用铁镍合金。铁镍合金在低磁场中具有高的磁导率、低饱和磁感应强度、很低的矫顽力和低损耗,并具有好的加工成型性能。

3)电力工业用软磁材料,如发电机、电动机以及功率变压器所用的磁芯。这类材料主要工作于强交变磁场,要求材料磁化到饱和磁化强度的 70%～80%,故要求材料的矫顽力 H_c 小,最大磁导率 μ_m 高。由于这类材料的用量大,所以其成本也是一个重要因素。目前这类材料主要采用含硅量 3%～4%的铁硅合金。铁硅合金(即硅钢)通常具有中高频铁损低、磁滞伸缩小、矫顽力小、磁导率高、饱和磁感应强度高和稳定性好等特点。其中,高硅硅钢特别适合作为中高频电动机、变压器以及电抗器的铁芯材料。

4)电信工业用软磁材料,如天线棒、脉冲变压器及各种电感元件所用磁芯。这类材料主要工作于不同频率的弱交变磁场,因此,要求材料的矫顽力 H_c 小、起始磁导率 μ_i 高、能量损耗小。目前这类材料主要有坡莫合金(permalloy)、超坡莫合金(super permalloy)、铁钴合金和 Fe－Co－Ni 合金等。在高频领域,除了应用上述合金的薄片外,更多的是使用软磁铁氧体,主要有 Mn－Zn 铁氧体、Ni－Zn 铁氧体以及少量的 Mg－Zn 铁氧体、Mg－Mn 铁氧体等。

近年来,非晶态软磁材料由于具有电阻率高、矫顽力低、耐腐蚀、机械性能好、低磁致伸缩等特点,所以在电机材料领域具有重要的应用价值。例如,铁基非晶合金材料应用于电机铁芯,可显著降低电机的铁损(iron loss),提高电机效率,尤其对于铁损占主要部分的高速高频电机,如电动车驱动电机、高速主轴电机等,节能效果更好。

除此以外,软磁薄膜材料在促进电子器件的微型化、高频化、低损耗和低噪声等方面具有不可替代的优势,可在微波吸收器、磁性存储器、磁传感器和微电感器等器件中运用,也是磁学研究领域的热点之一。

4.10.2　硬磁材料及其应用

硬磁材料,也称永磁材料(permanent magnet materials),是指矫顽力大(一般认为 $H_c > 1\times10^4$ A/m),难以磁化,且一旦磁化后去掉外磁场仍能长期保持强磁性的材料,其磁滞回线呈宽大型,如图 4.75(b)所示。从图 4.75(b)中可以看出,硬磁材料具有高的剩磁、高的矫顽力和高的饱和磁感应强度,且其磁化到饱和态时需要的外加磁场大。另外,硬磁材料磁滞回线包围的面积中,最大磁能积 $(BH)_{max}$(maximum value of energy product)是衡量磁体储存能量大小的重要参数之一,能全面反映硬磁材料的储磁能力。$(BH)_{max}$越大,在外磁场去掉后,单位面积所存储的磁能也越大,性能也越好,其直接的工业意义是磁能积越大,产生同样效果时所需磁材料越少。磁能积(energy product)是退磁曲线上任意一点的 B 和 H 的乘积。而$(BH)_{max}$在磁滞回线上可采用近似作图法获得:H_c 与 B_r 垂直线的交点 O'与 O 的连线,在退磁曲线(磁滞回线坐标的第二象限部分)上的交点 P 所对应的 B_m 与 H_m,其乘积最大,也就最大磁能积$(BH)_{max}$,具体作图方法如图 4.76 所示。$(BH)_{max}$是评价永磁体强度的最主要指标。根据

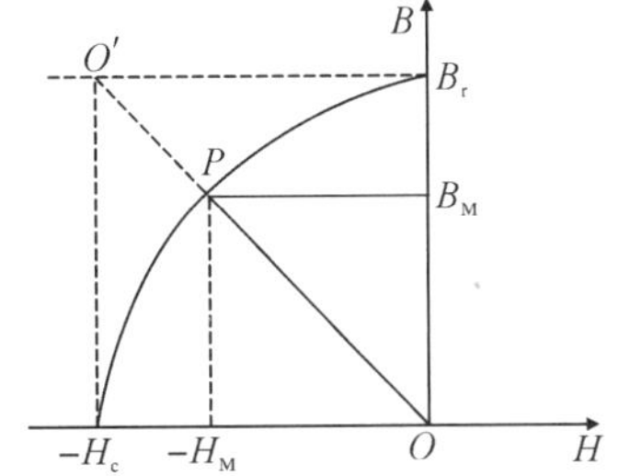

图 4.76　最大磁能积的作图方法

$(BH)_{max}$可确定各种永磁体的最佳形状。$(BH)_{max}$越高的永磁体，产生同样的磁场所需的体积越小；在相同体积下，$(BH)_{max}$越高的永磁体获得的磁场越强。例如，稀土永磁体的$(BH)_{max}$约为450 kJ/m^3，普通磁钢的$(BH)_{max}$约为8 kJ/m^3。通常，若永磁体的尺寸比取$(BH)_{max}$的形状，则能保证永磁体单位体积的磁场能最大。

硬磁材料主要包括金属硬磁材料、铁氧体硬磁材料和稀土硬磁材料三大类。表4.13给出了一些见的硬磁材料的典型性能。

表4.13　一些常见的硬磁材料的典型性能

材　料	$B_r/(10^{-4}\ T)$	$H_c/(10^2\ A\cdot m^{-1})$	$(BH)_{max}/(10^4\ J\cdot m^{-3})$
碳钢	9 000	40	0.16
铬钢	9 000	50	0.23
钨钢	9 800	48	0.20
钴钢	10 000	193	0.82
铝镍钴Ⅱ	8 000	397	1.35
铝镍钴Ⅴ	13 500	570	6.0
铝镍钴Ⅷ	11 300	1 330	10.7
铂铁合金	5 800	1 250	2.4
锰铝合金	4 280	2 150	2.8
铂钴合金	6 400	3 800	7.3
钡铁氧体	2 100	1 400	0.8
锶铁氧体(晶粒取向)	4 000	1 700	2.9
钡铁氧体(晶粒取向)	4 000	1 540	2.9
$PrCo_5$	4 900	2 700	4.3
YCo_5	3 000	1 300	1.2
$SmCo_5$	9 800	12 000	24.0
$(Sm,Er)_2(Co,Cu,Fe)_{17}$	9 900	5 800	22.0
Nd－Fe－B	12 400	11 600	35.5

金属硬磁材料是发展较早的一类，其主要以铁和铁族元素为组元的合金型硬磁材料，主要有Al－Ni－Co和Fe－Cr－Co系两类，这一类材料温度稳定性高，居里温度可高达890 ℃，在某些特殊器件上有着无法取代的地位。金属硬磁材料主要包括以下几类：①淬火硬化磁钢，如高碳钢、铬钢、钨钢等，这是早期发展并应用的一类硬磁材料，其缺点是H_c不高、$(BH)_{max}$不大；②脱溶硬化合金，如铝镍钴永磁合金，这是一类性能优良、用途广泛的硬磁材料，其中Alnico Ⅷ的B_r可高达1.35 T；③超晶格材料，如PtCo合金、PtFe合金、MnAl合金等，其中PtCo合金具有很好的温度稳定性；④微粉材料，如MnBi合金、FeCo合金等，这类材料的特点是便于制造，但性能较差。

铁氧体硬磁材料主要有钡铁氧体和锶铁氧体，其主要的化学式为$MO\cdot 6Fe_2O_3$，其中，M为Ba、Pb、Sr等元素，由于其原料便宜、价格低廉、工艺简单，在20世纪70年代发展迅速。这一类材料的电阻率高，主要应用于微波和高频领域。但是，该类材料通常 B_r 和 $(BH)_{max}$ 不高，温度系数较大。

第三类稀土硬磁材料则是以过渡族金属元素（Fe、Co 等）与稀土元素 Re（Sm、Nd、Pr 等）所形成的金属间化合物为主的一类高性能永磁材料。从 20 世纪 60 年代开始，稀土硬磁材料经历了 $SmCo_5$、Sm_2Co_{17}、Nd－Fe－B 三代的发展。稀土永磁材料是现在已知的综合性能最高（矫顽力最高、磁能积最大）的一种永磁材料，比磁钢的磁性能高 100 多倍，比铁氧体、铝镍钴性能优越得多，比昂贵的铂钴合金的磁性能还高一倍。稀土永磁材料的使用，不仅促进了永磁器件向小型化发展，提高了产品的性能，而且促使某些特殊器件产生。

硬磁材料的主要用途是制成永磁体，在一定的空间内产生恒定的磁场。与电流磁场相比，这种永磁体产生的磁场强度稳定，不需要电源，不发热，体积小，因此被广泛应用于仪表、电信、电力、交通和生活用品等方面。由于硬磁材料具有优异的性能，所以这种材料还在多个领域有着不可替代的地位。例如，将硬磁材料作为发动机、电机、磁存储器里的磁盘，生活中的传感器、话筒、开关等。除此之外，还有工业生产中的继电器，以及医疗方面的磁麻醉、磁疗等方面。

4.10.3　磁存储材料及其应用

从 1899 年丹麦工程师波尔逊（Valdemar Poulsen，1869—1942）发明磁性钢丝录音机（magnetic wire recorder，又称为 telegraphone）开始，磁记录/磁存储技术到现在已经有 120 多年的历史。在这 120 多年中，从录音开始的磁记录技术，到随计算机技术发展起来的磁存储技术（如磁带装置、硬盘等），再逐渐扩展到录像和数码等广阔的磁信息技术领域，磁记录/磁存储材料在当代信息社会中发挥着越来越广泛的作用。2015 年，日本富士通胶片公司与美国 IBM 公司合作，在涂覆型磁带上以钡铁氧体作为记录介质，获得了 123 Gb/in^2（1 in＝2.54 cm）的磁记录密度，创造了当时全球最高的磁记录密度。磁记录技术也由传统的纵向磁记录方式（Longitudinal Magnetic Recording，LMR），发展到现今成熟的垂直磁记录方式（Perpendicular Magnetic Recording，PMR），硬盘面密度以惊人的速度提高。目前，研究人员还在努力研究新的磁存储方式，例如，倾斜磁记录（Tilted Magnetic Recording，TMR）、图案化盘面记录（Patterned Recording，PR）和热辅助磁存储（Heat-Assisted Magnetic Recording，HAMR）等。

磁记录是一种电与磁的转换过程，所用的材料有的是软磁材料，有的是硬磁材料。

对磁记录而言，主要是利用磁性原理输入（写入）、记录、存储和输出（读出）声音、图像、数字等信息的技术。所需的磁记录介质通常由硬磁材料构成，其要求主要包括以下多个方面：具有硬磁特性，要求具有较高的剩磁 B_r 值，适当的矫顽力 H_c 值，磁滞回线接近矩形；磁层表面组织致密，厚薄均匀，平整光滑，无针孔麻点，能经受磁头碰撞和摩擦而不划伤表面；记录密度高；磁层越薄，记录密度越高；对周围环境的温度、湿度变化不敏感，无明显的加热退磁现象，能长期保持磁化状态；输出信号幅度大，分辨率高，噪声低；价格低廉，易于高效率生产等。这些性能的实现不但取决于磁性材料的特性，而且取决于生产工艺水平。其中，如何减少磁层厚度，是提高记录密度、扩大存储容量的关键问题之一。一般而言，磁层越薄，则垂直磁场越小，磁扩散面积越小，因此，记录密度越高。目前，常用的磁记录介质主要有 $\gamma-Fe_2O_3$ 系、CrO_2 系、Fe－Co 系和 Co－Cr 系材料。按形态分类，主要包括颗粒涂布型材料和连续薄膜型材料。颗粒涂布型材料的形态是一些针状的磁粉，其中包括：金属氧化物，如 $\gamma-Fe_2O_3$、Fe_3O_4 和 CrO_2 等；金属微粒，如 Fe、Co、Ni 等。连续薄膜型材料主要是 Co 合金，包括 Co－Ni－P、Fe－Ni－Co、Co－P 等，以及这些材料的不同比例的组合。

磁记录头（即磁头）既可将电脉冲信号转换成介质上的磁化状态，又可将介质上的磁化状态转换成电脉冲信号。由于要不断改变磁场方向，所以磁头需要采用软磁材料，其要求主要包括以下几个方面：具有软磁特性，即当外磁化场撤销后，立即回到未磁化状态；具有高的饱和磁化强度、高的磁导率；低矫顽力，以降低磁头的损失；低剩余磁化强度，有利于抹除不需要的残余磁迹，并降低剩磁引起的噪声；高电阻率，可以降低铁芯的涡流损耗；高截止频率，以提高使用频率的上限；具有较好的热稳定性；等等。常用的磁头材料：合金材料，如坡莫合金、铁硅铝合金和非晶态合金等；铁氧体材料，如锰锌铁氧体、镍锌铁氧体等。其中，坡莫合金机械加工性能好，矫顽力低，饱和磁化强大，多用于磁带机磁头；非晶态合金软材料，如钴铁、钴铁铌等，具有很高的磁导率和磁化强度，矫顽力低，耐磨性好，多用于薄膜磁头和垂直记录磁头上；铁氧体材料电阻率高，耐磨，耐腐蚀，但磁导率和磁通密度不高，机械加工性能差，多用于软磁盘机和硬磁盘机磁头上。表 4.14 和表 4.15 给出了磁头用合金的磁性能和一些磁性薄膜记录介质的典型特性。

除此以外，与磁存储技术相关的材料还包括以下三种：矩磁材料，即磁滞回线接近矩形和矫顽力低的磁性材料；磁泡材料，即在一定外加磁场作用下具有磁泡畴结构的磁性薄膜材料；磁光存储材料，即使光在磁场作用下改变其传输和反射方向的材料。这些材料在磁存储装置和器件等方面分别起到不同作用，以实现对信息的记录和存储。

表 4.14　磁头用合金的磁性能

材　料	μ/(1 kHz)	H_c/(A·m^{-1})(Oe)	B/T(kGs)	ρ/($\mu\Omega$·cm)	维氏硬度
4%Mo 坡莫合金	11 000	2.0(0.025)	0.8(8)	100	120
铝铁合金	4 000	3.0(0.038)	0.8(8)	150	290
铝硅铁合金	8 000	20(0.25)	0.8(10)	85	480

表 4.15　一些磁性薄膜记录介质的典型特性

材　料	沉积过程	取向状况	晶体结构	M/(kA·m^{-1})	H_c/(kA·m^{-1})	S,S^*	K_{11}/(10^5 J·m^{-3})
Co	OIE	IPA	hcp	1 100～1 400	60～120	…	4(块材)
	NIE,SP	IPI	hcp	1 100～1 400	30～60		
Fe	OIE	IPA	bcc	1 600	60～90	…	0.3～3.0
	SP	IPI	bcc	1 600	10		
Ni	OIE	IPA	fcc	400	20～28		
	SP	IPI	fcc	400			
Co－Ni	OIE	IPA	hcp－fcc	800～1 200	30～70		

续 表

材　料	沉积过程	取向状况	晶体结构	M/(kA·m^{-1})	H_c/(kA·m^{-1})	S,S^*	K_{11}/(10^5 J·m^{-3})
Co-Fe	OIE	IPA	bcc	1 400～1 600	60～120	0.9,0.9	
Co-Sm	NIE(e)	IPA	非晶态	500～1 000	33～55	1.1	
Co-P	EL,EP	IPI	hcp	800～1 100	36～95	0.9,0.9	
Co-Re	SP	IPI	hcp-fcc	500～750	18～58	0.9,0.9	
Co-Pt	SP	IPI	hcp-fcc	800～1 400	60～140		
Co-Ni-P	EL,EP	IPI	hcp-fcc	600～1 000	40～120	0.8,0.8	
Co-(原子数分数为 30%)Ni:N_2	SP	IPI	hcp-fcc	650	80	0.95	
Co-Ni:O_2	OIE	IPA	hcp-fcc	300～400	80	0.7～0.8	
Co-Ni-Pt	SP	IPI	hcp-fcc	800～900	60～70	0.9,0.97	
Co-Ni-W	SP	IPI	hcp-fcc	450	30～50	0.8～0.8	
Fe_3O_4	NIE,SP	IPI	I.S.	400	17～32		
γ-Fe_2O_3:Co	SP	IPI	I.S.	220～250	40～100	0.8,0.8	
γ-Fe_2O_3:Co	SP	IPI	I.S.	240	160	0.8,0.8	
Co-(原子数分数为 18%)Cr	SP	⊥	hcp	300～550	80～100(⊥)	…	−1.0
Co-(原子数分数为 20%)Cr	SP	⊥	hcp	400	65～95(⊥)	…	0.15
Co-(原子数分数为 22%)Cr	SP	⊥	hcp	300～340	80～105(⊥)	…	0.4

注:OIE—斜入射蒸镀;NIE—垂直蒸镀;SP—溅射;EL—化学镀;EP—电镀;IPA—平面各向异性;IPI—平面各向同性;⊥—垂直膜面各向异性;hcp—密排六方结构;fcc—面心立方结构;bcc—体心立方结构;IS—反尖晶石结构。

4.10.4　磁流体材料及其应用

磁流体是液体,但显示出磁性。磁流体是把胶体大小(直径为 1×10^{-6} cm 的 Fe_3O_4 粒子)的强磁性微粒稳定地分散于液相中构成的溶液,它没有磁性材料固有的磁滞(剩磁)现象,即使在离心力和磁场作用下也不会发生凝聚和沉降,在表观上显示出液体本身具有磁性的性质。

美国国家航空航天局首先把磁流体有效地用于宇宙空间失重下的火箭燃料供给系统。其后在民用方面已用于旋转轴密封、判别物质比重(向磁流体外加磁场,磁流体则被引向高磁场一侧,若在其中混入各种金属,则按比重进行分离)、磁墨水(把磁流体掺入印刷的墨水中,外加电场后,墨水被吸引在印刷纸侧,绘出文字图案)、药剂的制造(使乳液粒子带磁性,把微量药剂混合在其中,施加磁场可使药剂正确地施于患病部位)等。

长期以来，已得到应用的材料是将 Fe_3O_4 微粒分散制得的材料，这些微粒的粒径约为10 nm，饱和磁化强度为200～600 Gs。使Fe、Co、Fe-Co合金分散的磁流体材料还在研究中。最近出现热导性磁流体，如把Fe、Co微粒分散在Hg中，它能迅速传导并释放所吸收的热能。

4.11 磁性分析的应用

4.11.1 抗磁性与顺磁性分析的应用

合金的磁化率取决于其成分、组织和结构状态，从磁化率变化的特点可以分析合金组织的变化，以及这些变化与成分和温度之间的关系，尤其对有色金属及合金常用这种方法。

1. 研究铝合金的分解

对于顺磁合金，可以通过测量顺磁磁化率的变化来研究其分解机理，这里以常见的Al-Cu合金为例来分析。

取 $w(Cu)=5\%$ 的铝合金试样分别进行淬火和退火处理，然后在不同温度下测量它们的磁化率，测量结果如图4.77所示。图中曲线表示合金退火和淬火状态的磁化率与温度之间的关系。可以看出，由于淬火状态铜和铝形成了过饱和固溶体，铜的抗磁作用对铝的顺磁影响较大，使合金的顺磁磁化率显著降低。退火状态的合金中，有94%的铜以 $CuAl_2$ 的形式存在，因此，铜对铝顺磁性影响较小，故磁化率比淬火状态的高。随着温度的升高，由于在淬火试样中析出 $CuAl_2$ 相，合金的磁化率逐渐增大，而退火试样组织不变，只是受到温度影响，使磁化率单调下降；当温度达到500℃时，淬火和退火试样的曲线就完全重合了，表示过饱和固溶体分解完毕，得到了稳定的平衡组织。若将退火合金与纯铝的磁化率曲线相比，则可看到合金的磁化率较纯铝低，这是由铜的抗磁作用造成的。

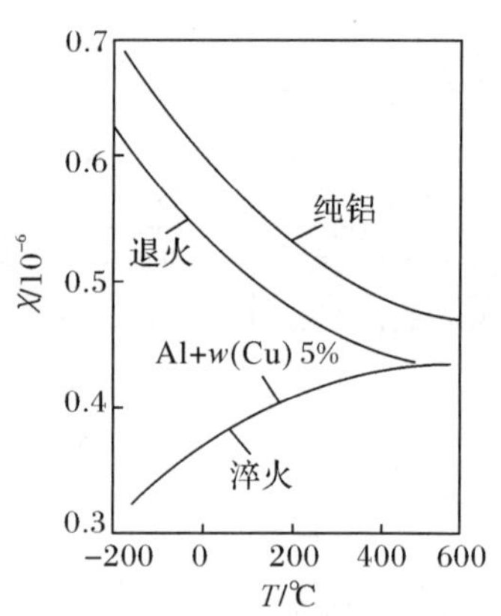

图4.77 Al-Cu合金淬火和退火状态的磁化率与温度的关系

用这种方法很适合研究铝合金时效不同阶段的情况，还可以测出奥氏体不锈钢中微量铁素体，因铁素体使钢的磁化系数明显提高。在加工过程中，由于加工硬化，在奥氏体钢中出现少量铁素体相，会使钢耐腐蚀性能显著下降，由于析出的铁素体数量极少，采用其他方法（包括金相法、X射线法等）很难测出，而磁化率则对微量铁素体存在很敏感，据此可以分析铁素体相产生的条件、原因以及消除的办法。

2. 测定合金的固溶度曲线

根据单相固溶体的顺磁性比两相混合组织高，且混合物顺磁性和成分之间呈直线关系的规律，可以测定合金在某一温度下的最大溶解度。

以 Al－Cu 合金为例，测定铜在铝中的固溶度曲线。首先取不同成分的 Al－Cu 合金，把每种成分的合金制备成若干个试样，将它们分别进行退火或不同温度淬火。然后测出它们的磁化率，并作出与合金成分的关系曲线，如图 4.78 所示。图 4.78 中，曲线 *bm* 是退火试样测得的结果，它所对应的组织是以铝为基的固溶体和 $CuAl_2$ 相的混合物，随着铜含量的增多，$CuAl_2$ 相的数量随之增多，由于铜是抗磁性金属，它所产生的抗磁矩部分抵消了铝所产生的顺磁矩，据计算，形成 $CuAl_2$ 相时，一个铜原子影响两个铝原子，因此，随着 $CuAl_2$ 相数量的增多，合金的磁化率曲线降低，但比较缓慢。不同成分的合金经不同温度淬火后，凡是与 *bm* 平行的线段，例如，450 ℃淬火后的 *en* 线段，均对应于两相混合物组织。

图 4.78 中曲线 *bf* 所对应的组织是铜与铝所组成的单相固溶体。据计算，在固溶体中一个铜原子可影响 14～15 个铝原子的顺磁性，因此，与两相混合物相比，它的磁化率随着铜含量的增加而迅速降低。不同温度淬火后，只要合金处于单相固溶体状态，合金磁化率的变化便与 *bf* 曲线一致。这样合金磁化率随着成分的变化由单相固溶体变为两相混合物组织时，由于斜率不同，曲线上要出现拐折，拐折点所对应的铜含量即是在该淬火温度加热时的最大固溶度。如退火态曲线上的拐折点 *b* 与淬火态曲线上的拐折点 *c*、*d*、*e* 和 *f* 对应的成分分别是室温、300 ℃、400 ℃、450 ℃和 500 ℃下的最大固溶度。取上述各拐点所对应的温度与成分的关系作图，即可获得合金的固溶度的曲线。

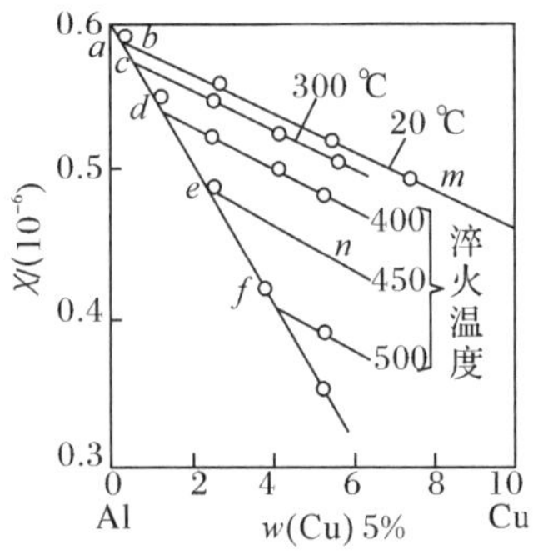

图 4.78　Al－Cu 合金的磁化率与成分和淬火温度的关系

4.11.2　铁磁性分析的应用

铁磁性分析在金属研究中应用广泛，它可以用来研究合金的成分、相和点阵结构、应力状态以及组织转变等方面的问题。

1. 测定钢中的残余奥氏体数量

各种钢淬火后，室温组织中或多或少地都存在残余奥氏体，钢中残余奥氏体的存在对其工艺及力学性能有重要影响。例如，对于工具钢，残余奥氏体的存在可以减少淬火变形；对高强度钢和超高强度钢，一定数量的残余奥氏体可显著改善断裂韧性；轴承钢从尺寸稳定出发，要求把残余奥氏体量限制在一定的范围内，研究表明，GCr15 钢中的残余奥氏体有利于提高接触疲劳强度和寿命。因此，测定钢中残余奥氏体含量具有重要的实际意义。

淬火钢中残余奥氏体和合金碳化物是顺磁相，其余皆为铁磁相。我们首先介绍淬火钢中只有马氏体和残余奥氏体时的简单情况，然后再讨论淬火钢中存在两个以上顺磁相的情况。

(1)淬火钢中有一个铁磁相和非铁磁相

确定残余奥氏体的数量实际上都是通过先测量淬火钢中马氏体的数量后，再扣除马氏体的数量得到的。因此，实验的磁场强度必须使试样能够达到饱和状态，才能准确地测量马氏体的数量。

在钢淬火得到马氏体和残余奥氏体的两相系统中，其饱和磁化强度 M_s 为

$$M_s = M_M \frac{V_M}{V} + M_A \frac{V_A}{V} \tag{4.82}$$

式中：M_s 为待测试样的饱和磁化强度；M_M 为马氏体的饱和磁化强度；M_A 为残余奥氏体的饱和磁化强度；V_M 为马氏体的体积；V_A 为残余奥氏体的体积；V 为试样体积。由于奥氏体是顺磁体，$M_A \approx 0$，则式(4.82)可改写为

$$\frac{V_M}{V} = \frac{M_s}{M_M} \tag{4.83}$$

式(4.83)给出的是试样中马氏体的相对体积含量。因此，残余奥氏体的体积含量为

$$\varphi_A = \frac{V - V_M}{V} = \frac{M_M - M_s}{M_M} \tag{4.84}$$

这种方法是利用待测试样的饱和磁化强度 M_s 与一个完全是马氏体的试样的饱和磁化强度 M_M 作比较，从而求得残余奥氏体的体积百分数，这个纯马氏体的试样称为标准试样。要获得纯马氏体组织的试样非常困难，在实际测量中常用相对标准试样来代替理想马氏体试样，即用淬火后立即进行深冷处理或回火处理的试样作为相对标准试样。

(2)淬火钢中含有两个或更多非铁磁相

高碳钢淬火组织由马氏体、残余奥氏体和碳化物组成，后两者均为非铁磁相，此时，残余奥氏体量为

$$\varphi_A = \frac{M_M - M_s}{M_M} - \varphi_C \tag{4.85}$$

式中：φ_C为碳化物体积分数，可通过定量金相法或电介萃取法确定。

利用上述方法测定残余奥氏体时，试样和标准试样的饱和磁化强度可用冲击磁性仪法和热磁仪法测出，常用的是冲击磁性仪法，这种方法测量速度快、精度高。

2.研究淬火钢的回火转变

钢在淬火后，无论是马氏体，还是残余奥氏体，它们都是不稳定的组织，回火时随着回火温度的升高，会产生马氏体分解与奥氏体分解、碳化物的析出及聚集等过程。

多相系统的磁化强度服从相加原则，由于回火过程中组织发生变化，必然导致磁化强度的变化，故可采用饱和磁化强度随回火温度的变化作为相分析的根据。从饱和磁化强度的变化来确定不同相分解发生的温度区间，判断生成相的性质。

残余奥氏体分解时，饱和磁化强度的变化最为显著，这是由于残余奥氏体是顺磁相，但是它的转变产物都是铁磁性的，所以，残余奥氏体分解必然引起饱和磁化强度的增高。

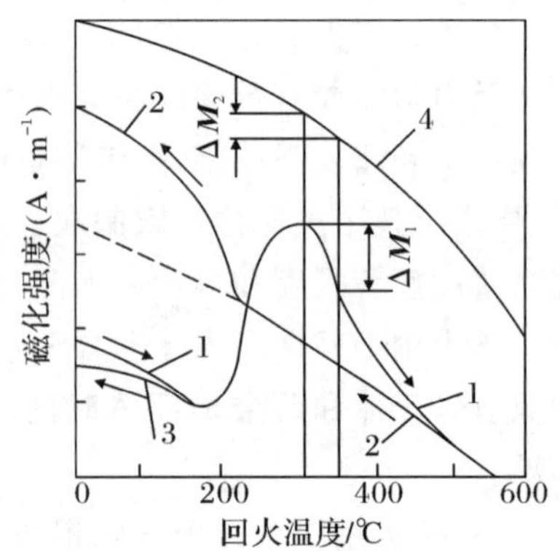

图 4.79　T10 钢淬火试样回火时饱和磁化强度的变化曲线

图 4.79 给出了 T10 钢淬火试样回火时饱和磁化强度的变化曲线，多数合金钢的曲线与此类似。饱和磁化

强度的测量采用冲击法，可以在连续加热时测量，也可以在等温停留时测量，如采用连续测量可在热磁仪上进行。图中曲线 1 表明，在 20～200 ℃加热时，磁化强度缓慢下降，冷却时则不沿原曲线恢复到原始状态，而是沿曲线 3 升高，这说明试样内部组织发生了转变，即所谓回火第一个阶段的转变。

现已清楚，碳钢在回火过程中析出的碳化物分为三种：渗碳体 θ、χ 碳化物和 ε 碳化物，它们的居里点是 210 ℃、265 ℃和 380 ℃。ε 相形成的温度较低，χ 相形成的温度较高，θ 相形成的温度最高。

在分析回火过程中，当磁饱和强度变化时，必须分清是温度的影响，还是组织变化的影响。曲线 1 在 20～200 ℃下降的原因：从磁饱和强度和加热温度的关系看，它是与一般下降的规律一致的，这里存在着温度的影响，但若只是温度的影响，则曲线应当是可逆的，而实际却是不可逆的，这说明试样内部还发生了组织的变化，从马氏体中析出了 ε 碳化物。由于碳化物的磁化强度比马氏体低也会导致曲线下降。组织变化的不可逆会表现出磁化强度变化也不可逆。

在 200～300 ℃范围内是回火的第二个阶段，其特点是曲线随温度升高而急剧升高，此时，虽然温度升高导致饱和磁化强度的下降仍然存在，但残余奥氏体分解生成的回火贝氏体都是强铁磁相，另外，对析出相 θ 和 χ 来说，该温度已接近和高于它们的居里点，将引起磁化强度下降。所有这些因素中，残余奥氏体分解的影响占主导地位，它决定了曲线上升。

回火过程的第三个阶段是在 300～350 ℃区间，在这个温度区间内，磁化强度曲线显著下降。这里也同样存在着温度对磁化强度的影响，但应注意，这个温度范围距离铁的居里点还较远，不会引起急剧下降。从工业纯铁的磁化曲线 $M(t)$ 可以看出，磁化强度的变化 ΔM_2 远远小于淬火钢的变化 ΔM_1，这说明除温度影响外，主要还是组织变化造成的。在这个区间中 θ 和 χ 是顺磁的，它们对磁化强度已无影响，而残余奥氏体分解只能导致饱和磁化温度升高，因此，只能从 α 相和 ε 相的变化寻找引起磁化强度剧烈下降的原因。X 射线结构分析证明，在 300 ℃以上，马氏体中的含碳量应为 0.2%，这与原来的含碳量无关，而且实验证明，ΔM_1 的大小随含碳量的增加而增大，说明马氏体分解在继续进行，造成了饱和磁化度下降。此外，还有 ε 相在 250 ℃回溶，析出的 χ 相及转变的 θ 相都变为顺磁性的，也导致了磁化强度的下降。

350 ℃以上曲线单调下降，在 350～500 ℃区间，试样的磁化强度和退火状态还存在一个差值，这说明回火组织还没有达到稳定的平衡状态。故可推断在此温度区间淬火钢中仍存在相变。这里距离铁的居里点还较远，温度的影响是存在的，但并不大，下降的主要原因：χ 相和铁作用生成 Fe_3C，造成了铁素体基体的质量分数减小，而导致 $M(t)$ 曲线下降。

当温度高于 500 ℃时，$M(t)$ 曲线下降和冷却过程升高是可逆的，这说明在此之前已完成淬火组织的所有转变，而达到平衡组织状态。这里使 $M(t)$ 曲线下降的原因只有温度的影响，在此温度范围完成渗碳体的聚集与球化，但这个过程不能反映在组织结构不敏感的性质上。

为了确定第一和第二阶段的界限，可将淬火试样以温度 $t_1, t_2, t_3, \cdots t_i$ 回火，然后在室温下测量试样的磁化强度 $M_1, M_2, M_3, \cdots, M_i$。取它们和淬火试样 $M_{淬}$ 的差值，即 $\Delta M = M_{淬} - M_i$，作

出 $\Delta M-t$ 的关系曲线，如图 4.80 所示。由于温度升高，ΔM 随之增加，它表示马氏体分解增加了。到某一温度 t_i 时，ΔM 增到极大，此后，M 开始下降，t_i 就是残余奥氏体分解的温度。t_i 还和停留时间有关，停留时间越长，t_i 就越低。

还有一些钢的 ΔM 变化不明显，例如高合金钢，可以在回火后补充测定冷却曲线，如图 4.81 所示。图中曲线 1 表示在加热和冷却的过程中组织没有发生变化，因此表现出磁化曲线 $M(t)$ 是可逆的。曲线 2 和 3 是不可逆的，故可以断定，回火过程中产生了相变。冷却曲线 2 增高了，说明在冷却过程中存在着残余奥氏体分解。冷却曲线 3 降低了，说明存在着马氏体分解，但曲线 3 还不能说明分解是在加热，还是在冷却过程产生的。为了解决这个问题，可作出同一钢种退火试样的 $M_0(t)$ 曲线，再把淬火试样的 $M(t)$ 曲线与退火的相比较，如果 $M_0(t)/M(t)$ 随温度升高而下降，则是奥氏体分解，如随温度升高而上升，则是马氏体分解，用这种方法可以评定高速钢的红硬性。

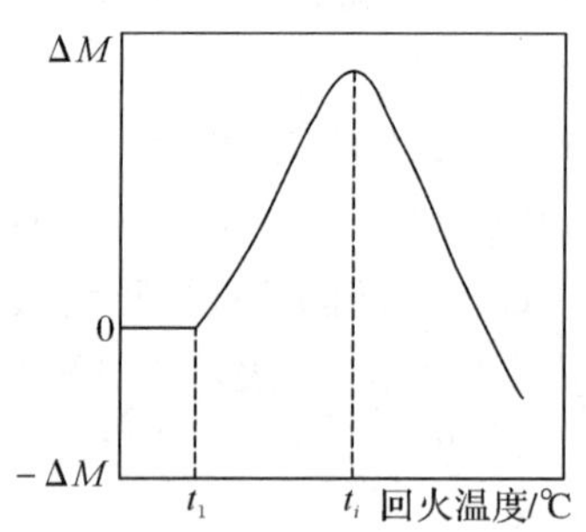

图 4.80　确定残余奥氏体开始分解温度示意图

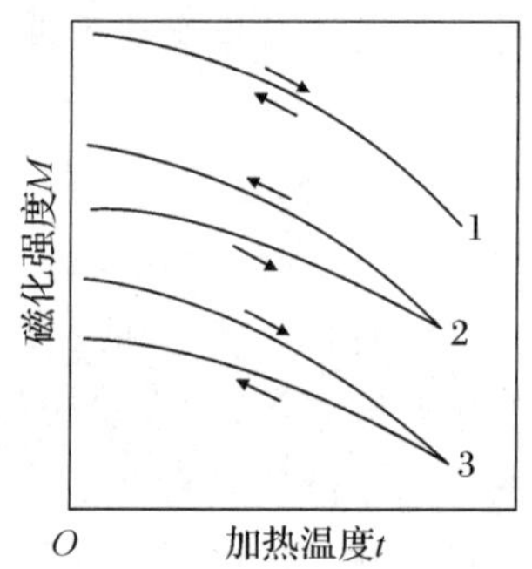

图 4.81　高合金钢低温和中温回火磁化强度的变化特性

3. 研究过冷奥氏体等温分解

建立钢的 C-曲线对于研究钢的热处理有重要的意义。建立 C-曲线的基础是测定出过冷奥氏体等温分解的动力学曲线，用磁性法测定钢的等温分解动力学曲线快而准，故用得较多。研究过冷奥氏体等温分解过程中数量的变化，选择饱和磁化强度作为测量参数，它和转变产物的数量成正比。

测量过冷奥氏体转变的动力学曲线，较常用的是热磁仪，其优点是可以进行连续测量，而冲击法则不能连续测量，故用得较少，感应式热磁仪常用于一般的定性分析。研究等温分解必须严格控制加热和等温的温度等条件，才能保证实验数据的重复性及可靠性。

C-曲线的建立范围常在 A_1 点和 M_s 点之间，只有测量温度低于转变产物的居里点时才可以应用，当测量温度接近居里点时，转变产物的磁性很弱，需要更强的磁场并要求仪器有更高的灵敏度。

经测量亚共析钢奥氏体等温转变的动力学曲线如图 4.82(a)所示。从图 4.82(a)可以看出，$M(\tau)$曲线经 τ_1 开始上升，τ_2 达到终了，τ_1 和 τ_2 是转变的开始及终了时间。众所周知，亚共析钢中存在着先共析铁素体转变，因此，τ_1 实际上表示铁索体开始析出的时间，如图 4.82(b)所示。在 τ_1 之后一段时间 τ_3 时才开始珠光体转变，τ_3 可用曲线中出现明显的折点来确定，或者用淬火后观察金相组织的方法来确定。

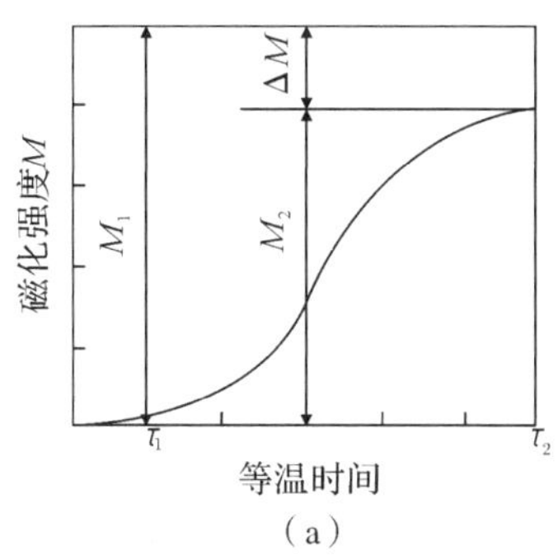

(a)

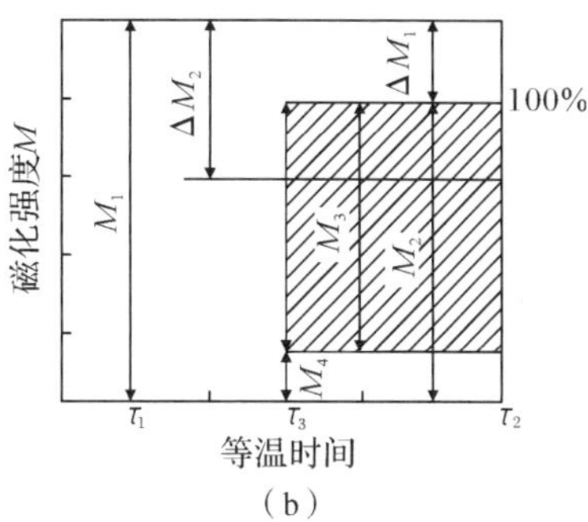

(b)

图 4.82　亚共析钢等温转变的动力学曲线

(a)亚共析钢奥氏体等温转变的动力学曲线；(b)亚共析钢奥氏体等温转变的程度

要确定每个时间奥氏体分解的数量，则需要采用标准试样来进行比较。对碳钢可用工业纯铁作标准试样，测量出纯铁的磁饱和强度 M_1 和试样转变终了的磁饱和强度 M_2，可根据 M_1 和 M_2 的差值 ΔM 判断最后转变的程度，如图 4.82(b)所示。由于转变产物中有渗碳体存在，在高温它是顺磁性的，所以即使奥氏体完全转变，ΔM 也不可能等于零。渗碳体的数量可以用退火试样的饱和磁化强度和温度的关系曲线计算出来，由渗碳体造成的磁化强度变化 ΔM_1 也可计算出来。对于奥氏体分解不完全的情况所产生的饱和磁化强度和铁的饱和磁强度的差值不是 ΔM_1，而是 ΔM_2，显然 $\Delta M_1 < \Delta M_2$。只有当奥氏体完全转变时，才能达到 $\Delta M_1 = \Delta M_2$。假设奥氏体的成分不变，则转变产物和奥氏体的数量成正比，全部转变后的磁饱和强度 $M_2 = M_1 - \Delta M_1$。考虑到先共析铁素体对磁化强度的影响，由珠光体转变造成的饱和磁化强度的变化 $M_3 = M_2 - M_4$，此处，M_4 是先共析铁素体对饱和磁化强度的影响。若 M_3 作为奥氏体转变为珠光体定为 100%，则其坐标原点应从 M_3 开始。按这个坐标可以定出在 τ_3 和 τ_2 范围内任何时间奥氏体分解的数量。

作出不同温度下的等温转变动力学曲线，确定出转变开始及终了的时间，然后将坐标转换为温度-时间关系曲线，即可绘出 C－曲线。

4. 测定合金固溶度曲线

铁磁性测量也可以用来确定合金固溶度曲线，根据单相和两相合金磁性能的变化规律可以确定合金的溶解度。

在置换式固溶体中，当成分超过饱和溶解度时，矫顽力和成分的关系发生变化，故常用矫顽力来测定固溶体合金的饱和溶解度，如 Fe－Mo 合金，测出其矫顽力和成分的关系，如图 4.83 所示。当 Mo 含量小于 7.5% 时，矫顽力不变，说明在这个浓度范围内，Mo 在 α－Fe 中连续固溶；当 Mo 含量大 7.5% 时，矫顽力随 Mo 含量的增加而上升，表明合金组织中除了饱和的 α－Fe 固溶体外，还出现第二相 Fe_3Mo_2，从而形成了合金的多相

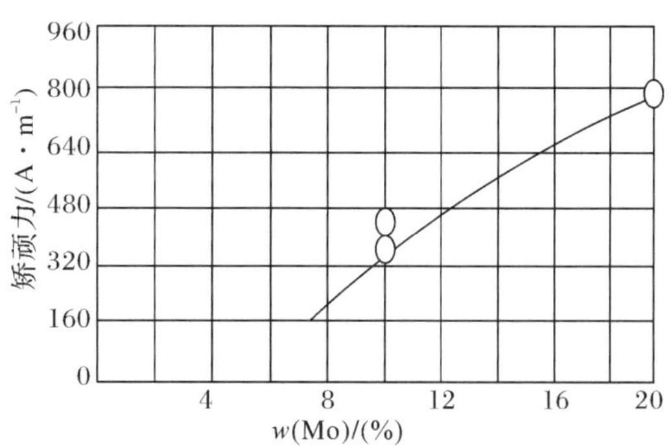

图 4.83　Fe－Mo 合金的矫正力与 Mo 含量的关系曲线

区,实验证明,第二相越多,矫顽力越大,在曲线上出现的转折点,即在该温度下的饱和溶解度。

如取一系列不同成分的合金,加热到不同淬火温度,测定其相应的转折点,然后将其转换成温度和成分的关系,即得到合金的固溶度曲线。

▶课程思政素材◀

案例一——从磁性材料的发展史入手,培养学生的爱国主义情怀和科技创新能力

自公元前1世纪,司马迁《史记》中描述黄帝作战用到的指南针,我国就开始了对磁性材料的认识,也是最早关注磁性材料的国家。在宋朝,磁性材料在航海方面得到了广泛应用,指南针的应用改变了世界航海史。直到1600年,英国才出现关于磁石的著作。在磁性材料的研发和应用上,1931—1933年,日本发明并研发了第一代和第二代磁性材料。1983年,美国通用汽车又研发了钕铁硼磁性材料,成为了30多年来磁性材料的主流。近年来,世界各国都在争相研发新一代磁性材料,如钐铁氮永磁、纳米复合稀土永磁等,但目前效果仍不理想,钕铁硼的地位仍占据主体地位。通过整个磁性材料的发展史,学生可充分了解和认识在历史发展进程中,我国科技的发展和成就,这有利于培养学生的爱国主义情怀。但我们也发现,在磁性材料的发展过程中我国曾出现了空档期,这段时期被日本、美国赶超,即使我国现在已成为全球最大的磁性材料的制造基地,但我国钕铁硼产品档次相对较低,附加值与日本企业相比差距较大。经过对比分析,也让学生充分认识我国目前某些科技领域仍存在的不足,需要学生有意识地提高个人科技创新能力,为未来中国的科技发展贡献力量。

案例二——从材料的磁化过程入手,培养学生的辩证统一思想

材料的磁化过程可分为畴壁的可逆位移、不可逆磁化阶段、磁畴内磁矩的转动阶段和趋近饱和阶段。在外加磁场的作用下,可以对烧结后的磁性材料进行充磁,致使磁性材料带有磁性。当外加磁场较小时,虽然实现了磁畴壁的移动,造成了样品的磁化,但随着外加磁场的撤销,磁畴壁又会退回原来状态,样品对外表现为磁中性;随着外加磁场的增加,磁畴壁发生了巴克豪森跳跃式的变化或者磁畴结构的突变,才能使第一阶段的可逆过程变为不可逆;继续增加磁场强度造成磁畴磁矩的转动,使得磁化强度增加,直至达到高场顺磁过程,这才完成了材料的磁化过程。由此,可以联想到辩证法中从量变到质变的飞跃,从事物的规律性变化到事物根本性质的变化,即事物的变化过程超出了度的界限。古人云:"应知学问难,在乎点滴勤。"司马迁15年著就《史记》,达尔文20年完成了《物种起源》,马克思40年成就了《资本论》。正如荀子在《劝学》中所说:"不积跬步,无以至千里;不积小流,无以成江海。"《老子》一书中:"合抱之木,生于毫末;九层之台,起于垒土;千里之行,始于足下。"对学生而言,无论是学习过程和科研工作,还是后续工作中的经验积累和能力提升,都需要充分认识到任何事情只能循序渐进、脚踏实地去完成,量变到一定程度才会发生质变。

案例三——从居里温度的确定,培养学生在辩证法中寻找对立统一的规律

磁性从宏观来看是材料特性的一个现象表征,从本质来看是物质微观结构变化而引起的特性体现。无论是物质的原子结构组成变化,还是原子的相互作用、键合情况的改变,都是研究磁性材料内部结构的重要方法之一。材料磁性能的有无是铁磁性或亚铁磁性物质与顺磁性物质的转变过程，这一变化过程的决定因素与该材料的居里温度直接相关，从微观角度反映出材料的晶体结构发生了变化。电饭锅之所以能把米饭煮熟，究其原因就是把一块居里温度为 103 ℃的磁性材料安装在电饭锅底部的巧妙设计。从居里温度确定的启示，研究出了人们日常生活中煮饭的电饭锅。电源给电饭锅供电加热，导致锅底磁性材料金属点阵热运动加剧，由此影响了磁畴磁矩的有序排列。当电饭锅内温度达到 100 ℃，势必造成电饭锅内水变成水蒸气直至消失。继续加热，电饭锅内的温度继续升高，当温度到达大约 103 ℃(居里温度)时，破坏了锅底磁性材料磁畴磁矩的整齐排列，磁畴被瓦解，变为顺磁物质，与磁畴相联系的一系列铁磁性质全部消失，相应的铁磁物质的磁导率转化为顺磁物质的磁导率。由于磁铁失去了对这块居里温度为 103 ℃磁性材料的吸力作用，所以就停止了对电饭锅的加热作用。在居里温度以上，高温作用引起磁性材料内部原子的剧烈运动，出现了混乱无序排列的原子磁矩，铁磁物质的磁化强度随温度升高而下降，它确定了磁性器件工作的上限温度。超过居里温度，磁芯的电感量会减小直至消失，电路无法正常工作。

在当今资源匮乏的情况下，通过对材料居里温度的确定，可以实现材料回收再利用，达到节约资源的目的。另外，磁性材料案例分析可以培养学生的可持续发展理念，培养学生透过现象看本质的能力。通过居里温度结合材料的充磁与退磁的应用案例还可以培养学生在辩证法中寻找对立统一的规律，所有事情的过程和结果都不是一成不变的，这可激励学生立足于现在，积极努力改变现状，为未来的人生做出合理的规划。

习　题

1. 说明以下基本物理概念：磁感应强度、剩余磁感应强度、磁场强度、磁化率、磁导率、磁化强度、饱和磁化强度、磁矩、抗磁性、顺磁性、反铁磁性、亚铁磁性、铁磁性、居里温度、矫顽力、剩磁、磁化功、易磁化方向、磁晶各向异性能、磁晶各向异性常数、静磁能、磁场能、退磁能、磁致伸缩、磁致伸缩系数、饱和磁致伸缩系数、磁弹性能、应力磁各向异性、自发磁化、磁畴、交换积分、交换能、奈尔温度、畴壁能、畴壁、技术磁化、巴克豪森跳跃、交流磁化曲线、最大磁能和磁损耗因子、铁损、趋肤效应、涡流损耗、磁滞损耗、剩余损耗、磁后效。

2. 给出 $\boldsymbol{B}$、$\boldsymbol{H}$、μ、χ、μ_r、μ_0 这几个符号的中文物理量名称，并写出这几个物理量间的关系表达式。

3. 什么是磁滞损耗？磁滞回线包围的面积代表什么含义？请在 $\boldsymbol{M}(\boldsymbol{B})$-$\boldsymbol{H}$ 磁滞回线中标出 $\boldsymbol{M}_s$、$\boldsymbol{B}_s$、$\boldsymbol{H}_c$、$\boldsymbol{M}_r$、$\boldsymbol{B}_r$，并能给出相应的中文物理量名称。

4. 在 500 A・m^{-1}的磁场中，一块软铁的相对磁导率为 2 800。请计算在此磁场强度下，该软铁中的磁感应强度($\mu_0=4\pi\times10^{-7}$ H・m^{-1})。

5. 磁畴的出现是多种能量因素综合作用的结果，写出与这些能量有关的因素，并分析磁畴结构产生的主要过程。

6. 铁磁性产生的两个条件是什么？与反铁磁性有什么差异？

7. 抗磁性和顺磁性的差异是什么？

8.绘出抗磁体、顺磁体、铁磁体、亚铁磁性材料、反铁磁性材料的磁化曲线,并说明产生这些特性的原因。

9.什么是居里点和磁致伸缩?

10.布洛赫畴壁和奈尔畴壁有什么差别?

11.畴壁能和壁厚间有什么关系?为什么畴壁的能量高于畴内?

12.解释铁磁性材料的膨胀反常原因。

13.解释铁磁性材料的技术磁化过程。各个技术磁化阶段的特点是什么?什么是单畴体?单晶体一定是单畴体吗?

14.简要说明畴壁迁移和磁畴旋转。

15.简要说明杂质对畴壁移动的作用。

16.弹性应力对金属的磁化有什么影响?并简要分析原因。

17.动态磁滞回线有哪些特点?

18.指出引起铁磁体中能量损耗的几种现象。

19.简要说明硬磁材料和软磁材料的磁特性。

20.分析抗铁磁、顺铁磁、反铁磁、亚铁磁性的磁化率与温度的关系。

21.什么是自发磁化?铁磁体形成的条件是什么?有人说"铁磁性金属没有抗磁性",对吗?为什么?

22.分子场的本质是什么?在铁磁体中它起什么作用?

23.试用磁畴模型解释软磁材料的技术磁化过程。

24.磁畴大小和结构由哪些条件决定?从能量角度加以分析。

25.哪些磁性能参数是组织敏感的?哪些是不敏感的?举例说明成分、热处理、冷变形、晶粒取向等因素对磁性的影响。

26.什么是磁弹性能?它受哪些因素影响?

27.饱和磁化强度的大小与哪些因索有关?哪些添加元素可使铁基合金的磁化强度增加或减少,为什么?

28.什么是起始磁导率?哪些应用场合要求合金的起始磁导率高?起始磁导率受哪些因素影响?

29.什么是最大磁导率?举例说明提高软磁材料最大磁导率的途径。

30.提高材料的矫顽力的途径有哪些?

31.什么是最大磁能积?为什么许多应用场合均要求永磁材料的最大磁能积越大越好?提高最大磁能积的途径是什么?

32.铁棒中一个铁原子磁矩是 $1.8\times10^{-23}\ \mathrm{A\cdot m^2}$,铁的密度是 $7.8\times10^{-3}\ \mathrm{A\cdot m^3}$,相对原子质量为55.85,阿伏加德罗常数为 $6.023\times10^{23}\ \mathrm{mol^{-1}}$。

(1)一个达到磁饱和的铁棒(10 cm×1 cm×1 m),平行于长轴方向磁化,其磁矩是多少?

(2)假设(1)问中铁棒中的磁矩方向平行于长轴永久固定,为了保持棒垂直于50 000 Gs作用下的磁场,所需的力矩是多少?

33. 一个合金中肯定有两种铁磁性相，用什么实验方法证明(绘出实验曲线说明)?

34. 磁性法测残余奥氏体含量对标样的理论要求是什么？常采用的制取标样的方法有哪些?

35. 面心立方结构的奥氏体是顺磁性的，奥氏体不锈钢从 1 000 ℃急冷淬火也是顺磁性的，但奥氏体不锈钢经冷卷或严重变形就会变成铁磁性的，或从 1 000 ℃缓冷，奥氏体不锈钢也表现出铁磁性。解释产生这些现象的原因。

36. 自发磁化的物理本质是什么？材料具有铁磁性的充要条件是什么?

37. 比较铁磁体中五种能量的以下几方面：

(1)数学表达式；

(2)来源和物理意义；

(3)对磁矩取向的作用。

38. 用能量的观点说明铁磁体内形成磁畴的原因。

第5章　材料的光学性能

5.1 概　　述

材料对可见光的不同吸收和反射性能使我们周围的世界色彩缤纷。玻璃、塑料、晶体、金属和陶瓷都可以成为光学材料。作为一种特殊材料，光学材料是光学仪器的基础。它们由于在一些高新技术上的应用，已越来越受到人们的青睐。

光学玻璃的生产已有200多年的历史，其传统的应用有望远镜、显微镜、照相机、摄影机、摄谱仪等使用的光学透镜。而今除传统的应用外，又出现了高纯、高透明的光通信纤维玻璃。这种玻璃制成的纤维对工作频率的吸收低达普通玻璃的万分之几，使远距离光通信成为可能。钕玻璃是应用最广泛的大功率激光发射介质。20世纪70年代以来，国内外先后采用钕玻璃建立了输出脉冲功率为$1\times10^{12}\sim1\times10^{14}$ W的高功率激光装置。掺钕的钇铝石榴石晶体在中小型脉冲激光器和连续激光器方面都得到广泛应用。陶瓷、橡胶和塑料在一般情况下对可见光是不透明的，但是，橡胶、塑料、半导体锗和硅却对红外线透明。因为锗和硅的折射率大，故被用来制造红外透镜。光学塑料做隐形眼镜已被普遍采用。聚甲基丙烯酸甲酯、苯乙烯、聚乙烯、聚四氟乙烯等光学塑料的许多优点之一，就是对紫外和红外光的透射性能均比光学玻璃好。许多陶瓷和密胺塑料制品在可见光下完全不透明，但却可以作食品容器在微波炉中加热，因为它们对微波透明。由于金和银对红外线的反射能力最强，所以常被用作红外辐射腔内的镀层。

另外，光学玻璃等透光材料，折射率和色散这两个光学参数是其应用的基本性能，还涉及光在透明介质中的折射、散射、反射和吸收，以及诸如光泽、乳浊等与釉彩相关的陶瓷表面光学性能。例如建筑瓷砖(面砖)、餐具、艺术瓷、搪瓷、卫生瓷等，对它们的光学性能则要求颜色、光泽、半透明度等多种表面效果。

发光材料的进步对于信息显示技术有重要意义，它给人们的生活带来了巨大的变化：1929年，斯福罗金(Zworykin)成功地演示了黑白电视接收机；1953年，出现了彩色电视广播；1964年，以稀土元素的化合物为基质和以稀土离子掺杂的发光粉问世，从而成倍地提高了发红光材料的发光亮度，这一成就使得“红色”能够与“蓝色”和“绿色”的发光亮度相匹配，实现了如今这种颜色逼真的彩色电视。光盘与光记录不论对电子计算机，还是对激光唱盘或影碟都是一次非凡的突破。彩色照相技术的出现也给人们的生活增添了一份乐趣。这一切都与材料光学性能的开发和应用联系在一起。

本章主要介绍光传播电磁理论、光的反射与折射、光的吸收和色散、晶体的双折射和二向色性、介质的光散射、发光材料等。

5.2　光传播的基本理论

5.2.1　波粒二象性

光是人类最早认识和研究的一种自然现象。然而对于光的本质的认识，在人类历史上却经历了长期的争论和发展过程。早期以牛顿为代表的一种观点认为，光是一种由光源飞出的粒子流，并以此观点解释了反射和折射定律。后来，随着生产和技术的发展，又发现了许多用光的直线传播概念不能解释的复杂现象，出现了以惠更斯为代表的观点，认为光是一种波动。1860 年，麦克斯韦创立了电磁波理论后，既解释了光的直线行进和反射，又解释了光的干涉和衍射，表明光是一种电磁波。随后人们还测量到光的有限速度。因此，19 世纪初叶和中期成了波动说占统治地位的时期。然而在 19 世纪末，当人们深入研究光的发生及其与物质的相互作用(如黑体辐射和光电效应)时，波动说却遇到了新的难题。1900 年，普朗克提出了光的量子假设并成功地解释了黑体辐射。接着，1905 年，爱因斯坦进一步完善了光的量子理论，不仅圆满地解释了光电效应，而且解释了后来的康普顿效应等许多实验。

爱因斯坦理论中的光量子(光子)不同于牛顿微粒学说中的粒子。他将光子的能量、动量等表征粒子性质的物理量与频率、波长等表征波动性质的物理量联系起来，并建立了定量关系。因此，光子是同时具有微粒和波动两种属性的特殊物质，是光的双重本性的统一。1924 年，德布罗意创立了物质波假说，后又很快被电子束衍射实验所证实。这一切都说明，波动性和粒子性的统一不仅是光的本性，而且也是一切微观粒子的共同属性。1927 年，狄拉克提出了电磁场的量子化理论，进一步以严格的理论形式把波动理论和量子理论统一起来，大大提高了人们对的光本质的认识。

尽管人们对光的本质有了全面认识，但这并不排除经典理论在一定范围内的正确性。在涉及光传播特性的场合，只要电磁波不是十分微弱，经典的电磁波理论还是完全正确的。当涉及光与物质相互作用并发生能量、动量交换的问题时，才必须把光当作具有确定能量和动量的粒子流来看待。本章在讨论材料的光学性能时，将根据需要分别或同时采用光子和光波两种概念。

5.2.2　光的电磁性

光是一种电磁波，它是电磁场周期性振动的传播所形成的。在光波中，电场和磁场总是交织在一起。麦克斯韦的电磁场理论表明，变化着的电场周围会感生出变化的磁场，而变化着的磁场周围又会感生出另一个变化的电场，如此循环，电磁场就以波的形式朝着各个方向向外扩展。电磁波具有宽阔的频谱，如图 5.1 所示，其中可以用光学方法进行研究的那一部分光波只占很小的一部分，它的范围从远红外到真空紫外并延伸到软 X 射线区。光波中，人眼能够感受到的仅占一小部分，其波长大约在 390～770 nm 范围内，对应的频率范围为 $7.7\times10^{14}\sim4.1\times10^{15}$ Hz，这部分光被称为可见光。在可见光范围内，不同的波长引起不同的颜色视觉。图 5.1 中给出了各种颜色的光波所对应的波长范围。光波是一种横波，其中的电场强度 $\boldsymbol{E}$ 和磁场强度 $\boldsymbol{H}$ 的振动方向互相垂直。它们和光波的传播方向 S(即光的能量流动方向)之间构成一个直角坐标系，如图 5.2 所示。图中的电场强度 $\boldsymbol{E}$ 平行于 x 轴，电振动始终保持在 $x-z$ 平面内，磁振动则平行于 y 轴并保持在 $y-z$ 平面内，光波则沿 z 轴传播出去。由于人的视觉、植物的光合作用，以及绝大多数测量光波的仪器对光的反应主要由光波中的电场所引起，磁场对介质的作用远比电场要弱，而且一旦得到电场强度就可以算出磁场强度，所以，实际讨论光波时往往只需考虑电场的作用，而将磁场忽略。因此，电场强度矢量被直接作为"光矢量"。

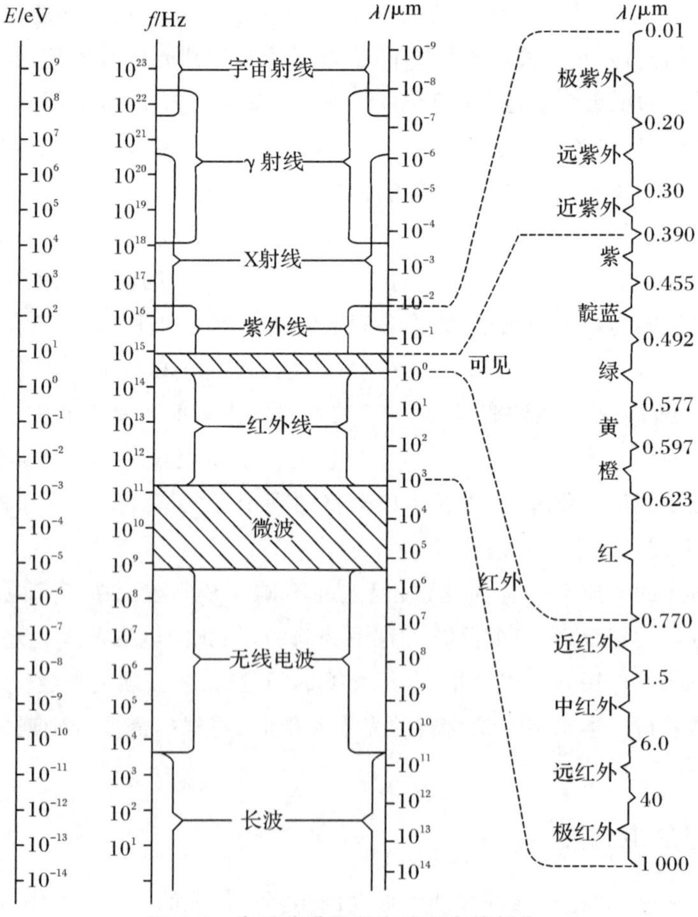

图 5.1　电磁波谱图及光波所占的部分

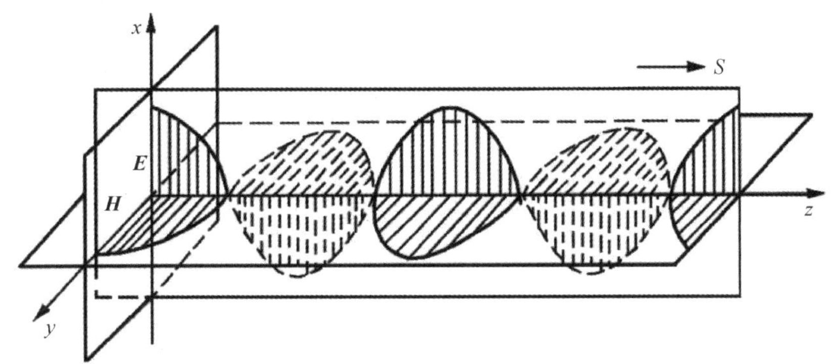

图 5.2　线偏振光波中电振动、磁振动及光传播方向

偏振性是横波的特有性质。如果光波电矢量的振动只限定在某一个确定方向,称为平面偏振光,亦称为线偏振光。电矢量在垂直光传播方向的平面内随时间规则变化的轨迹呈椭圆形或圆形。这样的光可以称为圆偏振光、椭圆偏振光等。光波也可以由各种振动方向的波复合而成。如果在垂直于光传播方向的平面内电矢量振动取向机会均等,这样的光就称为“自然光”。太阳光和普通照明灯光都属于自然光。利用偏振元件可以从自然光中分离出线偏振光。

光波的振动可用数学表达式来描述。以沿 z 轴传播的线偏振光为例,假如初始的简谐振动发生在 $z=0$ 点,则电场强度变化规律可表示为

$$E=E_0\cos(2\pi\nu t+\varphi_0) \tag{5.1}$$

式中:ν 为振动频率;φ_0 为初位相;E_0 为振幅。

若经过时间 t 后振动传到空间的 z 点,则该点的电场强度应表示为

$$E=E_0\cos[2\pi\nu(t-z/v)+\varphi_0] \tag{5.2}$$

式中:v 为光波传播的速度(位相速度)。

光波在一个振动周期内传播的距离称为波长,以 λ 表示。光波从 $z=0$ 到 $z=\lambda$ 点所需的时间应等于振动周期 $T=1/\nu$,因此,有

$$\lambda=vT=v/\nu \tag{5.3}$$

故光波的速度

$$v=\lambda\nu \tag{5.4}$$

光波在不同介质中的传播速度不同,而光振动的频率不变,因此,相同频率的光波在不同介质中可有不同的波长。如果不加特别说明,通常使用的是在真空中的波长值。

式(5.2)所表示的光波中,波的位相与空间坐标 z 有关,而与 x 和 y 无关。这表明,在 $x-y$ 平面上到处都与(0,0)点有相同位相,这种形成等相面为平面的光波称为“平面波”。如果光波是从一个点出发,均匀地沿各个方向向外传播,则等相面就是球面,这种光波称为“球面波”。

根据电磁场的麦克斯韦方程组,可以推算出电磁波在介质中的速度:

$$v=\frac{c}{\sqrt{\varepsilon_r\mu_r}} \tag{5.5}$$

式中:c 为电磁波在真空中的速度,且

$$c=\frac{1}{\sqrt{\varepsilon_0\mu_0}} \tag{5.6}$$

式中：ε_0、ε_r 以及 μ_0、μ_r 分别为真空中和介质中的介电常数和磁导率。令

$$n=\sqrt{\varepsilon_r\mu_r} \tag{5.7}$$

则光在真空中的速度 c 与在介质中的速度 v 之比为

$$\frac{c}{v}=n \tag{5.8}$$

后面将看到这个介质常数 n 决定了材料的光折射性质，称为介质的"折射率"。关于光在真空中的速度，人们曾经用多种方法进行了测量，已经达到的最准确的数值为

$$c=(2.997\ 924\ 562\times10^8\pm1.1)\text{m/s} \tag{5.9}$$

一般近似为

$$c=3\times10^8\ \text{m/s} \tag{5.10}$$

光波的传播伴随着光能量的流动。在单位时间里流过垂直于传播方向的单位截面积的能量称为光波的能流密度。电磁场的麦克斯韦方程组可得到能流密度的表达式：

$$\boldsymbol{S}=\boldsymbol{E}\times\boldsymbol{H} \tag{5.11}$$

因为场矢量 $\boldsymbol{E}$ 和 $\boldsymbol{H}$ 都是以 1×10^{14} Hz 高频振荡的物理量，所以仪器所能测量到的仅仅是能流密度的时间平均值，称为光波的强度或光强，表示为

$$I=\frac{c}{4\pi}E_0^2 \tag{5.12}$$

在实际应用中，人们常常只关心光强的相对值，故往往略去式(5.12)中的常数因子，而直接使用 $I=E_0^2$ 来表示光强与光波电场振幅的关系。

从上面的推导可以看出光波电磁场的几个重要特性：电磁场是横波；场矢量 $\boldsymbol{E}$ 和 $\boldsymbol{H}$ 彼此正交，且均与波的前进方向垂直，与其振幅大小成正比，相位相同(对于透明媒质)，波所携带的能流密度，即光强，与其振幅的二次方成正比，沿波传播方向前进。由于在光波中，$\boldsymbol{E}$ 和 $\boldsymbol{H}$ 虽有同样的变化规律，但在对人眼或感光仪器的传感、光电效应及微光现象等方面，电矢量 $\boldsymbol{E}$ 起着主导作用，所以，在材料的光学性质中一般只关心电矢量，而不必同时考虑 $\boldsymbol{E}$ 和 $\boldsymbol{H}$ 两个矢量。

5.2.3 光的干涉和衍射

光的波动性主要表现在它有干涉和衍射及偏振等特性。所谓双光束干涉就是指两束光相遇以后，在光的叠加区，光强重新分布，出现明暗相间、稳定的干涉条纹。

在实验室里为演示双光束干涉现象，常采用图 5.3 给出的激光的双缝干涉实验。用一个强的单色光源(如激光)照射一块挡光板，上面开有两条相距很近的狭缝 S_1 和 S_2，一般在一张废底片上用刀片刻出两条刻痕，两条刻痕的距离无严格的要求，1 mm 左右即可。此时，将接收屏幕放到前方，便可在屏幕上看到明暗相间的条纹，如图 5.3 的右侧所示。

可是，两个独立的光源发出的光波叠加后，却只有强度的相加，而决不出现明暗的条纹。日常生活中两只日光灯同时照亮某一地方时，只见其强度增加(仍为均匀亮)，却不见有亮暗的条纹出现，产生这种现象的原因是这两只日光灯不是相干光源。两束光"相干"(即可形成

干涉条纹)的条件是它们的光波之间频率相同、振动方向一致并且有固定的位相关系。如果采用白光为光源,那么白光中各种颜色成分都会产生自己的干涉条纹。各色条纹排布位置的交错,可形成彩色并降低明暗的对比度,故不易观察到干涉条纹。日常生活中,日光照射到漂浮于水面的油膜反射出五颜六色,正是日光中各色光波经油膜两层表面反射到眼中叠加而产生的干涉图像。

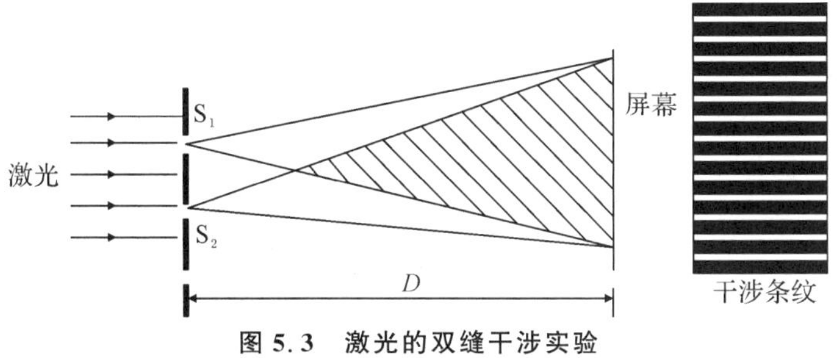

图 5.3　激光的双缝干涉实验

众所周知,光在自由空间是沿着直线传播的,那么有没有不沿直线传播的情形呢?有。当光波传播遇到障碍物时,在一定程度上能绕过障碍物而进入几何阴影区,这种现象称为衍射,也称为绕射。例如,当平行光束照射到一个很小的小圆盘之后投向前方的屏幕时,按直线传播规律在屏幕上本该看到一个全暗的圆斑。可是,在它的中央竟能见到一个亮点,这说明有一部分光波绕过了圆盘的边缘而投射到阴影区去了。如果把小圆盘换成大圆盘,就只能看到阴影了。图 5.4 所示的是激光狭缝衍射实验,一束激光通过一细长的狭缝(缝长远大于缝宽,缝宽在 1 mm 以下)以后,在距缝几米处的屏幕上,出现的将不是狭缝的几何阴影,而是长的明暗相间的衍射条纹。理论分析表明,只有当光所遇到障碍物或狭缝的尺寸与其波长可以相比拟时,衍射现象才明显地表现出来。日常所见到的一般物体与光的波长相比都可称是巨大的障碍物,因此光波通常表现直线传播性质。

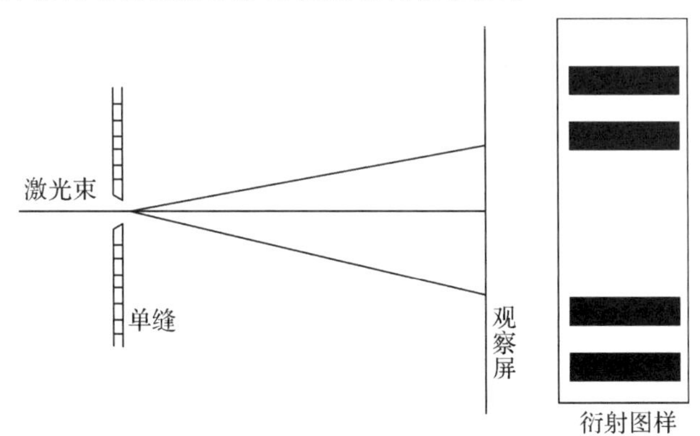

图 5.4　激光狭缝衍射实验

5.2.4　光子的能量和动量

麦克斯韦方程组没有考虑电磁场的量子化,即不涉及光子或光量子的概念。在解释光电效应的实验结果时,爱因斯坦首先提出电磁场(或光场)的能量是不连续的,可以分成一份一份最小的单元,其数值为

$$\varepsilon = h\nu \tag{5.13}$$

式中：ν 为光波电磁场的频率；h 为数值很小的普适常数，称为普朗克常数，其数值为

$$h = 6.626 \times 10^{-34}\ \mathrm{J \cdot s} \tag{5.14}$$

这个最小的能量单元就称为“光子”。电磁场则由许多光子组成。

爱因斯坦还根据相对论的质能关系预言这个光子具有分立的动量，其数值为

$$p = h/\lambda \tag{5.15}$$

式中：λ 为光的波长。

根据这个观点，光波照射到物体上就相当于一串光子打到物体表面，它们会对物体产生一定的压力(尽管很小)。这个论断也被后来测量光压的实验所证实。

光子的能量和动量虽小，却不能再分割。最微弱的光源至少发射一个光子，要么不发射，不能发射半个光子。按照波动观点，一个点光源所发射的光波会均匀照亮以其为中心的球面。如果在球面上安装了许多探测器，而点光源在某一时刻只发射一个光子，那么光子将射向哪个探测器呢？我们不能做确切的预言。但是，有一点很清楚，即光子是不可分的。只要有一个探测器接收到光子，其他探测器就一定没有接收到该光子。不能把一个光子再分散到整个球面上。波动理论预言光强在球面上的均匀分布，在这里只能理解为球面上各个探测器接收到这个光子的概率相等。只有等这个光源发射了很多光子之后，球面上每个探测器积累接收到的光子数才会相等。至此，我们认识到，即使在一次只发射一个光子的情况下光仍然具有波动特性。它表现为空间各处找到光子的概率。

总而言之，光既可以看作光波又可以看作光子流。光子是电磁场能量和动量量子化的粒子，而电磁波是光子的概率波。光作为波的属性可用频率和波长来描述，而作为光子的属性则可用能量和动量来表征。波动性和粒子性的统一就定量地反应在爱因斯坦的两个等式[式(5.13)和式(5.15)]之中。

5.3 光的反射和折射

5.3.1 反射定律和折射定律及其影响因素

1. 光通过固体现象

当光从一种介质进入另一种介质时，例如，从空气进入透明介质，一部分透过介质，一部分被介质吸收，一部分在两种介质的界面上被反射，还有一部分被散射，设入射到材料表面的光辐射能流率为 φ_0，透过、吸收、反射和散射的光辐射能流率分别为 φ_τ、φ_A、φ_m、φ_s 则

$$\varphi_0 = \varphi_\tau + \varphi_A + \varphi_m + \varphi_s \tag{5.16}$$

光辐射能流率的单位为 $\mathrm{W/m^2}$，表示单位时间内通过单位面积(与光传播方向垂直的面积)的能量。若用 φ_0 除式(5.16)的等式两边，则得

$$T + \alpha + M + S = 1 \tag{5.17}$$

式中：$T=\dfrac{\varphi_\tau}{\varphi_0}$称为透射系数；$\alpha=\dfrac{\varphi_A}{\varphi_0}$称为吸收系数；$M=\dfrac{\varphi_m}{\varphi_0}$称为反射系数；$S=\dfrac{\varphi_s}{\varphi_0}$称为散射系数。上述光子与固体介质的相互作用可由图 5.5 予以形象表述。

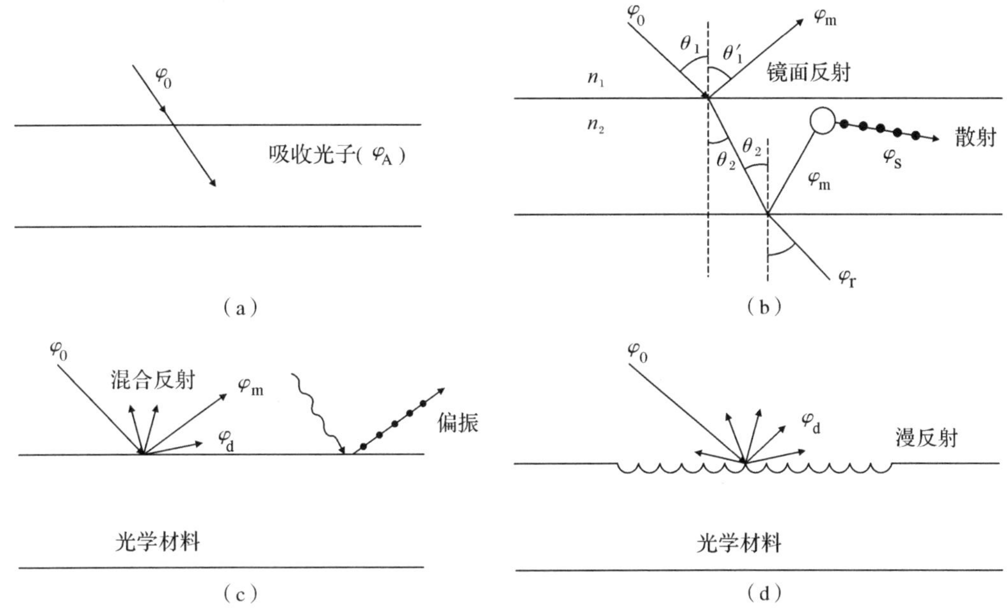

图 5.5　光子与固体介质的作用

从微观上分析，光子与固体材料相互作用，实际是光子与固体材料中的原子、离子、电子等的相互作用，出现的结果如下。

(1)电子极化

电磁辐射的电场分量，在可见光的频率范围内，电场分量与传播过程中的每一个原子发生作用，引起电子极化，即造成电子云和原子核电荷重心发生相对位移。其结果是一部分能量被吸收，同时光的速度被减小，导致折射产生。

(2)电子能态转变

光子被吸收和发射，都涉及固体材料中电子能态的转变。为讨论方便，考虑一孤立的原子，其电子占据的能态如图 5.6 所示。该原子吸收了光子能量之后，可能将 E_2 能级上的电子激发到能量更高的 E_4 能级上，电子发生的能量变化 ΔE 与电磁波的频率有关，即

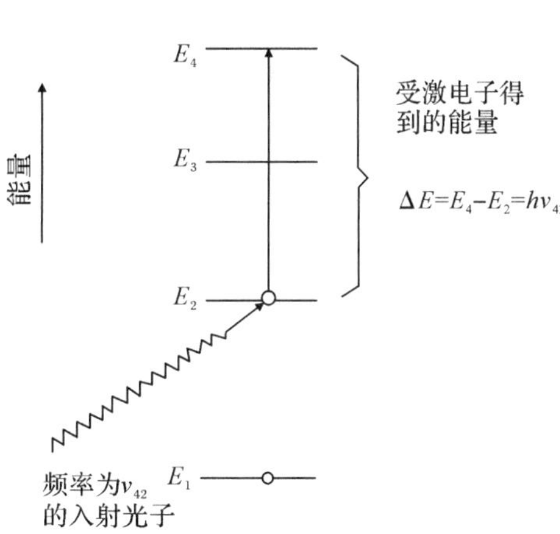

图 5.6　孤立原子吸收光子后电子能态转变示意图

$$\Delta E=h\nu_{42} \tag{5.18}$$

式中：h 为普朗克常数；ν_{42} 为入射光子的频率。

此处应明确以下两个概念：第一，原子中电子能级是分立的，能级间存在特定的 ΔE，因此，只有能量为 ΔE 的光子才能被该原子通过电子能态转变而吸收；第二，受激电子不可能无限长时间地保持在激发状态，经过一个短时期后，它又会衰变回激态，同时发射出电磁波。

衰变的途径不同，发射出的电磁波频率就不同。

2. 反射定律和折射定律

光波入射到两种媒质的分界面以后，如果不考虑吸收、散射等其他形式的能量损耗，那么入射光的能量只在两种介质的界面上发生反射和折射，能量重新分配，而总能量保持不变。人们经常接触到的是那些可以忽略衍射作用的实际光学问题。如果只关心光在传播过程中方向的变化，那么光波的振幅和光波传播过程中的位相变化都显得不太重要，只需注意光波的传播方向和光波等相面的形状就行了，这样就抽象出了光线和波面（等相面）这两个几何学概念。借助这些概念，以实验规律和几何定律为基础的光学就是几何光学。几何光学在实验基础上，简单明了地总结了如下几条有关光的传播特性的基本规律：①光在均匀介质中的直线传播定律；②光通过两种介质的分界面时的反射定律和折射定律；③光的独立传播定律和光路可逆性原理。

我们用图 5.7 来表示光在两种透明介质在平整界面上反射和折射时传播方向的变化。当光线入射到界面时，一部分光从界面上反射，形成反射线。入射线与入射点处界面的法线所构成的平面称为入射面。法线和入射线及反射线所构成的角度 θ_1 和 θ_1' 分别称为入射角和反射角。入射光线除了部分被反射外，其余部分将进入第二种介质，形成折射线。折射线与界面法线的夹角 θ_2 称为折射角。

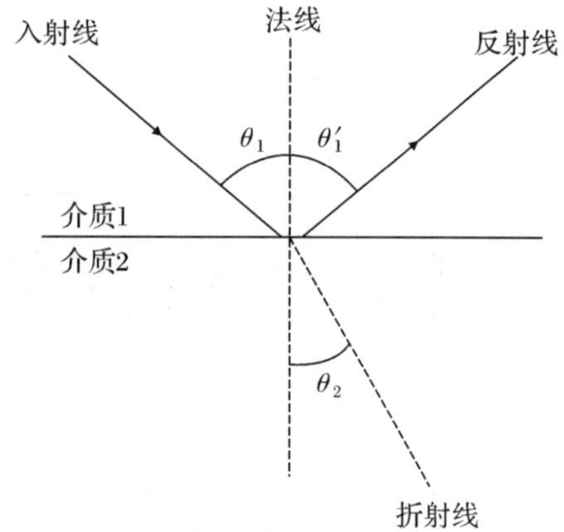

图 5.7　光的反射和折射

反射定律指出，反射线的方向遵从：①反射线和入射线位于同一平面（即入射面）内，并分别处于法线的两侧；②反射角等于入射角，即 $\theta_1'=\theta_1$。

折射定律指出，折射线的方向满足：①折射线位于入射面内，并和入射线分别处在法线的两侧；②对单色光而言，入射角 θ_1 的正弦和折射角 θ_2 的正弦之比是一个常数，即

$$\frac{\sin\theta_1}{\sin\theta_2}=n_{21} \tag{5.19}$$

式中：比例常数 n_{21} 称为第二介质相对于第一介质的相对折射率。它与光波的波长及界面两侧介质的性质有关，而与入射角无关。若第一介质为真空，则式(5.19)可写为

$$\frac{\sin\theta_1}{\sin\theta_2}=n_2 \tag{5.20}$$

式中：n_2 为第二介质相对于真空的相对折射率，或第二介质的绝对折射率，简称折射率。通常，介质对空气的相对折射率与其绝对折射率相差甚小，实际上常常不加区分。

从微观的角度：光子进入材料，其能将受到损失，因此，光子的速度将要发生改变；当光从真空进入较致密的材料时，其速度下降，因此也将光在真空中和在材料中的速度之比称为材料的折射率，如式(5.8)所示。

表 5.1 中列出了各种玻璃和晶体的折射率。图 5.8 显示了多种无机固体的折射率与波长的关系。

表 5.1　各种玻璃和晶体的折射率

材料		平均折射率	双折射率
玻璃	由正长石($KAlSi_3O_8$)组成的玻璃	1.51	
	由钠长石($NaAlSi_3O_8$)组成的玻璃	1.49	
	由霞石正长岩组成的玻璃	1.50	
	氧化硅玻璃	1.458	
	高硼硅玻璃(90% SiO_2)	1.458	
	钠钙硅酸玻璃	1.51～1.52	
	硼硅酸玻璃	1.47	
	重燧石光学玻璃	1.6～1.7	
	硫化钾玻璃	2.66	
晶体	四氯化硅	1.412	
	氟化锂	1.392	
	氟化钠	1.326	
	氟化钙	1.434	
	刚玉(Al_2O_3)	1.76	0.008
	方镁石(MgO)	1.74	
	石英	1.55	0.009
	尖晶石($MgAl_2O_4$)	1.72	
	锆英石($ZnSiO_4$)	1.95	0.055
	正长石($KAlSi_3O_8$)	1.525	0.007
	钠长石($NaAlSi_3O_8$)	1.529	0.008
	钙长石($CaAl_2Si_2O_8$)	1.585	0.008
	硅线石($Al_2O_3 \cdot SiO_2$)	1.65	0.021
	莫来石($3Al_2O_3 \cdot 2SiO_2$)	1.64	0.010
	金红石(TiO_2)	2.71	0.287
	碳化硅	2.68	0.043
	氧化铅	2.61	
	硫酸铅	3.192	
	方解石($CaCO_3$)	1.65	0.17
	硅	3.49	
	碲化镉	2.74	
	硫化镉	2.50	
	钛酸锶	2.49	
	铌酸锂	2.31	
	氧化钇	1.92	
	硒化锌	2.62	
	钛酸钡	2.40	

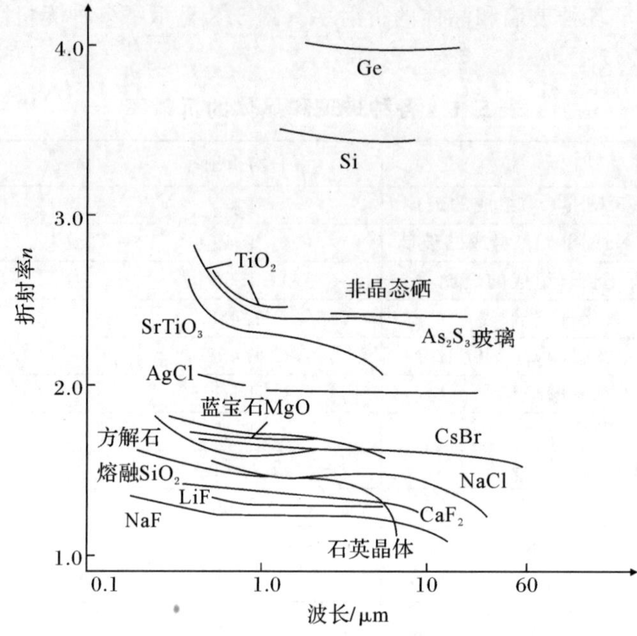

图 5.8　一些无机固体的折射率与波长的关系

不难推出两种材料的相对折射率与它们的绝对折射率之间的关系为

$$n_{21}=\frac{n_2}{n_1} \tag{5.21}$$

式中:n_1 为第一介质相对于真空的绝对折射率。

因此,折射定律可以改写成

$$n_1\sin\theta_1=n_2\sin\theta_2 \tag{5.22}$$

由此可见,当光线在第二介质中沿着原来的折射线从相反方向入射到界面并经过折射后,在第一介质中必定逆着原入射线的方向射出。同理,根据反射定律,若光线沿反射线从相反方向入射,经过界面反射后必定逆原入射线的方向射出,这就是光路可逆性原理。

3.材料折射率的影响因素

介质的折射率 n 永远是大于 1 的正数。如空气的 $n=1.000\ 3$,固体氧化物的 $n=1.3\sim2.7$,硅酸盐玻璃的 $n=1.5\sim1.9$。不同组成、不同结构的介质的折射率不同。影响 n 值的因素有下列四个方面。

(1)构成材料元素的离子半径

由式(5.7)可知,材料的折射率为 $n=\sqrt{\varepsilon_r\mu_r}$,因陶瓷等无机材料 $\mu_r\approx1$,故

$$n\approx\sqrt{\varepsilon_r} \tag{5.23}$$

由式(5.23)可知,介质的折射率随介质的介电常数 ε_r 的增大而增大。ε_r 与介质的极化现象有关。当光的电磁辐射作用到介质上时,介质的原子受到外加电场的作用而极化,正电荷沿着电场方向移动,负电荷沿着反电场方向移动,这样正负电荷的中心发生相对位移。外

电场越强，原子正负电荷中心距离越大。由于电磁辐射和原子的电子体系的相互作用，光波被减速了。

从后面的内容可以知道，介质材料的离子半径与介电常数的关系，当离子半径增大时，其 ε 增大，因而 n 也随之增大。因此，可以用离子半径大的离子得到高折射率的材料，如 PbS 的 $n=3.912$，用离子半径小的离子得到低折射率的材料，如 $SiCl_4$ 的 $n=1.412$。

(2)材料的结构、晶型和非晶态

折射率除与离子半径有关外，还与离子的排列密切相关。对于非晶态(无定型体)和立方晶体这些各向同性的材料，当光通过时，光速不因传播方向的改变而变化。只有一个折射率的材料，称之为均质介质。但是除立方晶体以外的其他晶型，都是非均质介质。光进入非均质介质时，一般都要分为振动方向相互垂直、传播速度不等的两个波，它们分别构成两条折射光线，这个现象称为双折射。双折射是非均质晶体的特性，这类晶体的所有光学性能都与双折射有关。

上述两条折射光线中平行于入射面的光线的折射率，称为常光折射率 n_0。不论入射光的入射角如何变化，n_0 始终为一常数，因而常光折射率严格服从折射定律。另一条与之垂直的光线的折射率，则随入射线方向的改变而变化，称为非常光折射率 n_e。它不遵守折射定律，随入射光的方向而变化。当光沿晶体光轴方向入射时，只有 n_0 存在；与光轴方向垂直入射时，n_e 达最大值，此值视为材料特性。例如：石英的 $n_0=1.543$，$n_e=1.552$；方解石的 $n_0=1.658$，$n_e=1.486$；刚玉的 $n_0=1.760$，$n_e=1.768$。总之，沿着晶体密堆积程度较大的方向 n_e 较大。

(3)材料所受的内应力

有内应力的透明材料，垂直于受拉主应力方向的折射率大，平行于受拉主应力方向的折射率小。

(4)同质异构体

在同质异构材料中，高温时的晶型折射率较低，低温时存在的晶型折射率较高。例如：常温下的石英玻璃，$n=1.46$，数值最小；常温下的石英晶体，$n=1.55$，数值最大；高温时的鳞石英，$n=1.47$；方石英，$n=1.49$；普通钠钙硅酸盐玻璃，$n=1.51$，比石英的折射率小。提高玻璃折射率的有效措施是掺入铅和钡的氧化物。例如，含 90%(体积)PbO 的铅玻璃，$n=2.1$。

5.3.2　折射率与传播速度的关系

为了说明光波的传播规律，惠更斯提出了一个普遍原理：光波波前(最前沿的波面)上的每一点都可看作球面次波源。每一次波源发射的球面次波以光波的速度 v 传播，经过时间 Δt 之后，形成半径为 $v\Delta t$ 的球面次波。如此产生的无数个次波的包络就是 Δt 时间后的新波前。图 5.9 画出了平面波和球面波通过次波形成新波前的过程。垂直于波前(或等相面)的直线就代表光波的传播方向，也就是光线。

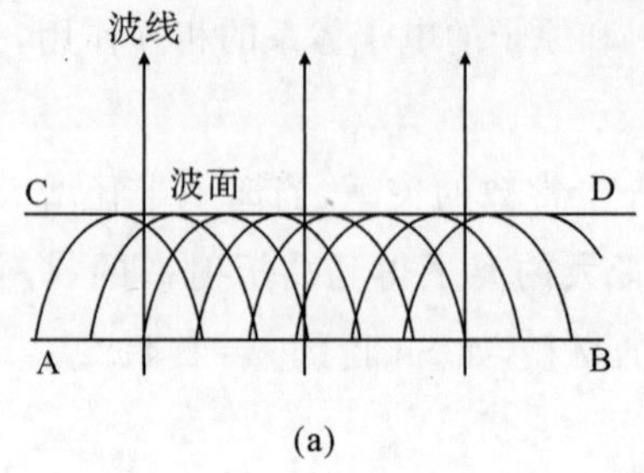

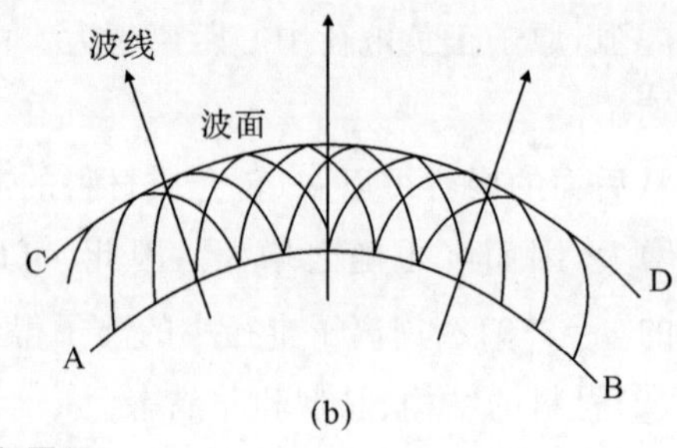

图 5.9　惠更斯原理

根据惠更斯原理可以方便地推导出光的反射定律和折射定律。图 5.10 中 MM' 表示两种透明介质的分界面。FG 表示入射平面波的波面，平面波在第一介质中以速度 v_1 传播，经过一定时间后波面到达 AB。A 点正好在界面上。从 A 点发出的次波一部分进入第二介质，另一部分返回第一介质。波前 AB 上的 B 点发出的次波仍在第一介质中传播。又经过时间 Δt 后，从 B 点发出的次波到达界面上的 C 点。$BC=v_1\Delta t$，此时波前 AB 上各点都陆续传播到界面并发生返回第一介质和进入第二介质的次波。第一介质中的新波前为 CD，即反射波的波前，它仍旧是平面波。由三角形全等关系 $\triangle ACD\cong\triangle ABC$，可得 $\alpha=\beta$，即入射角等于反射角，这就是反射定律。

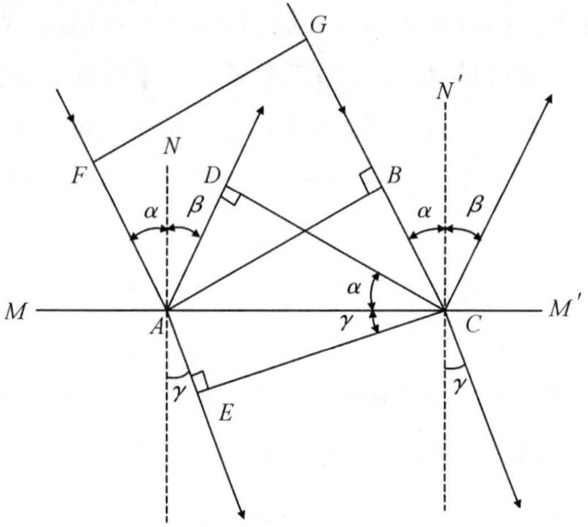

图 5.10　惠更斯原理推导反射定律和折射定律

进入第二介质的波成为折射波。当光波从 B 点传播到界面上的 C 点时，从 A 点发出进入第二介质的次波到达 E 点，$AE=v_2\Delta t$，v_2 为第二介质中的光速。EC 就是 Δt 时间后在第二介质中形成的新波前。由三角关系可得

$$\frac{\sin\alpha}{\sin\gamma}=\frac{AD}{AE}=\frac{v_1\Delta t}{v_2\Delta t}=\frac{v_1}{v_2}=n_{21} \tag{5.24}$$

式(5.24)就是光的折射定律。若第一介质为真空，则

$$\frac{\sin\alpha}{\sin\gamma}=\frac{c}{v_2}=n_2 \tag{5.25}$$

故有

$$n_{21}=\frac{v_1}{v_2}=\frac{n_2}{n_1} \tag{5.26}$$

由此可见，材料的折射率反映了光在该材料中传播速度的快慢。两种介质相比，折射率较大者，光的传播速度较慢，称为光密介质；折射率较小者，光的传播速度较快，称为光疏介质。

材料表现出一定的折射率，从本质上讲，反映了材料的电磁结构（对非铁磁介质主要是

电结构)在光波电磁场作用下的极化性质或介电特性。正是因为介质的极化,“拖住”了电磁波的步伐,才使其传播速度变得比在真空中的慢。材料的极化性质又与构成材料的原子的相对原子质量、电子分布情况、化学性质等微观因素有关。这些微观因素通过宏观量——介电系数来影响光在材料中的传播速度。

5.3.3　反射率和透射率

前面讨论了光在两种介质的界面上发生反射和折射时传播方向的变化。但是无论是几何光学定律还是惠更斯原理,都没有解决光波在反射前后和折射前后的能量变化规律。根据麦克斯韦方程组和电磁场的边界条件可以得到有关的结果。反射光的功率对入射光的功率之比称为反射率(有时也称反射比)。经过折射进入第二介质的光为透射光,透射光与入射光功率之比称为透射率。当光线由介质 1 入射到介质 2 时,光在介质面上分成了反射光和折射光,如图 5.11 所示。这种反射和折射,可以连续发生。例如:当光线从空气进入介质时,一部分反射出来了,另一部分折射进入介质;当遇到另一界面时,又有一部分发生反射,另一部分折射进入空气。

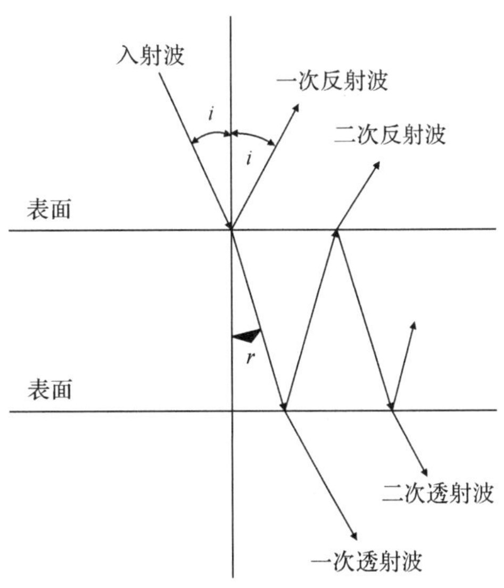

图 5.11　光通过透明介质分界面时的反射和透射

由于反射,使得透过部分的强度减弱。需要知道光强度的这种反射损失,使光尽可能多地透过。

设光的总能量流为

$$W=W'+W'' \tag{5.27}$$

式中:W、W'、W''分别为单位时间通过单位面积的入射光、反射光和折射光的能量流。根据波动理论

$$W\propto A^2 vS \tag{5.28}$$

由于反射波的传播速度 v 及横截面积 S 都与入射波相同,所以

$$\frac{W'}{W}=\left(\frac{A'}{A}\right)^2 \tag{5.29}$$

式中:A'和 A 分别为反射波和入射波的振幅。

光的反射率和透射率与光的偏振方向有关,并随入射角度的变化而变化。我们知道,光是横波,在垂直于传播方向的平面上,电矢量可以取任何方向。因此,总可以把它分解成两种线偏振分量:一个振动方向垂直于光的入射面,称 s 分量或 s 波;另一个振动方向平行于入射面(即在入射面内),称为 p 分量或 p 波。把光波振动分为垂直于入射面的振动和平行于入射面的振动,菲涅耳(Fresnel)推导出

$$R_s=\left(\frac{W'}{W}\right)_{\perp}=\left(\frac{A'_s}{A_s}\right)^2=\frac{\sin^2(\alpha-\gamma)}{\sin^2(\alpha+\gamma)} \tag{5.30}$$

$$R_p=\left(\frac{W'}{W}\right)_{\parallel}=\left(\frac{A'_p}{A_p}\right)^2=\frac{\tan^2(\alpha-\gamma)}{\tan^2(\alpha+\gamma)} \tag{5.31}$$

式中：α 和 γ 分别为入射角和折射角；R_s 和 R_p 分别代表两分量的反射率。

当 $\alpha+\gamma=\frac{\pi}{2}$ 时，$\tan(\alpha+\gamma)=\infty$，所以 $R_p=0$，表示反射光中没有平行入射面的矢量成分。此时的入射角称为布儒斯特(Brewster)角，常以 α_B 表示。这说明当逐渐改变入射角时，随着入射角的增大，反射光线会越来越强，而透射(折射)光线则越来越弱，直至为零。这可以从反射率曲线(见图 5.12)看出。它的数值与界面两侧介质材料的折射率有关，普遍关系为

$$\tan\alpha_B=\frac{n_2}{n_1} \tag{5.32}$$

图 5.12 给出了光在空气和玻璃界面上反射时 p 波和 s 波的反射率与入射角的关系，其中居中的曲线表示平均情况，对应于自然光的反射率。从图 5.12 可以看出，当入射角 $\alpha=54°40'$ 时，p 波的反射率下降到零。这就是玻璃材料的布儒斯特角。

利用布儒斯特角可以产生偏振光。图 5.13 中以双箭头的短线表示 p 振动，以黑点表示 s 振动。在激光器中常将光学元件以布儒斯特角安装以便产生偏振的激光束。介质的折射率与波长有关，因此，同一材料对不同波长有不同的反射率。例如，金对绿光的垂直反射率为 50%，而对红外线的反射率可达 96%以上。

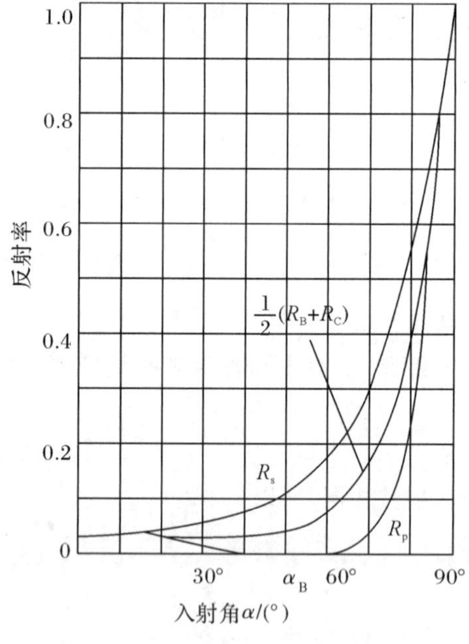

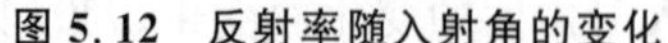

图 5.12 反射率随入射角的变化

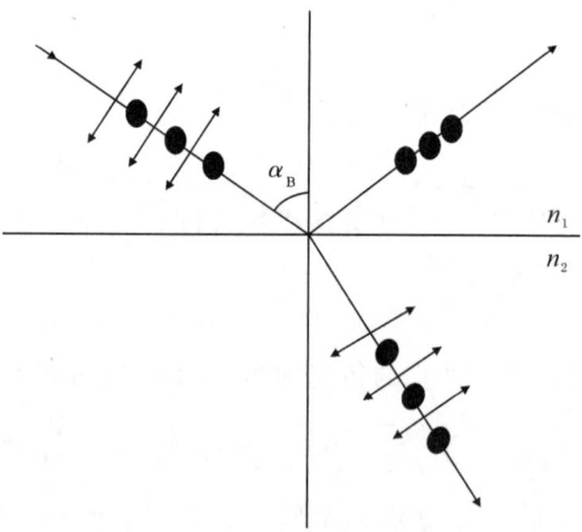

图 5.13 光线以布儒斯特角入射时反射光是全偏振光

自然光在各方向振动的机会均等，可以认为一半能量属于与入射面平行的振动，另一半属于与入射面垂直的振动，因此，总的能量之比为

$$\frac{W'}{W}=\frac{1}{2}\left[\frac{\sin^2(\alpha-\gamma)}{\sin^2(\alpha+\gamma)}+\frac{\tan^2(\alpha-\gamma)}{\tan^2(\alpha+\gamma)}\right] \tag{5.33}$$

当角度很小时，即垂直入射，有

$$\frac{\sin^2(\alpha-\gamma)}{\sin^2(\alpha+\gamma)}=\frac{\tan^2(\alpha-\gamma)}{\tan^2(\alpha+\gamma)}=\frac{(\alpha-\gamma)^2}{(\alpha+\gamma)^2}=\frac{\left(\frac{\alpha}{\gamma}-1\right)^2}{\left(\frac{\alpha}{\gamma}+1\right)^2} \tag{5.34}$$

因介质 2 对于介质 1 的相对折射率$\frac{\sin\alpha}{\sin\gamma}=n_{21}$[式(5.19)]，故有

$$n_{21}=\frac{\alpha}{\gamma},\quad \frac{W'}{W}=\left(\frac{n_{21}-1}{n_{21}+1}\right)^2=m \tag{5.35}$$

式中：m 称为反射系数。

根据能量守恒定律

$$W=W'+W''$$

$$\frac{W''}{W}=1-\frac{W'}{W}=1-m \tag{5.36}$$

式中：$1-m$ 称为透射系数。由式(5.35)可知，在垂直入射的情况下，光在界面上反射的多少取决于两种介质的相对折射率 n_{21}。若介质 1 为空气，可以认为 $n_1=1$，则 $n_{21}=n_2$；若 n_1 和 n_2 相差很大，则界面反射损失就严重；若 $n_1=n_2$，则 $m=0$，因此，在垂直入射的情况下，几乎没有反射损失。

设一块折射率 $m=1.5$ 的玻璃，光反射损失为 $m=0.04$，透过部分为 $1-m=0.96$。如果透射光又从另一界面射入空气，即透过两个界面，此时透过部分为$(1-m)^2=0.922$。如果连续透过 x 块平板玻璃，那么透过部分应为$(1-m)^{2x}$。

由于陶瓷、玻璃等材料的折射率较空气的大，所以反射损失严重。如果透镜系统由许多块玻璃组成，则反射损失更多。为了减少这种界面损失，常常采用折射率和玻璃相近的胶将它们粘起来，这样，除最外和最内的表面是玻璃和空气的相对折射率外，内部各界面都是玻璃和胶的较小的相对折射率，从而大大减少了界面的反射损失。

玻璃和石英是最常见的非金属光学材料，它们在可见光区是透明的，但光线正入射时，每个表面仍约有 4%的反射。高分子材料中有机玻璃在可见光波段与普通玻璃一样透明，在红外区也有相当的透射率，可作为各种装置的光学窗口。聚乙烯在可见光波段不透明，但在远红外区透明，可做远红外波段的窗口和保护膜。氧化镁中添加少量 LiF、CaO 或 Ga_2O_3，经真空热压或高温烧结可得到透明的陶瓷材料。氧化铝(厚 0.8 mm) 和氧化铍(厚 0.8 mm)陶瓷也一样，它们对可见光的透射率都在 85%～90%，可作为高压钠灯发光管的管壁。由于管壁与钠蒸气接触，所以必须严格控制 SiO_2 和 Fe_2O_3 的含量(低于 0.05%)，以防止使用后的“黑化”。耐高温的透明陶瓷在航天领域也常被作为重要的透射窗口材料。

5.3.4　光的全反射和光导纤维

当光束从折射率 n_1 较大的光密介质进入折射率 n_2 较小的光疏介质，即 $n_2<n_1$ 时，折射角大于入射角。因此，入射角达到某一角度 θ_c 时，折射角可等于 90°，此时有一条很弱的折射光线沿界面传播。如果入射角大于 θ_c，就不再有折射光线，入射光的能量全部回到第一介质中。这种现象称为全反射，θ_c 角就称为全反射的临界角，如图 5.14 所示。根据折射定律可求得临界角的表达式

$$\sin\theta_c = \frac{n_2}{n_1} \tag{5.37}$$

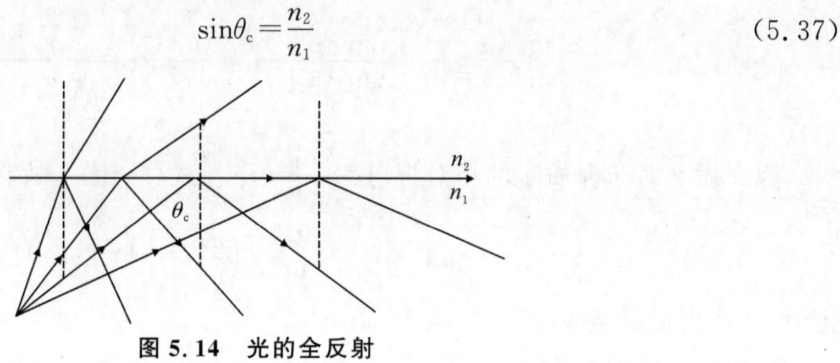

图 5.14　光的全反射

不同介质的临界角大小不同。例如，普通玻璃对空气的临界角为 42°，水对空气的临界角为 48.5°，而钻石因折射率很大（$n=2.417$），故临界角很小，容易发生全反射。切割钻石时，经过特殊的角度选择，可使进入的光线全反射并经色散后向其顶部射出，看起来就会光彩夺目。

利用光的全反射原理，可以制作一种新型光学元件——光导纤维，简称光纤。光纤是由光学玻璃、光学石英或塑料制成的直径为几微米至几十微米的细丝（称为纤芯），在纤芯外面覆盖厚度为 100～150 μm 的包层和涂敷层，如图 5.15 所示。包层的折射率比纤芯略低，约为 1%，两层之间形成良好的光学界面。当光线从一端以适当的角度射入纤维内部时，将在内外两层之间产生多次全反射而传播到另一端，如图 5.16 所示。在光导纤维内传播的光线，其方向与纤维表面的法向所成夹角若大于 42°，则光线全部内反射，无折射能量损失，因而玻璃纤维能围绕各个弯曲之处传递光线而不必顾虑能量损失。

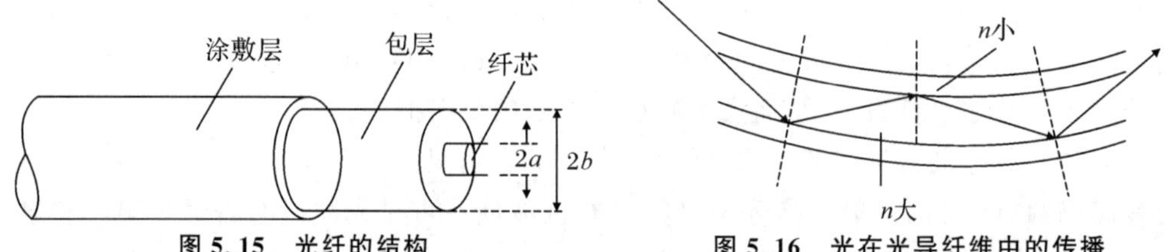

图 5.15　光纤的结构　　**图 5.16　光在光导纤维中的传播**

然而，实际使用中常将多根光纤聚集在一起构成纤维束或光缆。从纤维一端射入的图像，每根纤维只传递入射到它上面的光线的一个像素。如果使纤维束两端每条纤维的排列次序完全相同，整幅图像就被光缆以具有等于单根纤维直径那样的清晰度被传递过去，在另一端看到近于均匀光强的整个面积。

目前常用的光纤材料有石英系玻璃、多成分玻璃和复合材料（见表 5.2）。在这些材料中吸收和散射都会造成光损耗，其中吸收的主要因素是杂质离子。光导纤维传输图像时的损耗，来源于各个纤维之间的接触点，发生纤维之间同种材料的透射，对图像起模糊作用；此外，纤维表面的划痕、油污和尘粒，均会导致散射损耗。这个问题可以通过在纤维表面包敷一层折射率较低的玻璃来解决。在这种情况下，反射主要发生在由包敷层保护的纤维与包敷层的界面上，而不是在包敷层的外表面上，因此，包敷层的厚度大约是光波长的两倍左右，以避免损耗。对纤维及包敷层的物理性能要求是相对热膨胀与黏性流动行为、相对软化点与光学性能的匹配。这种纤维的直径一般约为 50 μm。由之组成的纤维束内的包敷玻璃可在高温下熔融，并加以真空密封，以提高器件效能，构成整体的纤维光导组件。光纤玻璃中的金属离子在可见光和红外光区的电子跃迁吸收是杂质吸收的主要来源。为了使光纤在工作波长的损耗降低至 20 dB/km 以下，金属杂质的质量分数，如 Fe、Cu、V、Cr 分别不得超过 $8\times10^{-9}\%$、$9\times10^{-9}\%$、$18\times10^{-9}\%$、$8\times10^{-9}\%$，此外，工艺过程中会有 OH 基引入，如何降低其谐波吸收损耗，也是制作低损耗光纤所必须考虑的问题。只要光纤材料中含有质量分数和为 $1\times10^{-6}\%$的 OH 基，就会使光纤在 0.95 μm 波长处的损耗高于 1 dB/km。关于光的吸收和散射问题后面将进一步进行讨论。

表 5.2　几种光导纤维的性能

材料的种类	成　分	损耗/($dB\cdot km^{-1}$)	性能特征	应　用
石英系光纤	$\omega(SiO_2)>90\%$ GeO_2，B_2O_3，P_2O_5	2～4 (较小)	低损耗，宽频带，化学稳定性好，软化温度大于 1 400 ℃	光纤通信
硅树脂包封纤维	SiO_2 芯	5～8 (较大)	纤芯直径大，数值孔径大	光纤传感器
多成分玻璃纤维	SiO_2，Na_2O，B_2O_3，CaO，Al_2O_3 等	5～8 (较大)	纤芯直径大，数值孔径大	
全塑料光纤	苯乙烯系，苯丙烯系等有机物	500～1 000 (很大)	成本低，可实现大纤芯直径和大数值孔径，但损耗高	光纤传感器

5.3.5　棱镜、透镜和反射镜

利用材料的折射性质可以制成有用的光学元件，应用最为广泛的是棱镜和透镜。棱镜是由几个平面包围而成的透明光学材料。棱镜主要用于分光(将复色光束分解成不同的波长成分)和偏转光束的方向。透镜通常是由两个球面或曲面包围而成的透明光学材料，主要用于聚光和成像。它们在光学仪器和光谱仪器中应用很普遍。锗和硅对于红外光透明且有很高的折射率。锗对波长为 10 μm 的红外光的折射率为 4.1，硅为 3.4，因此，锗和硅可作为红外透镜、棱镜和红外输出窗口。

5.2 节所分析的光的反射，是指材料表面光洁度非常高的情况下的反射，反射光线具有明确的方向性，一般称之为镜反射。在光学材料中利用这个性能可达到各种应用目的。例如，雕花玻璃器皿，含铅量高，折射率高，因而反射率约为普通钠钙硅酸盐玻璃的 2 倍，可达到装饰效果。同样，宝石的高折射率使之具有强折射和高反射性能。玻璃纤维作为通信的光导管时，有赖于光束总的内反射。这是用一种可变折射率的玻璃或用涂层来实现的。

有的光学应用中，希望得到强折射和低反射相结合的玻璃产品。这可以通过在镜片上涂一层折射率为中等、厚度为光波长 1/4 的涂层来实现。所指光的波长可采用可见光谱的中部波长(0.60 μm 左右)。这样，当光线射至带有涂层的玻璃上时，其一次反射波刚好被涂层与玻璃接触平面反射的大小相等、位相相反的二次反射波所抵消。在大多数显微镜和许多其他光学系统中都采用带有这种涂层的物镜。同样的玻璃可被用来制作“不可见”的窗户。

根据光的反射定律制作的元件是反射镜。反射镜的表面可以磨成光滑的平面或球面(或其他曲面)。平面反射镜通常用于改变光的传播方向,球面和其他曲面反射镜除可改变光束的方向之外,还会对光波有会聚或发散作用。在这方面它可以代替透镜,应用于望远镜(如大型天文望远镜)或其他光学仪器中。为了提高反射率,可用真空镀膜方法在玻璃或石英表面蒸镀金属膜。现代光学技术发展了一种利用多光束干涉原理制成的多层介质膜反射镜,它们对特定波长的反射率接近100%。金属膜和多层介质膜反射镜已被普遍应用于激光技术中。

大多数陶瓷表面并不是十分光滑的,因此,当光照射到粗糙不平的材料表面上时,会发生相当的漫反射。对一不透明材料,测量单一入射光束在不同方向上的反射能量,得到如图5.17所示的结果。由于材料表面粗糙,在局部地方的入射角参差不一,反射光的方向也互不相同,致使总的反射能量分散在各个方向上,形成漫反射。材料表面越粗糙,镜面反射所占的能量分数越小。

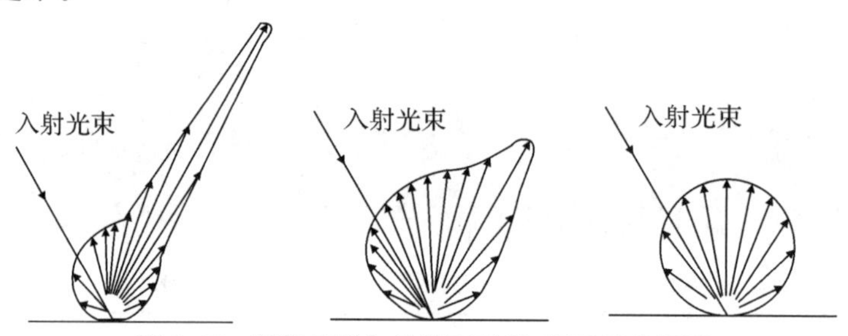

图5.17 粗糙度增加的镜面反射、漫反射能量图

5.4 材料对光的吸收和色散

一束平行光照射各向同性均质的材料时,除可能发生反射和折射而改变其传播方向之外,进入材料之后还会发生两种变化:一是当光束通过介质时,一部分光的能量被材料所吸收,其强度将被减弱,即为光吸收;二是材料的折射率随入射光的波长而变化,这种现象称为光的色散。

5.4.1 光的吸收

1. 吸收系数与吸收率

假设强度为 I_0 的平行光束通过厚度为 l 的均匀介质,如图5.18所示,光通过一段距离 l_0 之后,强度减弱为 I,再通过一个极薄的薄层 $\mathrm{d}l$ 后,强度变成 $I+\mathrm{d}I$。因为光强是减弱的,此处 $\mathrm{d}I$ 应是负值。经大量实验证明,入射光强减少量 $\mathrm{d}I/I$ 应与吸收层的厚度 $\mathrm{d}l$ 成正比,假定光通过单位距离时能量损失的比例为 α,则有

$$\frac{\mathrm{d}I}{I}=-\alpha\mathrm{d}l \tag{5.38}$$

式中：负号表示光强随着 l 的增加而减弱；α 即为吸收系数，其单位为 cm^{-1}，它取决于材料的性质和光的波长。对一定波长的光波而言，吸收系数是和介质的性质有关的常数。

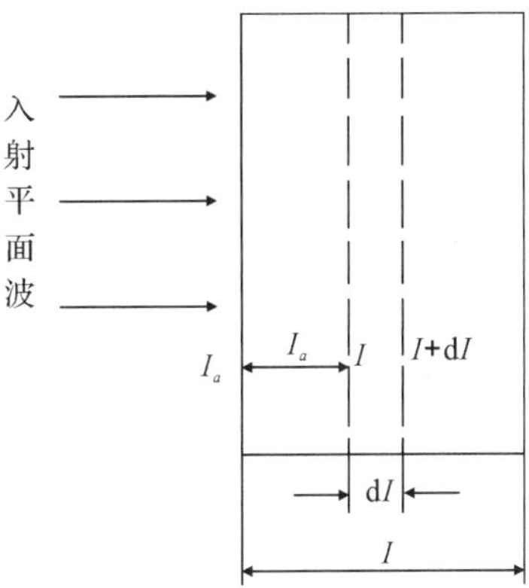

图 5.18　光的吸收

对式(5.38)积分，得

$$\int_{I_0}^{I}\frac{dI}{I}=-\alpha\int_0^l dl,\ \ln\frac{I}{I_0}=-\alpha l$$

所以

$$I=I_0 e^{-\alpha l} \tag{5.39}$$

式(5.39)称为朗伯(Lambert)定律。它表明，在介质中，光强随传播距离呈指数式衰减。当光的传播距离达到 $1/\alpha$ 时，强度衰减到入射时的 $1/e$。α 越大，材料越厚，光就被吸收得越多，因而透过后的光强度就越小。

若式(5.39)中 $\alpha l \ll 1$，则式(5.38)可近似地写成

$$\alpha l=\frac{I_0-I}{I_0} \tag{5.40}$$

记 $A=\alpha l$，A 称为吸收率，式(5.40)表示经过厚度为 l 的材料后光强被吸收的比率。此时，根据能量守恒定律

$$A+T+R=1 \tag{5.41}$$

式中：R 为反射率；T 为透射率。

光作为一种能量流，在穿过介质时，引起介质的价电子跃迁，或使原子振动而消耗能量。此外，介质中的价电子吸收光子能量而激发，当尚未退激时，在运动中与其他分子碰撞，电子的能量转变成分子的动能，亦即热能，从而构成光能的衰减。即使在对光不发生散射的透明介质(如玻璃、水溶液)中，光也会有能量的损失，这就是产生光吸收的原因。

2. 光吸收与波长的关系

研究物质的吸收特性发现，任何物质都只对特定的波长范围表现为透明，而对另一些波长范围则不透明。金属对光能吸收很强烈。这是因为金属的价电子处于未满带，吸收光子后即呈激发态，不用跃迁到导带即能发生碰撞而发热。从图 5.19 中可见，在电磁波谱的可见光区，金属和半导体的吸收系数都是很大的。但是电介质材料，包括玻璃、陶瓷等无机材料的大部分材料在这个波谱区内都有良好的透过性，也就是说吸收系数很小。这是因为电介质材料的价电子所处的能带是填满了的。它不能吸收光子而自由运动，而光子的能量又不足以使价电子跃迁到导带，因此，在一定的波长范围内，吸收系数很小。

但是在紫外区出现了紫外吸收端，这是因为波长越短，光子能量越大。当光子能量达到禁带宽度时，电子就会吸收光子能量从满带跃迁到导带，此时吸收系数将骤然增大。此紫外吸收端对应的波长可根据材料的禁带宽度 E_g 求得，即

$$E_g=h\nu=h\times\frac{c}{\lambda} \tag{5.42}$$

式中：h 为普朗克常数，$h=6.626\times10^{-34}$ J·s；c 为光速。

从式(5.42)可见,禁带宽度大的材料,紫外吸收端的波长比较小。希望材料在电磁波谱的可见光区的透过范围大,这就要求紫外吸收端的波长要小,因此,要求 E_g 大。如果 E_g 小,甚至可能在可见区也会被吸收而不透明。

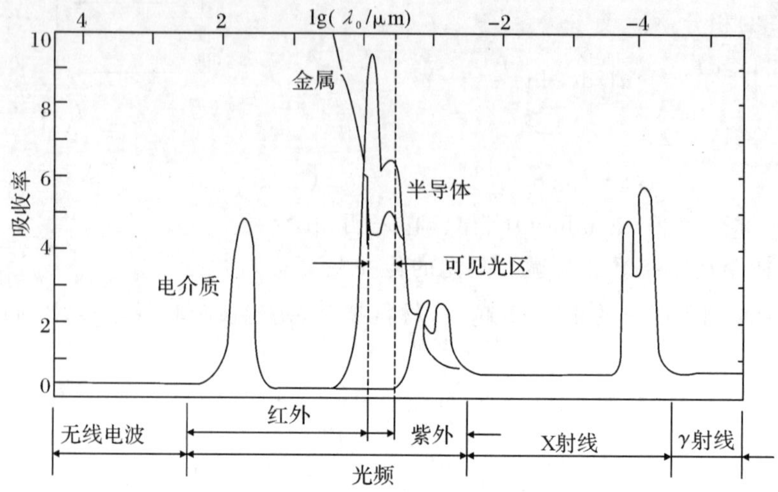

图 5.19 金属、半导体和电介质的吸收率随波长的变化

常见材料的禁带宽度变化较大,如硅的 $E_g=1.1$ eV,锗的 $E_g=0.72$ eV,其他半导体材料的 E_g 约为 1.0 eV。电介质材料的 E_g 一般在 10 eV 左右,NaCl 的 $E_g=9.6$ eV,因此发生吸收峰的波长为

$$\lambda=\frac{hc}{E_g}=\frac{(6.626\times10^{-34})\times(3\times10^{8})}{9.6\times1.602\times10^{-19}}\ \mu\text{m}=0.129\ \mu\text{m}$$

此波长位于极远紫外区。另外,在红外区的吸收峰是因为离子的弹性振动与光子辐射发生谐振消耗能量所致。要使谐振点的波长尽可能远离可见光区,即吸收峰处的频率尽可能小,则需选择较小的材料热振频率 ν。此频率 ν 与材料其他常数的关系为

$$\nu^2=2\beta\left(\frac{1}{M_c}+\frac{1}{M_a}\right) \tag{5.43}$$

式中:β 为与力有关的常数,由离子间结合力决定;M_c 和 M_a 分别为阳离子和阴离子的质量。

为了有较宽的透明频率范围,最好有高的电子能隙值和弱的原子间结合力以及大的离子质量。对于高相对原子质量的一价碱金属卤化物,这些条件都是最优的。表 5.3 中列出一些厚度为 2 mm 的材料的透光率超过 10%的波长范围。

表 5.3 各种材料透光波长范围

材　料	能透过的波长范围 λ/μm	材　料	能透过的波长范围 λ/μm
熔融二氧化硅	0.16～4	多晶氟化钙	0.13～11.8
熔融石英	0.18～4.2	单晶氟化钙	0.13～12
铝酸钙玻璃	0.4～5.5	氟化钡-氟化钙	0.75～12
偏铌酸锂	0.35～5.5	三硫化砷玻璃	0.6～13
方解石	0.2～5.5	硫化锌	0.6～14.5
二氧化钛	0.43～6.2	氟化钠	0.14～15

续 表

材　料	能透过的波长范围 $\lambda/\mu m$	材　料	能透过的波长范围 $\lambda/\mu m$
钛酸锶	0.39～6.8	氟化钡	0.13～15
三氧化二铝	0.2～7	硅	1.2～15
蓝宝石	0.15～7.5	氟化铅	0.29～15
氟化锂	0.12～8.5	硫化镉	0.55～16
氧化钇	0.26～9.2	硒化锌	0.48～22
单晶氧化镁	0.25～9.5	锗	1.8～23
多晶氧化镁	0.3～9.5	碘化钠	0.25～25
多晶氟化镁	0.45～9	氯化钠	0.2～25
单晶氟化镁	0.15～9.6	氯化钾	0.21～25

吸收还可分为选择吸收和均匀吸收。例如，石英在整个可见光波段都很透明，且吸收系数几乎不变，这种现象称为“一般吸收”，但在波长为 3.5～5.0 μm 的红外线区，石英表现为强烈吸收，且吸收率随波长剧烈变化，这种同一物质对某一种波长的吸收系数可以非常大，而对另一种波长的吸收系数可以非常小的现象称为“选择吸收”。任何物质都有这两种形式的吸收，只是出现的波长范围不同而已。透明材料的选择吸收使其呈不同的颜色。如果介质在可见光范围对各种波长的吸收程度相同，则称为均匀吸收。在此情况下，随着吸收程度的增加，颜色从灰变到黑。将能发射连续光谱的白光源（如卤钨灯）所发的光经过分光仪器（如单色仪、分光光度计等）分解出单色光束，并使之相继通过待测材料，可以测量吸收系数与波长的关系，得到吸收光谱。

由图 5.20(a)(b)可见，金刚石和石英这两种电介质材料的吸收区都出现在紫外和红外波长范围。它们在整个可见光区，甚至扩展到近红外和近紫外都是透明的，是优良的可见光区透光材料。

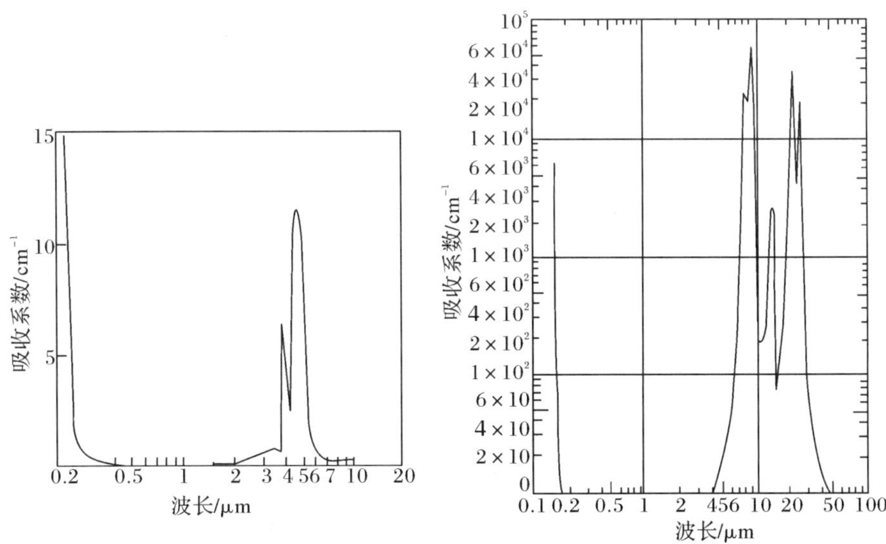

图 5.20　金刚石与石英在紫外至远红外区的吸收光谱

(a)金刚石从紫外到远红外之间的吸收光谱的大致轮廓；(b)石英在紫外至红外区的吸引光谱

5.4.2 光的色散

材料的折射率随入射光的频率的减小(或波长的增加)而减小的性质,称为折射率的色散。几种材料的色散如图 5.21(a)(b)所示。

在给定入射光波长的情况下,材料的色散值为

$$色散值=\frac{\mathrm{d}n}{\mathrm{d}\lambda} \tag{5.44}$$

色散值可以直接由图 5.21 确定。然而,最实用的方法是用固定波长下的折射率来表达,而不是去确定完整的色散曲线。最常用的数值是倒数相对色散,即色散系数为

$$\gamma=\frac{n_D-1}{n_F-n_C} \tag{5.45}$$

式中:n_D、n_F 和 n_C 分别为以钠的 D 谱线、氢的 F 谱线和 C 谱线(589.3 nm、486.1 nm 和 656.3 nm)为光源测得的折射率。

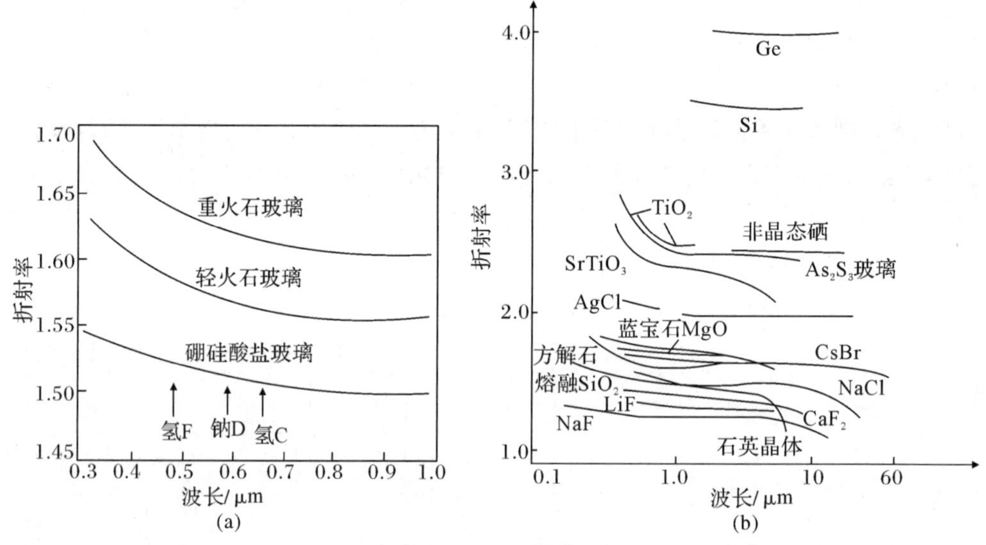

图 5.21 几种材料的色散

(a)几种玻璃的色散;(b)几种晶体和玻璃的色散

描述光学玻璃的色散还可用平均色散 n_F-n_C。由于光学玻璃一般都或多或少具有色散现象,因而,使用这种材料制成的单片透镜,成像不够清晰,在自然光的透过下,在像的周围环绕了一圈色带。克服的方法是用不同牌号的光学玻璃,分别磨成凸透镜和凹透镜组成复合镜头,就可以消除色差,这称为消色差镜头。

关于介质的色散曲线,尤其是色散曲线在吸收带两侧发生突变的特征,经典色散理论采用了阻尼受迫振子的模型。根据这个模型,介质原子的电结构,被看作正负电荷之间由一根无形的弹簧束缚在一起的振子。在光波电磁场的作用下,正负电荷发生相反方向的位移,并跟随光波的频率做受迫振动,受迫振动的位相既与光波电矢量振动的频率有关,又与振子的固有频率有关。光波引起介质中束缚电荷的受迫振动,这只是光与介质相互作用的一个方面;另一方面是做受迫振动的振子(束缚电荷)也可以作为电磁波的波源,向外发射“电磁次

波”(或称为“散射波”)。在固体材料中,这种散射中心的密度很高,多个振子的互相干涉使得次波只沿原来入射光波的方向前进。按照波的叠加原理,次波和入射光波叠加的结果使合成波的位相与入射波不同。因为光速是等位相状态的传播速度,次波的叠加改变了,波的位相也就改变了,而次波的位相就是振子受迫振动的位相,它既与入射光波的频率有关,又与振子的固有频率有关,所以,介质中的光速与波长有关,同时也与材料的固有振动频率(在经典理论中也就是振子的吸收频率)有关。这些简短的语言只能给出概念性的物理解释,要回答在吸收区两侧折射率(或光速)的具体变化规律,必须借助严格的理论推导。

5.5　晶体的双折射和二向色性

5.5.1　双折射

5.3 节中已经讲过,当光束通过平整光滑的表面入射到各向同性介质中去时,它将按照折射定律沿某一方向折射,这是常见的折射现象。研究发现,当光束通过各向异性介质表面时,折射光会分成两束沿着不同的方向传播,如图 5.22 所示。这种由一束入射光折射后分成两束光的现象称为双折射。许多晶体具有双折射性质,但也有些晶体(例如岩盐)不发生双折射。双折射的两束光中有一束光的偏折方向符合折射定律,因此称为寻常光(或 o 光);而另一束光的折射方向不符合折射定律,因此称为非常光(或 e 光)。一般地说,非常光的折射线不在入射面内,并且折射角以及入射面与折射面之间的夹角不但和原来光束的入射角有关,还和晶体的方向有关。

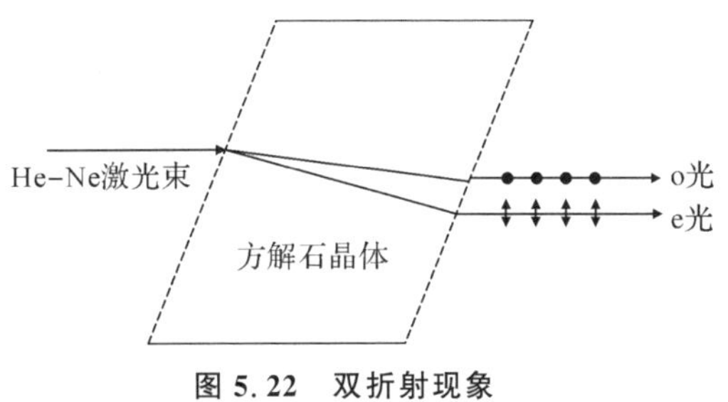

图 5.22　双折射现象

通过改变入射光束的方向,可以发现在晶体中存在一些特殊的方向,沿着这些方向传播的光并不发生双折射,这些特殊的方向称为晶体的光轴。应该注意,光轴所标志的是一定的方向,而不限于某一条具体的直线。有些晶体,例如方解石、石英等,只有一个光轴,称为单轴晶体;云母、硫黄、黄玉等,具有两个光轴的晶体称为双轴晶体。方解石($CaCO_3$)晶体是各向异性较明显的单轴晶体,属于六角晶系,其光轴可以从外形认定。天然的方解石晶体呈平行六面体形状,如图 5.23 所示。其六个表面(解理面)均为平行四边形,四边形的一对锐角为 78°,一对钝角为 102°,在方解石的八个顶点中有两个顶点是由三个钝角所形成的。适当选择解理面,使晶体的各个边长相等,就得到一个特殊的平行六面体,它的三个面角均为钝角,两个顶点间的连线方向就是方解石晶体的光轴。若将这两个顶点磨成两个光学平面,使两个光学平面都垂直于光轴,则当一束平行光垂直地入射到磨出的光学平面上并进入晶体时,光将沿着光轴方向传播,不发生双折射现象。

利用检偏器观察发现寻常光和非常光都是线偏振光,不过它们的电矢量振动方向不同。寻常光的振动方向垂直于主截面(光轴和传播方向构成的平面),而非常光的振动方向平行于主截面(不一定都平行于光轴)。

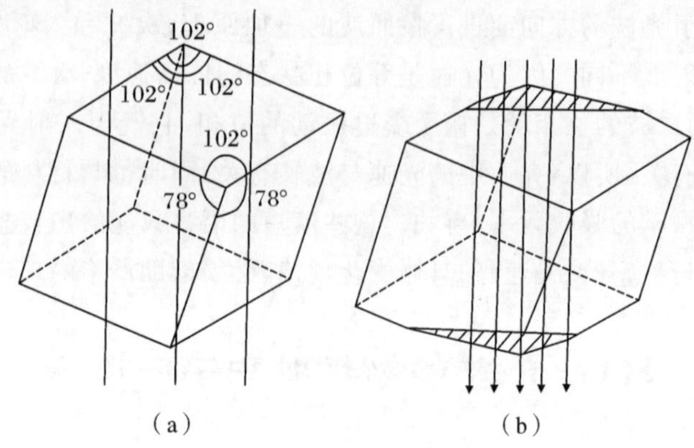

图 5.23　方解石晶体的光轴

(a)天然方解石晶体光轴；(b)光沿光轴方向传播示意图

5.5.2　双折射现象的解释

我们已经知道,在介质中的光波是入射波与介质中振子(原子、分子、离子等微观粒子的抽象概念)受迫振动所发射的次波的合成波。合成波的频率与入射光波相同,但其位相却因受到振子固有振动频率的制约而滞后。因此,波合成的结果使介质中的光速比真空中慢。位相滞后的程度与振子固有频率和入射光波频率的差值有关,因此,介质中的光速又与入射光的频率(或波长)有关。

晶体结构的各向异性决定了晶体中振子固有振动的各向异性,因此,一般认为晶体中的振子在三个独立的空间方向上有不同的固有振动频率 ω_1、ω_2 和 ω_3。对于单轴晶体,三个固有频率中有两个相同。因此,可令平行于光轴方向的固有振动频率为 ω_1,而垂直于光轴方向的固有振动频率为 ω_2。图 5.24 所示为单轴晶体中 o 光和 e 光的传播特性,可用图5.24分析单轴晶体的光速和折射率。图 5.24(a)和图 5.24(b)分别表示从晶体中一个发光点 C 所发出的 o 光和 e 光在主截面中的传播情形。图中光轴方向以虚线表示。o 光的电矢量垂直于光轴(以黑点表示),所以无论光向什么方向传播,其位相都只受 ω_2 制约,故传播速度都一样,以 v_o 表示。因此,在主截面上从 C 点发出的 o 光,等相点的轨迹是以 C 为中心的圆。将图 5.24(a)绕通过 C 点的光轴旋转 180°就得到寻常光的波面,这是一个球面。在图 5.24(b)中,从 C 点发出的 e 光,电矢量方向在主截面内,因传播方向不同而与光轴成不同的角度。例如,沿 $\overrightarrow{Ca_1}$ 传播的 e 光,电矢量垂直于光轴,传播速度受垂直于光轴的振子固有频率 ω_2 制约,故也以速度 v_o 传播。而沿 $\overrightarrow{Ca_2}$ 方向传播的 e 光,其电矢量平行于光轴,传播位相与 ω_1 有关,应以速度 v_e 传播。至于沿其他方向(如 $\overrightarrow{Ca_3}$)传播的 e 光,因为电矢量与光轴成某一角度,可认为其中既有垂直于光轴的分量,又有平行于光轴的分量,所以,该方向的传播速度与 ω_1、ω_2 都有关,其数值应介于 v_o 和 v_e 之间。非常光在不同方向有不同的传播速度,故等位相点的轨迹形成一个椭圆。将图 5.24(b)绕通过 C 点的光轴旋转 180°就得到 e 光的波面,它是一个旋转的椭球。

由上面的讨论可知，在单轴晶体中，光的传播速度与光波电矢量方向相对于光轴方向的角度有关，因此，晶体的折射率也与这个角度有关。光波电矢量与光轴垂直时，传播速度为 v_o，故寻常光的主折射率为 $n_o=c/v_o$。寻常光沿任何方向传播，晶体表现的折射率都是 n_o。对于非常光，当电矢量与光轴平行时，光速为 v_e，对应于非常光的主折射率 $n_e=c/v_e$。显然，非常光沿不同方向传播有不同的折射率，但如果沿光轴传播，非常光的折射率也是 n_o，所以在光轴方向观察不到双折射现象。

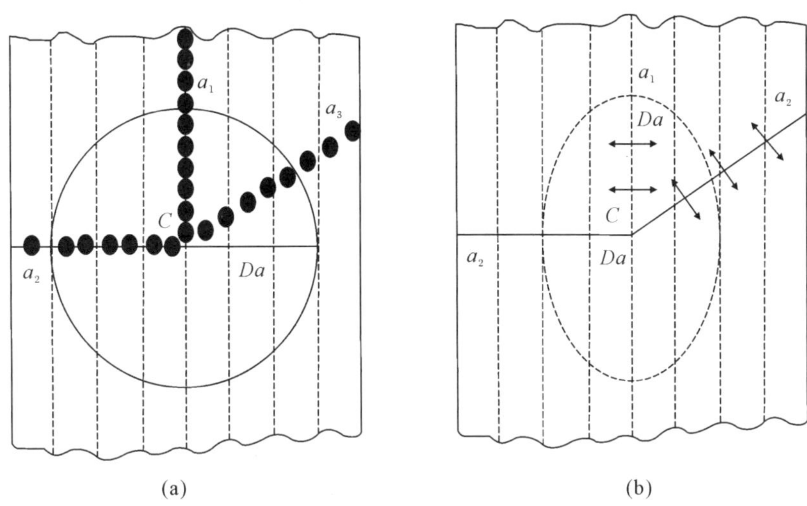

图 5.24　单轴晶体中 o 光和 e 光的传播特性

(a)o 光；(b)e 光

5.5.3　折射率椭球

晶体的双折射性质还可以用折射率椭球来描写。折射率椭球的优越性在于，它可以直接给出各向异性介质的折射率与光的传播方向以及光矢量的方向之间的关系。

折射率椭球的方程一般写成

$$\frac{x^2}{n_x^2}+\frac{y^2}{n_y^2}+\frac{z^2}{n_z^2}=1 \tag{5.46}$$

满足式(5.46)的点构成折射率椭球的球面，如图 5.25 所示。椭球的三个主值 n_x、n_y、n_z（数值上等于椭球的三个半轴的长度）分别称为在 x、y、z 三个方向的主折射率，其意义可以从下面的分析看出。设光波在图 5.25(b)的晶体中沿某一方向 a 传播，从椭球中心 O 画出这个方向，同时通过 O 点作一个垂直于传播方向 a 的平面，这个平面与折射率椭球相割，得到一个椭圆截面。椭圆的长轴和短轴方向分别代表沿 a 方向传播的光波中两个相互垂直的偏振方向，而长短轴的两个半轴长度就是该晶体对应于这两种偏振光的折射率。显然，双轴晶体的三个主折射率各不相等。对于这样的折射率椭球，可以找到两个特殊方向。当光沿着这两个方向中任何一个方向传播时，通过 O 点并垂直于这个方向的平面与椭球相交的截面均为一个圆，这表明，沿这两个方向传播的光波不发生双折射。振动方向互相垂直的两个偏振光以同一速度传播，折射率相等。这两个特殊方向就是双轴晶体的光轴，如图中的 OA_1 和 OA_2 所示，它们与 z 轴的夹角均为 Ω。因此式(5.46)所描写的是双轴晶体的双折射性质。

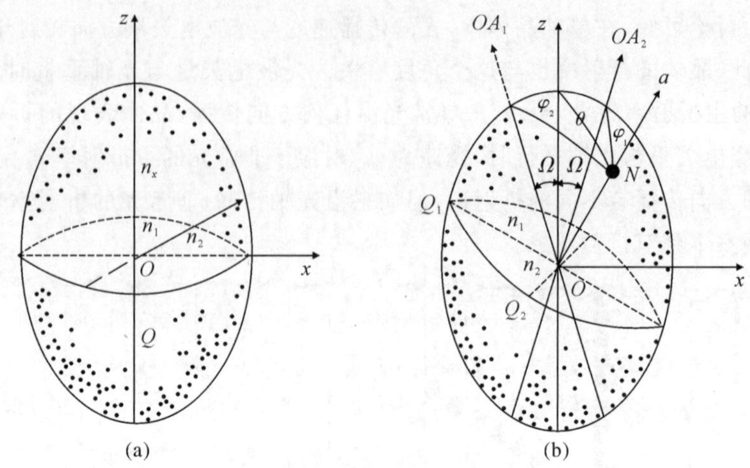

图 5.25 双轴晶体的折射率椭球

(a)双轴晶体折射率椭球球面；(b)光在晶体中沿某一方向 a 传播示意图

由于单轴晶体有两个主折射率相等，令 $n_x = n_y = n_o$ 代表寻常光的主折射率，$n_z = n_e$ 代表非常光的主折射率，则折射率椭球方程(5.46)转化为

$$\frac{x^2 + y^2}{n_o^2} + \frac{z^2}{n_e^2} = 1 \tag{5.47}$$

式(5.47)表明，单轴晶体的折射率椭球是一个旋转椭球体。椭球体的 z 轴就是单轴晶体的光轴。值得注意的是，折射率椭球只有一个球壳。这和前面提到的波面双壳层结构不同，意义也不一样。如果折射率椭球的三个主值都相等，即 $n_x = n_y = n_z$，折射率椭球就退化为一个圆球，这就对应于各向同性的材料特性了。

5.5.4 偏振元件

利用晶体材料的双折射性质可以制成特殊的光学元件，其在光学仪器和光学技术中有广泛应用。例如：利用晶体的双折射，将自然光分解成偏振方向互相垂直的两束线偏振光的洛匈棱镜和沃拉斯顿棱镜；利用双折射和全反射原理，将光束分解成两束线偏振光后再除去其中一束，而保留另一束的起偏和检偏元件——尼科耳棱镜、格兰棱镜等；利用晶体可以制成各种晶体波片，波片是各向异性透明材料按一定方式切割的具有一定厚度的平行平面板，它可使 o 光和 e 光之间产生预期的位相差，从而实现光束偏振状态的转换(1/4 波片，又称 $\lambda/4$片，可实现线偏振光和圆偏振光之间的互相转换；1/2 波片，又称 $\lambda/2$ 片，可根据需要随意改变线偏振光的偏振方向)；利用双折射元件装配的偏光干涉仪，可用于测量微小的相位差；偏光显微镜可用于检测材料中的应力分布；利用不同厚度的晶体组合构成的双折射滤光器已在激光技术中获得应用，它可以用于光谱滤波，实现从连续谱光源或宽带光源中选出窄带辐射。

5.5.5 二向色性及其偏振片

晶体结构的各向异性不仅能产生折射率的各向异性(双折射)，而且能产生吸收率的各向异性(称为“二向色性”)。电气石就是在可见光区域有明显二向色性的晶体。一块厚度为

1 mm 的这种晶体，几乎可以完全吸收寻常光，而让非常光通过。它对非常光也有一些选择吸收，使得白光透射后呈黄绿色。具有明显二向色性的材料也可以用来制造偏振元件，即二向色性偏振片。

除天然晶体之外，还可以利用特殊方法使具有明显各向异性吸收率的微晶，在透明胶片中有规律地排列，制成人造二向色性偏振片。例如，一种由有机化合物碘化硫酸奎宁凝聚成的多晶，具有显著的二向色性。若将它们沉积在聚氯乙烯薄膜上，并采用机械方法将这种薄膜沿某一方向拉伸，则上述微晶就会沿着拉伸方向整齐地排列起来，表现出和单晶一样的二向色性（即吸收 o 光而让 e 光通过）。将这种薄膜固定在两片玻璃之间就可以作为偏振片使用。人造偏振片由于工艺简单，价格便宜，容易加工成大面积的产品，所以很有实用价值。

5.6　介质的光散射

5.6.1　散射与其他光学现象的关系

光在通过气体、液体、固体等介质时，遇到烟尘、微粒、悬浮液滴或者结构成分不均匀的微小区域，都会有一部分能量偏离原来的传播方向而向四面八方弥散开来，这种现象称为光的散射。光的散射导致原来传播方向上光强的减弱。在 5.4 节中讨论光在均匀纯净介质中的吸收时，给出了朗伯定律。若同时考虑各种散射因素，光强随传播距离的减弱仍符合指数衰减规律，只是比单一吸收时衰减得更快而已，则其关系为

$$I=I_0\mathrm{e}^{-\alpha l}=I_0\mathrm{e}^{-(\alpha_a+\alpha_s)l} \tag{5.48}$$

式中：I_0 为光的原始强度；I 为光束通过厚度为 l 的试件后，由于散射，在光前进方向上的剩余强度 α_a 和 α_s 分别称为吸收系数和散射系数，是衰减系数的两个组成部分。散射系数与散射（质点）的大小、数量以及散射质点与基体的相对折射率等因素有关，单位是 cm^{-1}，如图 5.26 所示。当光的波长约等于散射质点的直径时，出现散射的峰值。

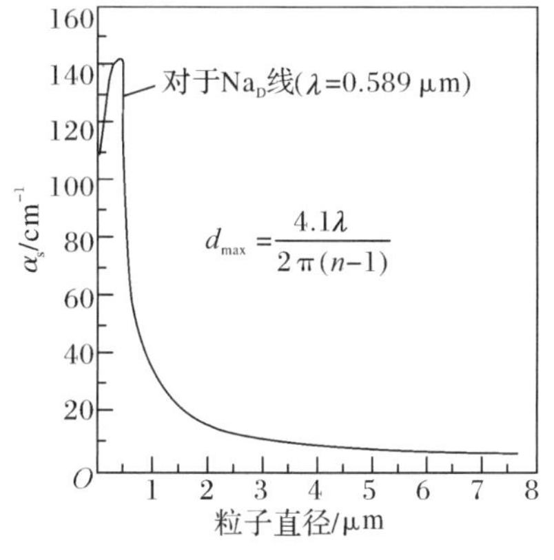

图 5.26　质点尺寸对散射系数的影响

图 5.26 中所用光线为 $\mathrm{Na_D}$ 谱线（$\lambda=0.589\ \mu\mathrm{m}$），材料是玻璃，其中所含有 1%（体积）的 $\mathrm{TiO_2}$ 为散射质点。二者的相对折射率 $n_{21}=1.8$。散射最强时，质点的直径为

$$d_{\max}=\frac{4.1\lambda}{2\pi(n-1)}=0.48\ \mu\mathrm{m}$$

显然，光的波长不同时，散射系数达最大时的质点直径也有所变化。从图 5.26 中可以看出，曲线由左右两条不同形状的曲线组成，各自有着不同的规律。若散射质点的体积分数不变，当 $d<\lambda$ 时，随着 d 的增加，散射系数 α_s 也随之增大；当 $d>\lambda$ 时，随着 d 的增加，α_s 反而减小；当 $d\approx\lambda$ 时，α_s 达最大值。因此，可根据散射中心尺寸和波长的相对大小，分别用

不同的散射基因和规律进行处理，可求出 α_s 与其他因素的关系。

在 5.5 节讲过，材料对光的散射是光与物质相互作用的基本过程之一。原则上，当光波的电磁场作用于物质中具有电结构的原子、分子等微观粒子时将激起粒子的受迫振动，这些受迫振动的粒子就会成为发光中心，向各个方向发射球面次波。各种烟尘、云雾微粒，无论是固态还是液态，都由许多原子或分子组成，它们在光照下都会发出次波，把阳光散射到我们眼里，使我们看得见蔚蓝色的天空。由于固态和液态粒子结构的致密性，微粒中每个分子发出的次波位相相关联，合作发射形成一个大次波。由于各个微粒之间空间位置排列毫无规则，这些大次波不会因位相关系而互相干涉，所以，微粒散射的光波从各个方向都能看到。这是我们白天看得见明亮天空的又一个原因。

纯净的液体和结构均匀的固体都含有大量的微观粒子，它们在光照下无疑也会发射次波。但由于液体和固体中的分子排列很密集，彼此之间的结合力很强，各个原子、分子的受迫振动互相关联，合作形成共同的等相面，所以，合成的次波主要沿着原来光波的方向传播，其他方向非常微弱。通常，我们把发生在光波前进方向上的散射归入透射。应当指出的是，发生在光波前进方向上的散射对介质中的光速有决定性的影响。

众所周知，惠更斯原理只是表象地解释光在光滑平整的介质界面上发生反射和折射，并没有说明作为“次波源”的实体究竟是什么。现在应把界面上的原子、分子等微观粒子视为受迫振动的发光中心，它们的整齐排列和密集分布使得次波互相叠加，形成反射波面和折射波面，沿着反射定律和折射定律所预言的方向传播。如果介质的表面并不平整，而由许许多多取向不规则凹凸分布的小镜面构成（如毛玻璃表面），那就要发生光的“漫反射”。这是因为每个小镜面的线度远大于光的波长，而一个镜面上的不平整度小于波长。此时每个小镜面的反射遵从反射定律，只因小镜面法线的取向漫无规律，其反射光也散布到不同的方向。

与散射现象不同，光的衍射是由个别不均匀的介质小区域（如小孔、狭缝、小障碍物等）所形成的，这些区域的尺度一般可与光的波长相比拟。由于介质分子的振动产生次波并叠加，所以使所形成的波面上出现不同强度分布的衍射特性。一般空气中微粒的散射是由大量排列无序的小区域集合形成的，因此，散射波在总体上观察不到衍射现象。

光的散射现象有多种多样的表现，然而，根据散射前、后光子能量（或光波波长）变化与否，光的散射可以分为弹性散射和非弹性散射两大类。与弹性散射相比，通常非弹性散射要弱几个量级，因而常常被忽略，只有在一些特殊安排的实验中才能观察到。

5.6.2 弹性散射

散射前、后，光的波长（或光子能量）不发生变化的散射称为弹性散射。从经典力学的观点看，这个过程被看成光子和散射中心的弹性碰撞。散射结果只是把光子碰到不同的方向上去，并没有改变光子的能量。弹性散射的规律除波长（或频率）不变之外，散射光的强度与波长的关系可因散射中心尺度的大小而具有不同的规律。若用 I_s 表示散射光强度，λ 表示入射光的波长，则有如下关系：

$$I_s \propto \frac{1}{\lambda^{\sigma}} \tag{5.49}$$

式中：参量 σ 与散射中心尺度大小 a_0 有关。

按 a_0 与 λ 的大小比较，弹性散射又可分三种情况。

1. 丁铎尔(Tyndall)散射

当 $a_0 \gg \lambda$ 时，$\sigma \to 0$，即当散射中心的尺度远大于光波的波长时，散射光强与入射光波长无关。例如，粉笔灰颗粒的尺寸对所有可见光波长均满足这一条件，因此，粉笔灰对白光中所有单色成分都有相同的散射能力，看起来是白色的。天上的白云是由水蒸气凝成比较大的水滴所组成的，线度也在此范围，因此，散射光也呈白色。

2. 米氏(Mie)散射

当 $a_0 \approx \lambda$ 时，即散射中心尺度与入射光波长可以比拟时，σ 在 0 ～ 4 之间，具体数值与散射中心尺寸有关。这个尺度范围的粒子散射光性质比较复杂，例如，存在散射光强度随 a_0/λ 值的变化而波动和在空间分布不均匀等问题。

3. 瑞利(Rayleigh)散射

当 $a_0 \ll \lambda$ 时，$\sigma = 4$。换言之，当散射中心的尺度远小于入射光的波长时，散射强度与波长的 4 次方成反比($I_s = 1/\lambda^4$)。这一关系称为瑞利散射定律。

按照瑞利定律，微小粒子($a_0 \ll \lambda$)对长波的散射不如短波有效。图 5.27 给出了 $I_s - \lambda$ 的关系。据此，在可见光的短波侧 $\lambda = 400$ nm 处，紫光的散射强度要比长波侧 $\lambda = 720$ nm 处红光的散射强度大约 10 倍。根据瑞利定律，不难理解晴天早晨的太阳为何呈鲜红色而中午却变成白色。图 5.28 表示地球大气层结构和阳光在一天中不同时刻到达观察者所通过的大气层厚度。由于大气及尘埃对光谱上蓝紫色的散射比红橙色为甚，阳光透过大气层越厚，蓝紫色成分损失越多，到达观察者的阳光中蓝紫色的比例就越少，所以，太阳在 A 处看起来是白色，在 B 处变为黄色，在 C 处变为橙色，而在 D 处则变为红色。

必须指出，瑞利散射并非气体介质所特有。固体光学材料在制备过程中形成的气泡、条纹、杂质颗粒、位错等都可成为散射中心，在许多情况下，当线度满足 $a_0 \ll \lambda$ 的条件，也可引起瑞利散射。人们通常根据散射光的强弱判断材料光学均匀性的好坏。对各种介质弹性光散射性质的测量和分析，可以获取胶体溶液、浑浊介质、晶体和玻璃等光学材料的物理化学性质，确定流体中散射微粒的大小和运动速率。利用激光在大气中的散射可以测量大气中悬浮微粒的密度和监测大气污染的程度等。

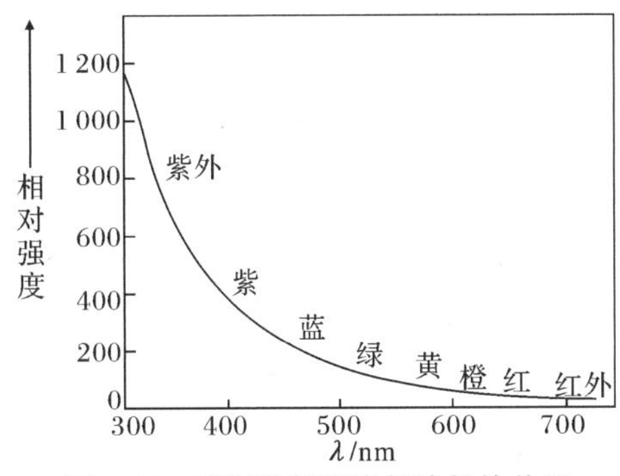

图 5.27　瑞利散射强度与波长的关系

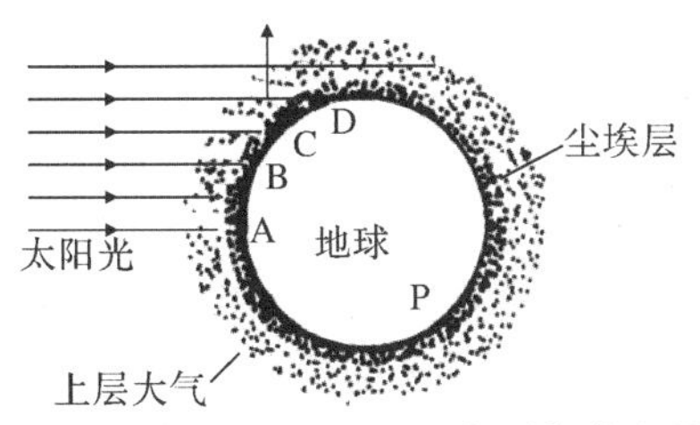

图 5.28　地球表面尘埃和大气引起的光散射

5.6.3 非弹性散射

如上所述，当光束通过介质时，从侧向接收到的散射光主要是波长(或频率)不发生变化的瑞利散射光，属于弹性散射。除此之外，使用高灵敏度和高分辨率的光谱仪器，可以发现散射光中还有其他光谱成分，它们在频率坐标上对称地分布在弹性散射光的低频侧和高频侧，强度一般比弹性散射微弱得多。这些频率发生改变的光散射是入射光子与介质发生非弹性碰撞的结果，称为"非弹性散射"。研究非弹性散射通常是对纯净介质进行的。弹性散射和非弹性散射的光谱如图 5.29 所示。图中与入射光频率相同的谱线为瑞利散射线，其近旁两侧的两条谱线为布里渊散射线，与瑞利线的频差一般在 0.1 ～1 cm^{-1} 量级。距离瑞利线较远些的谱线是拉曼(Raman)散射线，它们与瑞利线的频差可因散射介质能级结构的不同而在 1 ～1×10^4 cm^{-1} 之间变化。出现在瑞利线低频侧的散射线统称为斯托克斯(Stokes)线，而在瑞利线高频侧的散射线统称为反斯托克斯(anti-Stokes)线。拉曼散射和布里渊散射都可以分别产生斯托克斯线和反斯托克斯线。

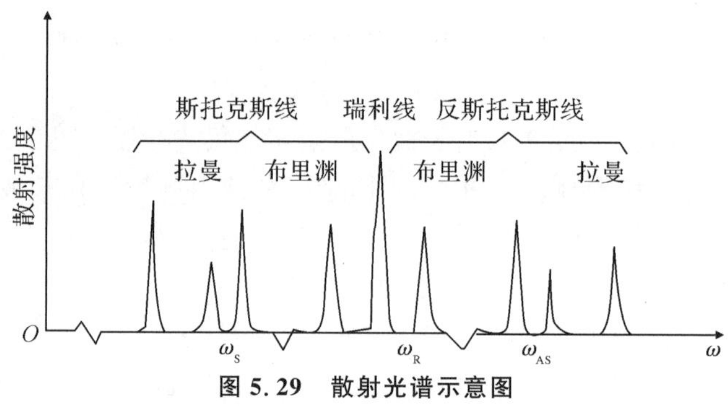

图 5.29 散射光谱示意图

从波动观点来看，光的非弹性散射机制是光波电磁场与介质内微观粒子固有振动之间的耦合，可激发介质微观结构的振动或导致振动的淬灭，以致散射光波频率相应出现"红移"(频率降低)或"蓝移"(频率增高)。通常能产生拉曼散射的介质多由相互束缚的正负离子所组成。正负离子的周期性振动导致偶极矩的周期性变化，这种振动偶极矩与光波电磁场的相互作用引起能量交换，发生光波的非弹性散射。一般认为，拉曼散射是分子或点阵振动的光学声子(光学模)对光波的散射。没有振动偶极矩的体系也可以通过光波感生极化而产生拉曼散射，但散射强度较弱。布里渊散射是点阵振动引起的密度起伏或超声波对光波的非弹性散射，也可以说是点阵振动的声学声子(声学模)与光波之间能量交换的结果。由于声学声子的能量低于光学声子，布里渊散射的频移比拉曼散射小，它们紧靠在瑞利线的近旁，所以只能用高分辨率的双单色仪等光谱仪器才能分辨出来。

从量子观点来看，拉曼散射过程可以用简单的能级跃迁图来说明，如图 5.30 所示。为简单起见，图中画出了介质的两个能级 E_1 和 E_2，图 5.30(a)表示瑞利散射过程。当介质分子处于低能级 E_1(或高能级 E_2)并受到频率为 ν_0 的入射光子作用时，介质分子可以吸收这个光子，跃迁到某个虚能级，随后这个虚能级上的分子便向下跃迁回到它原来的能级，并伴随着发射出一个与入射光频率相同的光子(方向可能改变)，这就是瑞利散射过程。图 5.30(b)表示拉曼散射的斯托克斯过程。它与瑞利散射的唯一区别是，分子从虚能级向下跃迁时回到了较高的能级 E_2，并伴随着一个光子发射。这个光子的频率 ν_s 与入射光子相比红移了 $\Delta\nu$，其数值相当于两个能级的能量差，即

$$h\Delta\nu = E_2 - E_1 \tag{5.50}$$

图 5.30(c)是拉曼散射的反斯托克斯过程。其特点是，如果介质原来处于较高的能级 E_2，那么在吸收频率为 ν_0 的光子跃迁到一个较高的虚能级后，分子向下跃迁回到了低能级 E_1，同时发射一个频率蓝移了的散射光子，频移量 $\Delta\nu$ 仍旧符合式(5.50)的能量守恒关系。

需要说明的是，这里所说的虚能级，实际上应当理解为电磁场和介质的共同状态，也就是在相互作用过程中形成的复合态。但是量子力学图像里只画出介质的状态，因此把共同状态称为虚态或虚能级。一般虚能级并不真正代表介质体系的真实能级。实验发现，当入射光的频率选择到使虚能级正好与介质的某个能级重合时，拉曼散射的强度会大大加强，这种情形称为共振拉曼散射。此外，通过用强激光进行的拉曼散射实验发现，当入射光强超过某阈值时，拉曼散射强度可以获得增益，这时的强度会突然增强几个数量级，并且在瑞剩散射线的两侧还会出现多条等间隔分布的散射谱线，分别称为一级、二级……拉曼散射谱线，这种现象称为受激拉曼散射，其机制类似于激光的形成。与受激拉曼散射相对应，一般拉曼散射可称为自发拉曼散射。布里渊散射也有类似的共振和受激过程。

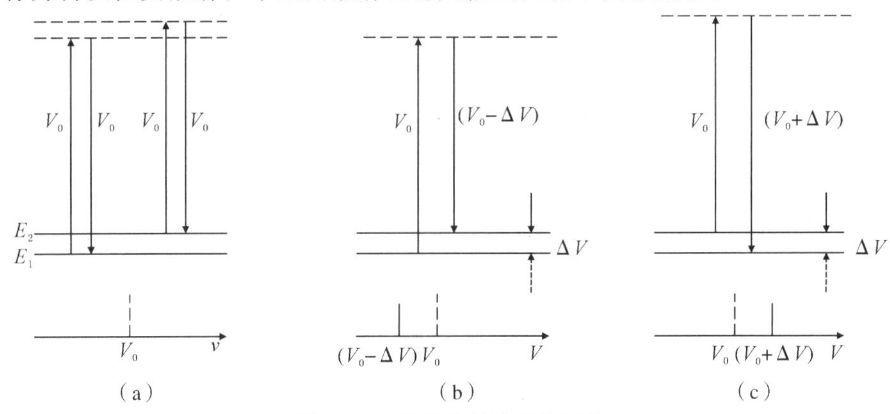

图 5.30　分子散射的量子图像

(a)瑞利散射过程；(b)拉曼散射的斯托克斯过程；(c)拉曼散射的反斯托克斯过程

非弹性散射一般极其微弱，对其研究较少。只有在出现激光器这样的强光源之后，这一新的研究领域才获得很大的发展。由于拉曼散射和布里渊散射中散射光的频率与散射物质的能态结构有关，所以研究非弹性光散射已经成为获得固体结构、点阵振动、声学动力学以及分子的能级特征等信息的有效手段。此外，受激拉曼散射还为开拓新的相干辐射波长和可调谐相干光源开辟了新的途径。

5.7　材料的光发射

材料的光发射是材料以某种方式吸收能量之后，将其转化为光能即发射光子的过程。发光是人类研究最早也应用最广泛的物理效应之一。一般地说，物体发光可分为平衡辐射和非平衡辐射两大类。平衡辐射的性质只与辐射体的温度和发射本领有关，如白炽灯的发光就属于平衡或准平衡辐射；非平衡辐射是在外界激发下物体偏离了原来的热平衡态，继而

发出的辐射。本节将只讨论固体材料的非平衡辐射。

材料光发射的性质与它们的能量结构紧密相关。我们已经知道,固体的基本能量结构是能带。固体中也常常通过人为的方法掺杂一些与基质不同的成分,以改善固体的发光性能。杂质离子具有分立的能级,它们常出现在禁带中。固体发光的微观过程可以分为两个步骤:第一步,对材料进行激励,即以各种方式输入能量,将固体中的电子的能量提高到一个非平衡态,称为“激发态”;第二步,处于激发态的电子自发地向低能态跃迁,同时发射光子。如果材料存在多个低能态,发光跃迁可以有多种渠道,那么材料就可能发射多种频率的光子。在很多情况下,发射光子和激发光子的能量不相等,通常前者小于后者。倘若发射光子与激发光子的能量相等,发出的辐射就称为“共振荧光”。当然向下跃迁未必都发光,也可能存在把激发的能量转变为热能的无辐射跃迁过程。

5.7.1 激励方式

发光前可以有多种方式向材料注入能量。通过光的辐照将材料中的电子激发到高能态从而导致发光,称为“光致发光”。光激励可以采用光频波段,也可以采用 X 射线和 γ 射线波段。日常照明用的荧光灯就是通过紫外线激发涂布于灯管内壁的荧光粉而发光的。利用高能量的电子来轰击材料,通过电子在材料内部的多次散射碰撞,使材料中多种发光中心被激发或电离而发光的过程称为“阴极射线发光”。彩色电视机显示屏的颜色就是采用电子束扫描、激发显像管内表面上不同成分的荧光粉,使它们发射红、绿、蓝三种基色光波而实现的。通过对绝缘发光体施加强电场导致发光,或者从外电路将电子(空穴)注入半导体的导带(价带),导致载流子复合而发光,称为“电致发光”。作为仪器指示灯的发光二极管就是半导体复合发光的例子。

5.7.2 材料发光的基本性质

自然界中很多物质都或多或少可以发光。但近代显示技术所用的发光材料主要是无机化合物。在固体材料中又主要是采用禁带宽度比较大的绝缘体,其次是半导体,它们通常是以多晶粉末、单晶或薄膜的形式被应用的。

发光材料除要有合适的基质作为主体外,还要选择掺入微量杂质作为“激活剂”。这些微量杂质一般被用来充当发光中心,有些也被用来改变发光体的导电类型。在很多情况下还加入另一种称为“助熔剂”的杂质,以促进材料的结晶或与激活剂匹配(调整点阵中的电荷量)。例如,ZnS:(Ag,Cu)表示 ZnS 基质中掺有杂质 Ag 和 Cu。这种材料发出 525 nm 中心波长的黄绿光,可用于示波管。从应用的角度看,材料感兴趣的光学性能通常是发光的颜色、强度和延续时间。因此,材料的发光特性主要从发射光谱、激发光谱、发光寿命和发光效率进行评价。

1. 发射光谱

发射光谱是指在一定的激发条件下发射光强按波长的分布。发射光谱的形状与材料的能量结构有关,有些材料的发射光谱呈现宽谱带,甚至由宽谱带交叠而形成连续谱带,有些材料的发射光谱则是线状结构，如图 5.31 所示的 $Y_2O_2S:Tb^{3+}$ 的发射谱呈现了复杂的谱线结构。它由于可同时发绿色和蓝色光，所以常被选作黑白电视显像材料。

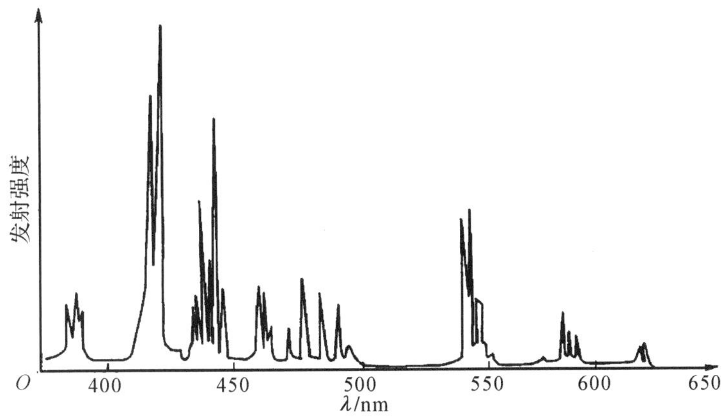

图 5.31　$Y_2O_2S:Tb^{3+}$ 的线状发射光谱

2. 激发光谱

激发光谱是指材料发射某一种特定谱线（或谱带）的发光强度随激发光的波长而变化的曲线。能够引起材料发光的激发波长也一定是材料可以吸收的波长。就这一点而言，激发光谱与吸收光谱有类似之处。但有的材料吸收光之后不一定会发射光，也就是说它可能把吸收的能量转化为热能而耗散掉。对发光没有贡献的吸收是不会在激发光谱上得到反映的，因此，激发光谱又不同于吸收光谱。通过激发光谱的分析可以找出使材料发光采用什么波长的光进行光激励最为有效。激发光谱和吸收光谱都是反映材料中从基态始发的向上跃迁的通道，因此，都能给出有关材料能级和能带结构的有用信息。与之形成对比的是，发射光谱则是反映从高能级始发的向下跃迁过程。图 5.32 给出了 $Y_2SiO_5:Eu^{3+}$ 部分高分辨率的激发光谱，其中两个吸收峰间距仅有约 0.2 nm，接收波长为 612 nm。

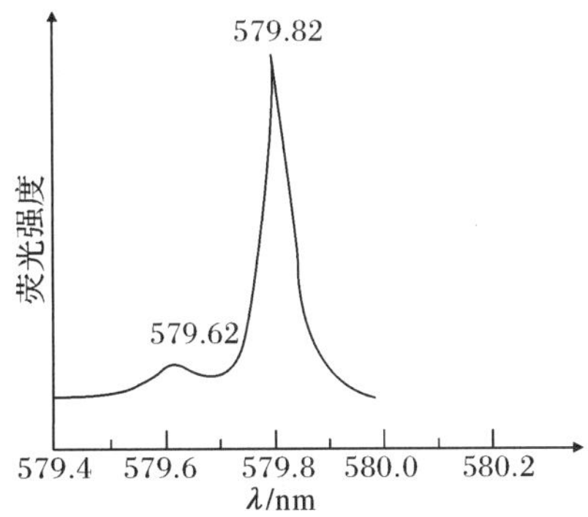

图 5.32　$Y_2SiO_5:Eu^{3+}$ 部分激发光谱

3. 发光寿命

发光体在激发停止之后持续发光时间的长短称为发光寿命（荧光寿命或余辉时间）。最简单的情况是发光中心的电子被激发到高能态之后，各自独立地相继向基态跃迁而发光。设某时刻 t 共有 n 个电子处于某激发态，则在 dt 时间内跃迁到基态的电子数 dn 应正比于 ndt，即

$$dn = -\alpha n dt \tag{5.51}$$

式中：α 表示电子在单位时间内跃迁到基态的概率。

从式(5.51)得到电子数衰减的规律为

$$n = n_0 e^{-\alpha t} \tag{5.52}$$

式中：n_0 为初始激发态的电子数。

与此相对应,发光强度也以同样的指数规律衰减,即

$$I=I_0 e^{-\alpha t} \tag{5.53}$$

定义光强衰减到初始值 I_0 的 $1/e$ 所经历的时间为发光寿命 τ,则

$$\tau=1/\alpha \tag{5.54}$$

式(5.53)和式(5.54)的指数衰减是发光过程的一个基本规律。但某些材料的发光涉及比较复杂的中间过程,其光强衰减规律呈双指数或双曲线形式,难以用一个反映衰减规律的参数来表示。在应用中往往约定,从激发停止时的发光强度 I_0 衰减到 $I_0/10$ 的时间为余辉时间,根据余辉时间的长短可以把发光材料分为超短余辉(<1 μs)、短余辉(1 ~ 10 μs)、中短余辉(0.01~ 1 μs)、中余辉(1~100 ms)、长余辉(0.1 ~1 s)、超长余辉(>1 s) 六个范围。不同应用目的对材料的发光寿命有不同的要求。例如:短余辉材料常应用于计算机的终端显示器;长余辉和超长余辉材料常应用于夜光钟表字盘、夜间节能告示板、紧急照明等场合。

4. 发光效率

发光效率通常有三种表示法,即量子效率、功率效率和光度效率。量子效率 η_q 是指发射光子数 n_{out} 与吸收光子数(或输入的电子数)之比 n_{in},写成

$$\eta_q=\frac{n_{out}}{n_{in}}$$

功率效率 η_p 表示发光功率 P_{out} 与吸收光的功率(或输入的电功率)P_{in} 之比,写成

$$\eta_p=\frac{P_{out}}{P_{in}}$$

显然,当激发波长比发射波长短时,即使发光量子效率达到 100%,体系发光的功率效率也不可能达到 100%。

值得注意的是,许多发光器件(如各种显示器)的性能要以人眼的感觉来评价,而人眼对不同波长的敏感程度不同,有些材料发光效率很高的器件所发出的光,在人眼看起来并不觉得很明亮。因此,从实用出发还引入了"光度效率"这一参数。

光度效率定义为发射的光通量 L[以流明(lm)为单位]与输入的光功率(或电功率)P_{in} 之比,写成

$$\eta_l=L/P_{in}$$

η_l 与 η_p 的关系为

$$\frac{\eta_l}{\eta_p}=\frac{\int_0^{\infty}\Phi(\lambda)I(\lambda)\mathrm{d}\lambda}{\int_0^{\infty}I(\lambda)\mathrm{d}\lambda}D \tag{5.55}$$

式中:$\Phi(\lambda)$ 为人眼的视见函数;$I(\lambda)$ 为发光功率的光谱分布函数;D 为光功当量,波长 $\lambda=555$ nm 的光功当量 D 为 680 lm · W^{-1}。

5.7.3 发光的物理机制

固体材料发光可以有两种微观的物理过程:一种是分立中心发光,另一种是复合发光。就具体的发光材料而言,可能只存在其中一种过程,也可能两种过程兼有。

1. 分立中心发光

这类材料的发光中心通常是掺杂在透明基质材料中的离子，有时也可以是基质材料自身结构的某一个基团。选择不同的发光中心和不同的基质组合，可以改变发光体的发光波长，调节其光色。不同的组合当然也会影响发光效率和余辉长短。发光中心分布在晶体点阵中，或多或少会受到阵点上离子的影响，使其能量状态发生变化，进而影响材料的发光性能。发光中心与晶体点阵之间相互作用的强弱又可以分成两种情况：一种发光中心基本是孤立的，它的发光光谱与自由离子很相似；另一种发光中心受基质点阵电场（或称“晶格场”）的影响较大，这种情况下的发光性能与自由离子很不相同，必须把中心和基质作为一个整体来分析。

分立发光中心的最好例子是掺杂在各种基质中的三价稀土离子。它们产生光学跃迁的是 4f 电子，发光只是在 4f 次壳层中跃迁。在 4f 电子的外层还有 8 个电子（2 个 5s 电子，6 个 5p 电子），形成了很好的电屏蔽。因此，晶格场的影响很小，其能量结构和发射光谱很接近自由离子的情况。晶格场对发光离子的影响主要表现在以下几个方面。

（1）晶格场影响光谱结构

由于晶格场的扰动会引起中心离子简并能级的分裂，所以发光谱线也会引起分裂，这样就使发射光谱比自由离子时要复杂，如图 5.31 中所示的复杂谱线结构。

（2）晶格场影响光谱的相对强度

晶格场对光谱相对强度的影响，源于晶格场的参与改变了跃迁选择定则，从而也改变了不同谱线的跃迁概率。例如，彩电三基色中发红光的材料，常选择 Eu^{3+} 为发光中心。它在中心对称的晶格场中却以发橙色谱线为主（属 $^5D_0—^7F_1$ 跃迁，中心波长为 593 nm），不符合要求。但如果出现非中心对称的晶格场，就可以破坏偶极跃迁的“宇称选择定则”，使得原先禁止的 $^5D_0—^7F_1$ 跃迁成为可能。这时波长为 618 nm 的红光成为主要发光谱线，从而满足了彩电的色度要求。图 5.33 给出了 Eu^{3+} 在中心对称和非中心对称晶格场中的发射光谱。

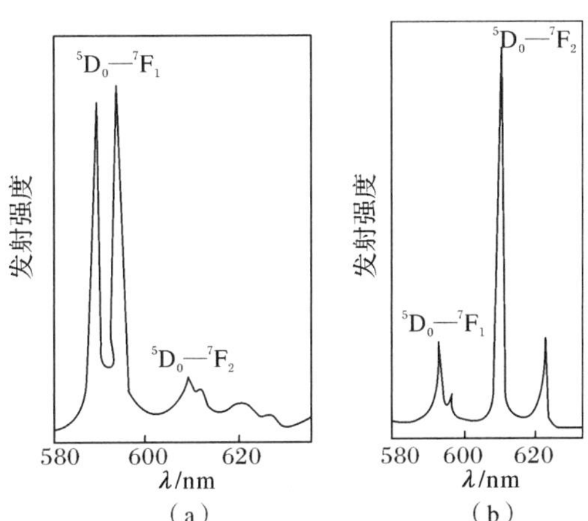

图 5.33　Eu^{3+} 在 $NaLuO_2$ 晶体（中心对称）和 $NaGdO_2$ 晶体（非中心对称）中的发射光谱

(a) $NaLuO_2$ 晶体（中心对称）；(b) $NaGdO_2$ 晶体（非中心对称）

(3) 晶格场影响发光寿命

晶格场对发光寿命的影响通常也是通过改变选择定则而实现的。例如,作为 $ZnF_2:Mn^{2+}$ 材料发光中心的 Mn^{2+},就是依靠基质晶格场的影响使原来禁止的跃迁部分地解除禁止而发光。由于禁止解除不彻底,发光概率不大,所以有较长的余辉时间。$ZnF_2:Mn^{2+}$ 的余辉时间可达 100 ms。

作为分立发光中心的 Ce^{3+} 是唯一不发射线状光谱的三价稀土离子,通常受晶格场影响较大,图 5.34 显示了 Ce^{3+} 在几种晶体中的发射光谱。发射带状光谱的原因在于 Ce^{3+} 的发光是来自 5d 能级,由于 5d 能级没有 4f 能级那样的电屏蔽,因而受晶格场的影响很大,而且 5d—4f 跃迁又是宇称选择定则允许的电偶极跃迁,所以发光概率很大,相应地发光寿命就很短,仅几十纳秒。正因为这一点,Ce^{3+} 掺杂的材料常被选做超短余辉材料。

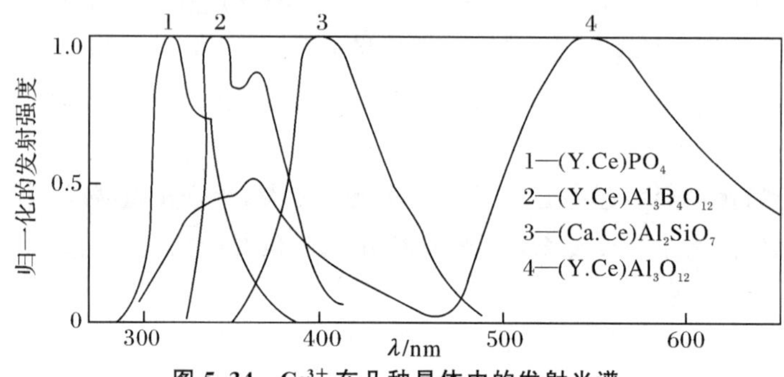

图 5.34 Ce^{3+} 在几种晶体中的发射光谱

2. 复合发光

复合发光与分立中心发光最根本的差别在于,复合发光时电子的跃迁涉及固体的能带。由于电子被激发到导带时在价带上留下一个空穴,所以,当导带的电子回到价带与空穴复合时,便以光的形式放出能量。这种发光过程就叫复合发光。复合发光所发射的光子能量等于禁带宽度($E_g=h\nu$)。通常复合发光采用半导体材料,并且以掺杂的方式提高发光效率。下面以硅基发光二极管为例说明复合发光的机制。

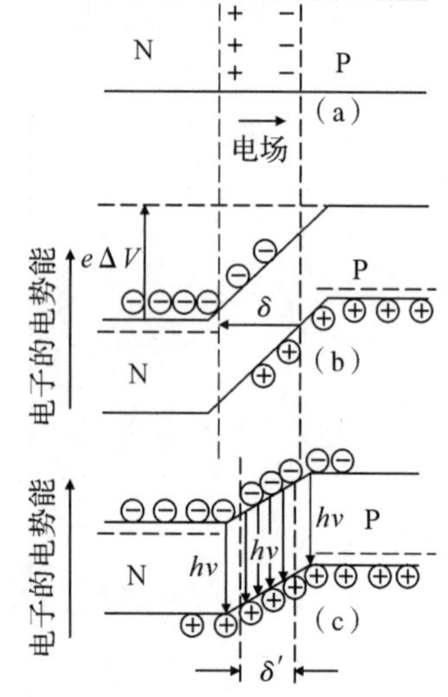

图 5.35 P-N 结势垒的形成和在外电场作用下的减弱

我们知道,硅属于ⅣA 族元素,有 4 个价电子,在材料中构成共价键。在低温的平衡状态下硅中没有自由电子,不会导电。当价电子受到激发而跃迁到导带时就变成自由电子,而在价带上留下一个空穴,这称为本征激发。由于受激发的结果,自由电子和空穴都成为材料中的载流子,所以,材料具有一定的导电性。实验表明,在硅中掺入ⅤA 族元素(如砷)或ⅢA 族元素(如硼)等杂质时,导电能力大大增强。砷有 5 个价电子,当它取代一个硅原子时,与周围原子进行共价结合之余,多出一个电子,这个电子虽然没有束缚在共价键里，却仍然受到砷原子核的吸引，只能在砷原子核附近运动。然而与共价键的约束相比，这种吸引要弱得多，只要很少的能量就能使它挣脱而成为自由电子，相应地，砷原子就变成带正电的离子 As^{+}。当硅中掺入硼时，由于硼只有 3 个价电子，与硅形成共价键还缺少一个电子，因而留下一个可以吸引外来电子的空穴。如施加一定的能量使共价键中的电子能够跳跃到硼的空穴中去，材料中就出现了可以导电的自由空穴，这称为空穴激发。空穴导电是依靠成键电子在不同硅原子之间移动而形成电流。上述两种杂质的不同作用：砷向硅材料中释放电子，靠自由电子导电，称为 N 型杂质，对应于 N 型半导体；硼则是接受电子，靠空穴导电，称为 P 型杂质，对应于 P 型半导体。

当 N 型半导体和 P 型半导体相接触时，N 区的电子要向 P 区扩散，而 P 区的空穴要向 N 区扩散。由于载流子的扩散使两种材料的交界处形成空间电荷，在 P 区一侧带负电，N 区一侧带正电，如图 5.35(a)所示，从而形成一个称为"P－N 结"的电偶极层和与其相应的接触电位差。显然，P－N 结内的电场方向阻止着电子和空穴进一步扩散。电子要从 N 区扩散到 P 区，必须克服高度为 $e\Delta V$ 的势垒，如图 5.35(b)所示。如果在 P－N 结上施加一个正向外电压 V(把正极接到 P 区，负极接到 N 区)，那么势垒的高度就降低到 $e(\Delta V-V)$，势垒区的宽度也要变窄(从 δ 变成 δ')，如图 5.35(c)所示。由于势垒的减弱，电子便可以源源不断地从 N 区流向 P 区，空穴也从 P 区流向 N 区。这样，在 P－N 结区域就有大量的电子和空穴相遇而产生复合发光。半导体发光二极管就是根据上述原理制作的发光器件。表 5.4 中列出了几种半导体材料的禁带宽度和相应的发光波长，其中，Ge、Si 和 GaAs 等禁带宽度较窄，只能发射红外光，另外三种则有可见光辐射。

表 5.4　半导体材料的禁带宽度和复合发光波长

材　料	Ge	Si	GaAs	GaP	$GaAs_{1-x}P_x$	SiC
E_g/eV	0.67	1.11	1.43	2.26	1.43～2.26	2.86
λ/mm	1 850	1 110	867	550	867～550	435

固体发光材料在各个领域的应用十分普遍，材料光发射的研究对象和内容也十分丰富。通过光发射性能的测量可以获得有关物质结构、能量特征和微观物理过程的大量信息，对于开发新型光源、光显示和显像材料、激光材料和信息材料都有重要意义。

5.8　材料的受激辐射和激光

20 世纪 60 年代出现了一种崭新的光源——激光。这种光的色彩极为单纯，发射方向单一，辐射能量在空间和时间上高度集中，因而可以达到比太阳强 1×10^{10} 倍的亮度。激光器为科学研究和计量检测提供了强有力的手段，而且大大推动了信息、医学、工业、能源和国防领域的现代化进程。激光之所以具有传统光源无法比拟的优越性，关键在于它利用了材料的受激辐射。本节将对材料产生受激辐射的性质和激光形成的机制进行讨论。

5.8.1　受激辐射

我们已经知道，材料的光吸收和光发射都是光和物质相互作用的基本过程。1917 年，爱因斯坦在研究"黑体辐射能量分布"这一当时的物理学难题时曾提出，光与物质的相互作用还有第三个基本过程，即受激辐射。据此，他推得黑体辐射的能量分布公式，合理地解释了实验规律。为了与受激辐射相区别，前面所涉及的光发射应称为自发辐射。下面简要介绍爱因斯坦关于黑体辐射的理论要点，从中认识光与物质相互作用的三种过程以及它们之间的关系。

为简单起见，我们以原子为例，并且只关心物质与发光有关的两个能级 E_1 和 E_2，如图 5.36 所示。

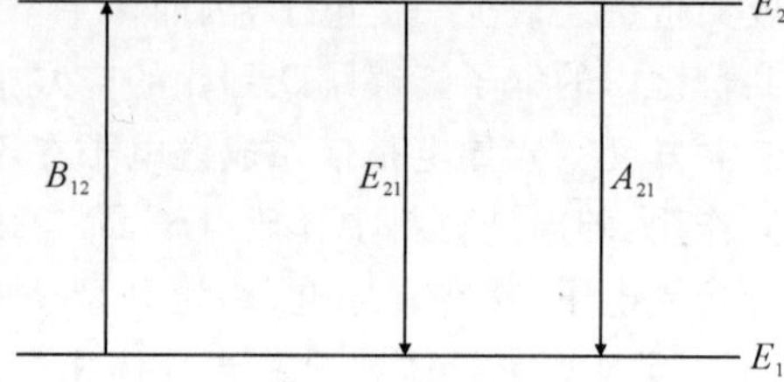

图 5.36　光与物质相互作用的三个基本过程

自发辐射是指这样的过程，即如果原子已经处于高能级，那么它就可能自发、独立地向低能级 E_1 跃迁并发射一个光子，其能量为

$$h\nu = E_2 - E_1 \tag{5.56}$$

各个原子发射的自发辐射光子，除了能量(频率)受上式制约之外，其发射方向和偏振态都是随机和无规则的。若以 N_2 代表处于高能级 E_2 的原子密度，则在单位体积内单位时间发生自发辐射的原子数 $(\mathrm{d}N_2/\mathrm{d}t)|_{\mathrm{sp}}$(等于自发辐射的光子数)与高能级的原子数 N_2 成正比，故有

$$(\mathrm{d}N_2/\mathrm{d}t)|_{\mathrm{sp}} = -A_{21}N_2 \tag{5.57}$$

式中：A_{21} 为自发辐射跃迁概率，也称为自发辐射系数。因此，A_{21} 即为没有辐射场存在时从高能级向低能级的跃迁概率。它仅与原子的性质有关，而与是否存在辐射场无关。负号表明自发辐射导致 N_2 随时间减少。

如果原子处于低能级，当有能量满足 $h\nu = E_2 - E_1$ 的光子趋近它时，原子则可能吸收一个光子并跃迁到高能级 E_2。由于这个吸收过程只有存在适当频率的外来光子时才会发生，故可称为"受激吸收"。单位体积内单位时间发生受激吸收的原子数 $(\mathrm{d}N_1/\mathrm{d}t)|_{\mathrm{sp}}$(等于被吸收的光子数)，不但与低能级的原子密度 N_1 成正比，还和辐射场的能量密度 $\rho(\nu,T)$ 成正比，故有

$$\left.\frac{\mathrm{d}N_1}{\mathrm{d}t}\right|_{\mathrm{sp}} = -B_{12}\rho(\nu,T)N_1 \tag{5.58}$$

式中：B_{12} 为受激吸收系数；$B_{12}\rho(\nu,T)$ 为受激吸收概率。吸收结果导致高能级原子数增加，故

$$\left.\frac{\mathrm{d}N_2}{\mathrm{d}t}\right|_{\mathrm{sp}} = -\left.\frac{\mathrm{d}N_1}{\mathrm{d}t}\right|_{\mathrm{sp}} \tag{5.59}$$

受激辐射的过程：当一个能量满足 $h\nu = E_2 - E_1$ 的光子趋近高能级 E_2 的原子时，入射的光子诱导高能级原子发射一个和自己性质完全相同的光子。换言之，受激辐射的光子和入射光子具有相同的频率、方向和偏振状态。受激辐射是受激吸收的逆过程，它的发生使高能级的原子数减少。单位体积内单位时间发生受激辐射的原子数 $(\mathrm{d}N_2/\mathrm{d}t)|_{\mathrm{st}}$(等于受激辐射产生的光子数)应与高能级的原子数 N_2 及辐射场能量密度 $\rho(\nu,T)$ 成正比，写成

$$\left.\frac{\mathrm{d}N_2}{\mathrm{d}t}\right|_{\mathrm{st}} = -B_{21}\rho(\nu,T)N_2 \tag{5.60}$$

式中：B_{21} 为受激辐射系数；$B_{21}\rho(\nu,T)$ 为受激辐射概率。

由于在热平衡条件下，只有当辐射体发射的光子数（包括自发辐射和受激辐射）等于吸收的光子数时，才能保持辐射场的能量密度不变，所以有

$$[A_{21}+B_{21}\rho(\nu,T)]N_2=B_{12}\rho(\nu,T)N_1 \tag{5.61}$$

与此同时，热平衡条件下原子密度按能量的分布应满足玻耳兹曼分布定律：

$$\frac{N_2}{N_1}=\frac{g_2}{g_1}e^{-\frac{h\nu}{k_B T}} \tag{5.62}$$

式中：k_B 为玻耳兹曼常数；g_2 和 g_1 为分别为高、低能级的简并度。由式(5.61)和式(5.62)求得辐射场能量密度为

$$\rho(\nu,T)=\frac{\frac{A_{21}}{B_{21}}}{\frac{g_1 B_{12}}{g_2 B_{21}}e^{\frac{h\nu}{k_B T}}-1} \tag{5.63}$$

这个结果和黑体辐射的普朗克定律形式完全一致。普朗克开创性地引入了量子化的概念，结合经典统计理论，推出了反映实验定律的普朗克公式，其形式为

$$\rho(\nu,T)=\frac{8\pi h\nu^3}{c^3}\cdot\frac{1}{e^{\frac{h\nu}{k_B T}}-1} \tag{5.64}$$

比较两式可得

$$\frac{A_{21}}{B_{21}}=\frac{8\pi h\nu^3}{c^3} \tag{5.65}$$

$$g_1 B_{12}=g_2 B_{21} \tag{5.66}$$

这就是著名的三个爱因斯坦系数 A_{21}、B_{21} 和 B_{12} 的关系式。

因此，可以说，爱因斯坦的黑体辐射理论首次预言了受激辐射的存在，明确提出了光子和受激辐射的概念，以更清晰的物理图像解释了黑体辐射的规律，尽管人们经历了将近半个世纪才制造出第一台激光器，真正观察到了受激辐射。

5.8.2　激活介质

受激辐射既然存在，为什么人们长期没有观察到呢？这是因为通常人们所接触到的体系都是热平衡体系或者与热平衡偏离不远的体系。按照玻耳兹曼分布公式(5.56)，能量差在光频波段的两个能级中，高能级的原子密度总是远小于低能级的原子密度，而受激辐射产生的光子数与受激吸收的光子数之比等于高、低能级粒子数之比，所以受激辐射就微乎其微，以至长期没有被察觉。通过计算也可以证明，与自发辐射相比，在热平衡条件下受激辐射也完全可以忽略。如何使受激辐射占主导地位，关键在于设法突破玻耳兹曼分布，使高能级的粒子数大于低能级的粒子数，这个条件称为“粒子数反转”。这里的“粒子”泛指任何具体介质中的微观粒子，而不局限于原子。显然，在高、低能级均无简并的情况下，粒子数反转即要求 $N_2>N_1$。在热平衡条件下，光波通过物质体系时总是或多或少地被吸收，因而越来越弱，但是实现了粒子数反转的体系却恰恰相反。由于受激辐射放出的光子数多于被吸收的光子数，所以辐射场将越来越强。换言之，实现粒子数反转的介质具有对光的放大作用，称为“激活介质”。

本章 5.3 节中曾给出光波通过介质时强度随距离呈指数式衰减的公式，$I=I_0e^{-\alpha l}$，由于一般介质的吸收系数 α 为正数，所以 $I\leqslant I_0$。对粒子数反转介质而言，吸收系数 α 为负数。若令 $g=-\alpha$，g 为正数，称为增益系数，则有

$$I=I_0e^{gl} \tag{5.67}$$

故有可能 $I\geqslant I_0$。因此，实现粒子数反转的介质又称为“负吸收介质”或“增益介质”，即对光波有放大作用的介质。受激辐射光子的性质与入射光子完全一样，激活介质放大的结果，就能使特定频率、特定方向、特定偏振态的光得到增强。当增益足以克服损耗时，即形成激光辐射。

要使普通的介质变成激活介质，必须进行有效的激励，把低能级的粒子尽可能多地激发到高能级。激励方式可依介质种类的不同而异，分别有气体放电激励、电子束激励、强光激励、载流子注入、化学激励、气体动力学激励、核能激励和激光激励等。形成激光的激励方式可能和 5.5 节中介绍的材料光发射所采用的方式类似，但所要求激励的程度不同。一般发光并不要求达到粒子数反转。

下面列举固体激光介质激活过程的几个实例。固体激光通常采用光激励(称为光泵)方式，因此，要求介质有较宽的吸收谱带，以使较多的发光中心离子被激发。被激发的离子一般通过无辐射跃迁过渡到激光作用的高能级。这个过程希望有高的量子效率，以达到高的荧光量子效率。发射激光的高能级应具有较长的寿命，才能积累较多的粒子，有利于形成粒子数反转。此外，发射激光的低能级应占有尽可能少的粒子数，因此，应尽量避免采用基态为激光跃迁的低能级。

红宝石是历史上首先(1960 年)获得激光的材料。它是在蓝宝石(Al_2O_3)基质中掺杂 Cr^{3+} 离子而形成的淡红色晶体。红宝石材料的发光中心为 Cr^{3+} 离子，其能级如图 5.37 所示(以波数表示)。图中 $^4A_2$ 为基态，$^4F_1$ 和 $^4F_2$ 为两个分布很宽的能级，对应的吸收分别形成很宽的吸收带，即紫带(360 ～ 450 nm)和绿带(510 ～ 600 nm)。通过吸收光泵的激发光子到达 $^4F_2$ 和 $^4F_1$ 的离子与点阵振动耦合，很快(10^{-9} s 量级)向激光高能级 ^2E 作无辐射跃迁。由于 ^2E 为有较长能级寿命(～3×10^{-3} s)的亚稳态，因此，可积累较多的 Cr^{3+} 离子。^2E 能级由两个支能级 ^2A 和 E 组成，它们向激光低能级 $^4A_2$(基态)跃迁时产生 R_1(694.3 nm)谱线和 R_2(692.9 nm)谱线，其中 R_1 谱线跃迁概率较大，但两条谱线均可能产生激光，光束呈深红色。

掺钕的钇铝石榴石(Nd^{3+}:YAG)基质晶体为 $Y_3Al_5O_{12}$(缩写为 YAG)，激活离子为 Nd^{3+}。若对材料 Nd^{3+}:YAG 进行激励，则 Nd^{3+} 在吸收不同波长的激发光子后，会从基态 $^4I_{9/2}$ 跃迁到 $^4F_{3/2}$、$^4F_{5/2}$、$^4F_{7/2}$ 等高能级，如图 5.38 所示。由于这些能级都有一定的宽度，所以在光泵激励下有足够的吸收。晶体中 Nd^{3+} 离子吸收光子到达高能级后，通过无辐射跃迁迅速过渡到激光谱线的高能级 $^4F_{3/2}$。由于高能级 $^4F_{3/2}$ 是一个长寿命的亚稳态能级，激光跃迁发生在高能级 $^4F_{3/2}$ 和低能级 $^4I_{13/2}$、$^4I_{11/2}$、$^4I_{9/2}$ 之间，所以发射谱线均为红外线，其波长分别为 1.32 μm、1.064 μm、0.913 μm。这三条谱线以 1.064 μm 的一条最强，最容易获得激光输出。由于与激光跃迁有关的三个低能级中 $^4I_{13/2}$ 和 $^4I_{11/2}$ 离基态较远，常温下，很少有粒子集聚，容易实现粒子数反转，所以在能级结构上，Nd^{3+}:YAG 比红宝石更为合理。

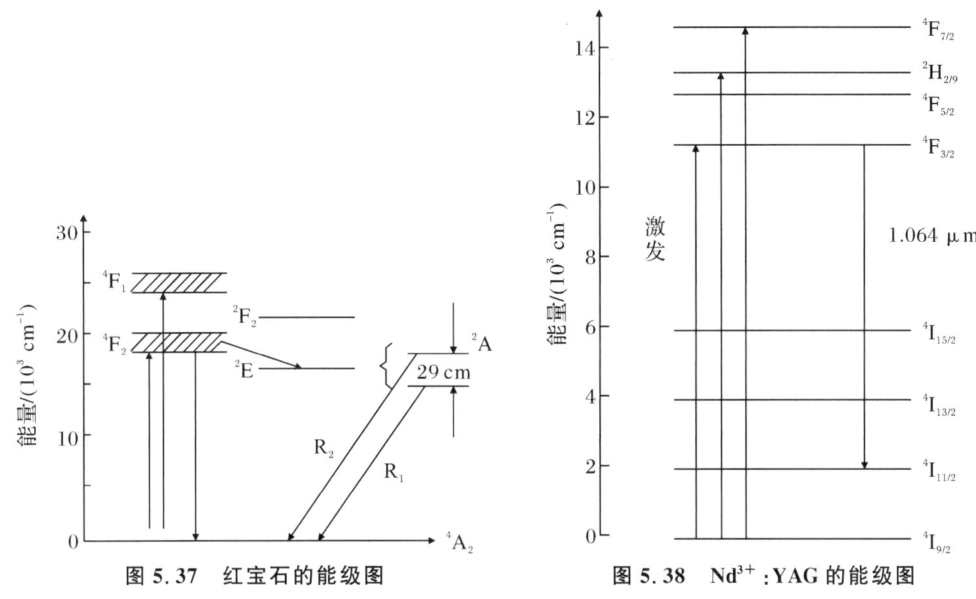

图 5.37　红宝石的能级图　　**图 5.38　Nd^{3+}:YAG 的能级图**

钕玻璃的激活离子也是 Nd^{3+}，基质是不同成分的玻璃，其中，以碱金属-碱土金属-硅酸盐基质玻璃的性能较好(如 K－Ba－SiO_2)。钕玻璃的光谱特性与 Nd^{3+}:YAG 相近，但谱线较宽，输出激光波长也和 Nd^{3+}:YAG 一样(一般为 1.06 μm)。由于钕玻璃的光学均匀性好，价格低廉，而且容易制造大块材料，所以钕玻璃是大功率、高能量激光器的主要工作物质。

钛宝石激光器是 20 世纪 80 年代新发展的一种激光器，其工作介质基质为 Al_2O_3，激活离子为 Ti^{3+}。它的主要优点是激光为宽带可调谐(680 ～ 1 180 nm)。具有这一性质的主要原因是过渡金属离子 Ti^{3+} 的 d 电子和基质点阵振动的强烈耦合，使其具有宽带的吸收(有利于激发)和宽带的荧光(有利于激光波长调谐)。其吸收带与荧光带之间有大的斯托克斯频移。由于其激光跃迁的低能级为声子能级，所以钛宝石激光器被称为终端声子激光器。

5.8.3　光学谐振腔和模式

激活介质仅仅是获得激光的一个要素。要真正产生激光，还必须使受激辐射在频率、方向和偏振态上集中起来。光学谐振腔就是发挥这一作用的部件，谐振腔通常由放置在激活介质两端的两面反射镜所构成，反射镜的内表面蒸镀对特定波长具有高反射率的介质膜或金属膜。谐振腔通常起以下四个作用。

1. 提供光的正反馈

为了使光强不断放大，让一定波长的自发辐射光在两个反射镜之间来回反射并反复通过激活介质，以诱发受激辐射。由激活介质和光学谐振腔组成的器件称为受激辐射的光放大器(laser)。谐振腔有多种形式的结构，例如，可由两个平面反射镜、两个凹面(球面)反射镜或一平一凹两个反射镜相向放置而构成等。两面凹镜曲率中心重合的谐振腔称为“共心腔”，两面凹镜焦点重合的则称为“共焦腔”。这些结构的谐振腔内相向传播的两列光波可以形成驻波，故属于“驻波腔”。另外，还可以由几个反射镜按一定光路排列起来，使光波在排列而成的闭合回路中循行，这属于“行波腔”。

2. 限制或选择光束的方向

因为只有那些基本上沿着镜面法线方向运行的光束，才会被镜面反射回来，再经激活介质反复放大形成强光束，而其他方向的光波都会很快逸出腔外，不可能积累到很高的强度，所以说，谐振腔限制了激光束的方向。

3. 选择光的模式和振荡频率

被谐振腔来回反射的光束彼此叠加起来，将形成光强在空间的稳定分布。光波可以有很多种稳定分布形式，其中，沿光波传播方向的稳定分布称为“纵模”，而垂直于传播方向的稳定分布称为“横模”。根据光波的干涉原理，在谐振腔内往返一周的光学距离等于光波波长整数倍的那些光波，可以同相位相叠加而得到加强，并形成驻波形式的稳定分布。因此，不同的模式分别对应于不同的频率。这种驻波的频率满足

$$\nu_q = q\,\frac{c}{2d} \tag{5.68}$$

式中：d 为反射镜的间距；c 为光速；q 为纵模指数（$10^4 \sim 10^6$ 量级）。

一般谐振腔内可有多个纵模满足上述条件，相邻纵模的频率间隔为 $c/2d$。

谐振腔的横模是光波电磁场在腔内往返传播损耗最少而得以保存的横向分布稳定形式，它们可以从电磁场的自洽理论推导出。

将腔内激光束的一部分耦合到腔外作为输出光束，供人们使用。为此，通常两面反射镜中总有一面的反射率选得稍低，使得在反射时有一部分透射到腔外，而另一面则具有尽可能高的反射率，理想情况是 100%反射。

5.8.4 激光振荡条件

激光器经过适当的激励之后能否产生激光振荡，取决于激励过程中对光强的增益和损耗两个因素。一方面，激活介质的光放大作用对一定的波长有增益；另一方面，介质的散射和吸收会造成光的损耗。反射镜的反射率不足 100%（有一定透射），对腔内光波也是一种损耗。显然，只有当增益超过损耗时才会实现激光振荡。因此，可以综合考虑两方面的因素，给出一个实现激光振荡的最低要求，称为振荡的“阈值条件”。设两个反射镜的反射率分别为 R_1 和 R_2，镜面间距（即谐振腔长）为 l，如图 5.39 所示，由于增益作用，从镜面 2 发出强度为 I_0 的光波通过激活介质一次激励后光强就变成

$$I_1 = e^{gl} I_0 \tag{5.69}$$

式中：$g=\beta-\alpha$；β 为激活介质的增益系数；α 为介质的损耗系数（包括吸收和散射）；g 即为净增益系数。若 $gl \ll 1$，则有近似式

$$gl = \ln\frac{I_1}{I_0} = \frac{I_1 - I_0}{I_0} = \frac{\Delta I}{I_0} \tag{5.70}$$

由此可知，gl 代表每次光波通过介质后光强增加的百分比，称为“单程增益”。然后光被镜面 1 反射，强度变成

$$I_2 = R_1 e^{gl} I_0 \tag{5.71}$$

这里反射镜的损耗已经反映在 R_1 之中了。接着光波再次通过激活介质，其光强变成

$$I_3 = e^{gl} R_1 e^{gl} I_0 \tag{5.72}$$

然后又被镜面 2 反射，光强为

$$I_4 = R_2 e^{gl} R_1 e^{gl} I_0 \tag{5.73}$$

显然，激光振荡要求在完成腔内一个往返周期的运行之后，光强大于发出时的值，至少不小于该值，即 $I_4 \geqslant I_0$，这样，就可得到激光振荡的阈值条件：

$$R_2 R_1 e^{2gl} = 1 \tag{5.74}$$

若反射镜没有损耗，即 $R_1 = R_2 = 1$，则式(5.74)要求 $g=0$，即

$$\beta = \alpha \tag{5.75}$$

因此，阈值条件代表增益和损耗相抵消的条件。

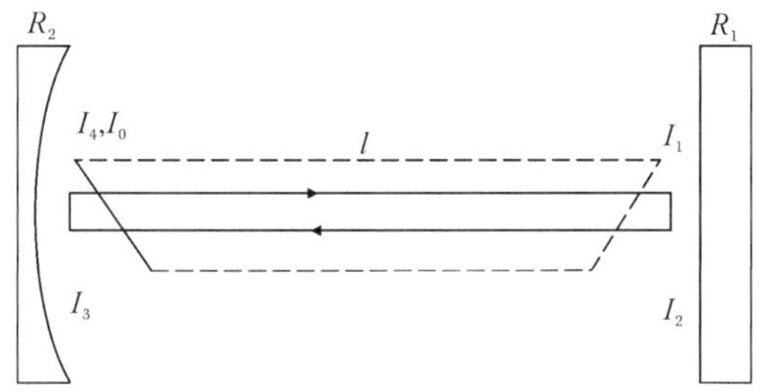

图 5.39　激光振荡条件

必须指出，激活介质的增益系数与介质内粒子数反转的水平有关。因此，不难理解阈值条件对粒子数反转水平有一个基本要求，其数值可以进行计算。

综上所述，为了产生激光，必须选择增益系数超过一定阈值的激活介质，在激光谐振腔的配合下，使沿腔轴(镜面法线)方向传播的光波不断增强，并成为色彩极单纯(特定模式)、方向性极好、能量密度极高的激光束。从输出反射镜透射出来的光束就是人们可以利用的激光。而最初引起受激辐射的光子，其实就是介质自发辐射光子中朝腔轴方向发射的那些光子。

5.8.5　激光器件简介

自从第一台激光器问世以来，人们已经研制出许多的激光器。不同的工作物质和谐振腔结构，产生不同的输出波长、输出功率(或能量)、波长调谐范围和光脉冲宽度(激光脉冲持续时间)。与此同时，为了适应各种应用要求，还逐步发展了调 Q、锁模、选频、调谐等激光技术。随着激光技术越来越广泛的应用，激光束特性得到了进一步的优化，发展出种类繁多的激光器。按激活介质分类，激光器主要分为气体激光器、液体激光器、固体激光器和半导体激光器四大类。

气体激光器以各种原子、分子、离子气体或蒸气为工作物质，可以采用放电激励、电子束激励、化学激励甚至核激励等方式输入能量。气体激光的单色性好，其工作波段汇总起来可以覆盖从紫外到毫米波段的广阔谱区。典型的器件有 He－Ne 原子激光器、CO_2 分子激光器、Ar^+ 离子激光器、KrF 准分子激光器等。气体激光在精密计量、彩色激光电视、大气检

测、激光手术、工业加工和科学研究中有广泛的应用。

液体激光器以有机染料或无机稀土离子溶液为工作物质。无机溶液激光器的性能类似于稀土离子激活的固体激光器。激光染料主要有若丹明、香豆素、花菁族染料等。染料激光器的突出优点是激光波长调谐范围宽，调换染料可以产生从紫外到红外各种波长的激光，采用适当的脉宽压缩技术已经获得线宽小于 1 kHz 的连续激光和 6×10^{-15} s 的超短光脉冲。染料激光对于高分辨率的光谱学研究和物质瞬态变化的测量和分析尤其有用。

固体激光器通常在晶体或玻璃基质中掺杂发光中心离子作为工作物质。常用的激活中心包括过渡金属离子（如 Cr^{3+}、Ti^{3+}、Co^{3+}、Ni^{3+} 等）和稀土离子（如 Nd^{3+}、Ho^{3+}、Tm^{3+}、Er^{3+}、Ce^{3+} 等）。基质使用最多的是钇铝石榴石（YAG）、红宝石晶体和光学玻璃。由于固体激光器体积小、结构紧凑，通常采用光（Xe 灯、Kr 灯、卤钨灯等）激励方式，所以使用方便。目前，科研人员正大力发展以半导体发光二极管和半导体激光器作为激励源。多数固体激光适合脉冲运转，通过锁模、调 Q 等技术可获得超短光脉冲。固体激光在工业加工、医科手术、跟踪测距、光纤通信等领域有广泛应用。

半导体激光器本是固体激光器的一种，但因其工作机制独特而另列为一类。它是利用半导体能带跃迁的复合发光引发受激辐射而形成激光的。半导体激光器的基本原理是由掺杂浓度很高的半导体材料制成 P－N 结，在垂直于结平面的方向施加正向偏压，将电子和空穴分别从 N 型材料的导带和 P 型材料的价带注入结区，使得结区中的导带布居许多电子，而价带只有空穴，从而造成结区中的粒子数反转。通常利用材料垂直于结平面方向的两个自然解理端面构成光学谐振腔。当增益足够大时，可以从 P－N 结的结区沿着结平面方向朝两端发射出激光。常用的半导体激光材料主要包括Ⅲ－Ⅴ族和Ⅱ－Ⅵ族化合物半导体及其固溶体，如 GaAs、$Al_xGa_{1-x}As$、InP、PbS、PbTe 等。半导体激光器的波长一般在红外区，目前正在向可见区延伸。半导体激光器由于体积很小、容易集成且可以直接调制，所以，在光纤通信、光盘读写、激光印刷、激光雷达等信息领域有重要应用。

▶课程思政素材◀

案例一——以日亚化学为例，阐述企业精神

在讲授材料光学性质时，通过光吸收、反射、散射、发射等现象的阐释，使学生对基本的光学现象有基本的认识，然后通过无机材料，如透明陶瓷钇铝石榴石（YAG）、荧光粉玻璃等具体案例，讲授材料的光学性能参数测试与评估。以日亚化学在 YAG:Ce 荧光粉的研发经历为案例，讲授企业家和企业技术人员如何以推广创新精神与不断进取的理念，服务社会，勇于担负义务和责任的担当意识，展现良好的企业情怀。

案例二——讲好“大师”故事，用具有价值引领的故事，激发学生对专业学习的兴趣，教会学生做人、做事的道理，激发学生爱国情怀

在讲授半导体材料及半导体激光器章节时，讲述中国半导体科学的奠基人——王守武院士的故事。在砷化镓激光器研制过程中，为了解决一系列工艺技术难题，提高工艺成功率，王守武院士不知度过了多少不眠之夜，形成了思考问题时用手掌击嘴的习惯，无论在实验室还是在家里，“吧吧”声经常不绝于耳。经过近一年的努力，于 1964 年元旦前夕，王守武院士终于研制成功了我国第一只半导体激光器。这是当时我国可与世界科技并驾齐驱的项目之一。王老先生一生忠厚为人，治学严谨，正因为有着像王老先生这样为了某个细节秉烛夜战的研究者，在无数次双眼开阖见证黎明的到来，才有如今我国材料科学技术发展的现状。着眼当下，民族复兴的理想和责任，要求同学们谨记先辈们的伟大精神，报国唯真，求实创新，以青春与热血为祖国的繁荣昌盛努力拼搏！

案例三——培养学生精益求精的工匠精神、坚毅执着的品质

在讲授光学功能材料时，介绍“ 时代楷模” 南仁东，他燃尽生命，只为“天眼”，把有限的人生谱写在无限的苍穹中。500 m 口径球面射电望远镜 FAST，人们习惯称它为“中国天眼”，是具有我国自主知识产权、世界最大单口径、最灵敏的射电望远镜。“天眼”能接收到 137 亿光年以外的电磁信号、观测范围可达宇宙边缘。借助“天眼”，科学家可以窥探星际之间互动的信息，这是南仁东在天文研究领域的重大贡献。1994 年，南仁东开始为 FAST 选址，正式踏上逐梦之路。经过 12 年的艰辛历程，2007 年，“天眼”工程终于立项。作为 FAST 项目的首席科学家和首席工程师，南仁东几乎参与到 FAST 设计的每一个环节中。2016 年，FAST 项目竣工，梦想终于变为现实。在 22 年的时间里，南仁东主持攻克了主动反射面、索网疲劳、动光缆、跨度索网安装和精度控制等一系列技术难题，为 FAST 工程的顺利完成作出了卓越贡献。其立项领先世界水平 10～20 年。这一重大科技成果，在党的十九大的报告里，还把它与“天宫”“蛟龙”并提。2019 年 9 月 17 日，国家主席习近平签署主席令，授予南仁东“人民科学家”国家荣誉称号。2019 年 9 月 25 日，南仁东被评选为“最美奋斗者”。南仁东是科技工作者中的英雄，是新时代知识分子的杰出代表和光辉典范，他胸怀祖国、服务人民的爱国情怀，敢为人先、坚毅执着的科学精神，淡泊名利、忘我奉献的高尚情操，精益求精的工匠精神，真诚质朴的杰出品格，都值得所有学生和科技工作者学习。

习　　题

1. 说明以下基本物理概念：折射率、双折射现象、全反射、朗伯定律、色散、弹性散射、非弹性散射、瑞利散射、米氏散射、丁铎尔散射、拉曼散射、布里渊散射、荧光、余晖时间、分立中心发光、复合发光、受激辐射、激活介质、粒子数反转。

2. 光与固体发生作用时会主要引起哪两方面的变化？

3. 影响折射率的因素有哪些？简要解释原因。

4. 某透明板厚 5 mm，当光透过该板后，光强度降低了 30%，其吸收系数和散射系数之和等于多少？

5. 根据金属、非金属的能带结构差异说明材料的透射及影响因素。

6. 简要写出朗伯定律的推导过程。

7. 什么是弹性散射和非弹性散射？指出弹性散射的三种类型及理论差异。

8. 解释金属不透光的原因。

9. 在光学范畴内，金属、半导体、电介质的透明性有何不同？并进行解释说明。

10. 影响材料透光性的因素是什么？

11. 简要说明影响陶瓷透明性的因素及原因。

12. 自发辐射和受激辐射有什么不同？

13. 说明分立中心发光和复合发光的发光物理机制。

14. 简述激光器的组成。

15. 用能带理论解释，在可见光区，为什么金属不透光而电介质透光？电介质在红外光区和在紫外光区产生吸收现象的原因有什么不同？

第 6 章　材料的弹性与内耗

材料的弹性(elasticity) 表现为材料在外力作用下发生形变，当外力去除后能恢复到原来大小和形状的性质。弹性理论在材料与结构设计中具有重要的地位，是材料选择和结构校核的重要理论基础。弹性模量(elasticity modulus)是工程材料重要的性能参数。从宏观角度来说，弹性模量是衡量物体抵抗弹性变形能力大小的指标；从微观角度来说，弹性模量是原子、离子或分子之间作用力的反映，常用于研究与原子间结合力有关的问题。在航空航天、机械制造、精密仪器、生物力学、材料设计、热力学与动力学、计算材料学等众多领域和学科中，弹性模量都是一个反映材料特性的重要参数。弹性模量的测定对研究各种材料的力学性质有着重要意义。在交变应力作用下，在弹性范围内还存在着非弹性行为，相关参量与时间有关，并产生内耗(internal friction)。内耗代表材料对振动的阻尼能力，是材料微观作用的宏观表现，是重要的物理性能之一。一方面，工程上有些零件要求材料要有高的内耗以消振，如机床床身、涡轮叶片、桥梁等，而有些零件则要求材料有低的内耗，以降低阻尼，如弹簧、游丝、乐器等；另一方面，内耗是结构敏感性能，故可用于研究材料的内部结构、溶质原子的浓度及位错与溶质原子的交互作用等材料的微观结构问题，从而获得有意义的微观结构作用机理。

本章主要讲述引起材料弹性现象的物理本质，重点分析表征弹性指标(即弹性模量)的影响因素，介绍弹性模量测量与应用。同时，分析材料弹性随时间变化的特征，介绍有关滞弹性和内耗的概念和机制，并讨论内耗在材料研究中的作用。

6.1　材料的弹性

6.1.1　弹性的表征及物理本质

1. 胡克定律

弹性体的近代研究可以追溯到 17 世纪所建立的胡克定律(Hooke's law)。该定律是英国著名物理学家胡克(Robert Hooke，1635—1703)提出的。基于这一定律的弹性理论观点，在弹性阶段，在施加给材料应力 F 后，材料中的应力(stress)与应变(strain)之间呈线性关系，即

$$\sigma=E\cdot\varepsilon \tag{6.1}$$

$$\tau=G\cdot\gamma \tag{6.2}$$

$$p=K\cdot\frac{\Delta V}{V} \tag{6.3}$$

式中：σ 为正应力；ε 为正应变；E 为弹性模量，也称杨氏模量（Young modulus），由英国物理学家托马斯·杨（Thomas Young，1773－1829）所得到的结果而命名，MPa；G 为切变模量（shear modulus）；r 为切应变；p 为体积压应力；K 为体积模量（bulk modulus）；$\frac{\Delta V}{V}$ 为体积应变。

E、G 和 K 统称弹性模量，表征在应力作用下材料发生弹性变形的难易程度。弹性模量是选定机械零件材料的依据之一，是工程技术设计中常用的参数。表 6.1 给出了一些材料在常温下的弹性模量数据。

表 6.1　一些材料在常温下的弹性模量

材　料	弹性模量/MPa	材　料	弹性模量/MPa
低碳钢	2.0×10^5	尖晶石	2.4×10^5
低合金钢	$(2.0\sim2.2)\times10^5$	石英玻璃	0.73×10^5
奥氏体不锈钢	$(1.9\sim2.0)\times10^5$	氧化镁	2.1×10^5
铜合金	$(1.0\sim1.3)\times10^5$	氧化锆	1.9×10^5
铝合金	$(0.6\sim0.75)\times10^5$	尼龙	$(0.25\sim0.32)\times10^5$
钛合金	$(0.96\sim1.16)\times10^5$	聚乙烯	$(1.8\sim4.3)\times10^3$
金刚石	1.039×10^6	聚氯乙烯	$(0.1\sim2.8)\times10^3$
碳化硅	4.14×10^5	皮革	120～400
三氧化二铝	3.8×10^5	橡胶	2～78

在各向同性材料中，E、G 和 K 这三种模量之间还满足

$$G=\frac{E}{2(1+\mu)} \tag{6.4}$$

$$K=\frac{E}{3(1-2\mu)} \tag{6.5}$$

式中：μ 为泊松比（Poisson ratio），指材料在单向受拉或受压时，横向正应变与轴向正应变的绝对值的比值，是反映材料横向变形的弹性常数，是由法国科学家泊松（Simon Denis Poisson，1781—1840）最先发现并提出的。

对一各向同性长方体，如图 6.1 所示，各棱边平行于坐标轴，在垂直于 x 轴的两个面上受有均匀分布的正应力 σ_x，根据胡克定律，长方体在 x 轴的相对伸长，即 x 方向的应变 ε_x 可表示为

$$\varepsilon_x=\frac{\Delta L}{L}=\frac{\sigma_x}{E} \tag{6.6}$$

当长方体沿 x 方向伸长时，则 y 方向和 z 方向要发生图 6.1 所示的横向收缩。由泊松

比的定义：

$$\mu = -\frac{\varepsilon_y}{\varepsilon_x} = -\frac{\varepsilon_z}{\varepsilon_x} \tag{6.7}$$

那么，当长方体沿 x 方向伸长时，y 方向和 z 方向的应变 ε_y 和 ε_z 可写成

$$\varepsilon_y = -\mu\varepsilon_x = -\mu\frac{\sigma_x}{E} \tag{6.8}$$

$$\varepsilon_z = -\mu\frac{\sigma_x}{E} \tag{6.9}$$

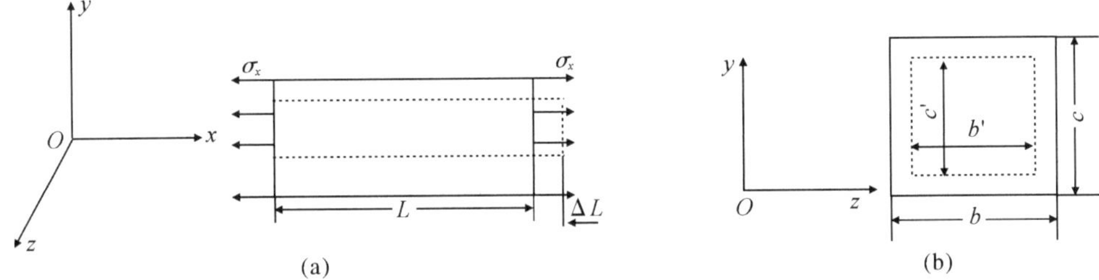

图 6.1　长方体受力形变示意图

(a)沿 x 方向所受应力情况；(b)侧面 y、z 方向的收缩

仿照上述受 x 方向应力引起三个方向应变的描述方式，可分别写出受 y 和 z 方向应力，分别在三个方向引起的应变。如果长方体各面同时受均匀分布的正应力，将不同方向的应力在同一方向引起的应变量进行叠加，就可得到广义胡克定律，即

$$\left.\begin{aligned}\varepsilon_x &= \frac{1}{E}[\sigma_x - \mu(\sigma_y + \sigma_z)]\\ \varepsilon_y &= \frac{1}{E}[\sigma_y - \mu(\sigma_x + \sigma_z)]\\ \varepsilon_z &= \frac{1}{E}[\sigma_z - \mu(\sigma_x + \sigma_y)]\end{aligned}\right\} \tag{6.10}$$

如果研究的单元体各面都有剪应力的作用，那么任意两个相交面的夹角的改变都与相应的剪应力分量有关，相应的剪切广义胡克定律可写成

$$\left.\begin{aligned}\gamma_{xy} &= \frac{\tau_{xy}}{G}\\ \gamma_{yz} &= \frac{\tau_{yz}}{G}\\ \gamma_{zx} &= \frac{\tau_{zx}}{G}\end{aligned}\right\} \tag{6.11}$$

式中：τ_{ij} 为切应力；γ_{ij} 为切应变。其中，i 和 j 分别代表 x、y 或 z，并与式中切应力或切应变相对应。第一个下角标 i 对应着应力作用面的法线方向，第二个下角标 j 对应着应力作用方向。

对于各向异性材料，材料三个方向的参量 $E_x \neq E_y \neq E_z$，$\mu_{xy} \neq \mu_{yz} \neq \mu_{zx}$。通常，正应力和正应变(第一个下角标和第二个下角标相同)只用单下标表示。

在单向受应力为 σ_x 时，y、z 两个方向的应变为

$$\varepsilon_{yx}=-\mu_{yx}\varepsilon_x=-\mu_{yx}\frac{\sigma_x}{E_x}=S_{21}\sigma_x \tag{6.12}$$

式中：S_{21} 为弹性柔顺系数，$S_{21}=-\frac{\mu_{yx}}{E_x}$。其中，$S$ 的第一个下角标表示应变方向，第二个下角标表示所受应力方向。

同理，可得

$$\varepsilon_{zx}=-\mu_{zx}\frac{\sigma_x}{E_x}=S_{31}\sigma_x \tag{6.13}$$

$$\varepsilon_x=\frac{\sigma_x}{E_x}=S_{11}\sigma_x \tag{6.14}$$

式中：S_{31} 为弹性柔顺系数，满足关系 $S_{31}=-\frac{\mu_{zx}}{E_x}$；$S_{11}$ 为弹性柔顺系数，满足关系 $S_{11}=-\frac{1}{E_x}$。

综上所述，在受单向应力 σ_x 时，各方向上的应变可表示为

$$\left.\begin{aligned}\varepsilon_x&=S_{11}\sigma_x\\ \varepsilon_{yx}&=S_{21}\sigma_x\\ \varepsilon_{zx}&=S_{31}\sigma_x\end{aligned}\right\} \tag{6.15}$$

同理，在受单向应力 σ_y 和 σ_z 时，各方向上的应变可表示为

$$\left.\begin{aligned}\varepsilon_y&=S_{22}\sigma_y\\ \varepsilon_{zy}&=S_{32}\sigma_y\\ \varepsilon_{xy}&=S_{12}\sigma_y\end{aligned}\right\} \tag{6.16}$$

$$\left.\begin{aligned}\varepsilon_z&=S_{33}\sigma_z\\ \varepsilon_{xz}&=S_{13}\sigma_z\\ \varepsilon_{yz}&=S_{23}\sigma_z\end{aligned}\right\} \tag{6.17}$$

当同时受三个方向的正应力时，结合式(6.15)～式(6.17)的结论，在 x、y、z 方向的应变可写成

$$\left.\begin{aligned}\varepsilon_x&=S_{11}\sigma_x+S_{12}\sigma_y+S_{13}\sigma_z\\ \varepsilon_y&=S_{21}\sigma_x+S_{22}\sigma_y+S_{23}\sigma_z\\ \varepsilon_z&=S_{31}\sigma_x+S_{32}\sigma_y+S_{33}\sigma_z\end{aligned}\right\} \tag{6.18}$$

如果同时受三个方向的正应力及剪应力，正应力对剪应变有影响，剪应力对正应变也有影响，那么 x、y、z 方向上的应变为

$$\left.\begin{aligned}\varepsilon_x&=S_{11}\sigma_x+S_{12}\sigma_y+S_{13}\sigma_z+S_{14}\tau_{yz}+S_{15}\tau_{zx}+S_{16}\tau_{xy}\\ \varepsilon_y&=S_{21}\sigma_x+S_{22}\sigma_y+S_{23}\sigma_z+S_{24}\tau_{yz}+S_{25}\tau_{zx}+S_{26}\tau_{xy}\\ \varepsilon_z&=S_{31}\sigma_x+S_{32}\sigma_y+S_{33}\sigma_z+S_{34}\tau_{yz}+S_{35}\tau_{zx}+S_{36}\tau_{xy}\\ \gamma_{yz}&=S_{41}\sigma_x+S_{42}\sigma_y+S_{43}\sigma_z+S_{44}\tau_{yz}+S_{45}\tau_{zx}+S_{46}\tau_{xy}\\ \gamma_{zx}&=S_{51}\sigma_x+S_{52}\sigma_y+S_{53}\sigma_z+S_{54}\tau_{yz}+S_{55}\tau_{zx}+S_{56}\tau_{xy}\\ \gamma_{xy}&=S_{61}\sigma_x+S_{62}\sigma_y+S_{63}\sigma_z+S_{64}\tau_{yz}+S_{65}\tau_{zx}+S_{66}\tau_{xy}\end{aligned}\right\} \tag{6.19}$$

如果采用简化的求和表示法，把 x、y、z 用 1、2、3 代替，并把 yz(或 zy)、zx(或 xz)、xy

(或 yx)分别以 4、5、6 代替(根据剪应力互等定理 $\tau_{ij}=\tau_{ji}$),那么式(6.19)可写成

$$\varepsilon_i=S_{ij}\sigma_j \tag{6.20}$$

式中:S_{ij} 为柔度常数;i,j 为下角标标号,取值为 1~6。

同理,可以把应力写成用 6 个应变表达的函数,即

$$\sigma_i=C_{ij}\varepsilon_j \tag{6.21}$$

式中:C_{ij} 为刚度常数;i,j 为下角标标号,取值为 1~6。

式(6.20)和式(6.21)就是广义胡克定律的一般关系式。其中,一般 $C_{ij}\neq S_{ij}^{-1}$。这两个常数统称为弹性常数。

根据倒顺关系(由弹性应变能导出)有 $C_{ij}=C_{ji}$,$S_{ij}=S_{ji}$,那么独立弹性常数的数目就由 36 个减少至 21 个。晶体的对称性越强,独立弹性常数的数目越少。

2. 弹性的物理本质

弹性模量实际上反映了原子间作用力的大小,是相邻原子的平衡位置偏离量与相互间引力或斥力的度量。当材料未受力时,原子处于平衡位置,相邻原子间的引力和斥力相平衡,原子具有最低的势能。当材料受到不大的力时,原子克服作用力的影响,发生相对位移而偏离平衡位置,引起宏观应变。当外力去掉时,原子在作用力的影响下,又自发回到平衡位置,宏观应变消失。

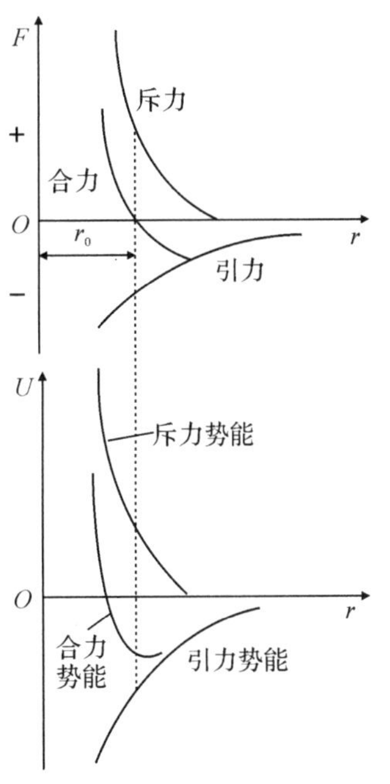

图 6.2　双原子模型的势能 $U(r)$ 及其相互作用力 $F(r)$ 与原子间距 r 的关系

与描述材料热膨胀的本质类似,下面采用双原子模型对弹性的物理本质进行解释,如图 6.2 所示。

在双原子模型中,固定一个原子不动,当另一个原子受到外界作用力时,从微观上将影响原子间相互作用的势能。对于一对相距为 r 的原子的势能 U 可以表示为

$$U(r)=-\frac{A}{r^n}+\frac{B}{r^m} \tag{6.22}$$

式中:$-\frac{A}{r^n}$为势能的相吸部分;$\frac{B}{r^m}$为势能的相斥部分;r 为两原子间距离;A、B、m、n 为决定于材料成分和结构的常数,且 $m>n$,其意义在于斥力对距离的变化更为敏感。

那么,势能 $U(r)$ 对 r 的一阶导数反映了原子间作用力 $F(r)$ 与 r 的关系,即

$$F(r)=-\frac{\mathrm{d}U(r)}{\mathrm{d}r}=-\frac{nA}{r^{n+1}}+\frac{mB}{r^{m+1}} \tag{6.23}$$

式中:负号表示力与位移方向相反。

当 $F(r)=0$ 时,两原子间的平衡距离,即

$$r_0=(\frac{mB}{nA})^{\frac{1}{m-n}} \tag{6.24}$$

当无外力作用时，两原子间距离 $r=r_0$，此时引力和斥力平衡，合力为 0，势能最低，处于平衡状态。当受到压应力时，两原子间距离 $r<r_0$，此时，斥力大于引力，合力为斥力；当受到拉应力时，两原子间距离 $r>r_0$，此时，引力大于斥力，合力为引力；去掉外力后，原子又回到平衡位置。

与分析热膨胀的物理本质相似，将两原子间的势能 $U(r)$ 在 $r=r_0$ 处展开成泰勒级数，即

$$U(r)=U(r_0)+\left(\frac{\mathrm{d}U}{\mathrm{d}r}\right)_{r_0}x+\frac{1}{2!}\left(\frac{\mathrm{d}^2U}{\mathrm{d}r^2}\right)_{r_0}x^2+\frac{1}{3!}\left(\frac{\mathrm{d}^3U}{\mathrm{d}r^3}\right)_{r_0}x^3+\cdots \tag{6.25}$$

式中：x 为原子离开平衡位置的位移，$x=r-r_0$。

经分析可知，式(6.25)右侧第一项为常数，第二项 $\left(\frac{\mathrm{d}U}{\mathrm{d}r}\right)_{r_0}=0$。

若忽略 x^3 以上的项，则式(6.25)成为

$$U(r)=U(r_0)+\left(\frac{\mathrm{d}U}{\mathrm{d}r}\right)_{r_0}x+\frac{1}{2!}\left(\frac{\mathrm{d}^2U}{\mathrm{d}r^2}\right)_{r_0}(r-r_0)^2 \tag{6.26}$$

从式(6.26)可以看出，无论材料受到拉应力还是压应力，原子偏离平衡位置 r_0 都将引起势能 $U(r)$ 增加。这一结论可实际反映材料的弹性特征。但实际上，式(6.26)忽略了 x^3 以上的项，这一近似方式称为简谐近似(harmonic approximation)。

原子间作用力 $F(r)$ 满足

$$F(r)=-\frac{\mathrm{d}U(r)}{\mathrm{d}r}=-\left(\frac{\mathrm{d}^2U}{\mathrm{d}r^2}\right)_{r_0}(r-r_0) \tag{6.27}$$

将式(6.27)进一步分析，可发现

$$\frac{F(r)}{r-r_0}=-\left(\frac{\mathrm{d}^2U}{\mathrm{d}r^2}\right)_{r_0}=-\left[\frac{\mathrm{d}}{\mathrm{d}r}\left(\frac{\mathrm{d}U}{\mathrm{d}r}\right)\right]_{r_0}=\left(\frac{\mathrm{d}F}{\mathrm{d}r}\right)_{r_0} \tag{6.28}$$

由式(6.28)的关系可知，假设双原子键合作用的一微小 $\mathrm{d}F$ 产生一微小位移 $\mathrm{d}r$，在微位移不大时，$\frac{\mathrm{d}F}{\mathrm{d}r}$呈线性关系，即

$$\frac{\mathrm{d}F}{\mathrm{d}r}=\left(\frac{\mathrm{d}F}{\mathrm{d}r}\right)_{r_0}=E_{\mathrm{m}} \tag{6.29}$$

式中：E_{m} 为微观弹性模量。

作用力曲线 $F(r)$ 在 r_0 的斜率 E_{m} 对于一定的材料是常数，这一斜率实际反映的就是材料在微观上的弹性模量，即微观弹性模量。对于宏观上的弹性模量 $E=\frac{\sigma}{\varepsilon}$，在双原子模型中就相当于 E_{m} 或$\frac{\mathrm{d}F}{\mathrm{d}r}$，也就是说，物体宏观上发生的弹性变形相当于微观上物体在外力作用下原子间距离产生可逆变化的结果。弹性模量 E 代表对原子间弹性位移的抗力，是反映原子间结合力大小的物理量。由于弹性取决于原子间结合力的性质，所以此弹性模量是一个组织不敏感的参数，也就是说，凡是与原子间结合力有关的物理参量都可能与 E 有关。

6.1.2　弹性模量与其他物理参量的关系

1. 弹性模量与原子半径的关系

由于材料的弹性与原子间的结合力有关，所以弹性模量取决于材料原子的价电子数和原子半径的大小，即取决于原子的结构。元素周期表中原子外层的电子数呈周期变化。因此，室温下材料的弹性模量也相应地呈周期变化。对于金属元素，其弹性模量的大小与元素在周期表中的位置有关，其变化规律如图 6.3 所示。

弹性模量 E 与原子间距 a 之间近似满足

$$E=\frac{K}{a^{m}} \tag{6.30}$$

式中：K、m 为常数，与原子的类型有关。

式(6.30)表明，原子半径越大，原子间距也越大，相应的弹性模量 E 越小。图 6.4 给出了部分元素的原子半径周期性变化规律。由这一规律可知，弹性模量 E 与原子序数之间的周期性变化规律：除过渡族元素外，同周期中，随着原子序数的增加，价电子数增多，原子半径减小，弹性模量增大；同族元素，它们的价电子数相等，随着原子序数的增加，原子半径增大，弹性模量减小。

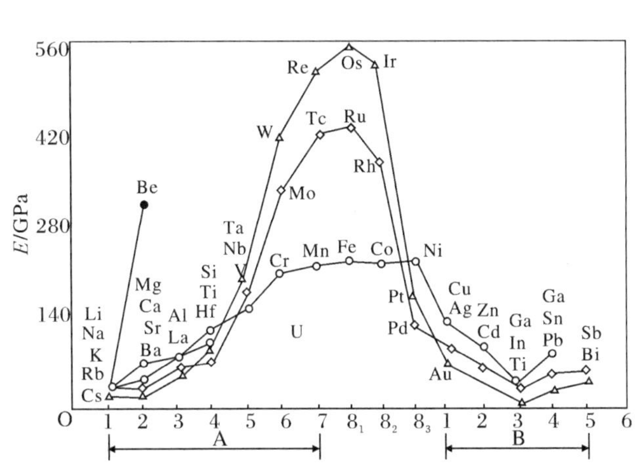

图 6.3　弹性模量的周期性变化规律

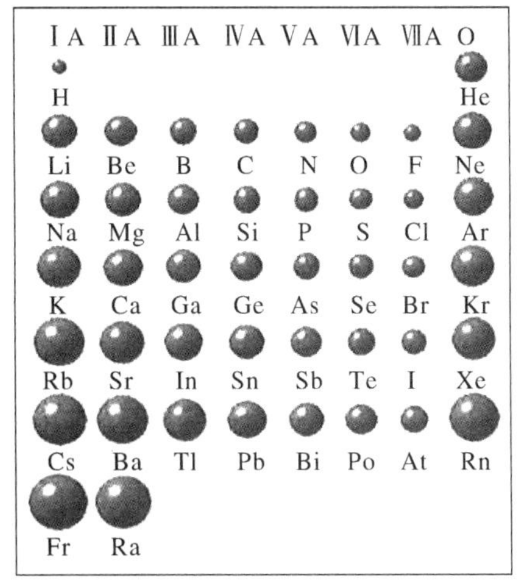

图 6.4　部分元素的原子半径周期性变化规律

2. 弹性模量与熔点的关系

弹性模量取决于原子间结合力大小。原子间结合力强，则需要较高的温度才能使原子产生一定程度的热振动，足以破坏原子间结合力，导致熔化，表现为熔点高。例如，在 300 K 下，弹性模量 E 与熔点 T_m 间满足

$$E=\frac{100kT_m}{V_a} \tag{6.31}$$

式中：T_m 为熔点；V_a 为原子体积或分子体积；k 为常数。

图 6.5 给出了弹性模量 E 与 kT_m/V_a 之间的关系。从图 6.5 中可以看出，其符合良好

的线性关系。

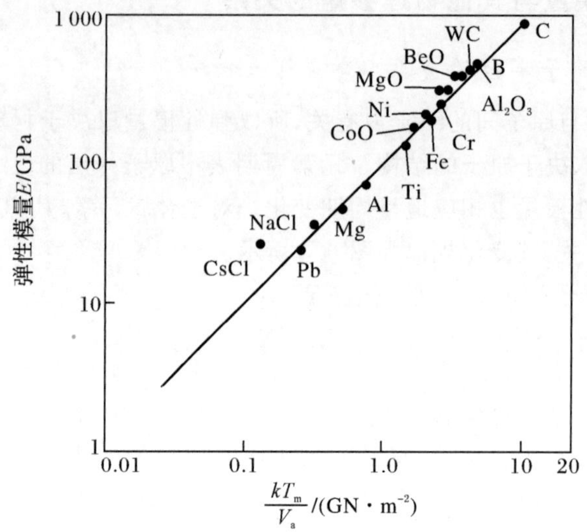

图 6.5 弹性模量 E 与 kT_m/V_a 之间的关系

3. 弹性模量与德拜温度的关系

由第 3 章可知，德拜温度间结合力越大，原子间结合力越强。弹性模量也可表征原子间结合力的大小，因此，这两个参量之间存在一定的关系，即

$$\theta_D=\left(\frac{3N_A}{4\pi A}\right)^{\frac{1}{3}}\frac{h}{k_B}\rho^{\frac{1}{3}}c \tag{6.32}$$

式中：N_A 为阿伏加德罗常数；k_B 为玻耳兹曼常数；h 为普朗克常数；A 为相对原子质量；ρ 为密度；c 为弹性波的平均速度，满足关系 $\frac{3}{c^3}=\frac{1}{c_1^3+c_\tau^3}$，其中，$c_1$、$c_\tau$ 分布代表纵向和横向弹性波的传播速度，且满足 $c_1=\sqrt{\frac{E}{\rho}}$，$c_\tau=\sqrt{\frac{G}{\rho}}$。

由式(6.32)可知，德拜温度和弹性波传播速度成正比，弹性模量越大，德拜温度越高。因而，根据式(6.32)可计算德拜温度。

4. 弹性模量与线膨胀系数的关系

由材料的膨胀特征可知，所有纯金属由 0 K 到熔点的线膨胀量约为 2%，即满足关系式(3.104)。线膨胀系数 α_l 与熔点 T_m 有关，即熔点越高，线膨胀系数越小。根据熔点越高弹性模量越大的关系，可得出弹性模量 E 越大，线膨胀系数 α_l 越小，两者呈反比关系。

6.2 影响弹性模量的因素

通过上述分析我们知道，凡是影响原子间结合力的因素都会影响弹性模量。因此，在分析弹性模量变化规律的原因时，主要考虑这些因素对原子间结合力的影响。

6.2.1　温度的影响

随着温度的升高，原子振动加剧，体积膨胀，原子间距增大，原子间相互作用力减弱，金属的弹性模量会降低，如图 6.6 所示。从图 6.6 中可以发现，弹性模量随温度的升高近似呈直线降低。

这里，式(6.30)中的弹性模量 E 和原子间距 a 均是与温度 T 有关的函数，将式(6.30)对温度 T 求一阶导数，则可得到

$$\frac{dE}{dT}+E\cdot\frac{m}{a}\cdot\frac{da}{dT}=0 \tag{6.33}$$

将式(6.33)两边除以 E，则

$$\frac{1}{E}\cdot\frac{dE}{dT}+m\cdot\frac{1}{a}\cdot\frac{da}{dT}=0 \tag{6.34}$$

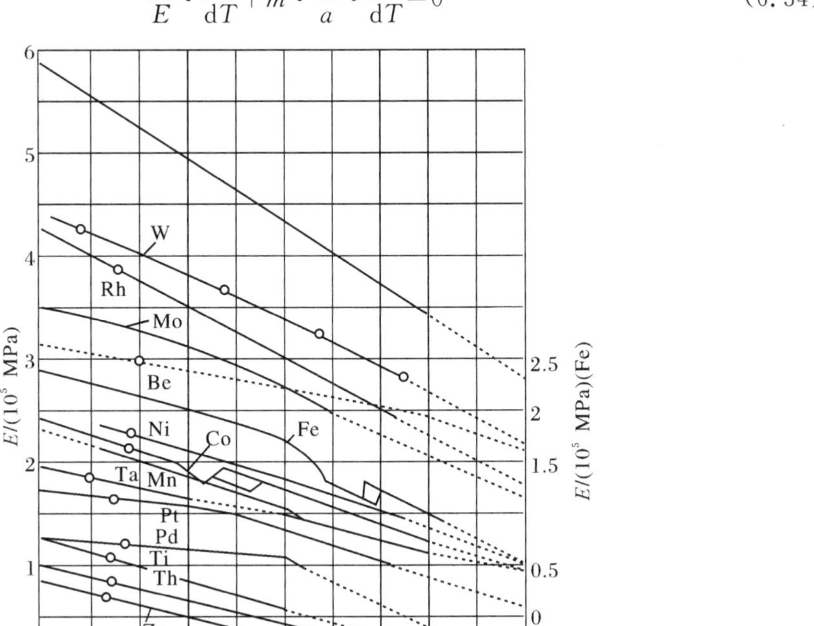

图 6.6　金属弹性模量与温度的关系

从式(6.34)可以发现，第二项中的$\frac{1}{a}\cdot\frac{da}{dT}$实际就是线膨胀系数 α_l，并且令 $\beta_E=\frac{1}{E}\cdot\frac{dE}{dT}$，那么式(6.34)可写成

$$\beta_E+m\alpha_l=0 \tag{6.35}$$

式中：β_E 为弹性模量温度系数，表示弹性模量随温度的变化。

式(6.35)表明，不同金属与合金的线膨胀系数 α_l 与弹性模量温度系数 β_E 之间的比值是一定值，通常 $\left|\frac{\alpha_l}{\beta_E}\right|=0.04$，见表 6.2。

当温度高于 $0.52T_m$ 时，弹性模量和温度之间不再是直线关系，而是呈指数关系，即

$$\frac{\Delta E}{E} \propto \exp\left(-\frac{Q}{RT}\right) \tag{6.36}$$

式中：Q 为弹性模量效应的激活能，与空位生成能相近。

一般而言：低熔点轻金属和合金的 $|\beta_E|$ 较大，E 随温度升高而下降的幅度大；高熔点的耐热金属及其碳化物和耐热合金的 $|\beta_E|$ 较小，E 随温度升高而下降的幅度小。造成这一结果的原因与原子间结合力的大小有关。

另外，从图 6.6 可以看出，某些金属的弹性模量在某一温度处会发生突变，这是由金属发生相变引起的，如图 6.6 中的 Fe 和 Co。

6.2　一些金属与合金的 $|\alpha_l/\beta_E|$ 值

材　料	$\alpha_l/10^{-5}$	$\beta_E/10^{-5}$	$\left\lvert\frac{\alpha_l}{\beta_E}\right\rvert/10^{-2}$
含 18%Cr、8%Ni 的奥氏体钢	1.6	−39.7	4.03
Fe－5% Ni 合金	1.05	−26.0	4.04
Fe	1.1	−27.0	4.01
磷青铜	1.7	−40.0	4.25
W	0.4	−9.5	4.11
Cu－30% Pb 合金	17.0	−42.0	4.05

6.2.2 相变的影响

材料内部的相变，如多晶型转变、有序化转变、铁磁性转变以及超导态转变等都会对弹性模量产生比较明显的影响。其中有些转变的影响在比较宽的温度范围发生，而另一些转变则在比较窄的温度范围引起弹性模量的突变，这是由原子在晶体学上的重构和磁的重构所造成的。图 6.7 给出了 Fe、Ni、Co 的弹性模量随温度的变化曲线。Fe 加热到 910 ℃时，将发生从α－Fe到 γ－Fe 的相转变，即晶格类型由体心立方转变为面心立方，转变后点阵密度增大，因此弹性模量增大。冷却时，发生逆相变，使弹性模量降低。Co 也发生类似的转变，当温度从 480 ℃时的六方晶系 α－Co 转变为立方晶系的 β－Co 时，弹性模量增大。但需要注意的是，加热和冷却时的变化曲线不重合。对处于磁饱和态和退火态的 Ni 而言，弹性模量随温度的变化关系不同。前者的弹性模量随温度增加而单调递减，在居里点（360 ℃）附近出现轻微的弯曲；后者加热到 190～200 ℃时弹性模量降到最低，之后随温度升高弹性模量开始上升，在居里点（360 ℃）附

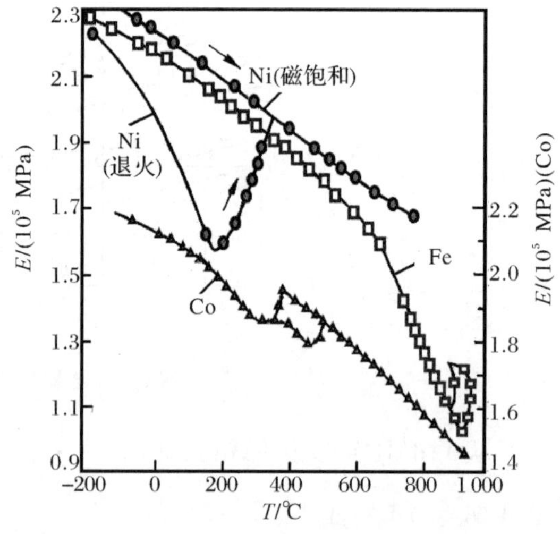

图 6.7　Fe、Ni、Co 的弹性模量随温度的变化

近达到最大值。在这之后，Ni 的弹性模量又重新开始下降。这一现象属于材料铁磁状态的弹性反常现象，后面将详细讨论此现象。

6.2.3　合金成分与组织的影响

材料成分的变化将引起原子间距或键合方式的变化，也将影响材料的弹性模量。但一般加入少量的合金元素和进行不同的热处理对弹性模量的影响并不明显，而如果加入大量的合金元素，就会使弹性模量发生明显的变化。

1. 形成固溶体合金

在固态完全互溶的情况下，即当两种金属具有同类型空间点阵，并且在其价数及原子半径也相近的情况下，二元固溶体的弹性模量作为原子浓度的函数呈直线（Cu－Ni、Cu－Pt、Cu－Au）或几乎呈直线（Ag－Au）变化，如图 6.8 所示。在固溶体中具有过渡族元素时，对直线规律出现明显偏离，且曲线是对着浓度轴向上凸出，如图 6.9 所示。这一现象与过渡族元素的 d 层电子未填满有关。

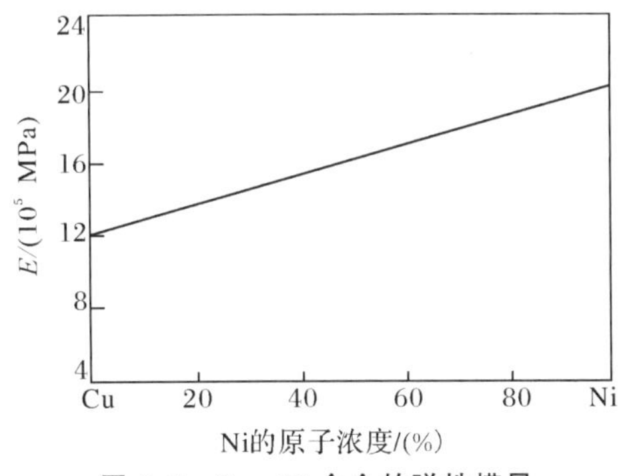

图 6.8　Cu－Ni 合金的弹性模量

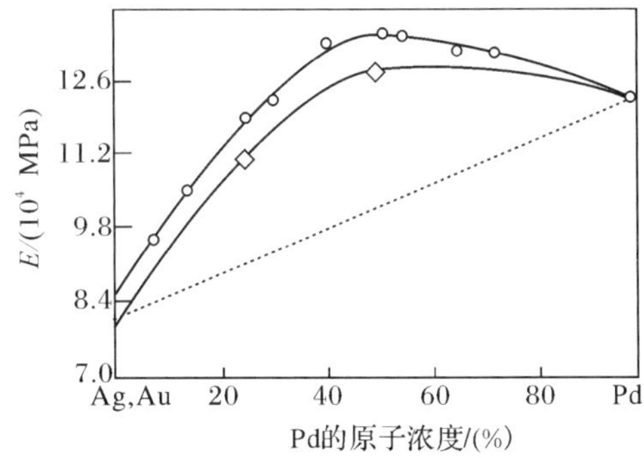

图 6.9　Ag－Pd 和 Au－Pd 合金的弹性模量

根据梅龙（Melean）的观点，形成有限固溶体时，溶质对合金弹性模量的影响主要有以下三个方面。

1）由于溶质原子的加入造成点阵畸变，引起合金弹性模量的降低。

2）溶质原子阻碍位错线的弯曲和运动，削弱点阵畸变的影响，使弹性模量增加。

3）当溶质和溶剂原子间结合力比溶剂原子间结合力大时，会引起合金弹性模量的增加，反之会使其降低。

两金属构成有限固溶体时，弹性模量会随溶质含量的增加呈线性减小，且价数差越大，弹性模量减小越多，其弹性模量的变化可表示为

$$\Delta E = \pm c r_s - a r_s (\Delta Z)^2 \tag{6.37}$$

式中：ΔE 为弹性模量的变化值；r_s 为溶质原子浓度；ΔZ 为溶质与溶剂价数差；c 和 a 为常数，溶质半径大于溶剂半径时，c 为负值。

式(6.37)中的第一项表示由两组元半径不同引起的变化，第二项是由原子价不同引起的变化。可见，溶质可以使固溶体的弹性模量增加，也可以使它降低，视上述作用的强弱而定。图 6.10 给出了溶质组元含量对 Cu 基和 Ag 基固溶体弹性模量的影响。从图 6.10 中

可以看出，当加入元素周期表中与 Cu 和 Ag 相邻的普通金属(如 Zn、Ga、Ge、As 加入 Cu 中；Cd、In、Sn、Sb 加入 Ag 中)，所形成的固溶体的弹性模量 E 随溶质浓度的增加呈直线减小，且原子价差 ΔZ 越大，ΔE 的变化也越大。

溶剂与溶质的原子半径差 ΔR 对合金的弹性模量也有影响。一般而言，溶剂与溶质原子半径差 ΔR 越大，合金弹性模量下降得也越多。当两组元原子价相近或相等且原子半径相差较大时满足

$$\frac{dE}{dr_s} \propto \Delta R \tag{6.38}$$

式中：r_s 为溶质原子浓度；ΔR 为原子半径差。

另外，当合金中溶入使合金熔点降低的元素时，根据弹性模量与熔点成正比的关系可知，合金的弹性模量也降低。但当合金有序化和生成不均匀固溶体时，原子间结合力增强，从而导致弹性模量增大，如 CuZn 和 Cu_3Au 有序合金的弹性模量都比相同成分无序态的高。

必须指出，形成固溶体合金的弹性模量与成分的关系并非总是符合线性规律，有时也会出现很复杂的情况。

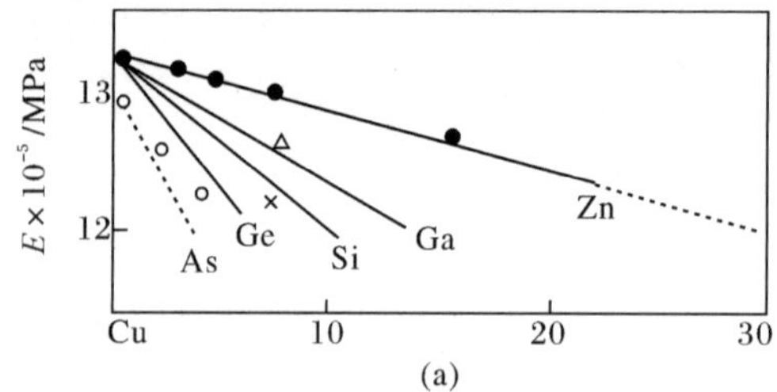

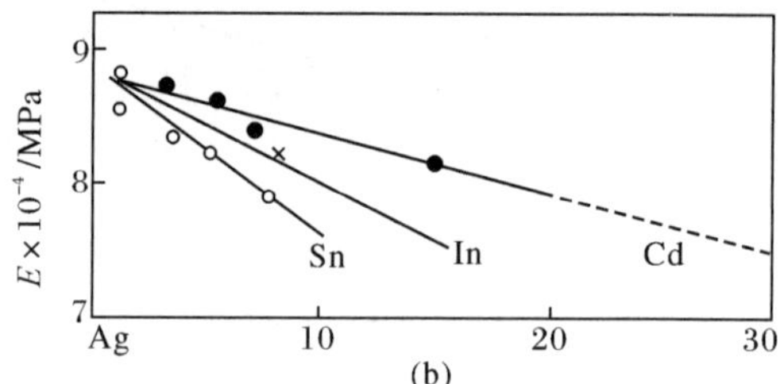

图 6.10 溶质组元含量对 Cu 和 Ag 基固溶体弹性模量的影响

(a)Cu；(b)Ag

2. 形成化合物和多相合金

目前，对化合物及中间相的弹性模量研究得不够，但基本上可以认为，中间相的熔点越高，弹性模量也越大。例如：在 Cu－Al 系中，化合物 $CuAl_2$ 具有比较高的弹性模量(比铝的高，但比铜的低)；相反地，γ 相的正弹性模量差不多比铜的高 1.5 倍。

通常认为，弹性模量的组织敏感性较小，多数单相合金的晶粒大小和多相合金的弥散度对弹性模量的影响很小，即在两相合金中，弹性模量对组成合金相的体积浓度具有近似线性关系。但是，多相合金的弹性模量变化有时显得很复杂。第二相的性质、尺寸和分布对弹性模量有时也表现出很明显的影响，即与热处理和冷变形关系密切。例如，Mn－Cu 合金就是如此，如图 6.11 所示，该合金在 $w(Cu)=0\sim80\%$ 范围内的退火组织为 $\alpha+\gamma$ 两相结构：a 为退火条件下的弹性模量变化；b 为经过 90%冷变形后的弹性模量；c 为冷变形后经 400 ℃加热的弹性模量；d 为经 96%冷变形后经 600 ℃加热的弹性模量。

综上所述可以看出，在选择了基体组元后，很难通过形成固溶体的办法进一步实现弹性模量的大幅度提高，除非更换材料，但若能在合金中形成高熔点、高弹性的第二相，则有可能

较大幅度地提高合金的弹性模量。目前常用的高弹性和恒弹性合金往往通过合金化和热处理来形成。例如，Ni_3Mo、Ni_3Nb、$Ni_3(Al,Ti)$、$(Fe,Ni)_3Ti$、Fb_2Mo 等中间相，在实现弥散硬化的同时提高材料的弹性模量。例如，Fe－42Ni－5.2Cr－2.5Ti[$w/(\%)$]恒弹性合金就是通过 $Ni_3(Al,Ti)$相的析出来提高材料弹性模量的。图 6.12 为 $Ni_{42}CrTi$ 合金在不同时效温度下引起弹性模量的变化。

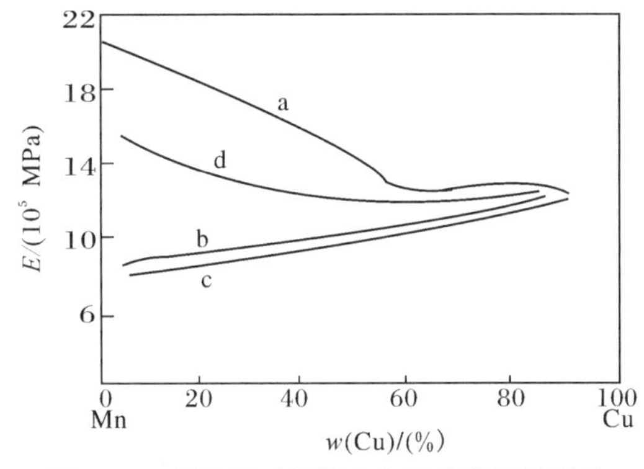

图 6.11　铜含量对锰铜合金弹性模量的影响

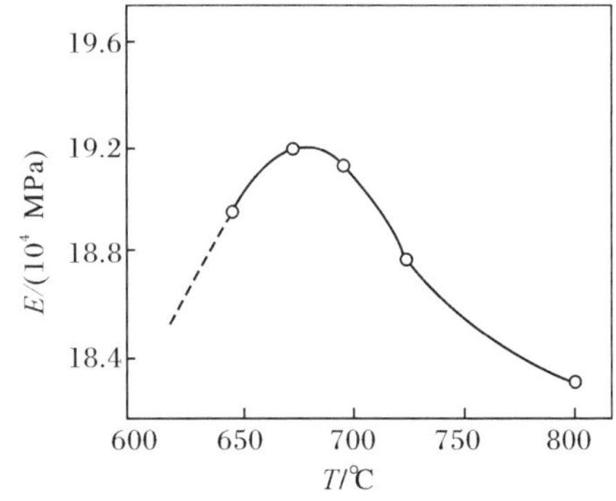

图 6.12　$Ni_{42}CrTi$ 合金弹性模量与时效温度的关系

6.2.4　晶体结构的影响

共价键、离子键和金属键都有较高的弹性模量。无机非金属材料大多数由共价键或离子键，以及两种键合共同作用方式构成，因而具有较高的弹性模量。金属及其合金由金属键结合，也有较高的弹性模量。而高分子聚合物分子之间由分子键结合，分子键结合力较弱，因此，高分子聚合物的弹性模量较低。

材料的弹性模量，一方面取决于键合方式，另一方面还与晶体结构密切相关。同种金属的点阵结构不同，弹性模量也不同。弹性模量变化的基本规律：如果点阵原子排列比较致密，弹性模量就较大；单晶材料在不同晶体学方向上弹性模量呈各向异性，沿排列最致密的晶向，弹性模量最高；多晶材料的弹性模量为各晶粒的统计平均值，表现为伪各向同性；如果对弹性模量各向同性的多晶体进行很大的冷变形（冷拉、冷轧、冷扭转等），由于形成织构将导致金属与合金弹性模量的各向异性。冷变形金属在再结晶温度以上退火时也会产生再结晶织构，这时材料的模量也要出现各向异性。事实表明，在冷拉（冷拔）时只出现织构轴，即所有晶粒的某一晶体方向[uvw]都沿冷拉方向排列，而不形成织构面，冷轧时所有晶粒的某一晶面(hkl)都趋向于与轧制面平行，与此同时，晶粒的某一晶向[uvw]则平行于轧向。非晶态材料（如玻璃、非晶态金属与合金等）的弹性模量为各向同性。

只有了解了材料的织构类型，并根据弹性元件在使用过程中的使用特性进行选择，才能最有效地发挥具有织构的材料性能。例如，当材料受拉力或弯曲力时，建议采用冷拔使材料形成织构轴，当材料受扭力时，建议采用轧制法。选择的目的是把材料的最大弹性模量安排在形变的轴向上。

应当指出，材料的再结晶织构和形变织构通常并不一致。图 6.13 用极坐标表示冷轧和再结晶对铜弹性模量各向异性的影响。曲线(1)表示冷轧方向对铜板材正弹性模量 E 的影响；曲线(2)表示再结晶铜板材弹性模量 E 与轧制方向的关系。表 6.3 列出了一些工程材料的形变织构特征。从表 6.3 中可以发现，织构的晶面和晶向是(110)[112]或(112)[111]。因为[112]晶向与[111]晶向夹角很小，所以经冷轧后铜板材沿轧向和横向的 E 值最高，与轧向成 45°方向的 E 值最低，这时与[110]晶向相对应。由于铜再结晶织构的特性是(100)[011]，所以沿轧向和横向的弹性模量值最低。

除冷变形和再结晶会出现织构造成弹性的各向异性外，铸造时的定向凝固也会引起各向异性。这种有意识的通过定向凝固得到各向异性的技术，已应用于镍基高温合金的涡轮叶片。

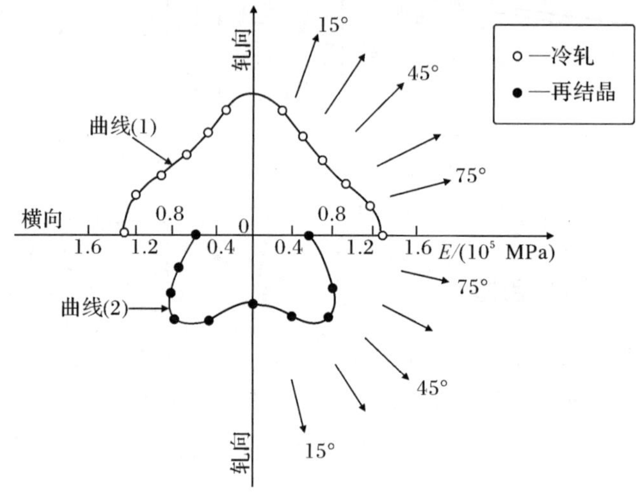

图 6.13　铜板材弹性模量各向异性示意图

表 6.3　一些工程材料的形变织构特征

形变性质	金　属	点阵类型	结构性质
冷拔、冷拉、锻造	Fe,Mo,W, Ni,Cu,Al,Pb	bcc fcc	[110] [111]—60%；[100]—40%；[111]—100%
单向压缩	Fe,Ni,Cu, Al	bcc fcc	[111]和[100]—平行压缩轴向 [110]
轧制	Fe, Fe-Si,Ni,Cu, Al,Fe-Ni,Cu-Zn, Cu-Sn,Cu-Ni 合金	bcc fcc	(100)[011],(112)[110], (111)[112],(110)[112], (112)[111]
冷拉管子	10# 钢	bcc	(102)[110],(110)[110], (110)[112],(111)[110]
扭转	Fe,Ni,Cu,Al	bcc,fcc	[110]和[121],[111]和[110]
冷挤压			冷挤压时在零件不同部位得到结构特性不同

6.2.5　无机材料的弹性模量

1. 多孔陶瓷的弹性模量

多孔陶瓷材料的弹性模量要低于致密的同类陶瓷材料的弹性模量。图 6.14 给出了一些陶瓷材料的弹性模量与孔体积分数的关系曲线。从图 6.14 中可以明显看出，气孔率是影响陶瓷材料弹性模量的重要因素，气孔率越高，弹性模量下降得越快。通常，材料的应力和应变在很大程度上取决于气孔的形态和分布。可采用半经验公式进行多孔陶瓷弹性模量的计算，即

$$E=E_0(1-b\varphi_{气孔}) \tag{6.39}$$

式中：b 为微孔形状因子；$\varphi_{气孔}$ 为微孔体积浓度（气孔率）；E_0 为无孔状态时的弹性模量。

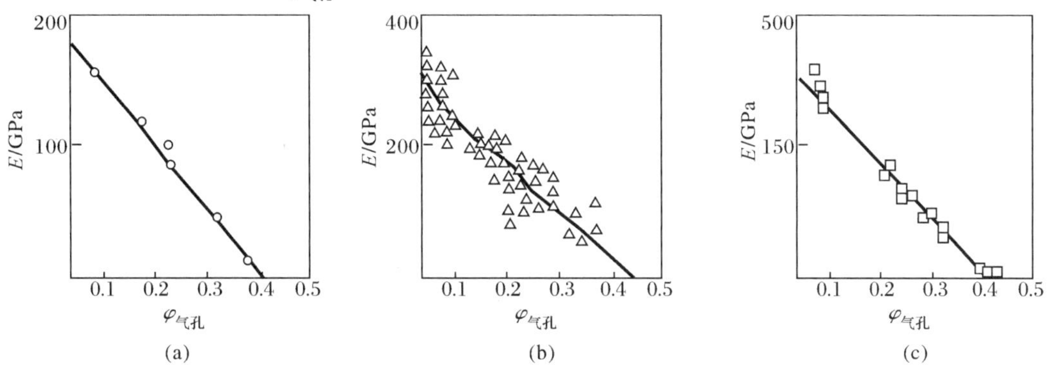

图 6.14　一些陶瓷材料的弹性模量与孔体积分数的关系

(a) Y_2O_3；(b) Si_2N_3；(c) Al_2O_3

2. 双向陶瓷的弹性模量

弹性模量决定于原子间结合力，因键型和键能对组织状态不敏感，故通过热处理来改变材料弹性模量是极有限的。但对不同组元构成的复合材料的弹性模量而言，可以通过调整成分形成复相陶瓷，从而改变弹性模量。

在二元系统中，总的弹性模量可用混合定律来描述。图 6.15 给出了两相片层相间的复相陶瓷材料“三明治”结构模型。

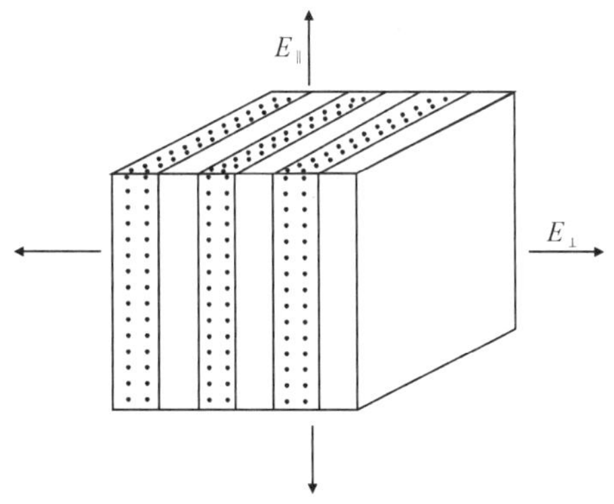

图 6.15　“三明治”结构复相陶瓷

按照 Voigt 模型，假设两相应变相同，即沿平行层面拉伸时，复合材料的弹性模量为

$$E_{\parallel}=\varphi_1 E_1+\varphi_2 E_2 \tag{6.40}$$

式中：$E_{\parallel}$ 为沿平层面拉伸时复合材料的弹性模量；E_1、E_2 分别为两相各自的弹性模量；φ_1、φ_2 分别为两相的体积分数。

另一模型由 Reuss 提出，假定两相的应力相同，即垂直于层面拉伸时，复合材料的弹性模量为

$$E_{\perp}=\frac{E_1E_2}{\varphi_1E_2+\varphi_2E_1} \tag{6.41}$$

式中：$E_{\perp}$为沿垂直层面拉伸时复合材料的弹性模量；E_1、E_2 分别为两相各自的弹性模量；φ_1、φ_2 分别为两相的体积分数。

6.3 金属与合金的弹性反常

前面介绍处于磁饱和态与退火态 Ni 的弹性模量随温度变化关系(见图 6.7)时，已经提到了材料铁磁状态的弹性反常现象。在居里点以下，铁磁性材料未磁化时的弹性模量比饱和磁化后的弹性模量低，这一现象就是弹性的铁磁性反常，也称 ΔE 效应。弹性反常通常是由于材料在一定温度范围内发生额外的尺寸或体积变化所造成的。

当温度低于居里点 T_p 时，铁磁体的弹性模量 E 可以表示为

$$E=E_p-\Delta E=E_p-(\Delta E_{\lambda}+\Delta E_{\omega}+\Delta E_A) \tag{6.42}$$

式中：E_p 为顺磁弹性模量；ΔE_{λ} 为由力致线性伸缩引起的弹性模量变化；ΔE_{ω} 为由力致体积伸缩引起的弹性模量变化；ΔE_A 为由自发体积伸缩引起的弹性模量变化。

由式(6.42)可以看出，铁磁体实测的弹性模量 E 由 E_p 和 ΔE 两部分组成。其中，E_p 是由 $T>T_p$ 温度范围外推 $E-T$ 曲线到 $T<T_p$ 温度范围，假定材料不发生磁化强度化而得到的弹性模量。图 6.16 中的虚线就表示 E_p(E_p 指温度小于 T_p 范围的值)随温度变化的关系。E_p 随温度的升高而降低，而减小的值可以由 ΔE 效应随温度的变化来补偿。这样就会出现铁磁体实测的弹性模量 E 随温度的变化很小，甚至增加的情况，进而表现出弹性反常。对于不同的材料，ΔE 效应的分量 ΔE_{λ}、ΔE_{ω} 和 ΔE_A 在 ΔE 效应中的贡献不同，可导致材料的 E 随 T 的反常表现出不同的特征。

6.3.1 ΔE_{λ} 效应

当弹性应力作用于处在退磁状态的铁磁体时，将引起磁畴磁矩的重新取向，此过程伴随着铁磁体尺寸的附加应变，称为力致线性伸缩。对未被磁化(或退磁状态)的铁磁体来说，由于自身存在自发磁化，所以磁畴取向排列封闭。铁磁体在拉应力作用下发生弹性变形时，除由拉应力引起的正常弹性应变 ε_e 外，还存在由于畴壁移动和磁矩转动造成磁畴磁矩重新取向引起的附加应变 ε_{λ}，该应变与铁磁体的磁致伸缩有关。不论铁磁体的磁致伸缩系数为正还是为负，在拉应力下，都有附加应变 $\varepsilon_{\lambda}>0$。那么，拉应力引起的总应变为 $\varepsilon=\varepsilon_e+\varepsilon_{\lambda}$。

在退磁状态下的弹性模量 E_0 根据胡克定律，满足

$$E_0=\frac{\sigma}{\varepsilon}=\frac{\sigma}{\varepsilon_e+\varepsilon_{\lambda}} \tag{6.43}$$

式中：E_0 为退磁状态下的弹性模量；ε 为实测的应变；σ 为实测的应力。

如果铁磁体已经处于磁饱和状态，此时，铁磁体的磁矩已经在外磁场作用下沿磁场定向取向，因此，不存在磁畴磁矩的重新取向，$\varepsilon_{\lambda}=0$。此时，磁饱和状态下的弹性模量 E_S 满足

$$E_S=\frac{\sigma}{\varepsilon}=\frac{\sigma}{\varepsilon_e} \tag{6.44}$$

如果用 ΔE_{λ}(称为 ΔE_{λ} 效应)表示铁磁体分别在磁饱和状态和退磁状态的弹性模量之差,即

$$\Delta E_{\lambda}=E_{\mathrm{S}}-E_{0}=\frac{\sigma}{\varepsilon_{\mathrm{e}}}-\frac{\sigma}{\varepsilon_{\mathrm{e}}+\varepsilon_{\lambda}}=\frac{\sigma\varepsilon_{\lambda}}{\varepsilon_{\mathrm{e}}(\varepsilon_{\mathrm{e}}+\varepsilon_{\lambda})} \tag{6.45}$$

不难看出,ΔE_{λ} 效应使铁磁体的弹性模量降低。由于 ΔE_{λ} 效应是由畴壁移动和磁矩转动造成的,所以,所有影响畴壁移动和磁矩转动的因素都会影响 ΔE_{λ}。从图 6.16 给的 Ni 的 $E-T$ 曲线可以看出,在 $T<T_{\mathrm{p}}$ 时,Ni 在退磁状态($H=0$)下的弹性模量比在饱和($H=4.58\times10^{4}$ A/m)时的弹性模量低,出现弹性反常现象。当温度升高,在 150～350 ℃范围内,Ni 退磁状态($H=0$)时的弹性模量随着温度的升高逐渐升高,这与 ΔE_{λ} 效应减小有关。值得注意的是,在磁饱和状态下,Ni 弹性模量随温度升高呈线性下降,弹性反常基本消失,这说明 Ni 的弹性模量反常主要是 ΔE_{λ} 的贡献,ΔE_{ω} 和 ΔE_{A} 的贡献很小。另外,处于不同磁场下的 Ni,其弹性反常与磁场强度有关,如图 6.16 中实线 1～6 所示,磁场强度越高,ΔE_{λ} 效应越不明显,弹性反常越弱。当温度高于 T_{p} 时,弹性模量与温度的关系又恢复到正常状态。因此,当 ΔE_{λ} 效应的贡献占主要地位时,可采用磁化到饱和的方法,消除铁磁材料的弹性反常。

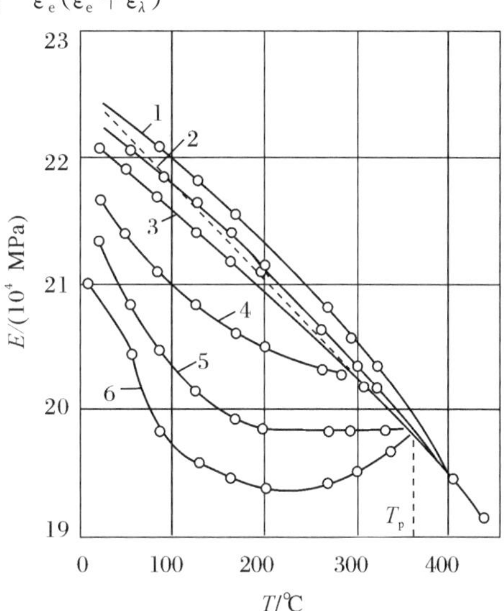

图 6.16 Ni 的 $E-T$ 曲线

1—45 757 A·m^{-1};2—8 435 A·m^{-1};3—3 263 A·m^{-1};4—796 A·m^{-1};5—477 A·m^{-1};6—0 A·m^{-1}

6.3.2 ΔE_{ω} 效应和 ΔE_{A} 效应

对于有些合金,即使处于磁饱和状态,其弹性模量随温度的关系也具有反常现象,这主要与 ΔE_{ω} 和 ΔE_{A} 有关,也称为弹性因瓦效应(invar effect,invar 为 invariability 的缩写)。具有这种特征的材料就是因瓦合金(invar alloy)。图 6.17 给出了含量为(42% Ni+58% Fe)因瓦合金弹性模量与温度的关系。从图 6.17 中可以发现,当材料处于磁饱和状态($H=4.58\times10^{4}$ A/m)时的弹性模量与处于退磁状态($H=0$)时的弹性模量均随温度的升高而升高。因此,这类合金的弹性反常主要与 ΔE_{ω} 和 ΔE_{A} 效应有关。

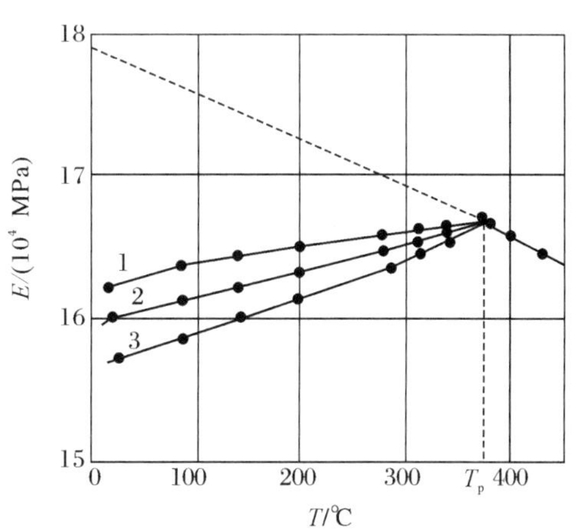

图 6.17 (42% Ni+58% Fe)因瓦合金弹性模量与温度的关系

1—45 757 A·m^{-1}; 2—3 183 A·m^{-1};3—0 A·m^{-1}

当铁磁体上作用一弹性应力时,除产生由外力引起磁畴磁矩重新取向的 ΔE_{λ} 效应以外,外力

还可能使磁畴的饱和磁化强度 M_s 发生变化，这与磁畴内自旋磁矩进一步取向有关，这一变化称为 ΔM_s 效应。通常，ΔM_s 效应很小，但对因瓦合金而言则较大。在拉应力作用下，$\Delta M_s>0$，导致铁磁体产生附加的体积增加，这一现象称为力致体积伸缩，从而引起弹性模量的降低，称为 ΔE_ω 效应。

当铁磁体从高于居里点冷却到低于居里点时产生自发磁化，自发磁化强度为 M_s。这一过程中伴随着体积的变化，称为自发体积磁致伸缩，通常，一般的铁磁体自发体积磁致伸缩很小，但对因瓦合金而言则较大。这种由于自发磁化伴随体积反常膨胀引起额外的应变，造成弹性模量的降低，称为 ΔE_A 效应。

ΔE_ω 和 ΔE_A 效应是铁磁体的磁畴磁矩绝对值大小变化引起额外的体积变化，前者由外加弹性应力引起，后者由温度变化引起。这两个效应对因瓦合金来说都很大，因此，可产生弹性模量的反常，通称弹性因瓦效应。与主要由 ΔE_λ 效应起作用的铁磁体不同，正是由于 ΔE_ω 和 ΔE_A 效应的明显贡献，使处于磁饱和状态的因瓦合金也存在弹性反常现象。要完全消除这一铁磁材料的弹性反常，只有使用 8×10^8 A/m 的强磁场强度进行磁化才足够。

1. 艾林瓦效应

对一般的金属或合金而言，正常情况下，其弹性模量随温度的升高而降低，即弹性模量温度系数 $\beta_E<0$。但还存在一类特殊合金，在一定温度范围内，其弹性模量不随温度变化或变化很小，即弹性模量温度系数 β_E 接近于 0 或很小，这类合金称为恒弹性合金，或艾林瓦合金(elinvar alloy)。这一弹性模量不随温度变化或变化很小的现象称为艾林瓦效应(elinvar effect)。由于这一描述源于英文 elasticity invariable，即弹性不变，因而得名为 elinvar。艾林瓦效应是因瓦效应的一个方面，它的产生也与上述 ΔE 效应有关。如果一类材料存在 ΔE 效应，通过选择一定的合金成分和热处理方法，那么由材料自身随温度升高引起弹性模量降低的正常变化，与由温度升高引起 ΔE 效应消失导致弹性模量升高的反常变化，两者相互补偿并抵消，就会实现弹性模量在一定温度范围内恒定不变的现象。这也是弹性模量温度系数 β_E 反常的原因所在。

艾林瓦效应首先在具有因瓦反常的 Fe－Ni 二元合金中被发现。随后，在其他铁磁性合金(如多元 Fe－Ni 合金、Co－Fe 系合金)、反铁磁性合金(如 Fe－Mn 合金、Cr 基合金)、顺磁性合金(如 Nb 基合金、Nb－Ti 系合金)、化合物(如 SiO_2、CoO、TeO_2 等)和非晶材料(如 Fe－B、Fe－P、Fe－Si－B 等)均发现了艾林瓦效应。艾林瓦效应与因瓦效应一样，是材料科学研究的重要内容。艾林瓦效应有重要的应用价值，是研制恒弹性合金的基础。在具有艾林瓦效应的合金系中，用合金化和工艺手段可以对材料的 $E-T$ 关系进调整，从而获得满足各种性能要求的恒弹性合金。随着仪器仪表工业的发展，恒弹性合金得到了广泛的应用。特别在航天、航空领域，更是对恒弹性合金提出了更高的要求，使它逐步发展成为现代科学技术中不可缺少的一种重要的功能材料。

6.4　弹性模量的测定

6.4.1　概述

测量弹性模量的方法有两种：静态测量法和动态测量法。静态测量法，即从应力和应变曲线确定弹性模量，这是一种经典的方法，这种方法的测量精度较低，其载荷大小、加载速度等都影响测试结果，也不适合于对金属进行弹性分析。此外，对脆性材料，静态法也遇到极大的困难。动态测量法是在试样承受交变应力产生很小应变的条件下测量弹性模量，用这种方法获得的弹性模量称为动态模量。动态测量法的优点是测量设备简单、测量速度快、测量结果准确。因动态法测试时试样承受极小的应变应力，试样的相对变形甚小（$1\times10^{-5}\sim1\times10^{-7}$），故用动态法测定 E、G 对高温和交变复杂负荷条件下工作的金属零部件尤其重要，适合对金属进行弹性分析。本小节重点介绍动态测量法。

一般情况下静态法测定的结果较动态法低。若动态法加载频率很高，可认为是瞬时加载，这时试样与周围的热交换来不及进行，即几乎是在绝热条件下测定的。而静态法的加载频率极低，可认为是在等温条件下进行的。二者弹性模量的关系是

$$\frac{1}{E_i}-\frac{1}{E_a}=\frac{\alpha_l^2 T}{c\rho} \tag{6.46}$$

式中：E_i 表示在等温条件下测得的弹性模量；E_a 表示在绝热条件下测得的弹性模量；ρ 为材料的密度；c 为材料的等压比热容；α_l 为材料的热膨胀系数。

按加载频率范围，动态法分为以下两种：声频法，频率在 1×10^4 Hz 以下；超声波法，频率为 $1\times10^4\sim1\times10^8$ Hz。目前声频法应用较为广泛和成熟。应该指出，随着材料科学的不断发展，最近几年超声波法在国外越来越引起重视。

6.4.2　动态法测量弹性模量的原理

测量动态弹性模量是根据共振原理。当试样在受迫进行振动时，若外加的应力变化频率与试样的固有振动频率相同，则可产生共振。测试的基本原理可归结为测定试样（棒材、板材）的固有振动频率或声波（弹性波）在试样中的传播速度。由振动方程可推证，弹性模量与试样的固有振动频率的二次方成正比，即

$$E=k_1 f_l^2,\quad G=k_2 f_\tau^2 \tag{6.47}$$

式中：f_l 为纵向振动固有振动频率；f_τ 为扭转振动固有振动频率；k_1、k_2 为与试样的尺寸、密度等有关的常数。式(6.47)是声频法测定弹性模量的基础，而式 $c_l=\sqrt{\dfrac{E}{\rho}}$，$c_\tau=\sqrt{\dfrac{G}{\rho}}$，则是超声波法测弹性模量的基础。

为测试 E、G，所采用的激发试样振动的形式也不同，如图 6.18 所示。图 6.18(a)表示激发器激发试样做纵向振动（拉-压交变应力）；同样，图 6.18(b)为试样做弯曲振动（也称横向振动）；图 6.18(c)为试样做扭转振动（切向交变应力）。

激发(或接收)换能器的种类比较多,常见的有电磁式、静电式、磁致伸缩式、压电晶体(石英、钛酸钡等)式。

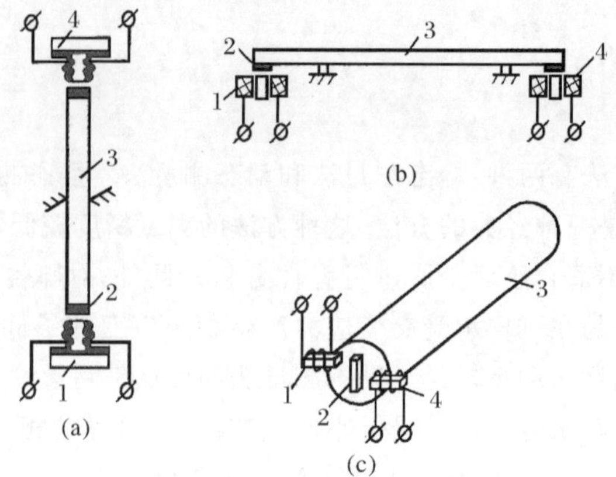

图 6.18　电磁式传感器激发和接收示意图

1—激发器;2—铁磁片;3—试棒;4—接收器

(a)纵向振动;(b)弯曲振动;(c)扭转振动

1.纵向振动共振法

用此法可以测定材料的弹性模量 E。如图 6.18(a)所示,设有截面均匀棒状试样 3,其中间被固定,两端自由。试样一端安放换能器 1,用于激发振动,另一端安放接收器 4,用于接收试样的振动。以电磁式换能器为例,当磁化线圈通上声频交流电,则铁芯磁化,并以声频频率吸引和放松试样(若试样是非铁磁性的,则需在试样两端面贴一小块铁磁性金属薄片 2),此时,试样内产生声频交变应力,试样发生振动,即一个纵向弹性波沿试样轴向传播,最后由接收换能器接收。

当棒状试样处于图 6.18(a)所示状态,其纵向振动方程可写成

$$\frac{\partial^2 u}{\partial t^2}=\frac{E}{\rho}\cdot\frac{\partial^2 u}{\partial x^2} \tag{6.48}$$

其中,$u(x,t)$为纵向位移函数。解该振动方程(具体解法略),并取基波解,经整理可得

$$E=4\rho L^2 f_l^2 \tag{6.49}$$

式中:L 为试样长度;ρ 为试样密度;f_l 为纵向振动的共振频率。

由式(6.49)可以看出,长棒状试样受迫产生振动时,弹性模量 E 和共振频率 f 存在的关系。为了求出 E,必须测出 f_l。利用不同频率的声频电流,通过电磁铁激发试样做纵向振动,当 $f\neq f_l$ 时,接收端接收的试样振动振幅很小,只有 $f=f_l$ 时,在接收端才可以观察到最大振幅,此时,试样处于共振状态。

2.弯曲振动共振法

如图 6.18(b)所示,一个截面均匀的棒状试样,水平方向用二支点支起。在试样一端下方安放激发器,使试样产生弯曲振动,另一端下方放置接收器,以便接收试样的弯曲振动。两端自由的均匀棒的振动方程为

$$\frac{\rho S}{EI}\cdot\frac{\partial^2 u}{\partial t^2}=-\frac{\partial^4 u}{\partial x^4} \tag{6.50}$$

式(6.50)是一个四阶偏微分方程，式中，I 为转动惯量，S 为试样截面积。最后得到满足于基波的圆棒(直径为 d)的弹性模量计算式为

$$E=1.262\rho\frac{L^4 f_{弯}^2}{d^2} \tag{6.51}$$

式中：L、d 分别为试样的长度和直径；ρ 为试样的密度。

同样测出试样弯曲振动共振频率 $f_{弯}$ 之后，代入式(6.51)计算 E。

3. 扭转振动共振法

扭转振动共振法用于测量材料的切变模量 G，如图 6.18(c)所示。一个截面均匀的棒状试样，中间固定；在棒的一端利用换能器产生扭转力矩，试样的另一端装有接收器(结构与激发器相同)，用以接收试样的扭转振动。同样可以写出扭转振动方程并求解，最后仍归结为测定试样的扭转振动固有频率 f_τ，G 的计算式为

$$G=4\rho L^2 f_\tau^2 \tag{6.52}$$

在高温测量弹性模量时，考虑到试样的热膨胀效应，其高温弹性模量计算式如下。

纵向振动

$$E=4\rho L^2 f_l^2(1+\alpha_l T)^{-1} \tag{6.53}$$

扭转振动

$$G=4\rho L^2 f_\tau^2(1+\alpha_l T)^{-1} \tag{6.54}$$

弯曲振动

$$E=1.262\rho L^4 f_{弯}^2 d^{-2}(1+\alpha_l T)^{-1} \tag{6.55}$$

式中：α_l 为试样的热膨胀系数；T 为加热温度。

6.4.3　表面压痕仪测弹性模量

表面压痕仪是近年来发展的一种表面力学性能测量系统，它能对几乎所有固体材料的弹性模量进行测量，特别是能对薄膜材料进行测量，其工作原理如图 6.19 所示。三棱锥体的金刚石压头(也叫 Berkovich 压头)是表面力学性能的探针，施加到压头上的载荷是通过平行板电容器控制的，平行板电容器还能探测出压头在材料中的位移。表面压痕仪能自动记下载荷、时间及位移的数据，并能计算出弹性模量和硬度等多种物理量。

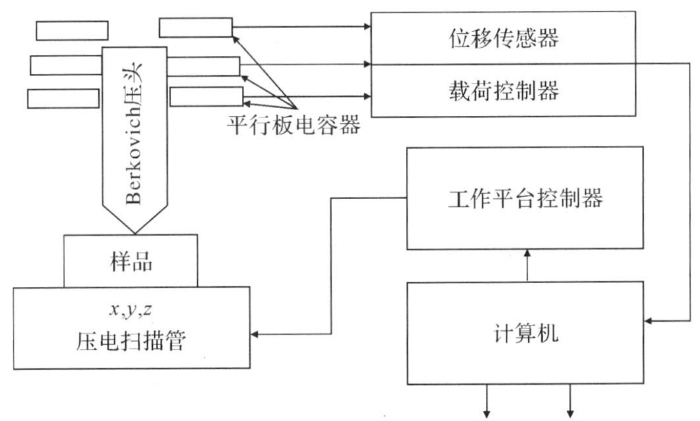

图 6.19　表面压痕仪的工作原理示意图

如图 6.20(a)所示,在载荷作用下,从初始表面接触,当达到最大载荷时,压头压入最大位移为 h_{max},当卸载时,材料表面保留深度为 h_f 的压痕。

它的主要工作原理:用压头压入材料表面,通过传感器记下加载和卸载过程中载荷与压入深度的对应关系,经过计算就能得到材料表层的弹性模量性能。图 6.20(b)就是典型的载荷(F)与压入深度(h)的关系曲线。可以看到曲线分上下两条,上面一条是加载线,下面一条是卸载线。根据培奇(Page)等人的计算结果,卸载曲线开始部分的斜率与有效弹性模量(E^*)有如下关系:

$$\frac{\mathrm{d}F}{\mathrm{d}h}=\frac{2E^*\sqrt{A_{h_c}}}{\sqrt{\pi}} \tag{6.56}$$

式中:A_{h_c} 为对应压入深度为 h_c 时压痕的投影面积,h_c 的大小近似等于卸载曲线开始部分的斜率延长线与 h 轴相交的数值;E^* 可以从压痕仪中自动给出。被测材料的弹性模量 E_s 可由下式得到:

$$\frac{1}{E^*}=\frac{(1-\mu_s^2)}{E_s}+\frac{(1-\mu_I^2)}{E_I} \tag{6.57}$$

式中:E_I 为压头(金刚石)的弹性模量;μ_s、μ_I 分别为压头和被测材料的泊松比。从式(6.57)中看出,若要得到准确的 E_s,则必须知道被测材料的泊松比 μ_s,但对未知材料来说,一般不知道准确的数值。好在材料的泊松比相差都不是很大,对未知材料通常可用 1/3 或 1/4 来代替,得到的结果误差不是很大。

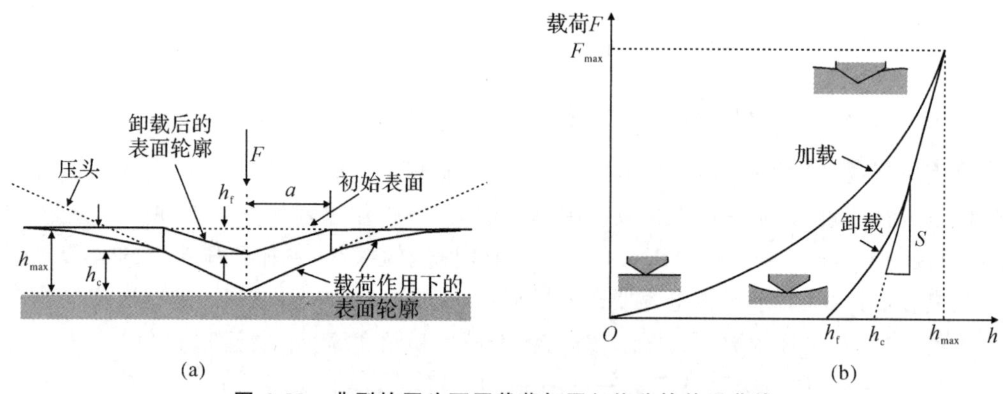

图 6.20 典型的压头下压载荷与压入位移的关系曲线

6.5 滞弹性与内耗

6.5.1 滞弹性的力学描述

对于一个理想弹性体,如果应变对应力变化的反应完全及时,那么应力和应变之间的关系将完全遵守胡克定律,如图 6.21 中直线段所示,这也就是说应力和应变的变化随时都保持相同的相位。理想弹性体的这一变形过程是单值性的可逆变形,此时应力与应变一一对应。

实际上，材料在变形过程中，其内部存在各种微观的"非弹性"过程，即使在弹性范围内振动，也并非是完全弹性的，还存在明显的非弹性现象。材料在弹性范围内出现的应变落后于应力的非弹性现象称为滞弹性(anelasticity)。如果对材料施加单向循环载荷，由于应变落后于应力，在加载过程中，弹性不完整性使得相同应力下实际产生的应变量低于理想弹性体产生的应变量，导致加载时的应力-应变曲线实际位于理想弹性体的应力-应变曲线上方，如图6.21中曲线段所示；同样，在卸载过程中，相同卸载应力下实际释放的应变量也低于理想弹性体产生的应变量，使卸载时的应力-应变曲线实际位于理想弹性体的应力-应变曲线下方。因此，其结果使得加载线和卸载线不重合，形成一个封闭的滞后回线，称为弹性滞后环。反向加载和卸载过程也会产生同样的弹性滞后环。如果在正反两个方向施加交变循环载荷，并且加载速率较快，那么就会出现如图 6.21 中虚线所示的弹性滞后环。这个环的面积相当于交变载荷下不可逆的能量消耗，称为循环韧性。

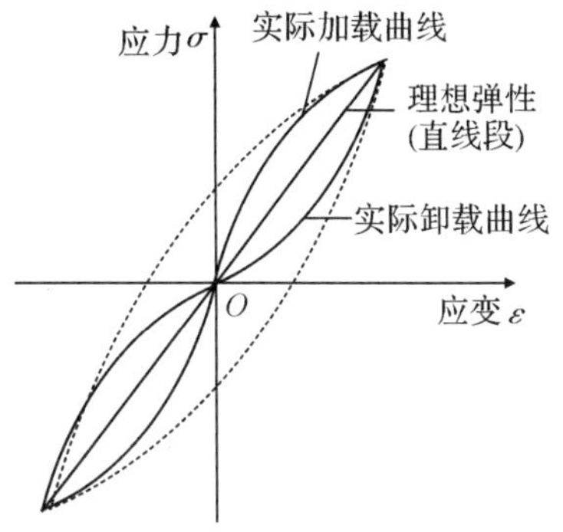

图 6.21　理想弹性体和非理想弹性体的应力-应变关系

弹性的不完整性破坏了载荷与变形间的单值关系，呈现出应变落后于应力的滞后现象。此时的应变不仅与应力有关，而且与时间有关。图 6.22 为滞弹性过程的示意图。图 6.22(a)为恒应力情况。如果对某材料在 t_0 时刻突然施加一拉应力 σ_0，那么该材料在该时刻产生一瞬时应变 ε_0。保持拉应力 σ_0 不变，该材料在一定时间内还会继续产生新的补充应变$\varepsilon(t)$，这种现象称为弹性蠕变(elastic creep)。那么，在弹性范围内受拉应力 σ_0 作用所产生的总应变为

$$\varepsilon_\infty = \varepsilon_0 + \varepsilon(t) \tag{6.58}$$

式中：ε_0 为瞬时应变；$\varepsilon(t)$为补充应变；ε_∞ 为总应变。

同样，去除拉应力后，材料的应变也不会立即消失，而是先消失一部分，然后再随着时间的延长逐渐恢复到原状，这一过程称为弹性后效(elastic after-effect)。弹性蠕变和弹性后效现象都是弹性范围内的非弹性现象，称为应变弛豫(strain relaxation)。

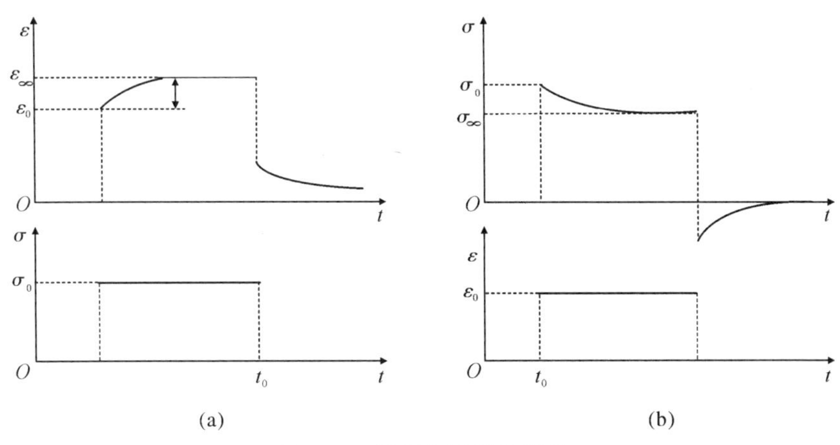

图 6.22　滞弹性过程示意图

(a)应变弛豫过程(恒应力)；(b)应变弛豫过程(恒应变)

另外一种滞弹性过程为恒应变情况,如图 6.22(b)所示。如果突然加载后要保持应变 ε_0 不变,那么施加的应力就要从瞬时应力 σ_0 逐渐松弛到平衡应力 σ_∞。这一弹性范围内保持恒应变的非弹性现象称为应力弛豫(stress relaxation),也称为应力松弛。同样地,如果要实现某一瞬间应变量归 0 并维持始终为 0,那么必须施加反向的应力,并逐渐减缓应力才能实现。

通常可采用标准线性固体力学模型(standard linear solid model)来描述固体的滞弹性行为,如图 6.23 所示。该模型也称为齐纳模型(Zener mode),是美国物理学家齐纳(Clarence Melvin Zener,1905—1993)提出的。齐纳最著名的研究成果是齐纳二极管(Zener diode),即利用二极管的反向齐纳击穿原理(the breakdown of electrical insulators)制成的稳压二极管。标准线性固体力学模型由一个弹性元件与另一个弹性元件串联成一个黏性元件后构成的并联形式组成。图 6.23 中,用弹簧表示满足胡克定律的理想弹性元件,用充满黏性液体的黏壶(dashpot)来表示符合牛顿流动定律的黏性元件。这两种元件的组合可作为标准线性固体的力学模型。

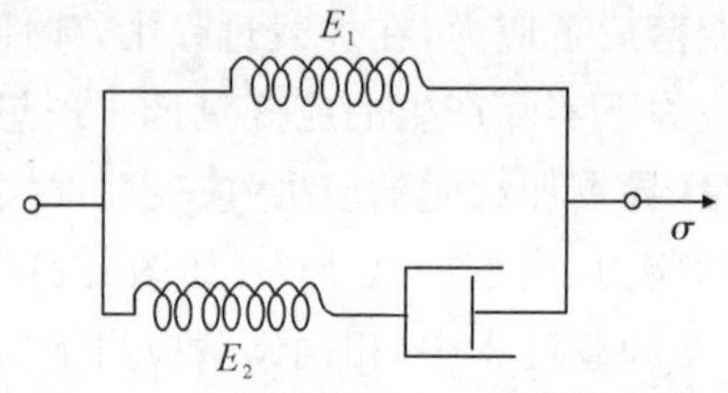

图 6.23　标准线性固体力学模型示意图

需要解释的是,符合牛顿流动定律的黏性元件实际反映的是一种黏性(viscosity)特征,如图 6.23 中下方右侧的黏壶模型示意图。对于理想黏性液体(即牛顿流体),其应力-应变行为服从牛顿流动定律,也就是满足应力 σ 正比于应变速率$\frac{d\varepsilon}{dt}$,即

$$\sigma=\eta\frac{d\varepsilon}{dt} \tag{6.59}$$

式中:σ 为应力;ε 为应变;t 为时间;η 为黏度,Pa · s。

通常高分子材料或高聚物(包括高分子固体、熔体及浓溶液等)的力学响应总是或多或少地表现为弹性(满足胡克定律)与黏性(满足牛顿流动定律)相结合的特性,这种特性称为黏弹性(viscoelasticity)。黏弹性的本质是由于聚合物分子运动具有松弛特性。

可以证明,标准线性固体的应力-应变方程为

$$\sigma+\tau_\varepsilon\dot{\sigma}=E_R(\varepsilon+\tau_\sigma\dot{\varepsilon}) \tag{6.60}$$

式中:E_R 为弛豫模量;τ_ε 为在恒应变下应力弛豫到接近平衡值的时间,称为应力弛豫时间;τ_σ 为在恒应力下应变弛豫到接近平衡值的时间,称为应变弛豫时间;$\dot{\sigma}$为应力对时间的变化率,满足关系 $\dot{\sigma}=\frac{d\sigma}{dt}$;$\dot{\varepsilon}$为应变对时间的变化率,满足关系 $\dot{\varepsilon}=\frac{d\varepsilon}{dt}$。

对实际弹性体,在弹性范围内,由于其内部存在原子扩散、位错运动、各种畴及其运动等耗散能量因素,所以,应变不仅与应力有关,而且还与时间有关。材料的滞弹性有多种表现形式,主要与受力大小和作用频率有关。在大应力(10 MPa 以上)和低频应力条件下(即静态应用条件下),滞弹性表现为弹性后效、弹性滞后、弹性模量随时间延长而降低以及应力松弛等四方面;在小应力(1 MPa 以下)和高频应力条件下(即动态应用条件下),滞弹性表现为应力循环中外界能量的损耗,有内耗、振幅对数衰减等。

下面利用标准线性固体力学模型,对恒应力下的应变弛豫和恒应变下的应力弛豫这两

种滞弹性行为进行讨论。

1)在恒应力下的应变弛豫曲线如图 6.22(a)所示,可由式(6.60)求解。在应力保持恒定时,式(6.60)左侧应力对时间的变化率$\dot{\sigma}$为 0。那么,当 $t=0$ 时,$\sigma=\sigma_0$,则式(6.60)可写成

$$\tau_\sigma\dot{\varepsilon}+\varepsilon=\frac{\sigma_0}{E_R} \tag{6.61}$$

对式(6.61)进行求解,并代入初始条件 $t=0,\varepsilon=\varepsilon_0$,可得到应变随时间变化的方程为

$$\varepsilon(t)=\frac{\sigma_0}{E_R}+\left(\varepsilon_0-\frac{\sigma_0}{E_R}\right)e^{-\frac{t}{\tau_\sigma}} \tag{6.62}$$

由式(6.62)可知,当 $t\to\infty$时,有

$$\varepsilon(\infty)=\frac{\sigma_0}{E_R} \tag{6.63}$$

式(6.63)就是恒应力 σ_0 作用下滞弹性材料最后趋于平衡的应变值 $\varepsilon(\infty)$。

可以发现,当 $t=\tau_\sigma$ 时,结合式(6.62)与式(6.63)可得

$$\varepsilon(\tau_\sigma)-\varepsilon(\infty)=\frac{\varepsilon_0-\varepsilon(\infty)}{e} \tag{6.64}$$

该式表示,在 $t=\tau_\sigma$ 时,弛豫应变 $\varepsilon(\tau_\sigma)$与最终应变 $\varepsilon(\infty)$的差值是开始偏离值$[\varepsilon_0-\varepsilon(\infty)]$的 1/e。因此,$\tau_\sigma$ 的物理意义实际反映了恒应力作用下蠕变过程的速度。

2)与应变弛豫类似,如图 6.22(b)所示的恒应变下的应力弛豫曲线同样可由式(6.60)进行求解。在应变保持恒定时,式(6.60)右侧应变对时间的变化率为$\dot{\varepsilon}$为 0。那么,当 $t=0$ 时,$\varepsilon=\varepsilon_0$,式(6.60)可写成

$$\tau_\varepsilon\dot{\sigma}+\sigma=E_R\varepsilon_0 \tag{6.65}$$

对式(6.65)进行求解,并代入初始条件 $t=0,\sigma=\sigma_0$,可得到应力随时间变化的方程为

$$\sigma(t)=E_R\varepsilon_0+(\varepsilon_0-E_R\varepsilon_0)e^{-\frac{t}{\tau_\varepsilon}} \tag{6.66}$$

当 $t\to\infty$时,式(6.66)可写成

$$\sigma(\infty)=E_R\varepsilon_0 \tag{6.67}$$

式(6.67)就是维持恒应变 ε_0 的弛豫完全的应力 $\sigma(\infty)$。

同样可以发现,当 $t=\tau_\varepsilon$ 时,结合式(6.66)与式(6.67)可得

$$\sigma(\tau_\varepsilon)-\sigma(\infty)=\frac{\sigma_0-\sigma(\infty)}{e} \tag{6.68}$$

可以看出,在 $t=\tau_\varepsilon$ 时,弛豫应力 $\sigma(\tau_\varepsilon)$与最终应力 $\sigma(\infty)$的差是开始偏离差值$[\sigma_0-\sigma(\infty)]$的 1/e。与 τ_σ 的物理意义类似,τ_ε 的物理意义实际反映了恒应变作用下应力弛豫的快慢。

3)具有弹性的物体不服从胡克定律,应力与应变间无一一对应关系。如果还用胡克定律来描述这种物体的弹性行为,那么弹性模量就不再是常数,而是时间的函数。

材料的加载方式有两种极端的形式。一种是加载速度极快,也就是瞬时应力 σ_0 产生瞬时应变 ε_0。此时,由于外力做功产生的热量来不及与外界环境交换,而形成绝热条件加载,所以相应的绝热条件加载下的弹性模量可记为

$$E_u=\frac{\sigma_0}{\varepsilon_0} \tag{6.69}$$

式中:E_u 为未弛豫模量,又称绝热弹性模量。

那么,在恒应力或恒应变条件下,单向快速加载或卸载时,应变弛豫或应力弛豫来不及产生,此时的弹性模量就是 E_u,如图 6.24 所示。

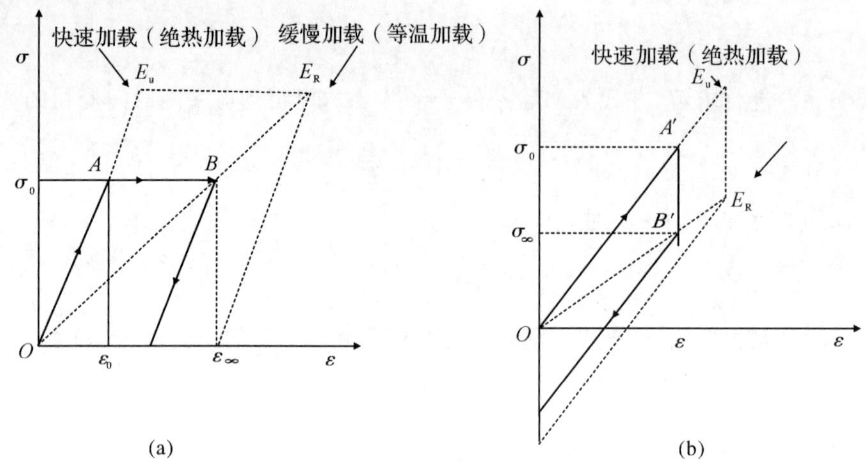

图 6.24　恒应力和恒应变加载与卸载过程中应力-应变关系示意图

(a)恒应力；(b)恒应变

另一种是加载速度缓慢。此时,外力做功产生的热量可与外界环境充分交换,因而形成等温条件加载。相应的等温条件加载下的弹性模量就是 E_R,称为弛豫模量或等温弹性模量,如图 6.24 所示。在恒应力应变弛豫下,E_R 是恒应力与平衡应变的比值,如式(6.63)所示;在恒应变应力弛豫下,E_R 是弛豫完全的应力与恒应变的比值,如式(6.67)所示。应力弛豫下,如图 6.24(b)所示,快速加载时,要保持 ε_0 不变,则必须使材料处于高应力(σ_0)状态;而在等温条件下,要保持同样的 ε_0 不变,则只需要较低应力(σ_∞)。因此,在高温条件下,应力弛豫更显著。显然,未弛豫模量 E_u 大于弛豫模量 E_R。对于一般的弹性合金,E_u 与 E_R 相差不超过 0.5%,如果没有特殊要求,可认为 E_u 与 E_R 相同。

另外,未弛豫模量 E_u、弛豫模量 E_R 与应力弛豫时间 τ_σ、应变弛豫时间 τ_ε 之间还存在一定的关系,即

$$\frac{E_u}{E_R}=\frac{\tau_\sigma}{\tau_\varepsilon} \tag{6.70}$$

实际测定材料的弹性模量时,加载速率往往介于绝热加载和等温加载之间,材料既不能完全绝热,也不可能完全等温。因此,实际测定的弹性模量 E 往往介于 E_u 和 E_R 之间,并满足大小关系 $E_u > E > E_R$。此时的弹性模量 E 称为动力弹性模量。同时,引入模量亏损(modulus defect) 这个参量来表征材料因滞弹性而引起的弹性模量的下降,即

$$\frac{\Delta E}{E}=\frac{E_u-E}{E} \tag{6.71}$$

式中:$\frac{\Delta E}{E}$为模量亏损。

模量亏损滞弹性体的弹性模量不再是常数。与模量亏损关系最为紧密的物理量是内耗。

6.5.2　内耗分析

早在1784年，C. A. De库仑利用圆盘扭摆定量地研究金属丝的弹性，首次发现了滞弹性的现象，但从原子的角度来研究内耗的机制始于20世纪40年代，1948年，C.曾纳的专著《金属的弹性与滞弹性》的发表标志着内耗研究进入固体物理的领域。

一个自由振动的物体，即使与外界完全隔离，其机械振动也会逐渐衰减，并最后停止下来，这说明振动能逐渐地被消耗掉了。若是强迫振动，则外界必须不断供给固体能量，才能维持振动。这种使机械能耗散变为热能的现象称为内耗(internal friction)。在工程中用到的阻尼本领(damping capacity)，或者高频振动下用到的超声衰减(ultrasonic attenuation)，都是内耗的同义词。物体在振动中的这种能量损耗是由物体内部原因引起的，这种内部原因往往与物体的缺陷形式和变化有关。因此，通过观测机械振动的变化或衰减情况，可用来揭示物体内部的微观状态及运动变化。通常，研究内耗主要有两方面的意义：①用内耗值评价材料的阻尼本领，寻求适合工程应用的、有特殊阻尼性能的新材料；②把内耗测试作为一种工具，了解内耗与金属成分、组织和结构之间的关系，是分析材料微观成分及组织结构的重要手段。

根据我国科学家葛庭燧(1913—2000)的分类，从产生内耗的机制看，固体材料中的内耗主要分为三种类型，即滞弹性型内耗(anelastic internal friction)、静滞后型内耗和阻尼共振型内耗。

1. 滞弹性型内耗

(1)内耗与滞弹性的关系

滞弹性是弹性范围内的非弹性行为。由于应变的滞后，材料在适当频率的振动应力即交变载荷下就会出现振动的阻尼现象。由滞弹性产生的内耗称为滞弹性内耗。

假设滞弹性行为是在一个应力和应变都在以简单的正弦曲线规律变化下发生的，如图6.25所示。应力的变化满足

$$\sigma=\sigma_0\sin\omega t \tag{6.72}$$

式中：σ 为应力；σ_0 为应力曲线的振幅；ω 为振动的角频率；t 为时间。

应变落后于应力，应力和应变之间存在一个相位差 δ，应变的变化满足

$$\varepsilon=\varepsilon_0\sin(\omega t-\delta) \tag{6.73}$$

式中，ε 为应变；ε_0 为应变曲线的振幅；δ 为相位差。

如果应力变化一个周期，应力-应变曲线便形成一个封闭的滞后回线(hysteresis loop)，如图6.26所示，回线中所包围的面积就代表振动一周所产生的能量损耗。回线的面积越大，能量损耗也越大。回线面积的大小取决于应力与应变之间的相位差 δ。当相位差为0时，材料相当于理想弹性体，回线的形状为一条直线，此时不产生损耗。而在一般情况下，应力与应变之间的相位角不为0，并且相位角越大，回线面积越大，内耗也越大。回线面积的大小还与角频率 ω 有关。这里讨论两种极端情况。如果 $\omega=0$，相当于等温加载，应力与应变保持单值函数关系，滞后回线的面积为0，内耗为0；如果 $\omega\to\infty$，相当于绝热加载，应力与

应变也保持单值函数关系，滞后回线的面积为 0，内耗也为 0。这两种极端情况如图 6.26 中的 a、b 线段所示。

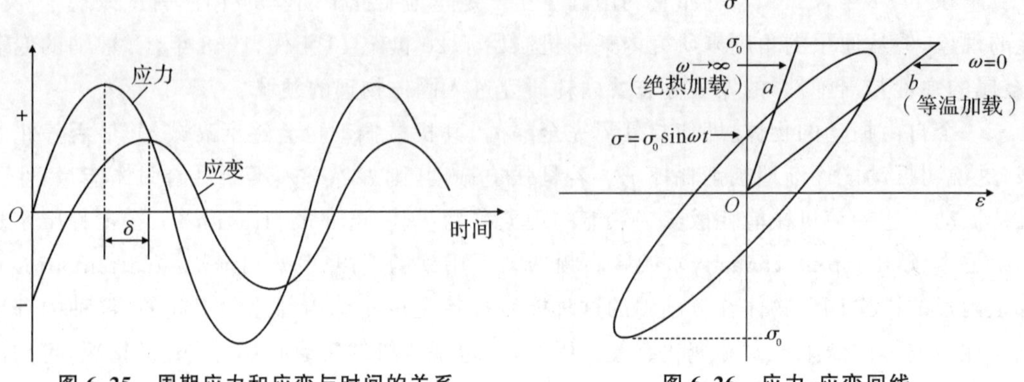

图 6.25　周期应力和应变与时间的关系

图 6.26　应力-应变回线

(2)内耗的度量

内耗是材料内部的内耗源在应力作用下行为的本质反映。当材料在应力作用下，从一个平衡状态进入另一个平衡状态时，其过程往往是一个弛豫过程，是材料内部的内耗源通过自我调节实现的。这一弛豫过程需要一定的时间完成，即在一段弛豫时间内完成，同时需要越过一定的势垒，即需要外界提供一定的激活能实现势垒的跨越。这就造成了应变落后于应力的现象。

内耗的基本度量是振动一周在单位弧度上的相对能量损耗。通常，样品的内耗 Q^{-1} 定义为

$$Q^{-1}=\frac{1}{2\pi}\cdot\frac{\Delta W}{W} \tag{6.74}$$

式中：ΔW 为振动一周的能量损耗；W 为最大振动能。

这里，将 $\frac{\Delta W}{W}$ 称为能量衰减率，并且可以发现内耗 Q^{-1} 为无量纲的物理量。

以图 6.25 所示的应力和应变均为正弦波的形式为例，样品振动一周消耗的能量 ΔW 就是应力-应变回线的面积，结合式(6.72)和式(6.73)的关系可得

$$\Delta W=\oint\sigma \mathrm{d}\varepsilon=\int_0^{2\pi}\sigma_0\sin\omega t\cdot\varepsilon_0\,\mathrm{d}[\sin(\omega t-\delta)]=\pi\sigma_0\varepsilon_0\sin\delta \tag{6.75}$$

样品振动一周的最大振动能为

$$W=\frac{1}{2}\sigma_0\varepsilon_0 \tag{6.76}$$

根据内耗的一般定义，将式(6.75)和式(6.76)代式(6.74)，则

$$Q^{-1}=\frac{1}{2\pi}\cdot\frac{\Delta W}{W}=\sin\delta \tag{6.77}$$

当相位差 δ 很小时，式(6.77)可近似写成

$$Q^{-1}=\sin\delta\approx\tan\delta\approx\delta \tag{6.78}$$

式(6.78)表明，这个内耗取决于应力与应变之间的相位差 δ。通常这个相位差 δ 都很

小，因此也常用 $\tan\delta$ 来表示内耗。但是，由于 δ 过小，所以往往不易精确测量。

在实际测量时，常采用自由衰减振动时的振幅对数减缩量（对数衰减率）δ 来确定内耗。在试样做自由振动时，振动振幅将逐渐衰减，如图 6.27 所示。此时产生的对数衰减率 δ 等于相邻振幅之比的自然对数，即

$$\delta=\ln\frac{A_n}{A_{n+1}} \tag{6.79}$$

式中：n 为振动次数；A_n 为第 n 周期的振幅；A_{n+1} 为第 $n+1$ 周期的振幅。

由于振动的能量与振动振幅二次方成正比，所以

$$\frac{\Delta W}{W}=\frac{A_n^2-A_{n+1}^2}{A_{n+1}^2}=\frac{(A_n+A_{n+1})(A_n-A_{n+1})}{A_{n+1}^2}\approx 2\ln\frac{A_n}{A_{n+1}}=2\delta \tag{6.80}$$

对比内耗 Q^{-1} 的定义，则可得到

$$Q^{-1}=\frac{1}{2\pi}\cdot\frac{\Delta W}{W}=\frac{\delta}{\pi}=\frac{1}{\pi}\ln\frac{A_n}{A_{n+1}} \tag{6.81}$$

当试样在受迫振动时，内耗可用共振频率（resonance frequency）表示，即

$$Q^{-1}=\tan\delta=\frac{1}{\sqrt{3}}\ \frac{\Delta f_{0.5}}{f_0} \tag{6.82}$$

式中：f_0 为共振频率；$\Delta f_{0.5}$ 为共振峰半高宽。

图 6.28 给出了共振峰曲线示意图。从图 6.28 中可以看出，共振频率 f_0 对应的振幅为最大值 $A_{\max}$，振幅最大值 $A_{\max}$ 的一半分别对应的频率为 f_1 和 f_2。那么，$\Delta f_{0.5}$ 就是 f_1 和 f_2 之间的频率差。

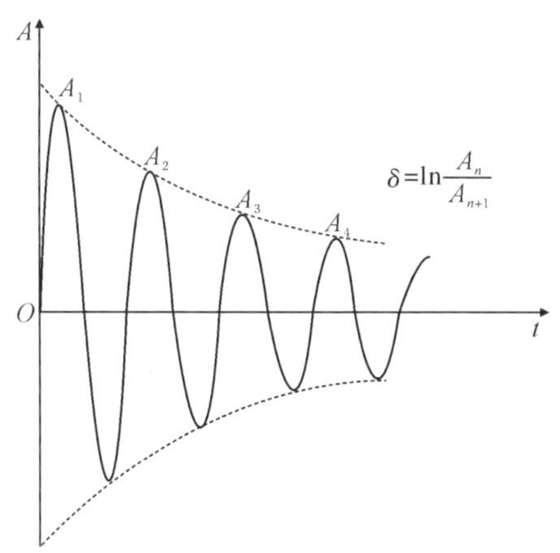

图 6.27　扭摆式内耗仪绘制的振幅对数衰减曲线

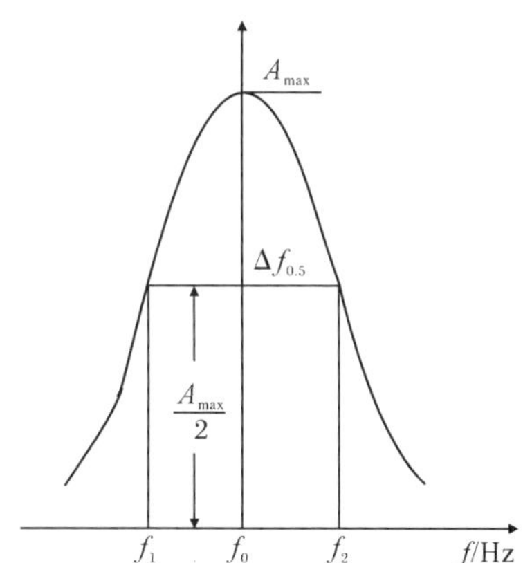

图 6.28　共振峰曲线示意图

（3）内耗峰及内耗谱

对滞弹性内耗来说，应力与应变间的关系满足标准线性固体方程，也就是满足式（6.60）的函数关系，即 $\sigma+\tau_\varepsilon\dot{\sigma}=E_R(\varepsilon+\tau_\sigma\dot{\varepsilon})$。当材料承受周期性交变应力时，由于应变落后于应力，在一定条件下必然产生内耗。

这里，设应力满足关系 $\sigma=\sigma_0\mathrm{e}^{\mathrm{i}\omega t}$，应变落后应力相位差 δ，并满足关系 $\varepsilon=\varepsilon_0\mathrm{e}^{\mathrm{i}(\omega t-\delta)}$。将应力与应变函数关系代入式（6.60），可得

$$(1+\mathrm{i}\omega\tau_\varepsilon)\sigma=E_R(1+\mathrm{i}\omega\tau_\sigma)\varepsilon \tag{6.83}$$

由式(6.83)可得复弹性模量 $\tilde{E}$ 的表达式，即

$$\tilde{E}=\frac{\sigma}{\varepsilon}=E_R\left[\frac{1+\omega^2\tau_\varepsilon\tau_\sigma}{1+\omega^2\tau_\varepsilon^2}+\mathrm{i}\,\frac{\omega(\tau_\sigma-\tau_\varepsilon)}{1+\omega^2\tau_\varepsilon^2}\right] \tag{6.84}$$

式(6.84)中的复弹性模量 $\tilde{E}$ 是由实数部分 $\mathrm{Re}(\tilde{E})$ 和虚数部分 $\mathrm{Im}(\tilde{E})$ 组成的。

首先关注式(6.84)的实数部分 $\mathrm{Re}(\tilde{E})$。根据未弛豫模量 E_u、弛豫模量 E_R、应力弛豫 $\frac{E_u}{E_R}=\frac{\tau_\sigma}{\tau_\varepsilon}$、时间 τ_ε、应变弛豫时间 τ_σ 之间的关系，并令 $\tau=\sqrt{\tau_\sigma\tau_\varepsilon}$，可得

$$\mathrm{Re}(\tilde{E})=E_R\cdot\frac{1+\omega^2\tau_\varepsilon\tau_\sigma}{1+\omega^2\tau_\varepsilon^2}=E_u-\frac{E_u-E_R}{1+\omega^2\tau^2} \tag{6.85}$$

式中：τ 为平均弛豫时间。

若定义 $\Delta_E=\frac{E_u-E_R}{\sqrt{E_u\cdot E_R}}$ 为弛豫强度，则式(6.85)可近似写成

$$\mathrm{Re}(\tilde{E})\approx E_u\left(1-\Delta_E\,\frac{1}{1+\omega^2\tau^2}\right) \tag{6.86}$$

这里，把实数部分 $\mathrm{Re}(\tilde{E})$ 称为动力模量，也称动态模量。$\mathrm{Re}(\tilde{E})$ 是仪器实际测得的模量。

对虚数部分 $\mathrm{Im}(\tilde{E})$ 而言，根据式(6.84)，虚数部分的表达式为

$$\mathrm{Im}(\tilde{E})=E_R\cdot\frac{\omega(\tau_\sigma-\tau_\varepsilon)}{1+\omega^2\tau_\varepsilon^2} \tag{6.87}$$

内耗 Q^{-1} 为虚数部分 $\mathrm{Im}(\tilde{E})$ 与实数部分 $\mathrm{Re}(\tilde{E})$ 之比，并结合弛豫强度 Δ_E、$\tau=\sqrt{\tau_\sigma\tau_\varepsilon}$，以及 $\frac{E_u}{E_R}=\frac{\tau_\sigma}{\tau_\varepsilon}$ 的关系，可得到内耗 Q^{-1} 的表达式，即

$$Q^{-1}=\tan\delta=\frac{\mathrm{Im}(\tilde{E})}{\mathrm{Re}(\tilde{E})}=\frac{\omega(\tau_\sigma-\tau_\varepsilon)}{1+\omega^2\tau_\varepsilon\tau_\sigma}\approx\Delta_E\,\frac{\omega\tau}{1+(\omega\tau)^2} \tag{6.88}$$

由式(6.88)可以看出，滞弹性内耗 Q^{-1} 只与弛豫强度 Δ_E、应变振动角频率 ω 和平均弛豫时间 τ 有关，与振幅无关。

根据式(6.86)和式(6.88)可以发现，动力模量 $\mathrm{Re}(\tilde{E})$ 和内耗 Q^{-1} 是 $\omega\tau$ 乘积的函数。将内耗 Q^{-1}、动力模量 $\mathrm{Re}(\tilde{E})$ 对 $\omega\tau$ 作图，可以得到图 6.29 所示的结果。从图 6.29 可以看出，在 $\omega\tau=1$ 时，内耗具有最大值 Q_{max}^{-1}。

下面根据式(6.86)和式(6.88)，对内耗、动力模量与 $\omega\tau$ 间的关系进行讨论。

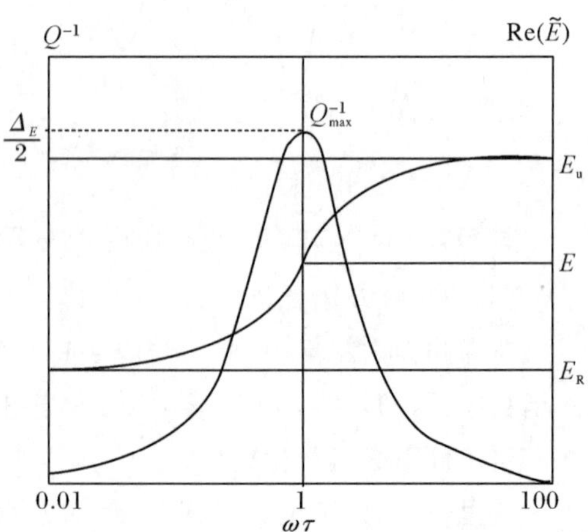

图 6.29 内耗、动力模量与 $\omega\tau$ 的关系曲线

当 $\omega\to\infty$ 时，即 $\omega\tau\gg 1$，$\frac{1}{\omega}\ll\tau$。可以发现，$Q^{-1}\to 0$，$\mathrm{Re}(\widetilde{E})\to E_u$。此时，由于振动周期 $\frac{1}{\omega}$ 远小于弛豫时间 τ，这意味着应力的变化非常快，以至于材料来不及发生弛豫过程，实际上，在振动的一个周期内不发生弛豫，这相当于绝热加载，因而物体的行为接近完全弹性体（理想弹性体），内耗为 0。

当 $\omega\to 0$ 时，即 $\omega\tau\ll 1$，$\frac{1}{\omega}\gg\tau$。同样可以发现，$Q^{-1}\to 0$，$\mathrm{Re}(\widetilde{E})\to E_R$。此时，由于振动周期 $\frac{1}{\omega}$ 远大于弛豫时间 τ，这意味着应力的变化非常慢，每个瞬时应变都有足够的时间完全产生，接近平衡值，这相当于等温加载。此时，应力和应变同步变化，应力和应变组成的回线趋于一条直线，但斜率较低，内耗也为 0。

上述 $\omega\to\infty$ 和 $\omega\to 0$ 这两种极限情况的应力和应变关系如图 6.26 中的 a、b 直线段，而处于这两种极限情况之间的应力和应变关系则构成如图 6.26 所示的椭圆形回线。

当 $\omega\tau=1$ 时，应力和应变回线面积最大，此时内耗达到最大值，即 $Q_{\max}^{-1}=\frac{\Delta_E}{2}$，称为内耗峰。由此可见，弛豫强度 Δ_E 代表了内耗峰的高度。相应地，$\mathrm{Re}(\widetilde{E})=\frac{E_u+E_R}{2}=E$，如图6.29所示。

实际上，在 $\omega\tau=1$ 处出现的内耗峰，往往对应着材料弛豫过程中某特定的滞弹性内耗机制。这些过程的弛豫时间是材料的常数，每一过程都有自己特有的弛豫时间。因此，改变加载的频率 ω 测量内耗，则可在 Q^{-1}-ω 的曲线上得到一系列的内耗峰。这些内耗峰的组合称为内耗谱。内耗谱上的每个内耗峰将对应不同的内耗机制，图 6.30 给出了室温下金属的内耗谱示意图。通过实验获得内耗谱，则可对引起内耗的微观机制进行讨论。

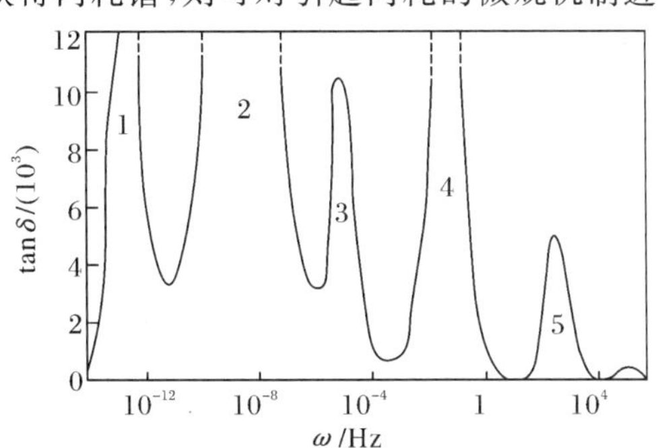

图 6.30　室温下金属的内耗谱示意图

1—置换式固溶体原子对引起的内耗；2—晶界内耗；3—孪晶内耗；4—间隙原子应力感生微扩散引起的内耗；5—横向热流内耗

若弛豫过程通过原子扩散进行，则弛豫时间 τ 可以理解为受力材料从一个平衡状态过渡到另一个平衡状态内部原子调整所需要的时间。阿伦尼乌斯方程（Arrhenius equation）反映了弛豫时间 τ 和温度 T 的关系，由瑞典物理学家阿伦尼乌斯（Svante August Arrhenius，1859—1927）提出，即

$$\tau=\tau_0 e^{\frac{H}{RT}} \tag{6.89}$$

式中：T 为热力学温度；τ 为弛豫时间；τ_0 为绝对零度时的弛豫时间，是一个材料常数；H 为

扩散激活能;R 为气体常数。

从式(6.89)可以看出,弛豫时间 τ 随着温度 T 的升高而减少,即温度越高,材料越容易从一个平衡状态过渡到另一个平衡状态。根据弛豫时间与温度的关系可知,改变温度,同样能得到内耗谱。显然,得到内耗谱有两种方法:一种是改变频率 ω,得到 $Q^{-1}-\omega$ 的关系曲线;另一种是改变温度 T,得到 $Q^{-1}-T$ 的关系曲线。实际上,若通过改变频率测量内耗困难,则往往利用改变温度的方法,可得到和改变频率同样的效果。

当出现内耗峰时,由于此时 $\omega\tau=1$,所以式(6.89)满足

$$\tau=\tau_0 e^{\frac{H}{RT}}=\frac{1}{\omega} \tag{6.90}$$

如果选用两个不同频率(ω_1 和 ω_2)测量 $Q^{-1}-T$ 的关系,那么在出现内耗峰时,$\omega_1\tau_1=\omega_2\tau_2$。又根据式(6.90)可知,$\omega_1\tau_1=\omega_1\tau_0 e^{\frac{H}{RT_1}}$,$\omega_2\tau_2=\omega_2\tau_0 e^{\frac{H}{RT_2}}$,则

$$\omega_1\tau_0 e^{\frac{H}{RT_1}}=\omega_2\tau_0 e^{\frac{H}{RT_2}} \tag{6.91}$$

式中:T_1 和 T_2 表示在频率 ω_1 和 ω_2 下,内耗峰分别对应的温度。

由式(6.91)可得

$$\ln\frac{\omega_1}{\omega_2}=\frac{H}{R}\left(\frac{1}{T_1}-\frac{1}{T_2}\right) \tag{6.92}$$

根据式(6.92)可以求出扩散激活能 H,即

$$H=\frac{RT_1T_2}{T_2-T_1}\ln\frac{\omega_2}{\omega_1} \tag{6.93}$$

图 6.31 给出了某材料不同频率测得的内耗-温度曲线。从图 6.31 中可以看出,在相同频率、不同温度时,将获得不同的内耗值,从而出现内耗峰。不同频率获得的内耗曲线形状相同,但频率越高,内耗峰值出现的温度越高。从内耗峰位置可确定温度 T_1 和 T_2,从而可根据式(6.93)求出扩散激活能 H。

另外,在周期应力作用下,间隙原子的扩散系数 D 与间隙原子所处点阵类型、弛豫时间有关,可表示为

$$D=K\frac{a^2}{\bar{\tau}} \tag{6.94}$$

式中:D 为间隙原子的扩散系数;a 为点阵常数;$\bar{\tau}$为原子跳动一次的平均时间;K 为与点阵类型和配位数有关的几何参数。

对于体心立方,$K=\frac{1}{24}$,体心立方的间隙原子 $\bar{\tau}=\frac{3}{2}\tau$;对于面心立方,$K=\frac{1}{12}$,面心立方的间隙原子 $\bar{\tau}=\tau$。当 $\omega\tau=1$ 时,出现内耗峰,则扩散系数 D 可根据下式求出,即

$$D=Ka^2\omega \tag{6.95}$$

需要注意的是,式(6.95)使用时,要注意不同晶格类型下$\bar{\tau}$与 τ 的转换关系。因此,对体心立方间隙固溶体,有

$$D=\frac{1}{36}a^2\omega \tag{6.96}$$

对面心立方间隙固溶体,有

$$D=\frac{1}{12}a^2\omega \tag{6.97}$$

在扩散系数 D 和扩散激活能 H 确定之后，可根据扩散方程 $D=D_0 e^{-\frac{H}{RT}}$，利用作图法，构建 $\ln D-\frac{1}{T}$ 的直线拟合关系。该直线的截距即为扩散常数 D_0。

例如，碳在 α-Fe 中的 $H=83\ 600$ J/mol，而 $D_0=0.02$ cm/s。在 −35～800 ℃，D 变化可达 14 个数量级。

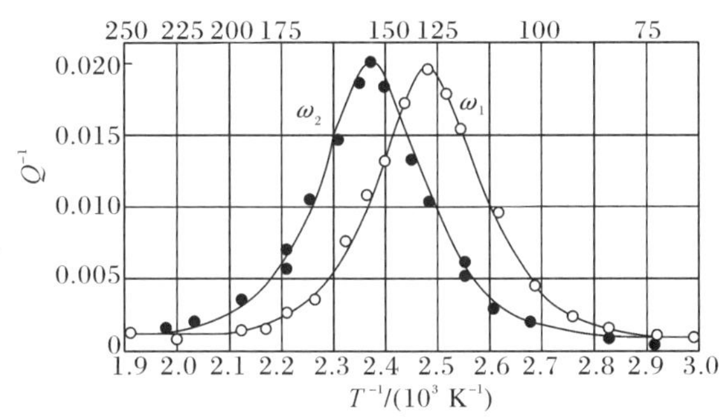

图 6.31　不同频率测得的内耗-温度曲线（$\omega_1=1.2$ Hz，$\omega_2=4.57$ Hz）

（4）滞弹性内耗的要素

由上述分析可知，滞弹性内耗的特征是内耗 Q^{-1}，与应力水平或应变振幅无关，与振动频率及温度有关，并且无永久变形。这是因为，当振幅增大时，振动一周损耗的能量 ΔW 增大，但最大振动能 W 也同步增大，所以 $\frac{\Delta W}{W}$ 不改变。滞弹性内耗主要与以下几个要素有关：①内耗源，固体内部的各类点缺陷、线缺陷、面缺陷的运动变化以及它们之间的相互作用；②外加应力，内耗峰与应力的频率有关；③弛豫时间，弛豫时间依赖于温度，并且不同的内耗源有不同的弛豫时间；④激活能，不同的内耗源所需的激活能不同；⑤测量温度，实验证明内耗峰还与温度有关。

2. 静滞后型内耗

以上介绍的滞弹性内耗，它有一个明显的特点，就是应变-应力滞后回线的出现是由实验的动态性质所决定的。因此，回线的面积与振动频率的关系十分密切，但与振幅无关。即使是滞弹性材料，如果实验是静态地进行，实验时应力的施加和撤除都非常缓慢，也不会产生内耗。因此，可以将滞弹性内耗看作一种动态滞后行为的结果。

相对于动态滞后的行为，材料中还存在着一种静态滞后的行为。静态滞后是指弹性范围内与加载速度无关，应变变化落后于应力的行为。静滞后也是一种弹性范围内的非弹性现象，它们在应力-应变间虽也存在多种函数关系，同一载荷下加载与卸载具有不同应变值，但在完全卸载后却留下了残余形变，只有反向加载才能使其恢复到零应变状态，如图 6.32 所示。由于应力变化时应变总是瞬时调整到相应的值，所以这种滞后回线的面积是恒定的，与振动频率无关，故称为静态滞后，有别于滞弹性的动态滞后。

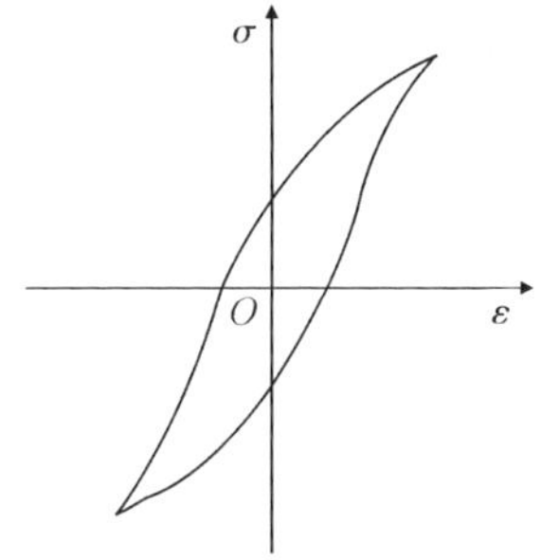

图 6.32　静态滞后回线示意图

显然，当应力超过开始弹性形变所对应的值时将发生静态滞后。这一事实在材料疲劳的研究中可能有重要作用。后面还将看到，由于磁致伸缩现象，铁磁材料也会得出一个与频率无关的滞后回线，且在低应变振幅下引起内耗，它对高阻尼材料的研制有重要的意义。以上例子表明，静态滞后可以在极低的振幅下发生，且既可来源于原子的重构，也可来源于磁的重构，这种重构实际上不可能瞬时发生，但可能是以声速传播的，其传播速度在通常振动实验所用的频率下却可以认为是“瞬时”的。

由于静态滞后的各种机制之间没有类似的应力-应变方程可循，所以不能像弛豫型内耗那样进行简单而明了的数学处理，而必须针对具体的内耗机制进行计算，求出回线面积 ΔW，再根据定义($Q^{-1}=\Delta W/2\pi W$)求得内耗值。

一般情况下，静态滞后回线的面积与振幅不存在线性关系，因此，其内耗一般与振幅有关而与振动频率无关，这往往被认为是静滞后型内耗的特征。它与前面所讨论的弛豫型内耗与“频率相关”和“与振幅无关”的特征恰恰成为鲜明的对照。这一明显的差别，今后将成为区分这两类内耗的重要依据。

近年来已证明，当应力振幅很小时，晶体内的位错运动便会产生静态滞后行为引起内耗。

3. 阻尼共振型内耗

除驰豫型和静滞后型内耗外，随着内耗测量频率扩展到兆频，人们还发现另一种类型的内耗。初看起来这种内耗的特征(与频率的关系极大，而与振幅无关)和弛豫型内耗很相似。不同的是，它的内耗峰所对应的频率一般对温度不敏感，而弛豫过程的弛豫时间对温度却很敏感，从阿伦尼乌斯关系($\tau=\tau_0 e^{\frac{H}{RT}}$)可知，只要温度略有改变，弛豫内耗峰对应的频率($\omega\tau=1$)就变化很大。研究表明，这种内耗很可能是由于振动固体中存在阻尼共振现象，从而引起能量的损耗。例如，在实际晶体中，两端被钉扎的自由位错线段在振动应力作用下可做强迫振动，位错线的运动可引起非弹性应变，因而产生阻尼。阻尼强迫振动可用微分方程来描述，即

$$A\frac{\partial^2\xi}{\partial t^2}+B\frac{\partial\xi}{\partial t}-C(\xi)=F_0 e^{i\omega t} \tag{6.98}$$

式中：ξ 为偏离平衡位置的位移；A 为振子的有效质量；$A\frac{\partial^2\xi}{\partial t^2}$为惯性力；$B$ 为阻尼系数；$C(\xi)$为回复力(一般与位移成正比)；$F_0 e^{i\omega t}$ 为作用在振子上的外加振动力；$B\frac{\partial\xi}{\partial t}$为通常假定的阻尼力(黏滞阻尼)。

由于位移 ξ 联系着非弹性应变，F_0 联系着外加应力，所以式(6.98)就是阻尼共振型的应力-应变方程。显然，当外加应力频率与位错线的共振频率相近时，将产生共振现象，其位移 ξ 具有最大值，此时，阻尼对振子所做的功(即内耗)也最大。又因为式(6.98)为线性关系，所以内耗与振幅无关。

6.6 内耗产生的机制

如前所述，我们已知物体内部存在着大量的内耗源，不同内耗源在某一振动频率下会引起最大的内耗值，也就是某一频率下对应着内耗峰，且内耗峰的位置与弛豫时间有关，即满

足 $\omega\tau=1$。从现象上说，机械振动中内耗产生的原因是应变落后于应力。从本质上讲，内耗产生的原因与物体内部的各种微观过程有关，如原子的排列状态、电子分布状态、材料内部结构和各种缺陷及其运动变化的相互作用等。因此，了解内耗产生的机制对实现宏观现象与微观机理的结合、实验与理论的结合至关重要。

6.6.1　间隙原子有序排列引起的内耗

对于溶解在固溶体中孤立的间隙原子或置换原子，如果这些原子在溶剂点阵内呈无规律分布，那么这些原子处于无序状态。如果施加外加应力时，原子所处位置的能量出现差异，那么这些原子将发生重新分布，即产生有序排列。这种由于应力引起的原子偏离无序状态分布的过程称为应力感生有序。应力感生有序过程往往引起内耗。

1. 体心立方点阵中间隙原子的微扩散

碳(氮)原子在 α - Fe 中引起内耗的现象早就引起了人们的注意。斯诺克(J. Snoek)首先研究了碳钢振动衰减和温度的关系：随着温度的变化，在 40 ℃ 附近出现一个内耗峰，该峰被称为斯诺克峰，如图 6.33 所示。如用不含碳(氮)的试样测量，则不出现这个峰，这表明，该峰的出现直接与碳(氮)原子有关。用 1 Hz 的频率进行测量时，由氮原子引起的内耗峰峰温为 20 ℃，而由碳原子引起的内耗峰峰温为 40 ℃。用内耗法测定该峰对应的激活能，40 ℃峰为 80 200 J/mol，20 ℃峰为 76 800 J/mol，这两个数值恰好等于碳原子和氮原子在 α - Fe 中的扩散激活能。因此，有理由认为，这两个峰分别是由碳原子和氮原子在 α - Fe 中产生微扩散所引起的。

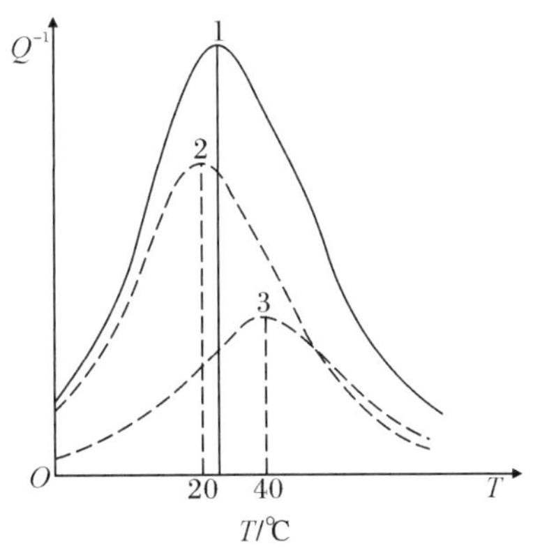

图 6.33　碳(氮)原子在 α - Fe 中引起的内耗(ν=1 Hz)

1—实际测量曲线；2—氮峰；3—碳峰

下面以 α - Fe 为例，说明体心立方点阵中间隙原子的应力感生有序引起内耗的机制。图 6.34 给出了斯诺克机制模型。该模型是由荷兰科学家斯诺克(Jacobus Louis Snoek，1902—1950)提出的，图 6.34 中的间隙原子(实心圆点)是碳原子，通常处于铁原子晶胞的棱边或面心处。当晶体没有受力时，间隙碳原子在这些位置上是统计均匀分布的，即在 x、y、z 位置的间隙原子各占 1/3，处于无序分布状态。如果沿 z 方向施加拉应力，那么原子间距在 z 方向上伸长，而在 x 和 y 方向上缩短。此时，沿 z 方向上的间隙位置能量比其他方向低，碳原子便从受压的方向跳到 z 方向的位置上，从而降低晶体的弹性变形能。碳原子跳动的结果是破坏了原子的无序分布状态，使碳原子沿 z 方向(拉应力方向)择优分布，即出现了溶质原子的应力感生有序化。溶质原子的有序化是通过微扩散过程来实现的，对应于应力产生的应变就有弛豫现象。当晶体在该方向受到交变应力作用时，间隙原子在这些位置来回跳动，且应变落后于应力，由此产生滞弹性行为，从而引起内耗。当交变应力频率很高时，间隙原子来不及跳动，也就不产生弛豫过程，因此不产生内耗。当交变应力频率很低时，间隙原子有足够的时间完成跳动，应力应变完全同步，此时，接近静态完全弛豫过程，应力和应变滞后回线面积为0，也不产生内耗。

在一定的温度下，由间隙原子在体心立方点阵中应力感生微扩散产生的内耗峰与溶质原子的浓度成正比，浓度越大，内耗峰越高，如图6.35所示。当测量频率不变时，不同合金的内耗峰和溶质的原子浓度之间呈直线关系。若以 w_{ga} 表示间隙原子在固溶体中的浓度，则 $w_{ga}=KQ_{max}^{-1}$，式中，K 为常数，Q_{max}^{-1} 为内耗峰值。用1 Hz的频率测量碳在α-Fe中的内耗峰，则得 $w_C=1.37Q_{max}^{-1}$，利用这个关系可以很方便地确定钢板中的碳含量，以及研究碳（氮）从α-Fe中脱溶和沉淀方面的问题。

晶界对间隙原子有吸附作用，所以晶粒度对参与有序化的间隙原子数量有影响，晶粒越细，晶界越多，受应力感生有序的间隙原子就越少，内耗峰就越低。位错是一种线缺陷，它与晶界有类似的影响。

析出的溶质原子往往生产第二相，它对间隙原子引起的内耗无影响，内耗峰值只和固溶体中的间隙原子有关。

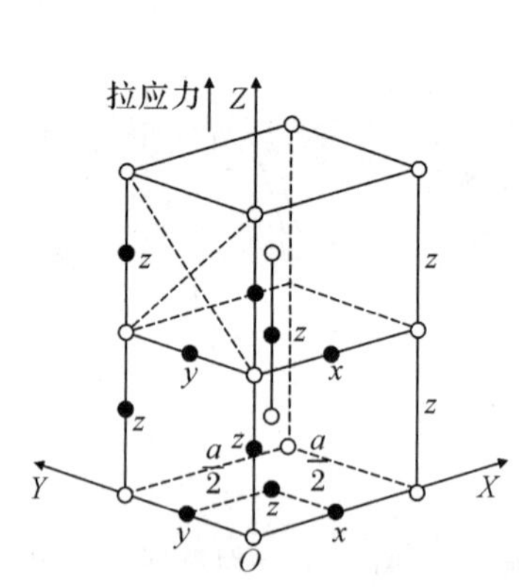

图6.34 斯诺克机制模型

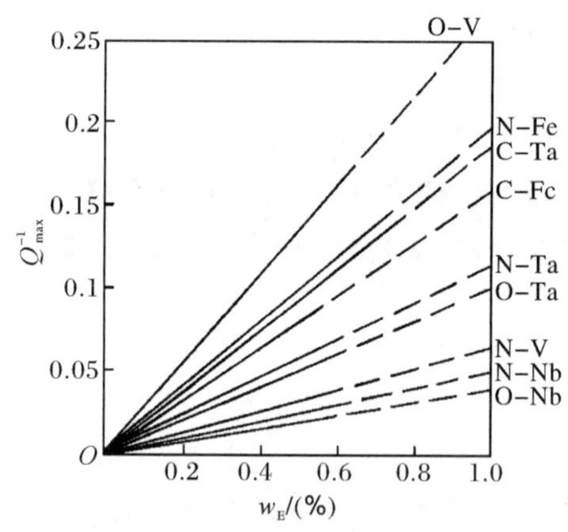

图6.35 体心立方固溶体内耗峰与溶质原子点阵的浓度关系

2. 面心立方点阵中间隙原子的微扩散

一般认为，由于在面心立方晶体中间隙原子处在(111)面所组成的八面体中心，间隙原子不会使溶剂的点阵产生不对称畸变，在交变应力作用下不会产生应力感生微扩散，所以不能引起内耗。

但在实际测量Cr25Ni80奥氏体不锈钢从室温到800 ℃的内耗曲线时，得到了两个内耗峰，如图6.36所示。如果将钢中的碳去除掉，则在300 ℃附近的内峰随即消失，由此可见，这个峰的出现和碳原子有关。进一步研究表明，间隙原子在面心立方晶体中引起内耗峰的现象是一个普遍规律，内耗峰一般出现在250 ℃附近。这个峰对应的激活能相当于碳在该合金中的扩散激活能，也就是说，这个峰与碳原子的扩散有关。

在面心立方晶体中，由间隙原子引起内耗的机制要考虑两种情况：一是点阵中存在着合金元素的原子；二是点阵中存在着空位。这两种情况下间隙原子的溶入都会产生不对称畸变而引起内耗。

可以设想，当面心立方晶体中存在着合金元素的原子时，如图 6.37 所示，若合金元素的原子 B 与溶剂原子 A 的直径不同，则在 B 原子附近点阵会产生畸变。例如：B 原子附近有一个碳原子 C，则 A—B—C 方向所产生的畸变与 A—B—A 方向不同，即产生不对称畸变。如，沿 Z 方向为最大正畸变方向，当沿 Z 方向施加压力时，间隙原子便从位置Ⅱ跳到位置Ⅰ；反之，如沿 Z 方向施加拉力时，碳原子便从位置Ⅰ跳到位置Ⅱ。由于碳原子受应力的作用产生微扩散，从而引起内耗。

据此机制可以想象，内耗峰区应当和单位体积内间隙原子的浓度成正比。这种规律在研究 Fe－Mn 和 Fe－Mn－Ni－Cr 合金的内耗峰和含碳量的关系时得到了证实。

在面心立方点阵没有合金元素原子或合金元素原子很少时，空位也能引起点阵畸变。如果点阵中存在着空位，可能的情况是碳原子进入空位和另一个碳原子组成原子对或者是两个碳原子都不进入空位，而是在空位的两旁形成一个原子对。这样的原子对可使点阵产生不对称畸变，从而在受力的情况下产生间隙原子的运动而引起内耗。按此机制，内耗峰的峰高应当与含碳量的二次方成正比。实验表明，镍和碳的固体内耗峰值与所含碳的原子浓度之间存在着近似于二次方的关系。

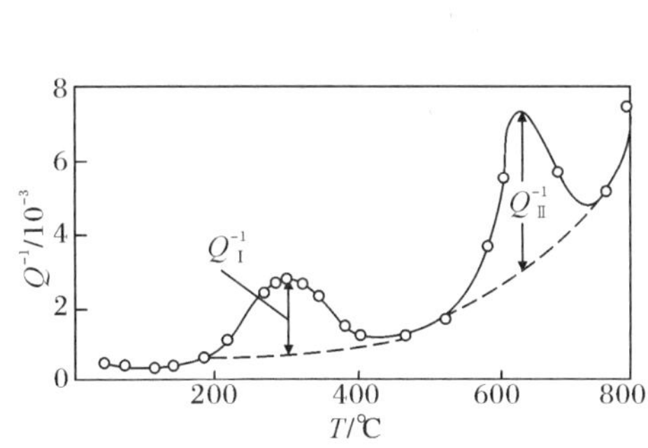

图 6.36　奥氏体钢的内耗曲线

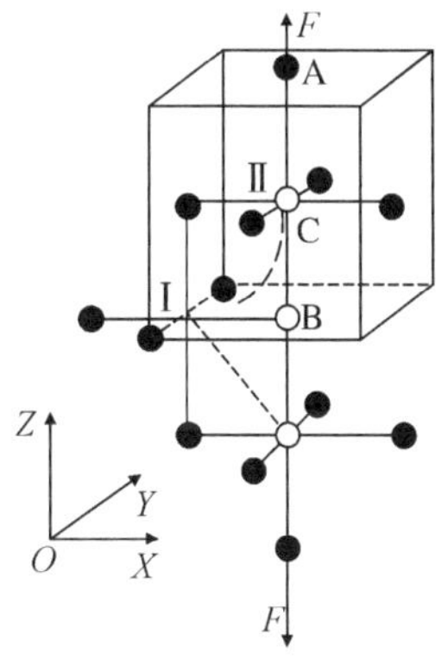

图 6.37　间隙原子面心立方点阵中的内耗模型

6.6.2　置换原子应力感生有序引起的内耗

在置换式固溶体中，由应力感生有序所产生的内耗峰，首先是在 Cu－Zn 合金中被观察到的，内耗峰所对应的激活能相当于锌在黄铜中的扩散激活能。后来发现，Ag－Zn合金的这种内耗的特征表现得更为明显，如图 6.38 所示。图中的曲线表明，随着锌原子浓度的降低，内耗峰值迅速降低，当锌的原子浓度大约低于 10%时，即不再出现内耗峰。上述事实都表明，该内耗峰的出现肯定与锌原子的扩散有关。

应当看到，在置换式固溶体中单个溶质原子所能引起的点阵畸变是完全对称性的，对于对称性畸变不存在应力感生有序倾向，亦即不能引起内耗。但齐纳(C. Zener)首先提出，当溶质原子的浓度足够高时，两个相邻的溶质原子会组成原子对，这样便会产生不对称畸变，如图 6.39 所示。图 6.39(a)是由 A—B 组成的面心立方晶胞，其溶质原子 B_1 和 B_2 组成了一个原子对，该原子对的轴长为 $a/\sqrt{2}$，与它最邻近的原子是 A_1—A_4 和 A_2—A_3，由它们组

成一个边长为 a 和 $a/\sqrt{2}$ 的长方形。由于 a 大于 $a/\sqrt{2}$，所以由原子对所引起沿着 $A_1—A_4$ 和 $A_2—A_3$ 方向上的畸变是不同的，最大畸变方向为 $A_1—A_4$ 方向，即沿 OY 方向。图 6.39(b)表明，当原子对的 B_2 占据 A_1 的位置时，原子对最邻近的原子应是 A_5-A_8，所以，这时最大畸变沿着 OZ 方向产生。由于产生了不对称畸变，所以受到应力时原子对的轴要发生扭动而有序化，溶质原子从图 6.39(a)的位置转换为图 6.39(b)所示的位置，亦即产生了微扩散，从而引起滞弹性内耗。

由于置换式固溶体是以原子对的形式导致应力感生微扩散，所以，只有当固溶体中的溶质原子浓度足够高时，才能保证组成原子对的条件，所以溶质原子浓度大于 10%，内耗峰才能明显地表现出来。实验表明，Ag-Zn 和 Cu-Zn 合金的内耗峰近似地与锌的原子浓度的二次方成正比。

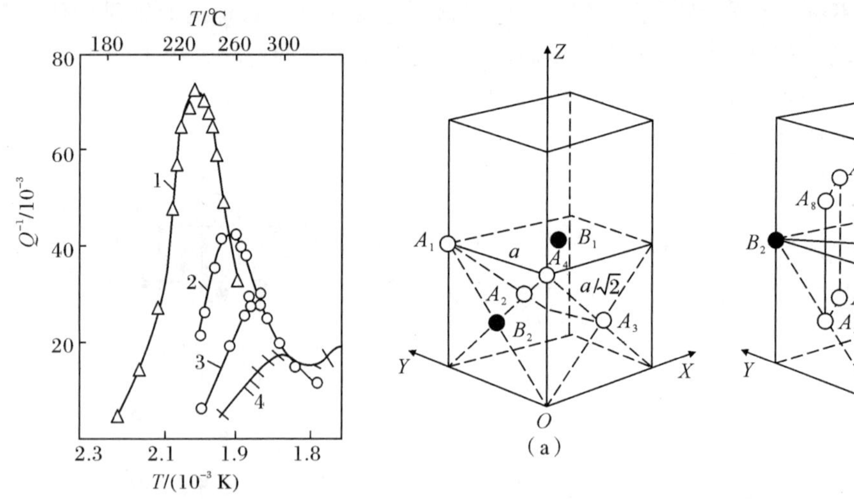

图 6.38　Ag-Zn 合金的内耗

1—Zn 的原子浓度为 30.2%；
2—Zn 的原子浓度为 24.2%；
3—Zn 的原子浓度为 19.3%；
4—Zn 的原子浓度为 15.78%

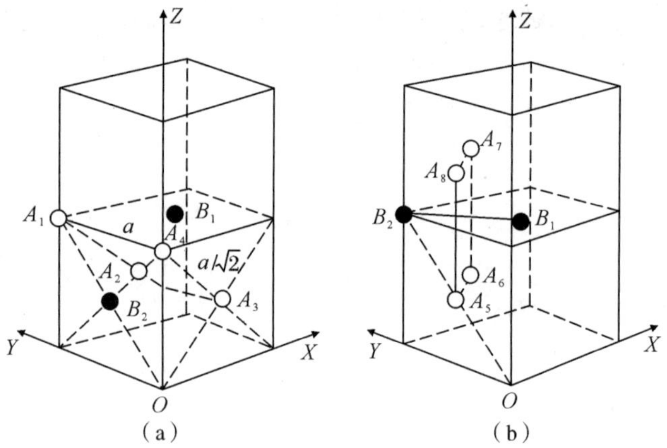

图 6.39　齐纳内耗模型

(a)OY 为最大畸变方向；(b)OZ 为最大畸变方向

6.6.3　位错引起的内耗

位错是金属中很重要的内耗源。位错内耗的特征是其强烈地依赖于冷加工程度。对于退火的纯金属，即使轻微的变形也可使其内耗增加数倍。相反，退火可使金属内耗显著下降。另外，中子辐照所产生的点缺陷扩散到位错线附近，将阻碍位错运动，也可显著减少内耗。位错运动的形式不同，由此所产生的内耗也具有不同的机制。

在进行内耗分析时，不管内耗曲线是否有内耗峰出现，都存在一定的背底内耗，如图 6.40所示。图 6.40 中的曲线 abc 表示内耗峰，虚线 ad 以下的内耗即为背底内耗。

背底内耗与位错密度及应变振幅有关。试样的加工状态不同，引起的位错密度不同，往往引起背底内耗不同。图 6.41 为缩减量 $\delta(\delta=\pi Q^{-1})$ 与应变振幅 ε 曲线示意图。从图 6.41 中可以看出，在低振幅下，缩减量不受振幅的影响。当振幅超过临界值后，缩减量随着振幅的增大而增大。因此，缩减量 δ 可以分为两部分，即低振幅下与振幅无关的缩减量 δ_1（也称背景内耗)和高振幅下与振幅有关的缩减量 δ_{H}。因此,总的缩减量为 δ 为

$$\delta=\delta_{\mathrm{I}}+\delta_{\mathrm{H}} \tag{6.99}$$

式中:δ_{I} 为与振幅无关的缩减量,也称背景内耗;δ_{H} 为与振幅有关的缩减量;δ 为总缩减量。

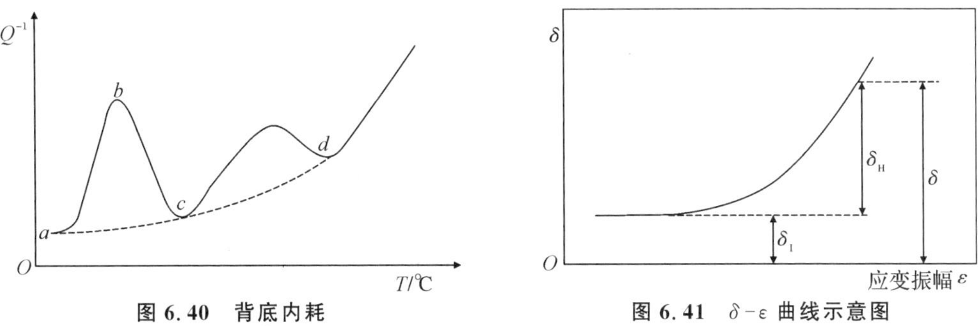

图 6.40　背底内耗　　　　**图 6.41　$\delta-\varepsilon$ 曲线示意图**

若内耗对冷加工敏感,可以肯定这种内耗与位错有关。其中,δ_{H} 部分与振幅有关而与频率无关,可以认为是静滞后型内耗;δ_{I} 与振幅无关而与频率有关,但温度的影响没有滞弹性内耗那么敏感。背底内耗中 δ_{H} 的出现完全是由于金属内部的位错阻尼行为,被认为是由位错脱钉过程所引起的,这一机制称为位错线阻尼共振能量损耗机制,即 K-G-L 理论(Koehler-Granato-Lücke theory)。该理论是由美国物理学家寇勒(James Stark Koehler,1914—2006)首先提出,随后由美国理论物理学家格拉纳托(Andrew Vincent Granato,1926—2015)和德国科学家吕克(Kurt Lücke,1921—2001)进一步完善。

K-G-L 理论模型如图 6.42 所示。图 6.42 中,L_{N} 为晶体中位错线的平均长度、位错线两端由不可动的点缺陷(如位错的网络结点或析出相的粒子)所钉扎,称为强钉扎。强钉扎不可脱钉。L_{c} 为点缺陷(如杂质原子、空位等)钉扎时的平均长度,称为弱钉扎。弱钉扎在受力时可以脱钉。在外加交变应力不大时,位错段 L_{c} 做"弓出"往复运动。应变振幅越大,位错线"弓出"加剧。这一运动过程中要克服阻尼力,因而引起内耗,如图 6.42(a)~(c)所示。当外加应力增加到脱钉应力时,弱钉可被位错抛脱。脱钉时,一般在最长的位错线段两端所产生的脱钉力最大,通常,脱钉从最长的位错线段开始。一旦脱钉开始,会产生比原先更长的位错线段,所引起的脱钉力更大,于是脱钉就像"雪崩"一样连续进行,直至网络结点间的钉扎全部脱开为止,如图 6.42(d)所示,继续增加应力、位错段 L_{N} 继续弓出,如图 6.42(e)所示。当外加应力减小时,位错段 L_{N} 做弹性收缩,最后重新被钉扎,如图 6.42(f)和图 6.42(g)所示。

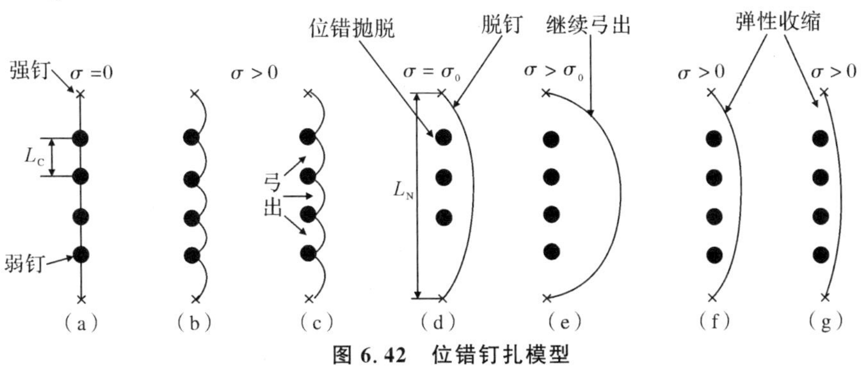

图 6.42　位错钉扎模型

为了更形象地说明位错运动的特征，可利用图 6.43 所示的位错脱钉与再钉扎过程的应力-应变曲线进行进一步说明。当应力很小时，位错线受力“弓出”，如图 6.42(b)所示，相当于图 6.43 中 ab 段对应的应变量。当应力增加到 σ_0 时，位错线 c 点脱钉。当位错开始脱钉后，如图 6.42(d)所示，相当于图 6.43 中的 cd 段，应变迅速增加，直到外力减小时，应力-应变曲线沿 fga 减小。

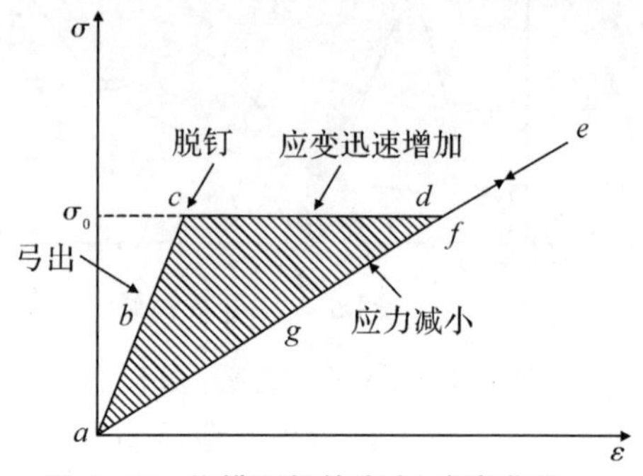

图 6.43　位错理想的应力-应变曲线

需要说明的是，在脱钉前，位错段 L_C 在交变应力下做振动，需要克服阻力，从而产生内耗。这种由于做强迫阻尼振动而引起的内耗是阻尼共振型内耗。阻尼共振型内耗与振幅无关，但与频率有关，并且内耗峰对温度变化较不敏感。在脱钉与缩回的过程中，位错的运动情况与脱钉前的阻尼振动不同，对应的应力-应变曲线包含一个滞后回线，引起静滞后内耗。其大小相当于图 6.43 中$\triangle acd$ 的面积，与频率无关。这里，所谓的静滞后，指的是弹性范围内与加载速率无关、应变变化落后于应力的行为，也属于弹性范围内的非弹性现象。静滞后的产生是在加载时同一载荷下具有不同的应变量，完全除去载荷后有永久变形产生，只有当反向加载时才能恢复到零应变。一般来说，静滞后回线不是线性关系，其内耗与振幅有关，与频率无关，这也往往被认为是静滞后内耗的特性。

K－G－L 理论用于高纯材料，这是由于这些材料中大多数溶质原子聚集在位错线上，所以在位错之间的区域内可认为没有溶质原子或其他缺陷。

通常，有少量的杂质原子存在时能够钉扎位错，使 δ_I 和 δ_H 均减小。

轻度的加工硬化使位错密度增大，因此 δ_I 和 δ_H 也相应增大，但位错密度过大会减小位错段 L_N 的长度，因而可以抵消位错密度增大造成的影响。若网络结点很密，L_N 比杂质钉扎的 L_C 还小，脱钉过程就不能进行了。

温度对缩减量的影响有两个方面：①温度升高促进位错线容易从钉扎点脱钉，因此在缩减量和应变振幅的关系曲线上，拐折点对应的临界振幅随温度升高向较低振幅处偏移；②位错线上杂质原子的平均浓度取决于温度，温度升高，杂质原子的平均浓度降低，L_C 增大，从而导致 δ_I 和 δ_H 增大。

淬火处理能将金属中高温时的空位冻结，淬火温度越高，速度越快，淬火后金属中的空位浓度越大。这些空位聚集到位错线上钉扎位错，使 L_C 减小，从而导致 δ_I 和 δ_H 都减小。

与内耗机制有关的内容还包括晶界内耗以及热弹性内耗和磁弹性内耗等。

6.6.4　与晶界有关的内耗

多晶体晶界的原子排列是相邻两个晶粒结晶位相的中间状态。它是一个有一定厚度的原子无规则排列的过渡带，一般晶界的厚度在几个到几百个原子间距范围内变化。基于晶界结构的特点，使之表现出非晶体材料的一些性质。

内耗的测量，为研究晶界力学行为提供了重要依据。甄纳(Zener)指出，晶界具有黏滞行为，并且在切应力的作用下产生弛豫现象。葛庭燧曾对晶界内耗进行了详细研究，他用 1 Hz的频率测量了退火纯铝多晶内耗，发现在 280 ℃附近出现一个很高的内耗峰，用单晶作测量样品则无此峰（见图 6.44）。由此肯定该峰是由晶粒间界面引起的，它说明了晶界黏滞性流动引起的能量损耗。

在测量内耗的同时测定切变模量（见图 6.45），其切变模量随温度变化曲线表明，多晶试样铝的切变模量，在高于某一温度时，便明显降低，这种降低现象与晶界的黏滞性有关。

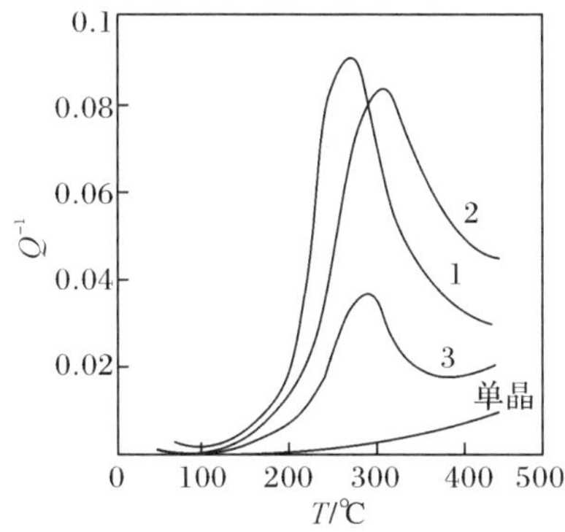

图 6.44　铝单晶和多晶内耗随温度变化

1—450 ℃退火 2 h，晶粒直径为 200 μm；
2—550 ℃退火 2.5 h，晶粒直径为 70 μm；
3—600 ℃退火 12 h，晶粒直径大于 84 μm

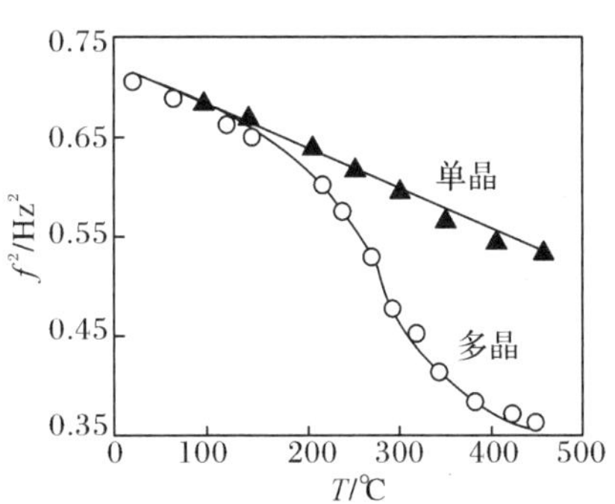

图 6.45　铝单晶和多晶的动态切变模量随温度的变化

由于温度升高，晶界的可动性增大，当达到某一温度后，在交变应力作用下便产生明显的晶界滑动，导致动态切变模量显著下降。

上面所述的多晶体晶界引起内耗属于非共格晶界内耗，还有一种共格界面内耗。它主要同热弹马氏体的相变及孪晶结构有关。如含 88%Mn 的 Mn－Cu 合金及 Cu－Zn－Si 合金，在降温下进行的正马氏体相变和升温下进行的反马氏体相变的温度范围内都出现一个内耗峰。研究表明，该内耗峰与马氏体面心四方的孪晶结构有关，即内耗峰由孪晶界面的应力感生运动引起。非共格晶界内耗对研制高阻尼合金有重要意义。

6.6.5　磁弹性内耗

磁弹性内耗是由铁磁材料中磁性与力学性质的耦合所引起的。磁致伸缩现象提供了磁性与力学性质的耦合。其倒易关系是，施加应力可产生磁化状态的改变，因此，除弹性应变外，还有由于磁化状态而导致的非弹性应变和模量亏损效应。

磁弹性内耗一般分三类：宏观涡流、微观涡流和静态滞后。下面分别作简要介绍。

1. 宏观涡流

在部分磁化试样上，突然加一应力，除弹性应变外还要产生磁性的变化，这种变化会感生出表面涡流，而涡流又产生一个附加的磁场，使试样内部总磁通量瞬时保持不变，表面涡流逐渐向内扩散，使内部磁场强度逐渐变到给定应力下的平衡磁化状态。这种趋向于平衡态的磁场变化，因磁致伸缩效应又产生附加的应变。因涡流（或磁通量）的扩散是弛豫过程，故可产生弛豫型内耗。

2. 微观涡流

对于退磁样品，应力虽不能产生大块的磁化，但由于磁畴结构，应力可在磁畴中产生磁性的局部变化，由此而产生的微观涡流也要引起内耗。

3. 静态滞后

当振动频率很低时，磁性变化非常慢，以致感生的涡流甚小，此时静态滞后的损耗成为主要的内耗。这是因为应力使畴壁发生了不可逆的位移。使应力-应变图上出现了滞后回线，如图 6.46 所示。

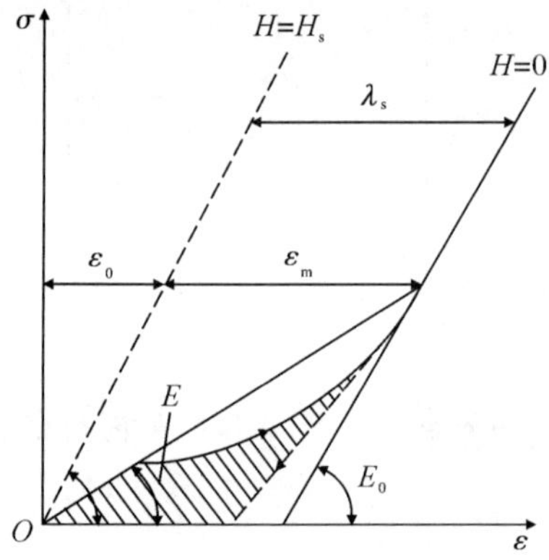

图 6.46 铁磁体的应力-应变曲线

E—模量亏损存在时的弹性模量；E_0—完全退磁状态下的弹性模量；

H—样品磁化状态；λ_s—饱和磁致伸缩系数

以上各种磁弹性内耗在饱和磁化的试样中不再出现，因为此时应力已不能感生磁畴的转动或磁壁的移动。

6.6.6 热弹性内耗

固体受热要膨胀，而热力学上的倒易关系是绝热膨胀时变冷。若加一弯曲应力在簧片状试样上，则凸出部分发生伸长而变冷，凹进部分因受压而变热。因此，热流便从热的部分向冷的部分扩散，使冷的部分温度升高而产生膨胀，即引起附加的伸长应变。由于热扩散是一弛豫过程，所以附加的非弹性应变必落后于应力，由此可产生弛豫型内耗。

6.7 高阻尼合金

高阻尼合金在现代工程技术上有重要意义，特别是在航空、造船、机械和仪表仪器工业方面。例如，飞机发动机叶片、舰船的螺旋桨以及其他调整运转机械部件，乃至大的桥梁用的金属材料都要求具有高阻尼本领的材料。这是因为随着机器部件运转速度加快，不可避免地给整机系统带来有害的振动和噪声。整机系统的共振会缩短机器零件、部件的使用寿命，甚至会导致部件损坏和断裂，造成严重事故。因此，当今已把同有害振动和噪声的“斗争”提到重要日程上。除采用合理的机械系统的设计方案外，选用具有高阻尼性能的高阻尼合金是减少和消除噪声的最有效的途径。

按产生高阻尼(内耗)的机制,高阻尼合金可分为三类。

第一类是与弹性孪晶结构有关(包括热弹性马氏体结构)的内耗。弹性孪晶是指在应力作用下产生并长大的孪晶。应力去掉之后,弹性孪晶可以部分或全部消失。研究表明,这是一种与共格界面有关的内耗。属于这类机制的合金有 Mn - Cu、Ni - Ti、Mg - Zr 等。

第二类是与明显不均匀(复合体)组织结构有关的内耗。在周期应力作用下复合体中强度较高的基体组织发生弹性变形,而片状较软的金相组织则产生塑性变形,从而使合金的能量逸散大大提高。片状石墨铸铁、铝黄铜、Al - Zn 等合金均属于此类。

第三类是与铁磁性合金磁机械滞后效应有关的内耗。这类合金有 1Cr13、2Cr13 以及近年来发展的 Fe - Cr - Al、Fe - Co、Fe - Mo 等系列合金。

6.8　内耗的测试方法

内耗的测试按测量时外加交变应力的频率与被测量系统(包括试样和惯性元件)共振频率的关系可分为三种基本类型:低频下的低频扭摆法、中频下的共振棒法和高频下的超声脉冲回波法。

1. 低频扭摆法——葛氏扭摆法

扭摆法是我国物理学家葛庭燧在 20 世纪 40 年代创建的。他利用自行设计的测量内耗和切变模量的装置,成功测定并研究了一系列金属和合金的内耗现象,被国际上命名为葛氏扭摆法(the torsion pendulum method)。该方法测量内耗的装置示意图如图 6.47 所示。

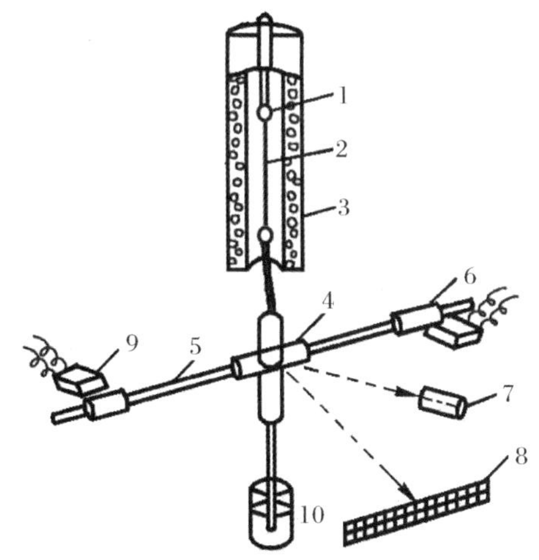

图 6.47　葛氏扭摆法测量内耗的装置示意图

1—夹头;2—丝状试样;3—加热炉;4—反射镜;5—转动惯性系统;
6—砝码;7—光源;8—标尺;9—电磁激发装置;10—阻尼油

丝状试样 2 上端悬挂在夹头 1 上,试样下端固定在与惯性元件(竖杆、横杆以及横杆两端的重块)为一体的下夹头上。重块沿横杆的移动可以在一定范围内调整摆动的固有频率。为了消除试样横向运动对实验带来的影响,摆的下端置于一个盛有阻尼油 10 的容器中。为了进行不同温度下的内耗测量，将试样安装在管状炉中。测量时，用电磁激发装置 9 使试样连同转动惯性系统形成扭转力矩，引起摆动，使其处于自由振动状态，并借助于光源 7 和标尺 8，将每次摆动的偏转记录下来。由于振动能量在材料内部消耗使振幅不断减小，所以可以得到一条振幅随时间的衰减曲线。随后，可根据衰减曲线上振幅的缩减量确定内耗。衰减曲线和衰减频率 δ 的计算如图 6.27 和式(6.79)所示。该测试所用试样一般为丝状或片状，试样直径为 0.7～1 mm，长为 300 mm，扭摆摆动频率范围在 0.5～15 Hz，试样扭转变形振幅为 $1\times10^{-7}\sim1\times10^{-4}$，由于试样附加轴向拉伸应力，所以测量温度不宜过高。

2. 中频下内耗的测量——共振棒法

中频下内耗的测量通常采用共振棒法，所用装置就是上述悬丝耦合共振法测定弹性模量时所用的装置，如图 6.48 所示，测试过程也一样，测试的频率范围一般为 $1\times10^2\sim1\times10^5$ Hz。利用共振棒法测定内耗时，通常建立共振峰或记录振幅衰减曲线。获得的衰减曲线及衰减频率 δ 的计算也同样如图 6.27 和式(6.79)所示。当然，若将测试试样放置在炉体内，则可进行不同温度下的内耗测量。

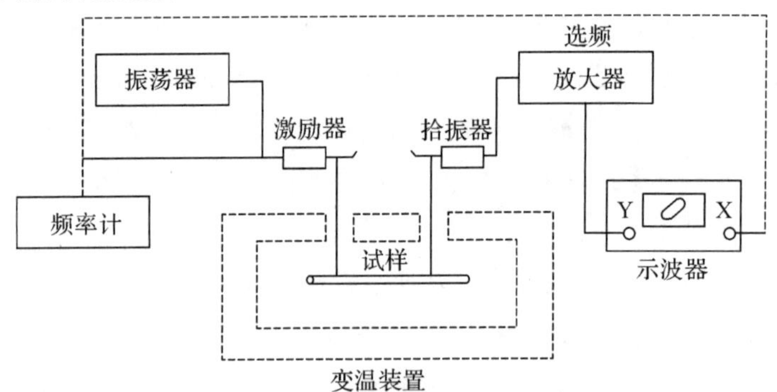

图 6.48　共振检测装置示意图

3. 高频下内耗的测量——超声脉冲回波法

在高频(兆频)范围内，可用超声波脉冲回波法来测量材料的内耗。这种方法是利用压电晶片在试样一端产生超声短波脉冲，测量穿过试样到达第二个晶片或返回到脉冲源晶片时脉冲振幅在试样中的衰减。测试中，高频发生器通过共振频率把脉冲发给石英晶片，石英晶片把脉冲转换成机械振动，通过过渡层传递给试样。过渡层的物质与压电石英和待研究材料的声阻相匹配，在试样中发生往复的超声波。超声波在试样两端经受多次反射直至完全消耗。利用同一个压电传感器来接收这些信号，并可将这些信号经过一定的放大加以记录。同时，在示波器上可显示一系列随时间衰减的可见脉冲。回波信号振幅的相对降低，表征了在研究介质中的超声波阻尼。在该方法中，由于超声波工作频率很宽，测量灵敏度很高且试样的安排灵活，所以可以在相当宽的频率范围内测量阻尼与频率的依赖关系。但由于超声脉冲法的应变振幅很小，所以不能用来测量与振幅相关的效应。

另外，基于超声波脉冲，也可以获得试样的弹性模量等数据。通过测定超声波在试样内的传播时间 τ 和试样长度 L，获得超声波速度 c，即

$$c=\frac{2L}{\tau} \tag{6.100}$$

式中：c 为超声波速度；L 为试样长度；τ 为超声波传播时间。

根据超声波纵向传播速度和横向传播速度与弹性模量的关系，可获得下列材料性能数据

$$E=\left[3-\frac{1}{(c_1/c_\tau)^2-1}\right]\rho c_1^2 \tag{6.101}$$

$$G=\rho c_\tau^2 \tag{6.102}$$

$$\mu=\frac{1}{2}\left[\frac{(c_1/c_\tau)^2-2}{(c_1/c_\tau)^2-1}\right] \tag{6.103}$$

式中：E 为弹性模量；G 为切变模量；μ 为泊松比；c_1 为纵向弹性波的传播速度；c_τ 为横向弹性波的传播速度；ρ 为试样密度。

▶课程思政素材◀

案例一——借鉴科学故事培养研究素质，提高科学品质

英国物理学家胡克通过反复研究弹簧的性能，发现弹簧上所加质量的大小与弹簧的伸长成正比，再将此扩展到所有弹性体，从而提出弹性定律的故事，反映了科学家辛勤劳动、持之以恒的开创精神和科学品质。

案例二——从我国材料研究领域的领先成果中汲取自信的力量

现有的《材料物理性能》教材主要偏重于基础理论的讲授，由于历史原因，绝大多数材料物理性能基础理论的建立基本由国外科学家完成，特别是很多著名的物理性能理论与模型都采用外国科学家的名字命名，如力学中的 Hooke 定律等。为了使学生充分了解我国伟大的材料科学家们在各自研究领域所作出的重要贡献，从中汲取自信的力量，增强科技自信、文化自信和民族自信。我们从中国历史的文化宝库中去找寻与材料物理性能相关的成果，挖掘其蕴含的有关物理性能方面的知识和思想。例如，宋代沈括曾记述过与他同时代的人所珍藏的几把宝剑，它们不仅削铁如泥，而且“用力屈之如钩，纵之铿然有声、复直如弦”，其中一剑“可以屈置盒中，纵之复直”(《梦溪笔谈・异事》)，说的是力学中的弹性变形问题。东汉郑玄对《考工记・弓人》中叙述弓的制造语句“量其力，有三钧”作出解释：假定某弓的弓力胜任三石之重，此时，其形变量为三尺，即“每加物一石，则张一尺”。唐代贾公彦又对郑玄的解释作进一步阐述：“乃加物一石张一尺，二石张二尺，三石张三尺”，说的就是弹性定律。这些比英国科学家 Hooke 发现弹性定律足足早了近 1 500 年，无形中给我们的学生增加了科研的自信心。

习　　题

1. 说明以下基本物理概念：弹性模量、胡克定律、弹性模量温度系数、ΔE 效应(弹性反常)、弹性因瓦效应、艾林瓦效应、滞弹性、循环韧性、应变弛豫、应力弛豫、标准线性固体力学模型、黏弹性、绝热加载、等温加载、弛豫模量(等温弹性模量)、未弛豫模量(绝热弹性模量)、动力弹性模量、模量亏损、内耗、动力模量(动态模量)、内耗谱、滞弹性内耗、应力感生序。

2.何谓材料的弹性？弹性模量的物理意义是什么？哪些因素影响材料的弹性模量？

3.用双原子模型解释弹性的物理本质，并指出该模型解释热膨胀和弹性这两种物理现象时的差异。

4.写出用于描述二元系统中弹性模量的混合定律。

5.什么是金属与合金的弹性反常(ΔE 效应)？

6.何谓理想弹性体？实际弹性体在弹性范围内存在哪些非弹性现象？什么是材料的内耗现象？

7.简要解释弹性加载中的两种极限情况，并说明其对内耗是否有影响。

8.如何理解弛豫模量和未弛豫模量之间的关系？

9.简述分别处于退磁状态和磁饱和状态下的铁磁性材料弹性模量随温度变化的关系，并对其进行解释。

10.解释恒弹性合金(如艾林瓦合金)的弹性模量随温度变化较小的原因。

11.测量弹性模量的静态法和动态法有什么差别？获得的弹性模量数据有何差异？

12.滞弹性内耗有何特征？为何在 $Q^{-1}-T$ 谱线中会出现 Q^{-1} 峰？

13.指出得到内耗谱的两种方法，并请做简要说明。

14.以 α－Fe 为例，说明体心立方结构点阵中间隙原子(如碳原子)的应力感生有序造成内耗的原因。

15.简要说明位错钉扎产生内耗的过程。

16.简要说明滞弹性内耗与静滞后内耗的特性。

17.简述 3 种物理性能滞后的现象，并解释滞后现象出现的原因。

18.写出 5 个可用来描述原子间结合力的物理量，并给出这些物理量之间的关系。

19.计算 2Cr13 不锈钢在 100 ℃时的纵向弹性波传播速度 c_l(m/s)和横向弹性波传播速度 c_τ(m/s)。已知 2Cr13 不锈钢在室温 20 ℃的弹性模量 $E=2.24\times10^{11}$ Pa，泊松比 $\mu=0.28$，热膨胀系数 $\alpha_{20\sim100\ ℃}=10.5\times10^{-6}$/℃，密度 $\rho_{100\ ℃}=7.75\ \mathrm{g/cm^3}$。

参考文献

[1] 李见.材料科学基础[M].北京:冶金工业出版社,2000.

[2] 曾谨言.量子力学:卷Ⅰ [M].北京:科学出版社,2007.

[3] 钱伯初.量子力学[M].北京:高等教育出版社,2005.

[4] 黄昆.固体物理学[M].北京:高等教育出版社,1998.

[5] 胡安,章维益.固体物理学[M].北京:高等教育出版社,2005.

[6] 闫守胜.固体物理基础[M].3 版.北京:北京大学出版社,2011.

[7] 泰基尔.固体物理导论:第 8 版[M].项金钟,吴兴惠,译.北京:化学工业出版社,2005.

[8] 马东亮.费米-狄拉克分布的研究[J].大学物理实验,2008,21(4):49-53.

[9] 程光煦.拉曼-布里渊散射:原理及应用[M].北京:科学出版社,2001.

[10] 王宁,董刚,杨银堂,等.考虑晶粒尺寸效应的超薄(10～50 nm)Cu 电阻率模型研究[J].物理学报,2012,61(1):365-372.

[11] MYERS H P. Introductory Solid State Physics[M]. 2nd ed. London: Taylor &Francis Ltd.,1997.

[12] GROSSO G,PARRAVICINI G P. Solid State Physics[M]. 2nd ed. Oxford: Elsevier Ltd.,2014.

[13] 易明芳.关于固体物理能带论中布里渊区的注记[J].安庆师范学院学报(自然科学版),2005,11(4):75-77.

[14] 冯端,师昌绪,刘治国.材料科学导论[M].北京:化学工业出版社,2002.

[15] 方俊鑫,陆栋.固体物理学[M].上海:上海科学技术出版社,1980.

[16] 苟清泉.固体物理学简明教程[M].北京:人民教育出版社,1979.

[17] 周世勋.量子力学教程[M].北京:人民教育出版社,1979.

[18] 王矜奉.固体物理教程[M].6 版.济南:山东大学出版社,2008.

[19] 陈纲,廖理几,郝伟.晶体物理学基础[M].2 版.北京:科学出版社,2007.

[20] 冯端.金属物理学:第一卷　结构与缺陷[M].北京:科学出版社,1987.

[21] 冯端.金属物理学:第二卷　相变[M].北京:科学出版社,1990.
[22] 德让纳.金属与合金的超导电性[M].刘长富,译.北京:科学出版社,1980.
[23] 田莳.材料物理性能[M].北京:北京航空航天大学出版社,2004.
[24] 普特来.霍尔效应及有关现象[M].傅德中,译.上海:上海科学技术出版社,1964.
[25] 关振铎,张中太,焦金生.无机材料物理性能[M].北京:清华大学出版社,2004.
[26] 连法增.材料物理性能[M].沈阳:东北大学出版社,2005.
[27] 邱成军,王元化,曲伟.材料物理性能[M].3版.哈尔滨:哈尔滨工业大学出版社,2009.
[28] 何飞,赫晓东.材料物理性能及其在材料研究中的应用[M].哈尔滨:哈尔滨工业大学出版社,2020.
[29] 王振廷,李长青.材料物理性能[M].哈尔滨:哈尔滨工业大学出版社,2011.
[30] 吴雪梅.材料物理性能与检测[M].北京:科学出版社,2012.
[31] 刘强,黄新友.材料物理性能[M].北京:化学工业出版社,2009.
[32] 中国科学技术协会.激光与光电子技术[M].上海:上海科学技术出版社,1994.
[33] 中国金属学会,中国有色金属学会.金属物理性能及测试方法[M].北京:冶金工业出版社,1987.
[34] 陈树川,陈凌冰.材料物理性能[M].上海:上海交通大学出版社,1999.
[35] 王润.金属材料物理性能[M].北京:冶金工业出版社.1993.
[36] 徐京娟,邓志煜,张同俊.金属物理性能分析[M].上海:上海科学技术出版社,1988.
[37] 宋学孟.金属物理性能分析[M].北京:机械工业出版社,1981.
[38]《功能材料及其应用手册》编写组.功能材料及其应用手册[M].北京:机械工业出版社,1991.
[39] 葛庭燧.固体内耗理论基础:晶界弛豫与晶界结构[M].北京:科学出版社,2000.
[40] 刘波涛.立方结构纯金属及其合金的弹性模量计算[D].厦门:厦门大学,2013.
[41] 张文春.Fe-Ni-Co合金的微结构及其因瓦效应研究[D].南宁:广西大学,2013.
[42] 谭延昌.金属材料物理性能测量及研究方法[M].北京:冶金工业出版社,1989.
[43] 时东陆,周午纵,梁维耀.高温超导应用研究[M].上海:上海科学技术出版社,2008.
[44] 赵新华,张山鹰.超低热膨胀材料研究进展[J].稀有金属与硬质合金,1998(3):31-37.
[45] 殷海荣,吕承珍,李慧,等.先进负热膨胀材料的最新研究进展[J].中国陶瓷,2008,44(9):14-17.
[46] 王聪,孙莹,王蕾,等.反常热膨胀功能材料的研究进展[J].中国材料进展,2015,34(7/8):497-501.
[47] 王献立,付林杰,许坤.负热膨胀材料的研究及应用[J].信息记录材料,2018,19(12):38-39.

[48] 蔡方硕，黄荣进，李来风. 负热膨胀材料研究进展[J]. 科技导报，2008，26(12)：84－88.

[49] 高其龙. 非氧基框架结构负热膨胀化合物合成及机理研究[D]. 北京：北京科技大学，2018.

[50] 常大虎. 几种典型材料负热膨胀与性能调控的理论研究[D]. 郑州：郑州大学，2017.

[51] 温永春，王聪，孙莹. 具有负膨胀性能的磁性材料[J]. 物理，2007，36(9)：720－725.

[52] 黄荣进. 掺杂改性锰铜基氮化物负热膨胀材料低温热物性研究[D]. 北京：中国科学院理化技术研究所，2009.

[53] 马维红. 高性能 Nd：YAG 激光透明陶瓷的制备及激光实验[D]. 西安：西安电子科技大学，2015.

[54] 王波. Nd：YAG 激光陶瓷特性及关键技术研究[D]. 西安：西安电子科技大学，2015.

[55] 邵鹏程. 高 Fe 含量 Fe－B－P 系非晶合金制备及软磁性能研究[D]. 济南：山东大学，2019.

[56] 马天勇. 负磁晶各向异性常数合金软磁薄膜的取向生长及高频磁性调控[D]. 兰州：兰州大学，2019.